NEMATOLOGICAL EXPERIMENTATION

線虫学実験

水久保隆之・二井一禎 編
TAKAYUKI MIZUKUBO / KAZUYOSHI FUTAI

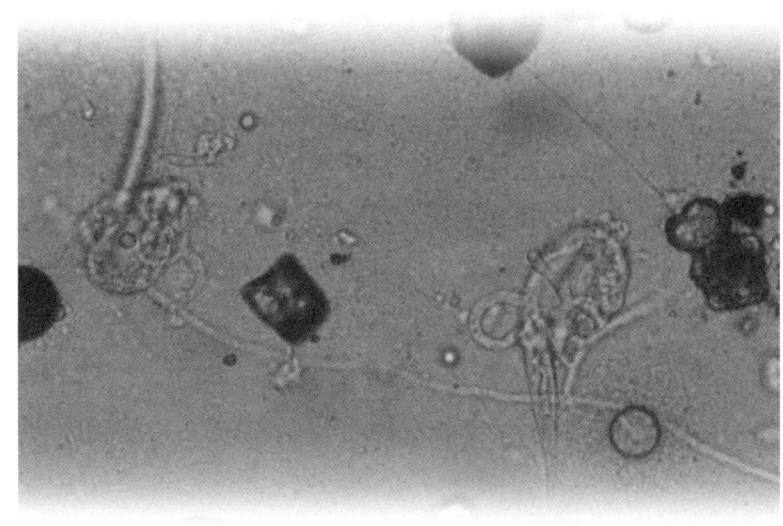

京都大学学術出版会

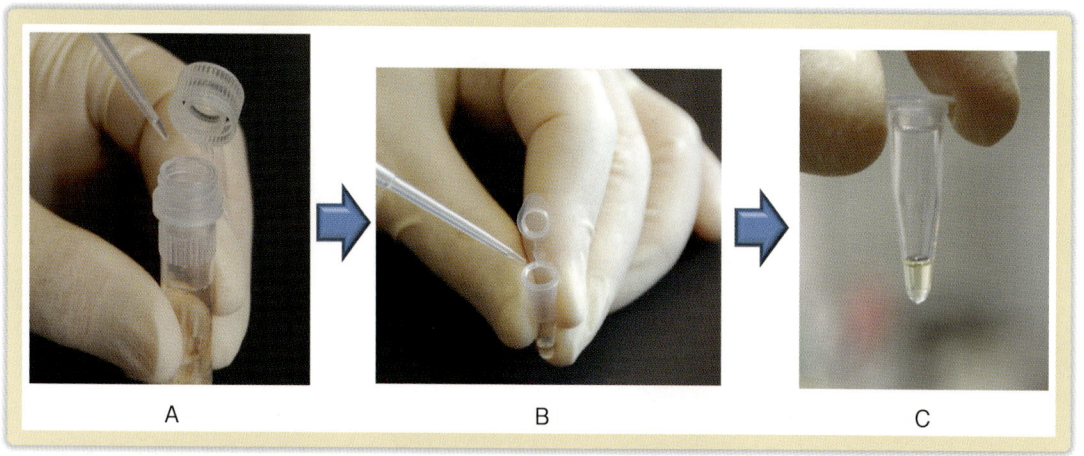

図 3-12 DNA 抽出処理を終えた Bx 抽出液を 2μℓ 吸い取り（A），検査溶液の入ったチューブに加えよく混ぜる（B），Bx 抽出液を加えた後の検査溶液（C）．（67 頁）

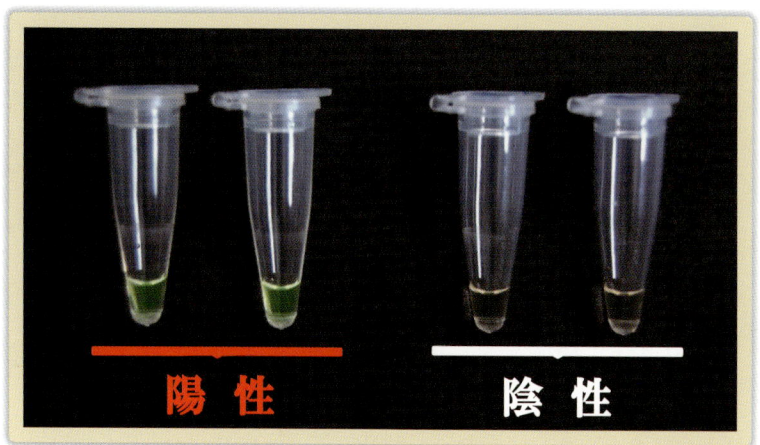

図 3-13 DNA 増幅処理を終えた後の検査用チューブ．左側の 2 つが陽性で，右側の 2 つが陰性．マツノザイセンチュウの DNA が増幅されると検査溶液が無色透明から緑色の蛍光色に変化する．（68 頁）

図 4-9 正常卵と異常卵（黒い）（88 頁）

図 4-13 ネグサレセンチュウを接種したキャロットディスク（93 頁）

図 5-5　シヘンチュウ感染試験法（122 頁）

A：保存バイアルをそのまま用いた感染試験；B：保存バイアル内の土壌を別の容器に移して行った感染試験．

図 6-2　一節苗の切り出し（左）と水挿し・発根の様子（右）（136 頁）

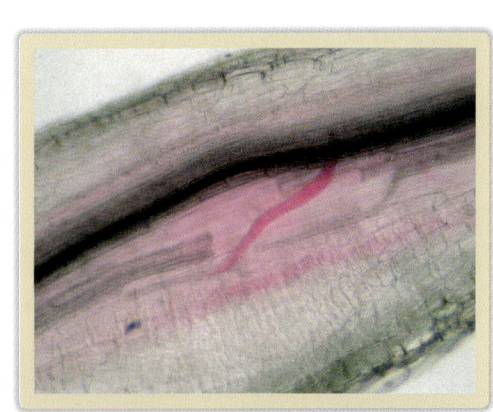

図 6-4　酸性フクシン染色法を用いた植物根中の
　　　　サツマイモネコブセンチュウ（138 頁）

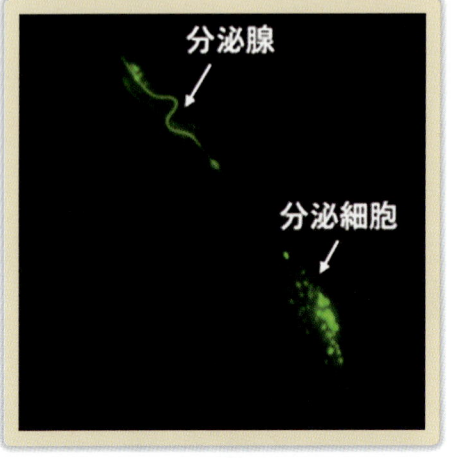

図 6-7　マツノザイセンチュウの FITC 溶液飲み
　　　　込みの様子（蛍光顕微鏡写真）（149 頁）

線虫種や生育ステージによっては 2 本鎖 RNA の飲み込みがほとんど行われない場合がある．FITC 溶液を飲み込ませることで飲み込みの様子を確認できる．

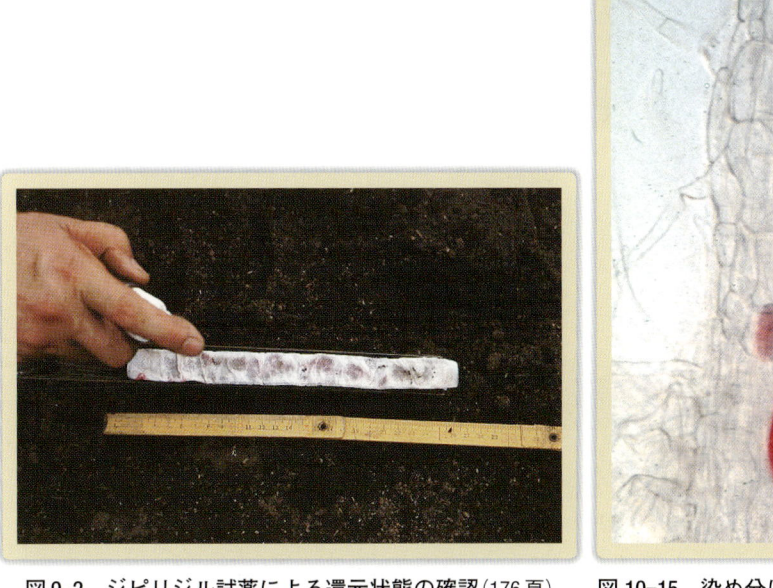
図 9-2　ジピリジル試薬による還元状態の確認(176頁)

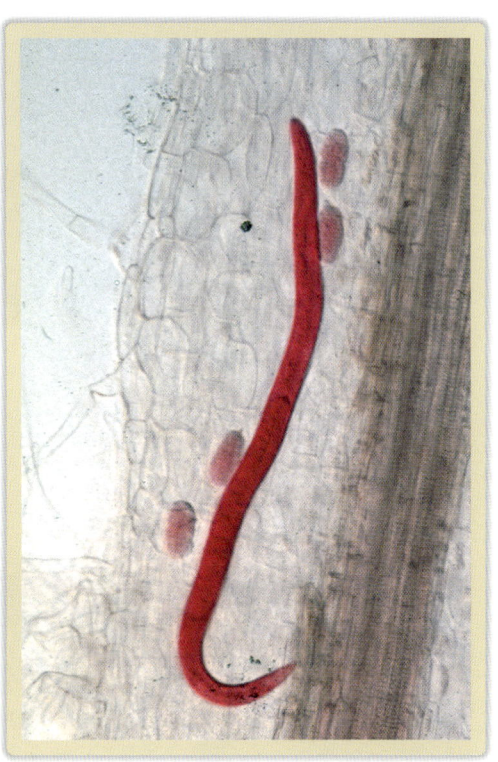
図 10-15　染め分けたネグサレセンチュウ(203頁)

図 12-3　ラッカセイの根こぶ(230頁)

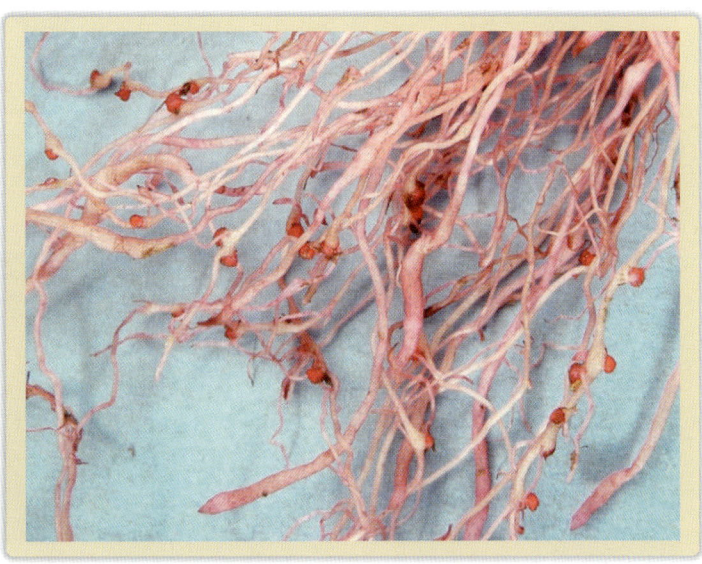
図 12-4　フロキシンBで染色したピーマン根に形成された卵のう(230頁)

図12-5　ゴボウの根こぶと岐根（230頁）

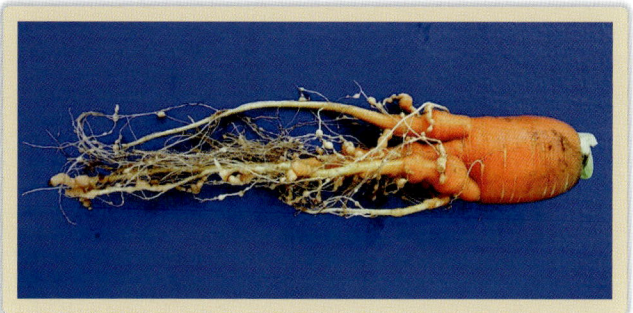

図12-6　ニンジンの根こぶと岐根（230頁）

図12-7　ジャガイモの被害（231頁）

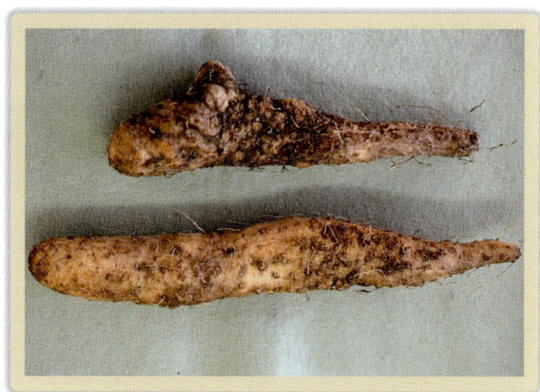

図12-8　ヤマノイモの被害（231頁）

図12-9　根菜類・イモ類の5段階根こぶ形成程度別基準（サツマイモの例）（231頁）

図 12-12　クルミネグサレセンチュウによるイチゴ地上部の被害（234 頁）

手前から 2 畝目の生育が抑制され，株が萎縮している（すくみ症状）．

図 12-13　クルミネグサレセンチュウによるイチゴ根部の被害（235 頁）

右側 2 株：被害根．褐変して根量が乏しい．左側 2 株：健全根．

図 12-19　ほたるいもち症状を呈したイネ（240 頁）

図 12-20　イネシンガレセンチュウ黒点米（240 頁）

図 12-25　視認によるダイズシストセンチュウ着生程度の確認（253 頁）

図 12-26　感受性品種（左）と抵抗性品種（右）でのシストセンチュウの増殖の比較（乾燥土壌 50 g 当たりのシスト）（255 頁）

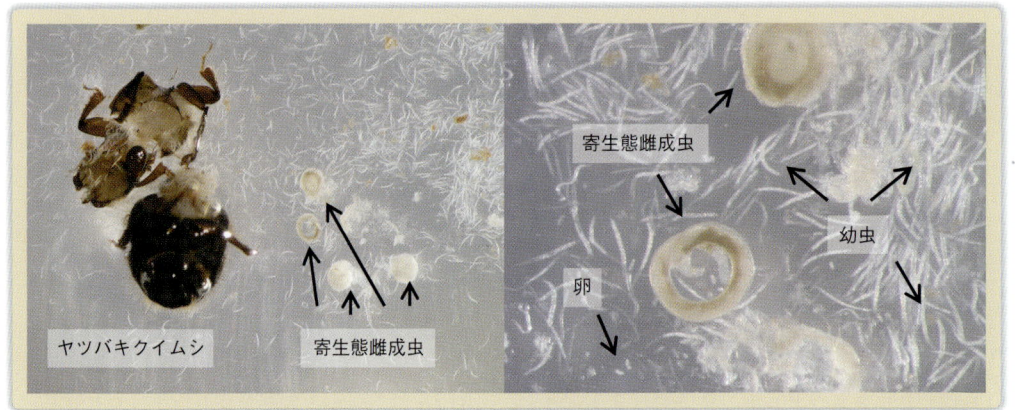

図 13-1　ヤツバキクイムシに寄生するコントロティレンクス（*Contortylenchus* sp.）（257 頁）
左：解剖時の概観．大型の寄生態雌成虫とそれに由来する幼虫（背景の細かい糸状のもの）が多数見える．
右：左の拡大図．寄生態雌成虫や幼虫のほか，卵も確認できる．

図 13-5　マツノマダラカミキリの蛹室
（263 頁）

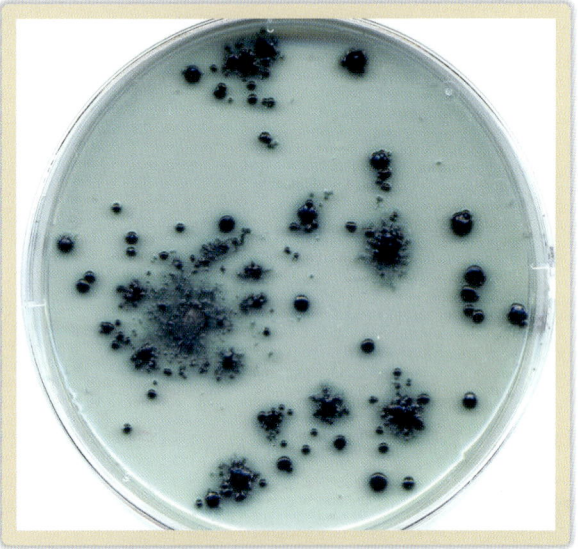

図 13-9　NBT 培地上の青緑色のゼノラブダス属 I 型細菌のコロニー（266 頁）

図 13-15　土壌中から検出されたコガネムシ幼虫（271 頁）

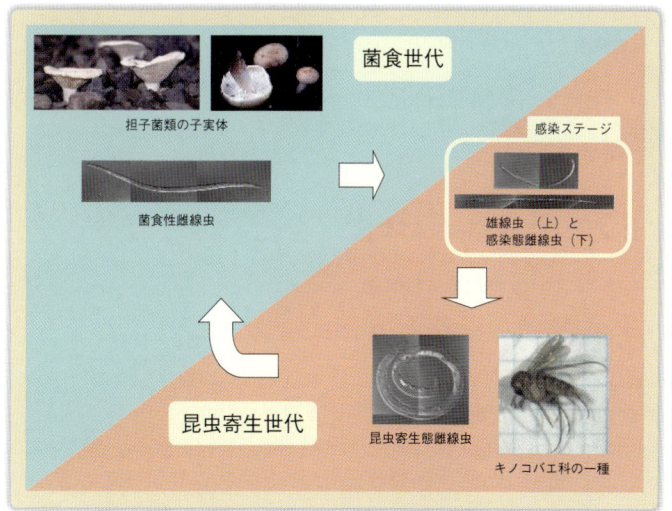

図 14-13 イオトンキウム属線虫の生活史（292 頁）

図 14-17 TRSV に感染した検定植物ベンサミアナタバコ葉にリング状の明瞭な病斑が確認できる．（297 頁）

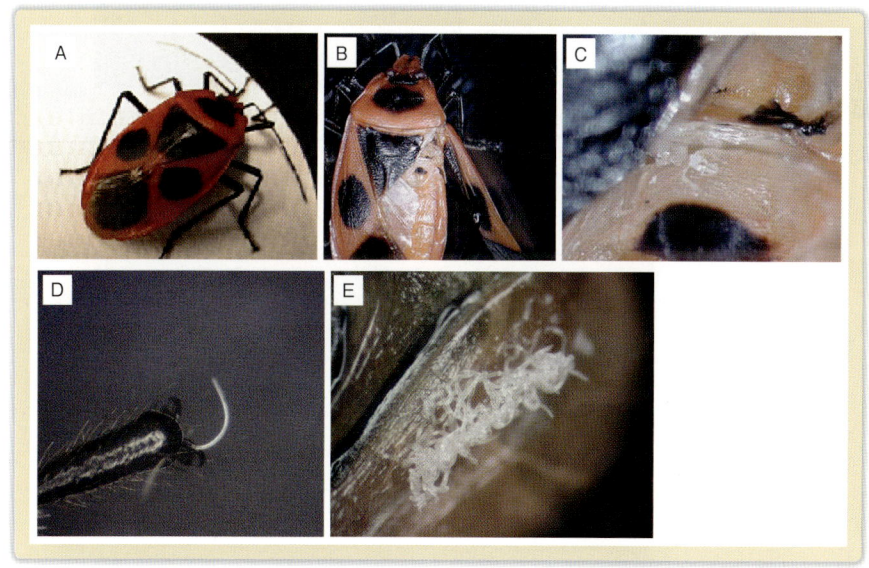

図 15-1 ベニツチカメムシと C. ジャポニカの便乗形態（302 頁）

A ベニツチカメムシ（*Parastrachia japonensis*）雌成虫
B A の翅を持ち上げたときの胸部・腹部
C B の胸部の溝で休止状態の *C. japonica* 耐久型幼虫（野外個体）
D ベニツチカメムシの脚部でニクテイションを行う *C. japonica* 耐久型幼虫
E ベニツチカメムシ胸部付近に集まって間もない頃の *C. japonica* 耐久型幼虫の塊

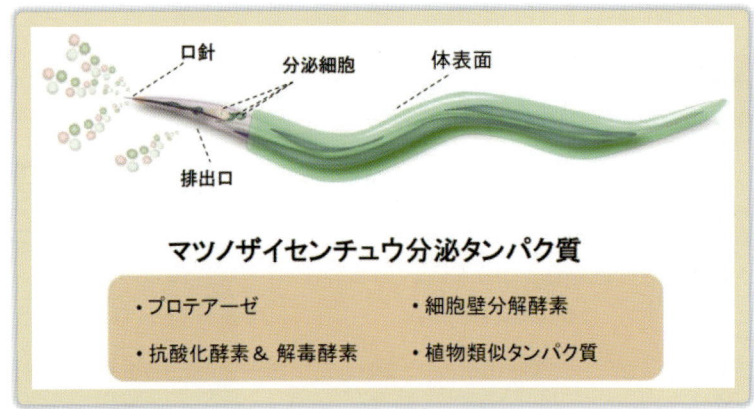

図 15-4　マツノザイセンチュウ分泌タンパク質（305 頁）

マツノザイセンチュウの分泌タンパク質は口針，双器（amphid），排出口等の自然開口部および表皮から分泌されていると考えられる．Shinya et al.（Journal of Bioscience and Bioengineering 2013）より改変．

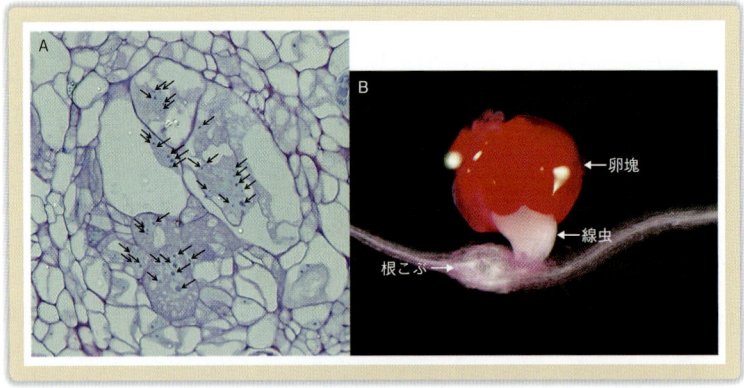

図 15-6　線虫感染の様子（307 頁）

A：根こぶ内にできた多核（矢印）の巨大細胞，B：根こぶの外部に見える抱卵した雌線虫

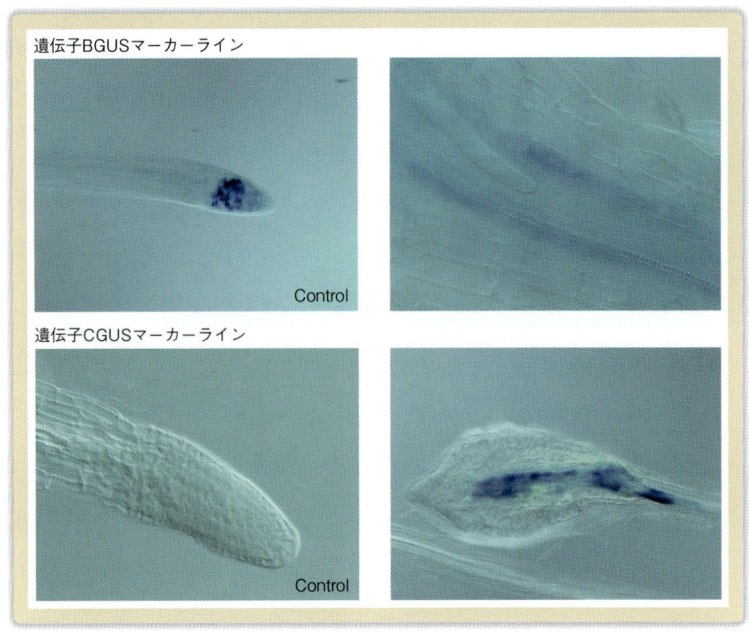

図 15-8　遺伝子マーカーラインにおける発現パターン（308 頁）

線虫を研究するということ

　ほんの20年ほど前まで日本において線虫を材料に研究をしている研究者といえば，植物保護の立場から植物寄生性線虫を研究する人たちや，寄生虫学の視点からヒトや家畜の寄生性線虫を研究するごく少数の研究者に限られていた．今日のように多くの科学者が線虫を材料に研究するようになったのは，シドニー・ブレナーらが分子生物学の新しいモデル生物として細菌食性線虫の一種，セノラブディティス・エレガンス（*Caenorhabditis elegans*，以下 C. エレガンス）を選んでからのことである（Brenner 1970）．当時，大腸菌をモデル生物として発展した分子生物学のブームが一段落し，ブレナー等はヒトのような多細胞生物に固有の生命現象である"発生"や"神経系"の研究に分子生物学の手法を用いて切り込もうとしていた．そのためには，複雑な体制を持つ多細胞生物の中で培養が簡単で，胚発生過程を観察しやすい生物が必要であった．これらの条件を満たす生物としてC. エレガンスが選ばれた．この土壌線虫は体長1 mmと小型で，細胞数も約1,000個と少なく，細菌を餌に簡単に培養できる．さらに，雌雄同体であるため突然変異個体を系統として維持し易いという特徴があり，ブレナー等が必要としたモデル生物の要件をすべて満たしているのがその理由だ．この線虫を用いてブレナー，ホロビッツ，サルストンの3人が行なった線虫の胚発生の研究とその過程で出現するプログラム細胞死（アポトーシス）の発見に対して2002年にノーベル生理学・医学賞が授与されたことはあまりにも有名である．また，それ以降この線虫を用いて展開された研究の成果の多くは，他の後生動物，特にヒトの代謝や発生，遺伝などの解明に大きく貢献した．1998年には多細胞生物としては初めてその全ゲノム，9,700万塩基対の配列が解読され，2003年に達成されたヒトゲノムの解明に道を開いた．このように，C. エレガンスを用いた分子生物学は生物学の緒分野に大きな貢献をしたが，特にこの線虫で得られた"全ゲノム情報"は線虫学においてこそ有用性が高いはずである．事実，現在線虫学の様々な分野でC. エレガンスのゲノム情報は盛んに活用されており，10年後には線虫学が大きく変貌する予感がある．

　線虫を対象に実験・調査する場合，まず，目的とする線虫の種を明らかにし，他の線虫と区別する必要がある．しかし，その微小な体サイズ，シンプルで特徴の少ない体制のため，線虫の分類・同定は非常に難しい．そのため，これまでは長い経験と十分な知識を積み重ねた専門家でないと正確な分類・同定はできなかった．しかし，C. エレガンスの研究で培われたゲノム情報や分子分類の手法は，線虫類の分類・同定を飛躍的に簡便化した．例えば土壌から分離される多種多様な線虫を扱う群集生態学の分野では，かつては，土壌サンプルから分離された線虫を，専門家が実体顕微鏡下で1頭ずつ種類を決めながら種毎の数をカウントし，その土壌中の線虫相を決定していた．しかし，現在ではメタゲノム解析法（環境中から直接得られた線虫DNAのすべてを対象として，シーケンシングを行なうことにより，環境中の線虫群集がもつ遺伝子群を解析する方法）などを用いることにより対象とする土壌中の線虫相を推定することが格段に容易になっている．このように，方法の簡便化は扱えるサンプルの数を増やし，ひいては研究の可能性に質的な変革をもたらすであろう．たとえば，遍在性と種の多様性という線虫の特徴を活かして，線虫を陸上の環境指標生物として利用することが試みられているが，これも，線虫の種同定が簡便化すれば有効性が飛躍的に上がる．さらに，広い農地において特定の植物寄生性線虫がどのように分布し，その数がどのように変動しているかを調査する場合を考えてみよう．その数や分布は寄主植物のみならず，共存する他の線虫種や土壌動物，あるいは土壌微生物との関係によって制御されているはずである．当の寄生性線虫の個体数を解析するには，まずそ

れら生物要因を網羅的に調査し，その中からこの線虫の個体数に影響する因子を抽出する必要があるが，予想される作業量を考えると，このような調査はこれまで事実上不可能であった．しかし，分子生物学的手法に基づく新しい群集解析法は作業の劇的な省力化をもたらし，ようやく線虫の生活の実相に迫る大規模な調査・研究を可能にした．

　分子生物学的手法がもたらした研究の質的変革は生物間相互関係の分野でも顕著である．植物寄生性線虫の場合を例に挙げると，寄主植物と寄生線虫の相互関係はもっとも重要な研究テーマの一つであるが，この分野にも最近では両者の感染応答を分子レベルで精査するゲノミクス（遺伝子の網羅的な研究）やプロテオミクス（タンパク質の網羅的な研究）の手法を用いた研究が導入され，相互関係の本質をポストゲノムレベルで解明することが盛んに進められている（たとえば，Shinya et al. 2010）．

　このように，線虫学の分野における分子生物学の影響はきわめて大きいと言わざるを得ない．

　本書ではこのような新しい線虫学の動向には充分に配慮したつもりである．しかし，同時にわれわれは線虫という動物に固有の興味深い生物現象にも注意を向ける重要性を訴えたい．繰り返しになるが，線虫という動物の特徴は何と言ってもその種類の多さと遍在性にある．深海底から高山の上にまで線虫は分布し，砂漠植物の根系や南極のコケの中からも線虫が分離されている．そのような遍在性を支えているのは多様な環境への適応性，特に極限環境に対する耐性の高さと，食性の広さである．細菌や菌類を摂食するものから動植物に寄生するものまで，その食性は驚くほど多様で，それに応じて生息域は広い．環境に対する耐性についての研究材料として線虫には豊富な研究実績がある．ゲノム情報が備わった現在，線虫はこの分野のさらに優れた研究材料になるであろう．また，様々な生息域に適応した線虫の行動や生活史は，上に述べた寄主植物との関係の他にも，伝播昆虫との関係や，土壌中の細菌，菌類，原生生物などの微生物や，他の土壌動物などとの関係を通して進化してきたに違いない．これら多様な生物間の相互関係を研究する上で線虫ほど豊かな可能性を秘めた生物は他に見当たらない．本書が今後，新しい研究のスタートアップに貢献することが期待される分野である．

　この本が想定している主たる対象読者は，線虫学や関係緒分野の研究者，教員，学生達だが，加えて，生物学に興味ある中，高校生やサラリーマン，若き農業者にも是非この本を手に取ってもらいたいものだ．また，中学，高校の教育現場では，線虫が理科の実験教材として扱いやすい生物であるということが認識されはじめている．しかし，線虫の専門家以外の人が線虫を用いて実験を始める場合，培養法や観察法など線虫を取り扱う上で基本的な情報が得難いため先に進めないといった障壁にぶつかる可能性がある．これらの問題の解決に本書がお役に立てれば幸いである．このような若い世代が線虫について少しでも理解を深め，その重要性を認識してくれる一助となれば，本書の大きな目的の一つは達成できたと言えるだろう．

参考文献

Brenner, S. (1974) The genetics of *Caenorhabditis elegans*. Genetics, 77: 71-94.

Shinya, R., Morisaka, H., Takeuchi, Y., Ueda, M. and Futai, K. (2010) Comparison of the surface coat proteins of the pine wood nematode appeared during host pine infection and in vitro culture by a proteomic approach. Phytopathology, 100: 1289–1297.

（二井一禎）

目　次

口　絵　*i*
線虫を研究するということ　*ix*

第1部　線虫の分類・同定法 …………………………………… *1*

［第1章　標本作製］ …………………………………………… *2*

1. 釣り上げ法 ………………………………………………………… *2*
2. 熱殺法，固定および保存法 ……………………………………… *4*
   - 2.1　線虫の熱殺法 ……………………………………………… *4*
   - 2.2　ホルムアルデヒドによる線虫の固定 …………………… *4*
   - 2.3　DESS 保存液の使用 ……………………………………… *5*
   - 2.4　熱殺，固定，保存法の特徴と問題点 …………………… *5*
3. グリセリン置換法 ………………………………………………… *6*
   - 3.1　緩慢法 ……………………………………………………… *6*
   - 3.2　迅速法 ……………………………………………………… *7*
   - 3.3　1バイアル法 ……………………………………………… *7*
   - 3.4　グリセリン置換試料の保管 ……………………………… *9*

   コラム：ホルマリン・グリセリン固定液と置換法 …………… *10*

4. ラクトフェノール置換法 ………………………………………… *10*
5. 封入法 ― プレパラート標本の作製 …………………………… *11*
   - 5.1　パラフィンリング封入法 ………………………………… *12*
   - 5.2　ソーンのセメントによる周封法 ………………………… *13*
6. 永久標本の管理 …………………………………………………… *14*
   - 6.1　ラベルの貼付 ……………………………………………… *14*
   - 6.2　線虫の永久プレパラート標本の保管 …………………… *14*
   - 6.3　研究証拠標本について …………………………………… *14*
7. 群集研究用集合標本 ……………………………………………… *15*
8. ネコブセンチュウ ― 会陰紋標本などの作製法 ……………… *17*
9. シストセンチュウ ― 陰門錐標本の作製法 …………………… *18*
10. 走査型電子顕微鏡観察用標本の作製法 ………………………… *20*
    - 10.1　線虫の分離と洗浄 ……………………………………… *20*
    - 10.2　固定 ……………………………………………………… *21*
    - 10.3　脱水と置換 ……………………………………………… *21*
    - 10.4　臨界点乾燥・凍結乾燥 ………………………………… *21*

10.5	試料台への接着	22
10.6	金属蒸着	22
10.7	検鏡と写真撮影	23

第2章 分類・同定のための形態観察

1. 採集法 ... 24
    1.1 線虫の採集法 ... 24
    1.2 土壌からの線虫抽出 - ふるい分け法（ウェットシービング法） ... 24
    1.3 倒立フラスコ法 ... 26
    1.4 根の線虫の回収 ... 27

    コラム：昆虫嗜好性線虫の採集法 ... 27

2. 顕微鏡の使い方 ... 28
    2.1 生物顕微鏡の基本設定 ... 28
    2.2 対物レンズとコンデンサ ... 29
    2.3 フィルター ... 30

    コラム：線虫の分類体系 ... 30

3. 線虫のボディプラン ... 32
    3.1 線虫の形態 ... 32
    3.2 線虫の目レベルの識別 - 食道と口腔の形態 ... 33

4. 線虫のその他の形態的特徴 ― 分類・同定に有用な形質を中心に ... 36
    4.1 体の概形 ... 36
    4.2 体表面：角皮に見られる形態的特徴 ... 37
    4.3 唇部 ... 38
    4.4 食道関連構造：半月体・排泄口・神経環 ... 39
    4.5 腸・直腸 ... 40
    4.6 尾部 ... 40
    4.7 雌性生殖器官 ... 42
    4.8 雄性生殖器官：交接刺・導帯 ... 43
    4.9 科・属・種の同定および分類・同定のための検索表の利用 ... 43

5. 線虫の形態測定法 ... 44

第3章 分子生物学的分類・同定法

1. 分類・同定のためのDNAデータの利用法 ... 46
    1.1 系統樹の構築 ... 46
    1.2 DNAバーコード ... 48
    1.3 データベースの利用 ... 49

2. 線虫からのDNA抽出法 ... 50

    2.1   線虫 1 頭からの DNA 抽出法 ･･･ 50
    2.2   ISOHAIR（アイソヘアー）による DNA 抽出法 ･･･････････････････････ 53
    2.3   ISOIL（アイソイル）による DNA 抽出法 ･･･････････････････････････ 54
3. 締固め及びビーズビーターによる DNA 抽出法 ･････････････････････････ 56
    3.1   土壌の前処理 ･･･ 56
    3.2   締固め ･･･ 57
    3.3   ボールミルによる粉砕・攪拌 ･･･････････････････････････････････････ 57
    3.4   ワンダーブレンダーによる粉砕・攪拌 ･･･････････････････････････････ 58
    3.5   土壌からの DNA 抽出法 ･･･ 58
4. PCR-RFLP 法（及び種特異的プライマー）による同定法 ･････････････････ 60
    4.1   試薬の調整 ･･･ 60
    4.2   PCR の条件 ･･･ 61
    4.3   アガロース電気泳動（PCR 産物の確認） ･････････････････････････････ 62
    4.4   RFLP ･･･ 63
    4.5   解析および種の識別 ･･･ 65
5. LAMP 法を利用したマツ材線虫病診断キットによるマツノザイセンチュウの検出法 ･････ 65
6. リアルタイム PCR による定量検出 ･････････････････････････････････････ 69
    6.1   プライマーおよびプローブの準備 ･･･････････････････････････････････ 69
    6.2   PCR の手順と注意事項 ･･ 71
7. DNA シークエンシングによる同定法 ･･･････････････････････････････････ 72
    7.1   PCR 産物の精製 ･･ 73
    7.2   サイクルシークエンス反応 ･･･ 74
    7.3   DNA シークエンシング ･･ 74
    7.4   解析および種の推定 ･･･ 75

第 2 部　生理・生化学的研究法 ･･･ 77

［第 4 章　実験材料線虫の入手法・培養法・保存法］ ･･････････････････････ 78

1. 線虫の入手法 ･･ 78
    1.1   自分で系統を確立する場合 ･･･ 78
    1.2   線虫の分譲を依頼する場合 ･･･ 78
2. 線虫無菌化法 ･･ 79
    2.1   少量の植物寄生性線虫の簡易無菌化法 ･･･････････････････････････････ 79
    2.2   大量の線虫の無菌化法 ･･･ 81
3. 植物寄生性線虫の培養法 ･･ 82
    3.1   ネコブセンチュウ ･･･ 82
    3.2   シストセンチュウ ･･･ 87
    3.3   ネグサレセンチュウ ･･･ 89
    3.4   糸状菌による培養 ･･･ 95

4. 昆虫寄生性線虫の培養・保存法 ……… 97
    4.1　シヘンチュウの培養・保存法 ……… 97
    4.2　昆虫病原性線虫の培養法と保存法 ……… 99

5. 昆虫等便乗性線虫の培養・保存法 ……… 102
    5.1　マツノザイセンチュウ ……… 102
    5.2　節足動物やカタツムリに便乗する線虫 ……… 104

6. 非寄生性線虫の培養法 I ― 細菌食性線虫 ……… 108
    6.1　C. エレガンスの培養法 ……… 109
    6.2　C. エレガンスの保存法 ……… 111

7. 非寄生性線虫の培養法 II ― 糸状菌食性線虫の培養 ……… 113

8. 線虫の凍結保存法 ……… 114
    8.1　植物寄生性線虫の凍結保存法 ……… 114
    8.2　スタイナーネマ属およびヘテロラブディティス属昆虫病原性線虫の凍結保存法 … 115

[第5章　行動解析実験法]　……… 117

1. 植物寄生性線虫の行動解析 ……… 117
    1.1　寄主探索と摂食過程の観察 ……… 117
    1.2　線虫の走化性 ― 誘引・忌避物質への反応 ……… 117

2. 昆虫寄生性線虫の行動解析 ……… 120
    2.1　シヘンチュウ類 ……… 120
    2.2　昆虫病原性線虫の行動解析法 ……… 123

3. 昆虫便乗性線虫の行動解析 ……… 126
    3.1　マツノザイセンチュウ ……… 126

4. 非寄生性線虫の行動解析 ……… 129
    4.1　細菌食性線虫の生殖行動解析法 ……… 129
    4.2　糸状菌食性線虫の行動解析法 ……… 130

コラム：C. ジャポニカの宿主探索行動解析 ……… 132

[第6章　植物と線虫の相互関係研究法 I]　……… 134

1. 線虫レース検定法（1）― ネコブセンチュウ ……… 134
    1.1　ネコブセンチュウの国際レース ……… 134
    1.2　ネコブセンチュウのサツマイモレース（SPレース） ……… 135

コラム：植物と線虫の相互関係研究 ……… 137

2. 線虫レース検定法（2）― シストセンチュウ ……… 139
    2.1　ダイズシストセンチュウのレース ……… 139
    2.2　ジャガイモシストセンチュウのレース ……… 140

3. 線虫のタンパク・遺伝子（核酸）実験法 ……… 141

        3.1　線虫タンパク質の抽出 …………………………………………… *142*
        3.2　質量分析計を用いたタンパク質の網羅的同定法 ……………… *143*
        3.3　寄生性に関する線虫遺伝子の解析 ……………………………… *145*

　　コラム：線虫のゲノム研究 ………………………………………………… *150*

第7章　線虫の環境耐性研究法 …………………………………………… *153*

  1. 乾燥耐性実験法 ………………………………………………………… *153*
        1.1　ニセネグサレセンチュウを用いた乾燥耐性実験法 …………… *153*
        1.2　他の線虫の乾燥耐性評価法 ……………………………………… *155*

　　コラム：C. ジャポニカの乾燥耐性研究 …………………………………… *155*

  2. 無酸素条件・有機酸の影響評価法 …………………………………… *157*
        2.1　無酸素環境影響評価法 …………………………………………… *157*
        2.2　有機酸の殺線虫活性調査法 ……………………………………… *158*

  3. 線虫を用いた環境毒性学実験法 ……………………………………… *159*
        3.1　寿命測定による毒性の評価法 …………………………………… *159*
        3.2　産仔数測定による毒性の評価法 ………………………………… *163*

第8章　線虫の化学的防除試験法 ………………………………………… *165*

  1. 室内試験法 ……………………………………………………………… *165*
        1.1　薬液浸漬法 ………………………………………………………… *165*
        1.2　密閉容器内土壌くん蒸法 ………………………………………… *167*

  2. 圃場試験法 ……………………………………………………………… *168*
        2.1　土壌くん蒸剤 ……………………………………………………… *168*
        2.2　粒剤・液剤 ………………………………………………………… *172*

第9章　線虫の物理的防除試験法 ………………………………………… *173*

  1. 熱を利用した防除試験法 ……………………………………………… *173*
        1.1　温湯浸漬 …………………………………………………………… *173*
        1.2　熱水・蒸気・太陽熱による土壌消毒試験 ……………………… *174*

  2. 土壌還元消毒法 ………………………………………………………… *175*
        2.1　土壌還元消毒の圃場試験 ………………………………………… *175*
        2.2　土壌還元消毒に関する室内試験 ………………………………… *177*

第3部　生態学的研究法 ……… 179

[第10章　線虫の個体群生態学的研究法] ……… 180

1. 土壌試料の採集から試料の定量・分離まで ……… 180
- 1.1　土壌採取器具 ……… 180
- 1.2　採土するパターン ……… 180
- 1.3　採土する深さ ……… 181
- 1.4　土壌の状態 ……… 181
- 1.5　採土後の運搬と保存 ……… 182
- 1.6　コアの攪拌の影響 ……… 182
- 1.7　分離段階の土壌定量基準 ……… 182
- 1.8　サブサンプルの反復 ……… 182

コラム：ジャガイモシストセンチュウのカップ検診法 ……… 183

2. 線虫の分布と密度推定法 ……… 184
- 2.1　線虫の水平分布 ……… 184
- 2.2　圃場における標本抽出 ……… 185
- 2.3　標本土壌から線虫を分離するためのサブサンプルの抽出 ……… 190

3. 土壌からの線虫分離法 ……… 192
- 3.1　ベールマン法 ……… 192
- 3.2　二層遠心浮遊法 ……… 193
- 3.3　ふるい分け法と二層遠心浮遊法またはベールマン法との組み合わせ法 ……… 195
- 3.4　チューブ法 ……… 197
- 3.5　シストセンチュウの分離法 ……… 199

4. 線虫感染組織切片の作製法 ……… 200

5. 植物体内の線虫密度推定法 ……… 201
- 5.1　植物組織内線虫の染め分け法 ……… 201
- 5.2　根・植物体からの線虫分離法 ……… 204
- 5.3　イネシンガレセンチュウ調査法 ……… 206

コラム：イネとイネシンガレセンチュウの相互関係について ……… 208

6. 検疫を目的とした圃場サンプリング ……… 210

コラム：輸入植物検疫におけるサンプリング ……… 212

コラム：線虫の外来種 ……… 214

[第11章　線虫の群集生態学研究法] ……… 217

1. 線虫群集構造の指数化 ……… 217

- 1.1 細菌食と糸状菌食との比（Nematode Channel Ratio, NCR） ... 217
- 1.2 成熟度指数（Maturity Index, MI） ... 217
- 1.3 農業生産管理や土壌生態学研究での使用を目指したその他の指数 ... 218

コラム：線虫群集指数を環境指標に用いた研究例 ... 220

2. DNAベースの群集分析法 ... 222
- 2.1 線虫群集からのDNA抽出 ... 222
- 2.2 PCRによる標的遺伝子の増幅 ... 223
- 2.3 DGGEによる標的遺伝子の分離 ... 223
- 2.4 バンドの切り出しによる分類群の推定 ... 225
- 2.5 サンプル間比較のためのデータ解析 ... 225

[第12章　植物と線虫の相互関係研究法 II] ... 227

1. 線虫による植物被害評価法 ... 227
- 1.1 ネコブセンチュウ被害評価法 ... 227
- 1.2 シストセンチュウ被害評価法 ... 232
- 1.3 ネグサレセンチュウ被害評価法 ... 234
- 1.4 ハガレセンチュウの被害評価法 ... 238
- 1.5 イネシンガレセンチュウ ... 239
- 1.6 マツノザイセンチュウ被害評価法 ... 240

2. 対抗植物スクリーニング法 ... 246
- 2.1 室内試験法 ... 246
- 2.2 圃場試験法 ... 248

3. 抵抗性評価法 ... 248
- 3.1 室内検定法 ... 248
- 3.2 線虫抵抗性圃場試験法 ... 252

コラム：植物の線虫抵抗性遺伝子と抵抗性メカニズム ... 254

[第13章　昆虫と線虫の相互関係研究法] ... 257

1. 昆虫寄生性線虫の生態関係研究法 ... 257
- 1.1 同定 ... 257
- 1.2 生活史の解明 ... 258
- 1.3 宿主への影響 ... 258
- 1.4 宿主行動の操作 ... 259

2. 昆虫便乗線虫の生態関係研究法 ... 259
- 2.1 研究材料の選択 ... 259
- 2.2 生態研究（野外） ... 260
- 2.3 生態研究（室内） ... 260

コラム：人工蛹室を用いた線虫便乗実験法 262

3. 昆虫病原性線虫の生態関係研究法 265
 3.1 昆虫病原性線虫の室内殺虫試験法 265
 3.2 昆虫病原性線虫の野外土壌からの収集法 267
 3.3 昆虫病原性線虫を用いた害虫防除試験 270

［第 14 章　微生物と線虫の相互関係研究法］ 273

1. 天敵微生物分離のための土壌分画法 273
 1.1 ステップ 1〈粘土および 20μm 以下の微生物の分画〉 273
 1.2 ステップ 2〈10μm 以下の微生物の回収〉 274

2. 線虫天敵微生物の分離・同定・継代法 275
 2.1 寄生菌類検出用線虫の培養，卵寄生菌の分離 275
 2.2 内部寄生菌 277
 2.3 捕捉性菌 279
 2.4 パスツーリア 280

3. 線虫天敵微生物の大量培養法 282

4. 天敵微生物による線虫防除試験法 284
 4.1 卵寄生菌 284
 4.2 パスツーリア 287

5. 菌食性線虫による植物病原糸状菌防除試験法 288
 5.1 アフェレンクス・アヴェネの採集・培養法 288
 5.2 アフェレンクス・アヴェネの大量生産 289
 5.3 線虫の保存法 289
 5.4 防除試験法 290

6. 菌類子実体（きのこ）と線虫の生態関係調査法 292
 6.1 代表的なきのこ利用線虫 292
 6.2 野外採取子実体からの線虫の分離法 293
 6.3 伝播昆虫の解明 295
 6.4 生活史の解明 296

コラム：オオハリセンチュウ個体群のウイルス媒介能評価 296

コラム：トランスポゾンを用いた昆虫病原性線虫の共生細菌の研究法 298

APPENDIX　線虫を材料にした,「新しくて面白い」研究例 ················ *301*

1. セノラブディティス・ジャポニカの生態学的研究 ···························· *302*
2. 線虫タンパク質と寄生性の関係 ··· *304*
3. 線虫寄生に対する寄主遺伝子の応答解析 ······································ *306*
4. マツノザイセンチュウの感染に対する寄主マツ遺伝子の応答 ············ *309*

あとがき　*313*
索　引　*315*

執筆者一覧（五十音順）

相川 拓也	（独）森林総合研究所 東北支所 生物被害研究グループ	3
相場 聡	（独）農研機構 北海道農業研究センター 生産環境研究領域	6, 10, 12
荒城 雅昭	（独）農業環境技術研究所 生物生態機能研究領域	1, 2
石橋 信義	元 佐賀大学 農学部	14
伊藤 賢治	（独）農研機構 北海道農業研究センター 生産環境研究領域	8, 9, 10
岩堀 英晶*	（独）農研機構 九州沖縄農業研究センター 生産環境研究領域	3, 6
上杉 謙太	（独）農研機構 九州沖縄農業研究センター 生産環境研究領域	10, 12
上田 康郎	元 茨城県 農業総合センター 農業研究所	12
植原 健人*	（独）農研機構 中央農業総合研究センター 病害虫研究領域	3, 12
江島 千佳	熊本大学大学院 自然科学研究科	4, 附録
大場 広輔	東京大学大学院 理学系研究科附属植物園日光分園	11
岡 雄二	イスラエル国 農業研究機構 ギラト研究センター	5
岡田 浩明*	（独）農業環境技術研究所 生物生態機能研究領域	1, 4, 11
奥村 悦子	京都大学大学院 農学研究科 地域環境科学専攻	5, 附録
ガスパード, J.T.	（有）ネマテンケン	10, 14
片瀬 雅彦	千葉県農林総合研究センター 育種研究所	7, 9
神崎 菜摘*	（独）森林総合研究所 森林微生物研究領域	2, 3, 10
菊地 泰生	宮崎大学 医学部 感染症学講座 寄生虫学分野	6
北上 達	三重県 病害虫防除所	12
串田 篤彦*	（独）農研機構 北海道農業研究センター 畑作研究領域	4
小坂 肇	（独）森林総合研究所 九州支所 森林微生物管理研究グループ	1, 13
酒井 啓充	農林水産省 横浜植物防疫所	2, 10, 14
佐藤 恵利華	（独）農研機構 近畿中国四国農業研究センター 環境保全型野菜研究領域	3
佐藤 一輝	京都大学大学院 農学研究科 地域環境科学専攻	4, 14
佐野 善一	元（独）農研機構 九州沖縄農業研究センター	8, 10
澤畠 拓夫	近畿大学 農学部 環境管理学科	5
新屋 良治	カリフォルニア工科大学，中部大学 応用生物学部	6, 附録
竹内 祐子	京都大学大学院 農学研究科 地域環境科学専攻	4, 12
竹本 周平	東京大学大学院 農学生命科学研究科	14
立石 靖	農林水産省 農林水産技術会議事務局 総務課	14
田中 龍聖	宮崎大学 医学部 感染症学講座 寄生虫学分野	4, 7
田辺 博司	（株）エス・ディー・エス バイオテック	13
津田 格	岐阜県立森林文化アカデミー	14
豊田 剛己	東京農工大学大学院 生物システム応用科学府	3
奈良部 孝	（独）農研機構 北海道農業研究センター 生産環境研究領域	1, 4, 6, 10, 12
長谷川 浩一	中部大学 応用生物学部 環境生物科学科	5

平尾 知士	(独)森林総合研究所 林木育種センター	附録
藤本 岳人	(独)農業生物資源研究所 植物科学研究領域	6
二井 一禎	元 京都大学大学院 農学研究科	5
古川 勝弘	(地独)北海道立総合研究機構 農業研究本部 北見農業試験場	10
星野 滋	広島県立総合技術研究所 農業技術センター	10, 12
前原 紀敏	(独)森林総合研究所 東北支所 生物被害研究グループ	13
水久保 隆之	(独)農研機構 中央農業総合研究センター 病害虫研究領域	2, 4, 10
三輪 錠司	中部大学 総合学術研究院	7
宮下 奈緒	石川県 農林総合研究センター 農業試験場 病害虫防除室	10
百田 洋二	元 (独)農研機構 中央農業総合研究センター	1
山口 泰典	福山大学 生命工学部 生物工学科	7
吉賀 豊司*	佐賀大学 農学部 応用生物科学科	4, 5, 7, 13
吉田 睦浩	(独)農研機構 九州・沖縄農業研究センター 生産環境研究領域	4, 5, 13
渡邊 貴由	片倉チッカリン(株)筑波総合研究所	14

＊は分野責任者，所属は執筆時（2013年度），数字は執筆担当の章を示す
分野責任者の担当章：岩堀 英晶（6,12）；植原 健人（3,附録）；岡田 浩明（10,11）；神崎 菜摘（1, 2, 13）；串田 篤彦（7, 8, 9, 14）；吉賀 豊司（4, 5）

第1部
線虫の分類・同定法

第1章　標本作製

　土壌などから分離した線虫は小型のものが多いので，その詳細な形態観察や厳密な同定を行おうとする場合，熱殺・固定，グリセリン置換の手順をきちんと踏んで，高倍率の検鏡に適した状態のよい永久プレパラート標本を作製することが重要となる．そこで以下に，土壌線虫などの永久プレパラート標本作製のための手順を中心に記す．なるべく早く形態観察を行っておおまかな同定を急ぎたい場合に用いることができる，一時的な線虫標本の作製法および，ネコブセンチュウの会陰紋，シストセンチュウの陰門錘など特殊な標本の作製法，線虫を走査型電子顕微鏡で観察するための処理方法についても紹介する．図1-1，1-2に線虫の永久標本作製に必要な用具とその配置例を示す．

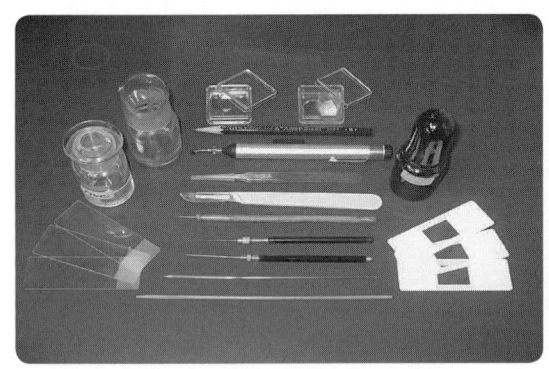

図1-1　線虫標本作製用具（例）

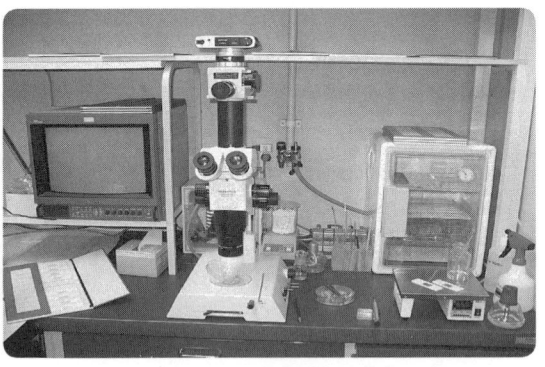

図1-2　線虫標本作製用具の配置（例）

（外周左から）スライドグラス・グリセリン・ゾーンのセメント・グラスウール（短く切ったもの）カバーグラス・ラクトフェノール・H-Sスライド．（中央下から）毛髪針・茎針・有柄針・歯科用クレンザー（有柄針のホルダーに取り付けたもの）・微針ストレート型（柄を付けたもの）・メス・ピンセット・吸着ピンセット・鉛筆．

左に作製した標本を収めるマッペを置き，中央に実体顕微鏡，右にホットプレートを配置している．実体顕微鏡とホットプレートの間には，カバーグラスやパラフィン小片が入ったペトリ皿，ゾーンのセメントなどが見え，その奥に有柄針や毛髪針などが立てて整理されている．デシケーターには脱水置換後の線虫試料が収められている．

1. 釣り上げ法

　線虫の永久プレパラート標本を作製する際には，脱水置換してグリセリンの中にある線虫から，1枚のプレパラートに1頭あるいは数頭の同種線虫を釣り上げて移す必要が生じる．線虫の釣り上げ操作は，永久標本作製時だけでなく，例えば，線虫を培養系確立のため表面殺菌する際にも必要であるが，これまでその方法について記述されることはなかった．線虫釣り上げの方法は，研究者それぞれによって様々な異なる方法が取られる（第3章2.1.1，第4章2.1も参照）が，ここに筆者が行っている釣り上げ方法を記し参考に供したい．

　a）準備器材：　毛髪針，茎針，歯科用クレンザー（以上，図1-1），アーウィンのループ．

1. 釣り上げ法

b）操作手順： 線虫を釣り上げる操作が必要な際，筆者は毛髪針を賞用している．毛髪針は柔らかいので線虫を押しつぶすということがほとんど考えられず，ガラス容器の底に沈んだ線虫を持ち上げる際も安心である．線虫の体の下に毛髪針を差し入れ，すくい上げるようにして水（グリセリン）面近くまで移動させ，なおすくい上げるようにしていると，線虫が毛髪針に沿ってくっついてきて釣り上げることができる．釣り上げた線虫は毛髪針の先端を新たな水（グリセリン）滴に入れれば簡単に離れる．線虫の表面角皮は意外と水やグリセリンとのなじみが悪く濡れにくい．水中で濡れにくい物同士がくっつきあう現象は，線虫を取り扱っているとしばしば観察される．プリスティオンクス（*Pristionchus*）属線虫耐久体幼虫やネコブセンチュウ第2期幼虫の集塊形成はその例である．

ジフィネマ（*Xiphinema*）属に代表されるドリライムス目（*Dorylaimida*）線虫など，大型で剛直な線虫は，細い毛髪針にはくっついてこず釣り上げにくいことがある．そのような線虫は，毛髪針で水面近くまで持ち上げておいて，歯科用クレンザーの逆向きの棘でひっかけるようにして釣り上げると効率的である．

毛髪針は変性などの問題があるため，滅菌には不適である．培養線虫を釣り上げるなど，用具の滅菌が求められる場合は，筆者は茎針（第4章2節）を用いている．茎針は毛髪針よりは硬いので，線虫を押しつぶさないよう注意する必要がある一方，寒天培地上の線虫を培地ごとかき取ってくることができるなどの利点も備える．

海産微小動物の取り扱い用に考案されたアーウィンのループは，土壌線虫にも適用できるし，同時に分離されるワムシやクマムシの取り扱いにも優れている．液滴と一緒に線虫などをすくい上げるアーウィンのループは，エタノール中の電子顕微鏡用試料を取り扱う際に有用である．

c）留意事項： 毛髪針は，眉毛などを竹ひごなどの棒の先に取り付けて自作する．竹ひごの先端を割って眉毛などをはさめば十分である．茎針は，単子葉植物の茎を適当な長さに切断し端をカッターナイフで削って尖らせる．必要に応じ柄を取り付けてもよい．単子葉植物の茎は伊達巻の巻簾によいものがある．アーウィンのループも自作するものでその方法は参考文献を参照されたい．

d）その他の機材： 上記毛髪針以外にも研究者によって様々な器具を用いている．以下にいくつか例示し，特徴を述べる．

ナイロン釣り糸： 釣り糸を熱して，引き延ばし，先が細くなったものをホルダに着けて用いる．線虫体への接触はソフトであるが，耐久性にかけ，火炎，オートクレーブ滅菌はできない．

鉄針： 加工が容易であり，耐久性も比較的高いが火炎滅菌は不能で，線虫をつぶす危険がある．

ステンレス針： 鉄針より加工が面倒ではあるが，耐久性が高く，火炎滅菌も可能である．連続してのDNA試料準備などに適している（第3章2.1.1）．

白金線・タングステン線： ステンレス針よりさらに加工に手間がかかるが，耐久性が非常に高く，半永久的に使用が可能である．

木綿針： 加工特性，耐久性はステンレス針と同程度．小型線虫には使えないが，特に大型の線虫（テラストマータ科〔Thelastomatidae〕やリゴネマータ科〔Rhigonematidae〕の寄生線虫）の扱いに適している．

参考文献

白山義久（2004）第10章 海産線虫．『線虫学実験法』（日本線虫学会編）pp.187-194 日本線虫学会，つくば．

（荒城雅昭）

2. 熱殺法，固定および保存法

2.1 線虫の熱殺法

　状態のよい永久プレパラート標本を作製するための第一歩として，線虫の熱殺もていねいに行うことが重要である．具体的には水温が高過ぎないよう，浸漬時間が長くなり過ぎないよう注意する．一時的な標本作製の際には，便法としてスライドグラス上に線虫の水懸濁液を取り，マッチやアルコールランプの炎にかざして熱殺を行うこともできる．この方法では温度がコントロールできないので，加熱し過ぎないよう特に注意する必要がある．

　a）準備器材：　線虫（バイアル中），専用試験管立，バット，温度計，温湯，ボール紙，輪ゴム．
　b）操作手順：　①線虫が入ったバイアルを専用試験管立にまとめる．過剰な水層は駒込ピペットやパスツールピペットを取りつけたアスピレーターなどで取り捨て，1mℓ程度（高さ約8mm～管径）としておく．専用試験管立利用の場合，ボール紙を被せて輪ゴムなどで止める（バイアルの浮上防止）．②バットなどに約65℃の温湯を用意する．浸漬中の水温低下を見込んでいる．温度は水量およびバイアル本数，外気温に応じて加減する．③線虫試料（バイアル）を振とうしてから用意した温湯に30秒間浸漬する（図1-3；60℃30秒浸漬）．
　c）留意事項：　湯温は線虫容器，温湯容器の大きさに応じて調節する．55℃，5～6分浸漬（一戸・三井，1981）でも問題はないが，保温策を講じる必要があろう．死亡した線虫を水中に放置すると浸透圧で水を吸って膨れてくる．速やかに固定・保存の操作に移る．

2.2 ホルムアルデヒドによる線虫の固定

　ホルムアルデヒドによる固定は線虫を暗く着色する傾向があり，虫体が固くなる．必要以上に虫体を固くすることのないよう，濃度は5％かそれ以下，2％程度までが適当とされる．

　ホルムアルデヒドが酸化されて生じる蟻酸は線虫の角皮や組織を損なうとされる．日常的に線虫の固定を行う機関には，蟻酸を中和する作用を持つトリエタノールアミンを加えたTAF固定液の使用を薦める．トリエタノールアミンは吸湿性が高いので，線虫試料の保存中に固定液が蒸発することがあっても中の線虫は保護される．ただし，トリエタノールアミンは化学兵器製造の原料物質とされ，法律による規制があるので，保管には劇物同様の注意が求められる．

　a）準備器材：　バイアル中線虫試料，倍濃度TAF固定液（10％ホルマリン液），駒込ピペット（分注器）．

TAF固定液処方：

2,2',2"ニトリロトリエタノール（トリエタノールアミン）	2.0 mℓ
ホルマリン（市販37％ホルムアルデヒド液）	7.5 mℓ
蒸留水	45.25 mℓ（規程濃度液は90.5 mℓ）

　b）操作手順：　バイアルに10％ホルマリン液か倍濃度TAF固定液を1mℓ加え24時間以上放置する．
　c）留意事項：　固定液は静かに加える．バイアルの本数が多い時は分注器を使用すると効率的である．少量の線虫試料に多量の規定濃度の固定液を加えてもよいが，ホルマリンの使用量は多くなる．ホルマリンを含む固定液は線虫試料の保存液ではない．長期にわたって固定液に入れたままの線虫はぼろぼろになってしまう．半年程度の保管で線虫試料がだめになるわけではないが，年単位の放置は避けるべきである．

2.3 DESS保存液の使用

線虫のDNAを抽出して分類・同定に利用するためには，ホルマリンを含む固定液はDNAを破壊する作用があるため使用できず，純エタノールやアセトンなどに線虫を投入して「保存」することがある．ただし，この「保存」方法では線虫は収縮してしまい，形態を観察することはできない．

DESS保存液と呼ばれる飽和食塩水をベースとする保存液（Yoder, M. et al. 2006）は，DNAと形態が併せ保存される優れた保存液である．DESS保存液は，TAF固定液などに代えて日常的に用い，その中の線虫を観察したり計数した

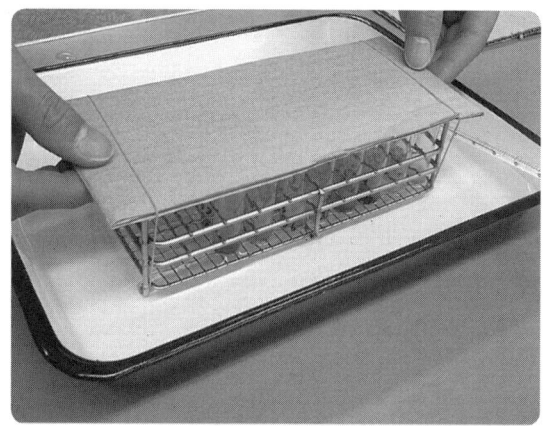

図1-3 バイアルの温湯浸漬による線虫の熱殺

りすることもできる．ただし，全般に虫体が多少細く小さく見えるように感じられ，プリスティオンクス（*Pristionchus*）属線虫耐久体幼虫など前のステージの角皮に納まっている一部の線虫は収縮する．アフェレンコイデス（*Aphelenchoides*）属線虫の中部食道球のコントラストが低くなるなど識別の際の勝手が違ったりすることがある．乾燥させない注意も必要である．

ホルマリンを使用しないDESS保存液は健康上特段注意すべき問題点がなく，シックハウス症候群有症者も使用できるなどの大きな利点がある．ただし塩化ナトリウムを大量に含むので，こぼさないよう注意することが肝心である．なお，DESS保存液で保存した線虫をグリセリン置換する際は，セインホーストⅠ液による洗浄回数を増やして充分塩抜きした方がよい．そうしないとグリセリン置換後大きな塩化ナトリウムの結晶ができ観察に邪魔になる．

a）準備器材： バイアル中線虫試料，専用試験管立，DESS保存液（処方・作製方法は第4章参照），駒込ピペットあるいは分注器．

b）操作手順： 熱殺・固定を終えた線虫が入ったバイアルに3 mlのDESS保存液を注入する．

c）留意事項： 比重の大きいDESS保存液中の線虫は沈降しにくいので，上ずみを捨てる際は注意を要する．

2.4 熱殺，固定，保存法の特徴と問題点

ホルムアルデヒドのもつアルデヒド基は，タンパク質分子を架橋し，巨大化して凝固させ，酵素の活性を阻害するなどして生物組織の変化をくい止める．これが固定である．線虫の角皮は透過性が低いため，浸透のよいホルムアルデヒドが線虫の永久標本を作製するためのほとんど唯一の固定剤とされてきた．しかし，ホルムアルデヒドはDNAを破壊する作用があり，DNAの塩基配列などから線虫の分類・同定を行うことはできなくなってしまう．

一方，近年開発されたDESS保存液（Yoder, M. et al. 2006）は，DNAと線虫の形態の両方が保存でき，永久標本を作製する際の手順や結果もホルムアルデヒドで固定した場合とほとんど変わりがない．

熱殺法では，例えばラセンセンチュウの渦巻型のように，それぞれの種に特徴的な形態を示すことが多い．一方，生きたままの線虫を直接ホルムアルデヒド固定液に触れさせると，不規則な形状を取ったり，固く巻いたりして観察に支障をきたす．DESS保存液については，熱殺していない生きた線虫を入れても構わないとされるが，熱殺を行った方が，線虫がそれぞれの特徴ある概形を示しやすく，また酵素が失活して内部形態が保たれやすくなると考えられる．ホルムアルデヒドは医薬用外劇物指

定の有害物質であるため，入手するには手続きが必要で，保管方法など法律の定めるところに従わなければならない．また，廃液の処理についても，各自治体の定めるところに従わなければならない．使用の際は使用量を極力少なくし，使用者の健康および環境に及ぼす影響について配慮することが必要である．

　ホルムアルデヒドの使用量を少なくするためには，線虫を固定する際の容器を小型化することが効果的である．小型の容器はその他の薬品の使用量も少なくて済む．筆者は，ベールマン法による線虫分離の際，漏斗の下のゴム管に取り付けて用いることができる蓋付きのガラス製管びん（以下バイアルと呼ぶ）を，そのまま固定・グリセリン置換の容器として用いている．このバイアルはオルテックジャパン社製シェルバイアル®（径15 mm，高さ45 mm，合成樹脂製蓋付き）である．線虫試料のグリセリン置換までの操作用，一時保管用として勧める．筆者はバイアルごとに，決して重複することのないサンプル番号を油性のマーカーで記し，表計算ソフトを用いてサンプル番号で標本データを整理している．規格品の試験管立で本バイアルを整理するのに適したものがないので，試験管立は特注で製作する．上記の記述も，原則としてバイアルを用いた場合の記述となっている．

参考文献

一戸　稔・三井　康（1981）線虫実験法．『土壌微生物実験法』（土壌微生物研究会編）pp.137-173 養賢堂，東京．
Yoder, M., De Ley, I.T., King, I.W., Mundo-Ocampo, M., Mann, J., Blaxter, M., Poiras, L. and De Ley P. (2006) DESS: a versatile solution for preserving morphology and extractable DNA of nematodes. Nematology, 8 (3): 367-376.
Zuckerman, B.M., Mai, W.F. and Harrison, M.B. (1985) Plant Nematology Laboratory Manual. The University of Massachusetts Agricultural Experiment Station, Amherst, Massachusetts, USA.

（荒城雅昭）

3. グリセリン置換法

　きちんとした手順を踏んで，必要なデータを伴った線虫のグリセリン封入永久プレパラート標本を作製すれば，同定が容易になるだけでなく，そのまま研究証拠標本とすることができ，新種記載が必要な場合にはタイプ標本に指定することもできる．その第一歩は前節に記した熱殺・固定であり，本節ではその次のステップであるグリセリン置換の方法について述べる．

　体内の水分をグリセリンで置き換えれば，線虫は半永久的に保存できるようになる．その際，形態のひずみが生じないよう穏やかに徐々に置き換えていく必要がある．よく知られている緩慢法（slow method）や迅速法（rapid method）はその条件を満たすが，ともに線虫の移し換えまたは液の交換という操作が要求される．そこで，これら二法とともに，緩慢法を基に一切の移し換えを省いた1バイアル法（Minagawa and Mizukubo 1994）を併せ紹介する．

3.1　緩慢法

　a）準備器材：　線虫試料，線虫固定皿，30％エタノール，グリセリン，毛髪針または駒込ピペット（パスツールピペット），デシケーター，恒温器．
　b）操作手順：　①熱殺・固定した線虫を30％エタノール97.5 mℓ，グリセリン2.5 mℓの混合溶液に入れ24時間静置する．②線虫を30％エタノール95 mℓ，グリセリン5 mℓの混合溶液に移し，1～2週間静置する．③線虫をデシケーターに移し2～3日放置する．④グリセリン置換終了後，標本

のマウント前に保存が必要な場合など，必要に応じグリセリンを加える．

c）留意事項： ②では，線虫を釣り上げて移すならば毛髪針（第1節）で釣り上げることになる（次項 迅速法でも同様）．上ずみをピペットで吸い取り新しい液を注いでもよいが，この場合は通常操作を数回繰り返し，液を十分置き換える必要がある（次項 迅速法でも同様）．中央がくぼんだ線虫固定皿を用いれば，いずれの方法を採るにせよ比較的操作が容易になる（次項 迅速法でも同様）．④のグリセリンは40℃の恒温器中に放置して水分を飛ばしたものを使用する．

3.2　迅速法

a）準備器材：　線虫試料，線虫固定皿，セインホーストⅠ液，セインホーストⅡ液，ペトリ皿，恒温器

セインホーストⅠ液処方：

99.5％エタノール	97.8 mℓ	20％
グリセリン	5.0 mℓ	1％
蒸留水	397.2 mℓ	79％

セインホーストⅡ液処方：

99.5％エタノール	462.0 mℓ	92％
グリセリン	24.8 mℓ	5％
蒸留水	13.2 mℓ	3％

b）操作手順：　①線虫試料をセインホーストⅠ液に入れ，デシケーターの中で35～40℃に保ちながら12時間以上静置する．②過剰な液があれば除いてセインホーストⅡ液を加え，40℃で3時間以上静置する．③グリセリン置換終了後，標本のマウント前に保存が必要な場合など必要に応じグリセリンを加える．

c）留意事項：　上記手順②では，容器をペトリ皿に入れてフタを少しあけるなどしてエタノールの蒸発が急速になり過ぎないようにする．

3.3　1バイアル法

3.3.1　脱水

a）準備器材：　線虫試料，バイアル，セインホーストⅠ液，セインホーストⅡ液，恒温器．

b）操作手順：　①バイアルに固定済線虫試料を入れる．液量は1mℓ（水層の高さ約8mm）程度とする．②バイアルにセインホーストⅠ液3mℓを加え，線虫の沈降後過剰な水層を取り捨てる．③バイアルに再びセインホーストⅠ液3mℓを加える．④40℃の恒温器に入れて放置し，水分とエタノールを蒸発させる．⑤数週間後，脱水・置換された線虫試料がグリセリン中に残される．標本のマウント前に保存が必要な場合など，必要に応じグリセリンを加える．

以上のようにしてグリセリン置換された線虫標本は，半永久的に保存が可能である．水分を嫌うので，デシケーターに収めて保管する．ただし，グリセリン置換しただけでは観察ができず，何の情報も得ることはできない．早急にマウントしてプレパラート標本を作製（第5節）したい．なお，デシケーター用の乾燥剤としては塩化カルシウムよりシリカゲルの方が，到達湿度が低くて液がこぼれる恐れがなく，再生利用ができてよい．

c）留意事項：　セインホーストⅠ液4mℓに含まれるグリセリンは40μmに過ぎない．置換終了時に線虫がグリセリン層からはみ出す恐れがあるので，水層が上から1cm程度減るたびに数回セインホーストⅠ液を1mℓずつ追加し，その後放置するとよい．水層が半分程度に減少してからは1日1回

第1章　標本作製

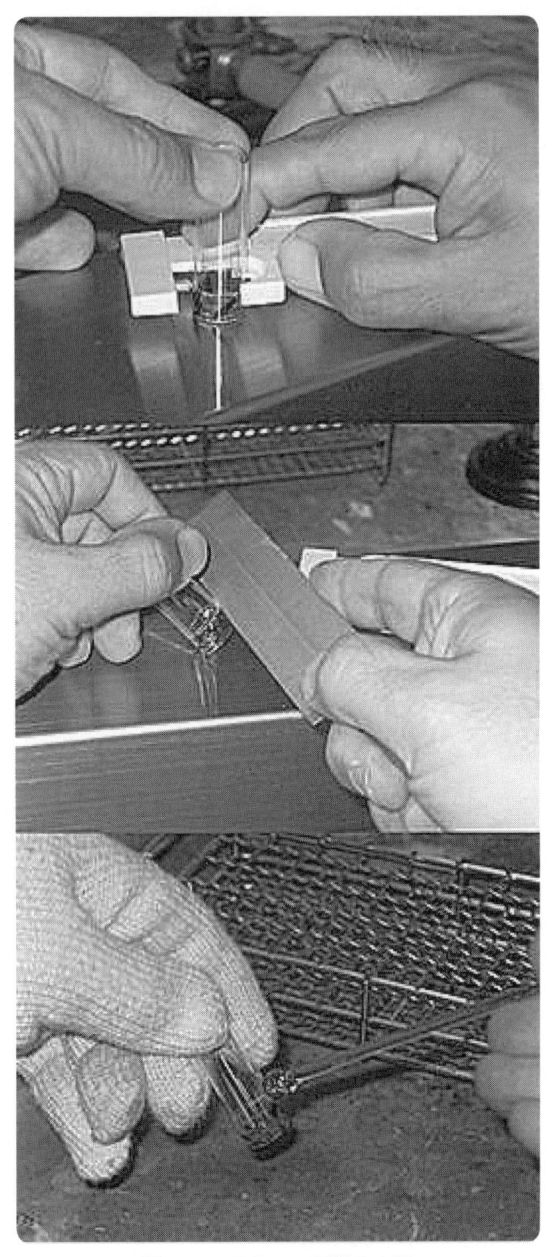

図1-4　バイアル割断の方法

バイアルを振とうする．線虫試料の粘度がまだ低く，試料の量が0.5 mℓ（水層として約4 mm）程度になった時点で，パスツールピペットなどで線虫試料を線虫固定皿や枠付スライドグラスに移してもよい．そうすれば，バイアルを割断（後述）せずに線虫を取り出すことができる．線虫固定皿に移した試料はそのまま放置すればよく，枠付スライドグラスに移した試料は，バットなどに並べ，バットをビニール袋に入れて口を軽く縛って，エタノールの蒸発が急速に進み過ぎないようにする．バットをビニール袋に入れない場合，ティレンクス目の線虫などは変形することがある．

3.3.2　バイアルの割断

1バイアル法でグリセリン置換された線虫試料（バイアル）から線虫を取り出すためには，工夫を要する．ピペットで吸い出せばピペットやバイアルに，線虫固定皿や枠付スライドグラスの上にバイアルを逆さまに立てれば，バイアルの側面に線虫が付着して残る恐れがある．ここで，バイアルから線虫を取り出す方法について触れることにする．

　a）準備器材：　薄型ガラス管切り，スリ込みヤスリ，ガラス棒，ブンゼンバーナー，軍手，ピンセット，保護メガネ．

　b）操作手順：　①バイアルの底から高さ約8 mmの位置に薄型ガラス管切りで全周にわたる傷をつける（図1-4 上）．薄型ガラス管切りは藤原製作所から購入できる．ガラス管切りを台に固定することにより，効率的に一定の高さで傷をつけることも可能である．②さらに，この傷の上1か所に，スリ込みヤスリで深く傷をつける（図1-4 中）．③バーナーでよく焼いたガラス棒を深い傷の所に押し当てる（図1-4 下）．④傷に沿って割れ目が入るので，手で引っ張るか折るようにしてバイアルを割断する．

　c）留意事項：　実は②の操作はあまり重要ではない．①の操作で深い傷が付いた箇所を③の操作で強く加熱することで足りる．③の操作でバイアルが割断され，線虫試料が入ったバイアルの底部がころげ落ちることがあるが，グリセリンは粘稠な液体なのでこぼれるようなことはない．ブンゼンバーナーはドラフト内で使用するものである．バイアルが熱せられるので，バイアルを保持する手には軍手か耐熱性の手袋を着用する．ガラス棒の先端が時々欠けて飛び散るので，眼鏡か保護メガネを着用する．バイアルの割断面は鋭いので，割断後は素手で取り扱うのは避け，ピンセットを用いる．

割断後のバイアルは，12穴または24穴の細胞培養用プレートに納めて保存することができる．細胞培養プレートは蓋に必要なデータが記入でき便利である．

3.3.3 バイアル傾斜保持器の作製

バイアルの径は15 mmしかないので，高さ8 mmに割断してもなお線虫を釣り上げて取り出すことは困難で，水平に置いた場合，毛髪針では，バイアル底面の中央付近に位置する線虫しか釣り上げることができない．釣り上げ可能な範囲をバイアル全体に広げるためには，バイアルを30度から45度に傾けて保持することが必要である（図1-5）．

図1-5　バイアル傾斜保持器

　a）準備器材：　プラスチックペトリ皿，11番シリコン栓，カッターナイフ，写真用接着剤．
　b）操作手順：　①シリコン栓をカッターナイフなどで削って，30度から45度の傾斜面を作る．②安定して立つように，この傾斜面にプラスチックペトリ皿の底面を接着する．この保持器を用いれば，割断したバイアルの全体から線虫を釣り上げることができる．

3.4　グリセリン置換試料の保管

グリセリン置換後，永久プレパラート標本用の線虫試料が入ったバイアルなどの容器は，念のため密栓してデシケーターに納め，常温で保管することができる．デシケーターに入れる乾燥剤は，シリカゲルの方が塩化カルシウムより到達湿度が低く，液がこぼれる恐れがなく，再生利用ができてよい．割断後のバイアルは，12穴または24穴の細胞培養用プレートに納めたうえでデシケーターに入れる．細胞培養用プレートは，フタにラベルを貼ったりデータを記入したりすることができる．プレパラート標本作製後，固定皿やスライドグラス上に残った線虫試料は，傾けたりひっくり返ったりして失われがちなので保管には向かないが，固定皿は小型ペトリ皿に納めた上でデシケーターに入れて保管することもある．

参考文献

一戸　稔・三井　康（1981）線虫実験法．『土壌微生物実験法』（土壌微生物研究会編）pp.137-173 養賢堂，東京．

Minagawa, N. and Mizukubo, T. (1994) A simplified procedure of transferring nematode to glycerol for permanent mount. Japanese Journal of Nematology, 24: 75-76.

Southey, J.F. (1970) Laboratory Methods for Work with Plant and Soil Nematodes. Her Majesty's Stationary Office, London, UK.

Yoder, M., De Ley, I.T., King, I.W., Mundo-Ocampo, M., Mann, J., Blaxter, M., Poiras, L. and De Ley P. (2006) DESS: a versatile solution for preserving morphology and extractable DNA of nematodes. Nematology, 8 (3): 367-376.

Zuckerman, B.M., Mai, W.F. and Harrison, M.B. (1985) Plant Nematology Laboratory Manual. The University of Massachusetts Agricultural Experiment Station, Amherst, Massachusetts, USA.

（荒城雅昭）

コラム：ホルマリン・グリセリン固定液と置換法

マツノザイセンチュウなど小型で丈夫なクチクルを持つ線虫を多数グリセリンに置換するのに便利な固定・置換法である．

a）準備器材： ホルマリン（一般に流通している37％程度のホルムアルデヒドと8％程度のエタノールを含む水溶液），グリセリン，10 mℓ程度の遠沈管あるいはバイアル，シラキュース皿，ピクリン酸飽和水溶液，デシケーター．

b）操作手順： 固定時の最終濃度はホルマリン3％，グリセリン2％となるようにする．ホルマリン8.5％とグリセリン2％の場合もある．10 mℓ程度の遠沈管あるいはバイアルに線虫懸濁液を入れ熱殺する．熱殺した後，濃度を上記の2倍にした固定液を，線虫懸濁液と等量注ぐ．このようにして固定した線虫を脱水（自然乾燥による水分蒸発）すればグリセリンに置換された線虫を得ることができる．脱水開始時にピクリン酸飽和水溶液を1，2滴加えると口針の脱色（透明化）を防げる場合がある．線虫がグリセリンに置換されたら，バイアルごとデシケーターに入れて保存する．必要に応じて，スライドガラスに線虫をマウントして永久プレパラート標本を作製する．

別法として，固定した線虫を固定液ごとシラキュース時計皿に移して別の皿を蓋として重ね，40℃前後の恒温器に6〜8週入れて置く．その際，最初の3〜4週間までは固定するときに使ったホルマリン・グリセリン固定液を適宜追加する．シラキュース時計皿を使うと多数の標本を省スペースで保存でき，また，スライドグラス上に線虫をマウントして永久プレパラートを作る時も皿から直接線虫を釣り上げることができ，便利である（図1-6）．

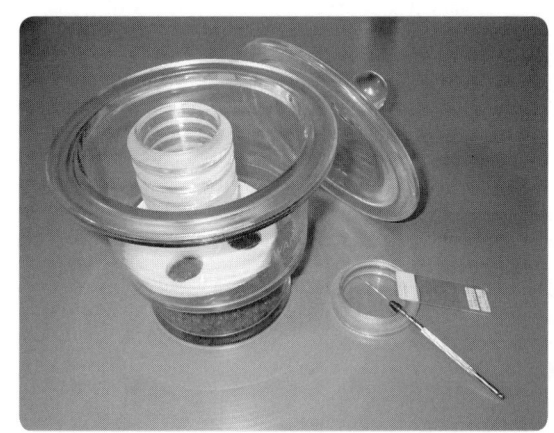

図1-6 シラキュース時計皿を用いた線虫の保存と永久プレパラート作製のイメージ

参考文献

van Bezooijen, J. (2006) Methods and Techniques for Nematology.
  http://www.wageningenur.nl/upload_mm/4/e/3/f9618ac5-ac20-41e6-9cf1-c556b15b9fa7_MethodsandTechniquesforNematology.pdf, 112pp.
真宮靖治（2004）1.6 線虫の標本作製法．『線虫学実験法』（日本線虫学会編）pp.140-141 日本線虫学会，つくば．

（小坂　肇）

4. ラクトフェノール置換法

　グリセリンマウント永久プレパラート標本作製より，はるかに素早く簡単に線虫の形態を観察できるプレパラート標本の作製方法として，ラクトフェノールマウント法を紹介する．本方法により作製したプレパラート標本は，いずれ形態が失われてしまうが，1年程度は観察が可能で高倍率の検鏡にも耐える．乳酸に線虫の組織を透明にする透徹作用があるので，標本の細かい形態が比較的観察しや

すいという利点もある．

a）準備器材： 線虫試料，ラクトフェノール，ホールスラドグラス，スライドグラス（HS－スライド），カバーグラス，パスツールピペット，釣具（毛髪針など），グラスウール，ピンセット，ホットプレートあるいはアルコールランプ（マッチ）．

ラクトフェノール処方	
フェノール（石炭酸）	20 g
乳酸	20 g
グリセリン	40 g
蒸留水	20 mℓ

b）操作手順： ①固定した線虫をシラキュース時計皿などに移す．②ホールスライドグラスにラクトフェノールを1滴採る．③実体顕微鏡で見ながら目的の線虫をマイクロピペット，釣り具を用いてホールスライドグラスのラクトフェノールの中に移す．④ホールスライドグラスの下から，ライターの小さな火であぶる．ラクトフェノールの蒸気がわずかに立ち登るまで加熱する．⑤スライドグラス上にラクトフェノールの小滴を置く．⑥線虫をスライドグラス上のラクトフェノールに移す．⑦支えにグラスウールの切断したものを加え，静かにカバーグラスをかける．⑧周囲をゾーンのセメントなどで封じる．

c）留意事項： 生きた線虫や熱殺しただけの個体は，ラクトフェノールに移した後に変形し，その変形は加熱後も復元しないから，必ず固定した線虫を用いる．固定した線虫も固定液からラクトフェノールに移すと収縮するが，加熱により復元する．線虫を染色して検鏡したい場合は，ラクトフェノールに0.0025%のコットンブルー（またはアニリンブルー）を溶かしたものを用いる．ラクトフェノールは色素瓶に入れておくと，1滴の量をスライドグラスに取り分ける際に便利である．なお，ラクトフェノールに含まれるフェノールは医薬用外劇物指定の有害物質であるので，皮膚への接触やその蒸気の吸入を避けるよう注意する．封入にはパラフィンリング法（次節）も併用できる．本法のほか，熱殺・固定した線虫を固定液に封じたり，生きたままの線虫を水にマウントしたりしても，一時的な観察に止まり保存はできないが，線虫の形態を観察することはできる．生きたままの線虫を水に封じるときは，1%程度になるようホルマリンを加えるか，周封したまま放置して酸素不足にすると，線虫は運動を停止する（Esser et al. 1976）．

参考文献

Esser, R.P., Perry, V.G., and Taylor, A.L. (1976) A diagnostic compendium of the genus *Meloidogyne* (Nematoda: Heteroderidae). Proceedings of the Helminthological Society of Washington, 43: 138-150.

Southey, J.F. (1970) Laboratory Methods for Work with Plant and Soil Nematodes. Her Majesty's Stationary Office, London, UK.

Zuckerman, B.M., Mai, W.F. and Harrison, M.B. (1985) Plant Nematology Laboratory Manual. The University of Massachusetts Agricultural Experiment Station, Amherst, Massachusetts, USA.

（荒城雅昭）

5. 封入法 ― プレパラート標本の作製

　線虫標本を詳細な同定に供するなど分類学的なデータを得るためには，線虫をマウントしてプレパラート標本を作製する必要がある．その方法は，スライドグラス上のグリセリンの小滴に線虫を釣り入れ，線虫が潰れないよう支えを工夫した上で，気泡が入らないようにていねいにカバーグラスを被

せる．通常は周封して周封剤が乾燥してから検鏡する．これだけのことではあるが，HS-スライド（白山ら 1993；関東理化社・藤原製作所製造販売）を用い，パラフィンリング法で線虫を封入する方法は様々な利点を持つのでその方法について詳しく説明する．

5.1 パラフィンリング封入法

プラスチック製の枠の中央に段差の付いた四角い窓が開き，そこに 22 × 24 mm のカバーグラスを接着して用いる HS-スライドは，標本が表裏両面から観察できる，落としても割れない，鉛筆でメモの記入ができるなど，数々の利点を持つ（図 1-7）．

線虫がつぶれないようにする支えは極めて重要であり，試薬として市販されているグラスウールは，ラセンセンチュウやネグサレセンチュウなど中型の線虫には好適な支えになるが，ドリライムス目線虫など大型の線虫には細過ぎるので，大型線虫に適する太さの支えはガラス棒を引き延ばすなどして自作する．以下に紹介するパラフィンリング法は，一時的な周封を兼ねつつ線虫をつぶれないように支えることができる優れた方法（図 1-8）である．

a）準備器材： グリセリン置換済線虫試料，HS-スライド，カバーグラス（22 × 24 mm，厚さ 0.12 〜 0.17 mm，方形または直径 9 mm，厚さ 0.12 〜 0.17 mm，円形），ソーンのセメント，グリセリン，パスツールピペット，毛髪針など釣り具，パラフィン小片（パラフィンの融点：52 〜 54℃），ピンセット，ホットプレート．

b）操作手順：

① 22 × 24 mm のカバーグラスを HS-スライドの枠に接着しておく．薄めたソーンのセメントをパスツールピペットで HS-スライドの段差に注ぎ，カバーグラスをそこに置く．その濃さと量が適当なら，ソーンのセメントが全周に広がってカバーグラスは接着される．ソーンのセメントが薄過ぎると，時間の経過につれてセメントが痩せてきて，はがれやすくなってしまう．

② HS-スライドの中央にグリセリンの小滴を置く．グリセリンの量はパスツールピペットの先をスライドに触れる程度，少な目にする．40℃の恒温器中に放置して，水分を飛ばしたグリセリンを使用，拡げないで盛り上がった状態にする．グリセリンの小滴内に気泡や異物が混入しないように注意する．グリセリンが少な過ぎると，線虫がパラフィンの中に入ってしまう失敗の原因となるが，そこまでグリセリンを少なくすることの方が困難である．

③ グリセリン置換後の線虫を毛髪針などで HS-スライド上のグリセリン小滴へ移す．

④ 線虫をグリセリンの小滴の底，接着した

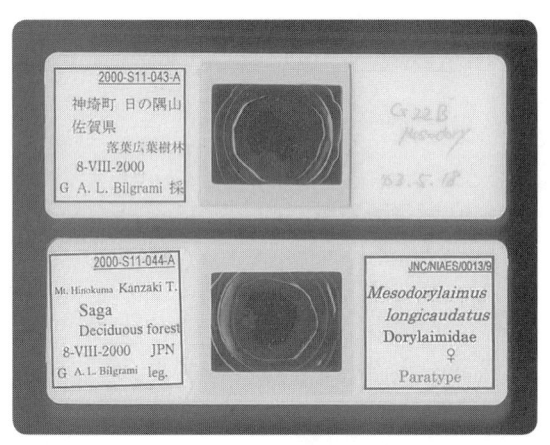

図 1-7 標本ラベルおよび同定ラベルが貼付された HS－スライドで作成された線虫のグリセリン封入永久標本（下は副模式標本）

図 1-8 パラフィンリング法による線虫の封入
グリセリンの小滴に線虫を釣り込み，パラフィンの小片 1 個を置いてカバーグラスをのせたところ

カバーグラスに接するように沈める．線虫がカバーグラスの縁に移動せず中央に留まる確率が上がる．線虫の方向を定めておけば，複数の線虫を同時に封じる場合でなくとも検鏡の効率が上がる．

⑤パラフィンの小片をピンセットなどでグリセリン小滴の脇に置く．その適量は経験によって身に付けるほかないが，米粒の半分くらいのもの1～2個が目安である．パラフィン小片はパラフィンのブロックからその都度切り出してもよいが，大量に作製するためには，ガラスペトリ皿（径9 cm）にパラフィンを薄く（厚さ約0.7 mm）広げて固め，メスなどで格子状に切る．

⑥カバーグラス（径9 mm，厚さ0.12～0.17 mm，円形（正方形のカバーグラスでもよいが，円形の方が周封の際都合がよい））をHS-スライドの中央に，パラフィンの小片にかぶせて置く（図1-8）．

⑦65℃のホットプレート上にHS-スライドを置く．パラフィンが徐々に溶けてグリセリン小滴とカバーグラスが触れ，次いでパラフィンが周囲に広がる．

⑧ホットプレートからスライドを下ろす．パラフィンがリング状に固まって線虫は封入され，グリセリン封入永久標本が一応の完成を見る．

c）留意事項： パラフィンの量が少なすぎてパラフィンのリングが閉じない場合は，気泡が入りやすくなるが，パラフィンを足してホットプレートに載せて再溶融させればよい．グリセリンの量が多過ぎると，パラフィンのリングが閉じずグリセリンがはみ出してくることがある．このような場合でも線虫がパラフィンの中に入ってしまったり，線虫が潰れたりすることはまずなく，標本として観察可能な場合が多い．ただし，はみ出したパラフィンをろ紙片などで吸い取った上でソーンのセメントなどによる周封（次項）を急ぐ．標本に気泡が入ってしまった場合，多少のリスクは払うが，ホットプレート上でパラフィンが溶けた状態でHS-スライドをひねることにより，これを追い出せる場合がある．パラフィンリング法で作製した線虫のプレパラート標本は，直ちに観察－油浸レンズによる高倍率観察も－可能である．しかし，カバーグラスの周囲を周封剤で封じ，必要なデータを記したラベルを貼付してはじめて，線虫のグリセリン封入永久標本は完成する．線虫をマウントした時点で必要なデータはスライド上に記入しておくとよい．

5.2 ソーンのセメントによる周封法

グリセリン封入永久プレパラート標本のカバーグラスの周囲を封じる周封剤としては，ソーンのセメント（富士平工業社製造販売，Zut，Glyceelは同じもの）を勧める．マニキュアなど他の周封剤を利用してもよいが耐久力で劣る．パラフィンリング法で作製したプレパラート標本は周封の必要はないとされたこともあり，実際1年を越える耐久力はある．しかし，長期間保存後にはほとんどの標本が乾燥して失われてしまうことも認められていて，ソーンのセメントによる周封は欠かせない．

a）準備器材： ソーンのセメント，ガラス棒（駒込ピペット）．

b）操作手順： 適当な粘度に薄めたソーンのセメントを，プレパラート標本のカバーグラスの縁を覆うように，ガラス棒か駒込ピペット（小型のもの）で塗りつける．

c）留意事項： ソーンのセメントは酢酸3-メチルブチルなどの有機溶媒で薄めることになる．使用量はわずかであり，飛び散ったりするような使用方法ではないが，その使用上の注意点は把握しておく必要がある．

参考文献

Southey, J.F. (1970) Laboratory Methods for Work with Plant and Soil Nematodes. Her Majesty's Stationary Office, London, UK.

（荒城雅昭）

6. 永久標本の管理

6.1 ラベルの貼付

　線虫のグリセリン封入永久プレパラート標本にラベルを貼付することを忘れてはならない．標本のデータとしては，標本の採集地，採集年月日，採集者名，寄主植物などの表示が重要である．これらの情報を，粘着性のフィルムなどに記してスライドに貼り付ける．HS-スライドは4箇所にラベル貼付が可能である．普通のスライドグラスを用いた場合もほぼ同様である．筆者が作成した標本ラベルおよび同定ラベル貼付済の線虫のグリセリン封入永久プレパラート標本を，図1-7に示した．データラベルは，日本語表記版と英語表記版の両方を作成貼付していることが特徴で，これらのラベルの作成には表計算ソフトを利用して，標本番号から日本語版，英語版のほとんどのデータを自動的に取得できるようにするなどの効率化を図っている．

6.2 線虫の永久プレパラート標本の保管

　作製した線虫の永久プレパラート標本の保管について，その活用のため，取出しやすさを優先するなら，ボールマッペにスライドを並べ，これを戸棚に整理するやり方がよいであろう．筆者の研究室での保管状況を図1-9に示す．保管スペースが少なくて済むのはスライドボックスを利用する方法である．スライドボックスがユニット化されていて，増設が簡単にできるように工夫された商品も販売されている．スライド写真を整理するファイルのスライドグラス版の製品もあって，これをキャビネットに吊り下げたり，箱に納めて整理したりする方法もある．マッペやスライドボックスにも内容を表示したラベルを付すとよい．グリセリン中にグリセリン置換された線虫が入っているのであるから，保管中にマウントした線虫が移動することはまずないが，プレパラート標本が水平になるように保管するのが普通である．線虫のグリセリン封入永久プレパラート標本は，虫が食ったりカビが生えたりすることはないので，管理は必要ないと考えがちであるが，グリセリンに封入され，周囲も封じられているにもかかわらず，多くの標本が乾燥して失われている．乾燥が始まりかけているのに気づいたならば，手をつかねているよりは，リスクを冒してでも，その標本がだめにならないうちに再マウントしたほうがよいだろう．

図1-9　線虫の永久プレパラート標本の保管状況（例）

6.3 研究証拠標本について

　線虫学関連の研究でも，同定済とされた線虫でも，新しい知識によれば誤同定であったり，当該種が近似の2種以上を含み供試した線虫がどちらの種であるか判らなくなる場合が生じたりすることがある．線虫など小型の生物については研究証拠標本を残し，信頼できる保存機関に寄託すべきである．多くの種類の線虫でDNAの塩基配列による分類・同定が行われるようになってきている．今後は研究証拠標本と併せ，第3章を参照のうえDNA抽出用のサンプルも保存するとよいであろう．その点，DESS保存液による保存や，こ

れで保存した線虫をマウントしたグリセリン置換永久プレパラート標本は有用性が高い．

参考文献

奈良部　孝 (1995) ネコブセンチュウの新手法による同定とわが国における分布．関東東山病害虫研究会年報，42: 9-17.

Southey, J.F. (1970) Laboratory Methods for Work with Plant and Soil Nematodes. Her Majesty's Stationary Office, London, UK.

Zuckerman, B.M., Mai, W.F. and Harrison, M.B. (1985) Plant Nematology Laboratory Manual. The University of Massachusetts Agricultural Experiment Station, Amherst, Massachusetts, USA.

（荒城雅昭）

7. 群集研究用集合標本

　線虫群集の分析を行うためのスライド標本には，多数の線虫個体を封入するため，通常1個体のみを封入する分類学用スライド標本の場合と異なり，サンプルを終始線虫懸濁液（以下サンプル液）として扱う．また，標本の作製や検鏡の効率上，通常の 76 × 26 mm よりも 76 × 52 mm の大型スライドガラスを使用する方が望ましい．本稿では，このスライドガラスの使用を前提として永久標本の作製法を紹介する．線虫の熱殺，TAF による固定，セインホースト法によるグリセリンへの置換などの前処理は1個体用の標本作りと同じであるが，大型スライドで作製するために若干変更する．また，群集分析の精度や労力に応じて永久標本とせず，いずれかの段階で前処理を中断してもよい．ただし，形態が崩れて同定しにくいことがある．

　a）準備器材： 1個体用標本の場合に準ずる．他に，大型スライドガラスに応じたカバーガラス（40 × 50 mm 程度），ワックスリングを作製するためのスタンプ及び専用マッペが必要である（図1-10）．後二者について，筆者は自作して38 mm 四方の鉄製角パイプを切断してスタンプとした．紅茶の小型缶なども利用できる．マッペは，76 × 26 mm のスライドガラスを収納する市販の紙製マッペを改造した．収納穴の境界部分の厚紙を1つおきに切断，除去し，それを穴の下端に接着すると，2つの穴を連結して大型スライドガラス1枚を収納することができる．

　b）操作手順：①スライドガラス上の線虫個体数の多少が検鏡効率に影響するので，ガラスバイアル（10 mℓ）に入れる時点で300〜700頭程度になるよう調整する．これでスライド標本2枚を作製する．サンプル液に夾

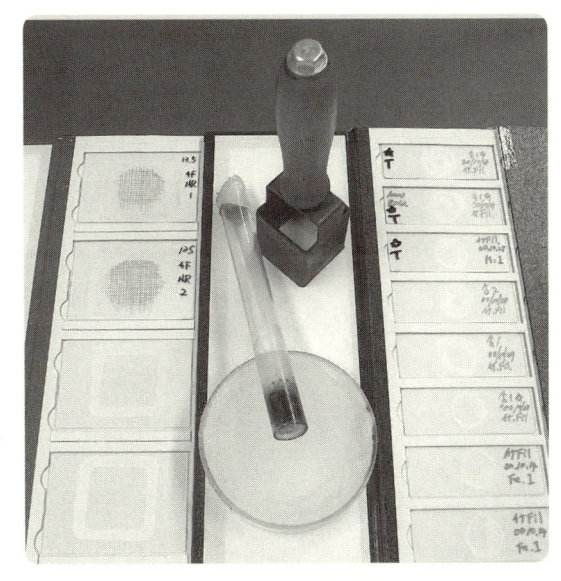

図1-10　スライドガラスを収納するマッペとワックススタンプを作る機材

市販の 76 × 26 mm スライド用紙製マッペ（右）を改造して 76 × 52 mm の大型スライドを収納する（左）．大型スライド用スタンプは鉄製角材（断面の1辺が 40 mm 程度）より作製（中央上）．その下は通常（1個体用）のワックススタンプを作製するためのガラス製試験管とワックス塊．

雑物が多いとワックスで完全には封入できないなどの支障が出るので，この段階以前に調整しておく．② バイアルを冷蔵庫内に静置し，線虫の沈降を待って上ずみをアスピレーターで減らし，3 mℓ 程度にする．筆者の経験では大方の線虫は1時間で1 cm 以上沈降するが，初めてのサンプルでは実体顕微鏡で液面を見て確認するのが望ましい．③ 線虫を熱殺するため，バイアルを 65℃ 程度の湯に2分間浸漬する．④ 2倍濃度のTAF固定液をサンプル液と同量添加，攪拌し，3日程度線虫を固定する．⑤ 沈んだ線虫を攪拌しないよう注意し，サンプル液の上ずみを除去し2 mℓ 強にまで減らす．⑥ セインホスト法にならい，グリセリン，エタノール，蒸留水の混合溶液を少しずつ添加する．筆者は，グリセリン3，95%エタノール58，蒸留水39の割合で混合した溶液を1時間ごとに 0.05, 0.1, 0.1, 0.2, 0.2, 0.5 mℓ ずつ，次いで，グリセリン5，95%エタノール95の割合で混合した溶液を 0.05, 0.1, 0.2, 0.5, 1, 1, 2, 2 mℓ ずつ添加している．添加のたびに軽く攪拌する．⑦ 線虫を沈降させた後，上ずみを除去しサンプル液を 2,3 mℓ 程度にする．⑧ ピペットを使って 2 mℓ のプラスチックチューブにサンプル液を移す．1度で全てを移さなくてもよい．使い捨てのピペットチップを使う場合，穴が小さいと大型の線虫が詰まることがあるので，内径が 2, 3 mm 程度になるように先端を切断する．⑨ チューブのフタを開けたまま，シリカゲルなどの乾燥剤を入れたデシケーターに入れて水分とエタノールを除去する．35℃ 程度の恒温器に入れると早く除去できる．⑩ サンプル液が減ったら，バイアルに残っていた液をチューブに追加する．この時，バイアルの底に線虫がこびりついていることがある．95% エタノールを 0.5 ～ 1 mℓ 程度添加し，先端を曲げた歯間ブラシなどで軽くこすって剥がし，この液もチューブに追加する．⑪ 再度デシケーターに入れてエタノールなどを除去する．⑫ サンプル液はほぼグリセリンのみになるが，このままでは液の粘性が高すぎて扱いづらいので，99% エタノールを数滴添加し，ピペッティングで攪拌する．⑬ スライドガラスをエタノールで拭いた後，ワックスリングを作製する．溶解温度 60℃ 程度のワックスを使用する．なお，この作業は事前に行っておく．⑭ リング中央にサンプル液を数滴滴下し，スライドガラスをホットプレートに乗せ，サンプル液のエタノールを蒸発させる．ワックスがすべて溶け出す前にホットプレートから降ろす．サンプル液の粘性が高まるまで，この過程を何度か繰り返す．ただし，ワックスがサンプル液を被覆しないように注意する．標本作製の成否は，サンプル液やワックスの量に依存する．サンプル液が多すぎるとワックスリングから漏れ，少なすぎるとワックスに覆われて検鏡できなくなる．ワックスなどの適量を把握するため，グリセリン液をサンプル液に見立て，事前に作製練習を行うのが望ましい．なお，大型のドリライムス目線虫（体長5 mm 前後）は，チューブの底に残ることがあるので注意する．⑮ カバーガラスを載せ，ピンセットなどで軽く押してサンプル液に接触させる．これにより，溶けたワックスがサンプル液を被覆するのを防ぐ．⑯ 再びホットプレートに乗せ，カバーガラスを軽く押しながらワックスを完全に溶かす．ホットプレートから降ろし，冷却して完成．事前に作製した専用マッペに保管する．

c）留意事項： 極細の油性ペンを使ってスライドガラスの裏側に格子を描いておくと，検鏡時に個体の位置がわかりやすい．土壌および淡水中に生息する線虫の科または属までの同定に必要な検索表で日本語で書かれたものは少ない．最新のものは宍田（1999）である．欧米を中心によく使用されている検索表は Bongers（1994）の De Nematoden van Nederland（オランダ語）に収録されている．

参考文献

Bongers, T. (1994) De Nematoden van Nederland. KNNV-bibliotheekuitgave 46. Pirola, Schoorl. 408 p.
宍田幸男（1999）線虫綱．『日本産土壌動物―分類のための図解検索』（青木淳一編著）pp.15-38 東海大学出版会，東京．

（岡田浩明）

8. ネコブセンチュウ ― 会陰紋標本などの作製法

　ネコブセンチュウの陰門周辺の角皮を切り取ってマウントし検鏡すると，会陰紋と呼ばれる指紋にも似た線条が肛門や尾端に相当する部分を取り囲むのが観察される．会陰紋はネコブセンチュウの雌成虫による同定にきわめて重要とされる．以下に会陰紋標本作製の手順を説明する（図1-11）．

　a）準備器材： ネコブセンチュウが寄生した寄主植物の根，ペトリ皿・シラキュース時計皿，有柄針2本，ピンセット，メス（丸刃），毛髪針など釣り具，ラクトフェノール，スライドグラス，カバーグラス，パスツールピペットなど．

　b）操作手順：

　①実体顕微鏡下，有柄針などで寄主の根からネコブセンチュウ雌成虫を剖出する．陰門周辺の曲率半径が大きいよく肥大成熟した大型の雌成虫が適する．ペトリ皿の中の生の根を水中で解剖し，雌成虫を剖出することが多いが，浸透圧であるいは傷をつけて虫体が破裂しても通常会陰紋標本の作製には問題ない．ネコブセンチュウの会陰紋の標本は，透徹性のあるラクトフェノールでマウントする場合が多いので，被寄生根をまるごとラクトフェノールに漬けておき，これをラクトフェノール中で解剖するのもよい．その場合，ラクトフェノールの透徹性は乳酸によるものなので，解剖は50％乳酸中で行うことを勧める．ラクトフェノール中で作業する場合は健康への影響を避けるため，換気に注意する．剖出されたネコブセンチュウ雌成虫を移動する際は，パスツールピペットなどで吸い上げると安全であるが，異なる液に移す際などはピンセットを用い，軽くはさむようにして両先端の間にできる水滴に取り込んで移すのも効率的である．ネコブセンチュウ雌成虫は，熱殺を省略して固定液に投入しても変形しない．会陰紋標本の作製のためにはホルマリン固定はしない方がよい．ホルマリンで固定されたネコブセンチュウは，角皮から内蔵を取り除くのが難しいうえ，虫体が硬く角皮の思わぬところが割れて失敗に終わることが多くなるが，会陰紋標本を作製することはできる．

　②虫体の中央やや後よりをメスで切断する．

　③毛髪針を有柄針で押して切り取られた体後半をこするようにして，内蔵をおおむね取り去る．透明でおわんのような形の角皮に，輸卵管が付着するか角皮がやや肥厚した陰門周辺が見えてくる．平らな全体にフォーカスの合った会陰紋標本ができやすいので，輸卵管の基部は残した方がよい．これをむりやり外すと陰門部に穴のあいた標本になることが

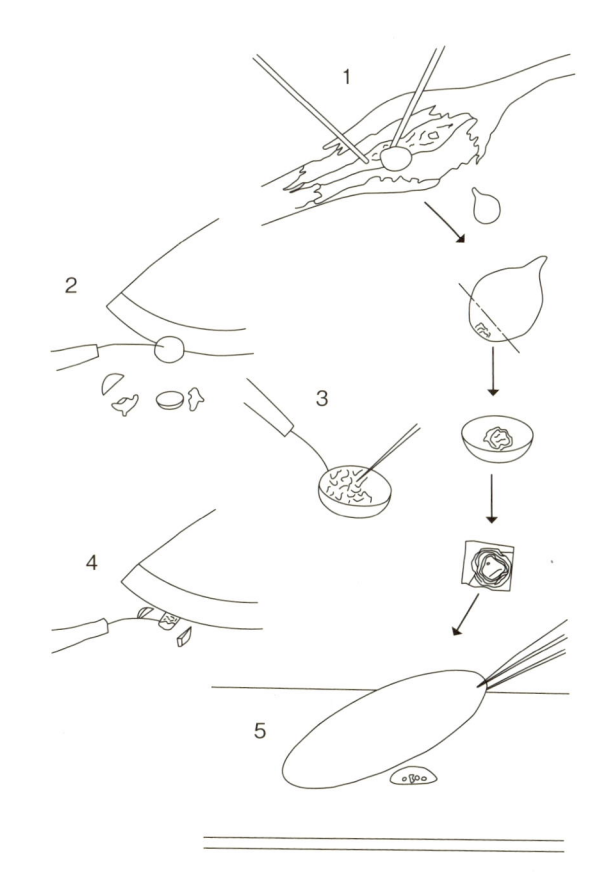

図1-11　会陰紋標本作製の手順
番号は本文中の記述と対応

ある．

④陰門周辺の角皮を小さく切り出す．正方形に切り出すのが普通．ここまで水中で作業してきたときは，切り出した角皮をラクトフェノールの小滴に入れて洗う．内蔵が透明化し，その他汚れも多くが取れる．

⑤スライドグラスにラクトフェノールの小滴を取り，切り出した角皮を毛髪針などで小滴に釣り込んで，小滴の底にできれば向きをそろえて並べる，気泡が入らないよう静かにカバーグラスをかける．ラクトフェノールの量は少なめがよい．カバーグラスをかけた時じわじわと全体に行き渡る程度が適量．支持棒など入れないこと．

⑥ゾーンのセメントなどで周封する．

c）留意事項： 1）このように会陰紋の標本は普通ラクトフェノールで封じられるが，半年から数年の内には会陰紋が薄く観察し難くなってしまう．会陰紋の標本ほとんど角皮だけの標本なので，脱水置換なしでグリセリンに投入しても変形しない．グリセリンに移して封じればより長期の保存に耐えると考えられる． 2）ラクトフェノールが多過ぎると会陰紋標本が平らにならず，全体にフォーカスが合わない標本になりがちである．多過ぎた場合，カバーグラスをスライドグラスに押しつけ，はみ出したラクトフェノールをろ紙片などで吸い取る．このため，またガラス面の平面性はHS-スライドより普通のスライドグラスの方がよいので，会陰紋標本に限ってはHS-スライドの使用は勧めない． 3）ネコブセンチュウ雌成虫の口針の形態や長さなど体前方の形態を観察，計測する際は，ラクトフェノールに浸漬するかホルマリンで固定したネコブセンチュウの頭部を上記と同様にメスで切り取り，ラクトフェノールか固定液に封じて，必要に応じ押しつぶして検鏡する．脱水置換の後グリセリンに封じることも可能である．

参考文献

荒城雅昭 (2004) 第2章 線虫の標本作製法．『線虫学実験法』（日本線虫学会編）pp.9-24 日本線虫学会，つくば．
一戸 稔・三井 康 (1981) 線虫実験法．『土壌微生物実験法』（土壌微生物研究会編）pp.137-173 養賢堂，東京．
Southey, J.F. (1970) Laboratory Methods for Work with Plant and Soil Nematodes. Her Majesty's Stationary Office, London, UK.
Zuckerman, B.M., Mai, W.F. and Harrison, M.B. (1985) Plant Nematology Laboratory Manual. The University of Massachusetts Agricultural Experiment Station, Amherst, Massachusetts, USA.

（荒城雅昭）

9. シストセンチュウ — 陰門錐標本の作製法

シストセンチュウのシスト後端部陰門域には重要な分類形質が多く存在する．レモン型シストの陰門域は大なり小なり突出して円錐台様を呈しており，特に陰門錐と称される．陰門錐領域の分類形質である陰門（陰門隙・陰門橋），窓（陰門窓：フェネストラ），肛門，下橋，珠胞などはごく表面の構造から内部構造まで含まれるので（図1-12, 1-13, 1-14），検鏡には走査電子顕微鏡よりも生物顕微鏡が適している．生物顕微鏡によるその形態調査のために陰門錐頂部を垂直方向から観察できる標本の作製が必須であり，グリセリンゼリー標本が作製簡便で扱いやすい．

a）準備器材： グリセリンゼリー（ゼラチン，蒸留水，グリセリン，フェノール），透明プラスチックスライド（透明プラスチック板で自作可），ホールスライドグラス，スライドグラス，カバーグ

9. シストセンチュウ ── 陰門錐標本の作製法

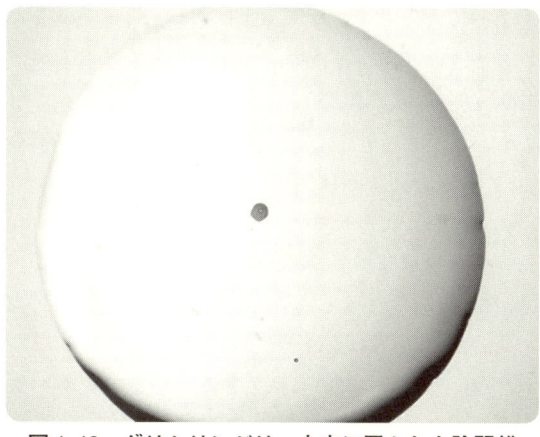

図1-12 グリセリンゼリー中央に置かれた陰門錐

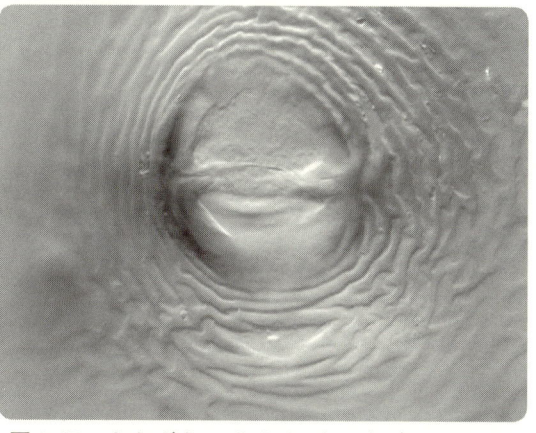

図1-13 オカボシストセンチュウ（*Heterodera elachista*）陰門錐頂部の形態
（窓は両窓型，陰門隙は長く，陰門橋は強靱．頂部から下がった位置に肛門）．

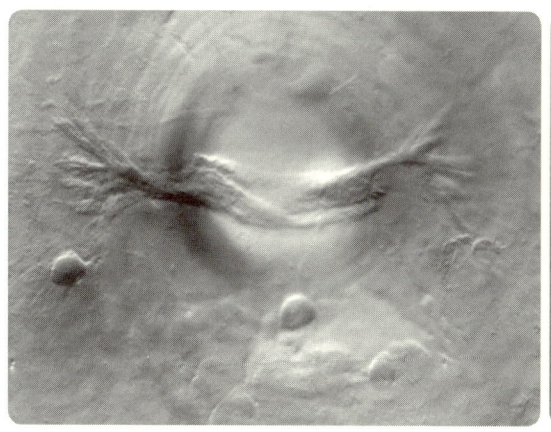

図1-14 オカボシストセンチュウ陰門錐内部形態（下橋は弱く，珠胞は散在）

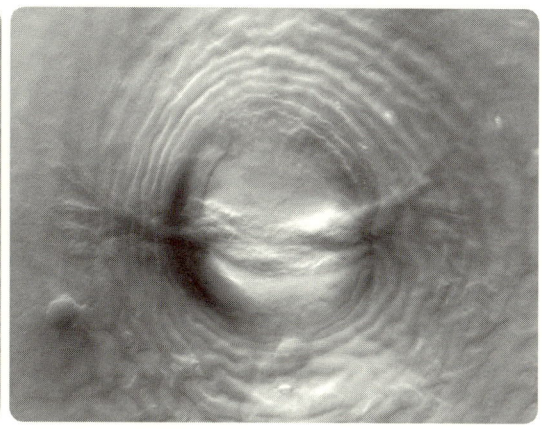

図1-15 オカボシストセンチュウ陰門錐のフォーカス位置を変えた多重露光写真

ラス，眼科用などの細くて鋭利なメス，有柄微細針，眉毛針，ピンセット，小型ホットプレート，実体顕微鏡，生物顕微鏡．

　b）操作手順：　《グリセリンゼリーの作製》：ゼラチン（20 g），蒸留水（40 mℓ），グリセリン（50 mℓ），フェノール（1 mℓ）の割合．①蒸留水にゼラチンを浸す．②2時間以上静置した後，グリセリンとフェノールを加えてウォーターバスで熱しながら15分程度よく混ぜる．③十分に均質になったら広口でしっかり蓋のできる容器に移し，室温で保存する．④標本作製時に硬化したゼリーをその都度切り取って使用する．

　《標本作製》：①乾燥シストは水に24時間以上浸漬しておく．湿ったシストを微量の水とともにプラスチックスライド上に置き，実体顕微鏡下で眼科用メスを用いてシストの後端から1/5程度を切り取る．②この後端部分（陰門錐）をホールスライドグラスの水に移し，細くて弾力性のある微細金属針などを使って卵を取り除く．下橋や珠胞など内部構造が壊れないように注意する．ふ化後の抜け殻となった卵殻などが残っていたら，眉毛針を用いて取り除くとよい．それでも除去が難しい時は小型超音波洗浄器でごく軽く処理することも一法である．③夾雑物がきれいに除去できたらプラスチック

スライド上に戻し，陰門錐の切断面が陰門錐頂部となるべく平行になるように切り揃える．④ 小量のグリセリンゼリー（3～4 mm 角程度の小塊）をスライドグラスに置きホットプレートで温める．ゼリーの直径が 10 mm 程度に拡がったら温めるのを止め，直ちに陰門錐をゼリーの中央に少し沈めて置く（図 1-12）．このとき陰門錐内部に気泡が入る場合は，事前に濃度の薄い柔らかめのゼリーを絡めておくとよい．陰門錐頂部はグリセリンゼリー内で上を向き，切断面はスライドグラスに接しない位置，浮いた状態にあることが望ましい．⑤ グリセリンゼリーが硬化したらカバーグラスを水平に被せ，その後でゼリーが少し柔らかくなる程度まで温める．⑥ スライドグラスを実体顕微鏡に移し，ピンセットでカバーグラスを軽く押しつけるようにして前後左右にスライドさせながら陰門錐頂部を対物レンズと平行にする．すなわち，陰門錐が垂直に立った状態に角度調整する．⑦ さらに，生物顕微鏡下で微調整を行う．最適な角度になるまで微調整を繰り返すため，スライドグラスは顕微鏡とホットプレートの間を数回往復することになる．⑧ スライドグラスが冷めて陰門錐の位置を再確認してから，ゾーンのセメントなどで周封する．急ぐときは周封しないまま使用しても問題はない．

c）留意事項： グリセリンゼリーを急激に熱すると陰門錐が横倒しになって垂直位置に戻せなかったり，カバーグラスの外にはみ出したりするので注意を要する．このような失敗も，スライドグラスを再び温め微細針で陰門錐を取り出せれば，新しいゼリーに移し換えて標本作製のやり直しができる．

なお，グリセリンゼリーを使用せず，陰門錐をカナダバルサムに封入する方法もあるが扱いが，難しいかも知れない．グリセリンゼリー標本は，ラクトフェノールやグリセリン処理された線虫について，正面像（face view），陰門，肛門，尾端，横断面からの側線など特定部位の形態を最適な角度から観察したいときにも適用できる．

（百田洋二）

10. 走査型電子顕微鏡観察用標本の作製法

走査型電子顕微鏡（SEM）用試料は一般的には，材料の洗浄，固定，脱水，乾燥，金属蒸着を経て作製される．高真空の試料室中でこの試料に電子線を照射することで，試料から放出される二次電子を検出器が信号として検出し，画像として可視化される．近年は，金蒸着を経ず，反射電子を直接検出できる低真空型 SEM が普及し，これら試料作製の工程を経ずに，簡便に微細構造が観察できるようになった．しかし，線虫試料の多くは水分含量が多く，乾燥・収縮によって微細構造が壊れやすい特性があるため，従来からの手法による試料作製が必要である．本節は，線虫学実験法（2004）の近藤氏の原著を元に要約・補足して再記載したものである．

10.1　線虫の分離と洗浄

a）準備器材： ナイロンシーブ，遠心機，0.1～0.05％アンチホルミン（次亜塩素酸ナトリウム水溶液），微針をつけた有柄針，時計皿，超音波洗浄器．

b）操作手順： この過程では，できるだけ清浄な線虫を得るように努める．培養線虫ではふ化直後，あるいは脱皮直後の個体を用いる．ベールマン法で分離した線虫は，ナイロンシーブを通して再度遊出させると，さらに爽雑物の少ない線虫懸濁液が得られる．分離した線虫は，遠心機（回転半径約 15 cm の卓上型遠心機では，1,500 rpm で 1 分以下）を用いて蒸留水で 4～5 回洗う．多くの植物

寄生性線虫は，この洗浄操作だけでもかなり清浄になる．ドリライムス目（Dorylaimida）やモノンクス目（Mononchida）など大型の線虫は，微針をつけた有柄針を用いて，時計皿に入れた蒸留水中を5回ほど通して洗う．口腔開口部（oral aperture）や双器口（amphid aperture）から分泌された蛋白質の粘質物を除去するには，0.1～0.05％次亜塩素酸ナトリウム溶液で約2分間処理したのち水洗する．ティレンクス目（Tylenchida）の植物寄生性線虫は，浸透圧の変化や物理的処理に比較的よく耐えるので，固定前に30秒～1分（あるいは臨界点乾燥前に15秒）超音波洗浄器を用いて，体表面を洗浄する．

10.2 固定

a）準備器材： オスミウム酸（OsO_4），0.1 M リン酸緩衝（pH7.2～7.4）溶液，グルタルアルデヒド（GAH），カルノフスキー（Karnovsky）の固定液（2.5% GAH，2.0%パラホルムアルデヒド，0.1 Mカコジル酸緩衝液 pH7.2～7.4），容量10 mlのガラス遠心管または1.5 ml遠心チューブ．

b）操作手順： SEM用の試料の固定には，オスミウム酸やグルタルアルデヒドなどの固定液が用いられる．単独で用いられる場合もあるが，浸透力の強いグルタルアルデヒドと原子量が大きいために二次電子の放出が良くなるオスミウム酸の両方の長所を生かした，二重固定法が推奨される（Eisenback 1985）．前固定はカルノフスキーの固定液を基本とし，0～4℃で24～48時間の固定を行う．グルタルアルデヒドのみとする，あるいは有毒なヒ素が含まれるカコジル酸の代わりにリン酸緩衝液を使う，などの変法もある．後固定は，リン酸緩衝液の1～2％オスミウム酸固定液で8～16時間，0～4℃で固定する．固定後，蒸留水で数回洗い，虫体に浸透しなかったオスミウム酸を除去する．オスミウム酸は酸化力が強く，粘膜などに対して毒性が強いので，取り扱いはドラフトを用い，サンプル瓶などは完全に密封する．オスミウム酸固定後は試料が黒変して肉眼でも確認しやすくなる．なお，これら固定や洗浄，以降の脱水などの過程で試料が亡失するのを防ぐため，ガラス遠心管や遠心チューブを容器として用いる．各液の交換の際には，試料が底に沈むまで静置するか，遠心機を使う．

10.3 脱水と置換

a）準備器材： エタノール水溶液（15, 30, 50, 70, 80, 90, 95, 99, 100％），酢酸イソアミルまたはt-ブチルアルコール．

b）操作手順： 脱水は，線虫体が収縮・変形しないように，穏やかに時間をかけて，8～9段階の濃度のエタノールに移し，最終的には，100％溶液に移す．土壌線虫の場合，15, 30, 50, 70, 80, 90, 95, 99％のアルコール溶液中に各々2時間ずつ，100％アルコール中では半日間隔で3回以上，試料を浸漬・脱水する．100％に移した試料は，吸水・蒸発しないようにパラフィルムなどで包んでおけば長期間（1年以上）保存できる．

脱水した試料は，酢酸イソアミルまたはt-ブチルアルコールで置換したのち，臨界点乾燥または凍結乾燥する．酢酸イソアミルに置換せず，100％エタノールから直接臨界点乾燥にもって行くこともできる．

10.4 臨界点乾燥・凍結乾燥

線虫の角皮を大気中で乾燥すると著しく収縮・変形する．これを防ぐ乾燥方法が，臨界点乾燥と凍結乾燥である．臨界点乾燥は，液化炭酸ガスが臨界温度において，気体とも液体ともつかない中間的な状態となり，界面が失われる現象を利用して，自然に近い形態を保持しながら，乾燥する技術であ

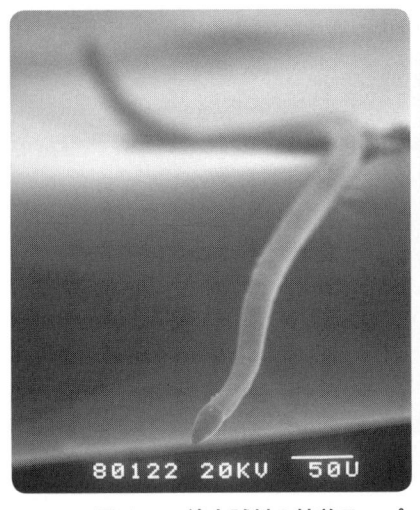

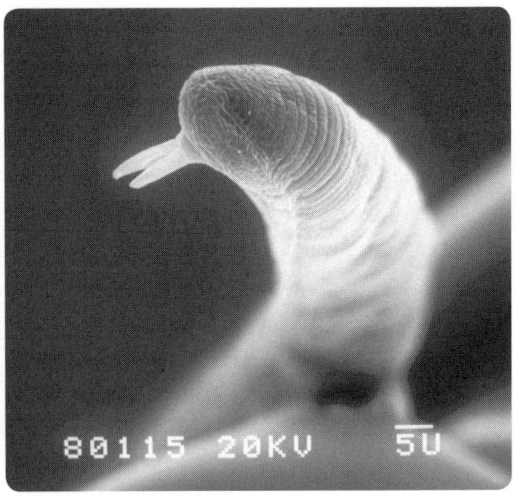

図 1-16　線虫試料の粘着テープへの貼り付け例（ネコブセンチュウ雄成虫）

る．凍結乾燥法は t-ブチルアルコールの凝固温度が 25.5℃と高いことを利用して，試料を冷蔵庫で凍結させ，そのまま真空中で昇華させて乾燥する方法である．臨界点乾燥法では炭酸ガスボンベを用いて数十気圧まで加圧する必要があるが凍結乾燥ではその必要はなく手軽に実施できる．具体的には各装置の使用方法に従う．

a) 準備器材： ステンレス製乾燥かご，1.5 ml 遠心チューブ，ナイロンシーブ．

b) 操作手順： ネコブセンチュウの雌成虫やシストなど大型の試料は，市販のステンレス製乾燥かごを用いて臨界点乾燥できる．しかし，小さい線虫試料の乾燥には，特別の試料収容容器を工夫する必要がある．筆者は，1.5 ml 遠心チューブ下部の円錐部をカッターで切除してプラスチック製円筒をつくり，上下を孔径 30 μm ほどのナイロンシーブで覆ったのち，あらかじめ穴をあけたチューブの蓋でシーブを固定したものを用いている．円筒部には金属製針金を巻き，液化炭酸ガス中で容器が浮かないようにする．

10.5　試料台への接着

a) 準備器材： SEM 専用試料台，銅製粘着テープ，微針．

b) 操作手順： 乾燥試料は，SEM 専用の試料台に接着する．試料台上への試料の接着には，銅製粘着テープを用いる．このときテープに盛り上がりをつけ，観察予定部位が見やすい位置を定め，突出部に線虫を接着する（図 1-16）．乾燥試料をテープに移すときには，柄につけた微針を布で摩擦して起した静電気を利用するとよい．テープの突出部に線虫を固定すると，試料台面との距離がかなり開くので，焦点深度の深いコントラストのついた写真がとれる．接着した試料は，蒸着・観察時までデシケータ中に保存する．

10.6　金属蒸着

a) 準備器材： イオンコーターまたはイオンスパッター装置，金（または金−パラジウム，白金，カーボンなど）．

b) 操作手順： 試料台に接着した試料は，二次電子の放出を良くするため，イオンコーターやイオンスパッター装置を用いて，金を蒸着する．蒸着する金属の厚さは 200 Å（20 nm）を基本とする．その際，蒸着が不均一だと試料が帯電して鮮明な像が得られないため，試料台が回転する型の蒸着装

置を用いるか，固定式の場合には方向を変えて3回くらいに分けて蒸着するなどの工夫がいる．白金は蒸着を薄くすることができるため，微細な表面構造の観察には適している．

10.7 検鏡と写真撮影

蒸着した試料は，直ちに検鏡・写真撮影する．観察は5〜20 kV（最近の機種では2〜3 kV）の加速電圧で行うが，低めの方が好ましい．最近のSEMは写真を電子画像として記録するタイプが普及しているが，附属しない場合はインスタントカメラなどで撮影し，画像をスキャナで取り込み保存する．

参考文献

Eisenback, J.D. (1985) Techniques for preparing nematodes for scanning electron microscopy. pp.70-105. In Barker, K.R,, Carter, C.C. and Sasser, J.N.(eds.), An advanced treatise on *Meloidogyne*, vol.II. North Carolina State University Graphics, Raleigh, USA.

（奈良部　孝）

第2章　分類・同定のための形態観察

1. 採集法

1.1　線虫の採集法

ここでは土壌生息線虫の一般的な採集法を解説する．

a）準備器材：　12号ポリエチレン袋，マジックインキ，移植ごて，根切り，段ボール箱またはクーラーボックス．

b）操作手順：　耕地における土壌線虫の採集－①乾燥で個体数が少ない土壌の表面5cm程度を払い除ける．②湿った土壌を露出させ，移植ごて（図2-1下）を用いて深さ15cm程度までの土壌を採る．根にはネコブセンチュウなどの定住性線虫の成虫やネグサレセンチュウなどの根に潜り込む性質の線虫が寄生しているので，作物の根も積極的に採取する．特にネコブセンチュウの同定では雌成虫が役に立つ．③1kg（丼椀1杯）程度の土壌を採取し，ポリエチレン袋に収納する．

c）留意事項：　1）ポリエチレン袋の中の土壌温度は短時間の日射でも上昇する．多くの線虫は40℃以上の温度で短時間に死ぬため，晴天時に採土したら日射を避けてフタ付きのダンボール箱あるいはクーラーボックスに保存する．2）ポリエチレン袋は，酸素と二酸化炭素を通過させ，水分を逃がさないため，線虫を含む土壌試料の搬送や保存にも適する．3）なるべく1週間以内に線虫を分離する．分離までの保存は室温（20～25℃）でよい．4）土壌を収納するポリ袋には採集地名（またはジオタグ），採集年月日，植生（寄主植物名），採取者名（自身が分離しない場合）のデータを記入するか，これらが照合できる番号を記入し，データは照合番号でノートしておく．5）草地，森林林床など非耕地における土壌線虫採集用の採土では次の事柄に留意する．根が絡み合った草地の固い層（サッチ）は片縁がそれぞれ刃と鋸歯になったレジャーナイフ波刃®（図2-1上）を用いて切断し，サッチと更に下層の土壌を採土する．林床土壌でも根切りが必要である．落ち葉は除去し，その下の腐葉土と土壌と根をすべて採収する．腐葉土層には菌床があり多様な食菌性と捕食性線虫が生息している．木本寄生性のネコブセンチュウやオオハリセンチュウの採集が目的なら，大型のスコップを用いて腐葉土層を取り除き，心土を露出させ50cm以上掘り下げて対象木本の根と共に土壌を採集する．

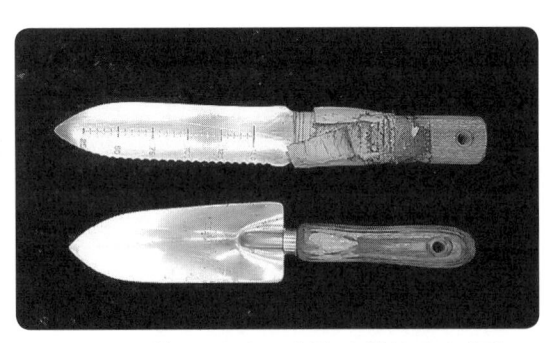

図2-1　レジャーナイフ（上）と移植ごて（下）

1.2　土壌からの線虫抽出 - ふるい分け法（ウェットシービング法）

分離法には様々な方法があり，さらに同じ名称で呼ばれている分離法でも採集者によって器材や手

1. 採集法

図 2-2　ふるい分け法─攪拌と流し込み

図 2-3　線虫回収作業

順が異なる場合が多い．線虫の定量を目的とした分離法は第10章3節で解説されるので，線虫相を調べる目的に役立つ比較的簡易な分離法として，ふるい分け法と倒立フラスコ法を紹介する．なお，ベールマン法（第10章3.1）は運動性が乏しい線虫や大型の線虫の分離効率が極端に低いため網羅的に線虫を集める目的では推奨できない．

　a）準備器材：　径200 mm 目開き1 mm（18メッシュ）の篩，径90〜120 mm 目開き75 µm（200メッシュ）の篩，径90〜120 mm 目開き25 µm（500メッシュ）の篩（目開き38 µm（400メッシュ）でも可），柄付きの2 ℓ プラスチックビーカー2個，ホース，ジョロ口，バット，100 mℓ ガラスビーカー，両面が平らなスポンジ，洗浄瓶（ツル口）．

　b）操作手順：　①土壌（100〜200 g程度）はふるわずにそのまま2 ℓ の柄付きプラスチックビーカーに入れ水2 ℓ を加えて30分程度静置し，土を水に馴染ませておく．②手を入れて土壌を手早く攪拌し，直ちに1 mm 目の篩を通して第二の2 ℓ ビーカーに流しこむ．大きな根，砂，小石は最初のビーカーに残り，細根や粗大有機物は篩の上に残る．有機物残さに緩いシャワーをかけ，落水は第二のビーカーに受ける．ビーカーの口いっぱいまで水を張る．1時間放置し，水面に浮かんだ植物残さを払って除去する．③75 µm（上）と25 µm（下）の篩を重ね，パッドの上に置く．篩は水で濡らしておく．④第二のビーカーの土壌懸濁液をスプーンで静かに混ぜ1分ほど静置した後，上記の重ねた篩上に静かに注ぐ．このときビーカーの底に沈んでいる土を流し込まないよう注意する（図2-2）．篩の上から緩いシャワーをあてて泥水が篩を通るようにする．目詰まりしたら，揺すって水を抜く．篩が目詰まりして1回でこしとれないときは数回に分けて実施する．⑤バット内に水が溜まるから，そこで篩を揺すって水を抜く．それでも水が抜けない場合は十分に水を含ませたスポンジをパッドに入れ，その上に篩の底面を密着させると水が抜ける．⑥篩を手に持ち，45度に傾けて表裏から洗浄瓶（ツル口）の水をあてながら土壌粒子を片側に寄せる．⑦ツル口の水を表裏から当てながら篩の土壌等粒子と共に線虫を100 mℓ のビーカーに流し入れる（図2-3）．土壌粒子が少ない場合は直接観察に供試できる．

　c）留意事項：　1）目開き75 µm，38 µm または25 µm の篩は市販のナイロンメッシュを入手し，輪切りにした塩ビ管などの枠に取り付けて自作することもできる．75 µm の篩には大型（体長1 mm 以上）の線虫が，20〜38 µm の篩には小型（体長200 µm）〜中型（体長500 µm）の線虫がこし取られている．2）回収した懸濁液に土壌粒子が多い場合は，1時間以上静置して線虫を沈め，上ずみを除去して濃縮しこれをベールマン法，二層遠心法で再分離する．

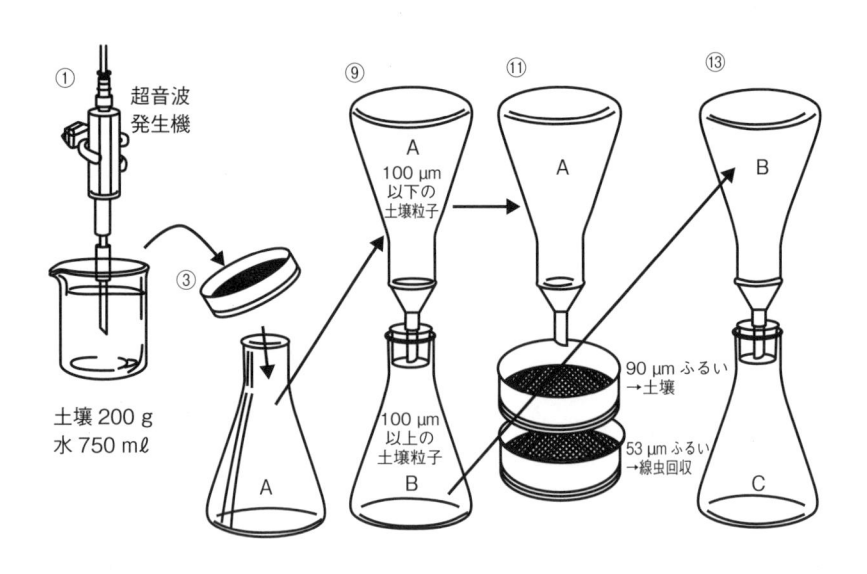

図 2-4 倒立フラスコ法手順（丸数字は本文の手順と対応）

1.3 倒立フラスコ法

J・W・セインホースト（Seinhorst 1956）が考案した分離法で，別名をセインホーストの対フラスコ法という．

a）準備器材： 1ℓビーカー，網皿（目開き 1〜2 mm），2ℓフラスコ（2ℓのペットボトルでも代用できる）2 個，径 120 mm 程度の大型漏斗，径 35 mm の小型漏斗，フラスコのゴム栓 2 個，50 mLビーカー，径 100 mm 目開き 53 μm（280 メッシュ）の篩，径 100 mm 目開き 90 μm（166 メッシュ）の篩，洗浄瓶（ツル口）．

b）操作手順（図 2-4）： ①1ℓのビーカーに約 200 g の土壌を入れ，水 750 mL を注ぐ．超音波発生機で粒子を砕き完全な懸濁液にする．10〜15 分間土壌を分散させる．②漏斗の脚をゴム栓に取り付け，2 mm の網皿を漏斗にセットする．2ℓの三角フラスコにゴム栓とともに漏斗を取り付ける．③網皿に土壌の懸濁液を通して，三角フラスコに注ぎ入れる．④網皿を取り出し，流水で漏斗の壁面を洗い，土壌粒子を流し落とす．網皿に残った植物残さは捨てる．⑤2ℓのフラスコを水で満たす．水面の泡やゴミを取り除く．⑥フラスコにジョイントの小漏斗（口径 35 mm）を取り付ける．これが利用できない場合は短いプラスチック製の漏斗（口径 35 mm）をゴムチューブで取り付ける．小漏斗の中も水で満たす．⑦親指で小漏斗の脚の穴を塞ぎ，フラスコを握っている手首を回転させて倒立と正置を繰り返し，土壌と水をよく混ぜる（これを以下 A と呼ぶ）．⑧もう 1 つの 2ℓ三角フラスコ（以下 B）を水で満たす．小漏斗の脚を入れる穴を空けたゴム栓を口に装着する．⑨フラスコ A を逆さにして素早くフラスコ B につなぐ（漏斗の脚をゴム栓に入れる）．⑩10 分間放置する間に対流が生じ，上の A には粒形 100 μm 未満の土壌粒子が残り，下の B には 100 μm 以上の大きな粒子が沈む．⑪A の内容物を上に 90 μm 目の篩，下に 53 μm 目の篩を重ねた篩でこし取る．下の篩から線虫を回収する．90 μm 目の篩に残った土壌粒子を捨てる．⑫53 μm 目の篩に残った線虫を，洗浄瓶の水で篩の後から洗い流し，50 mLビーカーまたはシラキュース時計皿に受ける．⑬B にジョイントの小漏斗を取り付け，⑦と同様に操作する．水を満たしたフラスコ C（A を洗って再利用）に倒立させて取り付け，10 分間静置した後⑪⑫と同様に操作して線虫を回収する．⑭フラスコ C をフラスコ D（B を洗って再

利用）に取り付け⑬と同様に操作してCに残った線虫を回収する．このように3回フラスコ倒立による分離を繰り返すと，線虫はCに回収され，Dには土壌粒子だけが残る．

c）留意事項： 1）①で団粒を砕くために，マグネットスターラー，振とう機などを用いることができる．2）⑩の静置時間は，土壌粒子の沈降程度が安定するのが目視でわかるので，10分間にこだわる必要はない．セインホーストは20分間静置している．3）オリジナル（Seinhorst 1988）の方法では，⑬以降の処理は水を張った1ℓビーカーにフラスコを倒立して泥を放出させている．4）この方法は，摩砕法で分離したハセンチュウ類（ほとんど沈降しない）を植物残さから分離回収する目的にも利用できる．倒立フラスコ法は，直接ふるい分ける場合よりも夾雑物が少ないきれいな抽出ができる．小型〜中型の線虫の分離に適しており，運動性が低く，自力でフィルターを通過しない線虫を分離できる．線虫は団粒の中にも入っているため，団粒をうまく砕くことが分離率を上げるポイントとなる．

1.4　根の線虫の回収

篩に残った植物の根を実体顕微鏡で観察し，ピンセットを用いて根の表面に露出した定住性線虫の雌を回収する．根こぶが認められれば，解剖して雌成虫を回収する．また，摩砕－ろ過法（第10章5.2.1）で根の中の線虫を回収する．

参考文献

Seinhorst, J.W. (1956) The quantitative extraction of nematodes from soil. Nemologica 1: 249-267.

（水久保隆之）

コラム：昆虫嗜好性線虫の採集法

昆虫と何らかの関わりを持つ線虫を「昆虫嗜好性線虫」と総称し，ここには，昆虫寄生性線虫，便乗線虫などが含まれる．これらの線虫と宿主昆虫，もしくは媒介昆虫との相互作用関係を解明する最初のステップとして，昆虫虫体からの線虫の分離，培養が必要となる．この過程は通常，昆虫を同定した後，実体顕微鏡下で解剖を行うことになる．

一般的に，線虫は寄生態，もしくは耐久（分散）型で昆虫虫体に侵入，付着している．これらのうち，寄生態は浸透圧ショックに弱く，蒸留水などを用いて解剖を行うと，浸透圧によって破裂する場合がある．このため，昆虫解剖の際には，蒸留水ではなく，生理食塩水やM9緩衝液など，線虫に適した浸透圧の溶液を用いることが望ましい．

解剖手順は以下のとおりである．

①最初に昆虫体表面を溶液でリンスし，表面に便乗している線虫を回収する．

②翅（はね）の下，節間膜の隙間など，表面リンスでは落とせない部分の線虫を観察し，必要に応じて回収する．

③虫体（腹膜など）に切り目を入れ，血体腔内部を調査する．

④気管内部の観察を行う．気管は腹膜に張り付いていることが多いため，腹膜を剥がす際に注意すれば比較的容易に気管系を取り出せる．

⑤気管系以外の各器官，内部生殖器官，腸管，外部生殖器官（交尾器や産卵管）を順番に観察し，得られた線虫を回収する．

⑥解剖後の虫体を2.0%寒天上に移し，20℃前後で保持する．

解剖の際には，複数のガラス製ペトリ皿を用意し，それぞれの器官を別々に解剖すると作業が行いやすい．分離された線虫は，形態を簡単に観察し，培養が可能なものはそれぞれ適した培地に移し，培養株の確立を図る．培養不能と思われるものは固定標本，もしくは分子同定用試料の作製に用いる．

　昆虫嗜好性線虫では，昆虫虫体から得られる線虫の数が少ない場合，複数種が検出され，それぞれ分けて培養株を確立しなければならない場合がある．また，木材食性昆虫に便乗する種など，木材から通常のベールマン法で分離されるが，種あたりの個体数はあまり多くない場合がある．つまり，培養開始に用いる線虫数は必然的に少なくなり，通常の培地に移しただけでは，混入した微生物の増殖が早すぎて，線虫の状態が悪くなり培養株の確立が困難になることがある．このような場合，栄養分を少なくした培地で線虫をいったん増殖させ，その後に通常の培地に移して実験株を確立する．糸状菌食性線虫では，菌糸の伸長が早くなり，かつ細菌の増殖が起こりやすいPDAなどは避け，菌糸の密度の低くなる1%麦芽エキス寒天培地や，2%水寒天培地上に麦芽エキス寒天培地の小片（5 mm角程度のもの）を10個程度並べたものを用いると，線虫の状態の確認が容易になる．また，細菌食性線虫では2%水寒天培地上にNGMなど，通常の細菌食性線虫用培地の小片を並べたものを用いると培養株の確立に成功しやすい．いずれの場合も最初の植え替えを，通常の培地と貧栄養培地の両方で行い，様子を見ながら通常培地での培養を開始するとより安全である．筆者らは複数種混じった培養株から ブノネマ（*Bunonema*）属など増殖力の弱い線虫を単離する際にこのような方法を用いている．

　また，増殖力が弱く，虫体からの直接の分離では他の種との競合に負けて姿を現さない種も存在し，このようなものは，昆虫を飼育し，その飼育資材を調査することにより得られる場合がある．得られた線虫は上記の水寒天培地での培養株確立を試みる．

（神崎菜摘）

2. 顕微鏡の使い方

　線虫の形態を観察するためには生物顕微鏡が不可欠である．生物顕微鏡では標本の下に照明があり，その光が標本を透過した像を標本の上にあるレンズで拡大して観察することができる．これを明視野観察という．線虫の内部形態を観察する場合，かつては，透明な虫体を染色して明視野観察を行っていたが，現在では，透明な虫体を染色せずに観察することができる微分干渉観察が一般的となっている．この微分干渉観察は，生物顕微鏡に特殊なプリズムを組み入れて行われるもので，その取扱いはメーカーごとに若干異なるため，各取扱説明書に譲ることとし，ここでは生物顕微鏡を用いて観察する場合の基本事項を示す．

2.1　生物顕微鏡の基本設定

　以下の手順に従って基本設定を行う（②～④は図2-5を参照）．①標本をステージにセットし，10倍の対物レンズを使用してフォーカスを合わせる．②視野絞りを最小まで絞り，多角形に光る像（視野絞り像）が見えるようにする．③コンデンサを上下させてこの像の輪郭が明瞭になる状態にする．④コンデンサ心出しつまみを使ってこの像を視野の中央まで動かす．⑤暗部がちょうどなくなるとこ

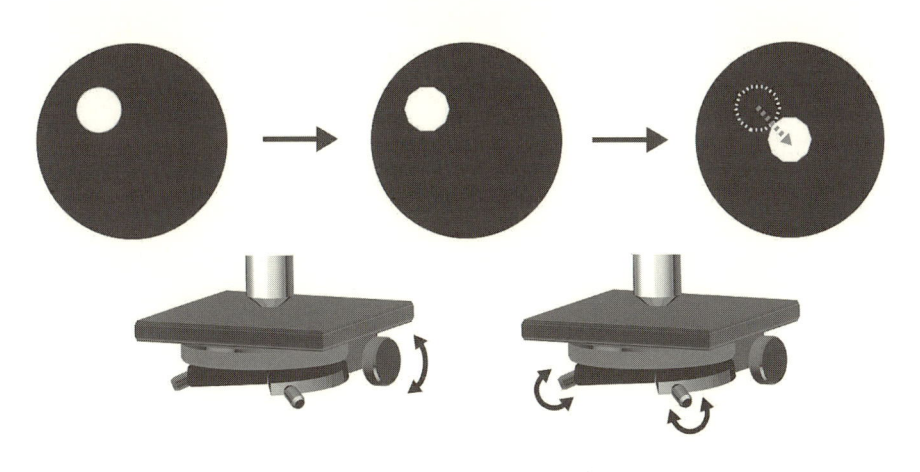

コンデンサ上下動ハンドルを操作　　　　コンデンサ心出しつまみを操作

図 2-5　生物顕微鏡の基本設定（視野絞り像と光軸の調整）

ろまで視野絞りを開く．⑥開口絞りを対物レンズの開口数（対物レンズ側面に表示されている値，下記参照）の 70 〜 80% の値の位置にする．これにより，解像度とコントラストのバランスがよい状態となる．

　基本設定後は，目的や好みに応じて開口絞りを操作し，自身が求める解像度あるいはコントラストが得られるように調整する．なお，視野絞りの調整は対物レンズを切り替えるたびに行う必要がある．

2.2　対物レンズとコンデンサ

　対物レンズの性能を表す指標が開口数（NA）であり，対物レンズにその値が表示されている．開口数が高ければ高いほど解像度（分解能）も高くなるが，それに反比例して焦点深度（ピントが合って見える像の深さ・厚さ）は浅くなりコントラストも低下する．したがって，高解像度かつ高コントラストで虫体の上から下までピントの合った像を得ることは基本的に不可能であり，目的や好みに応じて解像度とコントラスト・焦点深度のバランスを取る必要がある．標本と対物レンズの間の媒質が空気（屈折率 1）となっている乾燥系の場合，空気の屈折率の関係で開口数は 1 以上にはならない．このため，乾燥系 40 倍の対物レンズで開口数の最高値は 0.95 程度である．一方，イマージョンオイル（屈折率 1.5）を用いた油浸系の場合，油浸系 100 倍の対物レンズで開口数の最高値は 1.4 程度である．ただし，油浸系で対物レンズの性能を十分発揮するためには，標本と対物レンズの間だけではなく，コンデンサ（トップレンズ）と標本の間もオイルで満たす必要がある．コンデンサにも開口数があり，開口絞りによって操作することができるため，その値を表す目盛が付いていることが多い．微分干渉観察に用いられるユニバーサルコンデンサでは，乾燥系と油浸系の両方に対応しているものがあるが，この場合には目盛が 2 通り表示されており，0.9 までの目盛が乾燥系，1.4 までの目盛が油浸系の表示である．ただし，油浸系ではコンデンサのトップレンズを油浸用に換装しておく必要がある．

　対物レンズを通した拡大像にはさまざまなズレが生じる．これを収差という．市販の対物レンズでは収差が補正されており，その程度によって種類が分かれている．像の中心と外側とのピントのズレを補正したものはプラン（Plan）と呼ばれ，中心付近だけでなく視野全体にピントの合った像が得ら

れる．一方，色を補正したものとして，2色を補正したアクロマート（Ach）と3色を補正したアポクロマート（Apo）がある．高倍率での微分干渉観察や蛍光観察などには高価なアポクロマートレンズの使用が望まれるが，アクロマートよりも補正がよくアポクロマートより廉価なセミアポクロマートレンズ（フルオリート，FL）もありコストパフォーマンスに優れる．

2.3 フィルター

　フィルターは光の性質を変えるために用いられる．最もよく使用するもので，顕微鏡に標準で付属していることも多いのが，LBDフィルター（名称はメーカーによって異なる）とNDフィルターである．ハロゲンランプが光源の場合，視野が黄色っぽく見える．観察に適しているのは昼光色であるが，電圧を上げてもまぶしくなるだけで昼光色にはならない．そこでLBDフィルターを使用すると視野が昼光色となる．また，明るすぎる場合に電圧を下げることで暗くしようとすると，視野が赤味を帯びる．視野が明るすぎる場合には，色を変えずに明るさを下げるNDフィルターを使用する．NDフィルターには種類があり，光の透過率が異なる．複数のNDフィルターを組み合わせて使用することも可能である．その他のフィルターとして，コントラスト改善のために使用されるグリーンフィルターなどがある．

　線虫の顕微鏡観察においては，透明な微細構造を観察することも多く，顕微鏡の設定や扱い方が観察像の良し悪しに直接影響することも多い．このため，顕微鏡の取扱いに習熟することが重要である．顕微鏡の仕様・性能や使い方については，取扱説明書に基本事項が記載されているほか，わかりやすく解説している書籍もあり大変参考になる．また，顕微鏡メーカーのウェブサイトの中にも詳細な解説があり一読の価値がある．

（酒井啓充）

コラム：線虫の分類体系

　線虫の分類体系は，これまでにも何度か大きな変更・修正がなされてきたが，形態，特に感覚器と口器，食道の形態に基づいた，A.R.マジェンティ（Maggenti 1991）の分類体系を基本として，これにグループごとに専門研究者による修正を加えたものを用いていた．すなわち，線形動物門（Nematoda）を，アデノフォレア（Adenophorea：尾腺綱）とセセルネンティア（Secernentea：幻器綱）という2綱に分け，アデノフォレアでは，さらに2亜綱，12目，セセルネンティアでは3亜綱，6目（アフェレンクス目〔Aphelenchida〕を別目として7目の場合もある）に分けるというものである．実際にまとめられたのは1991年であるが，それ以前より（例えば，Andrássy 1976；Maggenti 1983），このような形の分類体系が長らく使用されており，実際に分類学のみならず，生態学的研究や防除など，応用研究においてもこの分類体系が全ての基礎となっていた．

　これに対して，M.L.ブラクスターら（Blaxter et al. 1998）は線形動物門のほぼ全目を網羅する形で分子系統解析を行い，既存の分類体系とここで得られた系統関係の間に大きな違いがいくつかあることを指摘した．そして，この結果をもとに，さらに解析を加え，ド・レイとブラクスター（DeLey and Blaxter 2002）は既存の体系と大きく異なる分類体系を提示した．この分類体系では，綱の分割から既に旧体系と異なっており，エノプレア（Enoplea），クロマドレア（Chromadorea）の2綱に分け，それぞれ，エノプレアでは2亜綱6目，クロマドレアでは1亜綱6目に分けるというものである．

　これらの体系の詳細な違いについては，それぞれの原典やその後に発表された文献（例えば，

2. 顕微鏡の使い方

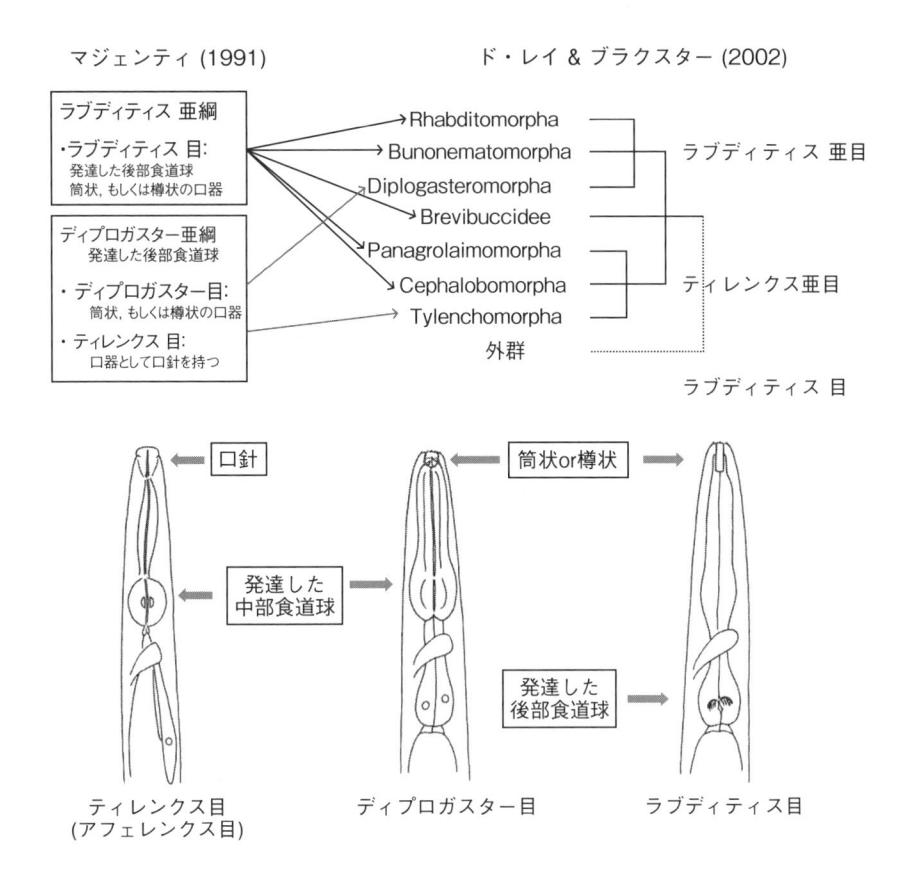

図2-6 ティレンクス目，ディプロガスター目，ラブディティス目の分類群の対応と頭部の形態

マジェンティ（Maggenti 1991）の旧分類体系では，中部食道球がよく発達した ティレンクス目，ディプロガスター目は ディプロガスター亜綱，後部食道球の発達した ラブディティス目は ラブディティス亜綱に分類される．しかし，新分類体系では全て ラブディティス目にまとめられ，ティレンクス目，ディプロガスター目は，ラブディティス目の中の下目（ティレンコモルファ Tylenchomorpha 下目，ディプロガストロモルファ Diplogasteromorpha 下目）となり，ラブディティス目はいくつかの下目に分けられる．また，筒状，もしくは樽状の口器を持つグループが ラブディティス目の 2 つの亜目（ラブディティス亜目とティレンクス亜目）の両方に存在することになり，口器の形状に高い可塑性があることがわかる．

Meldal et al. 2007）に譲るが，特に注目すべき点は，旧分類体系で重要視された口器の形状や食道の形状において類似した形態が複数回，独立に発生したことが確認されたという点である．この結果，系統関係を基準にした分類体系では，陸生の自由生活線虫，植物寄生線虫を多く含む セセルネンティアがほぼ全て，クロマドレア綱の ラブディティス目（Rhabditida）に統一された．すなわち，各系統群において，独自の進化，収斂が起こった結果，一般的な形態形質では自然分類群との対応関係が見いだせないということが明らかになった．図 2-6 にその一例を示す．

　進化系統関係まで考慮すれば，新分類体系を採用し，これに従って論議していくのが妥当であると考えられる．しかし，現在の生態学的研究や線虫害防除に関する研究の多くが旧体系に基いて行われている点や，旧体系の方が感覚的には理解しやすいという点から本書では基本的に旧分類体系に従って分類群の標記を行う．

参考文献

Andrássy,I. (1976) Evolution as a Basis for the Systematization of Nematodes. Pitman, London.

Blaxter, M.L., De Ley, P., Garey, J.R., Liu, L.X., Scheldeman, P.,Vierstraete, A., Vanfleteren, J.R., Mackey, L.Y., Dorris, M., Frisse, L.M.,Vida, J.T. and Thomas,W.K. (1998). A molecular evolutionary framework for the phylum Nematoda. Nature, 392: 71-75.

De Ley, P. and Blaxter, M.L. (2002) Systematic position and phylogeny. pp.1-30. In Lee, D.L. (ed.), The Biology of Nematodes. Taylor and Francis, London.

Maggenti, A.R. (1983) Nematode higher classification as influenced by species and families concepts. pp.25-40. In Stone, A.R., Platt, H.M. and Khalil, L.F. (eds.), Concepts of Nematode Systematics. Academic Press, London.

Maggenti, A.R. (1991) Nemata: higher classification. pp.147-187. In Nickle, W.R. (ed.), Manual of Agricultural Nematology. Marcel Decker, Inc., New York.

Meldal, B.H.M., Debenham, N.J., De Ley, P., De Ley, I.T., Vanfleteren, J.R., Vierstraete, A.R., Bertd, W., Borgonie, G., Moens, T., Tyler, P.A., Austen, M.C., Blaxter, M.L., Rogers, A.D. and Lambshead, P.J.D. (2007) An improved molecular phylogeny of the Nematoda with special emphasis on marine taxa. Molecular Phylogenetics ashund Evolution, 42: 622-636.

（神崎菜摘）

3. 線虫のボディプラン

3.1 線虫の形態

　土壌線虫は小型で半透明であるため，光学顕微鏡を用いれば食道や生殖器官などの内部形態が観察できる．これらの形態は線虫の目レベルの識別に重要である．科・属・種の分類・同定には，その他の尾部や口腔の形態も重要であるが，熱殺・固定されたときに取る体の概形，体表面の紋様，唇部の

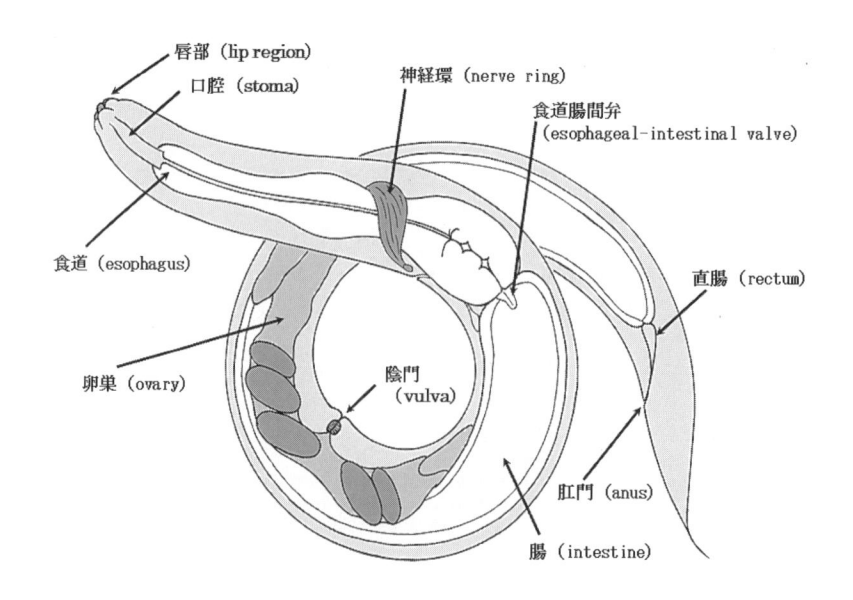

図 2-7　一般的な線虫の形態（概念図）

形態，食道腸間弁，直腸から尾端の形態など，ありとあらゆる形態的特徴を用いて総合的に判断する必要がある．ここでは，線虫の顕微鏡観察，また線虫の分類・同定の手引となるよう，線虫のボディプランおよび線虫の主要な形態的特徴などについて解説する．

　線虫は前口動物の系統に属する左右相称の偽体腔動物で，最近のDNAの塩基配列を用いた系統解析の結果によれば，前口動物の系統の脱皮動物のグループに分類される（白山 2000）．雌雄異体で有性生殖を原則とする．線虫は，そのボディプランの単純さから見て，地球上の生物が一気に多様化した「カンブリアの大爆発」か，それ以前に海洋で分岐して成立していたに違いない．小ささゆえに海洋底質の粒子間隙という線虫独自の生活場所を見出し，角皮の環境抵抗力とそれにより獲得した活発な運動能力により適応放散をとげたのであろう．またこれらは，乾燥に対する抵抗性を必要とする陸上生活への進出や寄生生活への進出も可能にしたと考えられる（白山 1996）．

　線虫は左右相称で，体形は普通円筒形または紡錘形，丈夫な角皮に覆われ，内圧により一定の形状を保っている．卵からふ化する時点で細長い線虫の形になっており，ネコブセンチュウやシストセンチュウのような著しい例外もあるものの，概してふ化後の形態の変化は少ない．通常4回脱皮して成熟し，クチクラの中で次のステージの体を完成させてから脱皮する．

　口は体前端にあり，消化管は三放射相称で口腔，食道，腸に区別され，直腸を経て体後方腹側面の肛門で終わる．雌は肛門の前方に生殖口（陰門）が開く．雄は肛門が生殖口を兼ね（総排出口），雌の陰門を広げる働きを持つ交接刺を備える．神経系は腹側に発達し，食道を取り囲む中枢（神経環）がある（図2-7）．体前端の規則正しい配列をする感覚毛，体前端側方の双器と呼ばれる感覚器官は多くの線虫が共通して持っている．体を横断する筋肉は持たず，運動は体を縦走する筋肉で行う．線虫が縦走筋だけで活発な運動ができるのは，角皮が外骨格のように機能するからである．体を背腹にくねらせる運動が中心で，水平面上では体の側面を下にして体をくねらせる（白山 1996）．移動には土壌粒子などによる支えが必要で，抵抗のない水中や水中のガラス面上では意図的な移動はできない．

　線虫は多種多様に分化していて，土壌中や海洋の底質中に棲息するもの，動物の体内で寄生生活を送るもの，細菌食性，糸状菌食性，捕食性，植物寄生性など食性をはじめとする生態もまた多様である．動物寄生性線虫や海産線虫の中には体表に突起物を持ち，これが線虫かと見まがうようなユニークな形態を持つ線虫が知られている．土壌から検出される線虫は，紡錘形あるいは円筒形で線虫という名称にふさわしい単純な形をしているものが多いが，それほど稀でない土壌線虫のブノネマ科（Bunonematidae）線虫は，左右非相称で体の右側に突起物を並べている．アクロベレス属（Acroberes）線虫はブラシ状の，ディプロスカプター属（Diploscapter）線虫はフック型の飾りを体前端に備える．以下の2節では，線虫の目レベルの分類の基準となる形態的特徴，および実際に分類・同定を行うにあたって有用な形態的特徴を中心に，主として土壌線虫の形態的特徴について解説する．

3.2　線虫の目レベルの識別 ・ 食道と口腔の形態

　本章前出のコラムにあるように，近年DNAによる線形動物門内各群の分子系統解析が行われ，これまでの形態による分類体系とは異なる系統関係が示されている．この系統関係は信頼できると考えられるが，例えばラブディトモルファ下目やティレンコモルファ下目，ディプロガステロモルファ下目の形態による定義が明示的に示されているわけではない．形態観察からの線虫の分類・同定を考える際は，形態からの定義づけが明白な，古典的なマジェンティ（Maggenti 1991）による線形動物門を2綱18目に分ける分類体系に従うことが適切であると考えられ，以下の記述もそれにしたがった．線虫の形態の中でも，線虫の食性を反映する 食道（(o)esophagus）および口腔（mouth cavity, stoma）の形態は，目レベル以上の分類階級を識別するための最も重要な特徴となっている．

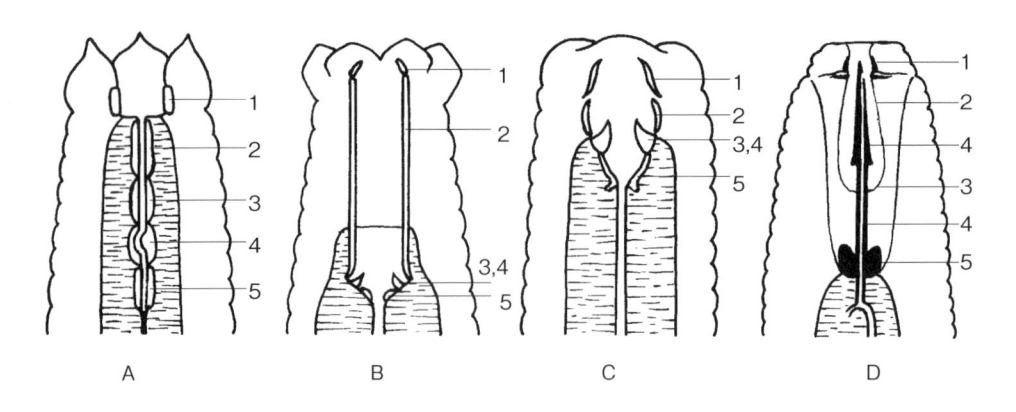

図 2-8　幻器綱線虫の口腔の構成と対応
A：ケファロブス型，B：ラブディティス型，C：ディプロガスター型，D：ティレンクス型．
1：唇口腔壁（cheilorhabdion），2：前口腔壁（prorhabdion），3：中口腔壁（mesorhabdion），4：後口腔壁（metarhabdion），5：終口腔壁（telorhabdion）
(A-C：Maggenti (1981) より改写，D：一戸　稔・三井　康 (1981)，Siddiqi (2000) を参考に作図)

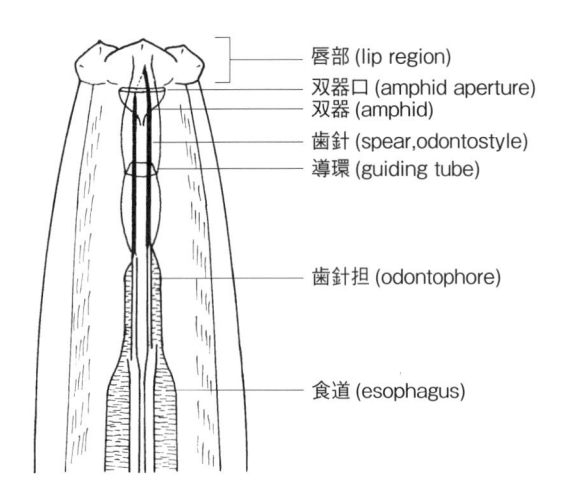

図 2-9　ドリライムス目線虫の体前部の形態（模式図）
（Maggenti 1981；線虫学用語委員会 1977 より改写）

唇部 (lip region)
双器口 (amphid aperture)
双器 (amphid)
歯針 (spear, odontostyle)
導環 (guiding tube)
歯針担 (odontophore)
食道 (esophagus)

3.2.1　口腔の特徴

　線虫の消化管は3放射相称であり口腔も例外ではない．口腔の構造，次に述べる食道の構造など線虫の形態を理解するには様々な器官の配置を立体的に把握することが重要である．

　体前端の口腔開口部（oral aperture）から始まり，食道まで続く口腔は，体表が二次的に陥入してでき，角皮（cuticle）に覆われた部分と，食道に由来する食道の組織に取り囲まれた部分とに分けられる．また，幻器綱の線虫では，口腔は唇口腔（cheilostoma），前口腔（prostoma），中口腔（mesostoma），後口腔（metastoma），終口腔（telostoma）の5つの部分から成り，それが口腔壁（rhabdion）によって区切られている．ケファロブス型の口腔（図2-8A）が典型的な例で，ラブディティス型（図2-8B），ディプロガスター型（図2-8C）では変形や融合が見られる．ティレンクス型（図2-8D）の口針では，口針錘（stylet cone）が後口腔の歯に由来し，口針軸が後口腔に，口針節球が終口腔に相当するものと考えられている（Siddiqi 2000）．ただし，食道に取り囲まれた部分が図2-8の4型で異なることから示唆されるように，発生組織学的な由来はそれぞれ異なっている．

　口腔のどの部分が食道由来か（食道の組織に取り囲まれているか），また唇口腔，前口腔，中口腔，後口腔，終口腔それぞれの形態，口腔内の歯や彫刻（凸凹など）の有無や位置，形態，歯が可動かどうかなどは科・属・種を分ける特徴となる．歯が口腔の背壁あるいは右（左）亜腹側壁に位置するのかも重要なポイントとなりうる．ティレンクス目の植物寄生性線虫では，口針の各種形状，口針長，

口針錘と口針軸の長さおよびその比，口針節球（stylet knob）の形状などが種の同定に有用なことがある（図2-8D）．ドリライムス目の歯針や歯針担（odontophore, stylet extension），口針導管（guiding tube）の形態も分類・同定の重要なポイントとなる（図2-9）．

3.2.2　食道の形態および目レベルの識別

食道の形態は以下に示す7種に大別される（図2-10）．これと口腔の形状を併せると，おおむね線虫の目レベルの識別ができる．目名の例示は代表的なものに限った．

円筒型（筋肉質の単純な筒状構造，図2-10A）
　　エノプルス目（Enoplida）：筒状の口腔の先端に歯を備える（イロヌス属（*Ironus*），図2-11A；口腔不明瞭（アライムス属（*Alaimus*），図2-11B）など
　　イソライムス目（Isolaimida）：筒状の長い口腔
　　モノンクス目（Mononchida）：樽型の口腔に大きな歯を備える（図2-11C）
　　クロマドリア目（Chromadorida）：逆円錐形の口腔に小歯を備える（口腔開口部が広くだんだん細くなる口腔を，概形が多少不規則でも「逆円錐形」とした）
　　ストロンギルス目（Strongylida），カイチュウ目（Ascaridida），スピルラ目（Spirurida）など動物寄生性線虫も食道は円筒形

ドリライムス型（前半細長く後半筋肉質の筒状，ビン型の食道，図2-10B）
　　ドリライムス目（口腔に歯針（odontostyle, spear；多くは軸性，中空で食物が通過する）を備える，図2-9）

糸片虫型（腺細胞が食道を取り囲む，図2-10C）
　　スティコソマ目（Stichosomida）：口腔不明瞭

プレクタス型（細長い円筒形の食道の後端部に食道球を備える，図2-10D）
　　モンヒステラ目（Monhysterida）：口腔は小さな樽状（図2-11D）

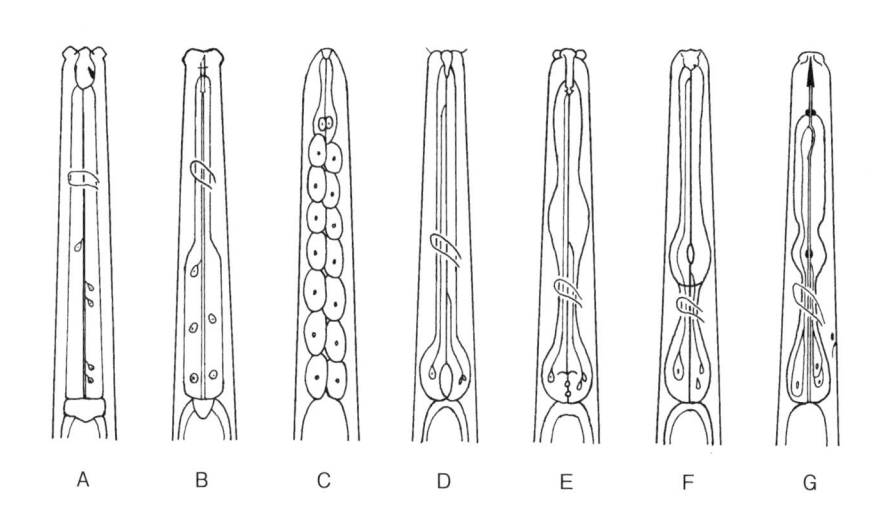

図2-10　線虫の食道の主なタイプ
A：円筒型，B：ドリライムス型，C：糸片虫型，D：プレクタス型，E：ラブディティス型，F：ディプロガスター型，G：ディプロガスター型（チレンクス型；口針あり）
（一戸　稔・三井　康（1981），Maggenti（1981）より改写）

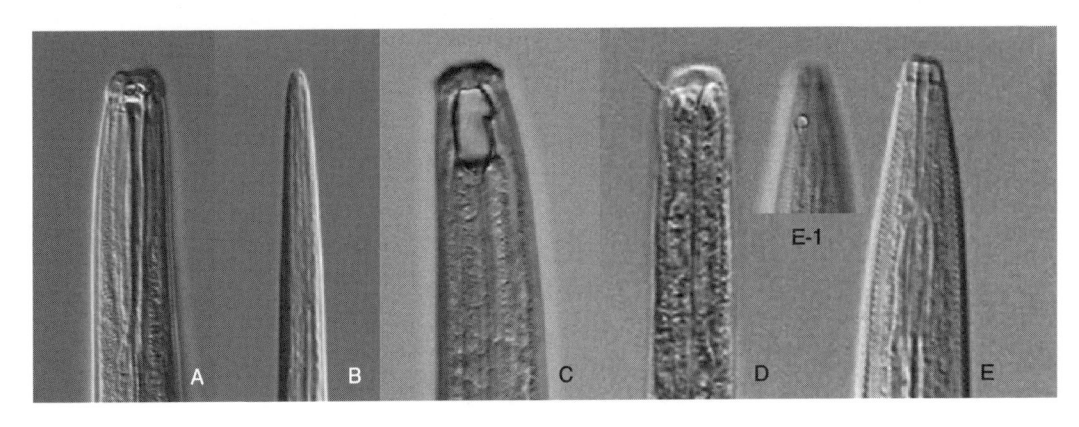

図 2-11 数種線虫の口腔の形態
A：イロヌス属線虫，B：アライムス属線虫（以上エノプルス目），C：クーマンサス属（*Coomansus*）線虫（モノンクス目），D：ゲオモンヒステラ属（*Geomonhystera*）線虫（モンヒステラ目），E：プレクタス属線虫（アラエオライムス目），E-1はプレクタス属線虫の双器を示す．

　　　アラエオライムス目（Araeolaimida）：逆円錐形*の口腔（図2-11E）
ラブディティス型（円筒形の前部食道，時に食道球を形成する中部食道が食道狭（isthmus）をへて弁のある後部食道球（basal bulb, terminal esophageal bulb）につながる，図2-10E）
　　　ラブディティス目：おおむね筒状の口腔（図2-8A・B）
ディプロガスター型（ラブディティス型に似るが明瞭な中部食道球（median esophageal bulb, metacorpus）があり，弁も中部食道球にある．口腔は口針に変化することがある，図2-10F・G）
　　　ディプロガスター目：口腔は小さな樽状，小歯を備える（図2-10F）
　　　ティレンクス目：食道の形態はディプロガスター型と同じ，口針（stylet）を備える（図2-10G，図2-13）
　なお，ティレンクス目の2亜目，ティレンクス亜目とアフェレンクス亜目は，それぞれ背部食道腺が口針の後で開口する（その結果食道が口針の後で屈曲する）か，中部食道球内で開口する（食道が口針の後で屈曲しない）かで区別できる．

4. 線虫のその他の形態的特徴 ― 分類・同定に有用な形質を中心に

4.1 体の概形
　線虫を穏やかな条件で熱殺した時，線虫によってはその縦走筋の特性により死亡個体が特徴的な概形を示すことがある．例えば，ラセンセンチュウ類（ヘリコティレンクス属 *Helicotylenchus* など数属を含む）やジフィネマ属線虫（図2-12A）は蚊取り線香のような渦巻状の形態を示す．シリンドロライムス（*Cylindrolaimus*）属線虫など熱殺後渦巻状の形態を示す線虫は他にもあるが，口針がよく目立ち，ぐるぐる巻になるこれらの線虫は見分けやすい線虫の1つである．熱殺後まっすぐな形態を取る線虫，ややカーブした形態を取る線虫は数多く，体の概形で同定ができるというものではないが，各種線虫が熱殺・固定時に示す形態を把握することは線虫の識別に有用である（図2-12）．例えばアフェレンコイデス属線虫（図2-12D-1）などでは，雄成虫の体は総排出口の直前で腹側に急激に曲る．こ

4. 線虫のその他の形態的特徴 — 分類・同定に有用な形質を中心に

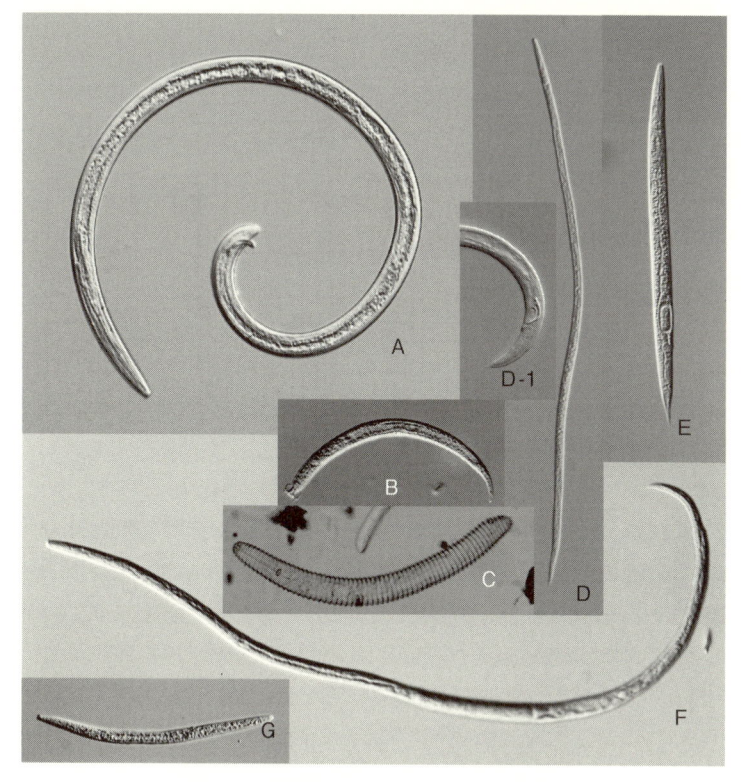

図 2-12　数種土壌線虫の光学顕微鏡写真

A：ジフィネマ属線虫，B：ウィルソネマ・オトフォルム（*Wilsonema othophorum*），C：クリコネメラ属（*Criconemella*）線虫，D：イチゴセンチュウ（*Aphelenchoides fragariae*），D-1 はイチゴセンチュウ雄成虫のカーブした尾部，E：ブルシラ属（*Bursilla*）線虫，F：バスチアニア・グラシリス（*Bastiania gracilis*），G：アクロベロイデス・ナヌス（*Acreberoides nanus*）.

のような特徴を把握しておくことも線虫の識別に役に立つ．

4.2　体表面：角皮に見られる形態的特徴

　先に述べたように土壌線虫は外形が単純なものが多く，プレクタス（*Plectus*）属など唇部（lip region）の後方に短く目立たない剛毛（seta）を備えるものもあるが，唇部および尾部（tail）を除いて突起などなく，低倍率の観察では平滑に見えるものがほとんどである．唇部および尾部の突起についてはそれぞれの項で述べる．

　線虫の角皮は，表面に体の全長にわたって体環（annule）と呼ばれるリング状の繰り返し構造が体軸に直行するように並んでいる（図 2-13A）．体環は，エノプルス目やモノンクス目，ドリライムス目などの線虫では光学顕微鏡では観察できないほど細かいが，ラブディティス目やディプロガスター目，ティレンクス目などの線虫では深くて間隔が広く，分類の標徴となることがある．特にティレンクス目のクリコネマ科（Criconematidea）の線虫では体環が顕著で（図 2-12C），クリコネマ属（*Criconema* spp.）では体環の上にうろこ状の構造が発達し，属・種を分ける特徴となっている．

　またこれらの線虫では，体の側面の角皮に体のほぼ全長にわたって体の長軸方向に発達する帯状の構造を備える．この構造が側帯（lateral field）で，側線（lateral lines）と呼ばれる条線を備えることが多い（図 2-13A, B）．動物寄生性のカイチュウ目（Ascaridida）線虫の中には，側帯が翼状に側方に突

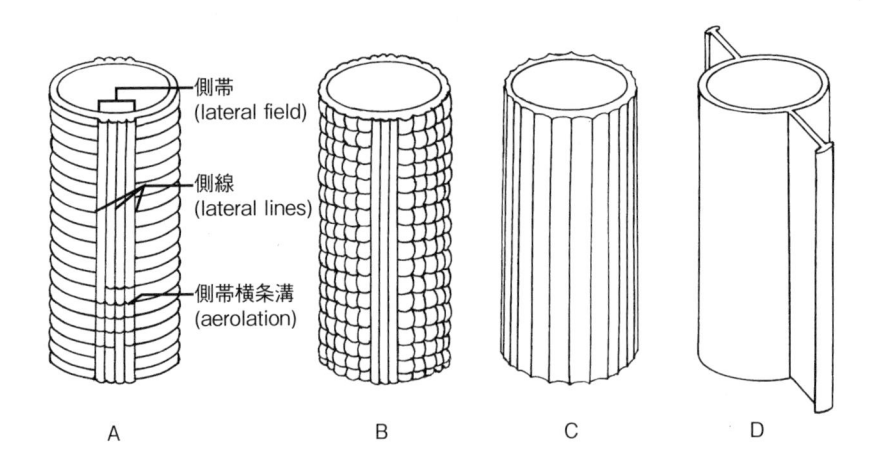

図 2-13　線虫の体表面：角皮に見られる特徴的な形態（模式図）

A：一般的な体環と側帯の形態，B：体環を縦断する線条を備えたもの，C：ドリライムス科線虫の体の長軸方向の線状構造，D：カイチュウ目線虫に見られる側翼（Maggenti（1981）より改写）．

き出る（側翼，lateral wings）ものも知られる（図 2-13D）．

　体の全周にわたって側線とは別に体環を縦断する線条を備え，角皮にブロック状の刻条をもつ線虫も知られている（図 2-13B）．ドリライムス目の基準科であるドリライムス科にも体の長軸方向の線状構造をもつもの（図 2-13C）がある．

4.3　唇部

　線虫の体前端にある口は基本的に，6 つに分かれた唇（lip）とその外側に 3 列，環状に配置されるそれぞれ 6 を基数とする感覚子（sensillum: 微小感覚器）に取り囲まれる．原始的と考えられる線虫では唇は発達せず，線虫を側面から観察した時体の他の部分と区別することができないが，唇が発達し唇部として体の他の部分と区別できる線虫も多い．唇部は頭部（head）と呼ばれることもあるが，中枢神経が存在する他の動物の頭部とは意味するところが違っている．

　感覚子の最も内側の 1 列は剛毛となることはなく，内周唇乳頭（innercirclet labial papilla, 図 2-14B, id-il-iv）と呼ばれる．外側の 2 列は，原始的とされる線虫では外側ほど発達して剛毛となるが，往々退化して唇上に移動し，外周唇乳頭（outercirclet labial papilla, 図 2-14B, dd-ld-dl-vl-lv-vv）となる．この他に，同じく感覚器官であるが，体表面から陥没した双器（amphid）と呼ばれる構造が一対，体の側方，感覚子の後方に認められる．双器も唇上に移動することがある．

　唇および感覚子の配置や形態は分類・同定上のよい標徴で，これらは時に発達して様々な形態を取ることがある．例えば，アクロベレス属（*Acroberes*）やウイルソネマ属（*Wilsonema*）（図 2-12B），ディプロスカプター属（*Diploscapter*）などの頭部の飾りは唇の変形したもので，頭部の飾りの形態からこれらの属はほぼ同定することができる．唇および感覚子の配置は，立体的に捉えることが必要であり，通常の線虫標本の側面からの観察で把握することも可能であるが，走査電子顕微鏡を用いるなどして頭部正面像を観察することにより，正確にその特徴を理解することができる．例えば，ネコブセンチュウの第 2 期幼虫および雄成虫の頭部正面像により，種の同定ができることが示されている（Eisenback and Hirschmann 1979, 1980）．双器はティレンクス目線虫などでは小孔となって観察が難し

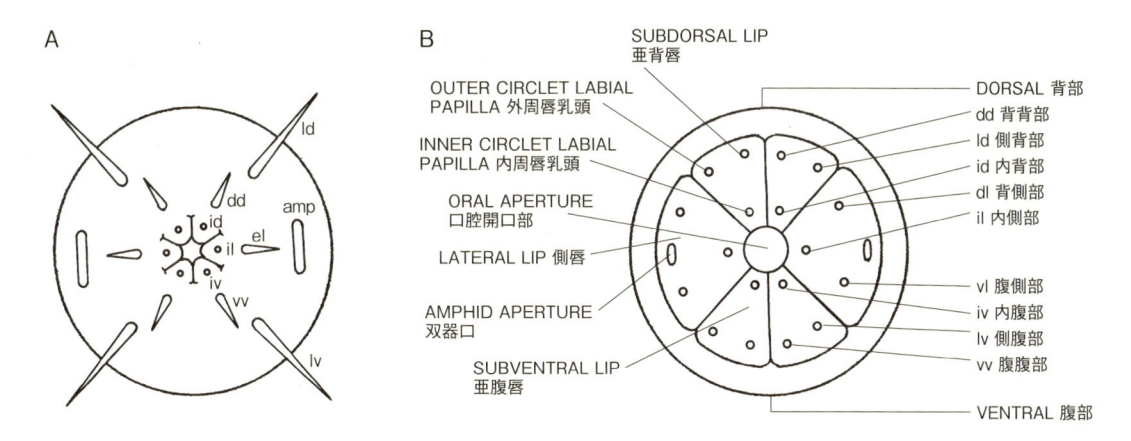

4. 線虫のその他の形態的特徴 — 分類・同定に有用な形質を中心に

図2-14 線虫の唇部正面図：唇と感覚子などの配置（模式図，上が背側）
A：尾腺綱エノプルス目（唇は発達せず，感覚子が発達して剛毛になっている），B：幻器綱ラブディティス目（唇が発達し，感覚子が唇乳頭となっている），amp：双器口，dd：背背部（dorsodorsal）剛毛・唇乳頭，dl：背側部（dorsolateral），el：外側部（externolateral），id：内背部（inner dorsal），il：内側部（inner lateral），iv：内腹部（inner ventral），ld：側背部（laterodorsal），lv：側腹部（lateroventral），vl：腹側部（ventrolateral），vv：腹腹部（ventral ventral）（Maggenti, A. (1981)，線虫学用語委員会 (1977) より改写）．

いこともあるが，分類群ごとに様々な形態を示し，分類・同定上のよい標徴である（図2-15，図2-11E-1））．ティレンクス目線虫には，唇部が発達し内部の頭部骨格（cephalic framework）がはっきり観察されるものが多く，また唇部に体環と同様のリング状の構造（唇部体環，lip annule）が認められるものがある（図2-15）．これらの標徴も属・種レベルの分類・同定に有用であることが多い．

4.4 食道関連構造：半月体・排泄口・神経環

線虫の消化管の口腔に続く腸（intestine）より前の部分が食道である．前節で述べた特徴のほか，例えば，ティレンクス目のアフェレンクス亜目では中部食道球（median oesophageal bulb）が明瞭で大きい．ドリライムス目では食道が筋肉質の膜で包まれるかどうかや，食道のビン型にふくれた部分の長短が，科によっては分類上重要

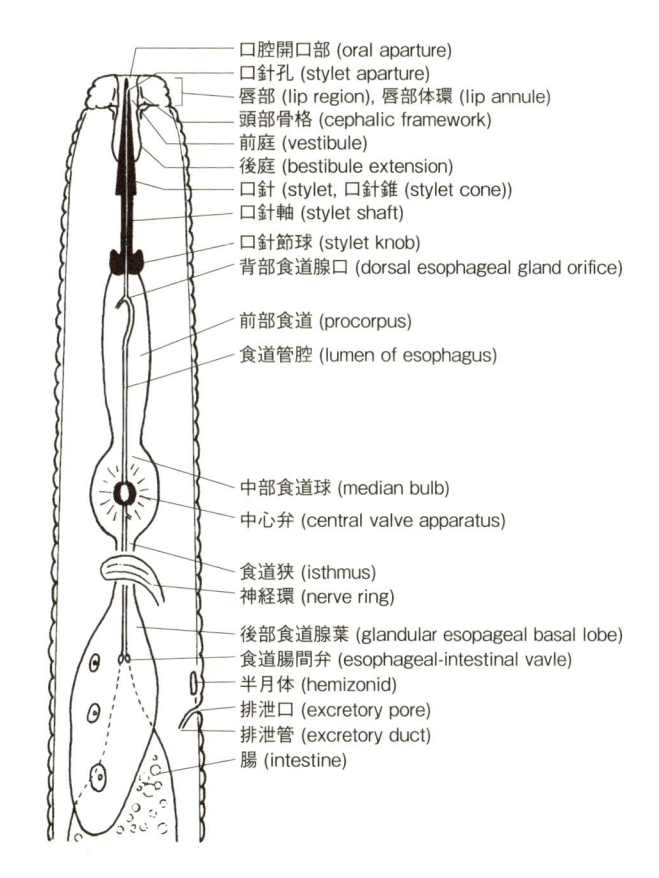

図2-15 ティレンクス目線虫の体前部の形態（模式図）
（線虫学用語委員会 (1977) より改写）

な形態的特徴となるなど，分類・同定に役立つ特徴が含まれる．食道には消化液を分泌していると考えられる食道腺（esophageal gland）が，分類群ごとにおおむね定まった数，定まった位置に存在する．エノプルス目やドリライムス目の線虫では，食道の筋肉の中に食道腺細胞の核が認められる．この核の数，位置および食道腺の開口の位置は分類上重要な形質である．ティレンクス目線虫では，食道腺は食道の外にあって，腸に重なることもある．この重なりの有無，重なりが背側からか腹側からかも分類上に役立つ形質である．また背部食道腺の開口部（背部食道腺口，dorsal gland orifice）の位置，その口針節球からの距離も種の同定に役立つことが多い（図2-15）．食道と腸の間には食道腸間弁（cardia, esophageal-intestinal valve）と呼ばれる構造がある．ティレンクス目などでは食道腸間弁は発達しないが，モノンクス目やドリライムス目（図2-16）ではよく発達し，重要な分類形質となっている．線虫の体の食道がある部分には，食道の他に，線虫の中枢神経である神経環（nerve ring）および神経環と線虫の腹側を縦走する神経との交絡と見られるレンズ状の小器官である半月体（hemizonid）が観察できる．また，半月体の近傍，通常後方に排泄口（excretory pore）が開口する（図2-15）．神経環の位置は線虫の分類群ごとに定まっているが，分類・同定上あまり注目されない．半月体および排泄口もあまり重要視されないが，ネコブセンチュウ第2期幼虫では半月体の前方に排泄口が位置する種類は限定されるなど，分類・同定上の有用性が認められることがある．

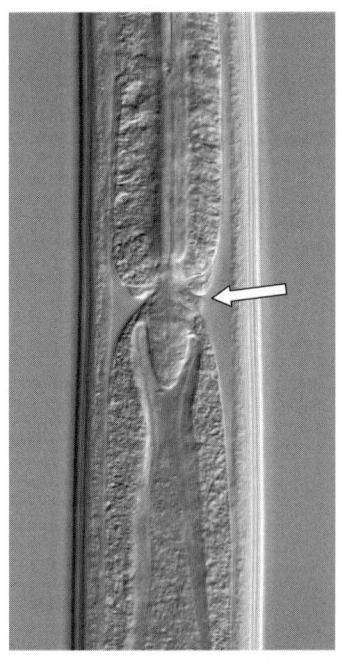

図2-16 エグティトゥス属（*Egtitus*）（ドリライムス目）線虫の食道腸間弁（矢印）

4.5 腸・直腸

　線虫の腸は，一層の上皮細胞で構成され，前方に胃（ventriculus），後方に前直腸（prerectum）が区別できる場合もある．ドリライムス目線虫では前直腸（図2-17）が明瞭に区別でき，その長さが分類上の標徴となることがあるが，胃や前直腸以外の線虫の腸の形態はあまり分類・同定に用いられない．腸は，角皮に覆われた体表の陥入した部分である直腸（rectum）を経て，体の腹面に開口する肛門（anus）へと続く．直腸は時に肥厚するなど分類・同定上の標徴となる場合がある．肛門そのものの形態は分類・同定上あまり重要ではないが，肛門の位置は正確に把握する必要がある．直腸の周りには直腸腺（rectal glands）と呼ばれる分泌細胞が取り囲むように存在することが多く，これも分類・同定上の標徴となることがある．線虫の雄成虫では輸精管（vas deference）が直腸に開口し，交接刺（spicules）などの雄性生殖器官が直腸周辺に見られる．肛門は総排出口（cloaca）となる．

4.6 尾部

　線虫の体の肛門から後方の部分が尾部と呼ばれる．尾部および尾端（tail terminus）の形態は線虫の雌雄で異なるが，属・種によって様々に変異し，線虫の属・種を見分ける重要な分類上の標徴となっている（図2-17, 図2-12）．尾端に見られる角皮の層の数や尾端で角皮だけからなる部分の長さである尾端透明部長（hyaline tail length）といった形質もそれぞれ科あるいは種を分ける標徴となる場合がある．
　アフェレンコイデス属線虫の多く，ケファロブス属（*Cephalobus*）の一部など，尾端突起（mucro(n)）

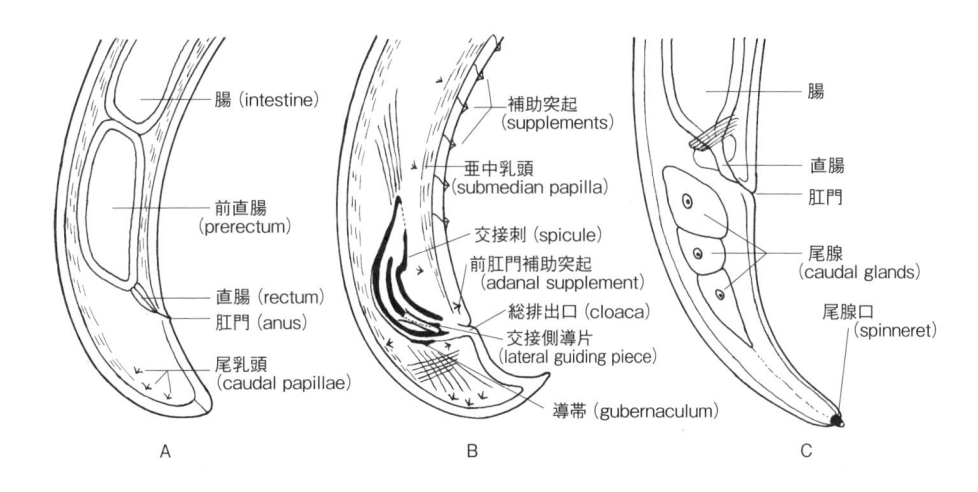

4. 線虫のその他の形態的特徴 — 分類・同定に有用な形質を中心に

図 2-17　尾腺綱線虫の尾部の形態（模式図）
A：ドリライムス目線虫，B：ドリライムス目線虫雄成虫，C：尾腺孔が発達したアラエオライムス目線虫
(Caveness (1964), Maggenti (1981), 線虫学用語委員会 (1977) より改写)

が分類・同定上の標徴となっている線虫は数多い．尾腺綱（Adenophorea）の線虫の尾端も突出していることが多いが，こちらは尾腺（caudal gland）の開口，尾腺孔（spinneret）である（図 2-17C）．

幻器綱（Secernentia）のラブディティス目やティレンクス目の線虫の雄成虫は，総排出口の両側から時に尾端を取り囲むように膜状の構造，尾翼（caudal alae），または交接嚢（bursa）を備えることがある（図 2-18）．尾翼は雌雄の交尾時に両性の体を密着させる働きを持っていると考えられている．ラブディティス目などの発達した尾翼には，分泌器官の導管と開口である助条（rays，交接嚢腺）が見られ（図 2-18B），ドリライムス目など尾翼を欠く線虫では，これらの腺は尾乳頭（caudal papilla），あるいは，肛門より前方にあるものは亜中乳頭（submedian papilla）と呼ばれる突起になっている（図 2-17B）．尾乳頭が観察できるような高倍率の観察で，幻器綱の線虫では，幻器（phasmids，側尾腺孔）も側帯あるいはその近傍に観察される．ドリライムス目線虫ではこの他，補助突起（supplements）が肛門の前方腹側正中線上に並ぶ．交接嚢腺や尾乳頭などの数や配置は，ドリライムス目の雌成虫が尾

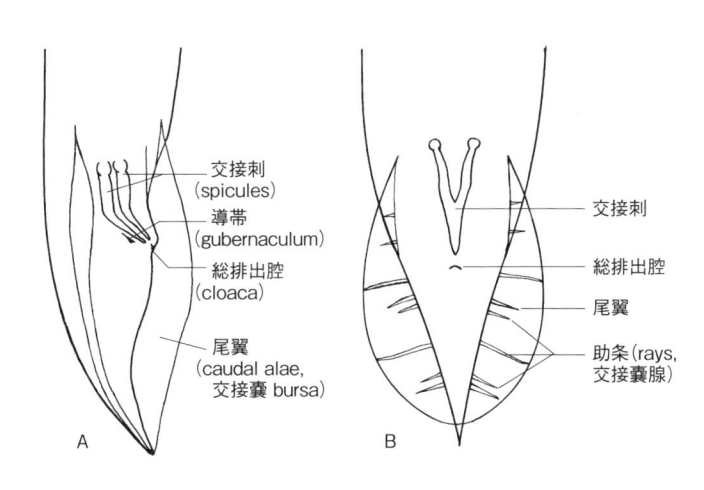

図 2-18　幻器綱線虫雄成虫の発達した尾翼（模式図）
A：ティレンクス目線虫，B：ラブディティス目線虫（腹側から見たところ）（荒城原図）

乳頭を備えるなどの他は，雄成虫に限り見られる形質であるが，尾翼の形状とともに分類・同定上重要な標徴である．

4.7 雌性生殖器官

線虫の雌性生殖器官（female reproductive system）は陰門（vulva），膣（vagina），子宮（uterus），輸卵管（oviduct），卵巣（ovary）などから構成され，通常一対存在する．土壌線虫では，卵巣などの雌性生殖器官は体の前方と後方に伸びている両卵巣型（amphidelphic ≒ didelphic，図2-19B）のことが多く，ネコブセンチュウやシストセンチュウの並行でともに前方に向いている雌性生殖器官は前卵巣型（prodelphic）と呼ばれる．前方あるいは後方の子宮が欠如していれば単卵巣型（monodelphic）である．動物寄生性線虫では並行でともに後方に向いている雌性生殖器官も見られ，後卵巣型（opisthodelphic）と呼ばれる．線虫の雌性生殖器官は一方が退化することがあり（前方のものが退化することはまれ），著しい場合は後部子宮枝（post uterine branch）と呼ばれる盲嚢となる（図2-19A）．卵巣の先端は反転することがあり（図2-19C），時には卵巣反転部（ovary recurved）が陰門を越えて反対側にまで伸びることもある（図2-19D）．これらの特徴は線虫の科または属・種レベルの同定に重用される．また，貯精嚢（spermatheca）の有無およびその形，精子（sperm）の有無およびその形状，卵巣の細胞の配列，膣（vagina），陰門（vulva）の形状なども重要である（図2-19A）．

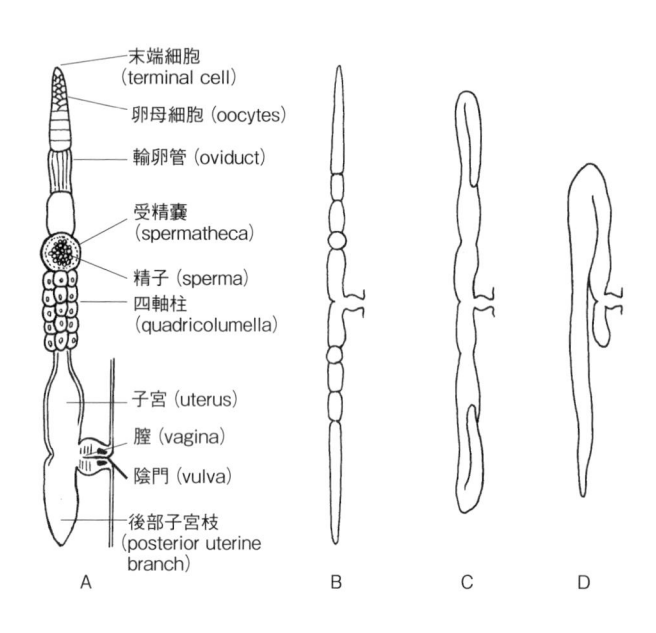

図 2-19 線虫の雌性生殖器およびその変異（模式図）

A：線虫の雌性生殖器，各部位の名称を示す（後方が退化し後部子宮枝になっており，卵巣は反転していない例）．B：両側とも発達して，卵巣は反転していない例，C：両側とも発達して，卵巣が反転する例，D：前方が発達して卵巣が反転し，陰門の後方に伸びる例 （A：線虫学用語委員会（1977）より改写，B-D：荒城原図）

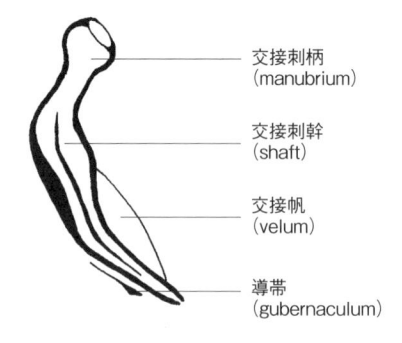

図 2-20 線虫の雄性生殖器官：交接刺・導帯（模式図）
（Maggenti, A. (1981)，線虫学用語委員会（1977）より改写）

4.8 雄性生殖器官：交接刺・導帯

　精巣は本来1対存在するものであるが，ラブディティス目やティレンクス目など多くの土壌線虫は一方が退化して1本になっている．精巣そのものの形態は分類・同定に利用されることは少ないが，陰門を押し広げる働きを持つ交接刺（spicules）と導帯（gubernaculum（副刺））などの付属器官の形態は重要な形態である（図2-20）．尾翼や尾乳頭なども雄性生殖器官を構成するが，これらについては既に説明した．交接刺は1対あるのが普通であるが，様々な程度に融合することがある（図2-18B）．交接刺は交接刺柄（maunubrium）と交接刺幹（shaft）に分けられ，交接刺幹に膜状の付属物，交接帆（velum）が付属するものもある（図2-20）．導帯の有無，形状も重要な分類・同定上の標徴である．

4.9 科・属・種の同定および分類・同定のための検索表の利用

　食道および口腔の形態によって目レベルの見当を付けた線虫を，さらに科・属・種レベルまで想定しようとするならば，その他の形態，体の概形，体表面の紋様，体前端の唇の形状，食道腸間弁，雌雄の生殖器，直腸から尾部・尾端の形態など，ありとあらゆる形態的特徴を総動員して，時には生態的特徴をも勘案して，分類・同定にあたる必要がある．使いやすく信頼できる同定の手引，検索表類があるとよいが，土壌線虫全般を取り扱うもので日本語のものとしては，宍田（1999）が唯一のものである．ただし科レベルまでで留まる．英語になるが，欧米の大学などの線虫研修コースなどで提供される検索表に優れたものがあり，インターネット上に提供されていてネットワーク環境にあればだれでも入手できるものとして，ネブラスカ大学の線虫学教室で作成された「Interactive Diagnostic Key to Plant Parasitic, Freeliving and Predaceous Nematodes」（http://nematode.unl.edu/key/nemakey.htm）を勧める．この検索表は線虫のカラー画像付きで初心者でも利用可能である．これらのより詳しい検索表は，必ずしも科→属の順に線虫が分けられて行くように作られてはいない．その線虫が初めて見るようなものであれば，検索表によって慎重にそれが所属する属を割り出していくことになる．その検索表に載っている種であれば，種まで同定することができる．逆にその線虫が検索表に載っていない属である場合もあり得る．その場合でも，通常は近縁と思われる属には行き当るので，その属の属する科の他属が該当しないか当たっていく．このような場合，Klasse Nematoda（Andrássy 1984）のようなモノグラフが便利であるが，それ以降新たに記載された属があるかもしれず，Zoological Record を用いるなどして調査することが必要になる場合がある．土壌線虫や植物寄生性線虫の同定は，**科レベルの標徴を把握するより，属レベルの標徴を把握する方が容易であることが多い**．これまでに属名を上げて特徴を指摘してきた土壌線虫のほか，ケファロブス科に属するケルビデルス属（*Cervidellus*）線虫は頭部の王冠状の「飾り」で同科他属とは一見して区別できる．プラティレンクス科（Pratylenchidae）に属する植物寄生性のプラティレンクス属（*Pratylenchus*）とヒルシュマニエラ属（*Hirschmanniella*）の線虫は，一度見て覚えれば科を意識することなく同定することができるだろう．線虫の群集構造研究など生態学的研究では，多数個体の線虫を手早く科レベルで仕分けることが求められることがある．このような場合，当該フィールドに出現する主要な属が見分けられるようにまず訓練したほうが手っ取り早い．

参考文献

Andrássy, I. (1984) Klasse Nematoda. Gustav Fisher Ferlag, Stuttgart.

Caveness, F.E. (1964) A Glossary of Nematological Terms. International Institute of Tropical Agriculture, Ibadan, Nigeria.

Eisenback, J.D. and Hirschmann, H. (1979) Morphological comparison of second-stage juveniles of several *Meloidogyne* species (root-knot nematodes) by scanning electron microscopy. Scanning Electron Microscopy, 1979/3: 223-230.

Eisenback, J.D. and Hirschmann, H. (1980) Morphological comparison of *Meloidogyne* males by scanning electron microscopy. Journal of Nematology, 12: 23-32.

Esser, R.P., Perry, V.G. and Taylor, A.L. (1976) A diagnostic compendium of the genus *Meloidogyne* (Nematoda: Heteroderidae). Proceedings of the Helminthological Society of Washington, 43: 138-150.

一戸　稔・三井　康（1981）線虫実験法．『土壌微生物実験法』（土壌微生物研究会編）pp.137-173 養賢堂，東京．

野沢洽治・吉川信博（1990）『水生線虫クロマドラ目－形態と検索』恒星社厚生閣，東京．

線虫学用語委員会（1977）『線虫学関連学術用語集』日本線虫研究会，東京．

Siddiqi, M.R. (2000) Tylenchida Parasite of Plant and Insects 2nd ed. CABI Publishing, Wallingford, UK.

宍田幸男（1999）袋形動物門　線虫綱．『日本産土壌動物　分類のための図解検索』（青木淳一編著）pp.13-38 東海大学出版会，東京．

Wood, W.B. (1988) Introduction to *C. elegans* Biology. pp.1-18. In Wood, W.B. et al. (eds.), The nematode, *Caenorhabditis elegans*. Cold Spring Harbor Laboratory, New York.

横尾多美男（1971）『植物の線虫（1）生態と防除の基礎』誠文堂新光社，東京．

（荒城雅昭）

5. 線虫の形態測定法

　a）準備器材：　顕微鏡，接眼・対物ミクロメーター，描画装置，物差し，キルビメーター，画像撮影装置，画像計測ソフトウェア．

　b）操作手順：　①線虫の計測には接眼ミクロメーターが用いられることが多い．また，描画装置が利用できる場合は線虫像に物差しを当てて計測することもできる．体長などの曲線を計測する際には描画装置を用いて中心線をトレースし，その長さをキルビメーター（マップメジャー）で測定する．顕微鏡に撮影装置が付いている場合は線虫画像を撮影しておき，画像計測ソフトウェア上で計測することも可能である．いずれの場合でも，対物ミクロメーターを用いて測定値の校正を行う．

　c）留意事項：　線虫の分類・同定では，体長や尾長，口針長などの計測値と，それらから求める計測式（線虫の各部位の比率を算出する計測体系）が不可欠となる．表2-1には線虫の分類・同定に用いられる主な計測式を示す．なお，a'やL'といった尾部を除外する計測値は，尾部先端が細長く先が切れやすい種で有効になる．

表2-1　ド・マンの式

名称	説明
a 値	体長÷最大体幅
a' 値	体長から尾長（肛門から尾端までの距離）を引いた長さ÷最大体幅
b 値	体長÷頭端（唇部前縁）から食道腸間弁までの距離
b' 値	体長÷頭端から食道腺末端までの距離
c 値	体長÷尾長
c' 値	尾長÷肛門部体幅
D 値	排泄口長（頭端から排泄口までの距離）の食道長（頭端から食道部末端までの距離）に対する百分率（排泄口長÷食道長×100）
E 値	排泄口長の尾長に対する百分率（排泄口長÷尾長×100）
G_1 値	前方卵巣長（陰門から卵巣の先端までの距離）の体長に対する百分率
G_2 値	後方卵巣長の体長に対する百分率
L 値	体長

5. 線虫の形態測定法

名称	説明
L'値	体長から尾長を引いた長さ（＝頭端から肛門までの距離）
O値	口針節球の後縁から背部食道腺開口部までの距離の口針長に対する百分率
P値	肛門から幻器までの距離の尾長に対する百分率
T値	精巣全長の体長に対する百分率
V値	頭端から陰門までの距離の体長に対する百分率

（上杉謙太）

第3章 分子生物学的分類・同定法

1. 分類・同定のための DNA データの利用法

1.1 系統樹の構築

　生物群をグループごとにまとめ，その種間，グループ間の類似度，近縁度を樹形図にしたものを系統樹とよぶ．すなわち，グループ分けの基準を何にするかによって，形態や生態的特徴など，様々な形質に基づいた系統樹を作成することができる．線虫類において，「系統樹」といえば，特定遺伝子領域の塩基配列に基づいたもの，いわゆる分子系統樹をさすことがほとんどである．系統樹作成，すなわち分子系統関係推定にはいくつかの方法があり，これまでは比較的計算量が少なくて済む UPGMA 法や近隣結合法など，任意の2サンプル間の距離に基づいた計算法が一般的に使われていたが，現在では，コンピュータの性能向上により，計算量は増えるものの，より信頼性が高いと考えられる最大節約法，最尤法，ベイズ法などが広く用いられている．これら，系統樹推定法については，その方法論，ソフトウェアに関しての進歩が非常に早く，最新手法を的確に理解するのは難しい．実際に系統樹を作成する際にはエンドユーザーとして，広く受入れられている手法をマニュアルどおりに用いるのが現実的である．

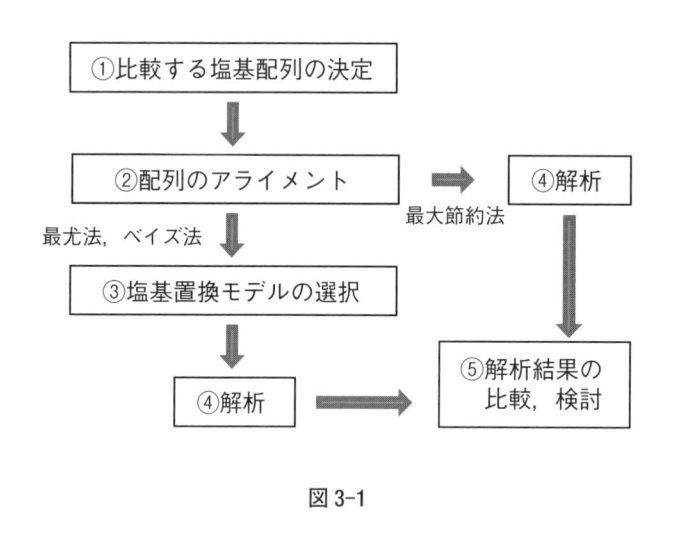

　以下，最大節約法，最尤法，ベイズ法による系統樹作成の手順と，用いるソフトウェアを概説する．ここで用いるソフトウェアのいくつかはコマンドラインによる操作が中心となっており，これに関する詳細は，それぞれのソフトウェアの説明書，解説書などを参考にされたい．全体の流れは図 3-1 に示した．

図 3-1

1.1.1 比較対象となる種（Operational taxonomic unit: OTU）の決定

　新種記載などの場合，新種と同属の近縁種，属の間での新種の系統的位置づけを明らかにする必要がある．このため，新種と同属種の塩基配列，比較的類似した塩基配列を GenBank などのデータベース上から検索，ダウンロードし，これらを比較する．ダウンロードした配列はテキスト形式でひとつのファイルにまとめ，FASTA，Clustal，PHYLIP など汎用性の高い形式で保存する．これらの形式は，BioEdit，MEGA などのフリーウェアで開いて整理することが容易である．

1. 分類・同定のための DNA データの利用法

1.1.2 配列のアライメント

配列間での相同領域を揃えるため，アライメントを行う．アライメントに広く用いられているのは Clustal W，Clustal X などのソフトウェアであり，これらはフリーウェアにも内蔵されているため手軽に利用できる．また，より信頼性が高いといわれる MAFFT や MUSCLE などはオンラインで利用が可能であり，近年これらが使われることが多い．

1.1.3 塩基置換モデルの選択

最尤法，ベイズ法に用いる塩基置換モデルの選択を行う．より正確な系統関係推定を行うには，比較対象の塩基配列セットに適したモデルに基いた解析を行う必要がある．オンライン上でこれを行うことも可能であるが，通常の配列データセットではそれほどの時間はかからないため，Kakusan4，Modeltest などのフリーウェアをダウンロードして，コンピュータ上で行えばよい．

1.1.4 系統解析

アライメントした配列と，決定した塩基置換モデルに基いて，系統解析を行う．系統解析は3種類の異なる方法で行い，それぞれの結果を比較検討して，議論を進める．それぞれの方法によって用いるソフトウェア，解析手順などが異なる．

1）最大節約法

最大節約法の中にもいくつかの種類があるが，ここでは，最も単純な非加重最大節約法を用いる．この解析は，通常，MEGA5 のソフトウェアに組み込まれている解析プログラムを用いるか，もしくは，PHYLIP の中に入っている「dnapars」を用いて行うのが簡単である．MEGA5 では解析のタブから最大節約法を選択し，ブートストラップ回数などの条件を設定するだけで系統樹が出力される．PHYLIP の場合，最初にブートストラップを「seqboot」を用いて行い，この出力ファイルを「dnapars」で解析し，さらにその出力ファイルを「consense」を用いて統合するという作業になる．PHYLIP を用いた方が若干信頼性は高いといわれるが，計算時間が長くかかり，出力ファイルが系統樹とブートストラップ値に分かれて出されることから使い勝手は悪くなる．他の解析と比較して考察することを考えれば，MEGA5 を用いた簡易法で，特に問題はないように思われる．入力ファイルは MEGA5 では FASTA 他，いくつかの形式が認識されるが，PHYLIP は PHYLIP フォーマットを用いる必要がある．これらのファイルはいずれも BioEdit，MEGA など，塩基配列エディタ機能のあるソフトウェアで作成できる．

2）ベイズ法

ベイズ法での系統解析で一般的に用いられるソフトウェアは MrBayes である．入力には NEXUS フォーマットの塩基配列ファイルが必要である．基本的にはテキスト形式であるが，コマンド部分が他の形式に比べると若干複雑なので，アライメントの際にこの形式のファイルを作成しておくのが望ましい．MrBayes は NEXUS ファイルを読み込んだ後の操作が，コマンドラインで行われるため，モデルやパラメータをタイプで入力するか，コマンド用のテキストファイルを準備する必要がある．コマンドなどの詳細は MrBayes のマニュアルに書かれているが，本稿執筆時点では最新版（v.3.2）のマニュアルは作成中である．旧バージョンのマニュアルをダウンロードする必要がある．

3）最尤法

現時点で信頼性が最も高いといわれる方法のひとつであり，広く用いられている．PHYLIP の「dnaml」など，いくつかのソフトウェアで行うことができる．しかし，計算時間が非常に長くなるため，PC で用いるには，簡易解析で時間短縮が可能な TreeFinder や RAxML などが現実的である．オン

ラインでは，PhyML や，RAxML のオンライン簡易板である RAxMLBlackBox などが使われる．オンラインの場合，塩基配列ファイルを所定の形式でアップロードし，パラメータなどを必要に応じて選択，もしくは入力すれば，解析終了後にメールで結果が戻される．パーティション解析ができないという問題点はあるが，ブートストラップ回数が指定できるという点から，筆者は PhyML を用いることが多い．

1.1.5　解析結果の比較検討

　解析終了後のデータは系統樹をテキストファイルにしたもので表示される．これは，TreeView や PHYLIP の「drawgram」などのソフトウェアを用いて系統樹の形に出力することができる．出力された系統樹を比較検討し，系統関係の推定を行う．筆者は通常，TreeView を用いて出力したものを PowerPoint に貼り付け，フォントの変更や系統樹上への説明の追加などを行っている．

（神崎菜摘）

1.2　DNA バーコード

　DNA バーコードとは各生物種に特異的な塩基配列のことであり，特定の共通遺伝子の部分配列が用いられる．昆虫や菌類では，ミトコンドリア DNA の一部や，リボソーム RNA 大サブユニット（28S）の一部，同じくリボソーム RNA の ITS 領域が用いられている．線虫類は一般に分子進化が早い，すなわち塩基配列の変異が起こりやすいといわれており，より保存性の高い配列が用いられることが多く，リボソーム RNA 遺伝子の中でも小サブユニット（18S）の部分配列が用いられることが多い．DNA バーコードに使われる配列は共通のユニバーサルプライマーで対象となる生物全種，この場合ではあらゆる線虫種での PCR 増幅がなされることが理想的である．このため，プライマーの設定には制約が生じ，詳細な系統解析に用いられるような長い塩基配列や，可変性の高い領域を利用することは非常に難しい．すなわち，DNA バーコードはあくまで，種，もしくは OTU 同定のためのツールとして用いるのが現実的である．

　また，実際の DNA バーコードの運用に関しても注意が必要である．通常は，論文などで用いられているバーコード領域を機械的に利用し，BLAST 検索などで種の特定を行っているが，本来は，バーコード領域の配列が本当に種レベルの違いを反映しているのかどうかを確認する必要がある．たとえば，特定の領域の配列が一致するもの，1塩基異なるもの，2塩基異なるものの間での交配試験を行い，そのバーコード配列が実際にどの程度，種を規定できているのかなど，確認してあれば，バーコードの運用が容易になり，かつデータの信頼性も高まる．

　塩基配列まで決定するには，通常の方法であれば，PCR 増幅，増幅産物の精製，シークエンス PCR，DNA シークエンサーの使用，といった過程が必要になる．DNA シークエンサーの利用は近年では一般的になっているが，この利用が難しい場合など，簡易バーコードとして，PCR-RFLP プロファイルが用いられることがある．たとえば，マツノザイセンチュウ近縁種群では，ITS-RFLP として，ユニバーサルプライマーで ITS 領域を増幅し，これを特定の数種の制限酵素消化した断片の電気泳動パターンを各種の特異的プロファイルとして用いている場合がある．これらの方法は代替手段として一定の有用性はあるものの，各種のリファレンスパターンがデータベース化しにくいなどいろいろな問題があるため，多少の労力をかけても，塩基配列の決定を行い，より一般性のあるバーコード配列を GenBank などに登録しておくことが望ましい．

　以下，現在線虫類のために一般的に用いられている DNA バーコードプライマーの配列を示す．それぞれ，Floyd et al. (2005), Powers et al. (2009) によって開発されたプライマーセットであり，リボソー

ム RNA 遺伝子小サブユニットの 5' 側と 3' 側，約 500〜600 塩基の増幅，配列決定がされる．

Nem_18S_F: CGCGAATRGCTCATTACAACAGC

Nem_18S_R: GGGCGGTATCTGATCGCC

18S_965: GGCGATCAGATACCGCCCTAGTT

18S_1573R: TACAAAGGGCAGGGACGTAAT

参考文献

Floyd, R.M., Rogers, A.D., Lambshead, J.D. and Smith, C.R. (2005) Nematode-specific PCR primers for the 18S small subunit rRNA gene. *Molecular Ecology Notes*, 5: 611-612.

Powers. T.O., Neher, D.A., Mullin, P., Esquivel, A., Giblin-Davis, R.M., Kanzaki, N.,Stock, S.P., Mora, M.M. and Uribe-Lorio, L. (2009) Tropical nematode diversity: vertical stratification of nematode communities in a Costa Rican humid lowland rainforest. Molecular Ecology, 18: 985-996.

（神崎菜摘）

1.3 データベースの利用

　塩基配列を研究，論文公表などに用いる際，データベースの利用は必要不可欠である．塩基配列情報データベースには，NCBI（アメリカ），EMBL（ヨーロッパ），DDBJ（日本）などいくつかのものがあり，これらの間で，現在保持している塩基配列情報の共有，相互利用がなされる体制が作られている．入力や出力などの形式は互いに異なっているが，どのサーバからでも BLAST による相同性検索，相同性検索で得られた類似配列のダウンロード，また，簡単な系統樹作成が可能である．ここでは，NCBI のサーバを例に新規配列の相同性検索から，類似配列のダウンロード方法を紹介する．

1.3.1 BLAST 検索

　NCBI の BLAST 検索トップページ（http://blast.ncbi.nlm.nih.gov/Blast.cgi）より BasicBLAST の nucleotide blast を選択する．続いて，塩基配列入力ボックスに FASTA 形式で検索したい配列を入力し，隣のボックスで配列の中の検索したい領域を指定する．系統解析などに用いる類似配列ダウンロードの際には，他の設定は変更する必要がないため，そのまま BLAST のボタンで検索を開始する．

1.3.2 相同配列のダウンロード

　検索結果が別ウィンドウに表示されるので，Descriptions（記載）の項目の類似配列一覧を確認し，ダウンロードして，新規配列と比較したいもののチェックボックスをチェックする．チェックしたら一覧表の上にある「Download」をクリックして，必要な形式でダウンロードする．配列は 1 つのテキストファイルの形式でダウンロードされる．たとえば，FASTA 形式などでダウンロードすれば，ダウンロードファイルはそのまま上記の BioEdit, MEGA などの配列エディタソフトウェアで加工することができる．

　データベースでは上記の相同性検索以外に，種名，アクセッション番号（accession number）などによる検索で，必要な塩基配列をリストして，ダウンロードすることも可能である．系統解析用のソフトウェアなどと比べるとインターフェースは使いやすくなっているため，基本的には画面上の表示に従って操作すればよい．

　新たに決定した塩基配列を用いて論文などの公表を行う際，通常は，いずれかのデータベースへの塩基配列情報の登録が必要である．登録の形式や方法はそれぞれのデータベースごとで若干異なって

いるが，登録においての必要最小限の情報などは共通しており，また，それぞれで登録作業支援用ソフトウェアなどが公開されている．どこから登録作業を行っても最終的にはデータベース間で共有されるため登録者が使いやすいと思うサイトからの登録を行えばよい．ただし，登録情報においての不明点の確認などはデータベース担当者とのメールでのやりとりで行われるため，日本語でのやりとりが可能な DDBJ などが使いやすいかも知れない．DDBJ での配列登録はウェブサイト（http://www.ddbj.nig.ac.jp/）から行うことになる．最初にウェブ上で必要情報（実際の配列，元となる生物種，配列に関する遺伝子情報など）を入力した後，メールでの確認作業を経て，登録配列にアクセッション番号が発行されるという流れになる．こちらもインターフェースがわかりやすくなっており，画面上の指示どおりに入力作業を行うことができる．

（神崎菜摘）

2. 線虫からの DNA 抽出法

2.1 線虫 1 頭からの DNA 抽出法

　PCR（Polymerase Chain Reaction：ポリメラーゼ連鎖反応）法の開発により，きわめて少量の DNA から目的とする DNA 断片を大量に増幅させる技術が可能となり，DNA 解析によりわずか 1 頭の線虫から線虫種の同定ができるようになった．これまで多くの線虫種について DNA 解析がなされてきたが，近年用いられている主な手法は，簡便性と結果の安定性の高い PCR 法を用いた Restriction Fragment length Polymorphism（PCR-RFLP）法と，DNA シークエンシング法によるものである．これらの解析法に DNA 鋳型として供するため，確実に，かつ十分な量の DNA を線虫から抽出する必要がある．

　1 頭の線虫から DNA を抽出し，そのまま PCR のための鋳型として用いることは極めて簡便・有用な方法である．一方で，線虫を切断もしくは破砕する過程の善し悪しが，その後の PCR の成否を決めるので，十分に熟練する必要がある．また，他生物の DNA 混入を避けるためにも慎重に行う．線虫をうまく破砕し，PCR の鋳型となる DNA を十分量抽出することができれば，1 頭分の鋳型 DNA で 2 ～ 10 回程度，あるいはそれ以上の回数の PCR を行うことができる．ここでは線虫を物理的に破砕する 2 つの方法を紹介するが，研究者によって各々独自の工夫がなされていることが多い．

2.1.1　線虫 1 頭の釣り上げによる方法
微針による釣り上げ

　a）準備器材：　線虫 1 頭を水中から釣り上げるため，柄に取り付けられた，細く尖った針を利用する．市販の有柄針（図 3-2A）や線虫器具セット（藤原製作所）付属の歯科用探針（図 3-2B）などを利用してもよいが，好みに合わせて自作することもできる．筆者は昆虫標本作製用の微針（ステンレス製，無頭，太さ：0.18 mm，長さ：17.5 mm）（No. 251 志賀微針，株式会社志賀昆虫普及社）を爪楊枝の先に取り付けたものを使用している（図 3-2C）．

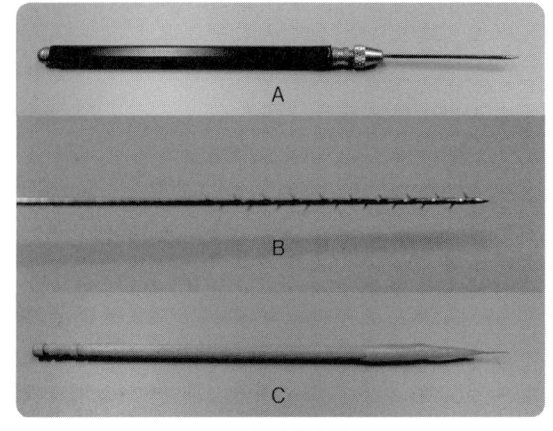

図 3-2　各種線虫釣り具

2. 線虫からのDNA抽出法

b）操作手順： 実体顕微鏡下で線虫懸濁液中の目的とする線虫1個体にねらいを定め，針先を線虫の中央部下側に差し込み，軽く持ち上げるようにして水面まで移動させる．水面に到達したら，すくい上げるようにして線虫を針先に引っかけ，釣り上げる．線虫懸濁液をホールスライドグラスや，複数サンプルを同時に行いたい時は血液反応板（図3-3）に入れると釣り上げやすい．シラキュース皿，線虫固定皿でもよいが，容器のエッジが高いために線虫が釣りにくい部分ができてしまう．

2.1.2 マイクロピペットによる吸い上げ

線虫1頭を水中から釣り上げることが困難な場合，マイクロピペットを用いて線虫1頭を吸い上げることもできる．ただし，線虫はプラスチックに張り付きやすいものが多いため，ガラス毛細管をチップの先に取り付け（図3-4），20 $\mu\ell$ 用のマイクロピペットを用いて吸い上げる．吸い上げる容量（1〜10 $\mu\ell$ 程度の微少量）が

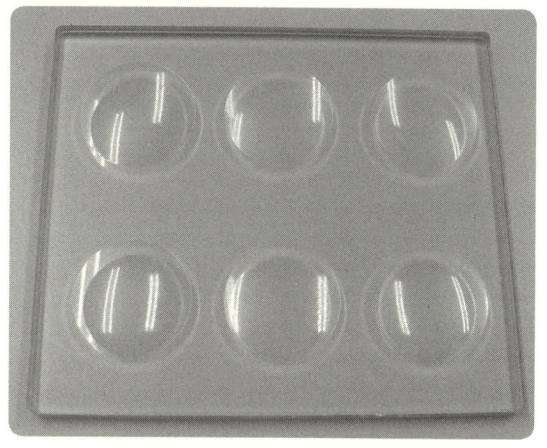

図3-3　6穴タイプの血液反応板

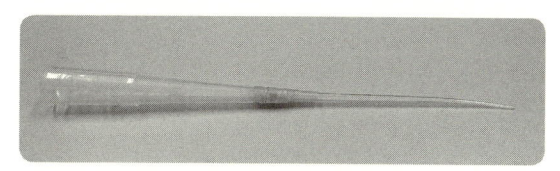

図3-4　線虫1頭吸い上げ用手製マイクロピペットチップ

おおよそ分かるものであれば，パスツールピペットやガラス吸虫管でもよい．線虫懸濁液の濃度によっては複数頭吸い上げてしまうことがあるため，別に蒸留水を用意して何度か操作を繰り返し，1頭のみとする．

2.1.3 線虫の破砕

釣り上げた（吸い上げた）線虫からDNAを抽出するために線虫を破砕する．線虫の外皮は意外と丈夫であり，そのままタンパク質分解酵素を含んだDNA抽出用緩衝液に入れても抽出の効率がよくない．あらかじめ外皮を破っておくことでDNA抽出効率は格段に向上する．ここでは線虫を切断する方法と，ろ紙で線虫を押しつぶす方法を紹介する．

2.1.4 切断法

a）準備器材： 線虫釣り（または吸い上げ）道具,実体顕微鏡（少なくとも40倍ぐらいまでズーム可能のものが望ましい）,血液反応板またはホールスライドグラス（血液反応板の方がガラスが厚く使いやすい.），マイクロピペット（20 $\mu\ell$），DNA抽出用緩衝液：10 mM Tris-HCl（pH8），1%ノニデットP-40（100 ng/$\mu\ell$ プロテイナーゼKを含む），サーマルサイクラー，－80℃または－20℃のフリーザー．

b）操作手順： ①血液反応板あるいはホールスライドグラスの穴に駒込ピペットで線虫懸濁液を入れる．線虫は少なめの方が釣りやすい．②穴の横の平らな部分にマイクロピペットで約1〜2 $\mu\ell$ の蒸留滅菌水を置き，その中へ実体顕微鏡下で線虫釣り具を用いて線虫を1頭だけ釣り入れる．③線虫を釣り上げに用いた微針の先端で線虫を切断し，線虫を破砕する．完全に切断されなくとも，体の一部が破れて内容物が出ている程度でよい．④切断された線虫を含む破砕液をガラスチップ付マイク

ロピペットで吸い上げ，PCR用チューブに移す．⑤ そこへDNA抽出用緩衝液3μℓを加え，ピペッティングでよく混合する．⑤ 65℃，30分→95℃，5分→−80℃，15分（または−20℃，1時間）の順に処理する．処理にはサーマルサイクラーを用いるとよい．⑥ 凍結した鋳型DNAは実験に供試するまで冷凍しておく．

2.1.5 ろ紙押しつぶし法

1頭の線虫を実体顕微鏡下でスライドグラスなどの上に置いた2μℓの蒸留水水滴中に釣り入れる．次に，実体顕微鏡下で観察しながら蒸留水が蒸発して線虫のみが残るまで待つ．蒸留水がなくなり線虫の動きが止まったところで，約2mm角に切ったろ紙を，先の尖ったピンセットでつまんで線虫の上に載せ，ピンセットの先で強く押してつぶす（図3-5）．スライドグラスに残る線虫の残さをろ紙で拭き取った後，緩衝液5μℓをあらかじめ入れておいたPCR用チューブに，ピンセットでそのままろ紙を移す．あとは2.1.4と同様に65℃で30分処理した後，95℃で5分加熱し，最後に−80℃で15分以上，または−20℃で1時間以上フリーザーに入れて凍結させ，PCRのための鋳型DNAとする．PCRチューブにろ紙が入ったままでもその後の反応には影響しない．

a）準備器材： ピンセット（先端が硬く，鋭く尖ったもの），ろ紙（ADVANTCEC社のNo.4Aのような，薄手で硬質のものが扱いやすいが，No.1やNo.2でも差し支えない．ろ紙をハサミで裁断し，一辺約2mm以下の小片を大量に作り，ペトリ皿に入れてオートクレーブする．オートクレーブ後，乾燥器でろ紙片を十分に乾燥させておく）．ガラスペトリ皿（径9cm），駒込ピペット（2mℓ），マイクロピペット（20μℓ），血液反応板またはホールスライドグラス，線虫釣り（または吸い上げ）道具，実体顕微鏡，抽出用緩衝液，サーマルサイクラー，−80℃または−20℃のフリーザーなどは上の切断法と共通．

b）操作手順： ① 血液反応板あるいはホールスライドグラスの穴に駒込ピペットで線虫懸濁液を入れる．線虫は少なめの方が釣りやすい．② 穴の横の平らな部分にマイクロピペットで約1〜2μℓの蒸留滅菌水を置き，その中へ実体顕微鏡下で線虫釣り具を用いて線虫を1頭だけ釣り入れる．③ 蒸留滅菌水が蒸発するのを待つ．④ 蒸留滅菌水が蒸発して線虫が動けなると同時に，ピンセットでろ紙片の中央部をつまみ，線虫の上に載せ，線虫を押しつぶす．数度力を込めて線虫をつぶした後，そのままPCR用マイクロチューブにろ紙片を入れる．チューブにはあらかじめDNA抽出用緩衝液を5μℓ入

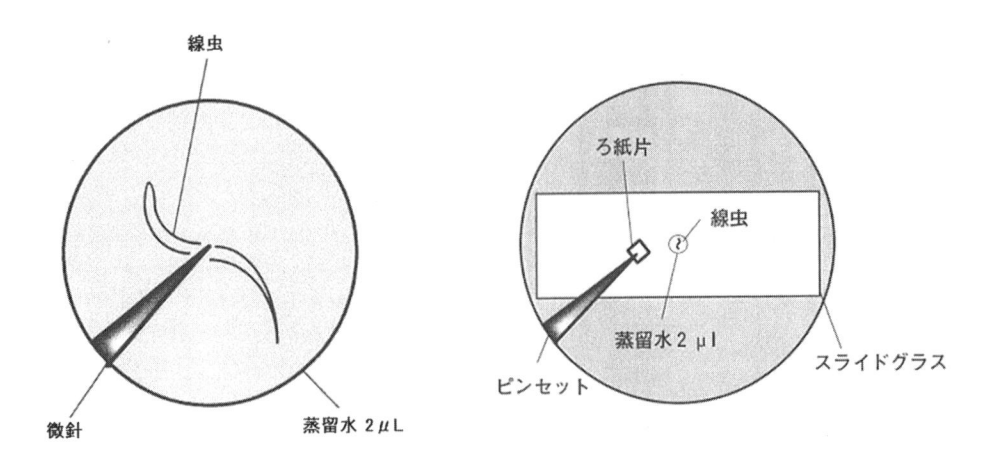

図3-5 線虫の切断法（左）および押しつぶし法（右）

れておく．⑤ 65℃，30 分→95℃，5 分→ − 80℃，15 分（または − 20℃，1 時間）の順に処理する．処理にはサーマルサイクラーを用いるとよい．PCR チューブにろ紙が入ったままでもその後の反応には影響しない．⑥ 凍結した鋳型 DNA は実験に供試するまで冷凍しておく．

　c）留意事項：　上記のようにして 1 頭の線虫から抽出された DNA には，適度に希釈しても PCR に十分な量が含まれている．リボソーム ITS 領域の PCR であれば，線虫種や場合にもよるが，希釈して 10 〜 50 回分の DNA 鋳型として使用できる．ろ紙押しつぶし法では，操作手順は同様にして，複数頭の線虫を同時に押しつぶして DNA を抽出することもできる．他種の混入の恐れがない場合に，1 種あるいは 1 系統の線虫から多めの鋳型 DNA 得たい時に有用な方法である．

（岩堀英晶）

2.2　ISOHAIR（アイソヘアー）による DNA 抽出法

　ISOHAIR（アイソヘアー）と ISOIL（アイソイル）（図 3-6）は，ともに（株）ニッポンジーンの販売する DNA 抽出キットである．前項の「1 頭の線虫からの DNA 抽出法」では，線虫を物理的に破砕することで DNA 抽出効率を上げていたが，ISOHAIR は線虫外皮を酵素的に分解することで，ISOIL は界面活性剤存在下での加熱により線虫を破砕し，線虫からの DNA 抽出を容易にしている．

　ISOHAIR は，本来，ヒトの毛髪，爪からの DNA 抽出用キットである．毛髪や爪の主成分はケラチンという分解しにくいタンパク質であるが，これは線虫の外皮にも多く含まれているため，ISOHAIR が線虫からの有用な DNA 抽出試薬として利用された（Tanaka et al. 2012）．本方法は，一度に多検体の処理を行う場合には線虫を 1 頭 1 頭破砕するよりも手間を省くことができる．以下の手順はキットの推奨プロトコールとは大きく異なり，簡略化されている．DNA の抽出でよく用いられるフェノール・クロロホルム抽出，エタノール沈殿を必要としないため，安全迅速に抽出を行うことができる．

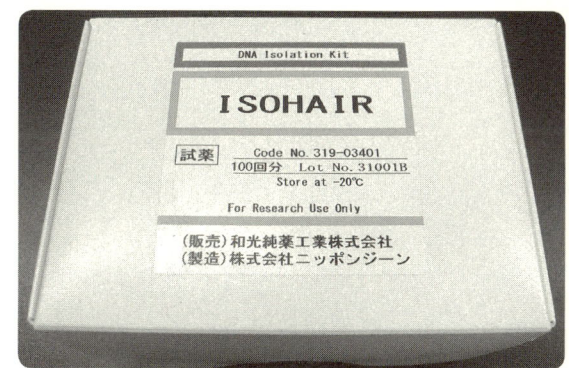

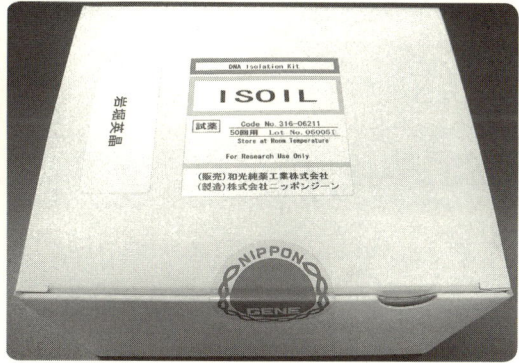

図 3-6　ISOHAIR と ISOIL

2.2.1　田中ら（2012）の方法

　ISOHAIR を用いてブルサフェレンクス・オキナワエンシス（*Bursaphelenchus okinawaensis*），C・エレガンス（*Caenorhabditis elegans*），プリスティオンクス・パシフィクス（*Pristionchus pacificus*）のそれぞれ 4 〜 8 頭から DNA を抽出した結果，18S リボゾーム RNA 遺伝子領域（約 1.7 kb），リボゾーム RNA D2/D3 領域（約 0.7 kb），およびミトコンドリア DNA　COI 領域（約 0.7 kb）を良好に増幅することが可能であった．

a）準備器材： 線虫釣り具（志賀昆虫の虫ピン00号を柄つき針の柄につける），実体顕微鏡，マイクロピペット（20 μℓ，100 μℓ），PCRチューブ，インキュベーターまたはサーマルサイクラー．

b）操作手順： ①数頭の線虫を30 μℓの線虫溶解液*に釣り入れる．PCRチューブに直接線虫溶解液を用意し，そこに線虫を釣り入れる．耐久型は針にくっついたり液に浮いたりしやすいので，実体顕微鏡下で確実に沈める．サンプルごとに釣り具の針先を火炎滅菌する．②60℃・20分インキュベートし，線虫を溶解させる．③処理の終わった線虫溶解液1 μℓを，そのまま鋳型DNAとしてPCRに用いる．

*酵素液（Enzyme Solution）：溶解液（Lysis Solution）：TE緩衝液（TE buffer）（pH 8.0）＝ 5：4：100（これらの試薬はキットに含まれている）．

2.2.2 改変プロトコールによる土壌線虫1頭からのDNA抽出法

1頭の土壌線虫（ネコブセンチュウ類，ネグサレセンチュウ類，シストセンチュウ類）からDNAを抽出すべく，Tanaka et al.（2012）の方法をヒントに，プロトコールを改変した方法である．1頭の線虫から50回分のPCRの鋳型DNAを得ることができる．

a）準備器材： 線虫釣り具，実体顕微鏡，マイクロピペット（2 μℓ，20 μℓ，100 μℓ），PCRチューブ，卓上遠心機，インキュベーターまたはサーマルサイクラー．

b）操作手順： ①DNA抽出緩衝液（Extraction Buffer）20 μℓを，閉じる前のPCRチューブの蓋の裏側に分注する．②透過照明の実体顕微鏡下で線虫1頭を液中に釣り入れる．③蓋を静かに閉じ，卓上遠心機でスピンダウンさせる．④チューブ本体に，液とともに虫体が移ったかどうかを実体顕微鏡で確認する．⑤温度処理を行う（55℃・30分→95℃・10分→15℃）．⑥80 μℓの滅菌水を加えて混和し，DNA抽出液とする（5倍希釈，全量100 μℓ）．⑦DNA抽出液2 μℓを鋳型DNAとしてPCRに用いる．

c）留意事項： ①のDNA抽出緩衝液は，0.01×抽出緩衝液18.5 μℓ（SDS含む；TE緩衝液（pH8.0）で希釈）＋酵素液1 μℓ（プロテイナーゼK〔ProteinaseK〕含む）＋溶解溶液0.5 μℓ（これらの試薬はキットに含まれている）．このようにして得られた鋳型DNAを用いて，ネグサレセンチュウ3種を同定した例を図（図3-7）に示す．

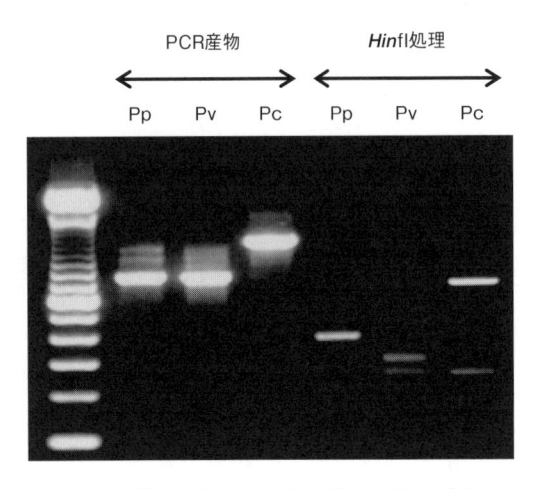

図3-7 ネグサレセンチュウ3種のRFLPパターン
Pp：キタネグサレセンチュウ，Pv：クルミネグサレセンチュウ，Pc：ミナミネグサレセンチュウ．

2.3 ISOIL（アイソイル）によるDNA抽出法

ISOIL（アイソイル）は土壌からの全DNAを抽出するキットであり，メタゲノムライブラリーの作成，PCR-DGGE解析などを用いた土壌微生物の群集構造解析や土壌診断，土壌DNAの定量による土壌バイオマスの推定などに用いられている．ここで紹介するISOILによるDNA抽出法は，土壌中の有害線虫を検出する目的で利用している．後出の締め固めおよびビーズビーターによる方法に比して，土壌線虫DNAの抽出効率は劣るものの，リアルタイムPCRを行わなくてよく，比較的高密度の汚染圃場における有害線虫種の検出法として役立つ手法である．すなわち，土壌から全DNAを抽出し，種

特異的プライマーでPCRを行い,有害線虫のみを検出することによって,線虫種の同定に必要な線虫の形態に関する専門的知識がなくても土壌からの有害線虫の検出が可能となる.また,線虫の種類・運動力によらない,死線虫は検出されない,線虫実験特有の機材が不要などの利点もある.基本的な手順はキットの推奨プロトコールに従うが,一部を改変することにより抽出効率を向上させることができる.

a)準備器材: 電子天秤,マイクロピペット($1\mu\ell$,$100\mu\ell$,$1,000\mu\ell$),$2m\ell$チューブ,卓上遠心機,インキュベーター,超音波洗浄機,フリーザー($-20℃$または$-80℃$).

b)操作手順: 改変プロトコール部分のみを示す.*を付した手順は標準プロトコールにはない操作である.①キットに付属のミニプラスチック漏斗を用い,$2m\ell$チューブに0.5gの土壌を入れる.②*$-20℃$・1時間,または$-80℃$・15分間凍結する.③キットに付属の溶解液HE $950\mu\ell$と溶解液20S $50\mu\ell$を$2m\ell$チューブに加えて十分に混合する.④*超音波洗浄機に水を入れ,チューブ内の土壌と試薬の混合した部分が水面下になるようにして超音波処理を3分間行う.⑤65℃・1時間インキュベートする.⑥*$-20℃$・1時間,または$-80℃$・15分間凍結する.⑦$12,000\times g$で1分間遠心し,上ずみ$600\mu\ell$を新しいチューブに移す.⑧以下,ISOILのプロトコールに従ってDNAを純化し,土壌DNA溶液とする.⑨土壌DNAを$50\mu\ell$の滅菌蒸留水に溶かした場合,$0.1\sim0.2\mu\ell$を鋳型DNAとしてPCRに用いる.

c)留意事項: 本改変プロトコールにより,土壌DNAの抽出効率は標準プロトコールの約16倍となった.ただし,抽出効率は土壌の種類や生息する微生物の豊富さによって変わりうるため,自ら効率のよい条件を探ることが必要である.本手法によるネコブセンチュウの検出感度は20g生土あたり約100頭レベルであり,検出法としてはやや感度が物足りない.これは,検体土壌が0.5gしかないという限界に起因するものと思われる.

このようにして得られた鋳型DNAを用いて,ネコブセンチュウを検出した例を図に示す(図3-8).

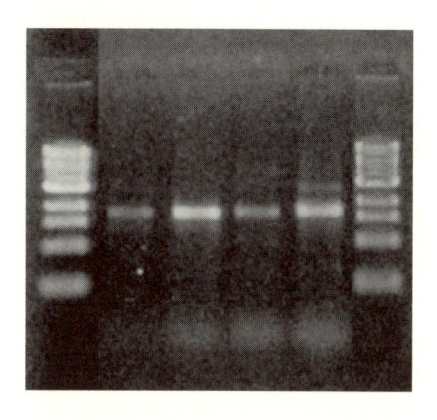

図3-8 改変ISOILプロトコールにより抽出した土壌DNAを鋳型としたPCRによるネコブセンチュウの検出

バンド位置はHarrisら(1990)のプライマーでネコブセンチュウDNAを鋳型としてPCRを行った場合に期待される位置(約1.7kb)に一致した.

参考文献

Tanaka, R., Kikuchi, T., Aikawa, T. and Kanzaki, N. (2012) Simple and quick methods for nematode DNA preparation. Applied Entomology and Zoology, 47: 291-294.

Harris, T.S., Sandall, L.J. and Powers, T.O. (1990) Identification of single Meloidogyne juveniles by polymerase chain reaction amplification of mitochondrial DNA. Journal of Nematolology, 22: 518-524.

(岩堀英晶)

3. 締固め及びビーズビーターによる DNA 抽出法

　土壌中における植物寄生性線虫密度に基づいて，線虫被害を予測することが従来から行われてきているが，ベールマン法で求めた植物寄生性線虫密度がゼロであったにもかかわらず，線虫被害がみられるケースがある．これは，運動性の低い線虫や休眠状態にある線虫はベールマン法では分離し難いため，ベールマン法を用いると線虫密度を過小評価してしまう危険性があることを示唆する．こうした危険性は，土壌から全 DNA を抽出し，後述するリアルタイム PCR を行い，対象線虫の土壌中における密度を測定することで軽減できる．

　本節では，土壌中の線虫密度を評価するための土壌からの DNA 抽出法について紹介する．汎用される DNA 抽出法では，土壌 0.5 g から DNA が抽出される．バクテリアやカビが対象であればこれで問題ないが，それらに比べ土壌中の密度がはるかに低く，しかも分布が不均一と考えられる線虫の場合，そうはいかない．この欠点を回避するための土壌の前処理方法についても紹介する．

3.1　土壌の前処理

　a）準備器材：

《実験器具》：秤（最小目盛りが 0.01 g で，200 g 程度まで計れるもの），乾燥機（60℃で土壌を乾燥），土壌の前処理用器具：ボールミル（レッチェ社製 MM400® など）もしくはブレンダー（アズワン社製ワンダーブレンダー® など）もしくは特製締固め器（大起理化工業），土壌攪拌機（アズワン社製 AUTOCELL MASTER CM-200® など：土壌の前処理に特製締固め器を使用した場合にのみ必要），ビーズ式細胞破砕機（和研薬）あるいはミニビードビーター（BioSpec®），ボルテックスミキサー，遠心分離機（冷却器付きが望ましい），ウォーターバス（60℃保温静置用），遠心濃縮機（DNA の乾燥にこれがあると便利：タイテック社製超小型遠心式濃縮機 スピンドライヤーミニなど），2.0 mℓ 容のスクリューキャップ付サンプルチューブ（径 0.1 mm ジルコニアビーズ 0.75 g と径 0.5 mm ガラスビーズ 0.25 g をチューブに入れ，オートクレーブ滅菌），2.0 mℓ 容のサンプルチューブ．

《試薬》

・TE 緩衝液：10 mM Tris-HCl (pH 8.0), 1 mM EDTA (pH 8.0) となるよう調整し，オートクレーブ滅菌．室温保存．Tris-HCl (pH 8.0) と EDTA(pH 8.0) は随所で用いるので，ストック溶液（0.5 M）を作っておく．0.5 M Tris-HCl の場合，65.55 g の Tris を蒸留水 800 mℓ 程度に溶かし，濃塩酸を加えて pH 8.0 とする．その際，塩酸は腐食性があるので，全てプラスチック製のマイクロピペットあるいはガラス製のピペットを用いる．目安は 42 mℓ．その後，蒸留水で 1 ℓ に定容する．EDTA は二ナトリウム塩が用いられるが，その他に遊離酸，四ナトリウム塩などがある．いずれにせよ 0.5 M となるよう必要量を取り，規定の 8 割程度の蒸留水に溶かすが，EDTA は酸性条件下では溶けない．pH 8.0 に調整するため水酸化ナトリウムを加えていくと，溶けるようになる．

・ライシスバッファー（溶解緩衝液）：0.5% SDS, 100 mM Tris-HCl (pH 8.0), 50 mM EDTA (pH8.0)．溶解緩衝液の調整は，0.5 M Tris-HCl (pH 8.0) 20 mℓ，0.5 M EDTA (pH 8.0) 10 mℓ を取り，蒸留水で 100 mℓ にメスアップし，オートクレーブ滅菌．放冷後，別途溶解した 20% SDS 溶液（オートクレーブ滅菌の必要なし）を 2.5 mℓ 添加し，室温保存．（低温時には SDS が結晶化することがあるので，その場合はウォーターバス中で暖めて溶解させる）．

・20% スキムミルク溶液：0.5 M Tris-HCl (pH 8.0) 0.8 mℓ と 0.5 M EDTA (pH 8.0) 4 mℓ を取り，蒸留水で 40 mℓ にメスアップ，スキムミルク 8.2 g を加えて溶かし，オートクレーブ滅菌（注意：ここ

では 115℃，5 分）．放冷後，別途溶解した 20% SDS 溶液（オートクレーブ滅菌の必要なし）を 1 mℓ 添加し，冷凍保存．
・砂土用溶解緩衝液：120 mM リン酸緩衝液（pH 7.0），1.5 M NaCl，2% CTAB．pH 7.0 のリン酸緩衝液は 0.5 M NaH_2PO_4 と 0.5 M Na_2HPO_4 を 1:19 で混和し，これを 0.12 M となるよう希釈する．希釈の際，5 M NaCl を 1.5 M となるよう，10% CTAB を 2% となるよう添加し，オートクレーブ滅菌し，室温保存．5 M NaCl を調整後，オートクレーブ滅菌し，室温保存．10% CTAB を調整後，オートクレーブ滅菌し，室温保存．（CTAB は界面活性剤のため，攪拌すると泡立つのでメスアップが難しい．10% 分の CTAB と 90% 分の蒸留水を加えるだけで，メスアップは行わない．オートクレーブで溶解させる．溶解緩衝液同様に低温で結晶化するので，その場合は溶解させてから使用）．
・20% PEG を調整後，オートクレーブ滅菌し，冷蔵保存．（CTAB と同様，攪拌すると泡立つ．調整は 100 mℓ の場合，20 g の PEG8000 と 1.6 M の塩化ナトリウム溶液 80 mℓ をオートクレーブする．オートクレーブ後は水溶液が 2 層になっているが，水溶液の温度が冷めてから攪拌するときちんと混ざり合う）．
・サケ DNA：1 mg/mℓ となるように蒸留水に溶かして冷凍保存．
・クロロホルム（冷凍保存）．
・70％エタノール（冷凍保存）．
・エタノール（冷凍保存）．
・イソプロパノール（砂土からの DNA 抽出時のみ）（冷凍保存）．

b）操作手順：　《土壌の前処理》保存中に線虫が死滅し線虫由来の DNA が分解される危惧があるので，土壌を採取したら 60℃の乾燥機で 1 ～ 2 日間乾燥し，DNase が働かないようにする．十分に乾燥したかどうかは，経時的に土壌の重量を測定し，減少しなくなることで判断できる．乾燥後の土壌は空気中の湿気を吸わないようチャック付きのビニール袋を用いて保管する．室温で保存できるが，より確実に保存するため，冷凍保存が望ましい．土壌中における線虫の分布は不均一のため，最低 20 g の土壌を用いて下記のいずれかの方法で前処理する．

3.2　締固め

b）操作手順：　① 採土コアシリンダー（容量 50 mℓ）を土壌締固め機（大起理化）ステージにセットする．② 採土コアシリンダーに乾燥土 20 g を入れる．③ ハンドルを回し，土壌を圧密化する（1.4 g/cm³ 程度）．圧密の程度は高さから判断する．④ 採土コアシリンダーを土壌締固め機からはずし，圧密化した土壌を採土コアシリンダーから回収し，土壌攪拌機のカップに移す．⑤ TE 緩衝液を 15 ～ 20 mℓ 加え，15,000 rpm で 10 分間攪拌する．⑥ スラリー状（どろどろの粥状）の土壌 0.5 g を下記に示す DNA 抽出に供試する．翌日以降に DNA 抽出する場合には，後述のビーズ入りチューブに反復の数だけ分注し土壌を冷凍保存する．残りの土壌は念のため冷凍保存する．

c）留意事項：　⑤ では，スラリー状にならない場合，添加する TE 緩衝液の容量を増減する．あらかじめ，スラリー状になる TE 緩衝液の量を決めておく．

3.3　ボールミルによる粉砕・攪拌

b）操作手順：　① 粉砕カップ 2 個それぞれに乾燥土 10 g とステンレスボール（直径 30 mm）1 個を入れる．② 粉砕（5,000 rpm，2 分）する．③ 2 個のカップ内のパウダー状の土壌を回収し，混合する．粉砕後はコンタミ（実験汚染）を防ぐため容器とボールを水で洗浄する．④ よく混ぜた土壌 0.5 g を DNA 抽出に供試する．土壌は乾燥されているので室温保存できるが，確実な保存のため冷凍もし

くは冷蔵で保存する．

3.4　ワンダーブレンダーによる粉砕・撹拌
　b）操作手順：　①ブレンダー容器に乾土20gを入れる．②粉砕を1分間行う．粉砕後はコンタミを防ぐため容器を専用の道具で取り外し，水で洗浄する．③カップ内のパウダー状の土壌0.5gからDNAの抽出・精製をする．乾燥した土壌を用いているので室温保存できるが，確実な保存のため冷凍もしくは冷蔵で保存する．

3.5　土壌からのDNA抽出法
　様々な土壌からのDNA抽出キットが販売されている．筆者らの黒ボク土を用いた経験では，キットを用いて抽出・精製したDNAは通常PCRには問題なく使用できても，抽出DNAのクオリティが直接PCR増幅効率に影響するリアルタイムPCRでは，安定した結果が得られないことが多かった．そのため，試行錯誤を繰り返した結果，下記に示す方法で黒ボク土や沖積土から安定してDNAを抽出できるようになったので紹介する．また，有機物や粘土が極端に少ない砂土では，やや簡易なDNA抽出法も適用できる．8サンプルを同時並行処理した場合，黒ボク土の方法では4時間程度を要するが，砂土の方法では3時間程度と時間短縮になる．

3.5.1　黒ボク土壌からのDNA抽出法
　b）操作手順：　①ビーズ入り2mL容チューブに土壌0.5gを充填．②チューブに20%スキムミルク溶液500μL，1mg/mLサケDNA 5μLを入れ，軽く遠心分離．③チューブに溶解緩衝液600μLを加え，ビードビーディング（5,000rpm，1分×2回）．1回目のビードビーディング時にビーズと土壌が完全に混ざっていない場合には，完全に混ざるよう激しく振とうし2回目の処理を行う．④遠心分離（13,000 × g，5分）．⑤5M NaCl 377μLを新しい2mLチューブにあらかじめ加えておき，そこに④の上ずみ600μLを添加し，ついで10%CTAB 270μLを添加．⑥60℃で10分間培養（途中で3回上下に撹拌）後，室温に下がるまで室温で静置．⑦クロロホルム500μLを⑥のチューブに入れ，ボルテックスで白濁するまでよく撹拌．⑧遠心分離（15,000 × g，15分）．⑨遠心後，新しい2mLチューブに上ずみ1,100μLを移し，再びクロロホルム500μLを添加し，ボルテックスで撹拌．⑩遠心分離（15,000 × g，15分）．⑪新しい2mLチューブに上ずみ1,000μLを移し，20%PEG 600μLを添加し，ボルテックスで撹拌．⑫遠心分離（20,630 × g，20分，4℃）．⑬上ずみを捨て，70%エタノール500μLを加えて遠心分離（15,000 × g，5分，4度）．⑭上ずみを捨て，乾燥．遠心濃縮器を使った場合には20分間．室内で風乾する場合には30分〜1時間程度放置．⑮TE緩衝液100μLを加え，室温で1時間ほど静置してから4℃で保存．⑯DNA溶液の一部（20μL程度）をカラムで精製（FAVORGENGel / PCR精製キット：チヨダサイエンスやMonoFasDNA精製キット：ジーエルサイエンス）．精製しなくてもPCR反応がうまく行く場合には省略可．⑰抽出・精製したDNA溶液は冷蔵保存し，1週間以内にリアルタイムPCRにかける．それ以上保存する場合は冷凍保存．⑱PCRには，10倍希釈した溶液を鋳型として用いる．

　c）留意事項：　うまくいかないときの対応策－1）黒ボク土，赤黄色土，灰色低地土など多くの土壌からこの方法でうまくDNAが抽出できたが，粘土含量が高く有機物含量の極めて低い土壌からはうまくいかなかった．その際には，下記に示す砂土からの方法でうまくDNAを抽出できることがあった．2）③のビードビーディング後，ビーズと土壌がきれいに混ざっていないことがある．その場合，DNA抽出がうまくいかないケースが多いので，最初からやり直した方がよい．その際，①でビーズ入

りチューブに土壌を入れた後，それと③の溶解緩衝液を添加した後に，チューブを激しく攪拌し土壌とビーズをよく混ぜる．3）⑤のプロセスで 600 μl の上ずみを取れない時がある．その際には，溶解緩衝液を 50 μl 程度添加して，上澄み液がトータルで 600 μl 取れるようにする．4）⑧の遠心分離後，水層とクロロホルム層の2層がきれいに分離されていないことがある．その際には，⑦のステップに戻り，再度入念にボルテックスで攪拌する．5）理由は不明だが，粘土含量が高く有機物含量が数パーセント程度含まれる土壌では，上記の方法で DNA がうまく取れない場合があった．供試する土壌量を 0.5 g から 0.25 g に少なくすることで，良好な結果が得られるようになった．

3.5.2 砂土からの DNA 抽出法

b）操作手順： ①ビーズ入り 2 ml チューブに土壌 0.75 g，スキムミルク 20 mg を添加し，軽く遠心分離．②砂土用溶解緩衝液 1 ml を溢れないように注意しながら入れる．③ビードビーディング（5,000 rpm，1分）．④遠心分離（2,500 × g，5分）．⑤新しい 2 ml チューブに手順④の上澄み 500 μl を移す．⑥ビーズ入りチューブを再度遠心分離（2,500 × g，2分）．⑦手順⑤のチューブにビーズ入りチューブの上ずみ 100 μl を移す（上ずみ 600 μl が新しい 2 ml チューブに入っていることになる）．⑧手順⑦のチューブにクロロホルム 600 μl を添加し，ボルテックスで白濁するまでよく攪拌．⑨遠心分離（18,000 × g，5分）．⑩新しい 2 ml チューブに上ずみ 450 μl を移す．⑪ビーズ入りチューブに砂土用溶解緩衝液 500 μl を添加し，ボルテックスでよく攪拌し，遠心分離（18,000 × g，2分）．⑫遠心後，上ずみ 450 μl を⑩の 2 ml チューブに移し，クロロホルム 900 μl を加えボルテックスで白濁するまで攪拌．⑬遠心分離（15,000 × g，2分）．⑭上ずみ 750 μl を新しい 2 ml チューブに移し，3 M NaOAc (pH 5.2) 75 μl，イソプロパノール 750 μl を添加し，ボルテックスで攪拌．⑮10分室温で静置．⑯遠心分離（18,000 × g，5分）．⑰チューブの底にペレットがあるのを確認し，上ずみを除去．⑱70%エタノール 500 μl を添加し，遠心分離（18,000 × g，2分）．⑲上ずみを除去し，乾燥．遠心濃縮器を使った場合には 20 分間．室内で風乾する場合には 30 分〜1 時間程度放置．⑳TE 緩衝液 75 μl を加え，室温で1時間ほどおいてから 4℃で保存．1週間以内に PCR に用いるのが望ましい．㉑PCR には，10 倍希釈した溶液を鋳型として用いる．

c）留意事項： DNA 抽出時の問題点 － DNA の回収率は土壌毎に異なる可能性がある．筆者らの経験では，最も回収率の高い砂土では 100％であったが，黒ボク土では 30〜50％程度であった．性質が極端に異なる土壌間で線虫密度を比較する場合，回収率をあらかじめ求めておくなどの対応策が必要となる．

参考文献

Min, Y.Y., Toyota, K. and Sato, E. (2012) A novel nematode diagnostic method by the direct quantification of plant-parasitic nematodes in soil with real-time PCR. Nematology, 14: 265-276.

（豊田剛巳）

4. PCR-RFLP 法(及び種特異的プライマー)による同定法

　線虫の種の識別はこれまで主として形態観察により行われてきた．これに代わる有効な種の識別法として，PCR-RFLP（Restriction Fragment Length Polymorphism：制限酵素断片長多型）法を紹介する．PCR-RFLP 法は，ルーチン化された手順を踏み，比較的簡便であり，結果の安定性が高いため最もよく使われている手法である．また，PCR-RFLP 法を行う場合でも，顕微鏡下において，ネグサレセンチュウ，ネコブセンチュウという属レベルで線虫を識別できるようにならなければ，本法による種同定の効力を最大限に生かすことはできない．解析によく用いられる DNA の領域としては，多くの線虫種でリボゾーム DNA（rDNA）の ITS（Internal Transcribed Spacer：内部転写スペーサー）領域が用いられる．ネコブセンチュウでは，rDNA の ITS 領域では，主要な種の識別ができないためミトコンドリア DNA が用いられる．基本的な操作については線虫種による違いはなく，プライマーと制限酵素の選択，および PCR の条件が異なるのみである．なお，種特異的プライマーによる同定法は基本的には，種特異的なプライマーを用いて PCR を行い，制限酵素処理なしで電気泳動を行う．

　a）準備器材：《試薬》耐熱性 DNA ポリメラーゼ，dNTP，プライマー，各種制限酵素，DNA サイズマーカー，電気泳動用アガロース，電気泳動緩衝液，ゲルローディング緩衝液，エチジウムブロマイド．ここで比較的重要なのは，耐熱性 DNA ポリメラーゼの選択である．特にネコブセンチュウのミトコンドリア DNA の増幅には耐熱性 DNA ポリメラーゼの選択が影響することがある．例えば，*TaKaRa Ex Taq*® や TksGflex® DNA Polymerase（タカラバイオ）などの高感度増幅能をもつポリメラーゼを使用すると失敗が減る．《器具》PCR 装置，電気泳動装置，電気泳動用ゲル作製セット，ゲル撮影装置，トランスイルミネーター，オートクレーブ，－20℃冷凍庫，冷蔵庫，電子レンジ，インキュベーター，マイクロピペット，マイクロピペット用チップ，遠心チューブ（0.5 mℓ，1.5 mℓ，PCR 専用のチューブ），チューブ用遠心機，エチジウムブロマイド染色用タッパー．

4.1 試薬の調整

　b）操作手順：《ストック溶液等の作製》①微生物の繁殖を防止するため，蒸留水やピペットチップ，遠心チューブなどはオートクレーブで滅菌する．②蒸留水はメディウムビンに入れ，オートクレーブする．③さまざまな試薬などの希釈は，この滅菌した蒸留水を用いて行う．④ピペットチップはオートクレーブ可能なチップケースごと，遠心チューブはビーカーや瓶などに入れて，オートクレーブで滅菌する．⑤滅菌後は乾燥機で乾燥させる（60℃で一晩程度）．

　c）留意事項：　1）TE 緩衝液：DNA を保存する際に使う．試薬メーカー各社より調整済み試薬として各種緩衝液が販売されているので購入してもよい．2）電気泳動緩衝液（0.5 × TBE または 1 × TAE）：TBE は 5 倍濃縮濃度の緩衝液を作り，室温で保存する．5 倍濃縮濃度の TBE 緩衝液の調整は，トリス：54 g，ホウ酸：27.5 g，EDTA・2 Na：1.85 g を蒸留水に加えて，最終容量を 1 ℓにする．使用時に適量 10 倍に希釈して用いる．TAE という電気泳動緩衝液もあり，どちらの泳動緩衝液を使用してもよいが，近接した DNA サイズを解析する場合，TBE 緩衝液を用いることにより，明確に分離することができるため，推奨できる．なお，試薬メーカー各社より，濃縮調整済みの電気泳動緩衝液も販売されている．3）ゲルローディング緩衝液：6 倍濃縮濃度液は，グリセリン 30 %，ブロモフェノールブルー（BPB）0.25 %，キシレンシアノール（XC）0.25 % を混合して作製する．色素は BPB のみでもよい．グリセリンの代わりにフィコール 15 % でもよい．どちらも室温保存可能である．4）エチジウムブロマイド溶液：エチジウムブロマイドは，2 本鎖 DNA の鎖の間に入り込む蛍光試薬であり，強

4. PCR-RFLP 法（及び種特異的プライマー）による同定法

い変異原性や発癌性があるので，ビニール手袋およびマスクをして扱うなどの注意が必要である．10 mg/mℓ の濃縮濃度溶液を作っておき，褐色瓶で冷蔵庫に保存する．試薬メーカーより調整済み溶液も販売されているので，それらの購入を推奨する．また，複数の試薬会社より，より安全性の高い核酸染色用の試薬が発売されているが，一般にエチジウムブロマイドに比較して高価なようである．4）プライマー：プライマーは，ライフテクノロジーズジャパン社，北海道システムサイエンスなどのメーカーに依頼して合成してもらう．通常，乾燥状態で届けられるため，滅菌水または TE 緩衝液で 100 µm 溶液にした後，適量を希釈して使用濃度（10 または 20 µm）に調整し，小分けにして −20°C に保存しておくとよい．冷凍保存すると，頻繁に使用するプライマーは凍結融解を繰り返すことになり，望ましいことではないので，少量ずつ分注しておくとよい．

4.2 PCR の条件
4.2.1 プライマーの選択

PCR-RFLP 法においてよく使用されるプライマーの詳細を表 3-1 に示す．ネグサレセンチュウ，シストセンチュウ，スタイナーネマ，マツノザイセンチュウなど，多くの線虫の PCR-RFLP 法による同定では，rDNA の ITS 領域が種の識別に有効である．一方，ネコブセンチュウではミトコンドリア DNA が用いられる．Powers and Harris（1993）のプライマー（前出 P49）と Harris et al.（1990）のプライマー（前出 P55）が同定に有効である（岩堀 2010）．

表 3-1 線虫の DNA 増幅用プライマー

	プライマー配列（5′ → 3′）	増幅する領域	対象線虫
Vrain et al. (1992)	TTGATTACGTCCCTGCCCTTT TTTCACTCGCCGTTACTAAGG	核 DNA （リボソーム ITS 領域）	ネグサレセンチュウ，シストセンチュウ，その他多数
Ferris et al. (1993)	CGTAACAAGGTAGCTGTAG TCCTCCGCTAAATGATATG	核 DNA （リボソーム ITS 領域）	ネグサレセンチュウ，シストセンチュウ，その他多数
Powers and Harris (1993)	GGTCAATGTTCAGAAATTTGTGG TACCTTTGACCAATCACGCT	ミトコンドリア DNA	ネコブセンチュウ
Harris et al. (1990)	TAAATCAATCTGTTAGTGAA ATAAACCAGTATTTCAAACT	ミトコンドリア DNA	ネコブセンチュウ

4.2.2 PCR 反応液の組成

PCR 専用のチューブを用い，反応液 25 µℓ で行う場合，表 3-2 の反応液組成で PCR を行う．近年では耐熱性 DNA ポリメラーゼにより，プレミックスタイプや PCR 緩衝液に dNTP があらかじめ添加されている場合もある．鋳型 DNA の量は多ければ多いほどよいというわけでない．1 頭の線虫から DNA を抽出した場合，鋳型 DNA の量は 1.0～5.0 µℓ で調整する．

表 3-2 PCR 反応液組成

10 × PCR 緩衝液	2.5	µℓ
2.5 mM dNTP	2.0	µℓ
10 µm プライマー 1	1.0	µℓ
10 µm プライマー 2	1.0	µℓ
耐熱性 DNA ポリメラーゼ	0.1	µℓ
鋳型 DNA	1.0～5.0	µℓ
滅菌蒸留水	13.4～17.4	µℓ
合計	25.0	µℓ

表 3-3　PCR プログラム

プライマー	Vrain et al. (1992) 及び Ferris et al. (1993)	Powers and Harris (1993) 及び Harris et al. (1990)
熱変性	94℃，2 分	94℃，2 分
熱変性	94℃，1 分	94℃，1 分
アニーリング	48℃，1 分	48℃，2 分
伸長	72℃，1 分	68℃，3 分
サイクル数	35	35
最終伸長	72℃，5 分	72℃，5 分
PCR 後保存温度	4℃	4℃

4.2.3　PCR 装置による増幅

　主要な増幅プログラムを表 3-3 に示す．増幅のためのプログラムは使用するプライマーごとに異なり，基本的には報告された論文の記述に従う．しかし，ネコブセンチュウのミトコンドリア DNA は増幅しにくい場合があり，Powers and Harris (1993) のプライマーを用いている場合でも，Powers and Harris (1993) のプログラムでは，PCR 産物が増幅しないことが多いため，Harris et al. (1990) のプログラムを推奨する．増幅した DNA は，電気泳動するまで −20℃に保存するのが望ましいが，冷蔵庫保存でもよい．

4.3　アガロース電気泳動（PCR 産物の確認）

4.3.1　アガロースゲルの作製

　通常 1～1.2％アガロースゲルを用いる．三角フラスコに注いだ電気泳動緩衝液にアガロースゲル粉末を入れ，ラップフィルム（サランラップなど）で軽く蓋をするか，ラップフィルムに穴を数カ所開けておく．その後電子レンジにかけ，アガロースを溶かす．突沸に注意して加熱すること．完全にゲルが溶解した後，時々振り混ぜながら手で触れられるくらい（50℃前後）に冷えたら，アガロースゲル作製トレイに流し込み，泡をチップで取り除いて，コームを挿し，30 分間ほど室温で固める．固まったらコームをゲルから外す．ゲルは一度にたくさん作製し，電気泳動緩衝液の入ったタッパーなどに浸けておくと便利である．

4.3.2　電気泳動

　作製したゲルを，電気泳動緩衝液を入れた泳動槽にセットする．PCR 増幅産物 5 μℓ と 6 倍濃縮濃度の色素液 1 μℓ を混合し，マイクロピペットでゲルのウェルに静かに注入する．端には DNA サイズマーカーを注入する．電気泳動装置にはいろいろな機種があるが，よく用いられている Mupid-2 plus または Mupid-exu（株アドバンス）の場合，50～100 V の一定電圧で室温にて電気泳動を行う．100 V の一定電圧では電気泳動時間が短くて済むが，50 V の一定電圧でゆっくり電気泳動した方が，バンドがシャープになる．BPB がゲルの 1/2～2/3 くらい流れたところで電気泳動を止める．

4.3.3　DNA の検出

　タッパーなどに電気泳動後のゲルが沈む量の電気泳動緩衝液か蒸留水を入れ，先に作製したエチジウムブロマイド溶液 10 mg/mℓ の濃縮濃度溶液を加えて最終濃度が約 0.5 μg/mℓ となるように，エチジウムブロマイド溶液を作る．電気泳動終了後のゲルをこの溶液に約 20～30 分間浸漬して DNA を染色する．あらかじめゲルおよび泳動用緩衝液中にエチジウムブロマイドを入れておく方法もあり，電気泳動後すぐに PCR の成否が判別できるので便利であるが，泳動する DNA 量により泳動速度に違いが見られ，後染めのほうが正確かつ鮮明な泳動像が得られる．先述のように，エチジウムブロマイドには強い毒性があるので，これらの作業では必ずビニール手袋を着用する．また，周囲への汚染にも

十分気を付ける．エチジウムブロマイドの染色処理後，ラップフィルムを敷いたトランスイルミネーターの上に，気泡が入らないようにゲルを載せる．暗所で紫外線を照射し，PCR産物ができたかどうか確認する．必要に応じてゲル撮影装置を用いて撮影する．

4.3.4 PCRの成否

　PCRがうまく成功していれば，通常一本の太いDNAのバンドが確認できる．しかし，線虫種またはプライマーによっては複数のバンドが見られることがある．PCRが正常に行われていないと，非特異産物のバンドがいくつも見られたり，ぼんやりと帯状（スメア）になってバンドが見られなかったりする．このような場合は，もう一度試薬濃度の適正さ，PCRの条件について充分チェックを行い，目的のDNA断片のバンドが確認できるまで行う．種特異的プライマーによるPCRを行った場合は，報告された論文の記述通りの結果が得られれば，その線虫種の可能性が高いと推測できる．種特異的プライマーを使用した診断法の場合は，特に既知種線虫の鋳型DNAを入れたポジティブコントロールと鋳型DNAの代わりに滅菌蒸留水を加えたネガコンティブトロールが重要である．

4.4　RFLP

　制限酵素は，DNAの特定の塩基配列を認識してDNAを切断する酵素である．従って，種によって塩基配列が異なれば，その切断部位も異なり，PCR産物である一本のDNA断片が何本に切断されるかも変わる．この切断パターンの違いを電気泳動で確認し，既知種の結果と比較するのがRFLPによる同定法である．

4.4.1　制限酵素の選択

　基本的には調査対象線虫のRFLPの結果が記載されている論文に従い，使用する制限酵素を決定する．*Alu* I, *Hinf* I, *Rsa* I, *Taq* I, *Tsp*45 Iなどがよく用いられる．中でも*Hinf* Iを用いたRFLPは，さまざまな線虫種で種間差を検出できることが多い．

4.4.2　制限酵素処理

　制限酵素は通常−20℃に保存する．使用時は氷中に置き，使用後は直ちに−20℃に保存する．PCR増幅産物の制限酵素処理は，0.5 mℓか1.5 mℓ遠心チューブにPCR増幅産物8 μℓ，制限酵素1 μℓ，制限酵素で指定された10倍濃縮濃度の緩衝液1 μℓを入れてよく攪拌した後，制限酵素の最適温度にしたインキュベーター中で4時間〜1晩反応させる．

4.4.3　RFLP用アガロースゲル

　DNAサイズが小さいほど，アガロース濃度を高くした方がDNAのバンドの分離が良く電気泳動パターンを解析しやすい．そのため，解析目的とするDNA断片の長さに応じてアガロース濃度を決定する．短い断片を分離して確認する必要があるときは，2〜4％の高濃度アガロースゲルを使用する．その場合はMetaPhor™ AgaroseやNuSieve™ 3:1 Agarose（タカラバイオ）など使用するとよい．

4.4.4　ゲル作製法・電気泳動・DNAの検出

　基本的にはPCR産物の確認用ゲルと変わるところはない．DNAサイズマーカーは50 bpあるいは100 bpごとにDNAのバンドが現れるものがよい．泳動はより長い時間を必要とし，BPBの青い色素がゲルの80〜90％の位置にきた時が電気泳動の終了の目安となる．

表 3-4 ネコブセンチュウの Powers and Harris (1993) プライマーを用いた PCR-RFLP による DNA 断片サイズ (bp)

線虫	PCR 産物サイズ	断片サイズ	
		*Hin*f I	*Tsp*45 I
サツマイモネコブセンチュウ	1700	1300, 400	1700
アレナリアネコブセンチュウ			
本州型	1700	1700	1700
沖縄型	1100	1100	1100
ナンヨウネコブセンチュウ	1700	1700	1000, 700
ジャワネコブセンチュウ	1700	1700	1700
キタネコブセンチュウ	540	540	540

表 3-5 ネコブセンチュウの Harris et al. (1990) プライマーを用いた PCR-RFLP による DNA 断片サイズ (bp)

線虫	PCR 産物サイズ	断片サイズ
		*Hin*f I
サツマイモネコブセンチュウ	1770	900, 410, 290, 170
アレナリアネコブセンチュウ		
本州型	1770	900, 700, 170
沖縄型	-	-
ナンヨウネコブセンチュウ	1770	900, 700, 170
ジャワネコブセンチュウ	1770	1600, 170
キタネコブセンチュウ	-	-

表 3-6 ネグサレセンチュウの Ferris et al. (1993) プライマーを用いた PCR-RFLP による DNA 断片サイズ (bp)

線虫	PCR 産物の おおよそのサイズ	断片サイズ	
		Alu I	*Hin*f I
キタネグサレセンチュウ	800	380, 320, 45	380, 140, 95, 85, 70
ミナミネグサレセンチュウ			
A	1100	470, 220, 180, 97, 95	670, 240, 160,
B	1100	470, 205, 205, 102, 100	670, 240, 160,
C	1100	470, 205, 205, 92, 90	670, 400, 77
チャネグサレセンチュウ	1100	330, 230, 210, 190, 110	470, 230, 182, 180
クルミネグサレセンチュウ	800	380, 280, 100, 75	455, 424, 308, 261, 183, 155, 110, 75
ムギネグサレセンチュウ	800	635, 50, 50	605, 135, 91, 81, 64

表3-7 シストセンチュウのFerris et al.（1993）プライマーを用いたPCR-RFLPによるDNA断片サイズ（bp）

線虫	PCR産物サイズ	断片サイズ		
		Alu I	*Hinf* I	*Rsa* I
ヘテロデラ属				
ダイズシストセンチュウ	1020	340, 280, 190, 130		820, 230
クローバーシストセンチュウ	1020	340, 280, 190, 160		820, 580, 230
イネシストセンチュウ	1090	330, 200, 170		630, 460
グロボデラ属				
ジャガイモシストセンチュウ	1000	380, 360, 150, 100	920, 80	620, 220, 170
タバコシストセンチュウ	1000	510, 380, 100	920, 80	
ヨモギシストセンチュウ	1020	910, 100	1020	
ジャガイモシロシストセンチュウ	1000	510, 380, 100	770, 150, 80	

4.5　解析および種の識別

　結果については，主要線虫について制限酵素ごとに表3-4～3-7のようにまとめておくとわかりやすい（岩堀2010；水久保2004）．DNA断片の電気泳動パターンが対象線虫種バンドパターンの結果と一致すれば，ほぼ同種と推測できる．DNA情報も形態的特徴と同じく，同定指標の形質の1つに過ぎないので，PCR-RFLPなどの情報から，線虫種に当たりをつけるなどして，それから形態観察・計測を行えば，より正確な同定が可能となる．制限酵素の種類によっては，同種または同じ個体群内でもパターンが違うことがあるので注意する．このような場合は種内変異と考えられるが，別の未知種である可能性もある．より詳細には次項で述べる塩基配列の決定を行い判断する．

参考文献

Ferris, V.R., Ferris, J.M. and Faghihi, J. (1993) Variation in spacer ribosomal DNA in some cyst-forming species of plant parasitic nematodes. Fundamental and Applied Nematology, 1: 177-184.
岩堀英晶（2010）九州沖縄地域における有害線虫の分類と地理的分布．植物防疫，64: 239-246.
水久保隆之（2004）ネグサレセンチュウ・ネモグリセンチュウ – *Pratylenchus* 属・*Hirschmanniella* 属 –「線虫の見分け方」植物防疫特別増刊号，8: 17-22.
中山広樹（1998）『バイオ実験イラストレイテッド3⁺　本当にふえるPCR』秀潤社，東京．
大類幸夫（1999）日本における主要な有害線虫の簡易同定法．植物防疫，53: 285-289.

（植原健人）

5. LAMP法を利用したマツ材線虫病診断キットによるマツノザイセンチュウの検出法

　マツ材線虫病の防除対策で最初にすべきことは，マツノザイセンチュウに感染した枯死木を的確かつ迅速に発見することである．特に，まだ本病が発生していない未被害地においては，新たな被害拡大を防ぐためにも，感染木の存在を見落とすことなく確実に検出することが必要になる．近年，これまでとは全く違うタイプの新しい診断法が開発された．すなわち，採取した材片から生きたマツノザイセンチュウを検出し観察・同定するのではなく，マツノザイセンチュウのDNAを検出することに

第3章　分子生物学的分類・同定法

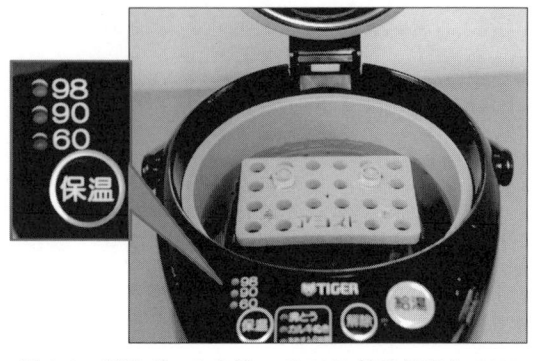

図 3-9　電動ポットを使って DNA 抽出処理と DNA 増幅処理を行っている様子

このポットでは，60℃，90℃，98℃の3つの保温機能が付いているので，DNA抽出処理では60℃と98℃の機能を，DNA増幅処理では60℃の機能を使用する．チューブはフロート（チューブの浮輪）に差し込んで浮かべればよい．

図 3-10　電動ドリルを使って枯れたマツから材片を採取している様子

よってマツ材線虫病と診断する方法である．マツノザイセンチュウを検出する感度は，従来の方法と比べ格段に高くなった．本項ではこのマツ材線虫病診断キットの使用方法について，具体的に記述する．

　a）準備器材：　本キットは液体ベースの検査試薬であるため，マイクロピペットは重要な機器の1つである．0.5～10 μℓ 用，10～100 μℓ 用，そして100～1,000 μℓ 用の3種類の可変量マイクロピペットと，それに対応したチップが必要である．さらに，温度を一定に保つための恒温器も欠かせない．恒温器にはエアインキュベーター，ウォーターバス，ブロックインキュベーターなど様々なタイプがあるが，温度を一定に保つことのできる機器であればどのようなものでもよい．DNA抽出およびDNA増幅の最適な温度は，それぞれ55℃と63℃であるが，それぞれの反応温度には許容幅があるので，その範囲におさまるように調整すればよい（b)の操作手順参照）．正確な温度調整機能が付いている恒温器が手に入らない場合には，DNA抽出処理とDNA増幅処理のどちらもカバーできる60℃前後の保温機能が付いた電動ポットでも十分代替は可能である（図3-9）．

　特に重要な機器は，この2つであるが材片をつまむ際のピンセットやチューブを立てかけるラックなど揃えるべき（揃えた方が便利な）道具が何点かあるので，診断キットの取扱説明書（http://genome.e-mp.jp/products/matsu.html）を参考にして揃えていただきたい．本キットで求められる操作は，基本的にマイクロピペットの操作のみである．LAMP法（Loop-mediated isothermal amplification）を使ってマツノザイセンチュウのDNAを増幅させる原理（Kikuchi et al. 2009）や，より詳しい診断キットの使い方については，すでに報告（相川ら 2010; 伊藤ら 2010）があるので，こちらも参考にしていただきたい．マツ材線虫病診断キットは，株式会社ニッポンジーンから24テスト用と，96テスト用の2つのタイプで販売されている．

　b）操作手順：　《マツ枯死木からの材片の採取》：最初に電動ドリルを使って，調べたい枯死木から材片を採取する．ドリルの刃は径15 mmのものを使用する．これは，次のDNA抽出のステップで用いる専用のチューブの大きさに最も適しているからである．① まず，穿孔部分の樹皮を取り除き材部だけを採取する．孔の深さは5～8 cmくらいでよい．② ドリルの下にチャック付きのビニール袋をあてがい，削り取られた材片がそのビニール袋に入るようにする（図3-10）．マツノザイセンチュウはマツ枯死木の一部に局在していることもあることから，可能であれば1本の枯死木から数か所サンプリングするのがよいであろう．③ 複数の枯れ木から材片をサンプリングする場合，ドリルに付いた前の枯死木の材片が混ざらないよう注意を払う必要がある．筆者は100％エタノールで満たした500

5. LAMP法を利用したマツ材線虫病診断キットによるマツノザイセンチュウの検出法

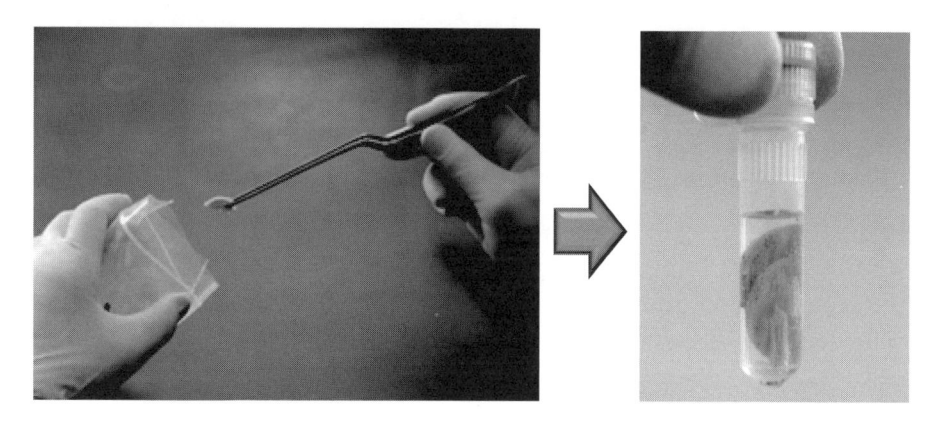

図 3-11 ビニール袋の中から半円形の材片をピンセットで1枚ずつ取り，Bx 抽出液の入ったチューブに 2 枚入れる．

mℓペットボトルを携帯し，採取する対象木が変わるごとにドリルの刃をそのペットボトルに差し込んで洗浄している．こうすることによって，刃に付着した細かな材片や線虫を取り除くことができる．

《マツ材片からの DNA の抽出》： ①キットに附属の DNA 抽出液（Bx 抽出液）は，10 mℓ ごとに小瓶に小分けされ冷凍されている．使用する際は必要テスト分（1 テストあたり 800 μℓ）の Bx 抽出液を付属の DNA 抽出用チューブに分注する．②1 チューブにつき半円形 2 枚の材片をピンセットで入れる（図 3-11）．抽出液に材片が確実に浸かるようにすることが重要である．③異なる枯死木由来のサンプルをいくつも検査する場合は，サンプルが変わるごとにピンセットの先端をアルコールを染み込ませたペーパータオルで拭き，その後，ライター，ガスバーナーなどで焼く．この処理によって，ピンセットの先端部に付着している前のサンプルの材片や，DNA を除去しサンプル間の汚染を防ぐ．④材片を入れたチューブは約 55℃（50〜65℃）で 20 分間，次いで 94〜100℃で 10 分間保温する．この処理によって，材片内にいる線虫が溶解し，液体中に線虫の DNA が溶け出す．

《マツノザイセンチュウの DNA の増幅》： 診断キットにはマツノザイセンチュウの DNA を増幅させるための試薬が，3 つのチューブに別れて入っている（Bx 検査液，酵素液，蛍光発色液）．これらの 3 種類の試薬を混合し，検査溶液を作製する．1 テストあたりに必要な検査溶液は 18 μℓ（Bx 検査液：16.4 μℓ，酵素液：0.8 μℓ，蛍光発色液：0.8 μℓ）である．①あらかじめ大きめのチューブ（0.5 mℓ や 1.5 mℓ）に必要なテスト分の検査溶液をまとめて作製し，その後，キットに付属の検査用チューブ

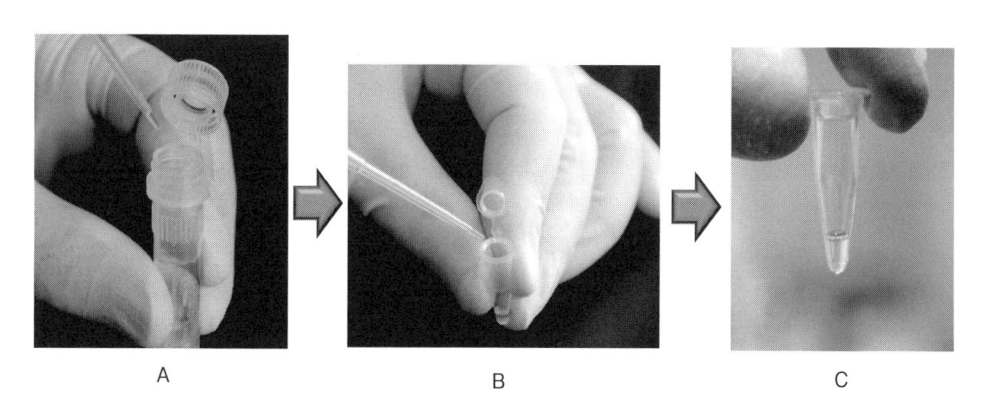

A　　　　　　　　　B　　　　　　　　　C

図 3-12　DNA 抽出処理を終えた Bx 抽出液を 2 μℓ 吸い取り（A），検査溶液の入ったチューブに加えよく混ぜる（B），Bx 抽出液を加えた後の検査溶液（C）．（巻頭カラー口絵を参照）

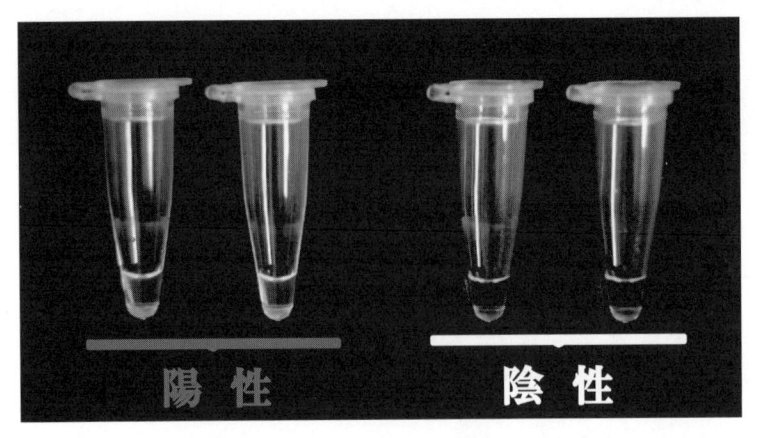

図 3-13 DNA 増幅処理を終えた後の検査用チューブ．左側の 2 つが陽性で，右側の 2 つが陰性．マツノザイセンチュウの DNA が増幅されると検査溶液が無色透明から緑色の蛍光色に変化する．（巻頭カラー口絵を参照）

に 18 μℓ ずつ分注する．② 検査溶液の分注が終わったら，その中にマツ材片からの DNA の抽出の工程で得られた Bx 抽出液を 2 μℓ 加えてよく混ぜる（図 3-12）．③ Bx 抽出液を入れ終えた後の検査用チューブは約 63℃（55 〜 65℃）で 60 分間保温する．この保温処理によって，マツノザイセンチュウの DNA だけが特異的に増幅される．本診断キットでは，LAMP 法による DNA 増幅法を採用していることから（Notomi et al. 2000），チューブを一定の温度条件下に保温するだけで，目的の DNA を特異的に増幅させることができる．その原理は非常に複雑であるため，ここでは詳しく解説はしないが，栄研化学株式会社のホームページ（http://loopamp.eiken.co.jp/）に詳しく掲載されているので興味のある方は参照されたい．サーマルサイクラーで保温する場合は，加熱蓋が付いているためチューブ内の検査溶液は蒸発しないが，他の恒温器，例えばウォーターバス，ブロックインキュベーター，エアインキュベーターなどで保温する場合は，検査溶液が蒸発し液量が減少しないよう，キットに付属のミネラルオイル 20 μℓ を検査溶液の上に重層してから保温する．

《陽性・陰性の判定》：　保温処理終了後，直ちに判定を行う．検査チューブを黒い実験台あるいは黒い紙の上に並べ，背景を黒くした状態の自然光下で，検査溶液の色を確認する．背景が白っぽいと液の色がわかりにくく判定しづらい．検査溶液の色が反応前と変わらず無色であれば陰性（マツ材片の中にマツノザイセンチュウの DNA は存在しないこと）を示し，検査溶液の色が緑色の蛍光色を呈していれば陽性（マツ材片の中にマツノザイセンチュウの DNA が存在すること）を意味する（図 3-13）．このように，液体の色の変化で誰でも一目で結果を知ることができるのがこの診断法の大きな特徴である．また，陽性による蛍光発色は UV 照射により強くなるので，240 〜 260 nm，あるいは 350 〜 370 nm の波長の UV 照射の下での判定も有効的である．

参考文献

相川拓也・神崎菜摘・菊地泰生（2010）マツノザイセンチュウの DNA を利用した簡易なマツ材線虫病診断ツール "マツ材線虫病診断キット" について．森林防疫，59: 60-67.

伊藤英敏・神崎菜摘・菊地泰生（2010）家庭にある材料と診断キットによるマツ材線虫病診断．森林防疫，59: 55-59.

Kikuchi, T., Aikawa, T., Oeda, Y., Karim, N. and Kanzaki, N. (2009) A rapid and precise diagnostic method for detecting the pinewood nematode *Bursaphelenchus xylophilus* by loop-mediated isothermal amplification. Phytopathology, 99:1365-1369.

Notomi, T., Okayama, H. Masubuchi, H., Yonekawa, T., Watanabe, K., Amino N. and Hase, T. (2000) Loop-mediated isothermal amplification of DNA. Nucleic Acids Research, 28: e63.

（相川拓也）

6. リアルタイム PCR による定量検出

リアルタイム PCR（real-time PCR）は，PCR を行いながら 1 サイクルごとの PCR 産物の増幅度合いを経時的（リアルタイム）にモニタリングし，標的 DNA（もしくは RNA）を定量する解析技術である．論文等に用いられる表記は，リアルタイム PCR だけでなく，定量的 PCR（quantitative PCR: qPCR）やリアルタイム qPCR と記されている例もある．

表 3-8　リアルタイム定量 PCR 検出法の比較

	検出系	非特異増幅の可能性 *	コスト	マルチプレックス
インターカレーター法	SYBR Green I Dye	低い	安価	不可
蛍光標識プローブ法	Linear probe (Taq Man), Structured probe (Molecular Beacon) など	極めて低い	高価	可能

*：ただし，筆者の経験上，同生物検出の際，両方法で非特異増幅は同等だったケースもあった．

リアルタイム PCR の検出系は，大きく分けて 2 つある（表 3-8）．1 つはサイバーグリーン（SYBR Green）などの蛍光色素を PCR 反応液に混ぜる方法で，インターカレーター法と呼ばれる．この方法は，様々な配列に対して同じ試薬を用いるので汎用性が高く，標的 DNA を相対的に定量することができるが，サイバーグリーンが配列に依存せず 2 本鎖 DNA に取り込まれるため，非特異的な増幅産物を検出する可能性がある．そのため，融解曲線を作成するなどして，最終的に非特異的な増幅産物であるかどうかを確認する必要がある．もう 1 つの検出系は，タックマン（TaqMan）プローブなど蛍光色素がついた標識プローブ（以下，プローブ）を用いるプローブ法である．プライマーだけでなく，プローブも標的配列にアニールする．そのため，通常ミスアニールによる非特異的 PCR 産物の増幅がなく，インターカレーター法よりも特異性が高い検出系である（佐藤・豊田 2013）．また，プローブ法は，異なる蛍光色素を添加したプローブを用いることで，1 つのサンプル内の複数の特定遺伝子群を 1 回のリアルタイム PCR で測定できるマルチプレックス法が行える．

6.1　プライマーおよびプローブの準備

リアルタイム PCR における PCR 産物は，約 100 bp 程度が望ましいため，通常の PCR で用いる種特異的検出用プライマーとは別に設計する必要がある．プライマーやプローブは，対象とする線虫種の特定の塩基配列（例えば ITS 領域）を基に，プライマー作製ソフトを用いて設計することができる．または，リアルタイム PCR を扱っている研究機器・試薬メーカーに委託し，設計や合成をすることができる．インターカレーター法では，プライマーダイマー（プライマー同士がアニールしたもの）にも蛍光色素がとりこまれ，蛍光を発して検出値に影響を与えるため，プライマーダイマーができないようにプライマー設計を行う必要がある．プローブは 20～30 bp 程度のオリゴヌクレオチドで，多くの場合 5′ 末端に蛍光物質（FAM，ROX，VIC，Cy5，TEX613 など），3′ 末端に消光物質であるクエンチャー（TAMRA，IBRQ，IBFQ など）が結合している．既往の報告による線虫を対象としたリアルタイム PCR 用プライマーおよびプローブについて，表 3-9 にまとめた．

表 3-9 リアルタイム PCR による定量検出用プライマーおよび標識プローブ

a) インターカレーター法

対象線虫	増幅領域	プライマー名：塩基配列（5′→3′）	引用文献*
ジャガイモシロシストセンチュウ	ITS	PITSp4：ACA ACA GCA ATC GTC GAG Pal3：ATG TTT GGG CTG GCA C	Madani et al. 2005
ジャガイモシストセンチュウ	ITS	PCN280f：GCG TCG TTG AGC GGT TGT T PCN398r：CCA CGG ACG TAG CAC ACA AG	Toyota et al. 2008
テンサイシストセンチュウ	ITS	SH6Mod：CGT GTT CTT ACG TTA CTT CCA SH4：AGC ATG CGA AGG ATT GG	Madani et al. 2005
ダイズシストセンチュウ	ITS	SCN44f：CTA GCG TTH HCA CCA CCA A SCN124r：AAT GTT GGG CAG CGT CCA CA	Goto et al. 2009
ジャワネコブセンチュウ	ITS	18S：TTG ATT ACG TCC CTG CCC TTT Melo-R long：GGC CTC ACT TAA GAG GCT CA Melo-R short：TAT ACA GCC ACG GACGTT CA	Berry et al. 2008
サツマイモネコブセンチュウ	ITS	RKNf：GCT GGT GTC TAA GTG TTG CTG ATA C RKNr：GAG CCT AGT GAT CCA CCG ATA AG	Toyota et al. 2008
ソーンネグサレセンチュウ	ITS	THO-ITS-F2：GTG TGT CGC TGA GCA GTT GTT GCC THO-ITS-R2：GTT GCT GGC GTC CCA GTC AAT G	Yan et al. 2012
キタネグサレセンチュウ	ITS	NEGf：ATT CCG TCC GTG GTT GCT ATG NEGr：GCC GAG TGA TCC ACC GAT AAG	Sato et al. 2007
モロコシネグサレセンチュウ	ITS	18S：TTG ATT ACG TCC CTG CCC TTT Praty-R：CTG CAT TGG AAG CGC GCT TG	Berry et al. 2008
サトウキビオオハリセンチュウ	ITS	18S：TTG ATT ACG TCC CTG CCC TTT EL1：CGC TTC GCC TTC TAA CAA AC Xiphi-R：GAA CGC TACCTGGTC ACC TC	Berry et al. 2008
イマムラネモグリセンチュウ	ITS	imaF：TCCTCGTGTCAATCACTAGCGTAA imaR：CTCAAGCAATGGCAATAAAGCTG	Koyama et al. 2013
レンコンネモグリセンチュウ	ITS	divF：CGTGTCAATTACTAGCGCAAATGTC divR：GAGCCGGTTGAATAAACAACGAA	Koyama et al. 2013

b) プローブ法

対象線虫	増幅領域	プライマー（プローブ）名：塩基配列（5′→3′）	引用文献
マツノザイセンチュウ	ITS	BXF：GAT GAT GCG ATT GGT GAC T BXR：AAC GAC GCG AAT CGA ACC BXT：[FAM]-CGG TTG CCG CGC ATG ATG G-[TAMRA]	Cao et al. 2005
グロボデラ属	ITS	Gfor：GTG TAA CCG ATG TTG GTG GCC Grev：GGA CGT AGC ACA CAA GCG CA	Madani et al. 2008
ジャガイモシロシストセンチュウ	ITS	Gpall：[TEX613]-ATC GTC GAG TCA CCC ATT-[IBRQ]	
ジャガイモシストセンチュウ	ITS	Grost：[Cy5]-GCT TCC TCC GTT GGC G-[IBRQ)]	
タバコシストセンチュウ	ITS	Gtab：[FAM]-ATA TGC CGC GGG GTA CG-[IBFQ]	

ジャガイモシストセンチュウ	ITS	PCNcyf : TCG TTG AGC GGT TGT TG PCNcyr : TAG CAC ACA AGC GCA GAC AT Probe : TCC ATG TT(A) GC-[ROX]	Goto et al. 2009
ダイズシストセンチュウ	ITS	SCNcyf : TAG CGT TGG CAC CAC CAA ATG SCN124r : AAT GTT GGG CAG CGT CCA CA Probe : CGA GCT G(A)C TT-[FAM]	Goto et al. 2009
サツマイモネコブセンチュウ	ITS	RKNcyf : TCT AAG TGT TGC TGA TAC GGT TGT G RKNr : GAG CCT AGT GAT CCA CCG ATA AG Probe : ATG (A)GT TTA AGA-[ROX]	Goto et al. 2009
Phasmarhabditis hermaphrodita	18S ribosomal DNA	18S Foward : CGG GG TAG TTT GTT GAC T 18S Reverse : ACA ACC ATG ATA GGC CAA TAG A dual-labelled proe : [FAM]-TTC ATC CGC TGA AGT CCG AAT TTT-[TAMRA]	MacMillan et al. 2006
キタネグサレセンチュウ	ITS	NEGf : ATT CCG TCC GTG GTT GCT ATG NEGr : GCC GAG TGA TCC ACC GAT AAG Probe : TAC CGT TT(G) TCT-[FAM]	Goto et al. 2009
	β-1,4-endoglucanase	PpenMFor : ATC ACA TCG TCT CCA ACC PpenMRev : AGT GAC TTA TGC CGT GAC PpMpb : CGC CGT ATT ATC AC-[FAM]	Mokrini et al. 2013

＊この表で引用している文献の多くについては次頁の佐藤・豊田（2013）を参照されたい．

6.2　PCRの手順と注意事項

a）準備器材：《実験器具》リアルタイムPCR装置，リアルタイムPCR用チューブもしくはプレート（リアルタイムPCR装置に合わせたもの），マイクロピペット，マイクロピペット用チップ，サンプルチューブ（容量0.5mlもしくは1.5ml）．《試薬》プライマー，プローブ（プローブ法のみで使用），リアルタイムPCR用マスターミックス，ウシ血清アルブミン（Bovineserum albumin：BSA）．

b）操作手順：　実験手順は基本的に通常のPCRと同様だが，手順に沿って注意すべき点を下記に記した．

①サンプルの調整：リアルタイムPCRは通常のPCRよりも検出感度が高いとされる．そのため，サンプル中に含まれるPCR阻害物質の影響を受けやすい．良好な解析結果を得るため，特に土壌や植物体など環境サンプルから抽出したDNA（もしくはRNA）を供試する場合は，DNA（もしくはRNA）サンプルを市販のDNA（もしくはRNA）精製キットなどを用いて精製し，鋳型として供試した方がよい．

②PCR反応液の調整：反応液量は10〜25μlと，使用するリアルタイムPCR装置に応じて異なる．また，プライマーやプローブの濃度は，基本的には報告された論文の記述に従う．研究者により若干の違いはあるが，（サンプル数＋ネガティブコントロール＋1）量の合成プライマー，プローブ（プローブ法のみ），リアルタイムPCR用マスターミックスをサンプルチューブに入れ，攪拌し，PCR反応液カクテルを作製する．リアルタイムPCR用マスターミックスは多数市販されており，それらを使用するのが便利であり，実験の再現性のためにも望ましい（石井・早津 2013）．鋳型DNA（もしくはRNA）を添加したリアルタイムPCR用チューブもしくはプレートに，反応液カクテルを分注する．PCR反応液中には，光分解されやすい蛍光色素サイバーグリーンなどが含まれているため，解凍する際などは明所での放置は避け，作業中は遮光をするように心がける．分注作業などは蛍光の読み取りに影響を与えないために，リアルタイムPCR用チューブやプレートの蛍光強度を測定する箇所にはなるべ

く触れないように注意する．リアルタイム PCR では，反応液調整・分注の際のわずかな差が検出に影響を与えるので，丁寧なピペッティング技術が必要である．また，BSA はこれを添加することで DNA 増幅効率を向上させる場合があるため，必要に応じて添加する．

③ リアルタイム PCR による DNA 増幅：PCR のプログラムは基本的にはプライマーを報告した論文に従う．チューブもしくはプレートの蓋など蛍光強度を測定する箇所を 70％ エタノールで拭った後，装置に設置し，リアルタイム PCR を稼働させる．インターカレーター法では，DNA 増幅過程の後に稼働させる融解曲線作成のためのプログラムを追加する．

④ 測定・解析：PCR 産物の増幅度合いは，PCR 反応系内の化学蛍光色素の発光強度として，自動的に測定される．DNA の増幅が始まると，蛍光色素の発光強度は指数的に増加し，DNA の増幅は指数曲線で示される．この DNA 増幅曲線において，DNA がある一定の増幅量に達するまでの PCR のサイクル数が Ct 値（Threshold Cycle）であり，Ct 値から標的 DNA 量は算出できる．標的 DNA 量が多ければ Ct 値は低く，少なければ Ct 値は高く示される．また，標的 DNA 量差は 2^n 倍（n は Ct 値の差）として算出される．また，インターカレーター法での検出系では，融解曲線から得られた Tm 値 * をポジティブコントロールの Tm 値と比較し，ミスアニールによる非特異的 PCR 産物の増幅の有無を確認する．なお，Tm 値には使用するリアルタイム PCR 装置やポリメラーゼによって若干の違いが生じる．植物体や土壌などの環境サンプルからの DNA 抽出率は 100％ ではなく，さらに，DNA 抽出時に PCR 阻害物質も同時に抽出される．そのため，対象線虫が同数であっても，環境サンプルから DNA を抽出した場合は，対象線虫のみから DNA を抽出した場合よりも Ct 値は高くなり，DNA 量が少なく測定される場合が多い．そのため，検量線を用いて対象線虫の個体数を推定する場合，対象線虫のみを用いた検量線ではなく，実際の研究条件に合わせて作成した検量線を用いるのが望ましい．

＊Tm 値：2 本鎖 DNA の 50％ が 1 本鎖 DNA に解離する温度（melting temperature）のこと．

参考文献

石井　聡・早津雅仁（2013）　分子生物学的手法の取り扱い．『土壌微生物実験法 第 3 版』（日本土壌微生物学会編）pp.13-26 養賢堂，東京．

佐藤恵利華・豊田剛己（2013）リアルタイム定量 PCR による土壌微生物の特異的・定量的検出．土と微生物，67: 26-31．

（佐藤恵利華）

7. DNA シークエンシングによる同定法

この 10 年ほどで，キャピラリー式シークエンサーが多くの研究施設に普及し，PCR で増幅させた DNA 断片を解析することは，かなり日常的な作業となってきた．高価なシークエンサーが購入できなくとも，低価格で解析を専門業者に依頼することが可能になった．また，次世代型シークエンサーと呼ばれる超高速・高性能塩基配列読み取り機器が開発され，生物の遺伝子情報を読み取る速度と正確さは日進月歩で加速し，これまでに C. エレガンス（*Caenorhabditis elegans*），サツマイモネコブセンチュウ（*Meloidogyne incognita*），キタネコブセンチュウ（*M. hapla*），マツノザイセンチュウ（*Bursaphelenchus xylophilus*）をはじめとする線虫種の全ゲノムが解読されている．

種同定のためには，およそ 500〜1,500 bp ほどの解析を行うことが多い．これは，このサイズが PCR で増幅しやすい DNA 断片長であることと，1〜2 回のシークエンシングで解読が可能なことによ

る．植物寄生性線虫の塩基配列でよく解析されている DNA 領域としては，PCR-RFLP 法でも用いられる ITS 領域を含むリボゾーム DNA（rDNA）があり，シストセンチュウ（*Heterodera* spp., *Globodera* spp.），ネコブセンチュウ（*Meloidogyne* spp.）やネグサレセンチュウ（*Pratylenchus* spp.），マツノザイセンチュウ（*Bursaphelenchus xylophilus*）など，極めて多くの種で ITS 領域を含む rDNA の塩基配列が決定されている．ネグサレセンチュウでは核リボソーム 18SrDNA の D2/D3 領域，ネコブセンチュウではミトコンドリアの COII-16SrDNA 領域も，また種同定のためによく利用される．DNA の塩基配列を決定し，それらの比較を行い，さまざまな分子進化学的解析法で系統関係を類推することは極めて客観的な手法である．解析する DNA 領域の保存性を考慮すれば，かなり遠縁の種間でも系統比較が可能であり，今日では種同定や系統解析の重要な指標の1つとなっている．

　DNA 塩基配列の決定は，サイクルシークエンス法による蛍光自動 DNA シークエンサーを用いた解析が一般的である．蛍光ターミネーター法を用いたサイクルシークエンス法により，わずかな PCR 産物を直接鋳型として十分量の反応産物が得られ，シークエンス反応ができるようになった．PCR 産物を直接鋳型としたシークエンス反応は，プラスミドへのクローニング操作，大腸菌の形質転換，プラスミドの精製を行う必要がない．ただし，1個体から得られた DNA を用いた PCR 産物の塩基配列に長短（個体内変異）がある場合，DNA 断片をプラスミドへクローニングし解析する必要がある．

　DNA シークエンサーはキャピラリー式が現在主流であり，以前用いられていたガラスプレート式に比してゲル作製の手間が省け，1サンプルからでも手軽に使用できる．長い塩基配列を一度に解読する能力も向上し，1,000 bp 以上を一度に解読することも可能であるが，鋳型 DNA の純度により解読可能塩基数は変わり，一般的には 700〜800 塩基程度解析できればよく，300〜400 塩基程度しか解析できない場合もある．

　手法はそれぞれの使用機種によって異なるため，試薬の調整，機器の取り扱いは説明書に従っておこなう．ここでは，筆者の用いている方法，すなわち PCR 産物を直接鋳型とした DNA シークエンサー，ABIPRISM® 3100-Avant ジェネティックアナライザー（アプライド・バイオシステムズ）を用いた方法（PCR ダイレクトシーケンス法）を一例として示す．

7.1　PCR 産物の精製

　線虫から抽出した DNA を用いて，PCR-RFLP 法と同様に PCR を行い，PCR 産物確認のためのアガロースゲル電気泳動を行う．目的とする PCR 産物のバンドを確認したら，そのバンドを使い捨てナイフなどを用いてトランスイルミネーター上でゲルより切り出す．トランスイルミネーターの紫外線は DNA を徐々に破壊するので，切り出しは手早く行う．切り出されたゲルからの DNA 抽出には，SUPREC®-EZ（タカラバイオ）など，各社よりアガロースゲルからの DNA 断片精製キットが販売されているのでこれらを利用する．抽出した DNA は吸光度計で濃度を測定しておく．

　アガロースゲルでPCR 産物を確認した時，そのバンドが明確な1本のバンドとなっている場合は，アガロースゲルから DNA 断片を抽出することなく，PCR 産物からプライマー，dNTP，*Taq*DNA ポリメラーゼ，緩衝液成分を除去するだけで，後のシークエンス反応に使用できる．これらの除去には QIAquick PCR Purification Kit（キアゲン）など，各社から同様のキットが販売されているので，これらを利用する．鋳型 DNA の精製度とともに，目的以外の DNA の混入の有無が，後のシークエンシング結果に大きく影響する．複数のバンドが増幅されている場合は，必ず目的とするバンドのみをゲルから切り出して精製する．

7.2 サイクルシークエンス反応

精製されたPCR産物を用い，BigDye®Terminator v3.1 サイクルシークエンシングキット（アプライド・バイオシステムズ）を用いたサイクルシークエンス反応を行う．この反応は鋳型DNAの濃度が重要であり，薄すぎても濃すぎても解析できる塩基数が減少する．これは，サイクルシークエンス反応試薬キットに含まれる蛍光塩基が，適切な頻度で鋳型DNAに取り込まれなければならないためである．以下にPCR産物サイズと鋳型DNA濃度の関係を記す．

精製された鋳型DNA濃度は，分光光度計で測定するとよいが，従来はその測定に50〜100 µℓを必要とし，測定後のDNAを反応に用いるためコンタミの危険性があったが，最近では1 µℓでDNA濃度を測定できる分光光度計が普及してきている（NanoDroplite，サーモサイエンティフィック社など）．

サイクルシークエンス反応のプライマーはPCRと同じでよいが，両端の配列でない方が結果は良好とされている．また，濃度は通常のPCR使用時の1/10であるから注意する．

サイクルシークエンス反応はPCRではなく，DNAのプラス鎖とマイナス鎖を別々に，さまざまな長さで伸長させる反応であるため，1線虫試料に付きプラス鎖とマイナス鎖解読用の2つのサイクルシークエンス反応が必要である．PCR産物の長さがシークエンサーの性能などの条件により，1回で解読できないほど長い場合（概ね700〜900 bp以上．場合によってはそれ以下），試行段階のシークエンスデータを用いて全長の中間あたりに中継ぎのプライマーを設計する必要がある．このような場合は，1線虫試料に付き4つのサイクルシークエンス反応が必要ということになる．

サイクルシークエンス反応を終えた反応生成物は，サイクルシークエンシングキットの説明書では，DNA精製，次いでヒートショック，そしてシークエンサーによる解析の順となっているが，実際のところはPERFORMA®DTR Gel Filtration Cartridges（EdgeBio）などのシークエンス反応精製キットを用いて生成物を精製するだけでよく（2回チューブで遠心するだけ），ヒートショックは不要で，大幅に手間と時間を節約することができる．

7.3 DNAシークエンシング

DNAシークエンサーは機種により使用法が異なるため，その機種の使用説明書に従い解析を行う．

表3-10 サイクルシークエンス反応に適切な鋳型DNA量

PCR産物サイズ（bp）	DNA量（ng）
100〜200	1〜3
200〜500	3〜10
500〜1,000*1	5〜20
1,000〜2,000*2	10〜40
2,000＜	20〜50

*1：Powersプライマーによる mtDNA（キタネコブセンチュウ，メロイドギネ・エンテロロビニ [*M. enterolobii*]），Ferrisプライマーによるリボソーム ITS領域，D2/D3領域などの PCR産物

*2：Powersプライマーおよび Harrisプライマーによる mtDNA（サツマイモネコブセンチュウ，アレナリアネコブセンチュウ本州型および沖縄型，ジャワネコブセンチュウ，ナンヨウネコブセンチュウ）などの PCR産物

表3-11 サイクルシークエンス反応

滅菌蒸留水	7.8 µℓ
鋳型DNA	1.0 µℓ
1 µm プライマー	3.2 µℓ
×5 希釈緩衝液	6.4 µℓ
プレミックス	1.6 µℓ
	20 µℓ

表3-12 PCRサイクル

	96℃	1分
25サイクル	96℃	30秒
	50℃	15秒
	60℃	4分
	4℃	

7. DNA シークエンシングによる同定法

すべての操作はパソコンで行い，正確なメンテナンスを必要とする精密で高価な機器であるため，日常的に使用している研究者に使用法を指導してもらうことが必要であり，ここでは手順を詳細に記さない．

近年は外部委託による DNA シークエンシングも普及しており，DNA シークエンサーがない研究環境，あるいはあっても操作に不慣れである，煩わしい，等々の理由で使用が困難な場合に利用するとよい．鋳型 DNA とプライマー（ノーマル解析，ワンパス解析），あるいは指定通り鋳型 DNA とプライマーをミックスしたもの（プレミックス解析），もしくはサイクルシークエンス反応を終え精製した DNA とプライマーを送付すれば（レンタル解析），2 日程度で解析結果が返送されてくる．経費の目安は，解析内容にもよるが，1 サンプルの解析あたり，それぞれ 3,000 〜 6,000 円，1,000 〜 2,000 円，600 〜 800 円（2013 年 8 月現在）である．依頼数が多くなればさらに割安になる．

得られた塩基配列は，シークエンサー付属の解析ソフトや，DNASIS Pro，GENETYX，などのパソコンソフトに入力してアラインメント解析を行う．アラインメント解析は自動的に行うため，どうしても不自然なアラインメント部分が生じることがあり，最後は必ず自分の目でチェックする．また，論文投稿に使用するような，データの正確さを必要される場合は，最低でも 1 試料について 2 反復以上のシークエンスを行う．

7.4 解析および種の推定

これまでに，多くの線虫種の塩基配列情報がインターネット上で公開されており，得られた塩基配列を検索サイト上で入力することにより，その塩基配列がどんな生物のどの遺伝子と相同性が高いのかを検索することができる（ブラストサーチ）．また逆に，科，属，種名（学名）や，DNA の領域名などをキーワードにして塩基配列を検索できる（ヌクレオチドサーチ）．塩基配列が未報告の線虫の場合には，既存種のデータを引用して上記パソコンソフト，または PAUP，PHYlIP などの専用ソフトを利用して系統樹を作成し，既知種との系統関係を知ることができる．DNA 解析専用ソフトは高価であるが，インターネット上から ClustalW，BioEdit などのフリーソフトも入手可能である．

種の推定に際しては，同種であっても塩基配列は完全に一致することはまれなので，高い相同性が見られたものを同種と判断する．どの程度相同性が高ければ同種と判断するかには決まった定義や基準があるわけではなく，近縁種間における種の違いによる相同性の高さを考慮して総合的に判断する．経験的に 99 ％以上の相同性があれば同種の可能性が高く，90 ％以下では別種の可能性が高いと言えるが，比較している DNA 領域（塩基配列の保存性の違い）や分類群によって変わりうるので，あくまでも目安と考える．

以下に最も基本的な検索手順を説明する．詳細な検索法については各自利用しながら工夫されたい．NCBI は英文のサイトであるが，DDBJ よりも結果表示が分かりやすく見やすい．

7.4.1　DDBJ（http://www.ddbj.nig.ac.jp/index-j.html）を利用した検索手順

塩基配列→線虫種：ホーム→検索・解析→データベース検索・BLAST → Query ボックスに塩基配列を打ち込む（カット＆ペーストも可）→ Send to BLAST をクリック→結果の一覧表示（相同性の高い順に並んでいる）→一覧結果のそれぞれをクリックすれば塩基配列データが表示される．

線虫種→塩基配列：ホーム→検索・解析→データベース検索・ARSA → Quick Search ボックスに種名などを打ち込む→ Search をクリック→結果の一覧表示→ PrimaryAccessionNumber をクリックすれば塩基配列が表示される．

7.4.2　NCBI（http://www.ncbi.nlm.nih.gov/）を利用した検索手順

塩基配列→線虫種：ホーム→ Popular Resources（ページ右側）の BLAST → Basic BLAST の中の nucleotide blast → Enter Query Sequence ボックスに塩基配列を打ち込む（カット＆ペーストも可）→ Choose Search Set で Database を Others(nr etc.), Nucleotide collection (nr/nt) とする→下の方にある青い BLAST ボタンをクリック→結果の一覧表示（相同性の高い順に並んでいる）→一覧結果のそれぞれをクリックすれば塩基配列データが表示される→ Other reports の中の Distance tree of results をクリックすれば系統樹も作成してくれる．

線虫種→塩基配列：ホーム→ Popular Resources（ページ右側）の Nucleotide → Other Resources の中の GenBank Home →ページ上の Search ボックスに種名などを打ち込む→ Search をクリック→結果の一覧表示→一覧結果のそれぞれをクリックすれば塩基配列データが表示される．

シークエンスで得られた塩基配列データは，これらの検索サイトを通じて登録することができる．論文を投稿する際に，データとして用いた塩基配列のデータベース登録番号（アクセッションナンバー）を要求されることも多い．得られた DNA 情報を世界中の研究者に提供し，利用してもらうことができるので，積極的に登録することが望ましい．

〔岩堀英晶〕

第2部
生理・生化学的研究法

第4章　実験材料線虫の入手法・培養法・保存法

1. 線虫の入手法

　線虫を用いて生理的・生化学的実験を行う際には，実験の再現性を高めるためにも，形質が安定しており，継代培養できるようになった系統（strain）を使う必要がある．実験に用いる線虫は，自分で系統を確立するか，目的とする系統の分譲を適当な機関か個人に依頼する．

1.1　自分で系統を確立する場合

　野外から採集した線虫を用いて実験を行う際は，必ず同定を行う．また，実験に用いる線虫の中に他種が混入していることを避けるとともに，遺伝的に均一なものを利用するため，単為生殖種または雌雄同体では1頭から，雌雄異体種では少数の個体から，系統を確立するのが望ましい．遺伝的な均一性が求められる実験では，兄妹交配（sib mating）を10回程度繰り返して作出した系統を用いる．その際，近親交配によって本来の形質に変異が生じていないかと言う点に気をつける．

　一方，野外に存在する線虫個体群は同種の一個体群であっても遺伝的に均一ではない場合が多い．例えば，シストセンチュウなどでは，野外の1つの線虫個体群中には抵抗性品種の植物に対してその抵抗性を打破する能力が異なる個体が存在することが多い（本章3.2「シストセンチュウの培養」参照）．そのような個体群を対象として実験を行うためには，多数の個体を用いて系統（この場合は個体群と呼ばれる場合が多い）を確立しておく必要がある．

　同じ系統であっても，維持の方法によって性質が変化する場合があるので注意する．線虫は凍結保存できるものが多いので，できれば，凍結保存するなどして，できるだけ性質が変化しないように心がける．

　構築した系統は，下記の農業生物資源ジーンバンクへの登録や，CGC（セノラブディティス・ジェネティクス・センター）などへ保存委託することが可能である．

1.2　線虫の分譲を依頼する場合

　一部の線虫は下記の農業生物資源ジーンバンクから購入することが可能である．また，希望する線虫種や系統がある場合は，論文などを参考に，希望する線虫の種や系統をもつ研究者や研究機関に連絡を取り，分譲の依頼を行う．その際，研究の目的などを明記した分譲依頼書などを提出する必要がある．

1）入手の際の留意点

　植物寄生性線虫は農作物へ被害をおよぼすため，野外へ広がらないように使用した線虫や土壌などの実験後処理には十分に気をつける必要がある．特にジャガイモシストセンチュウは，入手や移動に先立って植物防疫所からの許可が必要である．また，非寄生性線虫であっても，生態系への影響を考え，本来その場所に存在しない線虫を野外に放棄しないように気をつける．

2）線虫の購入が可能な研究機関

- 農業生物資源ジーンバンク（微生物遺伝資源部門）：http://www.gene.affrc.go.jp/index_j.php
- Caenorhabditis Genetics Center（CGC）：http://www.cbs.umn.edu/cgc

3）植物寄生性線虫，昆虫病原性線虫，自活性線虫を保有する主な機関

- **独立行政法人農業・食品産業技術総合研究機構 北海道農業研究センター**
  〒062-8555　北海道札幌市豊平区羊ヶ丘1　Tel 011-851-9141（代表）　Fax 011-859-2178
  http://www.naro.affrc.go.jp/harc/index.html

- **独立行政法人農業・食品産業技術総合研究機構 中央農業研究センター**
  〒305-8666　茨城県つくば市観音台3-1-1　Tel 029-838-8481（代表）　Fax 029-838-8484
  http://www.naro.affrc.go.jp/narc/index.html

- **独立行政法人農業・食品産業技術総合研究機構 九州沖縄農業研究センター**
  〒861-1192　熊本県合志市須屋2421　Tel 096-242-1150　Fax 096-249-1002
  http://www.naro.affrc.go.jp/karc/index.html

- **独立行政法人 森林総合研究所**
  〒305-8687　茨城県つくば市松の里1　Tel 029-873-3211　Fax 029-874-3720
  http://www.ffpri.affrc.go.jp/

- **京都大学大学院 農学研究科 地域環境科学専攻 微生物環境制御学分野**
  〒606-8502　京都市左京区北白川追分町　Tel 075-753-6060　Fax 075-753-2266
  http://www.kais.kyoto-u.ac.jp/japanese/faculty/dep_biosci.html

- **佐賀大学農学部 応用生物科学科 線虫学分野**
  〒840-8502　佐賀市本庄町本庄1　Tel & Fax 0952-28-8746
  http://www.ag.saga-u.ac.jp/japanese/shigenseigyo/shigenseigyo.html

（吉賀豊司）

2. 線虫無菌化法

2.1　少量の植物寄生性線虫の簡易無菌化法

　ここでは元気で活性の高い線虫を選び，これを滅菌水で繰り返し洗浄することにより無菌化する簡便な方法について述べる．この方法では，操作を手早く，清浄な部屋で行えば，クリーンベンチや特別な殺菌剤が無くとも無菌化ができる．
　a）準備器材：　固定皿（藤原製作所製）5個，径35 mmの滅菌プラスチックディスポペトリ皿2枚（アルコールで拭いた小さなガラス板4枚でもよい），シラキュース時計皿（径35, 45, あるいは，60 mmの浅いガラス製ペトリ皿で代用可能）1枚，径90 mmペトリ皿1枚，100 mℓ三角フラスコ1

第4章　実験材料線虫の入手法・培養法・保存法

図4-1　イネ科雑草の茎を削った釣り具

個, 70%アルコール適量, 50 ml ビーカー2個, 1 ml マイクロピペット2本（開口部が太めのもの）, ガラス製キャピラリー, アルミホイル, イネ科植物の細い茎（先端を剃刀で削いで尖らせたもの）, 水道水, オートクレーブ, 実体顕微鏡.

　b）操作手順：　①固定皿4個（径90 mmのペトリ皿に入れる）, 1 ml のマイクロピペット（アルミホイルで包む）, 50 ml ビーカー2個（アルミホイルで蓋をする）, 水道水（100 ml 三角フラスコに入れ, アルミホイルで蓋をする）をオートクレーブで滅菌する（1.2気圧, 120℃, 20分）. ②実験台を拭き清浄にし, 滅菌した器具を並べ, あらかじめベールマン法等（24時間）で分離し, シラキュース時計皿に入れた線虫懸濁液を実体顕微鏡下に置く. ③先端を剃刀で毛状に尖らせたイネ科植物の茎など（以下釣り具と呼ぶ, 図4-1）を用い, 目的線虫を釣り上げ, 水道水（非滅菌）が入った固定皿に移す. その際, 運動が活発な個体を選ぶ. 増殖を目的とする場合は20頭ぐらい釣り上げる. ④少量の滅菌水を滅菌済みの50 ml ビーカー2個に移す. 水を移したら, ビーカーにアルミホイルの蓋をすばやくかぶせる. 1つのビーカーの滅菌水は固定皿への滅菌水の供給元として, もう1つはマイクロピペットの洗浄用として使う. ⑤径90 mmのペトリ皿から滅菌した固定皿を全て取り出し, 滅菌済みマイクロピペット（口が大きいもの）を用いて50 ml ビーカーの滅菌水を移す. 滅菌水を容れた固定皿に直ちに径35 mm ディスポペトリ皿かガラス板をかぶせて蓋をする. ⑥③の固定皿から前述の要領ですべての線虫を釣り上げ, 滅菌水の入った第2の固定皿に移す. 移す間際に第2の固定皿の蓋をわずかに持ち上げ, 移し終えたらすばやく蓋をする. ⑦上記と同じ要領で, 滅菌水を入れた第3の滅菌固定皿（蓋をしておく）に第2の固定皿からすべての線虫を移す. ⑧蓋を被せた第4の滅菌固定皿に第3の固定皿の線虫を移す. この場合, 移し替えるのは動きが活発な個体5頭以下とする. ⑨第5の固定皿（蓋をしておく）に滅菌水を移し, 次に第4の固定皿の線虫を1頭だけ移す. ⑩この段階で, 線虫は無菌化されている. ⑪接種に使う場合は, 第5の固定皿から, キャピラリーを用いて少量の水（10 µl 以下が望ましい）とともに線虫を吸い込み, 餌生物（植物, カルスなど）を培養したペトリ皿の蓋をすばやく持ち上げ, 培地上に線虫を移す.

　c）留意事項：　1）操作を行う実験室は無風であること. 2）線虫を釣り上げるテクニック*に習熟すること. 3）④では新しい滅菌済みマイクロピペットを用いる方が安全である. 前回使用した

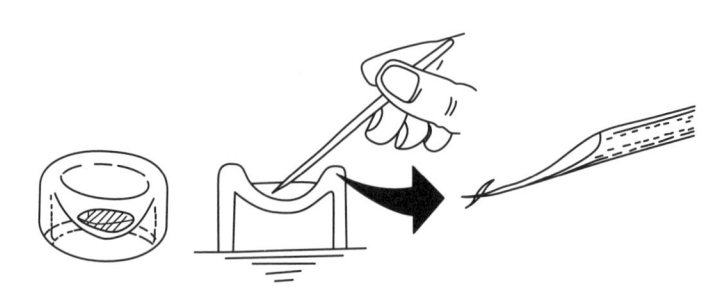

図4-2　釣り上げ法：固定皿から線虫を掬い上げる

マイクロピペットを用いる場合は，滅菌時に包んであったアルミホイルを鞘にして外気から遮断し，次に使用するときは，直前に数回滅菌水を吸入，排出して内壁を洗浄する．4）⑥以下で使う釣り具は③で使ったものを再使用するものとし，使用前に70％エタノールに浸し，風乾させるだけでよい．5）⑧で個体数を5頭に制限するのは滅菌水と外気の接触時間を短くするためである．線虫の釣り上げによる移し替えは活性の著しい低下や虫体の破損が起きるため，滅菌水から滅菌水への移し替えは4回あたりが限界である．6）⑩は最後の操作であるため，外気との接触時間をできるだけ短くする．7）無菌化操作を続行する場合は，第4，第5の固定皿を滅菌水で洗浄すればよい：固定皿の水を吸い出し，同じピペットで洗浄用の滅菌水を入れる操作を数回繰り返す．洗浄に用いる滅菌水は，三角フラスコからビーカーに取り分ける．これは頻繁に取り替えなければならない．

*釣り具で沈んでいる線虫を水面にせり上げ，次いで線虫直下の釣り具の先端をすばやく持ち上げると表面張力で線虫が付着するので容易に取りだすことができる（図4-2）

参考文献

Hooper, D.J. (1986) Culturing nematodes and related experimental techniques. pp.133-157. In Southey, J.F. (eds.), Laboratory Methods for Work with Plant and Soil Nematodes. Her Majesty's Stationery Office, London, UK.

水久保隆之（2004） 線虫無菌化法．『線虫学実験法』（日本線虫学会編）pp.113-114 日本線虫学会，つくば．

（水久保隆之）

2.2 大量の線虫の無菌化法

トマト水耕栽培系などにより得た大量の線虫（本章3.1.3）を滅菌するには，以下のようにクリーンベンチや殺菌剤を用いた線虫の滅菌法が使える．

a）実験器材： 10 mℓ ガラスチューブ，遠心機，パスツールピペット，キムワイプ，100 mℓ ビーカー，10 μm フィルターメンブレンシステム．

b）操作手順： 以下の操作は全てクリーンベンチ内で行い，道具はすべて滅菌したものを使用する．①回収後の線虫を 10 mℓ ガラスチューブに入れ，1,000 rpm で1分間遠心し，上ずみを除く．②滅菌液（0.004％塩化第二水銀，0.004％アジ化ナトリウム，0.001％トリトン X-100）を5 mℓ 加え，線虫を懸濁し，10分間静置する．③1,000 rpm で1分間遠心し，上ずみを除く．その後，滅菌水を5 mℓ 加えて再び 1,000 rpm で1分間遠心する．この洗いの操作を2～3回行う．④上ずみを取り除き，滅菌水を5 mℓ と 1,000 ppm ストレプトマイシン5 μℓ を加え，12℃で一晩静置する．⑤再度洗いの操作（③）を行う．⑥3枚のキムワイプを重ね，半分に折り畳み，6層にしたものを 100 mℓ ビーカーの口に取り付け，キムワイプ全体を湿らせるように滅菌水を注ぐ．滅菌水が7割程度入ったところにペトリ皿に集めた線虫を流し込む．ビーカーに溢れない程度に静かに水を注ぎ，2時間静置する．⑦キムワイプを除き，10 μm フィルターメンブレンシステムを通し，フィルター上に線虫を集める．その後，滅菌水を適量入れたガラスペトリ皿内でフィルターを洗い，線虫を水中に集める．

c）留意事項： 1）なるべく元気な線虫を用いる（通常，システム稼働後3日，最長2週間の実績あり）．2）線虫が含まれた溶液を扱う際には，ガラス製のパスツールピペットを用いる．

参考文献

Hutangura, P., Jones, M.G.K. and Heinrich, T. (1998) Optimisation of culture conditions for *in vitro* infection of tomato with root-knot nematode *Meloidogyne javanica*. Australian Plant Pathology, 27: 84-89.

Lambert, K.N., Tedford, E.C., Caswell, E.P. and Williamson, V.M. (1992) A system for continuous production of root-knot nematode juveniles in hydroponic culture. Phytopathology, 82: 512-515.

（江島千佳）

3. 植物寄生性線虫の培養法

3.1 ネコブセンチュウ

本項では野外から採集した，あるいは他者から分譲されたネコブセンチュウを，ポットに植えた寄主植物で増殖し，系統・個体群を継代・維持し，実験に必要な個体数を得るための方法を解説する．

3.1.1 ネコブセンチュウの一般的培養法

a）準備器材：実体顕微鏡，シラキュース時計皿，ピンセット，駒込（パスツール）ピペットまたはガラスチップマイクロピペット，ビーカー，トマト（線虫抵抗性がない品種：強力米寿，プリッツ MR 等），径 9～12 cm ポリポット，園芸培土（無線虫土壌），ワグネルポット．

b）操作手順：①線虫接種用苗の準備：9 cm ポリポットに滅菌土または市販の園芸培土（またはその混合土）を詰め，トマトを播種する．温室で 30～40 日（25℃）管理し，本葉 5～6 枚の苗を得る．トマトでは増殖しないネコブセンチュウ種（例：リンゴネコブ *Meloidogyne mali*，シバネコブ *M. marylandi*）については，それぞれの寄主植物の苗を準備する．②予備増殖：当該ネコブセンチュウ種を含む（汚染）土壌が試料である場合，径 12 cm またはそれ以上の大きさのポットを用意し，そこに①の苗の周囲を汚染土壌で覆うようにして苗を定植する．一方，入手試料が根こぶが着いた根である場合，③～⑤の方法に準じて卵のうを採取し，卵のうを①の苗の培養土中に埋め込むか，ふ化した幼虫を土壌表面に接種する．接種数は土壌 500 g あたり，卵のうであれば 10～20 個，幼虫なら 2,000 頭程度を目安とする．③卵のうの採取：接種の 40～50 日後に根を掘り上げ，丁寧に洗浄後，実体顕微鏡で見ながら根に着いた白い卵のうをピンセットで採取し，水を張った時計皿に入れる．④線虫のふ化：継代目的など少量の線虫でよければ時計皿の中でふ化させる．大量の線虫が必要な場合は，卵のうをガーゼにくるむか，茶こしにティッシュペーパーを敷いて卵のうを載せ，水道水を満たしたビーカーに浸す．1 週間室温（25℃前後が最適温）でインキュベートするとビーカーの底にふ化した幼虫が集まる．水の蒸発に注意する．⑤線虫の接種：よく攪拌した④の懸濁液からガラスピペットを用いて一定量をとり，線虫数を計数し，試験目的に応じた線虫数になるように濃縮・希釈する．ピペットで線虫懸濁液約 1 mℓ を①の苗の株元に注いで接種する．感受性品種で 100 個以上の卵のうが形成される接種頭数の目安は，径 9 cm ポットで 500 頭程度である．⑥増殖植物の栽培管理：接種直後は過湿や乾燥を防ぐ．厳密な試験では，接種後 3 日間は灌水を控えめにし，寒冷紗や新聞紙で日よけを行う．線虫の継代培養が目的であれば，夕方室内で接種し翌朝ポットを温室に出す程度でよい．その後は 24～30℃（平均 25℃前後）の温室で寄主植物を栽培管理する．管理場所は金網台上など水はけのよい場所とする．複数種・系統を扱う場合は他系統の混入を防ぐため，系統毎に底の深いバット内に入れるか，1 ポットずつワグネルポット（底穴なし）に入れる．過湿を防ぐため，側面の下部に水抜き穴を開けておく．⑦増殖の確認：サツマイモネコブの場合，発育零点 13.2℃で有効積算温量が 500～600 日度くらいになった頃が増殖確認の適期である．ポットを解体し，根こぶ程度や卵のう数を調査する．あるいは，次の試験用あるいは継代用に，根および土壌から卵のうと第 2 期幼虫を回収する．

c）留意事項：1）野外から採収した個体群を増殖し，純粋な系統を確立するときは，②で新鮮な卵のう（卵嚢）1 個だけを時計皿に取り，次世代を増殖する（単一卵のう増殖系統の確立）．2）卵のうが見えづらく採取が困難な場合，③で 0.01% フロキシン B 水溶液に 20 秒程度浸漬し，流水でよく洗い，薄く染色した後採取する．3）卵が充実した卵のう 200 個から回収できる幼虫数の目安は 25,000～50,000 頭程度である．これ以上の幼虫を回収する場合は，アスピレーターを用いて効率よく

卵のうを採取し，大きめのビーカーでエアレーションを行いながら，大量の卵をふ化させる．大量培養に関しては，後述の3.1.3も参照．4）栽培管理では灌水が重要である．水のやり過ぎは線虫増殖に不向きであり，植物の生育不良や病気の原因になる．ポットからあふれる水や飛沫は他の線虫の混入につながるから，細心の注意が必要．

3.1.2　ネコブセンチュウの短期保存法

ネコブセンチュウは常温では長期保存できないため，個体群を維持するためには，③～⑧の操作を約2箇月おきに繰り返す．ただし，継代だけが目的であれば，以下の方法で短期保存（1～2年）が可能である．ネコブセンチュウを長期保存法するための凍結保存法は，第4章7.1で概説されている．

卵のう保存法：③で採取した卵のう30個ほどを濡れた3cm角くらいの綿にくるみ，小さなサンプル瓶に入れて低温インキュベーター（10℃）で保存する．継代する場合は，卵のうをくるんだ綿のまま，ピンセットで①のポット土壌中に埋め込み，接種する．

土壌保存法：適度に湿ったネコブセンチュウ汚染土をビニール袋に入れて口をしばり，10～12℃の低温暗所におく．1年後なら半数程度は生きている（ロットや種・系統により生存率は異なる）．実際には卵のう保存と併用し，どちらかをバックアップとして保管するとよい．

参考文献

九州沖縄農業研究センター（2013）　線虫抵抗性ピーマン台木品種育成素材選抜のための接種検定手法マニュアル（オンライン版）http://www.naro.affrc.go.jp/publicity_report/publication/laboratory/karc/other/046137.html

（奈良部　孝）

3.1.3　トマト水耕栽培システムを用いたネコブセンチュウの大量培養法

ネコブセンチュウを実験に用いる場合，根から卵のうを採取し，ふ化した線虫を利用する方法（3.1.1）が一般的である．しかし，この方法では非常に手間がかかるため大量に線虫が必要な実験には適さない．ここでは，トマト水耕栽培を用いて大量の線虫を採取する方法ならびに採取した線虫を in vitro で利用するための無菌化方法について記す．

1）トマトの育成と線虫の接種

a）準備器材：　線虫抵抗性のない矮性トマト（プリッツMRなど），ジフィーポット，ラップ，植木鉢（直径19cm），土，ガラス製ピペット．

b）操作手順：　①トマトの種子を水に1時間浸す．あらかじめ水で湿らせておいたジフィーポットに8粒ほど播種し，発芽するまでラップで覆い，27℃，連続白色光下で育成する（図4-3A）．②直径19cmの植木鉢にオートクレーブした土を入れ，発芽した個体を1個体ずつピンセットで移し，27℃，連続白色光下で育成する（図4-3B）．③播種して6～7週間育成したトマト個体の土壌表面から，ガラス製のピペットで（プラスチック製の場合，線虫がチップにへばりついてしまう）ネコブセンチュウ第2期幼虫の懸濁液（約2mℓ，約20,000頭）を接種する（図4-3C）．④線虫の接種は3日ごとに，計6回接種を行う（トマト1個体あたり合計約120,000頭接種）（図4-3D）．

2）水耕栽培システムの構築

a）準備器材：　ブフナー漏斗，接着剤，太径チューブコネクタ（I型異径），異型チューブコネクタ，チューブコネクタ（小），シリコンチューブ（内径18mm，外径24mm，長さ10～11cm），シリコンチューブ（内径18mm，外径24mm，長さ8～9cm），シリコンチューブ（内径6mm，外径10mm，長さ7～8cmを2本，20cmを1本），T字管，ホースバンド2個，直径23cm塩化ビニール円

図4-3 トマトの育成と線虫の接種

A：ジフィーポットから発芽したトマト；B：植木鉢で育成中のトマト；C：トマトへの線虫接種の様子；D：接種終了後，システム移植前のトマト．

盤，直径2 cmアクリルパイプ（長さ5 cm），直径4 cmアクリルパイプ（長さ7 cmのものを2本），エアーポンプ．

　b）操作手順： ①ブフナー漏斗のろ過面以下を切り離し，ろ過面を取り除く．その後，再びブフナー漏斗の上下を接着剤で接合する（図4-4A）．②太径チューブコネクタ（I型異径）の片側とシリコンチューブ（内径18 mm，外径24 mm）をホースバンドで固定し，反対側にシリコンチューブ（内径12 mm，外径18 mm）を取り付ける．そのシリコンチューブ（内径12 mm，外径18 mm）に異径チューブコネクタを取り付け，反対側に7～8 cmシリコンチューブ（内径6 mm，外径10 mm）を取り付ける．そのシリコンチューブ（内径6 mm，外径10 mm）のもう片側にT字管を取り付け，直角に曲がる口に7～8 cmシリコンチューブ（内径6 mm，外径10 mm）とチューブコネクタ（小）を取り付け，その先にエアーポンプを取り付ける．残りの1つの口に20 cmシリコンチューブ（内径6 mm，外径10 mm）を取り付ける（図4-4B）．このシリコンチューブ（内径6 mm，外径10 mm）にピンチコックを取り付け，システム稼働中はピンチコックを閉じて液肥の流出を防ぎ，開けると液肥が流れ出るようにする（図4-4B）．③②のシリコンチューブ（内径18 mm，外径24 mm）と漏斗を結合す

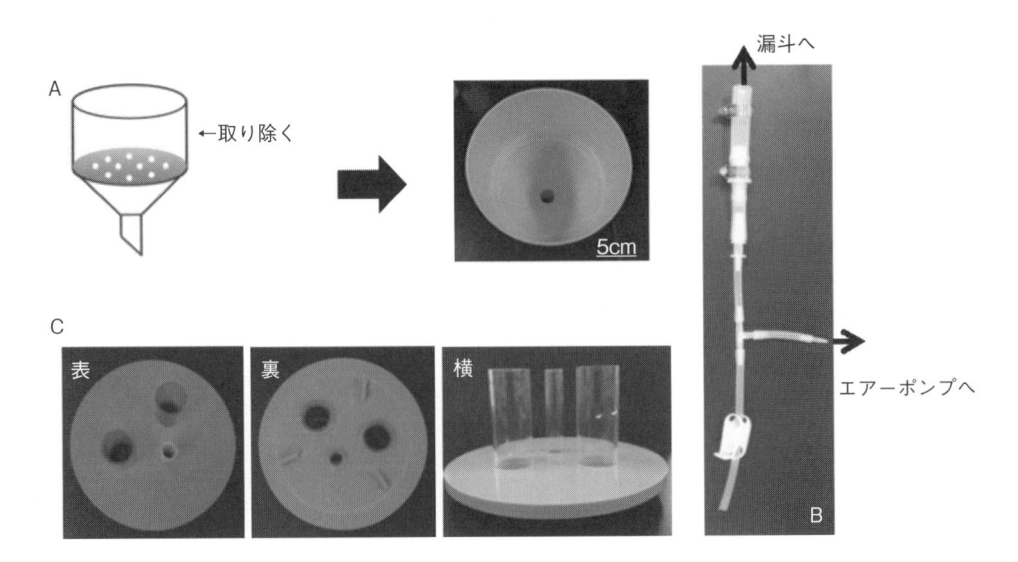

図4-4 水耕栽培システム構築図

A：ろ過面除去ブフナー漏斗の作製図；B：ブフナー漏斗下のチューブ組み立て図；C：ふたの完成図．

る．シリコンチューブと漏斗が外れてしまわないようにホースバンドで固定する（図4-4B）．④直径23 cmの塩化ビニール円盤の中央に直径2 cmの穴を1つ開け，直径2 cm，長さ5 cmのアクリルパイプを差し込む．また，円盤の端から7 cmほど内側に直径4 cmの穴を2つ開け，直径4 cm，長さ7 cmのアクリルパイプをそれぞれの穴に差し込み，接着剤で固定したものをブフナー漏斗の蓋にする．中央のアクリルパイプは通気口に，残りの2本はトマト苗の挿入口となる（図4-4C）．

3）液肥の調整

無菌状態の液肥を調整するため，次の0.45 μmフィルターによって無菌化した6つの溶液（表4-1）を混合する．

4）水耕栽培システムへのトマトの移植

a）準備器材： ピンセット，蒸留水，滅菌水，スポンジ，アルミホイル．

b）操作手順： ①最後に線虫を接種して1週間経ったトマトを植木鉢から丁寧に取り出し，根についた土を根や卵塊を傷つけないようにピンセットなどを用いて取り除く（図4-5A）．その後，蒸留水で2度洗い，最後に滅菌水で1度洗う．②トマトの根の上7 cmほどの茎をスポンジで覆い，システムの蓋の直径4 cmのアクリルパイプ2本にそれぞれ差し込む（図4-5B）．③ゴミなどの混入を防ぐため，蓋の通気口となるアクリルパイプと，ピンチコック下の排出口はアルミホイルで覆う（図4-5C）．④ピンチコックをしっかりと締め，ブフナー漏斗からシステムに液肥を注ぎ，トマトの根が十分に浸るまで入れる（図4-5D）．⑤エアーポンプから空気を送り，強くなりすぎないように調節し，24℃，連続白色光下で培養する．液肥は2〜3日ごとに入れ替える．

5）線虫の回収

a）準備器材： 3 ℓガラスビーカー，漏斗，目開き45 μm試験用篩（ふるい），目開き10 μmフィルターメ

表4-1 液肥作製用溶液

Stock Solution	Reagent	Amount	Stock Conc^n	Volume for 3L sterile water (Working Conc^n)
Stock Solution 1 (500 ml)	KNO_3	92.0 g	1.820 M	4.5 ml (2.730 mM)
Stock Solution 2 (500 ml)	$Ca(NO_3)_2 \cdot 4H_2O$	326.5 g	2.767 M	1.5 ml (1.384 mM)
Stock Solution 3 (500 ml)	$MgSO_4 \cdot 7H_2O$	199.5 g	1.619 M	1.5 ml (0.810 mM)
Stock solution 4 (500 ml)	$NH_4H_2PO_4$	54.0 g	0.939 M	1.5 ml (0.470 mM)
Stock Solution 5 (500 ml)	FeNa・EDTA	6.6 g	0.036 M	1.5 ml (0.018 mM)
Stock Solution 6 (1000 ml)	$MnCl_2 \cdot 4H_2O$	1810.0 mg	9.100 mM	(4.550 μM)
	$CuSO_4 \cdot 5H_2O$	100.0 mg	0.400 mM	(0.200 μM)
	$ZnSO_4 \cdot 7H_2O$	251.6 mg	0.875 mM	1.5 ml (0.437 μM)
	H_3BO_3	2860.0 mg	46.278 mM	(23.139 μM)
	$Na_2MoO_4 \cdot 2H_2O$	26.9 mg	0.111 mM	(0.055 μM)

図 4-5　水耕栽培システムへのトマトの移植
A：トマトの根を洗う様子；B：トマトを挿入したふた；C：ピンチコック下；D：通気口はアルミホイルで覆う；E：水耕栽培システム完成図.

図 4-6　水耕栽培システムからの線虫溶液回収の様子

3. 植物寄生性線虫の培養法

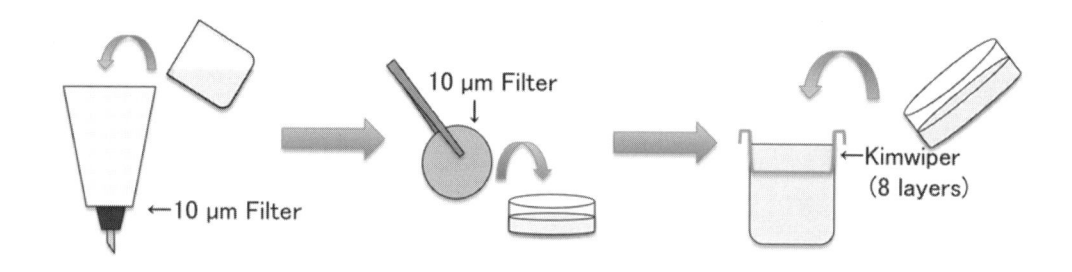

図 4-7 線虫溶液からの線虫回収の流れ

ンブレンシステム，ペトリ皿，滅菌水，キムワイプ，200 mℓ ビーカー．

b）操作手順：システムを稼働して2〜3日ごとに線虫を回収する．①漏斗の中に目開き 45 μm の試験用篩を置き，3 ℓ ガラスビーカーに取り付ける（図 4-6）．エアーポンプの電源を切り，ピンチコックを開け，線虫が含まれた液肥を篩に通し，根の残渣などの大きなゴミを取り除く．その後，培養を続ける際には新たに液肥を注ぎ，再び培養する．②線虫が含まれる溶液は，10 μm フィルターメンブレンシステムを通し，フィルター上に線虫を集める．その後，少量の滅菌水を入れたペトリ皿内でフィルターを洗い，線虫を水中に集める（図 4-7）．③ 4 枚のキムワイプを重ね，半分に折り畳み，8 層にしたものを 200 mℓ ビーカーの口に取り付け，キムワイプ全体を湿らせるように滅菌水を注ぐ．滅菌水が 7 割程度入ったところにペトリ皿に集めた線虫を流し込む．ビーカーに溢れない程度に静かに水を注ぎ，4 時間静置する．これにより，キムワイプを通過した運動性の高い線虫を得ることができる（図 4-7）．④ 4 時間後，キムワイプを取り除く．

参考文献

Hutangura, P., Jones, M.G.K. and Heinrich, T. (1998) Optimisation of culture conditions for *in vitro* infection of tomato with root-knot nematode *Meloidogyne javanica*. Australian Plant Pathology, 27: 84-89.

Lambert, K.N., Tedford, E.C., Caswell, E.P. and Williamson, V.M. (1992) A system for continuous production of root-knot nematode juveniles in hydroponic culture. Phytopathology, 82: 512-515.

（江島千佳）

3.2 シストセンチュウ

国内に分布するシストセンチュウ種の中で，農業害虫として最も重要度が高いダイズシストセンチュウ（*Heterodera glycines* Ichinohe）とジャガイモシストセンチュウ（*Globodera rostochiensis* Wollenweber）を取り上げ，その培養法を紹介する．両者とも基本的に寄主植物（ダイズおよびジャガイモ）の感受性品種に寄生させて飼養する*．線虫接種源に一般圃場由来のシストを用いる場合は，卵寄生菌などの天敵微生物に侵された卵（図 4-8）が含まれている可能性が高いので，それを除去したうえ，幼虫をふ化させ，生きた幼虫だけを接種する．一方，一度増殖させた個体群を使って飼養する場合は，接種源は卵またはシストでもよく，また，シストを分離せずに線虫増殖土壌を滅菌土壌で希釈し，寄主植物を直接栽培してもよい．ただし，後者ほど接種密度が不明確になるので，あまり高密度にならないように気をつける．ここでは，一般圃場由来のシストを接種源として用いる場合について解説する．

*抵抗性打破系統のダイズシストセンチュウを飼養する場合は，寄生性を維持するため，抵抗性品種（「トヨムスメ」「トヨコマチ」「リュウホウ」「ハタユタカ」など）で飼養する．

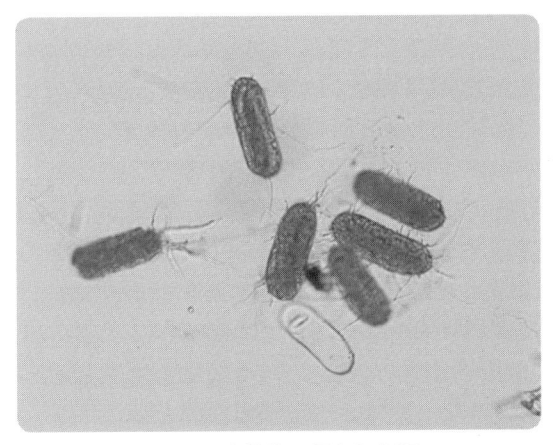

図 4-8 糸状菌に侵された卵

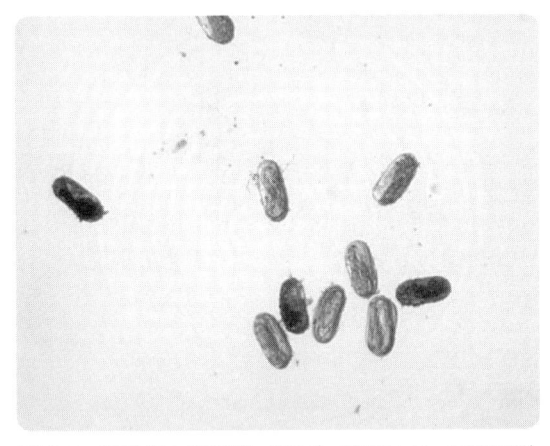

図 4-9 正常卵と異常卵（黒い）（巻頭カラー口絵参照）

a）準備器材： 滅菌土壌，ポット，寄主植物の種子または種いも，1/5,000a ワグネルポット，ろ紙，シラキュース時計皿，管瓶，ビーカー，恒温器，メッシュまたは篩，ガラスピペット．

※使用するポットは，異なる線虫種または個体群が混入する危険性を除くため，ビニールポット等を使い捨てで用いる．ワグネルポットやコンテナを再利用する場合は，70℃以上の熱湯に10分以上浸漬して殺線虫処理したものを用いる．ポットの大きさは，1/5,000a ワグネルポット程度の大きさが寄主植物を維持しやすく，増殖を図るのにも適しているが，単に個体群の維持が目的であれば，9 cm 程度の小ポットでもよい．また，ジャガイモシストセンチュウを小規模に飼養する場合は，小型のプラスチックカップ内でジャガイモを育て，飼養する方法も有効である（第10章1節のコラム：カップ検診法を参照）．

b）操作手順： ①ふ化液を準備する．「ふ化液」とは，寄主植物栽培土壌浸出液のことであり，根から滲出するシストセンチュウふ化促進物質を含み，ふ化を刺激・促進する効果がある．ダイズシストセンチュウおよびジャガイモシストセンチュウのふ化液は，それぞれインゲンマメ（金時が適する）およびジャガイモの栽培土壌から次のように得る．1/5,000a ワグネルポットに滅菌土壌を充填し，各植物を栽培する．開花期に下部排水口に栓をして一晩湛水処理する．翌朝に排水口を開けて土壌浸出液を採集する．ろ過して冷蔵庫内に保管する．②線虫接種源を準備する．この操作過程は「前処理」と「ふ化幼虫の準備」の二段階から成る．まず，前処理を以下のように行う．乾燥土壌からシストを分離し（分離方法は第10章3節「土壌からの線虫分離法」を参照），ろ紙に挟んだ状態で冷蔵庫内に2週間以上保管し，シスト内卵に吸水させる．その後，実体顕微鏡下でシストを拾い出し，蒸留水を入れたシラキュース時計皿に集める．拾い集めたシストをダイズシストセンチュウは25℃で，ジャガイモシストセンチュウは22℃で1週間保温する．この保温（前処理）を行うことにより，ふ化率の上昇，ふ化時期の斉一化が期待できる．③ふ化幼虫を準備する．シラキュース時計皿中のシストを少量の蒸留水中で管瓶の底などを用いて押しつぶし，卵懸濁液を得る．目開きが60〜80 μmのメッシュを通してシスト殻などの夾雑物を取り除く．メッシュの通過液は100 mℓ ビーカーに受ける．10〜20分間静置する．正常卵（内部に折りたたまれた幼虫が確認できる）と寄生を受けた異常卵（多くは黒っぽく見え，幼虫は確認できない，図4-9）は沈降速度が異なり，正常卵の方が早く沈むので，時間とともに上ずみ中は異常卵が主体となる．実体顕微鏡で頃合いを確認しながら，上ずみをピペットなどで吸い出す．さらに蒸留水を勢いよく加え，卵を懸濁させ，吸い出す作業を数回繰り返すと大方の異常卵を取り除くことができる．上ずみを吸い出し，約10 mℓ の卵懸濁液にする．

等量のふ化液を加え，ダイズシストセンチュウは 25 ～ 27℃で保温し，ジャガイモシストセンチュウは 22℃で保温する．1 週間から 10 日程度でふ化ピークとなるので，ベールマン法で幼虫だけを集め，接種源*とする．④ ポットに滅菌土壌を充填し，寄主植物を育苗する．ダイズは本葉 1 ないし 2 枚展開時が，ジャガイモは出芽後 7 ～ 10 日後が接種適期である．接種密度は，ダイズでは小ポットを用いる場合は 1 ポットあたり 500 ～ 1,000 頭，1/5,000a ワグネルサイズのポットでは 3,000 頭以内とする．ジャガイモは小ポットでは 1,000 ～ 3,000 頭，1/5,000a ワグネルサイズのポットでは 5,000 ～ 10,000 頭が適する．ダイズシストセンチュウは 1 作で 3 世代経過し，増加率が高いため，接種密度を多くしてはいけないが，ジャガイモシストセンチュウは 1 世代しか経過しないため，接種密度を高くする．接種は，苗の周囲の土壌に数箇所の穴を開け，幼虫懸濁液を既定頭数分注入することにより行う．⑤ ダイズは平均 25℃程度で，ジャガイモは平均 20 ～ 24℃程度で管理する．ジャガイモシストセンチュウは特に高温に弱いので，温度管理に注意する．⑥ 寄主植物が完全に枯れたら，ポット内の土壌をプラスチックバットに拡げ，日陰で風乾する．乾いたらビニール袋に収納し，冷暗所に保管する．この状態で長期間維持可能だが，徐々にふ化率が減少するので，3，4 年おきに再増殖させることが推奨される．

*接種源は必ず多数のシストから得る．特にダイズシストセンチュウの地域個体群は一般に抵抗性打破能力が様々に異なるシストで構成されているため（相場ら 1995; 清水ら 1991），1 つまたは少数のシストから増殖させると元個体群とは異なる寄生能力の個体群になる可能性がある．元個体群の特徴を維持するには，集団として維持することが重要である．

c）留意事項： 1）使用した器具類は，加熱等により殺線虫処理し，洗浄または廃棄する．2）ジャガイモシストセンチュウは検疫対象生物であるため，その入手や取り扱いには事前に横浜植物防疫所へ届け出を行い，許可を得る必要がある．また，取扱いには細心の注意を払い，漏出防止を徹底する必要がある．

参考文献

相場　聡・清水　啓・三井　康（1995）単シストから増殖したダイズシストセンチュウの個体群の寄生性変異．北海道農業試験場研究報告，160: 75-83．
清水　啓・相場　聡・三井　康（1991）ダイズシストセンチュウ単シスト培養個体群のダイズに対する寄生性．北日本病害虫研究会報，42: 186-188．

（串田篤彦）

3.3　ネグサレセンチュウ
3.3.1　アルファルファカルスによる培養法
1）種子の滅菌と無菌的芽出し

a）準備器材： オートクレーブ，クリーンベンチ，100 mℓ ビーカー 4 個，茶こし，ガラス棒，200 mℓ 三角フラスコ，種子，濃硫酸（または，70％エタノール，次亜塩素酸ナトリウム溶液〔アンチホルミン〕，ツイーン 20〔界面活性剤〕），滅菌水，90 mm プラスチック製ディスポペトリ皿，ビニールテープ（またはパラフィルム），へら付きの薬匙（ミクロスパーテル 丸細 150 mm ステンレスなど），アルコールランプ．

b）操作手順： 操作はクリーンベンチ内で行う．① 100 mℓ ビーカー 3 個，茶こし，ガラス棒，水を入れた 200 mℓ 三角フラスコは，オートクレーブで滅菌する．② 滅菌ディスポペトリ皿（90 mm）にオートクレーブ（121℃，20 分）で滅菌したショ糖 0.5％，寒天 0.5％の培地を流し込んで固める．③ 1 mℓ のアルファルファ種子を 50 mℓ ビーカー（非滅菌）に入れ，濃硫酸 10 mℓ を加えて 20 分間浸漬し，ガラス棒で攪拌する．その際，種皮が一部黒化するが発芽には影響しない．④ 茶こしを別の 100

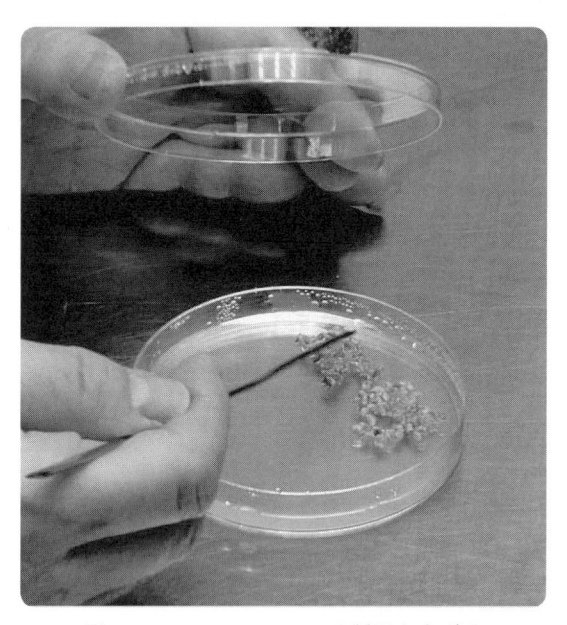

図 4-10　アルファルファの種子を広げる

mℓビーカーに置き，濃硫酸とともに種子を茶こしに注いでこし取る．濃硫酸は廃液容器に移す．⑤ビーカーに残った種子に滅菌水 20 mℓ 程度を注ぎ，ガラス棒で攪拌する．ビーカーの底や壁面に残った種子を滅菌水とともに茶こしの上に注ぎ，すべての種子を茶こしに回収する．この廃液は捨てる．⑥茶こしの種子を滅菌したミクロスパーテルのへらで掬って取り出し，滅菌した 100 mℓ ビーカーに入れる．これに滅菌水を 20 mℓ 程度加え，ガラス棒で攪拌して洗浄する．茶こしによる種子のこし取りとビーカー内での滅菌水洗浄を 3 回以上繰り返し，硫酸を完全に除去する．⑦火炎滅菌したミクロスパーテルのヘラを使って滅菌済みの種子を 2，3 枚のペトリ皿の培地表面に薄く広げる(図4-10)．ペトリ皿を閉じ，縁をビニールテープ（またはパラフィルム）で密閉する．⑧ペトリ皿の種子は 25〜28℃でインキュベートする．およそ 2 日で発芽し，胚軸長 20 mm 程度の芽出しが得られる．

　c）留意事項： 1）この方法は豆類や種皮が固いウリ類の種子の滅菌にも応用できる．2）濃硫酸の処理によっても種子内部に侵入した菌は完全には排除できず，ペトリ皿の芽出しには普通にカビの発生が見られる．この種子汚染率は 20〜50％に及んでおり，菌に感染した芽出しにより健全な芽出しも汚染される．そのため，芽出しを行うペトリ皿への播種密度はなるべく低くしておく．3）濃硫酸で滅菌できない微小種子は，50 mℓ ビーカーに入れた 70％エタノールに 60 秒浸漬し，ガラス棒でよく攪拌する．これを茶こしに空けて滅菌水で洗浄後水切りし，50 mℓ ビーカーに 5％次亜塩素酸ナトリウム溶液 50 mℓ とツイーン 20 の 1 滴を入れた滅菌液に 6 分浸漬する．次亜塩素酸ナトリウム溶液は開封して直ぐのものを使用する．滅菌水で 4 回洗浄し，さらに茶こしでこし洗いして，水を切っておく．4）ネグサレセンチュウには種により寄主親和性に違いがあるものの，多くの種はアルファルファのカルスで培養できる．また，イモグサレセンチュウ（*Ditylenchus destractor*）や糸状菌食性のニセネグサレセンチュウ（*Aphelenchus avenae*）の培養も可能である．

2）培地の調整

　a）準備器材： 1 ℓ 三角フラスコ，培地用薬品（表 4-2），アルファルファ種子，90 mm 滅菌ディスポペトリ皿，50 mℓ 管瓶，茶こし，100 mℓ ビーカー，50 mℓ ビーカー，ガラス棒，へら付きの薬匙（ミクロスパーテル 丸細 150 mm ステンレス等），ピンセット，クリーンベンチ，連続分注器，オートクレーブ．

　b）操作手順： ①SH 培地のストック溶液を調合する（表 4-2）．ビタミン類と 2,4-D の混合液は 1 mℓ のサンプルチューブに分注し，−20℃で凍結保存する．その他のストック溶液は冷蔵庫（5℃）に保存する．②この保存液をピペットで 1 ℓ 三角フラスコに採る．3 g のゲランガム*を加えた後，1N 水酸化ナトリウムで約 pH 6 に調整する．③ゲランガムは溶解しないため，マグネチックスターラーで攪拌しながら 50 mℓ 管瓶 40 本に連続分注器を用いて分注する．④管瓶の口を 2 枚重ねのアルミホ

---

*ゲランガム：水溶性の天然高分子多糖類で，シュードモナス・エロデア（*Pseudomonas elodea*）が合成する．微生物培養ならびに植物の細胞培養において寒天培地に代わるゲル化剤として用いられる．

3. 植物寄生性線虫の培養法

表4-2 カルス用修正SH培地（Schenk & Hildebrandt培地）の処方

	試薬名	保存液調合量	純水	使用量／ℓ	成分量／ℓ
保存液1	KNO_3	50 g	1000 mℓ	50 mℓ	2500 mg
保存液2	$MgSO_4 \cdot 7H_2O$	20 g	500 mℓ	10 mℓ	400 mg
	$NH_4H_2PO_4$	15 g			300 mg
	$CaCl_2 \cdot 2H_2O$	10 g			200 mg
保存液3	$MnSO_4 \cdot H_2O$	5 g	500 mℓ	1 mℓ	10.0 mg
	H_3BO_3	2.5 g			5.0 mg
	$ZnSO_4 \cdot 7H_2O$	500 mg			1.0 mg
	KI	500 mg			1.0 mg
保存液4	$CuSO_4 \cdot 5H_2O$	100 mg	500 mℓ	1 mℓ	0.25 mg
	$Na_2MoO_4 \cdot 2H_2O$	50 mg			2.50 mg
	$CoCl_2 \cdot 6H_2O$	50 mg			0.25 mg
保存液5	塩酸チアミン	500 mg	100 mℓ *	1 mℓ	5.00 mg
	塩酸ピリドキシン	50 mg			0.50 mg
	ニコチン酸	500 mg			5.00 mg
	2,4-D	200 mg			2.00 mg
	イノシトール	–	–	1 g	1 g
	ショ糖	–	–	30 g	30 g
	ゲランガム	–	–	3 g	3 g
	蒸留水	–	–	937 mℓ	1000 mℓ
	pH		5.5		

＊1 mℓ サンプルチューブに小分けしてフリーザー（−20℃）保存．

イル（60 mm四方）で覆い，口に密着させて蓋にする．⑤ 120℃, 20分のオートクレーブ滅菌を行う．オートクレーブが終了したら，直ちに管瓶を取り出す．⑥ゲランガムはまだ管瓶の底に沈殿しているので，70℃以上を保っている間に振り揺すって拡散させる．⑦室内に静置し凝固させる．

c）留意事項： 1）培地のpHは5.5が理想であるが，オートクレーブ後はpHがやや下がるのでpH 6程度でよい（②）．2）厚手のゴム手袋を装着して管瓶の口を持ち，下部を旋回させる（⑥）．3）凝固中に振動を与えると培地が軟弱となり，接地したカルスが沈降してしまうので注意する（⑦）．

3）カルスの誘導

a）準備器材： 種子，クリーンベンチ，恒温培養器，ピンセット．

b）操作手順： ①芽出しが20 mm程度の長さになったらクリーンベンチ内で50 mℓ管瓶のSH培地に移植する．管瓶1本分の芽出しは接近した場所から採り，3本を移植する．芽出しは横に寝かせ，子葉と茎を培地に密着させる．②管瓶を25℃の恒温培養器に入れ培養する．③2週間以内に雑菌が繁殖した汚染管瓶を破棄する．また，褐色や黄色に変色したカルスが見られたら，滅菌ピンセットで確実に取り除く．

c）留意事項： 1）手順①の芽出しの移植適期（播種2日後）には汚染された芽出しが判別できない．芽出しをペトリ皿のあちこちから取り寄せたり，必要以上に多くの芽出しを1つの管瓶に移植したりすると管瓶の汚染率が高くなる．2）手順①で移植する芽出しの子葉を培地に密着させずに接種すると，胚軸が立ち上がって伸長するためカルスの形成量が減少する．3）手順③の変色したカルスは概ね菌で汚染されている．4）カルス形成には1週間かかり，カルスが顕著に増殖・肥厚する

のは2週間後である（図4-11）．

4）線虫の接種と植え継ぎ

最初の線虫個体群の立ち上げは，培地と微少なカルス片（2～3 mm）を入れた35 mmのペトリ皿で行う方がよい．操作はすべてクリーンベンチ内で行う．

a）準備器材： クリーンベンチ，実体顕微鏡，マイクロピペット（ガラス手製）．

b）操作手順： ①無菌化した線虫を数マイクロリットルの水とともにマイクロピペットで吸い上げ，カルスの近傍の培地に接種する．余分な水分は10分以内にゲランガムの培地に吸収され，線虫は培地を移動して餌に到達する．②水に菌が含まれていると数日後に培地に小さなコロニーが現れるので，その時カルスを取り出し別の培地に移す．③線虫が増殖すると，壁面に上る個体が観察される．④2週間経った新しいカルスに線虫が増殖した古いカルスの1片を載せる．⑤古いカルスは植え継いだ個体群の増殖を確認するまで15℃で保管する．

c）留意事項： 1）手順①で線虫を接種する際カルスに直接水をかけてはならない．水は汚染の原因になるだけでなく，カルスの増生を妨げる．2）ゲランガムではなく，寒天培地を使うと，水は速やかに吸収されない．3）線虫の体表に付着した雑菌は線虫が培地を移動する間に脱落するから，カルスに菌は持ち込まれない．4）雑菌汚染による保存系統の消失の危険が高いため，3反復で植え継ぐことが望ましい．

5）カルスからの無菌的線虫分離

50 mℓ管瓶に金網を装着した無菌管瓶ベールマンで分離する方法を紹介する．

a）準備器材： 50 mℓ管瓶（マルマン），1 mm目合の金網，10 mℓの管瓶（マルマン）キムワイプまたは和紙，アルミホイル，アスピレーター，クリーンベンチ．

図4-11 増殖したカルス

図4-12 管瓶ベールマン

b）操作手順： ①金切り鋏で柔らかいステンレス製網を12 cm角に切る．これを50 mℓ管瓶の口にあてがい，10 mℓ管瓶を押し付け，50 mℓ管瓶の中端まで押し込む．金網の縁を50 mℓ管瓶の外側に折り返し，余剰部を切り離して管瓶用のベールマン網皿とする（図4-12）．②分離の前日に50 mℓ管瓶にベールマン網皿を装着し，5 cm角に切ったキムワイプを太い棒で皿の底まで押しこむ．③金網が半分漬かる深さの水を入れ，2重のアルミホイルで管瓶の口を覆ってオートクレーブ（121℃, 20分）する．滅菌が終わった管瓶ベールマンはクリーンベンチ内で放冷する．④アルミホイルを外し，火炎滅菌したピンセットで皿の中のキムワイプを広げる．この時管瓶の中の水位がベールマン網皿の底より低ければ，滅菌水を加えて水位を調整する．⑤火炎滅菌したピンセットで培地のカルスを回収

し，管瓶ベールマン網皿のキムワイプの中に入れる．24～48時間放置する．⑥底に沈んだ線虫が浮遊しないよう注意しながら管瓶を作業台に移動し，ベールマン網皿を外して，水面からアスピレーターで水を吸引し，5 mm 程度まで水を減らす．

　c）留意事項：　分離中に毛管現象で水が流失するので，紙の縁が管瓶の口からはみ出さないようにする．

3.3.2　ニンジン円盤によるネグサレセンチュウ大量培養法（キャロットディスク法）

　系統保存には不向きであるが，接種試験用の線虫の大量増殖が簡単にできる．

　a）準備器材：　クリーンベンチ，オートクレーブ，ピンセット，バーナーまたはアルコールランプ，ニンジン，ナイフ（包丁），アルミホイル，90 mm の滅菌ディスポペトリ皿，マイクロピペット，恒温培養器．

　b）操作手順：　①ニンジンを水道水でよく洗浄する．次いで滅菌水で洗浄する．②ニンジンを滅菌したアルミホイルの上に置き，殺菌灯をつけたクリーンベンチ内で風乾する．③ナイフの刃をバーナーで火炎滅菌して放冷し，ニンジンの皮をむく．皮をむいた部分を直接手で触れない．④滅菌したアルミホイルの上でニンジンを厚さ 10～15 mm にスライスする．⑤火炎滅菌したピンセットでニンジンの輪切り片（ディスク）をつまみ，滅菌ディスポペトリ皿に入れる．⑥滅菌した線虫を少量の水とともにディスポペトリ皿内のニンジン片に載せる．⑦滅菌ディスポペトリ皿に少量の滅菌水（0.1 mℓ）を入れて，蓋をし，ビニールテープまたはパラフィルムで周封する．⑧恒温培養器に入れ暗条件 25℃で 2 箇月程度培養する（図 4-13）．⑨組織の崩壊の兆しが見えたら培養の限界であるから，切り刻んで摩砕－ろ過法（第 10 章 5.2.1）などで線虫を回収する．

　c）留意事項：　1）本法は生のニンジンを使うため，菌類の汚染を伴う．一見健全なニンジンの組織内にもフザリウム・ソラニ（*Fusarium solani*）や数種の腐敗を引き起こす細菌が侵入している．これらの菌密度は葉を切り落としてビニールパックされたニンジンでは高く，葉付きのものは比較的菌密度が低い．新鮮なニンジンのディスクでは，生きた組織が抗菌作用を持ち菌の増殖を抑制しているため，線虫が著しく増殖して組織が崩壊するまでの 3～4 箇月間は腐敗を示さない．2）ネグサレセンチュウ類（キタネグサレセンチュウ，パイナップルネグサレセンチュウ，クルミネグサレセンチュウ他）やネモグリセンチュウ（*Radopholus* spp.）の増殖率は極めて高い．

3.3.3　毛状根による培養法

　毛状根は土壌細菌リゾビウム・リゾゲネス（*Rhizobium rhizogenes*：以前の学名は *Agrobacterium rhizogenes*）が持つ Ri プラスミド[*]が植物ゲノムに組み込まれることによって誘導される形質転換植物（ミュータント植物）である．毛状根にはカルスと異なり全能性[**]がない．毛状根は摂食基質（ナースセル・巨大細胞）を誘導する定着性の線虫が培養でき，これらの生態観察に活用されている（安達・奈良部 1992）．

1）毛状根の誘導

　無菌植物を用意し，リゾビウム・リゾゲネス細菌を無菌植物に接種し，毛状根を誘導する．

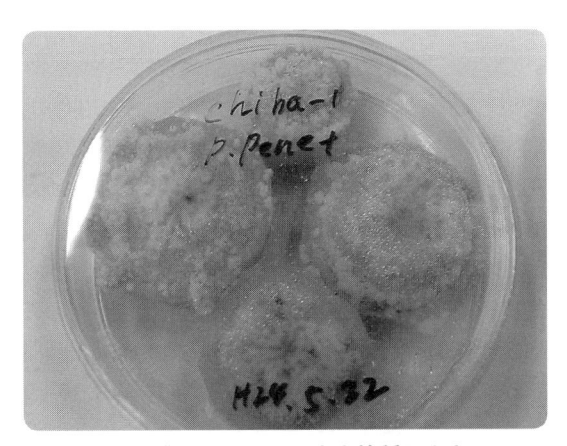

図 4-13　ネグサレセンチュウを接種したキャロットディスク（巻頭カラー口絵参照）

2）直接接種法

a）準備器材： 硫酸マグネシウム（MgSO$_4$），ビーフ・イクストラクト，イースト・イクストラクト，バクトペプシン，ショ糖，水酸化ナトリウム，スターラー，500 mℓ メスシリンダー，オートクレーブ，メス．

b）操作手順： ①YEB 培地を調整する．1 M 硫酸マグネシウムを調整し，ろ過滅菌する．純水約 300 mℓ にビーフ・イクストラクト 2.5 g，イースト・イクストラクト 0.5 g，バクトペプシン 0.5 g，ショ糖 2.5 g，10 N 水酸化ナトリウム 50 μℓ を入れ，スターラーで攪拌して完全に溶かす．②次いで，500 mℓ にメスアップし，オートクレーブ後に滅菌済み 1 M 硫酸マグネシウム 600 μℓ を添加して攪拌する．YEB 寒天培地の場合は，バクトアガー 6 g を加える（1.2%）．pH は 7.2 に調整する．③凍結保存していた菌は液体 YEB で一晩振とう培養する．YEB の寒天培地で継代している菌は接種の前日に植え替え，新しく生えた菌を用いる．④無菌の植物体を適当な大きさに切断する．メスに少量の菌体を付け，維管束に達する深さに傷を付ける．細菌を接種した植物体を培地に挿す．細菌の感染部位が培地に接触しないように気を付ける．

*Ri プラスミド：発根プラスミド．
**全能性：細胞があらゆる細胞に分化できる能力のことをいう．このことは，その細胞から完全な一個体を形成できることを意味する．カルスという未分化な細胞群の場合は，不定芽や不定根といった器官を経由して，完全な一個体を形成することができる．

3）リーフディスクから毛状根を誘導する方法

a）準備器材： 100 mℓ 三角フラスコ 2 個，ピンセット，茶こし，径 90 mm ペトリ皿．

b）操作手順： ①無菌植物の若い葉を 5〜10 mm 角に切り，三角フラスコに入れた滅菌水に 10〜30 分間浸して振とうする．②別の三角フラスコの滅菌水にリンスした葉の切片を移し，次いで細菌液 10 μℓ を加えて，10〜30 分間振とうする．③滅菌ピンセットで切片を取り出し網に乗せて，滅菌水を注いで洗浄する．④これを滅菌ディスポペトリ皿に敷いた滅菌ろ紙に置いて，水分を吸い取る．⑤植物培養培地（表 4-3 WP 培地など）に埋め込むように植え付ける．2 週間以内に植え継ぐ．

4）毛状根の継代培養

最初に誘導された毛状根は弱いので，次に出た毛状根を切除し，WP 培地に移植する．以降，2 週間を目安に毛状根の先端を切り取り，WP 培地に移植して継代する（図 4-14）．

5）線虫の接種

毛状根と線虫とを二者培養する場合は，RM を培地として用いる．作業はすべてクリーンベンチ内で行う．

a）準備器材： 90 mm 滅菌ディスポペトリ皿，RM（表 4-4），糸切り用剪刀（ハサミ），ガラスマイクロピペット．

b）操作手順： ①ペトリ皿に 40 mℓ の培地を分注する．②固まったら，WP 培地で継代した毛状根を生長点から 20 mm 程度の長さで切断し，ペトリ皿当たり 3 本を移植する．③毛状根が十分に延びた 2 週間後に，ガラスマイクロピペットを用い少量の滅菌水とともに無菌化した線虫を培地表面に接種する．2 箇月を目安に植え継ぐ．

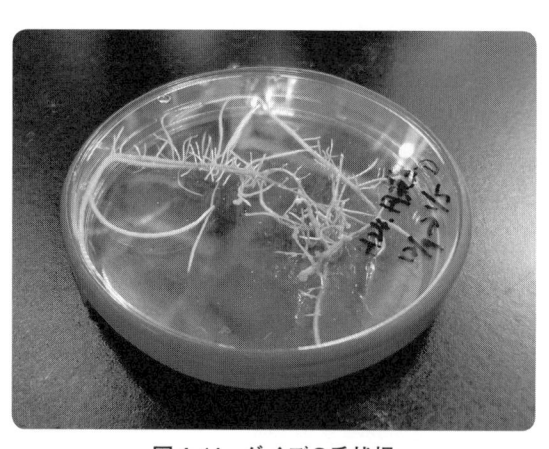

図 4-14　ダイズの毛状根

表4-3 毛状根用 WP 培地（ウディプラント培地：Woody Plant Media）の処方

保存液A	$Ca(NO_3)_2 \cdot 4H_2O$	5.56 g	保存液B（続き）	$Na_2MoO_4 \cdot 2H_2O$	2.5 mg
	NH_4NO_3	4.00 g		$CuSO_4 \cdot 5H_2O$	130 mg
	$MgSO_4 \cdot 7H_2O$	3.70 g		純水	500 mℓ
	KH_2PO_4	1.70 g	保存液C*	グリシン	200 mg
	$CaCl_2 \cdot 2H_2O$	0.96 g		ニコチン酸	50 mg
	純水	1,000 mℓ		塩酸チアミン	100 mg
保存液B	$MnSO_4 \cdot 4\text{-}6H_2O$	1.58 g		塩酸ピリドキシン	50 mg
	$ZnSO_4 \cdot 7H_2O$	26.5 mg		純水	100 mℓ
	H_3BO_3	15.0 mg			

1ℓの培地の調整：A液100 mℓ, B液10 mℓ, C液1 mℓ, イノシトール100 mg, FeⅢ・EDTA 42 mg, K_2SO_4 990 mg, ショ糖30 g, 純水700 mℓを加え, 1 N KOHでpHを6.2-6.4に調整, 1,000 mℓにメスアップ. ゲランガム2 g添加後, オートクレーブ.

*1 mℓサンプルチューブに小分けしてフリーザー（-20℃）保存.

表4-4 RM, 毛状根と線虫の共存培養用培地（Root Culture Media）の処方

保存液A	$MgSO_4 \cdot 7H_2O$	7.30 g	保存液B	KI	750 mg
	$Ca(NO_3)_2 \cdot 4H_2O$	2.88 g		$CuSO_4 \cdot 5H_2O$	130 mg
	KNO_3	800 mg		$Na_2MoO_4 \cdot 2H_2O$	2.5 mg
	KCl	650 mg		純水	1,000 mℓ
	KH_2PO_4	48.0 mg	保存液C*	グリシン	300 mg
	$MnCl_2 \cdot 4H_2O$	60.0 mg		ニコチン酸	50 mg
	$ZnSO_4 \cdot 7H_2O$	26.5 mg		塩酸チアミン	10 mg
	H_3BO_3	15.0 mg		塩酸ピリドキシン	10 mg
	純水	1,000 mℓ		純水	100 mℓ

1ℓの培地の調整：A液100 mℓ, B液1 mℓ, C液1 mℓ, イノシトール50 mg, FeⅢ・EDTA 8 mg, ショ糖10 g, 純水700 mℓの順に加え, 1 N KOHでpHを6.2〜6.4に調整後, 1,000 mℓにメスアップ. ゲランガム3 g添加後, オートクレーブ.

*1 mℓサンプルチューブに小分けしてフリーザー（-20℃）保存

参考文献

安達 宏・奈良部孝・百田洋二（1992）毛状根によるサツマイモネコブセンチュウの培養. 日本応用動物昆虫学会誌, 36: 225-230.

Ayoub, S.M. (1980) Plant Nematology: An Agricultural Training Aid. NemaAid Publication, Sacramento, California, USA.

Huettel, R.N. (1990) Monoxenic culturing of plant parasitic nematodes using carrot discs, cullus tissue, and root-explants. pp. 163-172. In Zuckerman, B.M. May, W.F. and Krusberg, L.R. (eds.), Plant Nematology Laboratory Manual, Revised edition. The University of Massachusetts Agricultural Experiment Station, Amherst, Massachusetts, USA.

Mizukubo, T. (1997) Effect of temperature on *Pratylenchus penetrans* development. Journal of Nematology, 29: 306-314.

（水久保隆之）

3.4 糸状菌による培養

糸状菌で培養できる植物加害性（寄生性）の線虫には, イモグサレセンチュウ, イネシンガレセンチュウ, イチゴセンチュウ, マツノザイセンチュウなどがある. イモグサレセンチュウやマツノザイ

センチュウはアルファルファカルスでも培養できる.

　a）準備器材：　灰色かび病菌（*Botrytis cinerea*），ポテト・デキストロース寒天（PDA），200 mℓのメジューム瓶（広口ねじ口瓶），固定皿3個，径35 mmのプラスチックペトリ皿，径60 mmのプラスチックペトリ皿，へら付きの薬匙（ミクロスパーテル 丸細150 mmステンレス等），1 mℓのピペット（目安ピペット），ガラスマイクロピペット.

　b）操作手順：

　エサ菌の準備－①メジューム瓶にPDAを2 g量り取り，蒸留水100 mℓを加えてオートクレーブ（121℃，20分間）する．培地は，径60 mmディスポペトリ皿に5 mℓを流し込み，20枚程度のジャガイモ寒天（PDA）の2％平板培地を準備する．直ちに使用しない培地は，蓋をしてビニールテープで周封し，10℃で保存しておく．②あらかじめ増殖させた灰色かび病菌（*Botrytis cinerea*）の菌叢を，ミクロスパーテルのへらを使って5 mm角に切り取り，菌叢を下にして新しい平板培地に置床し，25℃でインキュベートしておく．灰色かび病菌のストックも，60 mmのディスポペトリ皿で継代して差し支えない．

　野外個体群から培養個体群を立ち上げる－③水道水に溶かした0.5％のゲランガム水溶液をオートクレーブ（121℃，20分間）する．オートクレーブ後は，瓶をよく振ってゲランガムを溶かし，直ちに外径35 mmのプラスチックペトリ皿に1.5 mℓずつ流し込み，放置して固める．ゲランガムは凝固にカルシウムを要求するので蒸留水を用いると固化しない．④ミクロスパーテルのへらで切り出した5 mm角の灰色かび病菌の菌叢を下に向けてゲランガムの培地の周縁部に置く．パラフィルムで周封し，24時間25℃でインキュベートする．⑤植物体からベールマン法等で分離した線虫懸濁液を固定皿に採る．釣り具を用いて線虫を拾い滅菌水を入れた固定皿に移す．線虫を3回滅菌水に拾って無菌化する．（3.2線虫滅菌法を参照）．⑥1日前に菌叢を接種した35 mmのゲランガムのペトリ皿に，滅菌したマイクロピペットで少量（3 µℓ程度）の滅菌水と共に10頭程度の線虫を接種する．接種位置は菌叢の対極にし，水が菌叢に触れないように注意する．水がゲランガムのプレートに吸い込まれ，培地の上に線虫が残る．⑦24時間程度25℃でインキュベートする．線虫はゲランガムの表面を這って灰色かび病菌叢に到達している．⑧ミクロスパーテルのへらを用いて菌叢の周りのゲランガム層を大きく切り取り，灰色かび病菌が増殖したPDA培地に置床する．

　継代－⑨ペトリ皿内の線虫は接種の約2週間後には増殖のピークとなり，以降はほとんどが死亡個体となるので，1箇月以内に新しいPDA平板培地に植え継ぐ．イネシンガレセンチュウやイチゴセンチュウは，這い上がって蓋に移動する性質があり，培地菌叢には活性のある個体は見られなくなる．

　c）留意事項：　1）菌株は一般には試験管のスラント（傾斜培地）で保存されているが，スラントは場所を取るので，狭い恒温器ではペトリ皿の利用が便利である．2）餌として用いることができる菌の種類は多数が知られているが，マツノザイセンチュウの培養のため広く用いられている灰色かび病菌の胞子形成が見られなくなった 系統（たとえば，森林総合研究所保存菌株BC-3など）が使いやすい．BC-3は森林総合研究所から入手できる．3）大量に培養したい場合は，大麦培地を用いる．米粒状にした市販大麦を培養瓶などの容器に入れ等重量の水を加えてオートクレーブ（121℃，20分間）滅菌を行う．灰色かび病菌をこれに接種し，増殖を確認して線虫を接種すればよい．

参考文献

真宮靖治・二井一禎・小坂　肇（2004）　第7章1.7　マツノザイセンチュウの培養法.『線虫学実験法』（日本線虫学会編）pp.141-143 日本線虫学会，つくば.

（水久保隆之）

4. 昆虫寄生性線虫の培養・保存法

4.1 シヘンチュウの培養・保存法
4.1.1 シヘンチュウの保存法

　シヘンチュウ類は，体長が通常数センチメートルから10 cm，時には50 cmにも達することがある大型の線虫類で，生活環は数箇月から1年以上の長期間にわたる．シヘンチュウ類は昆虫類，クモ類をはじめとする節足動物や軟体動物など，広く無脊椎動物に寄生することが知られている．通常，寄生率が非常に低く，生活環が長いため，その研究を行うこと自体が困難なことも多い．シヘンチュウと遭遇する確率が最も高いのは，野外から採集してきた昆虫の飼育を始める時点で，この時昆虫体からしばしばシヘンチュウが脱出してくる．脱出してきたシヘンチュウは，通常，第4期幼虫（亜成虫）で，その形態による同定はほぼ不可能であり，形態による同定には成虫標本が必要である．したがって，成虫を得るための亜成虫の飼育（保存）は，シヘンチュウ類の研究にとって必須の作業となる．シヘンチュウ類は繁殖のための栄養全てを，寄生期（第2期～第4期幼虫の期間）に吸収し，体内に貯蔵養分（trophosome）を形成する．このため，昆虫から脱出してきた線虫は栄養摂取を行わないので，乾燥と体表につくカビを防げば，成虫を得るための保存は比較的簡単である．成虫を得るためには，数週間から数箇月以上の保存が必要となる．亜成虫が成虫になったかどうかの判断は，脱皮殻を確認することにより簡単にできる．脱皮殻は肥厚したクチクラであるため，保存容器の壁面（図4-15）や保存基質（ウェットティッシュ）内に見出すことができる．シヘンチュウの脱皮殻は白濁した半透明状（図4-15）である．また，亜成虫期の尾端部の構造が，同定のための形質になるので，脱皮殻は確保しておくとよい．シヘンチュウの成虫脱皮時期の確認には，線虫を取り出しやすいウェットティッシュ保存（図4-16）が適し，一方，数箇月以上にわたる長期保存と交配・採卵には乾燥しにくい土壌保存（図4-17）が適している．昆虫から脱出してきたシヘンチュウを成虫脱皮までウェットティッシュで保存し，脱皮殻を確保し，雌雄を確認後，土壌保存に切り替えて，併せて約3年間未交尾雌を保存する．

1）ウェットティッシュ保存（図4-16）
　a）準備器材：　プラスチックカップなど密閉できる容器，キムワイプやティッシュペーパーなど．
　b）操作手順：　①湿らせたキムワイプを密閉容器にシヘンチュウ1頭とともに入れる．②保存の

図4-15　シヘンチュウの脱皮殻（L）と成虫（A）
左：ウェットティッシュ保存；　右：土壌保存

みが目的の場合は5℃から10℃程度に，成虫を得ることが目的ならば室温に置く．

　c）留意事項：　この保存法は簡単であるが，乾燥とウェットティッシュおよび線虫の体表にカビが生える点に難があり，注意が必要である．随時，保存容器をチェックし，カビが生えたらウェットティッシュを交換し，線虫からカビを除去する．線虫にカビが生えた場合，筆者はピンセットの先で線虫を挟み，別のピンセットでカビが生えた部分を挟み，挟んだピンセットで線虫を撫でてカビを除去している．初期であればカビ除去は成功しやすい．

2）土壌保存（図4-17）

　a）準備器材：　ガラスバイアルなどの密閉容器，土壌（生息地の土壌，砂等）．

　b）操作手順：　①滅菌またはパスチャライズ（62℃・2時間）した土壌をガラスバイアルなどの密閉容器に入れ，シヘンチュウを1頭入れる．②保存のみが目的の場合は5℃から10℃程度に，成虫を得ることが目的ならば室温に，置く．

　c）留意事項：　①線虫は自力で土壌中に潜行し，多くの場合，容器壁面で絡まった球状またはコイル状（図4-17）になる．②生存個体にカビが生えることはない．③例えば直径40 mm，高さ120 mmのガラスバイアルを使うと，交尾・産卵・ふ化・ふ化幼虫の行動等を実体顕微鏡で観察できる．④保存用バイアルをそのまま交尾・産卵・感染試験に使う場合，試験昆虫の糞が容器内に蓄積し，自活性線虫が増加し，試験昆虫に悪影響を及ぼすことがあるので，滅菌土壌を使うほうがよい．保存だけなら非滅菌土壌でも3年程度保存できる．

図4-16　ウェットティッシュ保存

4.1.2　シヘンチュウの培養法

　シヘンチュウ類は絶対寄生性でありながら，寄主から脱出する際に寄主の表皮を物理的に破るため，寄主を死に至らしめる．そのため，シヘンチュウ類については生物防除資材としての研究が古くから行われており，日本でも戦前にウンカシヘンチュウ（*Agamermis unka* Kaburaki and Imamura）およびズイムシシヘンチュウ（*Amphimermis zuimushi* Kaburaki and Imamura）の記載がなされ，カイコにも

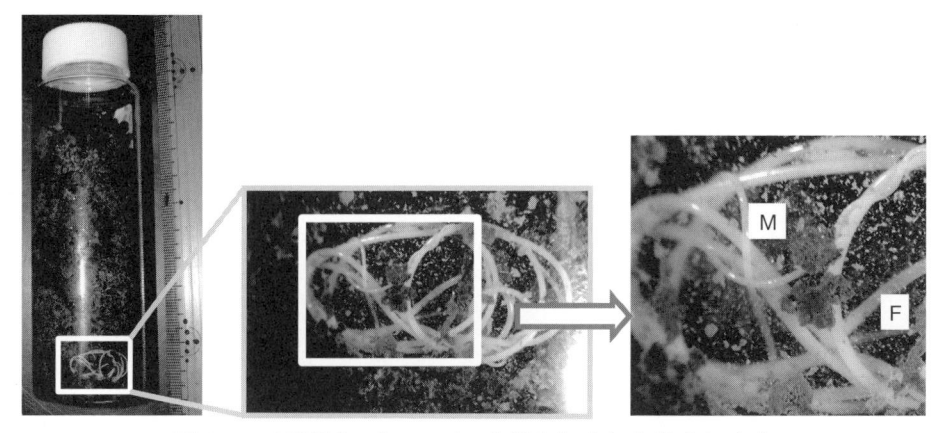

図4-17　土壌保存．シヘンチュウ雌成虫（F）と雄成虫（M）

寄生することが知られたスキムシノシヘンチュウ（*Hexamermis microamphidis* Steiner）の詳細な研究がなされている．欧米では人工培養が試みられたが，イン・ビトロ（*in vitro*）培養はまだ成功していない．アメリカで1970年代にカの防除資材としてほぼ実用化までに至った *Romanomermis culicivorax* は，ボウフラを使って大量培養系が構築された．上述の保存法で述べたように，増殖のためには通常雌雄の成体を得る必要がある．シヘンチュウの生殖は，多くの場合両性生殖で，性比が雌に偏っていることが多い．したがって，多数の個体を得ることができないと，採卵は困難である．ただし，単為生殖をおこなう種もあるので，昆虫から1頭のシヘンチュウしか得られなかった場合でも，保存を試みる価値はある．

1）バイアル法

a）準備器材： ガラスバイアル，土壌（生息地の土壌，砂など）．

b）操作手順： ①滅菌またはパスチャライズ（低温殺菌：62℃，2時間）した土壌を入れたバイアルに雌成虫を1頭入れる．②雌成虫が壁面にコイル状になったことを確認する．③雄成虫を加える．④随時雌成虫の周囲を観察する．

c）留意事項： 1）壁際にシヘンチュウが静止すると，産卵をチェックしやすいが，土壌内や底に静止すると観察できないので，シヘンチュウを掘りだし，土壌水分量を変えてシヘンチュウを入れる．2）ふ化確認以後の手順は，昆虫への感染を経る必要があるので，感染試験法（第5章2節）を参照のこと．

2）ペトリ皿法

a）準備器材： 15 cm ペトリ皿の蓋または本体2枚．

b）操作手順： ①ペトリ皿（径15 cm）に生息地の土壌を練ったものを詰める．②オートクレープで滅菌し，冷える前に中央に凹部を作る．③同様にして作ったもう1個のペトリ皿を上蓋にし，このペトリ皿土壌内の空間内に雌雄のシヘンチュウ成虫を入れる．④随時ペトリ皿内のシヘンチュウを観察し，体表等に卵がないかどうかチェックする．

c）留意事項： 産卵確認以後の手順は，昆虫への感染を経る必要があるので，感染試験法（第5章2節）参照のこと．本稿では陸生シヘンチュウ類の保存法・培養法を述べた．水生シヘンチュウについては Kaya and Stock（1997）を参照されたい．

参考文献

岩下嘉光・福井貞司（1982） 蚕に寄生したスキムシノシヘンチュウ *Hexamermis microamphidis* Steiner について．宇都宮大学農学部学術報告，11：83-115．

Kaya, H.K. and Stock S.P. (1997) Techniques in insect nematology. pp.281-324. In Lacey, L.A. (ed.), Manual of Techniques in Insect Pathology. Academic Press, London.

（吉田睦浩）

4.2　昆虫病原性線虫の培養法と保存法

昆虫嗜好性線虫の中でも昆虫に感染し，共生細菌の生産する毒素により昆虫を死亡させ，その昆虫の死体内で増殖するという生活環を有するものを昆虫病原性線虫とよぶ．代表的なものにラブディティス目（Rhabditida）線虫のスタイナーネマ属（*Steinernema*），ヘテロラブディティス属（*Heterorhabditis*）があり，それぞれ腸内細菌科グラム陰性細菌のゼノラブダス属（*Xenorhabdus*）およびフォトラブダス属（*Photorhabdus*）と共生関係にある．昆虫病原性線虫は広範な殺虫スペクトラムや宿主探索といった特性から，欧米諸国および日本国内において生物農薬として商品化されている．

昆虫病原性線虫は，人工培地上でも共生細菌を餌に培養が可能だが，単純な継代維持が目的ならば，定期的に昆虫に感染・増殖させることを推奨する．これは，植え継ぎを繰り返すことで共生細菌の性質が変化し，殺虫活性などが低下するのを避けるためである．また一般に昆虫病原性線虫は宿主昆虫の探索をおこなうステージである感染態（第3期）幼虫の状態においては，比較的乾燥に強く，餌を必要としないため，10℃前後の冷暗所での短期的（約3箇月程度）な保存に適している．年単位のより長期的な保存には，本章の6節で紹介される液体窒素中での凍結保存を勧める．

4.2.1　ハチノスツヅリガ幼虫を用いた継代培養法

　一般に，ほとんどの昆虫病原性線虫は，ハチノスツヅリガ（*Galleria mellonella*）終齢幼虫に感染させることで，1頭当たり約5〜30万頭程度の新世代線虫を得ることができる．

　　a）準備器材：　ハチノスツヅリガ終齢幼虫，6 cmペトリ皿，15 cmガラス製ペトリ皿，ろ紙，パスツールピペット．

　　b）操作手順：　①供試する線虫を希釈計数して，感染態幼虫が0.4 mlあたり約500頭になるように線虫懸濁液を調整する．②得られた線虫懸濁液0.4 mlを，底面にろ紙を敷いた直径6 cmのプラスチック製ペトリ皿に，マイクロピペットを用いて接種する．③続いて，ハチノスツヅリガ終齢幼虫5頭をペトリ皿に放ち，乾燥を防ぐためにペトリ皿をパラフィルムで覆い，25℃，暗黒条件下にて2〜3日静置する．④直径6 cmのペトリ皿の蓋を，直径15 cmのガラス製ペトリ皿の中心に置き，その上に覆い被せるようにろ紙を置き，はみ出した部分を6 cmペトリ皿の蓋に沿って折り安定させる．死亡したハチノスツヅリガ幼虫をペトリ皿から取り出し，ろ紙の上に並べる．15 cmペトリ皿に折り曲げたろ紙の端が浸かる程度まで蒸留水を加え，水分を吸収したろ紙が全体的に湿るようにする（図4-18）．蓋を被せ，乾燥を防ぐために周囲をパラフィルムで覆う．⑤25℃，暗黒条件下に10〜14日間静置すると，昆虫死体内で増殖した感染態幼虫が現れ，ろ紙を伝って蒸留水中に集められるので，パスツールピペットを用いて回収する．

　　c）留意事項：　多くの昆虫病原性線虫は上記の方法で回収が可能であるが，種によって増殖に適した温度が異なる場合や，昆虫宿主特異性が高くハチノスツヅリガでは増殖しにくい種（コガネムシから分離されたスタイナーネマ・クシダイ〔*S. kushidai*〕など）を扱う場合は，適宜条件検討が必要である．

4.2.2　人工培地での培養法

　感染態幼虫以外のステージを実験に供試する場合には，人工培地上で培養した線虫を用いるとよい．

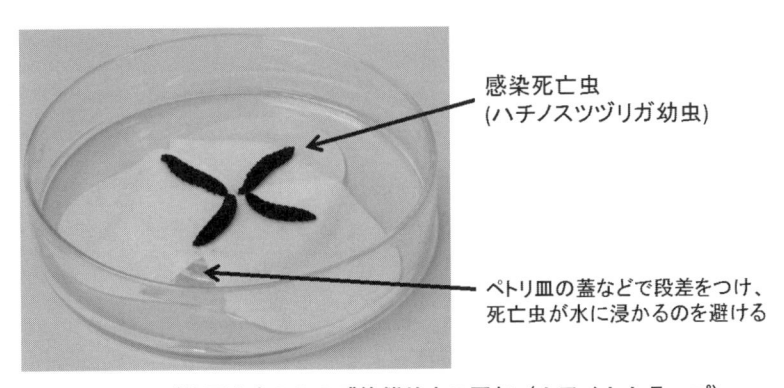

図4-18　感染死亡虫からの感染態幼虫の回収（ホワイトトラップ）

感染死亡虫
（ハチノスツヅリガ幼虫）

ペトリ皿の蓋などで段差をつけ，死亡虫が水に浸かるのを避ける

ドッグフード斜面培地による培養法は田辺ら（2004）により紹介されているので，ここではペトリ皿単位での培養法を紹介する．

　a）準備器材：　オートクレーブ，培地用試薬（下記参照），振とう培養器．
　b）操作手順：　①ニュートリエントブロス（Difco）16 g，コーン油 5 g，寒天 12 g を蒸留水 1 ℓ に入れ（以上リピッド培地），オートクレーブで 121℃，20 分間加圧滅菌し，滅菌ペトリ皿に分注する．②共生細菌を接種する．共生細菌は LB 培地（トリプトン 10 g，酵母抽出物 5 g，塩化ナトリウム 10 g を蒸留水 1 ℓ に溶かし，pH7.0 に調整）を用いて至適温度（25～30℃；宿主線虫の至適温度と同じでよい）において 200 rpm で一晩～1 日振とう培養した培養液を用いる．共生細菌培養液を無菌的に接種したリピッド培地を至適温度で 1～2 日静置培養する．③本章 2 節の無菌化法を参考に，無菌的に感染態幼虫を接種する．0.1%メルチオレート溶液に 30 分間浸漬し，その後，滅菌水で 3 回程度洗浄した線虫を利用してもよい．線虫懸濁液の濃度を高くし，線虫接種に用いる蒸留水は極力少なめにする．④至適温度，暗黒条件下に静置しておけば 3～5 日ほどで抱卵成虫が出現する．線虫密度の上昇に伴い感染型幼虫が出現してくるので適宜植え継ぐとよい．

4.2.3　共生細菌の単離法と培養法

　共生細菌は線虫体内から取り出して培養することができ，一般的な細菌学的手法により，遺伝子組換え株や突然変異株の作出も可能である．

　共生細菌ゼノラブダス属の単離には NBT 培地（1 ℓ の普通寒天培地にブロモチモールブルー（BTB）を 0.025 g 加え，オートクレーブで 121℃，20 分間加圧滅菌し，40℃程度まで冷ましてから塩化トリフェニルテトラゾリウム（TTC）のフィルター滅菌済み 4%溶液を 1 mℓ 加えたもの）を使用し，フォトラブダス属やゼノラブダス・イシバシイ（*Xenorhabdus ishibashii*）などの単離にはマッコンキー培地を使用するのが一般的である．これらの培地は共生細菌のコロニーの性状を判別する上でも効果的であり，ゼノラブダス属細菌は NBT 培地上で濃青色のコロニーを形成する I 型（Phase I）[*]と，BTB を吸着せず，TTC を吸着，還元して赤いコロニーを形成する II 型（Phase II）[*]の 2 つのタイプが出現する．一方，フォトラブダス属やゼノラブダス・イシバシイはマッコンキー培地上において，I 型は粘性が高く，濃い赤色のコロニーを形成し，II 型は黄色または茶色のコロニーを形成する．一般に I 型は II 型に比べると，殺虫能力が高く，代謝物質生産能に優れ，線虫の増殖を助ける働きが強いとされており，線虫培養や殺虫試験に共生細菌を供試する場合には，I 型のシングルコロニーを選抜して使用する．

[*]近年，フォトラブダス属細菌が性質を宿主に応じて P 型および M 型に変化させていることが明らかにされたが，これらはそれぞれ従来の I 型および II 型に相当すると思われる（第 4 章 5 節参照）．

4.2.4　死亡昆虫からの共生細菌の分離法

　共生細菌の単離には表面殺菌した感染態幼虫を超音波で破砕するなどの方法もあるが，ここでは最も簡便な感染死亡昆虫の解剖による単離法を記す．

　a）準備器材：　ハチノスツヅリガ幼虫，70%エタノール，ビーカー，NBT 培地．
　b）操作手順：　①昆虫病原性線虫の感染による死亡から 1～2 日経過したハチノスツヅリガ幼虫を 70%エタノールに 5 分間浸漬し，十分に体表面を殺菌する．②NBT 培地またはマッコンキー培地の上に表面殺菌した死体を置き，ピンセットと解剖ばさみを用いて体表面の一部を切除して体液を得る．この際，腸を傷つけると，昆虫の腸内細菌が混入し，共生細菌の単離が困難になるため注意が必要である．③得られた体液は滅菌ループを用いて培地上に線画し，25℃，暗黒条件下で培養する．④3，4 日経つとマッコンキー培地または NBT 培地上で典型的な形質を示すので，コロニーを拾い，新

しい培地に再び線画する．この過程を繰り返し，他の細菌が混入していないシングルコロニーを確立する．

 c）留意事項： 1）必要に応じて 16S rRNA 領域の塩基配列などから種同定を行う．2）単離した共生細菌は，一般的な細菌と同様に，終濃度 15％（v/v）に調整したグリセリン溶液にて −80℃で凍結保存できる．

参考文献

田辺博司・小倉信夫・山中　聡（2004）各種昆虫病原性線虫に関する実験手法．『線虫学実験法』（日本線虫学会編）pp.172-185 日本線虫学会，つくば．

（佐藤一輝）

5. 昆虫等便乗性線虫の培養・保存法

5.1　マツノザイセンチュウ

　生活史において昆虫との関わりをもつ（＝昆虫嗜好性）線虫のうち，昆虫と直接の栄養関係をもたず，もっぱら移動分散の手段として昆虫を利用するタイプの線虫を総称して昆虫便乗性線虫という．本項では，なかでももっとも有名なもののひとつであるマツノザイセンチュウに関してその培養法および保存法を概説してから，それ以外の昆虫便乗性線虫について紹介する．

　マツノザイセンチュウ（*Bursaphelenchus xylophilus*）は，樹木の木材組織中に生息域が限定される「材線虫」の一種で，マツ材線虫病（いわゆるマツ枯れ）の病原体である．北米原産の本種は，1905 年に長崎県で初めて被害が報告されて以降，2014 年現在北海道を除く国内各地で猛威をふるっており，近年はアジア諸国および西欧でも被害発生が確認されている．このような背景から実験材料として線虫の培養系統を確立し，研究室で維持管理することは本病を研究する上で不可欠の条件である．

　マツノザイセンチュウはマツ属樹種に萎凋病を引き起こす植物病原線虫であるが，他のブルサフェレンクス（*Bursaphelenchus*）属線虫と同じく本来は菌食性であり，各種糸状菌の菌叢上で増殖が可能である．増殖率や取り扱いの容易さから，灰色かび病菌（*Botrytis cinerea*）がマツノザイセンチュウの培養のために広く使われている．この目的では，胞子形成が見られなくなった保存菌株の系統が有利である（たとえば，森林総合研究所保存菌株 BC-3 など）．

5.1.1　マツノザイセンチュウ接種源の準備

　線虫の培養は，マツ枯死木もしくは伝播昆虫マツノマダラカミキリ（*Monochamus alternatus*）虫体から分離したマツノザイセンチュウを灰色かび病菌の菌叢上にのせることから始まる．試料採取から線虫分離までの手法の詳細については第 12 章 1.6 マツノザイセンチュウ被害評価法を参照されたい．

　接種源として用いるマツノザイセンチュウの個体数が十分に確保できた場合は，培養開始に先立って線虫体表面の殺菌を行う．ベールマン法で分離したマツノザイセンチュウの懸濁液約 10 mℓ を 15 mℓ 遠沈管に入れ，線虫を沈殿させる（急ぐときは 800 ～ 1,500 rpm で 1 分間ほど遠心分離機にかける）．上ずみ液を捨て，滅菌蒸留水を加える．線虫沈殿後，上ずみ液を捨てる．このようにして線虫を滅菌蒸留水で 3 回洗浄する．洗浄後，線虫は滅菌した遠沈管に移し，これに 3％乳酸液を 6 ～ 8 mℓ 加え，蓋をして遠心分離機に 1,500 rpm で 30 秒間かける．上ずみを取り除いて，滅菌蒸留水を 8 ～ 10

mℓ 加える．なお，3％乳酸液での線虫浸漬は3分を越えないようにする．線虫が沈殿した後，再び滅菌蒸留水を入れ替える．静置した後，上ずみ液を捨てて少量の線虫懸濁液を残す．これを接種源として糸状菌の菌叢上に滅菌ピペットで滴下する．以上の操作は，なるべくクリーンベンチ内で行うことが望ましい．以上は，森林総合研究所の線虫グループが常用していて，簡便かつ効果的な方法である．接種源として利用できる線虫数が少ないときは，表面殺菌によるダメージで個体数が減少するのを避けるために，分離した線虫をそのまま菌叢上で培養して十分に増殖させてから殺菌してもよい．

なお，近年マツノザイセンチュウにおいて体表随伴細菌の存在が確認されていることから，培養した線虫を実験に用いる際に再度無菌化が必要となる場合がある．ストレプトマイシン等の抗生物質を使用した厳密な無菌化には，Zhao et al.（2013）の方法が有効である．

5.1.2　糸状菌（食餌源）の培養～線虫の培養まで

マツノザイセンチュウの培養は，食餌菌である灰色かび病菌の培養も含めて 20 ～ 25℃恒温条件下で行う．

線虫増殖に用いる糸状菌の培養方法は，線虫培養の目的に応じて決定する．まず，マツノザイセンチュウの分離系統確立が目的であれば，ポテト・デキストロース寒天（PDA）平板培地上で灰色かび病菌をあらかじめ繁殖させておき，そこに表面殺菌したマツノザイセンチュウを接種して培養する．接種源の線虫数が限られている場合は，PDA の代わりに麦芽エキス 0.05％（w/v）を含む 4％ 寒天平板培地を用い，ペトリ皿も小径（6 cm 程度）にして灰色かび病菌と線虫を同時に接種するとよい．約2週間後には，線虫は増殖のピークを迎える（増殖が盛んな場合は直径 9 cm のペトリ皿で線虫個体数が50 万頭にも達する．10 万頭以上に増えるのが普通である）．多数の系統を保存する場合，白金耳などを使って増殖した線虫を寒天培地ごと切り取り，試験管の PDA 斜面培地上の灰色かび病菌の菌叢に移植してスペースを節約するとよい．PDA 培地上で増殖した線虫の個体数はピークに達したあとの減少がはやい．PDA 培地の代わりに後述の大麦などの穀粒培地を使うと，より長期間の個体数維持が可能であり，増殖する個体数も多くなる．

線虫の大量培養には大麦培地が適している．米粒状にした大麦（食用に市販されている）5 g を試験管（径 18 mm）に入れて蒸留水 5 mℓ を加える．大量の線虫が必要な場合は，試験管に代えて，ペトリ皿，三角フラスコ，培養瓶などの容器を使用する．この場合，各容器内の大麦に対しては，重量比で等量の蒸留水を加える（図 4-19A）．大麦を入れた容器はオートクレーブで 121℃，20 分間殺菌す

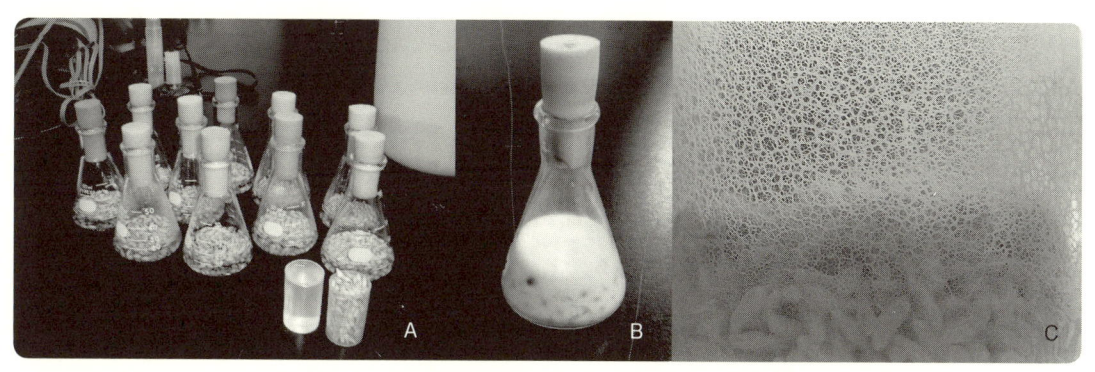

図 4-19　大麦培地でのマツノザイセンチュウ培養

A：大麦と等量の水の入った培養容器（オートクレーブ滅菌前）．B：十分に糸状菌の繁茂した大麦培地．C：容器壁面で網目状に繁殖したマツノザイセンチュウ．

る．大麦培地に灰色かび病菌を接種して，その菌叢が十分に蔓延（図4-19B）してから，保存培養中のマツノザイセンチュウを培地ごと切り取った小片として移植する．増殖した線虫の一部は容器の壁面に登り，網目状を呈する（図4-19C）．

5.1.3 培養線虫の分離

増殖した線虫は，ベールマン法によって室温で分離する（図4-20A）．大麦培地は腐敗しやすいので，特に夏場の分離は一晩で済ます．

接種実験などで用いる接種源としての線虫は，次のような簡便な方法で分離することができる．まず，線虫の培養を50 mlの三角フラスコ内で大麦培地を用いて行う．線虫の分離にあたっては1本の三角フラスコに対して1本の広口瓶（直径4 cm，高さ8 cm）を用意し，これに約50 mlの水を入れておく．線虫を増殖させた三角フラスコには上端ぎりぎりまで水を注ぎ，6×6 cmのサイズの和文タイプ用紙（コクヨ・タイ-19）2枚をフラスコの口にかぶせ，輪ゴムでこれをフラスコに固定する．直ちにフラスコを上下逆転させ，先に用意した広口瓶の水の中に漬ける（図4-20B）．線虫だけがタイプ用紙を通って下の広口瓶に沈降するので，ピペットを用いて瓶底から線虫を取り出す．

なお，培養した線虫を実験に用いる際に再度無菌化が必要となる．その場合は，菌叢から分離したこの段階で無菌化の作業を行う．

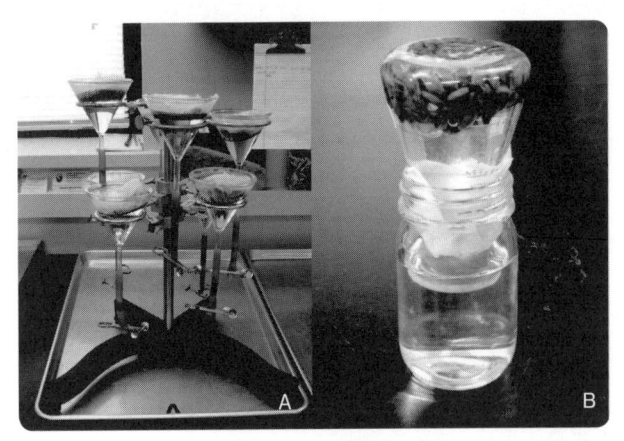

図4-20 ベールマン漏斗による通常の線虫分離法（A）と広口瓶を使用した簡易線虫分離法（B）

5.1.4 線虫の保存

培養した線虫は，十分に増殖した後4～10℃の恒温器（あるいは恒温室）に移して保存することが可能である．50 mlの三角フラスコ内で大麦培地によって培養した場合，線虫の系統にもよるが1年程度は維持できる．

参考文献

Zhao, H., Chen, C., Liu, S., Liu, P. Liu, Q. and Jian, H. (2013) Aseptic *Bursaphelenchus xylophilus* does not reduce the mortality of young pine tree. Forest Pathology, doi: 10.1111/efp.12052.

真宮靖治・二井一禎・小坂 肇（2004）1.7 マツノザイセンチュウの培養法．『線虫学実験法』（日本線虫学会編）pp.141-143 日本線虫学会，つくば．

（竹内祐子）

5.2 節足動物やカタツムリに便乗する線虫

ヤスデ，ダンゴムシ，ワラジムシなどの節足動物やカタツムリなど陸生の貝類は，線虫の便乗が知られている生物である．特に大型のヤスデは線虫の便乗率が高く，複数種の線虫が同じ個体から検出されることもある．また，ダンゴムシ，ワラジムシ，カタツムリは，線虫が便乗している割合はヤスデと比べて低いものの，モデル生物のC. エレガンス（*Caenorhabditis elegans*）やその近縁種のC. ブリッグサエ（*C. briggsae*），C. レマネイ（*C. remanei*）の検出が報告されており，研究材料として魅力

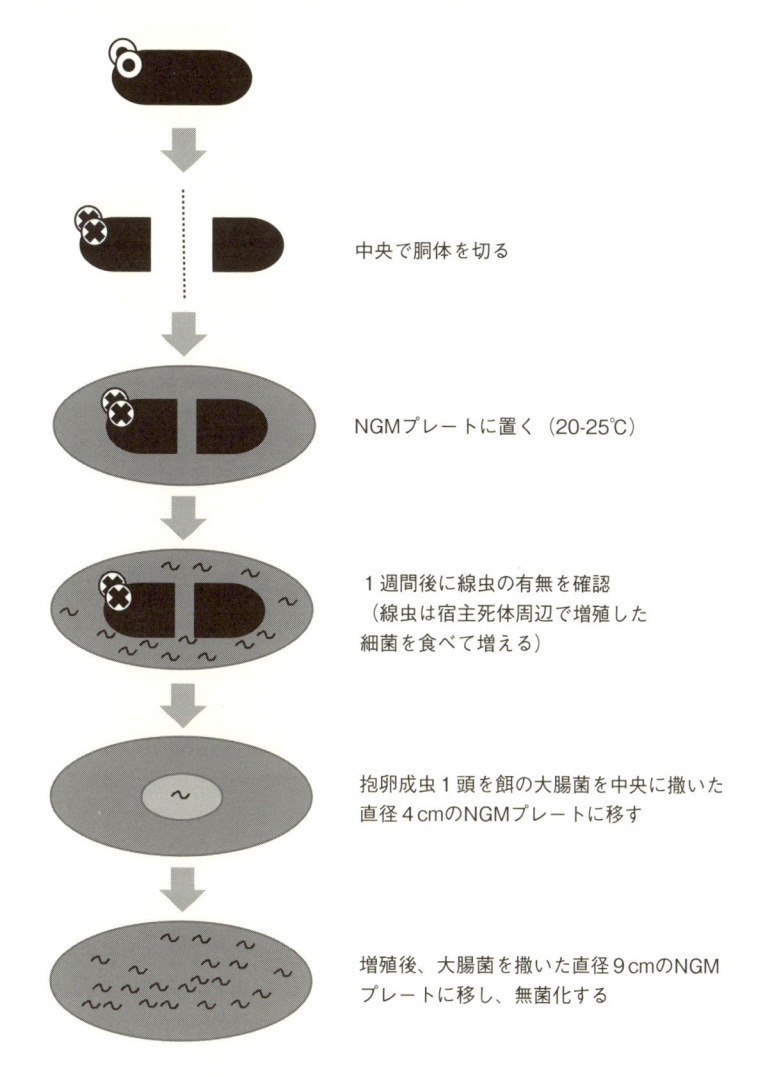

5. 昆虫等便乗性線虫の培養・保存法

図 4-21 節足動物からの線虫分離法

（図中注記）
- 中央で胴体を切る
- NGMプレートに置く（20-25℃）
- 1週間後に線虫の有無を確認（線虫は宿主死体周辺で増殖した細菌を食べて増える）
- 抱卵成虫1頭を餌の大腸菌を中央に撒いた直径4cmのNGMプレートに移す
- 増殖後、大腸菌を撒いた直径9cmのNGMプレートに移し、無菌化する

的である（Kiontke and Sudhaus 2006）．しかし，節足動物やカタツムリに便乗する線虫の研究はまだ十分に行われているとは言い難く，解説書もほとんど存在しない．そこで，本項では節足動物および軟体動物のカタツムリに便乗する線虫の研究での第一歩となる，宿主からの線虫の分離法および培養法を解説する．

5.2.1 宿主の採集

a）準備器材： 軍手，ゴム手袋，ピンセット，プラスチックチューブ，厚手のファスナー付きビニール袋，クーラーボックス．

b）操作手順： サンプリングに適する季節は宿主生物によって異なるが，節足動物やカタツムリの多くは春から秋にかけて採集でき，特に初夏に採集しやすい．この時期は雨が降ることが多いが，線虫が便乗している宿主個体を採集するのであれば，雨の日は避ける．便乗して間もない線虫は宿主の体表から洗い流されやすい．節足動物を採集する場合は，軍手を着用し，石や倒木，落ち葉の下を探す．この際に，蛇やムカデなどの生物に注意を払う．カタツムリは，木の幹や葉の裏などにいるも

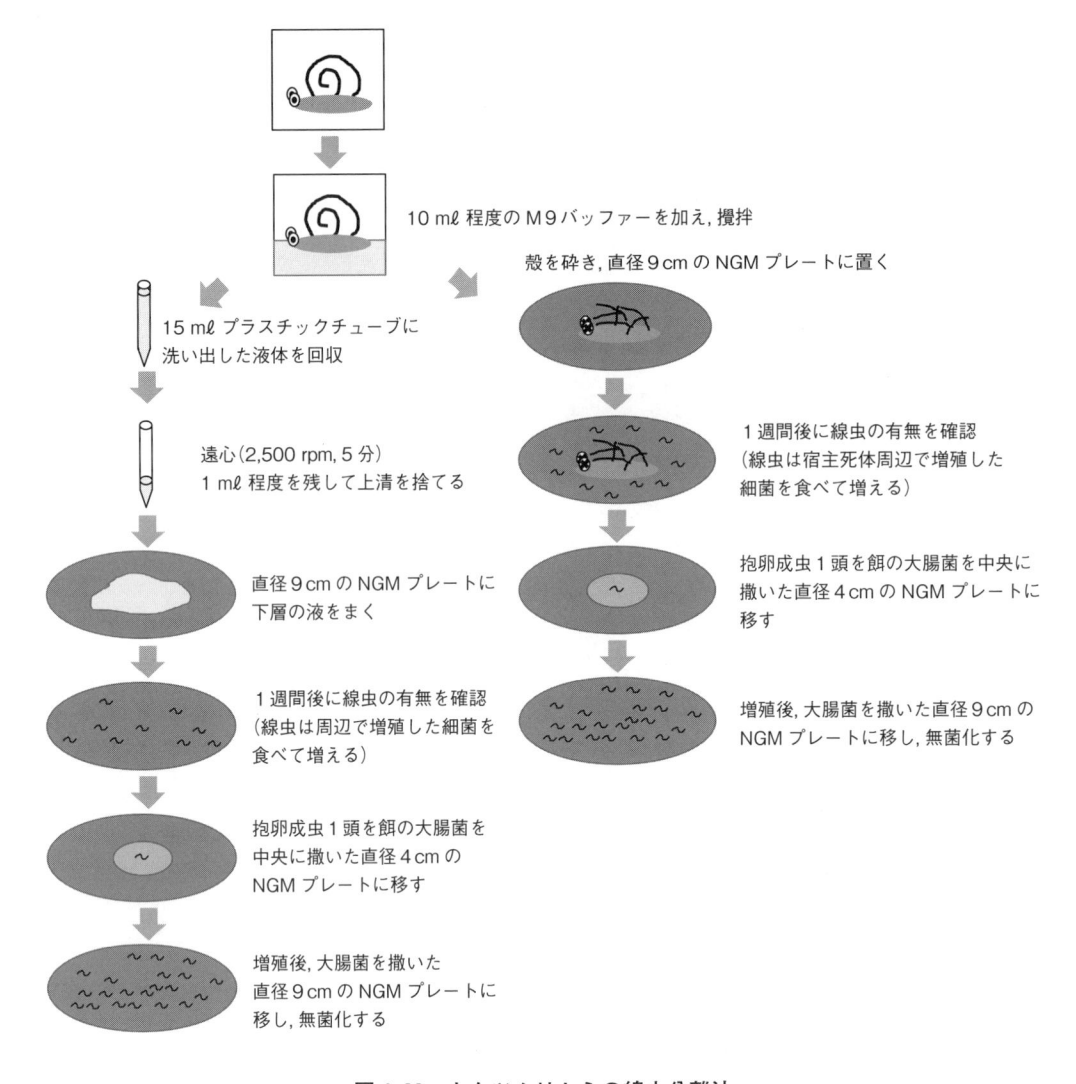

図4-22 カタツムリからの線虫分離法

のを軍手もしくはゴム手袋を着用し採集する．発見した節足動物やカタツムリは，一頭ずつプラスチックチューブや小型で厚手のジップ付きビニール袋などに入れる．回収時に，土や落ち葉，水が容器に入らないようにする．土や落ち葉には多くの線虫がいるため，便乗線虫以外の線虫が混入する原因となる．また，水が宿主生物に長時間触れていると，便乗している線虫が宿主から降りてしまうことがある．ヤスデの一部の種は毒を持っており，陸生の貝は人間に寄生する住血吸虫を保持していることがあるので，素手で触らないようにする．採集した節足動物やカタツムリは，車内等で高温にならないように注意する．暑い時期は保冷剤を入れたクーラーボックスを用意する．

5.2.2 宿主からの分離

a）準備器材：　ピンセット，エタノール，キムワイプ．NGMプレート*（4 cm, 9 cm），M9緩衝液**，生理食塩水***，15 mlプラスチックチューブ．

b）操作手順：　持ち帰った節足動物は，10℃で2時間程度置くと，運動性が低下し解剖しやすい．大半の節足動物は10℃で1週間程度保存できる．10℃では宿主が死亡しても線虫は生存していること

が多い．4℃のインキュベーターを用いる場合，温度が低すぎて一部の便乗性線虫は死亡するため，長時間置かない方がよい．カタツムリは動きがゆっくりであるため，低温処理せず解剖に用いる．節足動物やカタツムリは，ピンセットを用いて解剖し，1頭解剖するごとにピンセットはエタノールを染み込ませたキムワイプで拭いてサンプル間の線虫の混入を防ぐ．解剖方法は宿主の種類によって以下の3つに分けられる．

　*NGM（Nematode Growth Medium）プレートについては，細菌食線虫の培養に関する本章第6節6.1.2の4）を参照．
　**M9緩衝液：3 g/ℓ KH_2PO_4，6 g/ℓ Na_2HPO_4，5 g/ℓ NaCl，1 mM $MgSO_4$
　***生理食塩水：9 g/ℓ NaCl

1）小型の節足動物の解剖方法

ワラジムシやダンゴムシなど小型の節足動物は，プラスチックペトリ皿上で胴体を2つに切断し，切断した胴体を1頭分ずつ直径4 cmのNGMプレート上に置く．

2）大型の節足動物の解剖方法

ある程度大型のヤスデなどは，M9緩衝液や生理食塩中で頭部を切断した後，尾部をピンセットでつまんで腸を引き出す．腸の内部に線虫が入っていないか確認し，入っていた場合は腸ごと，直径9 cmのNGMプレートに置く．顕微鏡観察により，形態が異なる複数の線虫が腸の中に入っている場合は，腸を開き，できるだけ多くの個体を柄付き針等で釣り上げ，形態が同じ線虫毎にNGMプレートに入れる．腸内に入っている線虫は寄生性線虫であることも多く，便乗性線虫であったとしても，急激な環境変化により培地上で死亡する場合が多い．便乗性線虫であっても培養がうまくいかない場合は，新たに採集した宿主個体を，腸を取り出さずに2つに切断し，NGMプレートに置くと増殖する場合がある．また，60℃で一晩加熱することで土壌線虫がいない状態にした土で宿主を飼育し，死亡した宿主や宿主の糞で線虫が増殖していることを確認し，死体や糞ごとNGMプレートに置くことで培養がうまくいく場合が多い．

3）カタツムリの解剖方法

カタツムリは，体表と体内にわけて線虫を分離する．カタツムリが入っている容器に10 mℓ程度のM9緩衝液を入れ，表面の線虫を洗い出す．洗い出した液を15 mℓプラスチックチューブに入れ，2,500 rpmで5分間遠心する．上ずみを捨て，下層（1 mℓ程度）を直径9 cmのNGMプレートに入れ，20～25℃に置く．培地上の溶液が3 mm以上の高さになると線虫の増殖や生存に影響を及ぼすため，溶液が多い場合は，培地の蓋を開けて数時間置き，水分を飛ばす．表面を洗い流した後のカタツムリはプラスチックペトリ皿上でピンセットを用いて殻を砕き，新たな9 cmのNGMプレートに入れる．

5.2.3　線虫の培養，保存

節足動物やカタツムリやカタツムリを洗った溶液を入れた培地は蓋をし，20～25℃に置く．インキュベーターに入れる際は培地が乾きすぎないようにプラスチックタッパーやファスナー付きビニール袋に入れる．プレートをパラフィルムで封じると，雑菌の増殖による窒息を起こしやすいため，無菌化していない培地にはパラフィルムを用いない方がよい．

節足動物やカタツムリに細菌食性線虫が乗っていた場合，1～3日で宿主死体から這い出す線虫が見られ，1週間程度で線虫の増殖が観察できる（線虫は宿主の死体や培地で増殖した細菌を食べる）．抱卵成虫が現れたら，抱卵成虫1頭を柄付き針などで釣り上げて，中央に大腸菌（*Escherichia coli* OP50）を撒いた直径4 cmのNGMプレートに移す．線虫の増殖が進んだ後，直径9 cmのNGMプレートに切り出した培地を移す．

野外から持ち込んだ節足動物はダニが付着していることもあるため，節足動物専用のインキュベー

ターや解剖場所を確保し，ダニの発生に気をつける．培地にダニが発生した場合は，線虫10頭程度を，大腸菌を撒いた直径4 cmのNGMプレートに移して新たに培養を開始する．

培養がうまくいかない場合は，1）雑菌が増えすぎていないか（窒息が起こっていないか），2）線虫の食性と培地は適合しているか，3）糸状菌が繁殖しすぎていないか，4）温度は適切か，5）宿主1個体あたりに便乗している線虫の個体数が少なすぎないか，6）培地が硬すぎないか（寒天濃度が高すぎないか），などを検討する．

線虫が増殖した9 cmのNGMプレートは，10℃で冷蔵すると3箇月程度保存可能である．また，C.エレガンスに用いられる液体窒素による半永久的な凍結保存（次項参照）も可能である．保存に際しては，雑菌の増殖が線虫の保存期間や保存の可否に影響するため，線虫は無菌化し，大腸菌（*Escherichia coli* OP50）などで培養したものを用いるべきである．

参考文献

Kiontke, K. and Sudhaus, W. (2006) Ecology of *Caenorhabditis* species. In The *C. elegans* Research Community (ed.), WormBook. Available from http://www.wormbook.org/chapters/www_ecolCaenorhabditis/ecolCaenorhabditis.html

（田中龍聖）

6. 非寄生性線虫の培養法 I ─ 細菌食性線虫

本項では，C.エレガンス（*Caenorhabditis elegans*：以下，エレガンス）の培養法と保存法を紹介する．21世紀に入り6人もの研究者をストックホルムに送り込んだスーパー実験動物であるエレガンスは，れっきとした細菌食性線虫である．実験室ではふつう大腸菌（*E. coli*）を餌として培養する．寒天を使った固形培地でも，液体培地でも飼育できる．ここで紹介する培養法ならびに保存法は，理論的にも経験的にもエレガンス以外の大方の細菌食性線虫にも適用できるはずである．

世界標準となっているエレガンス野生株N2やその他種々の変異株は，ミネソタ大学（University of Minnesota）内にあるThe Caenorhabditis Genetics Center（CGC: https://www.cbs.umn.edu/cgc）から有料で入手できる．また日本にも多くの研究者がいるので，伝手をたどるか，「虫の集い」MLに登録し，メンバーに呼びかけて入手するのがよかろう（虫の集い管理人 <wormjp-request@umin.ac.jp>）．

エレガンスは成虫でも1 mmあまり，通常は雌雄同体（2個のX染色体をもつ機能的雌だが，卵のみならず精子もつくる）が自家受精で増殖するので，遺伝的に純系な雌雄同体の集団が自然に形成される．生殖細胞形成時に千分の一ほどの確立で起こるX染色体の不分離により雄（1個のX染色体をもつ）が生れるので，雌雄同体に雄を掛け合せることで遺伝学に必要な交配（交雑）もできる．実体顕微鏡下で行動や形態を観察でき，受精卵から成虫に至るまで透明なので微分干渉顕微鏡下で個々の細胞を識別することも可能である．

世代時間は25℃で2日あまり，1頭の雌雄同体がおよそ200頭の子供を産むので，1週間で約800万頭の純系集団を形成することができる．液体窒素などで生きたまま永久凍結保存が可能である．次亜塩素酸ナトリウム溶液処理によって成虫体は溶解するが，丈夫な殻に覆われた受精卵だけが生き残るのを利用して，培養中に混入する雑菌は容易に除去される．

以下，培養，保存とも無菌操作を常に心がけること！

6. 非寄生性線虫の培養法 I ― 細菌食性線虫

6.1 C. エレガンスの培養法

6.1.1 設備・機器

実験室はエレガンスの適温範囲である 15 ～ 25℃に設定できることが望ましい．設備としては最低限エレガンスを観察・操作する実体顕微鏡，および飼育するインキュベーター（恒温培養器）を備える．

実体顕微鏡は 5 ～ 50 倍（200 倍を可能にするアクセサリー付きのものもある）に拡大できるもの，蛍光タンパクなどの蛍光をみるときには，落射蛍光装置を装着できるものが必要となる．実体顕微鏡では細胞（核）はみえない．エレガンスの細胞を追跡し，細胞の形成や消滅を観察するには高価な微分干渉顕微鏡が必要である．

インキュベーターは 15 ～ 25℃の範囲で設定でき，正確な実験のために誤差が ± 0.5℃（最大 ±1℃）以内のものがよい．また温度感受性変異体を使ったりする実験では，16℃や 25℃などの温度に設定した複数のインキュベーターが必要となる．通常，16℃，20℃，25℃に設定した 3 台のインキュベーターを揃える研究室が多い．1 台だけなら，インキュベーターを 20℃に設定しておくのが普通である．その他，培地を作製するためにオートクレーブとクリーンベンチが必要．

6.1.2 エレガンスあるいは自活性線虫の餌，大腸菌 OP50 株の調製

通常，エレガンスの餌として大腸菌 B 株の一種 *E. coli* OP50 を使う．OP50 はウラシル要求株（uracil auxotroph）であるため，その増殖を一定に抑制できる．よって，エレガンスの形態や行動を実体顕微鏡で観察するのに都合がよい．もともとエレガンス用に開発された餌ではないので，他の自活性線虫の餌にもなる．また，単に線虫を増殖するだけなら K12 や W3110 など原栄養株（prototroph）[*]を使うことも可能である．

[*]最少培地上で増殖できる栄養的に独立した株．

1）LB 液体培地（Lysogeny broth）の作製（1 ℓ）（Bertani 1951）

トリプトン 10 g，酵母エキス 5 g，NaCl 10 g，1 M NaOH を約 1 mℓ 加え pH7.0 に調製する．50 mℓ メジューム瓶に 30 mℓ ほどを小分けしてからオートクレーブする．コンタミ（contamination：雑菌侵入）防止のため，1 瓶 1 回使いきりとする．なお，LB 培地は，後述 4）の NGM 寒天培地から寒天を除いた NGM 培地で代替可能．

2）LB プレート（寒天培地）の作製（1 ℓ）

トリプトン 10 g，酵母エキス 5 g，NaCl 5 g または 10 g に寒天 15 g を加えオートクレーブ，9 cm のペトリ皿 1 枚につき 25 mℓ を分注する．寒天が十分に乾いたら，使用時まで冷暗所に保管する．雑菌防御の観点から，プレートの保管は蓋を上側にすることを勧める．蓋を下側にすると，蓋とプレート容器の間隙から雑菌が入りやすいからである．ところが蓋を上側にしてコールド・ルームや冷蔵庫で保管すると，蓋に結露しやすくなる．水滴は視野を妨げ，観察を困難にするので除去する：(1) 蓋の内側を斜め上向きにして手早く回すようにして水滴をひとつに集めてから捨てる；(2) 少々乱暴ではあるが，単純に蓋を勢いよく振って水滴を飛ばす．なお，LB プレートは，後述 4）の NGM プレートで代替可能．

その他：白金耳．白金耳を無菌化するためのアルコールランプあるいは小型ガスバーナー．

3）大腸菌の単離培養方法

シングルコロニーを得るため，LB プレート上に白金耳で大腸菌を極薄く画線し 37℃で一晩インキュベートする．育ってきたシングルコロニーを白金耳で取り上げ，50 mℓ メジューム瓶中の LB 培地に大腸菌を洗い流し培養する（室温での静置培養も可）．大腸菌の育った LB 液体培地，シングルコロ

ニーの生えたプレートは冷蔵庫やコールド・ルームに保管する．

4）NGM (Nematode Growth Medium) プレート（寒天培地）の作製

手作業の場合，1〜1.5ℓの培地には2ℓの三角フラスコを使うと都合がよい．分注器を使う場合は，培地の容量に合ったフラスコで十分である．1ℓの培地で9 cmペトリ皿のプレートを約40枚，6 cmのものなら約90枚を目安にするとよい．

a）準備器材：
- 1 Mリン酸カリウム緩衝液（pH6.0）の作製（1ℓ）
  KH_2PO_4（無水）108.3 g，K_2HPO_4（無水）35.6 gを蒸留水1ℓに溶解したのち，100 mℓメジューム瓶に50〜100 mℓを分注し，オートクレーブする．
- 1 M $CaCl_2$ ストック水溶液（50 mℓメジューム瓶でオートクレーブ），1 M $MgSO_4$ ストック水溶液（50 mℓメジューム瓶でオートクレーブ），5 mg/mℓ コレステロール（95%メタノールにコレステロールを溶解；これはオートクレーブしない）．
- その他：NaCl，ペプトン，寒天，9 cmまたは6 cmペトリ皿，滅菌済みメスピペット，マグネチックスターラー，2ℓフラスコ．

b）操作手順：① 寒天15〜17 g（標準は17 g），ペプトン3 g，NaCl 3 g，スターラーをフラスコに入れた後，蒸留水975 mℓを加え攪拌する．② オートクレーブ後，素手で触れるほどの温度（60〜70℃）になったら1 M $CaCl_2$ 1 mℓ，1 M $MgSO_4$ 1 mℓ，1 Mリン酸カリウム緩衝液25 mℓ，5 mg/mℓ コレステロール1 mℓを無菌的に，スターラーを泡立てないように，ゆっくり回転させながら加える（寒天が局所的に固化しないよう，加える溶液は最低室温以上に加温しておく）．③ よく混合した後，泡をつくらないようにペトリ皿に分注する．泡はガスバーナーなどの炎を吹き付けると泡が消滅するが，あまり奨励しない．④ 分注を終わった皿は寒天が固化するまで静置する．

5）エレガンス飼育用大腸菌プレートの作製

LB液体培地中大腸菌を滅菌済みパスツールピペットで約1 mℓずつ9 cmのNGMペトリ皿に滴下してゆく．ペトリ皿に蓋をして手で左右前後に少し傾けながら大腸菌液を拡げる．このとき，大腸菌液が皿の側面にまで到達しないように注意する．表面が乾いたら（通常，室温で数日），密閉可能な容器に入れて冷暗所に保管する．4℃のコールド・ルームなら数箇月は保管できる．

6.1.3 エレガンスの飼育

雌雄同体のエレガンスは1頭からでも増殖が可能である．継代培養では通常十分に増殖したプレートから，餌の大腸菌が枯渇するころを見計らって，滅菌済み爪楊枝で線虫のいる寒天片（0.5〜1 cm²）を切出し，新しい飼育プレートに，表面を傷つけないように載せる．傷から寒天中にもぐり増殖した線虫で使い難いプレートになるからである．

N2は世代時間が，16℃で6日，20℃で3.5日，25℃で50時間程である．ふつう実験室での株の維持には増殖がゆっくり進む13℃〜16℃が好まれる．耐久型幼虫を利用することで，15℃なら，数週間に一度の植え継ぎで済む（6.2.2 インキュベーターでの保存を参照）．

6.1.4 雑菌の除去

線虫を継代培養していると，どうしても雑菌（餌以外の細菌，酵母，カビなど）が培地に侵入してくる．こうした雑菌は培養を困難にし，実験の精度を損なうので，速やかに除去することが肝心である．ちなみに，雑菌を防ぐ方法として，寒天プレート作製時にナイスタチン（10 μg/mℓ）やファンギゾン（250 μg/ℓ）などの防カビ・酵母剤，およびストレプトマイシン（200 μg/mℓ）やアンピシリン（100

μg/mℓ）などの防細菌剤を入れておく．但し，大腸菌 OP50 はストレプトマイシン / アンピシリン感受性なので，あらかじめ抵抗性にしておく必要がある*．

*抗菌剤（抗生物質）耐性菌の単離法．LB 培地で培養した OP50 株 10 mℓ を 15 cm 遠心チューブ（コニカルチューブ）に入れ，30 秒ほど卓上遠心機で遠心し上ずみを 0.5 mℓ ほど残して捨て去る．沈殿した OP50 をボルテックスで再度浮遊させ，抗生物質を添加した新しい NGM プレートに撒いて一杯に広げる．一晩おくと抗菌剤抵抗性の OP50 コロニーが形成されてくる．

a）準備器材： 9 cm NGM 大腸菌スポットプレート（9 cm NGM プレートの片すみに大腸菌のスポット叢を形成しておく），線虫溶解液（Nematode Lysis 液：以下，NL 液）の作製（10 mℓ）：次亜塩素酸ナトリウム液（あるいは Clorox や花王ハイターなど市販の漂白剤）1 mℓ，10 N NaOH 200 μℓ を SB あるいは M9 緩衝液 9 mℓ に加える．保管はできないので用時調製する．線虫ピッカー（第 7 章 3 節 3.1 寿命測定による毒性の評価法を参照）

b）操作手順

1）ランプレート（run-plate）法

特に雑菌がカビのときに便利な方法である．① カビの生えた線虫プレートから，なるべくカビの少ないところにいる線虫をピッカーで拾い，上記 9 cm NGM 大腸菌スポットプレートに移す．移す場所は大腸菌叢側とは反対側．② カビの生えた線虫プレートの，線虫のいる一部寒天（直径 5 mm 以下）を爪楊枝で切り取り大腸菌スポットプレートに移す．移す場所は大腸菌叢とは反対側．③ 数時間後，大腸菌叢まで移動してきた線虫を新しい培養プレートに移す．これを数度繰り返せば，しつこいカビも除去できる．

2）NL 液による雑菌の除去法（超簡便法）

酵母のような雑菌は，ランプレート法ではなかなか除去することができない．幸い，線虫の受精卵はその他の体組織や雑菌より NL 液に対して抵抗性が大きい．この違いを利用して雑菌を除去する．

まず NL 液を 9 cm NGM 大腸菌スポットプレートに，大腸菌叢の反対側にたっぷり垂らし"液滴"をつくる．つぎに雑菌の生えたプレートから抱卵線虫数頭を液滴に移す．液滴が線虫を十分に浸していることを確認する．ふ化するまでに液滴は寒天に吸収されて，L1 ふ化幼虫は反対側の餌（大腸菌叢）にたどりつく．

3）雑菌の除去のための同調培養法の応用

本方法に関しては，第 7 章第 3 節（3.1 寿命測定による毒性の評価法）を参照のこと．

6.2 C. エレガンスの保存法
6.2.1 凍結保存法

エレガンスがモデル動物として成功した要因のひとつに凍結保存がある．CGC をはじめ，現在世界的に普及している凍結保存法は，K・ルーと筆者が 1978 年に発表した方法がベースになっている（Lew and Miwa 1978）．この保存方法は，他の多くの線虫類にも応用できることが判明している．

a）準備器材：

・緩衝液の準備

M9 緩衝液（1 ℓ）の作製： Na_2HPO_4 6 g，KH_2PO_4 3 g，NaCl 5 g を 1 ℓ の蒸留水に溶解し，オートクレーブする．オートクレーブ後，滅菌済み 1 M $MgSO_4$ を 1 mℓ 加え混合し，適当な容量のメジューム瓶に分配する．

・B 培地（B medium）の作製（1 ℓ）

NaCl 5 g，上記 6.1.2 のリン酸緩衝液 50 mℓ，グリセリン 300 mℓ に蒸留水 650 mℓ を加えオートクレーブする．

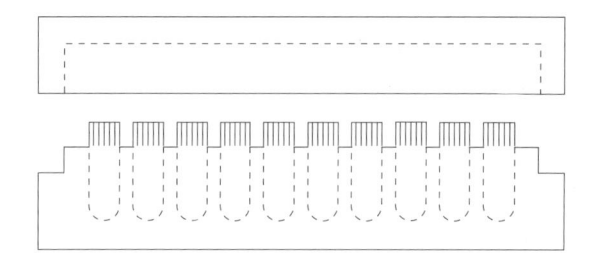

図 4-23 発泡スチロール製バイアルホルダー
例，10 × 10 バイアル

バイアルを差し込む穴の直径はきつく詰まるようにバイアルよりやや小さくしておく．深さは頭部の蓋の部分がわずかに突き出るほどにしておくと，操作しやすい．「Lew and Miwa (1978) の図を改変」

・その他器材： 冷凍庫，液体窒素タンク（キャニスター，ケーン付き），凍結保存用バイアル（ケーンに適合する容量 1 ml のものがよい），滅菌済み（使い捨て）ピペット，滅菌済み（使い捨て）試験管，発泡スチロール製バイアルホルダー（図 4-23）．

b）操作手順： ①線虫を 9 cm のプレート 5〜6 枚で大腸菌がほぼ食い尽くされるまで増殖させる（L1 や L2 幼虫がほとんどとなる）．②ひとつのプレートに 5〜6 ml 程度（後述，最後の 1 枚に 3 ml 程度の線虫液が残るのが望ましい）の M9 緩衝液を注ぎ込み，軽く揺さぶって線虫を浮かせる．③浮き上がった線虫（液）をピペットで吸い上げ，つぎのプレートに注ぎ込む．④ひとつ目と同様の操作で線虫を吸い上げ，つぎのプレートに注ぎ込む．これを繰り返し最終的に 1 枚のプレートに線虫を集中する．⑤このプレートから線虫懸濁液 3 ml を吸い取り（線虫はおおむねプレートの寒天上に沈んでいるので線虫を優先的に吸い取る），試験管に入れる．⑥これに等量の B 培地を加え，よく混合してから手早く 1 ml ずつ凍結保存用バイアル 6 本に分注する．バイアルには，あらかじめ株の名称，凍結年月日，製作者名を付けておく．⑦バイアルをいきなり液体窒素タンクにいれると線虫が死んでしまうので，バイアルは密度の高い発泡スチロールに穴をあけたホルダー（図 4-23）に差し込む．⑧これを空気でいっぱいに膨らませたビニール袋に入れ，-20〜-80℃の冷凍庫で一晩静置した後，ホルダーを袋から取り出し，-80℃の冷凍庫にそのままおくか，-196℃の液体窒素タンクに入れる．凍結の速度は 1℃/1 分以下と言われているが，厳格な報告はない．加えて，株ごとに最適な凍結速度が異なるので，どの株も同じように扱えるわけではない．試行錯誤も覚悟すること．⑨凍結の成功を確認するために，バイアルの温度が平衡状態に達したら 6 本のうち 1 本を解凍する．解凍は，バイアルを室温に置き，氷が解けたタイミングで新しい大腸菌 NGM プレートに線虫を撒く．一日後 L2 以下の線虫が 50 頭以上元気にうごめいていれば成功と考えてよいが，数日後増殖（生殖していること）を確認することを勧める．

c）留意事項： 1）凍結保存にはなるべく第 2 期幼虫（L2 幼虫）までの若い線虫を対象とする．これより大きなものは，解凍後の生存率や生殖率が悪い．2）通常，1 本のケーン（図 4-25 参照）に 6 個のバイアルが保管できる．

6.2.2 インキュベーターでの保存

エレガンスの耐久型幼虫の平均寿命は 60 日なので，13〜16℃なら凍結することなく数週間から最長 2 箇月ほどはプレート上で保存できる（保湿を忘れずに！）．

参考文献

Bertani, G. (1951) Studies on lysogenesis. I. The mode of phage liberation by lysogenic *Escherichia coli*. Journal of Bacteriology, 62: 293-300.

Lew, K. and Miwa, J. (1978) Method to Freeze a Large Number of *C. elegans* Stocks. Worm Breeder's Gazette, 4(1): 14.

（三輪錠司）

7. 非寄生性線虫の培養法 II ― 糸状菌食性線虫の培養

アフェレンクス属（*Aphelenchus* spp.；ニセネグサレセンチュウなど），フィレンクス属（*Filenchus* spp., 図4-24）及びティレンコライムス属（*Tylencholaimus* spp.）など，「植物寄生性線虫」の項で取り上げられなかった線虫について解説する．ポテト・デキストロース寒天（PDA）を用いる等の培養法の基本は同じなので，植物寄生性線虫の「糸状菌による培養」の項第4章3.4（p.95）も参照すること．フィレンクス等では，市販PDAの規定濃度では餌の糸状菌が生育しすぎて線虫が増えにくいため，濃度を適度に希釈する．筆者は通常規定濃度の1/10またはそれより低濃度のPDAを作製している．ただし，寒天の濃度（1.5%）を保つため，希釈の程度に応じて素寒天を追加する．また，接種に用いる線虫は，滅菌蒸留水で2, 3回洗浄する．著者はフィレンクスをマッシュルーム（*Agaricus* spp.），ヒトヨタケ（*Coprinus* spp.），ヒラタケ（*Pleurotus* spp.）等の担子菌やケタマカビ（*Chaetomium* spp.）などの子のう菌で，ティレンコライムスをフザリウム・オキシスポルム（*Fusarium oxysporum*），ボトリチス属菌（*Botrytis* spp.），フォーマ属菌（*Phoma* spp.）などの植物病原性菌種で培養した（Okada and Kadota 2003; Okada et al. 2005）．また，ニセネグサレセンチュウはフザリウム属菌や灰色かび病菌の他リゾクトニア属菌（*Rhizoctonia* spp.）などでも培養できる（Okada 1995）．フィレンクスやティレンコライムスはニセネグサレセンチュウに比べて増殖率が小さく，増殖確認まで25℃で1箇月以上かかる場合がある．この間定期的に顕微鏡で観察し，摂食や産卵を行っていれば増殖が期待できる．線虫種を保存する場合は試験管を用いた斜面培地を使用する．様々な齢期の線虫個体が出現した時に10℃に置くと1年間は保存できる．この間水分が蒸発しないようにパラフィルムなどで試験管の栓を覆う．また，培養系を更新する場合，餌糸状菌種を換えないと増殖率が低下することがある．さらに，経代培養を繰り返すと餌菌種への嗜好性等線虫の性質が変化することがある．

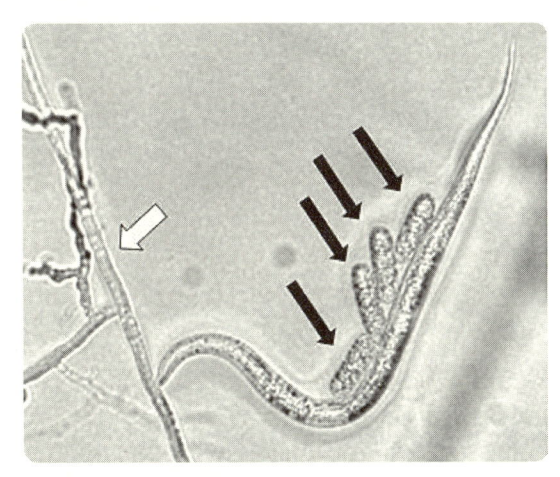

図4-24 糸状菌菌糸を摂食するフィレンクス
体長約0.4 mm. 黒い矢印は卵，白い矢印は菌糸．

参考文献

Okada, H. (1995) Propagation of two fungivorous nematodes on four species of plant-pathogenic fungi. Japanese Journal of Nematology, 25: 56-58.

Okada, H., Kadota, I. (2003) Host status of 10 fungal isolates for two nematode species, *Filenchus misellus* and *Aphelenchus avenae*. Soil Biology & Biochemisrty, 35: 1601-1607.

Okada, H., Harada, H., Tsukiboshi, T. and Araki, A. (2005) Characteristics of *Tylencholaimus parvus* (Nematoda: Dorylaimida) as a fungivorus nematode. Nematology, 7: 843-849.

（岡田浩明）

8. 線虫の凍結保存法

　多くの線虫は，多細胞生物の中では珍しく凍結保存が可能である．凍結保存は，継代培養の手間が省け，多くの線虫種の維持が容易なだけでなく，継代培養による形質の変化を防ぐことにも役立つため，研究を行う上で非常に重要な手法である．凍結保存を成功させるには，最適な前処理方法，冷却速度，液体窒素中での保存，最適な融解速度が重要である．前処理の方法として重要なのは，冷却に伴って細胞中に氷晶が形成されることによる細胞への損傷を防ぐことであり，そのために線虫を乾燥させたり，グリセリンやエチレングリコールなどの抗凍結剤を利用する．

　ここでは，植物寄生性線虫など様々な線虫に用いられるエチレングリコールを用いた方法，そして，昆虫病原性線虫の感染態幼虫で利用されている方法について紹介する．なお，細菌食性線虫の凍結保存法は，本章の 6.2.1 に書かれている．

8.1　植物寄生性線虫の凍結保存法

　強い乾燥耐性を持たない多くの植物寄生性線虫や糸状菌食性線虫の凍結保存には，抗凍結剤を用いた方法が用いられる．これまで様々な方法が報告されているが，ここでは，エチレングリコールを用いたサツマイモネコブセンチュウ第 2 期幼虫の凍結方法を紹介する．なお，この方法は，ネコブセンチュウだけでなく，イモグサレセンチュウやマツノザイセンチュウといった菌食性線虫，一部のスタイナーネマ属線虫やスセンチュウなど，さまざまな線虫にも利用可能である．

　a）準備器材：　5 ml 程度の蓋付きガラス瓶，10%（v/v）エチレングリコール，氷冷した 70%（v/v）エチレングリコール，クライオチューブ，ケーン，厚手のクロマトペーパー紙片（6 × 16 mm），液体窒素，液体窒素用小型容器（発泡スチロール容器でも可）（図 4-25A），液体窒素タンク（図 4-25B, C）．

　b）操作手順：　①ふ化後の第 2 期幼虫（数百～数万頭）を蓋付きガラス瓶（線虫が重ならないような平底）に集め，できるだけ余分な水を除く．②10%（v/v）のエチレングリコールを加える．③1～3 時間後，線虫の入ったガラス瓶を氷上に移し，氷冷した 70% エチレングリコールを等量加える（エチレングリコールの最終濃度が 40% となるようにする）．④40～60 分後，線虫懸濁液をガラスのパスツールピペットを用いて取り出し，厚手のクロマトペーパー紙片（6 × 16 mm）上に塗布する（0.7 mm 厚の紙片だと，150 μl 程度は吸収可能）．⑤ピンセットを用いて線虫懸濁液をしみ込ませた紙片を液体窒素用小型容器に入れておいた液体窒素中に移し，液体窒素の泡が消えるまで待つ．その後，液体窒素中に浸けておいた 1 ml クライオチューブ（ケーンの先に固定）に紙片を移す．⑥新たな紙片へ線虫懸濁液をしみ込ませ，凍結させる作業を同様に繰り返す(0.7 mm 厚だと 1 ml クライオチューブに 6 枚程度入る)．⑦温度上昇に気を付けながら，クライオチューブに蓋をし，速やかに液体窒素タンクの中にクライオチューブを移す．⑧融解する場合は，急速に温度を上昇させることが重要である．クライオチューブから速やかに紙片を取り出し，20 ml 程度の水が入った容器内に移す．1 時間もしないうちに，線虫は動き始める．

　c）留意事項：　1）薄手の紙片は吸い込ませる線虫懸濁液の量が限られる上，凍結の際に紙片が曲がりやすく，クライオチューブに入れる枚数が限られる．2）再増殖させるためには，トマトやキュウリの実生苗に接種する．

8.2 スタイナーネマ属およびヘテロラブディティス属昆虫病原性線虫の凍結保存法

　a）準備器材： 30％（w/w）グリセリン溶液，70％（v/v）メタノール，ニトロセルロースフィルターなど（孔径3μm程度），9cmペトリ皿，ケーン，クライオチューブ，液体窒素，液体窒素タンク，液体窒素用小型容器．

　b）操作手順： ①感染態幼虫を回収し，脱イオン水でよく洗った後，10mℓの脱イオン水に懸濁する（25,000頭/mℓ以下）．②9cmペトリ皿に線虫懸濁液を入れ，10mℓの30％グリセリン溶液を加えてよく混ぜる．③25℃で48～72時間静置する．④静置後，ニトロセルロースフィルター上に線虫懸濁液を移し，吸引ろ過によってフィルター上に線虫を集める（第7章図7-1参照）．⑤70％メタノールを15mℓ加えてフィルター上の線虫体表面のグリセリンを洗い流した後，ろ過器からフィルターを外し，氷に突き刺した15mℓ遠心管内に線虫を2mℓ程度の70％メタノール（5℃）を用いて洗い流す．⑥氷上で8分間静置（時々攪拌して線虫が重ならないよう注意）後，遠心して線虫を沈める（3,000rpm，20秒）．⑦上ずみを捨て，得られた線虫懸濁液を30μℓ程度ずつ6本のクライオチューブに分注する．⑧クライオチューブを卓上容器内の液体窒素中で凍結させた後，ケーンに固定し，液体窒素タンクに投入する．⑨生存を確認するため，凍結させた翌日，1本のチューブを取り出し，20mℓ程度の生理食塩水が入った容器内にチューブごと入れる．その際，パスツールピペットを使ってチューブ内に生理食塩水を入れるなどしてできるだけすばやく融解させる．生きている個体は，数時間後には動き始める．24時間静置した後，生存率を調べる．

　c）留意事項： 1）線虫が重なって酸欠で死亡するのを防ぐため，処理線虫数が多い時は，ペトリ皿の代わりに角型2号ペトリ皿などの大きい容器中で線虫懸濁液と等量の30％グリセリンを加える．または，ローテーターなどを用いて線虫懸濁液を緩やかに攪拌する．2）多くの場合，上記の条件で問題ないが，線虫種ごとに最適条件があるため，成功しない場合はグリセリン濃度や浸漬時間の調整が必要である．また，本方法は昆虫病原性線虫だけでなくセノラブディティス属線虫などの耐久型幼虫などでも利用できる．細菌食性線虫は第1期幼虫で凍結保存する場合が多いが，凍結融解後の増殖が非常に悪い細菌食性線虫では，この耐久型幼虫での保存は有効である．一方，植物寄生性線虫の凍結にはこの方法は向かない．3）《その他の凍結法》マツノザイセンチュウの凍結保存は上記の植

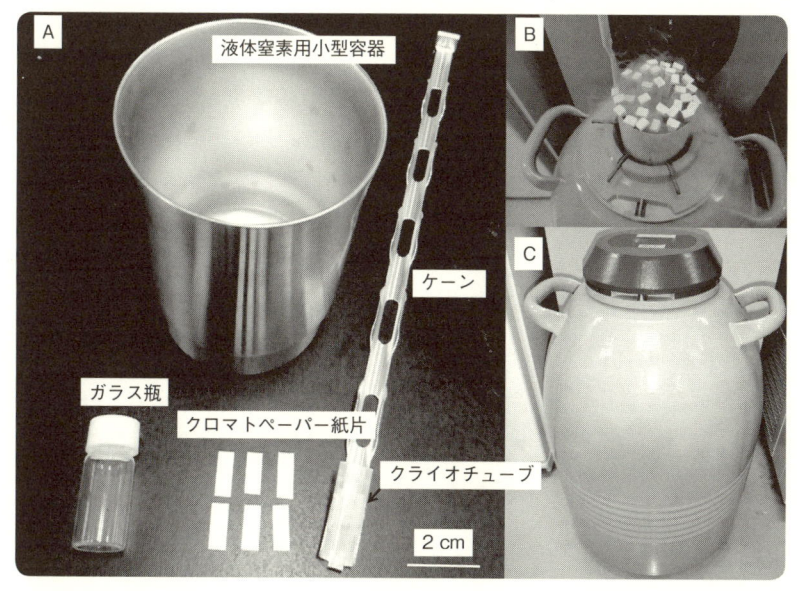

図4-25
A　植物寄生性線虫などの凍結保存に利用する器具．29cmのケーンに1.2mℓのクライオチューブが6個まで保持できる．クロマトペーパー紙片は，1つのクライオチューブに6枚まで入れることができる．B　ケーンが入ったキャニスター．このタンクの場合，このようなケーンを入れるキャニスターが6個入っている．C　液体窒素タンク．合計1,000個以上の1.2mℓクライオチューブの保存が可能．

物寄生性線虫用の方法で可能であるが，エチレングリコールを使った変法である Irdani et al.（2011）の方法はマツノザイセンチュウの生存率が高いらしい．また，熱帯性のバナナネモグリセンチュウに対して，低温処理を行わない方法などもある（Elsen et al. 2007）．凍結保存の生存率が低い場合には，これらの条件も参考になる．

参考文献

Curran, J., Gilbert, C. and Butler, K. (1992) Routine cryopreservation of isolates of *Steinernema* and *Heterorhabditis* spp. Journal of Nematology, 24: 269-270.

Elsen, A. Vallterra, S.F. Van Wauwe, T., Thuy, T.T.T. Swennen, R., De Waele, D., Panis, B. (2007) Cryopreservation of *Radopholus similis*, a tropical plant-parasitic nematode. Cryobiology, 55: 148-157.

Irdani, T., Scotto, C. Roversi, P.F. (2011) Low cryoprotectant concentrations and fast cooling for nematode cryostorage. Cryobiology, 63: 12-16.

Triantaphyllou, A.C. and McCabe, E. (1989) Efficient preservation of root-knot and cyst nematodes in liquid nitrogen. Journal of Nematology, 1: 423-426.

（吉賀豊司）

[第5章　行動解析実験法]

1. 植物寄生性線虫の行動解析

　線虫は多様な外的要因に敏感に反応することが知られており，植物寄生性線虫の行動解析の主な目的は寄主探索，摂食過程，生存手段の解明などである．多様な実験方法が報告されているが（Robinson 2000），ここでは寄主探索，摂食過程の観察及び走化性の実験方法を紹介する．

1.1　寄主探索と摂食過程の観察

　線虫が根に誘引される過程や植物根を摂食する過程の観察では，実体顕微鏡下での観察が可能なペトリ皿の寒天培地が一般に使われる．しかし，溶解に高温が必要な寒天では，固化前の寒天溶解液に線虫や根を無傷で入れるのは困難である．ここでは低温で溶解し，室温でゲル化するプルロニック（Pluronic）F-127 を用いたネコブセンチュウの実験方法（Wang et al. 2009）を示す．

　a）準備器材：　プルロニック F-127，無菌のトマト実生，スライドグラス，カバーグラス，ペトリ皿．

　b）操作手順：

　1）スライドグラス法：　① 23 g のプルロニック F-127 を 80 mℓ の冷水（4℃）に 24 時間かけて溶解する．② ネコブセンチュウ第 2 期幼虫を含んだ 80 μℓ のゲル溶解液（15℃）をスライドグラスに落とし，滅菌状態で発芽させたトマトの根先（約 1 cm）を加える．これにカバーガラスをかけ，湿ったろ紙の入ったペトリ皿に一定時間放置する．③ その後，スライドグラスを取り出し実体顕微鏡下で観察する．この方法は，ゲルが乾燥しやすいため，観察期間が短い実験に適している．

　2）ペトリ皿法：　① 第 2 期幼虫を含んだ 20 mℓ のプルロニックゲル溶解液（15℃）をペトリ皿（径 9 cm）に注ぎ，滅菌条件下で生育した植物を加え，室温でゲル化させる．② 一定時間後に実体顕微鏡下で観察する．この方法は，観察期間の長い実験に適しており，外部寄生性線虫の摂食過程の解明に用いられる．このゲルはオートクレーブ無しでも雑菌の発生が少ないが，3 日以上の実験ではオートクレーブをかける．この方法は，適切な寄主を利用すれば内部寄生性線虫の根内での行動も観察できる（Sijmous et al. 1991）．しかし，プルロニックは一部の線虫や植物に対しては毒性があると思われるので，事前に調べておく必要がある．

1.2　線虫の走化性 ─ 誘引・忌避物質への反応

　根浸出物には植物寄生性線虫の誘引物質が含まれると考えられており，このような物質は，寄主探索を妨げることにより線虫防除に利用できると思われる．しかし，自活性線虫や昆虫寄生性線虫に比べると，植物寄生線虫の場合はわずかな誘引物質しか報告されておらず，ネコブセンチュウにおいては有効な誘引物質として二酸化炭素しか報告されていない．誘引・忌避物質を利用した実験方法として，もしくは，誘引・忌避物質の発見のための実験方法として，有効で簡便な寒天プレートが使われ

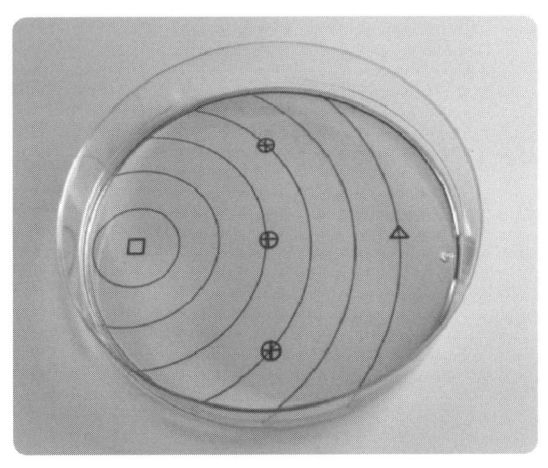

図 5-1　計数シート装着ペトリ皿

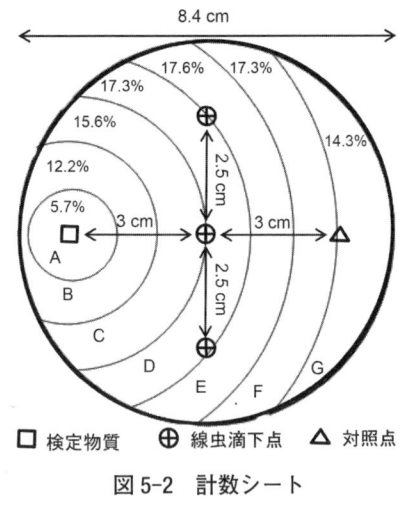

図 5-2　計数シート
A–G 分割区と面積（%）

□ 検定物質　⊕ 線虫滴下点　△ 対照点

てきた．この二次元的な方法は，実際の土壌中での行動とは異なるが，線虫の行動が容易に観察・解析できる．寒天プレート上の線虫移動軌跡は写真に記録することもできる（Ward 1973）．

　ここでは，ジャワネコブセンチュウ第 2 期幼虫の誘引・忌避物質の特定のために開発された計数シートを皿につけて，寒天プレート上の線虫の分布を調べる方法を示す（図 5-1）．

　a）準備器材：　1.5％寒天プレート（径 9 cm ペトリ皿），計数シート（図 5-2），発泡スチロース箱．
　b）操作手順：　①1 cm おきの同心円弧を描いた図（図 5-2）をプリント用透明シートに印刷し，切り抜く．計数時の混同を防ぐため，それぞれの円弧の線色を変えるとよい．図中の値は，それぞれの分割区が占める寒天プレート全面積に対する割合である．②計数シートを利用し，線虫滴下点，検定物質装填点，対照点をマーカーで皿の内側に記入する．1.5％寒天液 8 mℓ を皿に注ぎ，固化させ，表面の水滴等が無くなるまで乾かす．皿に注ぐ寒天液量とその濃度は，検定物質の浸透・拡散作用を左右するので，水に対して溶解性の低い物質については少量の低濃度寒天プレートを用い，溶解性の高いものについては高い濃度の寒天プレートを使う．ここでは，条件を低溶解性物質に設定した．③第 2 期幼虫の懸濁液（≦10 μℓ）を 3 つの滴下点に落とす．検定に用いる線虫の総数は，一皿当たり 400〜800 頭くらいが望ましい．実験期間が長い場合は，抗生物質で表面殺菌した幼虫を用いる．寒天プレート上の水滴が無くなるまで蓋を取っておく．④線虫が分散し始めれば検定物質を添加する．液体であれば 2 μℓ 以下，固体なら 2 mg 以下を水か溶剤に溶かしたものが望ましいが，予備実験で検討する必要がある．また，先に検定物質を添加し，一定時間後に線虫を滴下することも可能である．もし溶剤などを利用した場合には，溶剤を対照点に添加する．⑤温度などの外的要因の影響を無くすため，ペトリ皿は発泡スチロール製の箱に入れ水平に静置する．一定時間おきに箱を 90〜180℃ 回転させるのもよい．⑥測定時に計数シートを下皿の下にセロテープで貼り，実体顕微鏡下観察し，それぞれの分割区中の線虫頭数を記録する．それぞれの区の線虫頭数を総数に対する割合に変換し，以下の様に"相対密度"を算出する．

$$相対密度 = \frac{頭数割合（\%）}{面積割合（\%）}$$

　線虫が検定物質に影響されず均一にプレート上に離散したと仮定すれば，相対密度は 1 になる．装

1. 植物寄生性線虫の行動解析

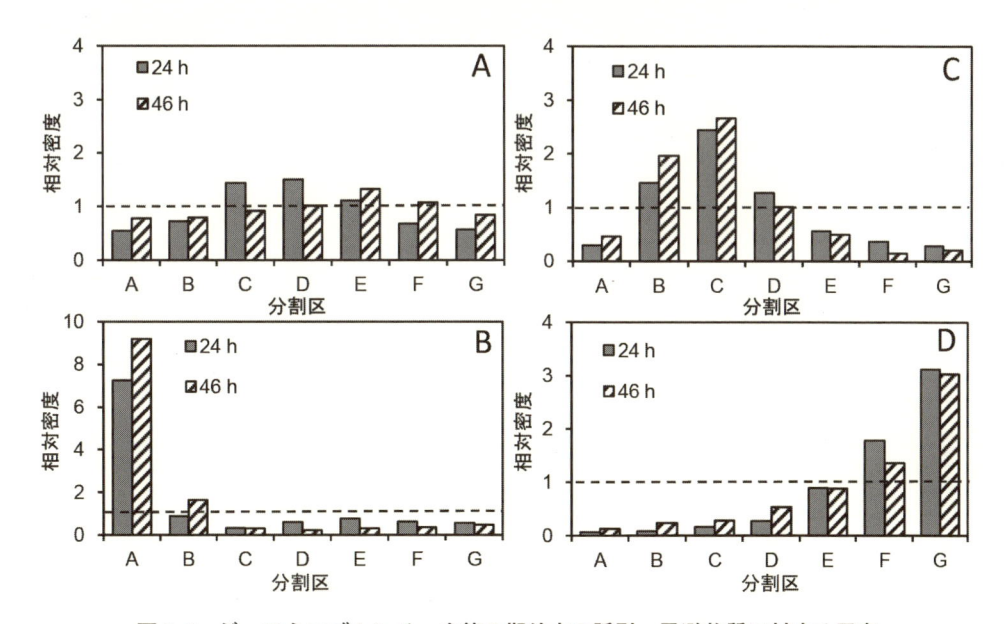

図5-3　ジャワネコブセンチュウ第2期幼虫の誘引・忌避物質に対する反応
A：無処理区；B：誘引物質処理区；C：濃度依存型誘引物質処理区；D：忌避物質処理区

填区（A）もしくはその近接区（B, C）の相対密度を2以上にする物質は誘引物質，逆に，これらの区を0もしくは0近くにし，そこから離れるごとに相対密度を上げるものは忌避物質，と考えられる．計数のし難い活発な線虫を用いる場合，皿を4℃くらいの低温にさらしてから計数する．

　c）留意事項：　実験データはグラフにすると検定物質の特性が解りやすい．図5-3は実際の実験結果で，A-Dはそれぞれ無処理，誘引物質，濃度依存型誘引物質，忌避物質のジャワネコブセンチュウ第2期幼虫に及ぼす影響である．濃度依存型誘引物質では，高濃度（装填区）では誘引が認められないか忌避作用があるが，低い濃度（近接区）では誘引を示す．

　この方法は簡素な器具で実施でき，また，比較的大きめのペトリ皿を利用しているので濃度依存型誘引物質の特定にも役立つ利点がある．さらに，線虫の反応を相対密度で数値化でき統計処理も可能になる．反復数としては，大まかなスクリーニングでは2反復，統計が必要な場合は最低4反復にする．本実験方法は，筆者の経験では適度に行動するジャワネコブセンチュウ第2期幼虫にはとても有効であるが，同じネコブセンチュウでもサツマイモネコブセンチュウでは，比較的行動性が低く滴下点付近にとどまる傾向があり，分散に時間を要す．このような長時間における観察では検定物質がプレート全体へ拡散してしまうと考えられ，線虫の明瞭な反応を得るのが困難になる．低行動性の線虫の場合は，小さめの寒天プレートの利用が考えられる．揮発性物質を用いる実験ではIshikawa et al.（1986）などを参照するのがよいと思われる．

参考文献

Ishikawa, M., Shuto, Y. and Watanabe, H. (1986) β-Myrcene, a potent attractant component of pine wood for the pine wood nematode, *Bursaphelenchus xylophilus*. Agricultural Biology and Chemistry, 50: 1863-1866.

Robinson A.F. (2000) Techniques for studying nematode movement and behavior on physical and chemical gradients. Society of Nematologists Ecology Committee. (https://www.nematologists.org/files/fck_uploaded_files/file/ecology_manual.pdf)

Sijmons, P.C., Grundler, F.M.W., VonMende, N., Burrows, P.R. and Wyss, U. (1991) *Arabidopsis thaliana* as a new model host for plant-parasitic nematodes. The Plant Journal, 1: 245-254.

Wang, C., Lower, S. and Williamson, V.M. (2009) Application of Pluronic gel to the study of root-knot nematode behavior. Nematology, 11: 453-464.

Ward, S. (1973) Chemotaxis by the nematode *Caenorhabditis elegans*: identification of attractants and analysis of the response by use of mutants. Proceedings of the National Academy of Sciences of the USA, 70: 871-821.

（岡　雄二）

2. 昆虫寄生性線虫の行動解析

2.1　シヘンチュウ類

　本稿では陸生シヘンチュウ類の感染試験法を述べるが，水生シヘンチュウについては Kaya and Stock (1997) を参照されたい．

2.1.1　シヘンチュウの入手

　シヘンチュウ類を研究対象にする場合，まず問題になってくるのが，多数の生きた個体が得られるかどうかである．保存・培養の項で述べたように，昆虫から亜成虫を得て，成虫脱皮を経て，産卵に至るまで，1年近くの長期間を要することもあることを覚悟しなくてはならない．かつてはウンカシヘンチュウ（*Agamermis unka* Kaburaki & Imamura）は比較的手に入りやすい線虫であった．養蚕業が盛んであった頃までは，桑畑でスキムシノシヘンチュウ（*Hexamermis microamphidis* Steiner）を手に入れることができ，その亜成虫は，感染時期にクワノメイガ幼虫から得られ，秋から春にかけては桑畑林床の土壌中から亜成虫または成虫が採集された（岩下・福井 1982）．

2.1.2　昆虫からの採集

　近年では，2010年に多良間島に侵入し大発生したアフリカシロナヨトウの大発生後期に，サンプリングされたヨトウ幼虫の多数から，シヘンチュウが脱出してきたことが報告されている（上里ら，2010）．シヘンチュウを手に入れる手段の一つとして，昆虫類が大発生した時にその昆虫を採集することが挙げられる．しかし，大発生を待っていては，随時研究材料を手に入れることは無理であるから，地道にターゲットとする昆虫を採集し，寄生率の高い個体群を見つけることが必要である．シヘンチュウ類は移動能力が低いので，寄生率の高い個体群が見つかれば，毎年，その個体群からシヘンチュウを得ることができる．

　a）準備器材：　昆虫採集ネット（水生用・陸生用），飼育容器．

　b）操作手順：　①昆虫を採集する．②採集した昆虫を生きたまま持ち帰る．③個体別にプラスチックカップ等に入れる．④随時，シヘンチュウの脱出をチェックする．⑤死亡個体は解剖し，体内にシヘンチュウがいるかどうか調べる．⑥生きたシヘンチュウが得られた場合，シヘンチュウを洗浄し，湿らせたキムワイプが入った容器に入れる．⑦以降は保存の項参照．

　c）留意事項：　1）昆虫の表皮を通してシヘンチュウが観察できることもある．2）シヘンチュウは昆虫の体液が付着したままになっていると死亡することがあるので，脱出を確認するとすぐに蒸留水でシヘンチュウを洗浄する．3）シヘンチュウの収集について昆虫研究者に協力を求めておくとよい．シヘンチュウの収集（昆虫から脱出してきた亜成虫の送付）を依頼する時，脱出してきた線虫に気付いた場合すぐに回収し，水で洗浄した後，乾燥させないように保存すること（湿らせたキムワイプ等とともに密閉容器に入れること）を連絡しておかなければならない．

2.1.3 土壌からの採集

陸生の昆虫を宿主とするシヘンチュウ類は，宿主から脱出した亜成虫が土壌中に潜り，後熟・交尾することが知られている．成虫・亜成虫は土壌中 30 cm 前後の深さで，もっとも個体数が多いという報告がある．

　a）準備器材：　スコップ・移植ごて，バット・トレイ，プラスチック容器．
　b）操作手順：　① シヘンチュウ寄生が観察された個体群の生息地の土壌を掘り起こす．② 深さ 20～40 cm 前後の土壌をバットの上で細かく砕きながら，シヘンチュウを探す．③ 採集したシヘンチュウは生息地の土壌または湿らせたキムワイプ等を入れた密閉容器に入れて持ち帰る．
　c）留意事項：　1）土壌から掘り出したシヘンチュウは成虫のこともあるので，実体顕微鏡下で成虫か亜成虫か確認する．2）ウンカシヘンチュウが生息する水田では，収穫後から耕起・代掻き前の水田土壌中から採集できる．採集法に関しては日鷹・中筋（1990）を参照されたい．

2.1.4 感染実験法

シヘンチュウ類の産卵は，土壌中（水生のシヘンチュウ類の場合は，水底の土壌中）で行われるタイプと，雌成虫が土壌中から地上に出て宿主の食草に登り，卵を産み付けるタイプに大別される．産卵様式と関連して，感染様式も二通りに大別される．前者の場合，ふ化した第2期幼虫が土壌中や地上部の宿主を探索し，表皮に口針で穴をあけて血体腔に侵入する感染様式となり，後者の場合，食草に産み付けられた卵が宿主に摂食され，消化器内でふ化した第2期幼虫が血体腔に侵入する感染様式となる．シヘンチュウ類の多くの種の産卵・感染様式は前者のタイプであり，後者のタイプの代表はメルミス（*Mermis*）属でバッタ類の天敵として知られている．また，スズメバチの寄生者として知られているフェロメルミス（*Phelomermis*）属には，スズメバチの餌となる昆虫が摂食時にこの線虫の卵を体内に取り込み，スズメバチに摂食されることにより，最終宿主であるスズメバチの体内に入る．メルミス属の卵の両極外殻にビシ（byssi, byssus の複数形）と呼ぶ付属糸がある．この付属糸により卵が植物体などに付着すると考えられており，土壌中に産卵するタイプのシヘンチュウ類の卵には，そのような付属糸は見られない．卵の形態からも産卵・感染様式が類推できる．

ここでは前者の産卵・感染様式の場合の感染実験法について述べる．どちらの産卵・感染様式であっても，後熟・成虫脱皮・交尾は土壌中で起きるので，シヘンチュウの感染様式や宿主範囲調査および培養には，産卵様式をまず調査しておく必要がある．産卵様式は，第 4 章 4.1.1「シヘンチュウの保存法」の項で述べた土壌保存法を使って観察できる．まず，土壌入りガラスバイアルに雌雄成虫を 1 頭ずつ入れ，雌成虫がバイアル側面から見える場合（図 5-4A）は，随

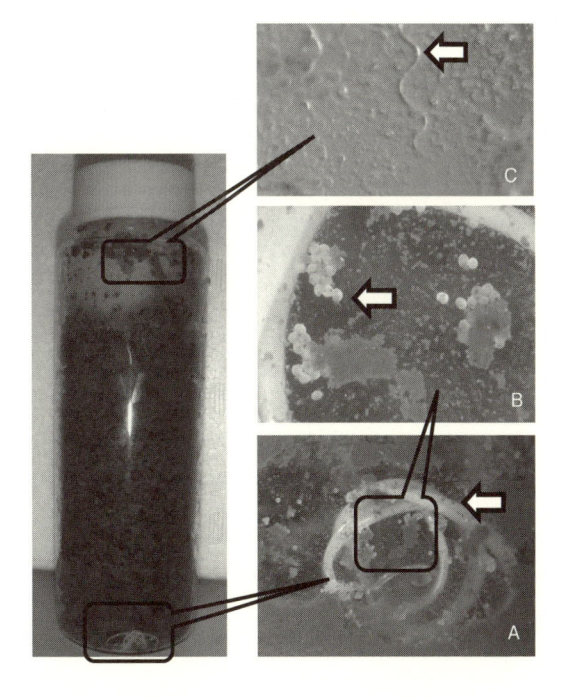

図 5-4　土壌保存中のシヘンチュウ雌成虫（A, 矢印），卵（B, 矢印）および孵化幼虫（C, 矢印）

時，実体顕微鏡で検鏡し，成虫の土壌中での行動，産卵場所，ふ化幼虫の行動を観察する．卵が休止した雌成虫の体表や周囲に観察されれば（図5-4B），ふ化幼虫が宿主を積極的に探索する感染様式であると考えてよい．産卵確認後，1箇月以上経過した頃，ふ化幼虫がバイアル上部に観察される（図5-4C）．

2.1.5 土壌法
a）準備器材： ガラスバイアル（直径40 mm，高さ120 mm），土壌（生息地の土壌，砂等）．
b）操作手順： ①培養法－バイアル法でふ化幼虫がバイアル壁面に確認された後（図5-4C），バイアル上部の空間に供試昆虫を入れる（図5-5）．②一定時間後，昆虫を取り出し，通常飼育を行う．③昆虫からシヘンチュウが脱出するか，死亡するまで飼育する．④シヘンチュウが脱出せずに死亡した場合は解剖し，体内にシヘンチュウが寄生しているかどうか確認する．

c）留意事項： 図5-5Aのバイアルで感染試験を行った場合，昆虫を入れる空間が狭く，過湿になるとともに，昆虫の糞が蓄積するため，環境が悪くなりやすい．そこで，バイアル内に卵がある程度蓄積し，ふ化が観察され始めると，バイアル内の土壌を，滅菌土壌を入れた深めの容器の土壌内に移し，試験昆虫の餌となる植物を入れ，試験昆虫を放し（図5-5B），感染が起こるかどうか調査する．

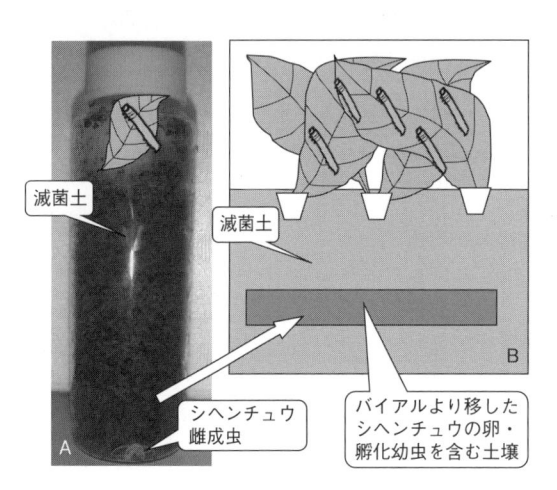

図5-5 シヘンチュウ感染試験法
A：保存バイアルをそのまま用いた感染試験；B：保存バイアル内の土壌を別の容器に移して行った感染試験．

2.1.6 ろ紙法
岩下・福井（1982）は，桑の害虫であるクワノメイガ幼虫に寄生するシヘンチュウのカイコ幼虫への感染試験を行っている．保存・培養法の項（第4章4.1.1）で述べたペトリ皿法で交尾・産卵させた場合は，シヘンチュウの産卵を確認したのちに，土壌表面およびシヘンチュウ体表に付着した卵を回収し，水を張ったペトリ皿に卵を入れ，卵のふ化を待つ．
a）準備器材： ペトリ皿（径は昆虫の大きさに合わせて適宜選択），ろ紙，試験昆虫の食草．
b）操作手順： ①ペトリ皿に十分に水を含ませたろ紙を置く．②シヘンチュウのふ化幼虫を柄付針で1匹ずつペトリ皿内に複数頭放置．③試験昆虫をろ紙上に置き，さらにスプレーで水を噴霧する．③一定時間経過後，ペトリ皿から試験昆虫を取り出し，通常の飼育法に従い飼育し感染を調査．
c）留意事項： 1）シヘンチュウが脱出せずに試験昆虫が死亡した場合は解剖し，体内にシヘンチュウが寄生しているかどうか確認する．2）試験昆虫の餌として食草を入れる場合，上記手順①で濾紙の上に食草を置き，スプレーで噴霧した後，食草上の水滴中にシヘンチュウふ化幼虫を放し，試験昆虫をいれる．

参考文献
岩下嘉光・福井貞司（1982） 蚕に寄生したスキムシノシヘンチュウ *Hexamermis microamphidis* Steiner について．宇都宮大学農学部学術報告，11：83-115.

上里卓己・瑞慶山浩・島谷真幸・山口綾子・兒玉博聖・渡嘉敷唯彰・若村定男（2010）琉球列島におけるアフリカシロナヨトウの大発生．植物防疫，65：365-370.
日鷹一雅・中筋房夫（1990）第6章ウンカシヘンチュウとの出会い．『昆虫学セミナー 別巻 自然・有機農法と害虫』（中筋房夫編）pp.99-132 冬樹社，東京．
Kaya, H.K. and Stock, S.P. (1997) Techniques in insect nematology. pp.281-324. In Lacey, L.A. (ed.), Manual of Techniques in Insect Pathology. Academic Press, London.

（吉田睦浩）

2.2 昆虫病原性線虫の行動解析法

　生物農薬として利用されるスタイナーネマ属およびヘテロラブディティス属昆虫病原性線虫について，これまで様々な宿主探索行動に関する研究が行われてきた．昆虫に感染する唯一のステージである感染態幼虫は，宿主探索行動を行うが，線虫の生息環境や線虫種によって，待伏せ型（宿主がいない場合はあまり移動せずに宿主を待つ），探索型（常に移動し続ける），その中間型などに分けられる．また，線虫の細長い体の後ろ側を土壌粒子などの基質の上に付着させ，体の大部分を空中に持ち上げるニクテイション（nictation）やその状態で体をゆらゆらとゆらすウエービング（waving），さらに，ウエービングから空中に跳ぶジャンピング（jumping，またはリーピング leaping）などの特徴的な行動がみられ，これらは宿主昆虫に到達し，付着する際の行動の一つと考えられる．ここでは，感染態幼虫を用いた宿主探索や誘引，さらに，ニクテイションやジャンピング行動を研究する方法について記す（感染実験法については，第13章3.1参照）．

2.2.1 寒天プレートを用いた誘引行動実験法

　C. エレガンス研究で用いられるNGMプレートを用いた方法（Bargmann et al. 1993）が，昆虫病原性線虫の感染態幼虫の誘引行動解析にも用いられている（Hallem et al. 2011）（図5-6）．
　a）準備器材：　9 cm NGMプレート，誘引物質，1 M アジ化ナトリウム．
　b）操作手順：　①9 cmのNGMプレートに誘引円および対照円を描く．誘引円の中央に誘引物質，対照円中央には誘引物質を溶解するのに用いた溶媒のみを塗布する．誘引された線虫の分散を防ぐ麻酔剤として，1 Mのアジ化ナトリウム溶液1 μℓをそれぞれ円の中央に塗布する．②プレート中央に線虫懸濁液2 μℓ（50〜150頭）を添加し，3時間後に誘引円および対照円内の線虫を計数し，化学走性インデックス（C.I.，図5-6）を算出する．

2.2.2 宿主への誘引におよぼす基質の比較実験法

　線虫の種類によっては，実験に使用する基質によって宿主への反応が異なる場合がある．そこで，宿主への誘引におよぼす基質の影響を比較するのに用いられるKruitbos et al.（2010）の方法を示す

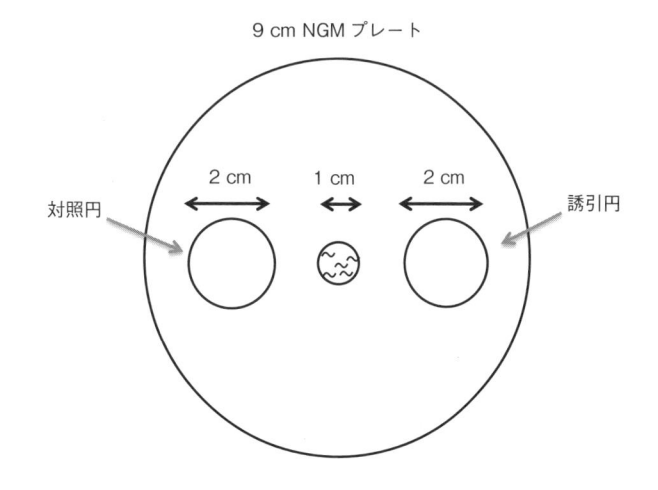

$$化学走性インデックス(C.I.) = \frac{(誘引円内の線虫) - (対照円内の線虫)}{(誘引円内の線虫) + (対照円内の線虫)}$$

図5-6　化学走性実験に用いられる9 cm NGMプレート

(図 5-7).

a）準備器材： 図 5-7 参照.

b）操作手順： ①7個の円筒（直径 3.6 cm，長さ 4 cm）をテープでつなげたアッセイチューブ（直径 3.6 cm，長さ 28 cm）にピートを緩やかに詰める．一方の端には 3 頭のハチノスツヅリガ幼虫を加え，両端をテープで塞ぐ．② 15,000 頭の線虫を含む 1 mℓ の線虫懸濁液を中央の円筒の穴（直径 0.5 mm）から加え，室温暗所で水平に静置する．③ 72 時間後に円筒を分解し，それぞれの部分からベールマン法によって線虫を集める．④ 昆虫を入れた側と入れなかった側での線虫の分布を比較する．⑤ ピートの代わりに砂を基質として詰め，線虫の分散の違いを比較する．

c）留意事項： 探索型の線虫であれば基質による分散の影響はなく，円筒の両側に同じように分散する．一方，待ち伏せ型の線虫で，宿主昆虫の摂食や動きによって生じる振動を感知する種であれば，砂を基質とした場合には線虫はほとんど接種源にとどまるが，ピートのような有機物の多いものでは昆虫の振動に反応し，昆虫に誘引される（Kruitbos et al. 2010）．

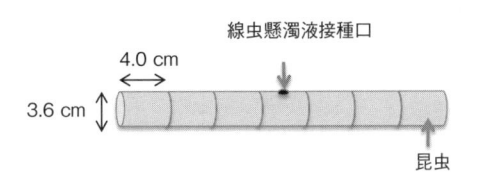

図 5-7 誘引におよぼす基質の比較に用いられる実験装置（アッセイチューブ）

基質として砂またはピートなどの有機物を詰めた円筒をつなぎ，一方の端にはハチノスツヅリガ幼虫 3 匹を入れ，逆端には何も入れない．中央から線虫懸濁液を接種し，一定時間後に基質を取り出し，ベールマン法によって線虫を回収する．

2.2.3 オルファクトメーターを用いた誘引実験法

地上部と同様に，地下部でも植物の根が昆虫によって加害された際に発せられる天敵誘引物質（植食者誘導性揮発性物質 herbivore induced plant volatile, HIPV）が存在し，昆虫病原性線虫は HIPV に誘引されることが明らかになっている．ここでは，そのアッセイに用いられる Rasmann et al. (2005) の方法を示す（図 5-8）．

a）準備器材： 図 5-8 参照.

b）操作手順： ①中央のガラス製の円筒につながった 6 個の円筒のうち 3 つに，昆虫の摂食によって加害された植物，機械的に負傷させたもの，健全なものを入れ，残りの 3 つには何も入れない．②中央の円筒の中央に線虫懸濁液（500 頭）を添加する．③接種 1 日後，オルファクトメーターを分解し，接続部のガラス管の中の砂からベールマン法によって線虫を分離する．④砂だけ入った 3 つのポットに行った線虫数の平均値を対象区とし，根が加害された植物，機械的に付傷させた植物，または健全植物に向かった線虫数を比較する．

図 5-8 オルファクトメーターを用いた誘引アッセイ方法（Rasmann et al. (2005) を改変）

ガラス容器（直径 8 cm，深さ 11 cm）に 6 本の腕を底から 0.5 cm の高さにつけたもの（直径 2.4 cm，長さ 2.9 cm）を中央に準備し，ガラスポット（直径 5 cm，深さ 11 cm）につなげる．このガラスポットには植物や誘引物を入れるようになっている．中央のガラス容器とガラスポットとは，両側にオス（24/29）の接続部をもつガラスチューブとテフロンコネクター（24/29 〜 29/32）によって接続されている．テフロンコネクターには，金属のスクリーン（2,300 メッシュ）が付けられており，中央に接種した線虫が臭い源のガラスポットに到達するのを防ぐ．容器内にはポットの縁から 5 cm になるように白砂を充塡する．

c）留意事項： 1）植物の代わりに，3つのポットに化学物質を入れて同様に実験を行い，化学物質を入れたポットと化学物質を入れないポットに集まった線虫数を比較することで，誘引実験もできる．

2.2.4 ニクテイション行動実験法

　昆虫病原性線虫の感染態幼虫でよくみられるニクテイション行動解析法について，スタイナーネマ・カルポカプサエ（*Steinernema carpocapsae*）を用いた方法を記す．
　a）準備器材： 径6 cmプラスチックペトリ皿，あらかじめ170℃で2時間乾燥させ，1 mm角の篩（ふるい）を通したバーク堆肥．
　b）操作手順： ①4 mℓの線虫懸濁液（2万頭の感染態幼虫）を6 cmペトリ皿に入れ，バーク堆肥2 gを加える（4～5 mmの深さになる）．②タッパーに入れ，25℃の暗条件下で静置する．③1,2,3,4日後，バーク堆肥表面でニクテイションをする線虫を顕微鏡下でランダムに10視野（0.785 cm²/視野）計数する．バーク堆肥の表面積は28.26 cm²なので，ニクテイションしている線虫数の平均値を36倍することによってプレートあたりの平均ニクテイション数が計算できる．
　c）留意事項： 実験でニクテイションしている線虫を得る場合は，上記のように調整した6 cmペトリ皿のバーク堆肥上にナイロンシーブ（目開き125 μm）を置き，24時間後にナイロンシーブを回収することで，ナイロンシーブに付着した線虫を集めることができる．

2.2.5 ジャンピングを誘発する臭いのアッセイ法

　宿主昆虫へ付着するためのジャンピング行動に与える様々な臭いのアッセイ法について，Hallem et al.（2011）の方法を示す（図5-9）．

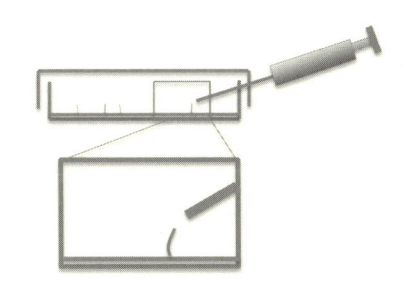

ジャンプを刺激する臭い

$$\text{ジャンピング・インデックス(JI)} = \frac{(\text{臭いに対してジャンプする割合}) - (\text{空気のみに対してジャンプする割合})}{1 - (\text{空気のみに対してジャンプする割合})}$$

ジャンプを阻害する臭い

$$\text{ジャンピング・インデックス(JI)} = \frac{(\text{臭いに対してジャンプする割合}) - (\text{空気のみに対してジャンプする割合})}{(\text{空気のみに対してジャンプする割合})}$$

図5-9　臭いによるジャンピング刺激アッセイ法（Hallem et al.（2011）を改変）
ペトリ皿とフタの横に開けた1.25 mmの穴をパラフィルムでシールし，10 mℓ注射筒に装着したブラント針（21ゲージ，1.5インチ）をその穴から差し込む．ニクテイションしている線虫に空気を吹きかけ，ジャンプする個体の割合を調べ，ジャンピング・インデックスを算出する．

a）準備器材： 5 cm ペトリ皿，ろ紙，10 mℓ 注射筒，ブラント針（21 ゲージ，1.5 インチまたは 20 ゲージ，1.5 インチ）．

b）操作手順： ①5.5 mm ろ紙を敷いた 5 cm ペトリ皿に線虫懸濁液（100 頭/200 μℓ）を入れ，線虫がニクテイションをするのを待つ．②ニクテイションしている線虫から 2 mm 程度離れたところから，シリンジを使って臭いを含む空気または空気のみ（対照）を線虫に吹きかけ（〜0.5 mℓ），8 秒以内にジャンプした割合を調べる．昆虫に対する反応を調べるには，注射管の中に供試昆虫を入れて，臭いを与える．

c）留意事項： 観察のしやすさ，線虫の種類や目的によって，上記のバーク堆肥などをニクテイションの基質として利用する．また，本報の元となった Campbell and Kaya（1999）では，2％寒天を 9 cm ペトリ皿に注いで蓋を空けたまま 1 時間冷まし，線虫を加える直前に 0.12 g の砂粒（＜70 μm）を寒天表面に撒いている．そして，吸引ろ過で体表面の水分を除いた線虫を針などですくって寒天表面に移している．

参考文献

Bargmann, C.I., Hartwieg, E. and Horvitz, H.R. (1993). Odorant-selective genes and neurons mediate olfaction in *C. elegans*. Cell, 74: 515-527.

Campbell, J.F. and Kaya, H.K. (1999) Mechanism, kinematic performance, and fitness consequences of jumping behavior in entomopathogenic nematodes (*Steinernema* spp.). Canadian Journal of Zoology, 77: 1947-1955.

Hallem, E.A., Dillman, A.R., Hong, A.V., Zhang, Y., Yano, J.M., DeMarco, S.F. and Sternberg, P.W. (2011) A sensory code for host seeking in parasitic nematodes. Current Biology, 21: 377-383.

Kruitbos, L.M, Heritage, S., Hapca, S., Wilson, MJ. (2010) The influence of habitat quality on the foraging strategies of the entomopathogenic nematodes *Steinernema carpocapsae* and *Heterorhabditis megidis*. Parasitology, 137: 303-309.

Rasmann, S., Köllner, T.G., Degenhardt, J., Hiltpold, I., Toepfer, S., Kuhlmann, U., Gershenzon, J. and Turlings, T.C.J. (2005). Recruitment of entomopathogenic nematodes by insect-damaged maize roots. Nature, 434: 732-737.

（吉賀豊司）

3. 昆虫便乗性線虫の行動解析

3.1 マツノザイセンチュウ

ここでは昆虫便乗性線虫の中で研究が進んでいるマツノザイセンチュウを取りあげる．マツノザイセンチュウがその生活史を全うする上で何と言っても重要なのは，寄主であるマツ属樹木との関係と，枯死木から健全な宿主樹木まで線虫を運び，樹皮をかじって傷口（後食痕）をつけ，感染経路を開いてくれる伝播昆虫，マツノマダラカミキリ（以下カミキリと略す）との関係であろう．さらに，寄主樹木の樹体内で繁殖し，代を重ねて個体群を維持するために必要な生殖行動も重要な研究課題である．ここではこれらの行動を研究するために用いられたいくつかの実験法を紹介する．

3.1.1 寄主や媒介昆虫との親和性行動を調べる実験法

マツノザイセンチュウの宿主範囲は，まず，その伝播昆虫であるモノカムス（*Monochamus*）属カミキリの寄主選好性により規定される．その範囲はマツ属樹種 100 種余りの他マツ科に属するマツ属以外の樹種にも及ぶ．次に，マツノザイセンチュウ自身による宿主選択は少なくとも 3 つの段階に分けて考える必要がある．第 1 段階は，この線虫がカミキリの虫体から寄主樹木に乗り移るか否かによ

3. 昆虫便乗性線虫の行動解析

り決せられる．第2の段階は，寄主の枝に乗り移った線虫が後食痕に集合・定着するかどうか，第3段階は，後食痕からさらに樹体組織内へ侵入するか否かにより決定されるだろう．

1）伝播者，マツノマダラカミキリからの離脱行動実験

マツノザイセンチュウがその媒介者マツノマダラカミキリの虫体から離脱し，寄主樹木へ乗り移る経過を岸（1978）は図5-10のような簡単な装置で調べている．この装置を使って，様々な樹種の枝を供試すれば，それぞれの樹種に対する選好性の違いを調査できる＊．岸の実験では，離脱数がカミキリの羽化後の日齢により大きく変化し，羽化後1週間前後でピークに達することを明らかにしているので，樹種間で乗り移りに差があるか否かを調べる場合には供試するカミキリの羽化後の日齢をそろえる必要がある．そのためには，多数のマツ枯れ枯死木をケージの中に保存し，同一日に羽化脱出してくるカミキリを用いなければならない．一定時間後，餌として与えた枝を細切し，ベールマン漏斗法で分離した線虫数（a）を数える．同時に，漏斗の底に入れた水の中に遊出した線虫数（b）も併せて，離脱した線虫数（a + b）とし，カミキリ体内に残った線虫数（c）を加味して離脱率は（a + b）/（a + b + c）として判定できる．

また，Stamp と Linit（1998）はカミキリ虫体からマツノザイセンチュウが離脱する際に，寄主マツから揮散される物質やカミキリの虫体から出る匂い物質にどのように影響されるかを調

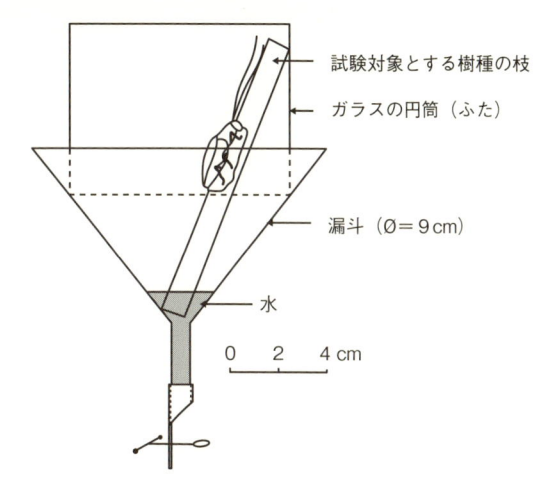

図5-10 マツノマダラカミキリからマツノザイセンチュウが寄主マツ属樹種の枝に乗り移る経過を調べるために用いられた装置（岸 1978を一部改変）

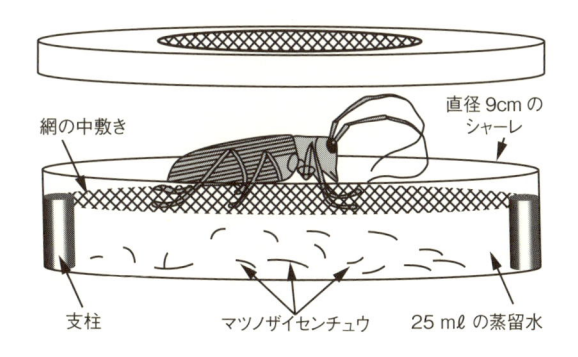

図5-11 マツノマダラカミキリからマツノザイセンチュウが離脱する時に寄主マツ由来の匂いとカミキリ由来の匂い物質のいずれに誘引されるかを調べる装置（Stamp and Linit 1998）

べるために図5-11のような装置を用いた．この場合，ペトリ皿の底に水が入れられ，カミキリムシはメッシュの仕切りで水から隔離されている．さらに，試験すべき寄主マツ由来，あるいは虫体由来の物質が水に滴下されている．彼らはこの簡単な装置を使って，カミキリの羽化後の日齢により，最初，線虫はカミキリ由来物質（トルエン，モノオレイン，リノール酸）に強く誘引されるが，日齢が進むと，寄主由来物質（モノテルペン類）により強く誘引されるようになるという興味深い現象を見つけている．

＊マツノザイセンチュウは本来カミキリが産卵時に利用する衰弱木に乗り移るのであって，健全木に付けられた後食痕から放出される匂いには誘引されないという説（富樫私信）もある．この点については，二井（2003）に詳しい．

2）後食痕への集合・定着性／寄主組織への侵入性の試験法

マツノザイセンチュウは寄主樹木の細い枝にできた後食痕から寄主樹体内に侵入するが，この時，

第5章 行動解析実験法

傷口には当然樹脂や樹液が分泌しているであろう．これらに対して，線虫が忌避するのか，あるいは誘引され，定着し，さらに侵入行動に移るか否かにより，感染の成立が左右される．これらの行動を調べるため，次のような簡単な方法を用いた．まず，直径 9 cm の 1.5 % 素寒天プレートを用意する．直径が 8〜9 mm の各種マツの若枝の表面を流水下でよく洗浄後，よく切れる剪定バサミで 1 cm の長さに細切し，円筒状の枝小片（以後セグメント）を作る．ここでは，感受性のクロマツと抵抗性のテーダマツを比較する場合を例に説明する．寒天プレートの中心から 3 cm の位置にクロマツとテーダマツのセグメントを各々 2 個，同一種のセグメント 2 個がそれぞれ向かい合うように，合計 4 個を並べ，その中心に 3,000 頭の線虫をしみ込ませた脱脂綿の小片を置く．12 時間後に，それぞれのセグメントとその直下の寒天円盤（直径 10 mm）を別々に回収し，セグメントはさらに樹皮部と木部に分け，それぞれから線虫を分離する（図 5-12）．クロマツ，テーダマツのセグメントへの集合率はそれぞれのセグメントと直下の寒天円盤から分離された線虫数の合計（セグメントへの集合数）を接種線虫数（3,000）で割れば求められるし，2 種のマツの樹皮部と木部への侵入率はそれぞれの部位から分離された線虫数（侵入線虫数）をセグメントへの集合数で割れば求めることができる．ここで注意すべきは，この実験系では選好行動を比較しているので，常に対照を一定の種に決めておかねばならない点である．この実験では感受性のクロマツを常に対照に用いて，数種類のマツ属樹種への選好性を比較した（Futai 1985）．

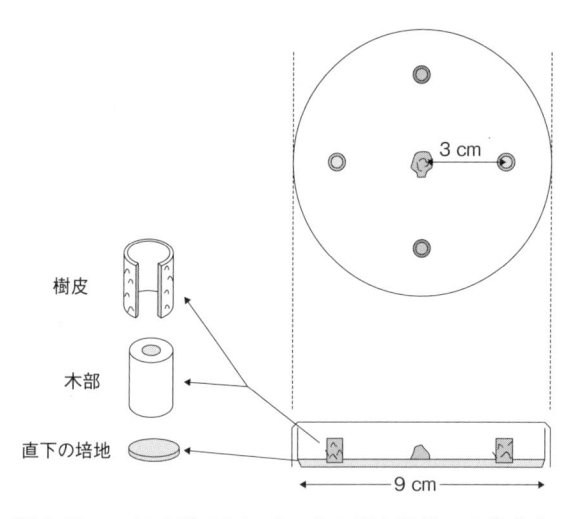

図 5-12 マツノザイセンチュウの寄主組織への集合と侵入を調べる方法

3.1.2 性行動を調べる実験法

マツノザイセンチュウの性行動についてはいくつかの報告があるが，最初にこの興味深い現象について研究し報告した清原（1982）の実験法を紹介しよう．

a）準備器材： 灰色かび病菌（*Botrytis cinerea*），寒天アリーナ（長さ 30 mm，幅 6 mm，厚さ 1〜2 mm の 1 % 素寒天の薄片：図 5-13）

b）操作手順： ① マツノザイセンチュウは灰色かび病菌の菌叢上で増殖させ，これを無菌的に分離した後，② 第 4 期の雄，雌幼虫を数百頭実体顕微鏡下でつりあげ，1 頭ずつ別に用意した灰色かび病菌菌叢上で 1 昼夜，25℃で飼育する．この操作で，間違ってつり上げた既交尾の雌や抱卵している雌を除くことができ，第 4 期雌幼虫は成虫になる．こうして用意した未交尾の雌雄線虫を実験に用いる．③ 寒天アリーナを作り，これを直径 9 cm のペトリ皿の底に貼付けておく．寒天アリーナを後に 5 つの区画に分けるため，前もってペト

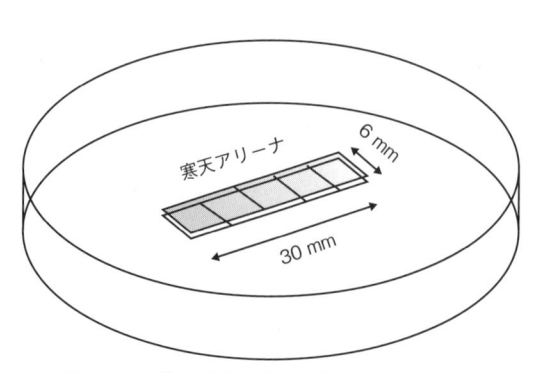

図 5-13 性誘引実験装置（Kiyohara 1982）

リ皿の外側底面に6mm間隔の平行線を刻んでおく（図5-13）．次に，④20頭の雄を寒天アリーナの中央に放つ．10分後，雄成虫が寒天アリーナ上にランダムに分布したのを見計らって，1頭の雌成虫を寒天片の一端に載せる．⑤一定の時間間隔で（例えば，5，10，15分後に）それぞれの区画にいる雄線虫の数を数える．雌のいる寒天片の端部にいる雄の数が多くなれば，雌に雄が誘引されたことが明らかになる．⑥また，この実験で雌雄を逆にすれば，雌の雄に対する反応を調べることができる．

参考文献

二井一禎（2003）マツ枯れは森の感染症　223 pp.　文一総合出版　東京

Futai, K. (1985) Host specific aggregation and invasion of *Bursaphelenchus xylophilus* (Nematoda; Aphelenchoididae) and *B. mucronatus*. Memoirs of the College of Agriculture, Kyoto University, 126: 35-43.

岸　洋一（1978）マツノザイセンチュウのマツノマダラカミキリから樹体への侵入経過．日本林学会誌，60(5)：179-182.

Kiyohara, T. (1982) Sexual Attraction in *Bursaphelenchus xylophilus*. Japanese Journal of Nematology, 11: 7-12.

Stamps, W.T. and Linit, M.J. (1998) Chemotactic respone of propagative and dispersal forms of the pinewood nematode *Bursaphelenchus xylophilus* to beetle and pine derived compounds. Fundamental and Applied Nematology, 21: 243-250.

（二井一禎）

4. 非寄生性線虫の行動解析

4.1　細菌食性線虫の生殖行動解析法

本項目では細菌食性線虫の生殖行動を観察し，生殖様式と性決定様式，また2種の別々に分離した線虫どうしが妊性*のある同種であるかを調べるための解析法について紹介する．

　a）準備器材：　餌となる細菌をスポットした径6 cm NGMプレート，白金線ピッカー（釣り具）．

　b）操作手順：　①まずは自分が培養する細菌食線虫を実体顕微鏡下でよく観察し，雌雄の性が確認できるかどうか，雌雄の性比が偏っていないかどうかを調べる．②未成熟線虫個体を白金線ピッカーで1頭ずつスポットプレートへ移したのち，適当な温度で培養する．すべての個体が成虫となり産卵し始めたら雌雄同体もしくは単為生殖をおこなう雌であることがわかる．③産子数測定法に従い親個体を新しいプレートに移し，プレート内に残る次世代線虫の数を数え，さらに成虫になるまで培養して性比を確認する．④幼虫時期を過ごす環境で，たとえば耐久型幼虫を経た場合と経なかった場合とで，その個体が成虫になったときの性が決まることがあるので，測定に使用する親世代がどの発生ステージにあるかをしっかり確認しておくこと．⑤雌雄同体であるか単為生殖をおこなう雌であるかの判断は，貯精のう中に精子があるかどうか，雌雄前核融合が見られるかどうか，卵母細胞の染色体数が体細胞の半分であるかどうか，などを調べる必要がある．⑥C.エレガンスのように雌雄同体と雄がXX/XOの性決定様式であり，交尾した雄の精子が受精に使われたとき，F1世代は雄と雌雄同体が1：1の割合となる．但し，雄と交尾した雌雄同体は，雄の精子と自前の精子と両方を持つことになり，線虫によっては雄の精子が優先的に使用される場合や，自前の精子が優先的に使用される場合，どちらとも均等に使われる場合とがあるので，時間軸に沿ったF1世代の性比データをとっておく必要がある．⑦雌雄異体でXX/XYの性決定様式であれば，常に雄と雌の比は1：1である．⑧2種類の線虫間で妊性があるかどうかの確認は，未成熟雌1頭に対して雄成虫1～十数頭をスポットプレートへ移し（図5-14），一定時間交配させたのち雄を除去する．産卵を開始したら産子数測定法と同様，～

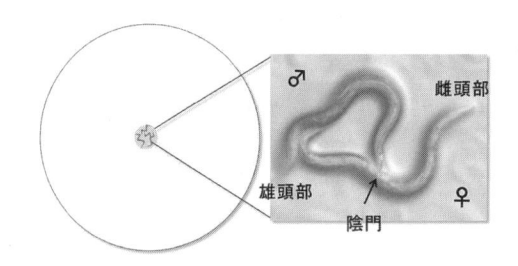

図5-14 スポットプレート上でのC.エレガンスの生殖行動

雄は雌雄同体を見つけると，尾部の「ひれ（尾翼）」を使って雌雄同体のほぼまん中腹側にある陰門を探り，交接刺を刺して精子を注入する．

24時間ごとに新しいスポットプレートに移し，F1世代の数，ふ化率，性比を調べ，さらにF1世代に妊性があるかを確かめる．

*妊性：稔性と同義．有性生殖の過程に異常がなく，交配により子孫を作り得ること．

（長谷川浩一）

4.2 糸状菌食性線虫の行動解析法

糸状菌を摂食する線虫は，菌糸細胞を口腔内の歯で傷つけ細胞内容物を吸引摂食するディプロガスター型，管状の口針を用いて細胞壁を貫き，内容物を吸引摂食するティレンクス型に大別できる．口針を用いた菌糸摂食はAnderson（1964）やSiddiqui and Taylor（1969）等による詳細な報告がある．これらによれば，糸状菌食性線虫による菌糸摂食行動は，植物寄生性線虫と同様，A 穿孔（penetration），B 分泌液注入（injection of gland secretion），C 吸汁（ingestion）の大きく3つに分けることができる（Drokin 1969）．

A 穿孔：歯，歯針，口針により菌糸細胞に孔を穿つ行動である．

B 分泌液注入：背部食道腺からの分泌物を口針を通じて菌糸細胞内に注入する行動である．この時，背部食道腺口付近は膨張し，中部食道球のポンピングが活発となる（毎秒2回程度）．注入時間は線虫種や菌種等により異なる．

C 吸汁：菌糸内容物を吸引する行動である．アフェレンクス目線虫では，中部食道球等による力強いポンピングを行い，2分以内で細胞内容物を吸い取る．一方，ティレンクス目線虫の場合，中部食道球は微振動のみの場合が多く，注意深く観察しないと見落とす程である．長時間の摂食の後，口針を細胞から抜き取る直前に数回程度の大きなポンピングを行う．Bの分泌液注入は，現在のところティレンクス目線虫以外の線虫群では確認されていない．

4.2.1 菌糸摂食行動の観察法

1）線虫の採集・無菌化・菌の培養法

線虫の採取と無菌化や菌糸の培養方法，菌体上での線虫の培養方法については，第4章3.4の糸状菌食性線虫の培養法に記載されているので省略する．線虫の増殖が悪い場合には，菌糸を線虫ごと新しい培地に移植し，新しい菌糸を生育させる操作を繰り返すことで増殖が改善されることもある．

2）ペトリ皿上での線虫の菌糸摂食の観察法

a）準備器材やb）操作手順のペトリ皿上での菌叢の準備などについては第4章3.4に記載されているので省略する．

線虫を培養しているペトリ皿の底を上にし，透過光によって顕微鏡下で観察する．この方法は，通常の濃度の寒天培地を用いると菌糸が繁茂しすぎて観察が困難となる場合も多いので，菌糸が旺盛に繁茂し過ぎないよう，培地の栄養分を調節する．筆者の場合は，培地栄養分を 1/10 に調節した PDA を用いている．本方法は簡便であり対物レンズの解像度によっては 400 倍での観察も可能である．より高倍率での観察が必要な場合には，菌糸摂食観察用プレパラートを作製する必要がある．

4.2.2 線虫の菌糸摂食観察のためのプレパラート作製法

a）準備器材： ろ紙を貼付けたスライドグラス，スライドグラス，カバーグラス，PDA 寒天培地，柄付き針，三角フラスコ，ピペット，50℃ヒートブロック．

b）操作手順： ①餌とする菌類を液体培養しておく．②三角フラスコ等に 1.5% PDA 培地を作製し，オートクレーブで滅菌する．③ろ紙を貼付けたスライドグラス 2 枚の間に滅菌したスライドグラスを置き，その上に約 50 μℓ の寒天培地を滴下，直ちに別のスライドグラスをかぶせて寒天培地を挟み込む（図 5-15）．④培地が固まったら，かぶせたスライドグラスをゆっくりとずらして剥がす．⑤培地上に，液体培養した菌糸を柄つき針で接種し，カバーグラスで封入して培養する．菌糸が培地上に伸長したのを顕微鏡下で確認した後，⑥滅菌水中に線虫を懸濁させ，接種源を作製する．⑦カバーグラスの側面からろ紙またはキムワイプ等で水分を吸い取った後，線虫をピペットで接種する．水分と共に線虫がプレパラート内に吸い込まれ，接種完了．⑧線虫による菌糸摂食行動を顕微鏡下で観察する．

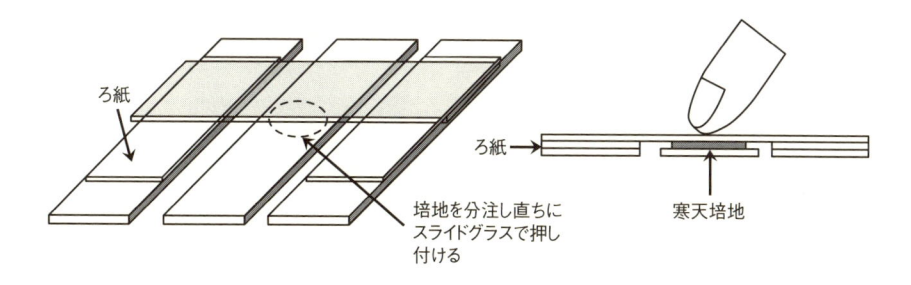

図 5-15 プレパラート観察用寒地培地作製方法

c）留意事項： 1）寒天培地は冷めないように 50℃ヒートブロック上に置いて作業するとよい．2）作製したプレパラートは乾燥を防ぐために，水を含ませた脱脂綿等を入れた密閉できる容器（プラスチックのタッパ等）内で培養し，適時，顕微鏡下で観察を行う．3）液体培養菌糸を接種した後に余分な水分はろ紙やキムワイプで吸い取っておく．

参考文献

Anderson, R.V. (1964) Feeding of *Ditylenchus destructor*. Phytopathology, 54: 1121-1126.
Drokin, V.H. (1969) Cellular responses of plants to nematode infections. Annual Review of Phytopathology, 7: 101-122.
Siddiqui, I.A. and Taylor, D.P. (1969) Feeding mechanisms of *Aphelenchoides bicaudatus* on three fungi and an alga. Nematologica, 15: 503-509.
稲澤譲治・津田 均・小島清嗣（監修）（2000） 細胞工学別冊目で見る実験ノートシリーズ顕微鏡フル活用術イラストレイテッド基礎から応用まで, 秀潤社, 東京.

（澤畠拓夫）

コラム：C. ジャポニカの宿主探索行動解析

　　セノラブディティス・ジャポニカ（*Caenorhabditis japonica*：C. ジャポニカ）は，九州・四国を北限に生息する亜社会性昆虫ベニツチカメムシ（*Parastrachia japonensis*，図7-2）に特異的に便乗し，同調した生活史をもつ(Yoshiga et al. 2013)．5月上旬に交尾を終えたベニツチカメムシ雌成虫は落葉下に営巣・産卵し，8月頃には次世代の新成虫が樹上に集合する．ベニツチカメムシが産卵し，新成虫が出現するまでの間，C. ジャポニカはベニツチカメムシ巣周辺で増殖し，ベニツチカメムシに便乗するための耐久型幼虫が現れる．耐久型幼虫はニクテイションと呼ばれる，体の後部を支えにして体を持ち上げて揺れ動く宿主探索行動を見せる．ここでは，C. ジャポニカ耐久型幼虫が，ベニツチカメムシの匂いに対して特異的に反応することを示す際に使ったオルファクトメーターを使った実験ならびにベニツチカメムシに到達するために重要だと思われる負の走地性を解析した方法を紹介する．

オルファクトメーターによるにおいへの誘引実験

　a）準備器材：　エアーポンプ，水を入れたガラス瓶，Y字管，流量計，シリコ栓付メジューム瓶，実験観察用のY字管をシリコンチューブで順番に図5-16のように接続する．行動観察用のY字管には，線虫が移動しやすいようにY字管を水平にしたとき，内部全体を素寒天で半分量満たすため，加熱溶解した1.5％素寒天を流し入れておく．

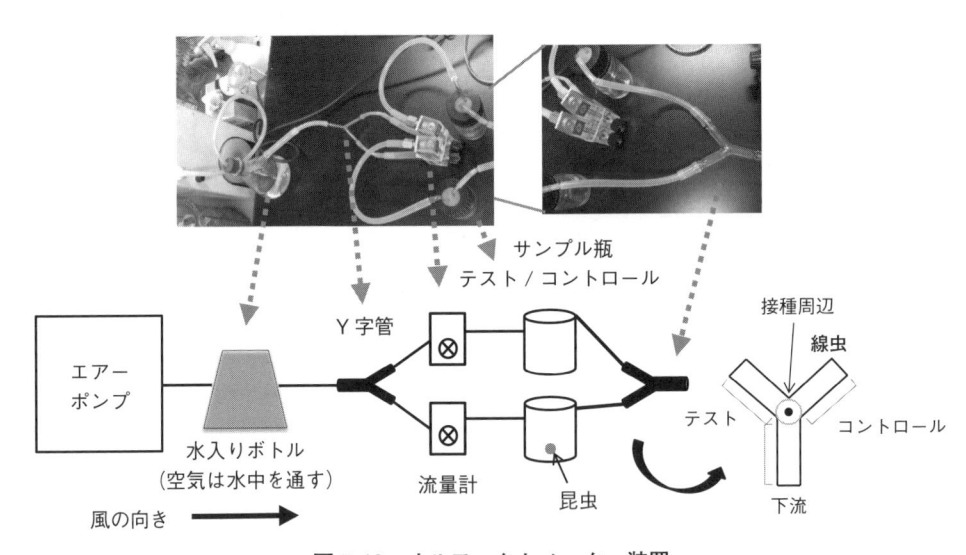

図5-16　オルファクトメーター装置

　b）操作手順：　①サンプル瓶の中に，昆虫を入れる．②培地上でニクテイションを行っている耐久型幼虫を白金線で集め（Tanaka et al. 2010），図5-16のY字管中央の素寒天上に静かに置き，直ちにY字管を垂直に設置する．③エアーポンプの風量を0.8～1.0 ℓ/分とし，流量計のそれぞれ0.4 ℓ/分に調整し，10分間自由に線虫を移動させる．④10分後送風を止め，速やかに実体顕微鏡下でY字管内の線虫を計数する．Y字管は模式図のようにテスト，コントロール，接種周辺，下流に分けて計数し，寒天培地上だけでなくそれ以外のガラス壁面も同様に計数する．合計頭数を接種総数とし，各部分での割合を比較する．

　c）留意事項：　C. ジャポニカは，他のカメムシやバッタを入れた場合や二酸化炭素とつないだ

場合にはそれらへの誘因性はみられないが，ベニツチカメムシを入れた場合にのみY字管のテスト側に移動した個体が有意に多くみられる．

負の走地性実験

　C. ジャポニカ耐久型幼虫が負の走地性を示すことを証明した実験（Okumura et al. 2013）を紹介する．

　a）準備器材：　径9 cm の NGM プレート．

　b）操作手順：　①径9 cm NGM プレートの底に図5-17 のように中央線を引く．線虫1頭での実験を行う場合は図左のように，さらに1 cm 間隔で線を引く．このとき，プレートの側面と底面に上下の印を書いておくと便利である．②線虫1頭での実験を行う場合は，中心の滴下ポイントに衝撃を与えないよう白金線で線虫を釣り上げ，静かに置く．複数個体での場合は，約20～30頭の線虫懸濁液2 μℓ を中心に滴下する．③線虫の周りの水分がなくなり，線虫が動き出したのを確認した後，プレートを垂直にして60分間静置する．④線虫1頭の実験では，プレートのどの位置にいたかを記録し，反復することで分布図を作製する．複数個体の実験では，プレート内の上と下それぞれに移動した線虫を計数し，走地性指数を算出する（〔上に移動した頭数－下に移動した頭数）〕／接種総数）．

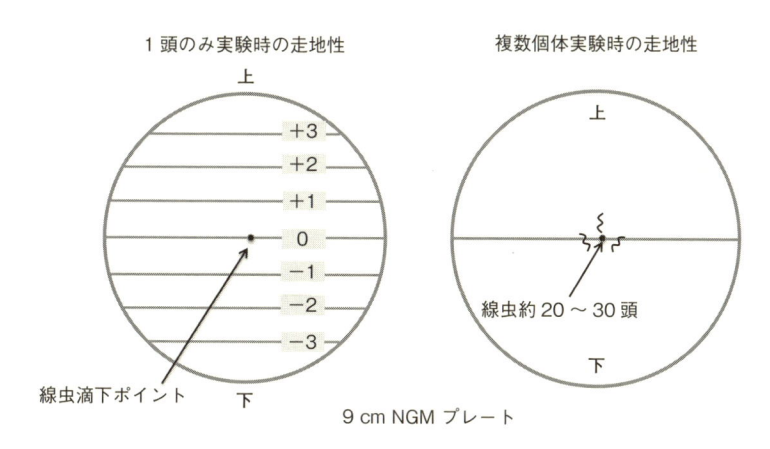

図5-17　走地性実験のアッセイプレート

　c）留意事項：　培地から集めたC. ジャポニカ耐久型幼虫やC. エレガンスを用いた場合には負の走地性は見られないが，ニクテイションを行うC. ジャポニカ耐久型幼虫を用いた場合には，多くの個体が上向きに移動し，負の走地性が見られる．

参考文献

Okumura, E., Tanaka, R. and Yoshiga, T. (2013) Negative gravitactic behavior of *Caenorhabditis japonica* dauer larvae. The Journal of Experimental Biology, 246: 1470-1474.

Tanaka, R., Okumura, E. and Yoshiga, T. (2010). A simple method to collect phoretically active dauer larvae of *Caenorhabditis japonica*. Nematological Research, 40: 7-12.

Yoshiga, T., Ishikawa, Y., Tanaka, R., Hironaka, M. and Okumura, E. (2013) Species-specific and female host-biased ectophoresy in the roundworm *Caenorhabditis japonica*. Naturwissenschaften, 100: 205-8.

（奥村悦子）

第6章　植物と線虫の相互関係研究法 I

1. 線虫レース検定法　(1) ― ネコブセンチュウ

1.1　ネコブセンチュウの国際レース

　国際レースはノースカロライナ法 (North Carolina differential host test) のことを意味し，世界的に広く分布する主要なネコブセンチュウ4種 (サツマイモネコブセンチュウ *Meloidogyne incognita*，アレナリアネコブセンチュウ *M. arenaria*，ジャワネコブセンチュウ *M. javanica*，キタネコブセンチュウ *M. hapla*) とそのレースを，特別な機器を用いず簡便に識別する方法である．

　a) 準備器材：　判別寄主植物種子，ワグネルポット，ポリポット，園芸培土．

　b) 操作手順：　① 接種源の準備 (土壌の場合)：第10章1.1～1.8「土壌試料の採集から試料の定量・分離まで」を参考に，なるべく多くの線虫がいる土壌と被害根を採集し，圃場内の異なる5か所以上から採集し混合する．② 接種源の準備 (卵のう・第2期幼虫の場合)：第4章第3節「植物寄生性線虫の培養法」の3.1「ネコブセンチュウ」を参考に供試個体群を増殖し，9～12 cmポリポット24鉢分の接種に必要な卵のうまたは第2期幼虫 (25,000～50,000頭) を準備する．③ 検定植物の準備，接種および栽培：(1) ワタ：デルタパイン16 (Deltapine 16)，(2) タバコ：NC95，(3) ピーマン：カリフォルニア・ワンダー (California Wonder)，(4) スイカ：チャールストン・グレイ (Charleston Gray)，(5) ラッカセイ：フローランナー (Florrunner)，(6) トマト：ラトガース (Rutgers) の種子を入手し，9 cmポリポットに園芸培土を詰めて播種する．(1)(2)の入手については，筆者または日本線虫学会などに相談のこと．(3)～(5)は「生物資源ジーンバンク」より入手可能．(6)は市販の線虫感受性トマト (たとえば，強力米寿二号，大型福寿) で代用可．④ 本葉4～6枚の苗となったところで，①の汚染土壌に6種類の検定植物を定植するか，②の第2期幼虫または卵のうを苗に接種する．4反復以上．接種頭数は第2期幼虫で2,000頭程度を目安とする．24～30℃の温室で約50日栽培する．詳しくは第4章3.1「ネコブセンチュウ」を参照．⑤ 結果の判定：ポットを空けて土を落とし，根を洗い，根に形成された根こぶまたは卵のうを調査し，寄生の有無を判定する．非寄主であっても少数の根こぶが形成されることがあるので，判定は卵のうの有無によって行う方が正確である．根をフロキシンBで染色すると卵のうの有無が明瞭に分かる．検定植物の根にできたゴール (卵のう) の数に応じて，次の階級値を与える．0：ゴール (卵のう) の数ゼロ，1：同1～2，2：同3～10，3：同11～30，4：31～100，5：101以上．階級値の平均値が4.0以上を＋ (プラス)，0～2.0を－ (マイナス) とする．ただし，トマトが＋でない試験は無効である．表6-1に従って種を判別する．

　c) 留意事項：　野外で発生する個体群では複数種が混在して，結果の表に当てはまらない場合がある．＋反応となった寄生根から次世代を得て再試験し，混在を確認する必要がある．

1. 線虫レース検定法 (1) — ネコブセンチュウ

表 6-1 主要ネコブセンチュウおよび各レースの判別寄主に対する寄生性

ネコブセンチュウの種とレース		ワタ	タバコ	ピーマン	スイカ	ラッカセイ	トマト
サツマイモネコブ	レース 1	−	−	＋	＋	−	＋
	レース 2	−	＋	＋	＋	−	＋
	レース 3	＋	−	＋	＋	−	＋
	レース 4	＋	＋	＋	＋	−	＋
アレナリアネコブ	レース 1	−	＋	＋	＋	＋	＋
	レース 2	−	＋	−	＋	−	＋
ジャワネコブ		−	＋	−	＋	−	＋
キタネコブ		−	＋	＋	−	＋	＋

参考文献

Taylor, A.L. and Sasser, J.N. (1978) Biology, Identification, and Control of Root-knot Nematodes (*Meloidogyne* species). Raleigh, NC: North Carolina State University Graphics.

（奈良部 孝）

1.2 ネコブセンチュウのサツマイモレース（SP レース）

　サツマイモネコブセンチュウにはサツマイモのいくつかの品種に対して寄生性の異なるレース（SP レース）が知られており（Sano and Iwahori 2005），これまでに 9 つのレース（SP1 〜 9）が報告されている（表 6-2）．SP レースは九州沖縄地域で詳細に調査され，レース分布には地理的な特徴があることがわかっている（表 6-3）．また，各 SP レースによって寄生を受ける品種はおおよそ判明している．したがって，サツマイモを作付けする予定の圃場における SP レースを調査しておくことにより，作付け予定品種が被害を生じるかどうかの予測が可能となり，防除の要不要を判断することができる．

　a）準備器材：　感受性寄主植物，サツマイモ検定品種，ポリポット，園芸培土，200 mℓ ビーカー，ペトリ皿，脱脂綿，ガラスチップマイクロピペット，顕微鏡，カウンター，フロキシン B，ピンセット．

　b）操作手順：　1）《線虫の準備》① 単卵のう分離系統線虫の作出：調べたいサツマイモネコブセンチュウ汚染土に，線虫抵抗性を持たないトマト品種「プリッツ」あるいはピーマン品種「京鈴」等を播種または定植する．② 約 40 〜 50 日後（平均 25℃の場合，以下同），卵のうが根に形成されたら，充実した 1 卵のうをピンセットで採取して新しい感受性寄主植物のポットに接種する．③ 接種後

表 6-2 サツマイモネコブセンチュウのサツマイモ 5 品種に対するレース反応

サツマイモ検定品種	レース								
	SP1	SP2	SP3	SP4	SP5	SP6	SP7	SP8	SP9
農林 1 号	＋	＋	＋	＋	−	＋	−	＋	−
農林 2 号	−	＋	−	＋	＋	−	＋	＋	−
種子島紫 7	−	−	＋	＋	＋	＋	−	−	−
エレガントサマー	−	−	−	＋	−	＋	−	−	＋
ジェイレッド	−	−	−	−	−	−	−	＋	−

＋：感受性，−：抵抗性*　　＊：ポット試験において 500 頭接種した時に着生した卵のう数が平均 2 個以下．

表 6-3 九州沖縄地域におけるサツマイモネコブセンチュウレースの分布

調査県	調査個体群数	レース出現率（％）								
		SP1	SP2	SP3	SP4	SP5	SP6	SP7	SP8	SP9
佐賀	4	75.0	25.0	0.0	0.0	0.0	0.0	0.0	0.0	0.0
長崎	11	63.6	18.2	0.0	0.0	0.0	9.1	9.1	0.0	0.0
熊本	30	83.3	10.0	3.3	0.0	0.0	3.3	0.0	0.0	0.0
宮崎	28	25.0	67.9	0.0	0.0	0.0	7.1	0.0	0.0	0.0
鹿児島	43	9.3	74.4	0.0	4.7	2.3	0.0	7.0	2.3	2.3
沖縄	13	15.4	0.0	0.0	53.8	7.7	23.1	0.0	0.0	0.0
計	129	37.2	43.4	0.8	7.0	1.6	5.4	3.1	0.8	0.8

40〜50日経過したら根を掘り上げ，洗浄後にピンセットを用いて根上の全ての卵のうをペトリ皿に敷いた脱脂綿上に採取する．④卵のうを載せた脱脂綿を，水を満たしたビーカーに載せてふ化させる（図6-1）．⑤室温で5〜7日後，線虫がビーカーの底に溜まるので，上ずみを適度に除去して供試線虫懸濁液とする．⑥よく攪拌した懸濁液から，ガラスチップマイクロピペットを用いて100 μℓをとり，懸濁液中の線虫数を計数し，懸濁液の線虫濃度を調査する．約100頭/100 μℓとなるように調整するとよい．2）《サツマイモ一節苗の準備》①サツマイモ検定品種「農林1号」「農林2号」「種子島紫7」「エレガントサマー」「ジェイレッド」を準備する．頻繁にレース検定行う場合はポット栽培していつでも採取できるようにしておく．また，主要品種である「高系14号」（農林1号と同等以上の

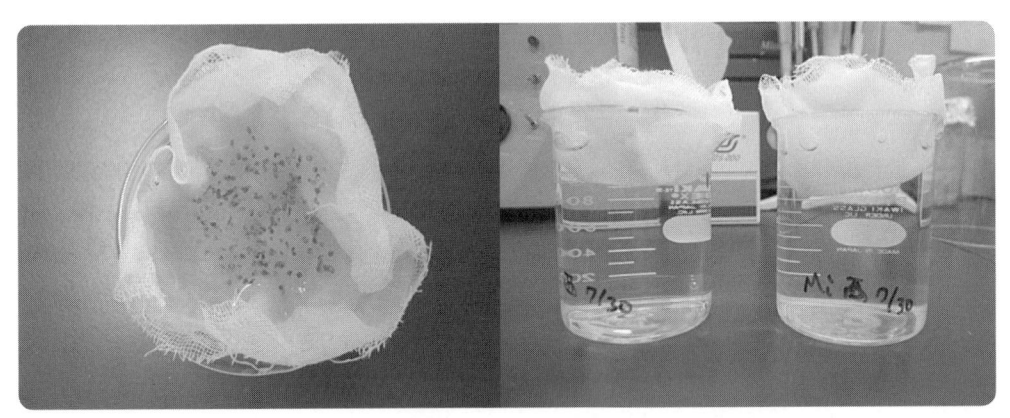

図6-1 ガーゼに回収した卵のう（左）と第2期幼虫分離の様子（右）

図6-2 一節苗の切り出し（左）と水挿し・発根の様子（右）

1. 線虫レース検定法　(1) — ネコブセンチュウ

感受性）も加えるとよい．②成熟した葉の付いた一節をつるから切り出し，ビーカーなどで水挿しし，毎日水を交換しながら約1週間程度静置して発根させる（図6-2）．③発根した苗を9 cmポリポットに移植する．透明ポリポットを用いると根や卵のうの発達が観察できる．3）《接種》①移植後5〜7日経過し根系を発育させたら，株元にサツマイモネコブセンチュウ第2期幼虫500頭を含む懸濁液を，ガラスチップマイクロピペットを用いて接種する．最も感受性の高い「農林1号」で，100個以上の卵嚢が形成されることが望ましい．②反復数は5以上とする．4）《調査》①接種の40〜50日後に株をポットより掘りあげ，根を洗浄した後にフロキシンB（0.015％水溶液15分浸漬，または0.1％水溶液10秒浸漬）による卵のう染色を行い，色素を水洗後，1株あたりのフロキシンBで赤く染まった卵のう数を計数する．②1検定品種の平均卵のう数が2以上であれば感受性とする．5つの検定品種について判定を行い，表6-2に従ってレースを判別する．

c）留意事項：　線虫の流出を防止するため，接種直後はポット底より水が漏れ出ない程度に灌水を制限する（できれば24時間は行わない）．また，土壌の乾燥による線虫の死亡を防ぐため，寒冷紗や新聞紙等で日除けを行う．このような管理を少なくとも3日間継続する．

参考文献

Sano, Z. and Iwahori, H. (2005) Regional variation in pathogenicity of *Meloidogyne incognita* populations on sweetpotato in Kyushu Okinawa, Japan. Japanese Journal of Nematology, 35(1): 1-12.
九州沖縄農業研究センター（2013）　線虫抵抗性ピーマン台木品種育成素材選抜のための接種検定手法マニュアル．http://www.naro.affrc.go.jp/publicity_report/publication/files/7b8942178acbed345b2a7822e67dbc3c_1.pdf

（岩堀英晶）

コラム：植物と線虫の相互関係研究

　ネコブセンチュウ，シストセンチュウ，ネグサレセンチュウに代表される植物寄生性線虫は植物にとって非常に厄介な存在である．植物にとって線虫に寄生される利点が1つもないからである．線虫は植物に寄生することで，植物から養分を補給し，その養分を使用して，成長し，繁殖を行う．その際，寄生箇所に養分が集約するよう，線虫は植物体内の環境を制御する．植物は生長のために必要とする養分吸収を線虫に阻害され，生理障害を引き起す．また，線虫は植物に傷をつけ，侵入するため，その傷口から様々な病原菌が侵入することもあり，二次被害まで引き起す場合もある．

　そのため，植物は線虫による被害を抑えようと様々な防御戦略を駆使している．線虫は植物のそういった防御機構をうまくかいくぐり，寄生をする．かいくぐられた植物側は寄生を阻止しようと，防御反応を発達させる．このように，植物側の防御反応と線虫側の寄生能力との間で熾烈な駆け引きが行われており，そのパワーバランスは絶えず変化しているといえる．しかしながら，植物の線虫に対する防御機構の全容は解明されていない．筆者はこのような植物−線虫間の相互関係について，以下の点に注目しつつ，線虫に対する植物の防御反応の解明を目的として，これまで研究を進めてきた．

　　・線虫の寄生に関与する植物シグナル伝達経路の解明
　　・線虫の寄生に関与する物質の同定

　植物は線虫を含む多種多様な外敵にその身を狙われている．植物は外敵から身を守るために様々な防御機構を備えており，これら防御反応を誘導するうえで重要な役割を果たすのが植物ホルモンである．植物は各種植物ホルモンの内生量を変化させ，外敵の種類に適した防御反応を誘導する．植物ホルモンの中でも，虫害抑制に深く関与しているといわれているのがジャスモン酸であり，ジャ

スモン酸は植物の傷害や病害，紫外線といったストレスに対する反応，生長阻害などを司り，数多くの転写制御因子の遺伝子発現や転写制御活性などを制御している．筆者はこれまでに線虫の寄生抑制作用と相関を持つジャスモン酸シグナル伝達経路上の遺伝子を複数発見した（Fujimoto et al. 2011）．ただし，ジャスモン酸によって活性化される各種遺伝子の発現が線虫の感染抑制に直接効果的だとは考えにくい．遺伝子発現に伴い，根でのタンパク質合成等の物質収支に変化が生じ，それが線虫の寄生に影響を及ぼしたと考えている．ジャスモン酸で処理された植物では多くの代謝内生量に変化が生じ，地上部ではこれら代謝物の変化が虫害の増減に影響を及ぼすことが知られている．根での報告は非常に少ないが，これまでに線虫の移動や生態に植物の存在が極めて大きく影響することはよく知られており，根でも地上部と類似した反応が起き，線虫の寄生に影響を及ぼしている可能性は高いといえる．そこで，ジャスモン酸を処理した植物の根から，通常とは放出量の異なる物質を探索し，選抜したところ，線虫寄生抑制効果を持つ物質候補が複数単離できた．

これら線虫寄生抑制効果を持つ代謝産物が植物体内でどのようなシグナル伝達を経由して産生されるのか，代謝産物を処理することによっても線虫寄生抑制効果が得られるのか，といった遺伝子発現と物質収支の両方向からアプローチすることで，線虫の寄生に深く関与するシグナル伝達経路や物質を特定することができる可能性が高い．上記のように，筆者は線虫寄生抑制効果を持つ物質の候補を複数種類発見している（図6-3）．ただし，その効果を発現させるためには，適切な濃度で，適切な時期にそれら物質で処理することが重要である．濃度が濃くても薄くても効果がうまく表れない物質が多く，さらに，適切な濃度であっても処理するタイミングによって効果の発現度合いに変化が生まれることもある．また，寄生抑制物質といっても，殺線虫物質，線虫の侵入を抑制する物質，線虫の植物体内での成長を抑制する物質など，寄生抑制効果は多岐にわたる．いつ，どういった濃度で処理すれば，どういった効果が得られるのか，ということを1つずつ丁寧に検証していくことがこの研究では重要であり，難しい点でもある．そういった研究を進めるうえで欠かせない実験手法が根内部の線虫を染色する方法（酸性フクシン染色法）（図6-4）と根外部に露出したネコブセンチュウの卵のうを染色する手法（フロキシンB染色法）である．これらの染色法を用いることで，植物内に侵入する線虫数や定着した線虫の数，線虫のステージ判別，成虫まで成長した線虫の定量が可能になる．処理した物質が根への侵入前後のどちらの段階で効果を及ぼすのか，また，侵入後のどのステージで線虫の成長に影響を及ぼす物質であるのかを詳細に評価することが可能になる．

今後，線虫の寄生を制限する遺伝子や物質の

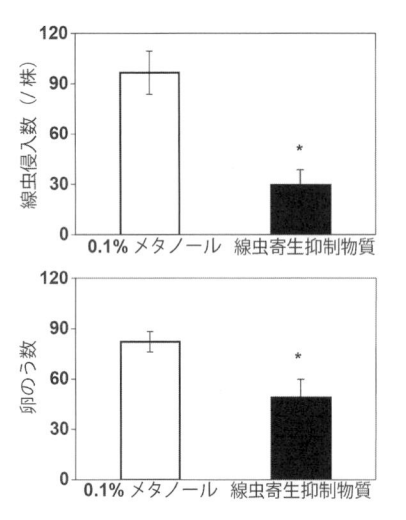

図6-3　線虫寄生抑制物質候補で処理された植物における線虫の侵入数と卵のう付着数

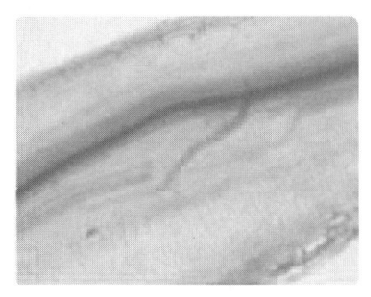

図6-4　酸性フクシン染色法を用いた植物根中のサツマイモネコブセンチュウ（巻頭カラー口絵参照）

特定が進むことで，線虫抵抗性品種や線虫防御剤等の新たな防除方法の開発が期待できると考えられる．

参考文献

Fujimoto, T., Tomitaka, Y., Abe, H., Tsuda, S., Futai, K. and Mizukubo, T. (2011) Expression profile of jasmonic acid-induced genes and the induced resistance against the root-knot nematode (*Meloidogyne incognita*) in tomato plants (*Solanum lycopersicum*) after foliar treatment with methyl jasmonate. Journal of Plant Physiology, 168(10): 1084-1097.

（藤本岳人）

2. 線虫レース検定法　(2) ― シストセンチュウ

2.1　ダイズシストセンチュウのレース

　ダイズシストセンチュウには様々な寄生性を有する個体群（レース）が存在し，それぞれで有効な抵抗性品種が異なるため，圃場で発生している個体群の寄生性の把握が抵抗性品種の有効活用には必要不可欠である．

　レース判別法として遺伝子解析などの手法も検討されてはいるものの未だに確立されておらず，判別寄主に対する実際の寄生性の確認による方法が主に行われている．この際，用いる寄主や判別法によって結果に違いが生じる可能性があるため，統一された方法に基づいて判別試験を行うことが重要であり，現在はゴールデンらの提唱した方法が国際的な標準レース判別法として広く用いられている（Golden et al. 1970）．

　これは感受性品種の「Lee」と抵抗性品種の「Pikett」，「Peking」，「PI88788」，「PI90763」への寄生程度を比較する方法で，温室内で上記の判別品種を播種したポットに検定を行う線虫個体群を接種し，雌線虫が成熟するまで栽培した後，根に寄生した雌成虫および形成されたシスト数を数え，その数が対照である感受性品種（「Lee」）の10％未満の場合は−，10％以上の場合は＋と判定し，その結果を判別表（表6-4）に照らし合わせて判断する．ただし，国際判別法は主にアメリカで栽培されている飼料用ダイズの抵抗性に基づく方法であるため，それ以外の地域で栽培されている抵抗性品種に対する寄生性は判断できない場合がある．

　我が国では，最も広く普及している「下田不知（げでんしらず）」由来の抵抗性品種が国際判別レース3に対して抵

表6-4　ダイズシストセンチュウ国際レース検定法の判別表

判別品種	レース															
	1	2	3	4	5	6	7	8	9	10	11	12	13	14	15	16
Pikett	−	+	−	+	+	+	−	−	+	+	−	−	−	+	+	−
Peking	−	+	−	+	−	−	−	+	+	−	+	+	+	+	−	+
PI88788	+	+	−	+	−	+	−	−	−	+	+	−	−	−	+	+
PI90763	−	−	−	+	−	−	+	+	−	+	−	+	−	+	+	+

Goldenら（1970）より．
各品種に寄生した雌成虫・シストの数が感受性品種「Lee」の10％未満ならば−，10％以上ならば＋と判定する．

抗性を有していたため，レース3には下田不知系，それ以外のレースには高度の抵抗性を持つ品種が有効とされていたが，下田不知系にも寄生するレース3が分布を広げているため，現在は下田不知寄生型と下田不知非寄生型の2種類のレース3が存在する状況になっている．そのため，国際判別法では下田不知系統への寄生性は判断できず，我が国の農業における国際判別法の実用的な重要度は低下している．代わりに下田不知系統に対する寄生性を確認する日本型レース判別手法の重要性が増しているので，その手法を紹介する．

　a）準備器材：　判別寄主植物種子，ポリポット，園芸培土．
　b）操作手順：　①径9 cmのポリポットに土壌を200 mℓ充填する．なお，使用する土壌によって線虫の増殖程度に違いが生じるため，検定用土壌には品質の均一な市販の人工培土を用いるとよい．②基準品種として感受性品種「エンレイ」，下田不知系抵抗性品種「トヨムスメ」を用いる．下田不知系統は品種による寄生性にさほど大きな差異は認められないが，感受性品種は品種によって増殖程度に違いがあるため，異なる品種を用いる場合は注意を要する．③播種したダイズの本葉が開き始めた時期に株元に線虫卵を接種し，24〜25℃の施設内で栽培して線虫を増殖させる．接種はシストを摩砕して取り出した卵の懸濁液で行い，1ポット当たり5,000〜6,000卵を接種する．栽培期間は7〜8週間とする．④栽培終了後，ポットを解体して内部の全シストを分離・計数し，感受性品種でのシスト数を100に換算した指数を求める．⑤抵抗性品種の指数が30以上の個体群を下田不知系ダイズに対して寄生性とする．

　c）留意事項：　下田不知系統以外の抵抗性品種ダイズに対する寄生性の試験は，統一された手法が未確立で試験者の独自の判断で行っているのが現状であり，今後の手法の検討が待たれる．

（相場　聡）

2.2　ジャガイモシストセンチュウのレース

　ジャガイモシストセンチュウにも寄生性の違う個体群の存在が確認されている．レースの判別法は1組の判別寄主の中で，各々の寄主に対する線虫個体群の増殖程度を調べ，それをあらかじめ設定した基準に従って分類することによって決定する．この際，用いる寄主の種類や数，また判別の基準が異なるとレースは細分化されてしまい混乱が生じるため，それぞれの線虫において世界的に統一された基準（判別寄主，試験方法等）に従って試験を行うこととされている．ジャガイモシストセンチュウの場合はコートらによって提唱された判別法が広く使用されている（Kort et al. 1977）．これは7種類の抵抗性ジャガイモ品種に対する寄生性の違いによって，ジャガイモシストセンチュウ5レースおよび近縁種であるジャガイモシロシストセンチュウ3レースの，合計8レースを判別する手法である．本稿ではこの方法について述べる．

　a）準備器材：　判別品種（感受性品種「*Solanum tuberosum* ssp. *tuberosum*」，抵抗性品種7品種「*S. tuberosum* ssp. *andigena* CPC1673 (geneH1)」，「*S. kurtzianum* KTT 60.21.19」，「*S. vernei* G-LKS 58.1642/4」，「*S. vernei* (VTn)262.33.3」，「*S. vernei* 65.346/19」，「*S. multidissectum* P55/7(geneH2)」，「*S. vernei* 69.1377/94」），ポリポット，園芸培土．

　b）操作手順：　①線虫を接種した土壌をポットに充填して上記の判別品種を植え付ける．線虫密度は15卵/乾土1 gとする．なお，直径9 cmのポットを用いる場合は1ポット当たり約3,000卵に相当する．②温室内で地温18〜25℃の状態を保って上記のジャガイモ品種を栽培し，線虫を増殖させる．12週間後にポットから土壌を取り出して乾燥させてポット内のシストを分離し，全数を計数する．③接種した線虫の初期密度（Pi）で栽培後の線虫密度（Pf）を除すと増殖率（Pf/Pi）が得られるが，増殖率が1以上（$Pf/Pi \geq 1$）を＋，1未満（$Pf/Pi < 1$）を－と判定し，判別表（表6-5）よりレースを

表6-5　ジャガイモシストセンチュウ（Ro1〜5）およびジャガイモシロシストセンチュウ（Pa1〜3）のレース判別表

判別寄主	Ro1	Ro2	Ro3	Ro4	Ro5	Pa1	Pa2	Pa3
Solanum tuberosum	+	+	+	+	+	+	+	+
S. tuberosum ssp. andigena C1673(H_1)	−	+	+	−	+	+	+	+
S. kurtzianum KTT60-21-19	−	−	+	+	+	+	+	+
S. vernei G-LKS 58.1642/4	−	−	−	+	+	+	+	+
S. vernei $(VT^n)^2$ 62.33.3	−	−	−	−	+	−	−	−
S. vernei 65.346/19	−	−	−	−	−	+	+	+
S. multidissectum P 55/7(H_2)	+	+	+	+	+	−	+	+
S. vernei 69.1377/94	−	−	−	−	−	−	−	−

接種した線虫の初期密度（Pi）で栽培後の線虫密度（Pf）を除した増殖率が1.0以上（$Pf/Pi \geq 1.0$）を＋，1.0未満（$Pf/Pi < 1.0$）を－と判定する（Kort et al, 1977）.

判別する．

c）留意事項：　現在のところは我が国で発生している個体群はこの判別表におけるRo1のみとなっており，異なる寄生性を持つジャガイモシストセンチュウおよびジャガイモシロシストセンチュウの発生は確認されていない．なお，グロボデラ属（*Globodera*）では寄生性の異なる個体群に対し一般にパソタイプ（Pathotype）の用語を適用するが，本稿ではレースに統一した．

参考文献

Golden, A.M., Epps, J.M., Riggs, R.D., Duclos, J., Fox, A. and Bernard, R.L. (1970) Terminology and identity of intraspecific forms of the soybean cyst nematode *Heterodera glycines*. Pl. Dis. Reptr., 54: 544-46.

Kort, J., Ross, H., Rumpenhorst, H.J. and Stone, A.R. (1977) An international scheme for identifying and classifying pathotypes of potato cyst-nematode *Globodera rostochiensis* and *G. pallida*. Nematologica, 23: 333-339.

（相場　聡）

3. 線虫のタンパク・遺伝子（核酸）実験法

　次世代型シークエンサーの登場によって，現在様々な生物種のゲノム配列情報が急速に蓄積されている．今後はゲノム配列情報を「解読」することの重要性がより一層高まるだろう．ゲノム配列には遺伝子情報が含まれ，遺伝子からは翻訳後産物としてタンパク質がつくられる．したがって，タンパク質の種類とその動態を理解することが，それぞれの生物の時々刻々と変動する生理・生化学過程を理解する上で，今後の最重要課題の一つになるといえる．近年では，数多くのタンパク質を一度に同定でき

る解析手法（プロテオーム解析）を用いて，寄生性線虫が有する病原因子もしくは寄生因子を明らかにする試みがなされている．基本的なタンパク質実験法に関しては，既に沢山の良書が出版されているため，本項では線虫学研究においてプロテオーム解析を行う上で特に重要な項目に絞って紹介する．

3.1 線虫タンパク質の抽出

タンパク質はその不安定な性質のため，DNA等の生体分子と比べると分解されやすい．したがって，タンパク質を抽出する操作はプロテオーム解析の成否に影響する重要な過程である．線虫学研究においては，線虫の体全体から抽出されたタンパク質だけでなく，分泌タンパク質および体表面タンパク質に焦点を絞って解析を行う例も複数報告されている．実験開始前にプロテオーム解析の目的を明確にし，その目的に応じて最適な手法を選択する．本項目ではマツ枯れの病原体マツノザイセンチュウにおけるプロテオーム解析にて，実際に使用された手法を紹介する (Shinya et al. 2013)．タンパク質の取り扱いに関する詳細な情報は，他の解説書を参考にするとよい（森山 2007）．

3.1.1 全タンパク質抽出法

a）準備器材： 滅菌済み破砕棒，サンプルチューブ（1.5 mℓ），遠沈チューブ（15 mℓ），滅菌済み蒸留水，液体窒素，20 mM Tris-HCl 緩衝液（pH7.8），タンパク質抽出用緩衝液（9 M 尿素，2% CHAPS*，20 mM Tris-HCl）

＊両性界面活性剤

b）操作手順： ①1週間程度培養したマツノザイセンチュウ培養プレートからベールマン法にて線虫を漏斗下に集め，15 mℓ 遠沈チューブに線虫を回収する．②滅菌済み蒸留水を使って次のように線虫を洗浄する．チューブ目盛り 10 mℓ 程度の蒸留水を注いで遠心し（800 rpm，1分間，室温），上ずみを取り除く．この操作を最低5回繰り返す．③最後の遠心操作の後，できる限り上ずみを取り除き，ピペットを使って線虫を 1.5 mℓ チューブに移す．この段階で線虫の量をおよそ 100 μℓ の体積に調整する（必要であれば線虫頭数を数える）．チューブを3分間氷上に静置する．④あらかじめ冷やしておいたタンパク質抽出用緩衝液を 200 μℓ チューブに加える．⑤チューブを液体窒素につけ込むことで瞬間的に線虫を凍結する．室温に戻して溶かす．⑥チューブを氷上に置いたまま，破砕棒を使って線虫を徹底的に破砕する．⑦遠心操作によって線虫カスを沈める（15,000 × g, 20 分間, 4℃）．⑧遠心操作終了後，上ずみを新しい 1.5 mℓ チューブに移す．⑨その後の解析手法に応じてフィルターろ過やタンパク質の濃縮を行う．

3.1.2 分泌タンパク質の抽出法

a）準備器材： サンプルチューブ（1.5 mℓ），遠沈チューブ（15 mℓ），滅菌済み蒸留水，低タンパク質吸着素材ペトリ皿（EZ-BindShut® dish，IWAKI 社），分泌タンパク質誘導液（マツノザイセンチュウの場合はタンパク質成分を取り除いたマツ冷水抽出液が有効である．その他の線虫では，5-methoxy-N,N-dimethyltryptamine-hydrogen-oxalate（DMT）を蒸留水または緩衝液に溶解したものが，タンパク質の分泌を誘導することが報告されている）

b）操作手順： ①1週間程度培養したマツノザイセンチュウ培養プレートから，ベールマン法にて線虫を漏斗下に集め，15 mℓ 遠沈チューブに線虫を回収する．マツノザイセンチュウでは 1,000 万頭程度の線虫を使用することにより，精度の高いタンパク質同定が可能である．②滅菌済み蒸留水を使って線虫を洗浄する．チューブ目盛り 10 mℓ 程度の蒸留水を注いで遠心し（800 rpm，1分間，室温），上ずみを取り除く．この操作を最低5回繰り返す．③洗浄済みの線虫を分泌タンパク質誘導物

質入りの溶液（5 mℓ）に浸し，穏やかに攪拌する．空気の出入りを良くするために低タンパク質吸着素材のペトリ皿（EZ-BindShut dish）の使用が有効である．また，線虫種によっては本操作中に微生物のコンタミネーション（試料汚染）が激しく起こる場合がある．その場合は，適切な抗生物質を加えることでコンタミネーションを防止する．④ 25〜28℃で16時間培養した後，穏やかに遠心分離し上ずみを回収する．この時遠心分離速度が速すぎると，線虫が破裂して体内のタンパク質も大量に混入してしまうので注意が必要である．⑤ その後の解析手法に応じて，フィルターろ過やタンパク質の濃縮を行う．

c）留意事項： 本手法を用いて分泌タンパク質を抽出した場合においても，線虫体内のタンパク質が混入する可能性はある．必要に応じて線虫全タンパク質との比較解析を行うことを勧める．

3.2 質量分析計を用いたタンパク質の網羅的同定法

近年の質量分析計の進歩は目覚ましく，感度および正確性ともに飛躍的に良くなってきている．一昔前までは，ペプチドマスフィンガープリンティング法（PMF法）などのシングルMS解析が主流だったので，質量分析の前にいかに上手くそれぞれのタンパク質を分離できるかが重要であった．そこで，二次元ゲル電気泳動法やゲル電気泳動法と液体クロマトグラフィーを組み合わせた方法などが開発され，多くの研究者がこれらの手法を利用してきた．しかし，最近ではタンデムMS/MS解析（2回の質量分析を続けて行う解析法，図6-5参照）が主流になっているため，質量分析の前にゲル電気泳動法などの前分離を行わなくても，タンパク質の同定ができるようになった．そのため，以前よりも格段に少ないタンパク質量から，数多くの種類のタンパク質を一度に同定できるようになった．そして，そのことでプロテオーム解析は非常に身近な技術になった．培養不可能な線虫種においてプロテオーム解析を行うことは未だに容易ではないが，培養可能な線虫種であれば，遺伝子情報を整備することで比較的容易に膨大なタンパク質情報を得られると言ってよいだろう．

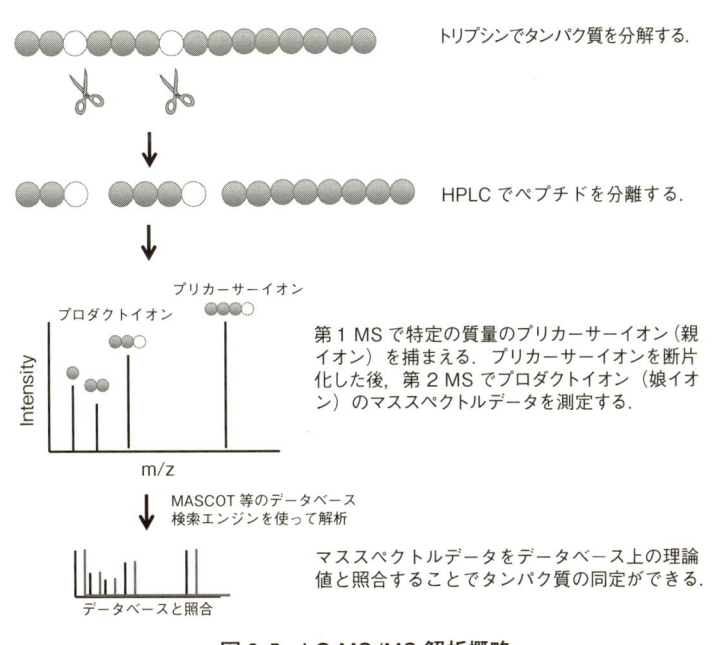

図6-5 LC-MS/MS解析概略

3.2.1 ゲル電気泳動を用いたアプローチ

プロテオーム解析においてゲル電気泳動法が使用される機会は以前に比べると減少してきたが，比較解析の際に直感的にタンパク質の量の違いやタンパク質翻訳後修飾の違いを検出しやすいことから，まだまだ重要な手法であることに変わりはない．

1）二次元ゲル電気泳動法

二次元ゲル電気泳動法は 2 種類の電気泳動を組み合わせた電気泳動手法で，一度に多数のタンパク質を分離できるため，プロテオーム解析におけるタンパク質分離手法として最もよく利用されてきた．通常一次元目に等電点電気泳動，二次元目に SDS ポリアクリルアミドゲル電気泳動を利用する．本手法を行う上で重要な点は，サンプル中に含まれる塩など泳動を阻害する夾雑物をいかに上手く除去するかということである．ゲル電気泳動のため供試できるサンプル量は，せいぜい数十 μl に限られる．タンパク質濃度を高くしようとサンプルを濃縮することで，余計な夾雑物の濃度まで高くなり，実験に失敗することがある．二次元ゲル電気泳動法に関する詳細な解説が必要な場合は，他書を参考にすること（川上 2002）．

2）HPLC- SDS ポリアクリルアミドゲル電気泳動法

HPLC- SDS ポリアクリルアミドゲル電気泳動法は，一次元目に逆相カラムを用いた高速液体クロマトグラフィー，二次元目に SDS ポリアクリルアミドゲル電気泳動を利用した手法である．使用される頻度は高くはないものの，場合によっては強力なタンパク質分離手法となる．タンパク質分離能自体は二次元電気泳動法に比べやや劣るものの，濃縮が難しいサンプルを扱う場合や，サンプル間での比較解析を行う場合には有効である（Shinya et al. 2010）．

 a) 準備器材： アセトニトリル，重炭酸アンモニウム，ジチオスレイトール（DTT），還元溶液（1 M DTT 10 μl，1 M 重炭酸アンモニウム 25 μl，超純水 965 μl を混合し作製），超純水，ヨードアセトアミド，アルキル化溶液（ヨードアセトアミド 10 mg，100 mM 重炭酸アンモニウム 1 ml），トリプシン溶液（Promega 社の Trypsin Gold など Mass spec grade のものを使用，Trypsin Gold を使用する場合は添付の 50 mM 酢酸緩衝液で 10 μg/ml の濃度に溶解する），トリフルオロ酢酸．

 b) 操作手順： ①目的タンパク質を含むゲルスポットまたはバンドを切り出す．②染色法に応じた手法でゲルの脱色をする．③ 1.5 ml サンプルチューブに 100 μl のアセトニトリルを加える．5 分間の振とう後溶液を捨てる．脱水によりゲル片は白くなる．④減圧乾燥機を使って 15 分間ゲル片を乾燥させる．⑤ 100 μl の還元溶液を加える．56℃で 1 時間振とう後，溶液を捨てる．⑥ 100 μl の 25 mM 重炭酸アンモニウムを加える．10 分間の振とう後，溶液を捨てる．⑦ 100 μl のアルキル化溶液（使用直前に作製）を加えアルミホイルで遮光する．室温条件下で 45 分間振とう後溶液を捨てる．⑧ 100 μl の 25 mM 重炭酸アンモニウムを加える．10 分間振とう後，溶液を捨てる．⑨ 200 μl の脱水液（100 % アセトニトリルと 50 mM 重炭酸アンモニウムを等量で混合し作製）を加え，10 分間振とう後，溶液を捨てる．この操作をもう一回繰り返す．⑩ 15 分間減圧乾燥し，ゲル片をカラカラに乾燥させる．⑪チューブを氷上においた状態で 20 μl のトリプシン溶液を加え 30 分間放置した後，37℃でオーバーナイトインキュベーションする．⑫ペプチド抽出液（0.1 ～ 5% トリフルオロ酢酸，50% アセトニトリル溶液）を加えて 20 分間振とう後，溶液を別のチューブに回収する．この操作を再度繰り返す．⑬ペプチド抽出液を減圧乾燥機で濃縮後，0.1% トリフルオロ酢酸で 10 ～ 15 μl に調整し LC-MS/MS 解析に供試する．

 c) 留意事項： MALDI 法による測定を行う場合は手順⑬の処理のあと ZipTip C18 pipette tips（Millipore 社）などにより脱塩処理を行った後，MALDI プレートへサンプルを塗布する．

3.2.2 ショットガンアプローチ

　ショットガン法は，電気泳動法などでタンパク質を事前に単離することなく，沢山のタンパク質が混合した状態のまま酵素消化を行い，LC-MS/MS 解析などによってタンパク質を網羅的に同定する方法である．最近では SILAC（Stable Isotope Labeling by Amino acids in Cell culture）法など，タンパク質をラベルする手法を使うことで，大規模な比較定量解析も精度高くできるようになってきている．

3）ショットガン法でのサンプル調整法

　a）準備器材： トリス（2-カルボキシエチル）ホスフィン（TCEP），重炭酸トリエチルアンモニウム溶液（TEAB），ヨードアセトアミド，アセトン，トリプシン溶液（Promega 社の Trypsin Gold など Mass spec grade のものを使用，Trypsin Gold を使用する場合は添付の 50 mM 酢酸緩衝液で 1 µg/µℓ の濃度に溶解する），超純水．

　b）操作手順： ①タンパク質粗抽出液の濃度が 1～5 mg/mℓ 程度になるように調節する．②タンパク質粗抽出液（<55 µℓ）に 45 µℓ の 200 mM TEAB を加え，さらにトータル 100 µℓ になるように超純水を加える．③200 mM の TCEP を 5 µℓ 加え，55℃で 1 時間インキュベーションする．④ヨードアセトアミドに 132 µℓ の 200 mM TCEP を加えて，375 mM のヨードアセトアミドを調整する（遮光）．⑤5 µℓ の 375 mM ヨードアセトアミド溶液をサンプルに加え，遮光したまま室温条件下で 30 分間インキュベーションする．⑥600 µℓ のアセトン（あらかじめ −20℃冷却）をチューブに加える．−20℃でオーバーナイトインキュベーションする．⑦チューブを 8,000 × g で 10 分間遠心する．白色のペレットを壊さないようにデカンテーションでアセトンを捨てる．10 分間チューブを風乾させる．⑧100 µℓ の 200 mM TEAB を加える．⑨トリプシン溶液（1 µg/µℓ）を総タンパク質量 100 µg に対して 2.5 µℓ 加える．⑩37℃でオーバーナイトインキュベーションする．⑪トリプシン消化液を遠心（最高速度）し，上ずみを回収し解析に使用する．

参考文献

Shinya, R., Morisaka, H., Kikuchi, T., Takeuchi, Y., Ueda, M. and Futai, K. (2013) Secretome analysis of the pine wood nematode *Bursaphelenchus xylophilus* reveals the tangled roots of parasitism and its potential for molecular mimicry. PLoS ONE, 8(6): e67377. doi:10.1371/journal.pone.0067377

森山達也（2007）『バイオ実験で失敗しない！タンパク質精製と取り扱いのコツ』羊土社，東京．

川上直人（2002）二次元電気泳動法．『改訂タンパク質実験ノート下』（岡田雅人・宮崎香編）pp.36-47 羊土社，東京．

Shinya, R., Morisaka, H., Takeuchi, Y., Ueda, M. and Futai, K (2010) Comparison of the surface coat proteins of the pine wood nematode appeared during host pine infection and in vitro culture by a proteomic approach. Phytopathology, 100: 1289-1297.

中山寿章（2003）『最新プロテオミクス実験プロトコール』秀潤社，東京．

（新屋良治）

3.3 寄生性に関する線虫遺伝子の解析

　近年，寄生線虫病研究において，次世代型シークエンサーを用いたゲノム解析およびトランスクリプトーム解析が頻繁に行われるようになってきた．これにより，以前に比べ格段に寄生性に関与する遺伝子（寄生性遺伝子）を絞り込みやすくなったといえる．今最も求められている技術は，遺伝子の機能を解析する手法である．苦労して見つけ出した寄生性候補遺伝子が，どのような分子機能を有しているのか，また，その遺伝子が表現型レベルでどのような役割を果たしているのかを理解することができなければ，寄生性遺伝子を明確に特定したとはいえない．しかしながら，遺伝子機能解析は現在のところ寄生線虫病研究における最大の難所といえる．モデル生物として有名な自由生活性線虫

C. エレガンス（*Caenorhabditis elegans*）では，突然変異誘発剤を利用した遺伝子ノックアウト法（遺伝子そのものを破壊する方法）や，RNA 干渉法（RNAi）を利用した遺伝子ノックダウン法（特定の遺伝子の転写量を減少させる操作）など，様々な手法が利用可能であるが，寄生線虫種においては同様の方法が有効ではない場合が多く，線虫種に応じた手法の改良が必要である．本項では，線虫研究において次世代型シークエンサー解析を行う際の DNA および RNA 抽出法と，植物寄生性線虫において有効な遺伝子機能解析手法である RNAi 法について紹介する．

3.3.1 線虫ゲノム DNA および RNA 抽出法

近年の遺伝子解析機器の性能向上には目を見張るものがあるが，精度の高い解析を行うためには解析に使用する DNA もしくは RNA の質が重要である．次世代型シークエンサーを使用した解析自体は専門の技術員に依頼する，もしくは企業が提供している受託解析を利用することが多いだろう．したがって，ここでは幅広い分子生物学実験に使用可能な DNA および RNA の抽出精製法を紹介する．

1) DNA 抽出および精製法

a) 準備器材： Wizard Genomic DNA Purification Kit（Promega），M9 緩衝液（代わりにリン酸緩衝生理食塩水を用いてもよい），イソプロパノール，エタノール，プロティナーゼ K，滅菌済み蒸留水，サンプルチューブ（1.5 mℓ）．

b) 操作手順： ①培養線虫を 1.5 mℓ サンプルチューブに回収し，M9 緩衝液で 3 回程度遠心洗浄する．②50～100 µℓ の線虫ペレットに対して Wizard Genomic DNA Purification Kit 付属の核溶解液（Nuclei Lysis Solution）を 600 µℓ 加える（プロティナーゼ K によって分解されにくい線虫種の場合は 300 µℓ 細胞溶解液（Cell Lysis Solution）＋ 300 µℓ 核溶解液を加える）．③プロティナーゼ K（20 mg/mℓ）を 17.5 µℓ 加え，55℃で線虫が消化されるまでインキュベートする（通常 3～12 時間）．④リボヌクレアーゼ溶液（RNase solution）を 3 µℓ 加え混合する．37℃で 30 分インキュベートした後，室温で 5 分間静置する．⑤タンパク質沈殿液（Protein Precipitation Solution）を 200 µℓ 加え，ボルテックスで混合した後，氷上に 5 分間静置する．15,000 × g で 5 分間遠心する．⑥新しいチューブに 600 µℓ のイソプロパノールを加える．そこに⑤で遠心したチューブの上ずみを加え転倒混合する．15,000 × g で 1 分間遠心する．⑦上ずみを取り除き，600 µℓ の 70% エタノール（常温）を加え混合する．15,000 × g で 1 分間遠心する．⑧ペレットを吸わないように上ずみを取り除き，チューブの蓋を開けたまま 15～30 分間ペレットを風乾させる．⑨50～100 µℓ の滅菌済み蒸留水をチューブに加え，65℃で 1 時間インキュベートし DNA を溶解する（時々タッピングにより混合する）．蒸留水以外にも Wizard kit 付属の再水和液（Rehydration Solution）または TE 緩衝液に溶かしてもよい．

c) 留意事項： 線虫を物理的に破砕して得られた DNA は短く断片化される可能性が高いが，本手法で得られた DNA は平均して 50 kb 程度の長さで回収できるため，長鎖 DNA を必要とする実験にも使用可能である．また通常本手法によって 5～15 µg 程度の DNA が得られる．

2) RNA 抽出および精製法

a) 準備器材： RNeasy mini kit（Qiagen），M9 緩衝液（代わりにリン酸緩衝生理食塩水を用いてもよい），乳鉢，乳棒，液体窒素，メルカプトエタノール，エタノール，DNase I（必要に応じて），サンプルチューブ（1.5 mℓ）．

b) 操作手順： ①培養線虫を 1.5 mℓ サンプルチューブに回収し，M9 緩衝液で 3 回程度遠心洗浄する．②乳鉢に液体窒素を注ぎ冷却する．同時に乳棒も冷却する．③十分に冷えた乳鉢に線虫ペレットを入れる（50 µℓ 程度の線虫ペレットから最終的に 10 µg 程度の全 RNA（totalRNA）が得られる）．④凍った線虫を乳鉢ですり潰す．溶け始めたら乳鉢に液体窒素をさらに注ぐ．⑤線虫が粉末状になっ

た時点で RNeasy mini kit 付属の 350 μℓ の Buffer RLT（含メルカプトエタノール）を加える．⑥再び十分にすり潰したあと，サンプルが完全に融解するのを待つ．⑦乳鉢中の液体をピペットで吸い取り 1.5 mℓ サンプルチューブに移し，最高速度で 3 分間遠心する．⑧上ずみを新しい 1.5 mℓ サンプルチューブに移し，等量の 70% エタノールを加え軽く混合する．⑨混合溶液を RNeasy mini kit 付属の 2 mℓ コレクションチューブの中にセットした RNeasy スピンカラムに移す．蓋を閉めて 8,000 × g で 15 秒間遠心した後，ろ液を捨てる．⑩手順⑨以降の精製ステップは RNeasy mini kit のマニュアル通りに行う．

　c）留意事項：　Trizol などの有機溶媒抽出を行っても十分な量の RNA を得る事ができるが，本手法のほうが簡単で，得られた RNA サンプル純度も高い．

3.3.2　RNA 干渉法（RNAi）

　外来 2 本鎖 RNA（dsRNA）を線虫体内に注入することで相補的な配列の標的 mRNA を分解し，最終的に遺伝子発現を抑制することができる（RNAi 法）．この現象は A. ファイアーらによって 1998 年に線虫 C. エレガンス（*C. elegans*）を用いた研究において発見された（Fire et al. 1998）．それ以降，寄生線虫病研究においても RNAi 法を使って病原性および寄生性に関わる因子を特定しようという試みがなされてきた．しかしながら，RNAi 法による遺伝子発現抑制効果は線虫種によって大きく異なり，植物寄生性線虫の場合 C. エレガンスと同様の方法では高い効果を得ることが困難であった．その後，沢山の研究者が植物寄生性線虫に適した RNAi 手法の開発を試み，今日ではいくつかの植物寄生性線虫種において RNAi 法の成功例が報告されている．RNAi 法を使って高い遺伝子発現抑制効果を得るためには，その線虫種に適した方法を上手く選択することが重要である．

1）RNAi 法に適した生育ステージ

　対象とする線虫種によって RNAi 法に最適な生育ステージは異なる．内部寄生性の植物寄生線虫種の場合，通常第 2 期幼虫ステージが使用される．植物寄生性線虫における RNAi 法は未だ開発途上の段階にあるので，下記のこれまでの成功例一覧表（表 6-6）に記載がない生育ステージでも高い効果が得られる可能性はある．

表 6-6　RNAi 法に最適な線虫生育ステージ

卵	ネコブセンチュウ（*Meloidogyne incognita, M. artiellia*）
第 2 期幼虫	ネコブセンチュウ（*M. incognita, M. javanica*）
	シストセンチュウ（*Heterodera glycines, Globodera rostochiensis, G. pallida*）
	マツノザイセンチュウ（*Bursaphelenchus xylophilus*）
第 3 期幼虫	マツノザイセンチュウ（*B. xylophilus*）
第 4 期幼虫	マツノザイセンチュウ（*B. xylophilus*）
成虫	マツノザイセンチュウ（*B. xylophilus*）

2）2 本鎖 RNA 送達法

　C. エレガンスにおいて RNAi を行う際には，複数の 2 本鎖 RNA（dsRNA）送達法の中から実験の目的によって相応しい手法を選択することができる．具体的には線虫に直接注入する方法（インジェクション法），線虫をつけ込む方法（ソーキング法），餌である大腸菌に 2 本鎖 RNA を作らせて線虫に食べさせる方法（フィーディング法）などがある（長谷川・三輪 2004）．しかしながら，植物寄生性線虫の場合には利用可能な 2 本鎖 RNA 送達法が限られており，多くの場合ソーキング法が利用される．

また，植物寄生性線虫では口針を通じた 2 本鎖 RNA の体内への取り込みを促進するために，オクトパミン，レゾルシノール，セロトニン，カルバミルコリンクロリド，lipofection（Invitrogen 社）などがこれまでに 2 本鎖 RNA 送達促進剤として使用されている．一部の内部寄生性線虫種では，寄主植物に 2 本鎖 RNA を合成させる手法も開発され利用が進んでいる（Lilley et al. 2012）．

3）2 本鎖 RNA 作製法（直鎖型 DNA を鋳型として使用する方法）

MEGAscript RNAi kit（Life Technology 社）を使用した簡便な 2 本鎖 RNA（dsRNA）の作製法について紹介する．MEGAscript RNAi kit を用いて 2 本鎖 RNA を合成するためには，両方の DNA 標的配列鎖の 5′ 末端に T7 RNA ポリメラーゼプロモーターが必要である．鋳型 DNA としては直鎖 DNA とプラスミドの両方が利用可能である．モデル生物 C. エレガンスでは，目的の遺伝子断片が入ったプラスミドを容易に入手できるためプラスミドが利用されることが多い．しかし，寄生線虫種において RNAi を行う場合は直鎖型 DNA も頻繁に鋳型 DNA として利用される．

a）準備器材： MEGAscript RNAi kit，鋳型 DNA，T7 ポリメラーゼプロモーター配列付きプライマー，サーマルサイクラー，PCR チューブ，サンプルチューブ（1.5 mℓ），エタノール．

b）操作手順： ① イン・ビトロ（*In vitro*）T7 転写反応，相補 DNA（cDNA）両端への T7 ポリメラーゼプロモーター配列の付加，T7 RNA ポリメラーゼプロモーターは，増幅プライマーの両方の 5′

表 6-7 *In vitro* T7 転写反応溶液の組成

鋳型 DNA（T7 配列付き PCR 産物）	2 μℓ（1〜2 μg）
10 × T7 反応緩衝液	2 μℓ
ATP 溶液	2 μℓ
CTP 溶液	2 μℓ
GTP 溶液	2 μℓ
UTP 溶液	2 μℓ
T7 Enzyme Mix	2 μℓ
蒸留水	6 μℓ
計	20 μℓ

表 6-8 残存鋳型 DNA および ssRNA の分解反応溶液の組成

dsRNA	20 μℓ
10 × 消化緩衝液	5 μℓ
DNase I	2 μℓ
RNase	2 μℓ
蒸留水	21 μℓ
計	50 μℓ

表 6-9 dsRNA の精製

dsRNA（DNA および ssRNA 分解済み）	50 μℓ
10 × Binding 緩衝液	50 μℓ
100% エタノール	250 μℓ
蒸留水	150 μℓ
計	500 μℓ

末端にT7ポリメラーゼプロモーター配列（5'-TAATACGACTCACTATAGGG-3'）を付加してPCR反応を行うことにより，DNA配列に一度のPCR反応で付加することができる（図6-6A）．表6-7の混合液を作製し，37℃で2時間から4時間反応させる（収量が少ない場合はインキュベーションの時間を16時間まで延長することで改善する場合がある）．② 残存鋳型DNAおよび1本鎖RNA（ssRNA）の分解反応：表6-8の混合液を作製し37℃で1時間反応させる．③ 2本鎖RNAの精製：表6-9の混合液を作製し，MEGAscript RNAi kitに付属のメンブレンカラムにセットする．その後はキット付属のマニュアルに従って2本鎖RNAを精製する．最終的な2本鎖RNAの溶出は滅菌蒸留水を用いて行うことができる．

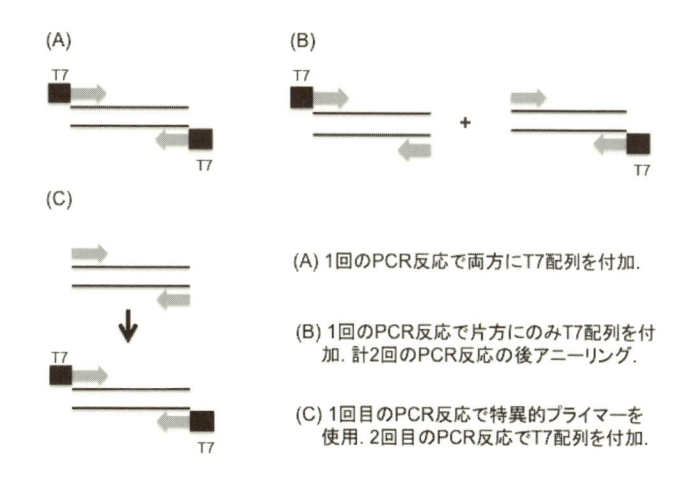

(A) 1回のPCR反応で両方にT7配列を付加．

(B) 1回のPCR反応で片方にのみT7配列を付加．計2回のPCR反応の後アニーリング．

(C) 1回目のPCR反応で特異的プライマーを使用．2回目のPCR反応でT7配列を付加．

図6-6　T7ヌクレアーゼプロモーターを鋳型DNAに付加する方法

c）留意事項：　1）PCR反応を行う際にはT7ポリメラーゼプロモーター配列が付加されていることを考慮して，遺伝子特異的配列の融解温度よりも高い温度で行うとよい結果が得やすい．2）まれに本手法を用いてうまくPCR反応が行えない場合がある（多くの場合プライマーダイマーの形成が原因）．その場合はいくつかの解決方法がある．まず1つ目の解決策は各1つのプロモーターを持つ2つの鋳型を別々の転写反応で合成した後（つまり，T7-Forward/ReverseとForward/T7-Reverseの2つのプライマーセットを用いて別々にPCR反応を行った後），2つの鋳型をアニーリングする方法である（図6-6B）．さらに別の方法は，T7ポリメラーゼプロモーター配列が付加していない標的遺伝子特異的プライマーでPCR反応を行った後，T7ポリメラーゼプロモーター配列付きのプライマーで再度PCR反応を行うことである（図6-6C）．もちろん初めからT7ポリメラーゼプロモーターが組み込まれたプラスミドを利用してもよい．3）植物寄生性線虫におけるソーキングRNAiでは，通常高濃度（2～5μg/μℓ）の2本鎖RNAが使用されるので4μg/μℓから10μg/μℓくらいの濃度に調整し，−80℃で保存しておくと使用しやすい．得られた2本鎖RNAの品質は電気泳動により確認する．非変性アガ

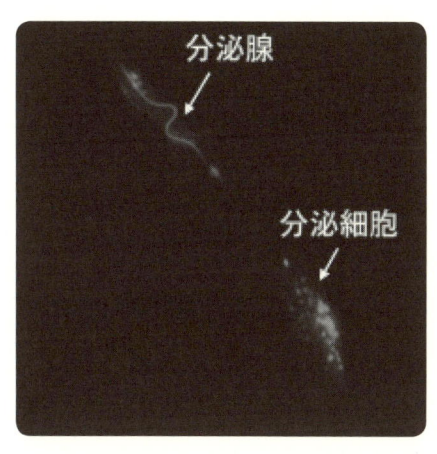

図6-7　マツノザイセンチュウのFITC溶液飲み込みの様子（蛍光顕微鏡写真）

線虫種や生育ステージによっては2本鎖RNAの飲み込みがほとんど行われない場合がある．FITC溶液を飲み込ませることで飲み込みの様子を確認できる．（巻頭カラー口絵参照）

ロースゲルを用いる場合は2本鎖RNAを2本鎖DNAと隣同士で泳動することにより，容易に分子量と精製度を確認できる．

4）ソーキング法によるRNAi（Urwin et al. 2002，一部改変）

a）準備器材： M9緩衝液，オクトパミン，2本鎖RNA，サンプルチューブ（1.5 mℓ）．

b）操作手順： ①RNAiの対象となるステージの線虫（表6-6参照）を1,000〜10,000頭程度集め，表6-10の組成の反応液に線虫を浸す．②室温条件下で4時間インキュベートする．ソーキング溶液の飲み込み具合を確認したい場合は，ソーキング溶液に1 mg/mℓの濃度のFITC（fluorescein isothiocyanate：蛍光色素の一種）を加えることにより，容易に観察できる（図6-7）．

c）留意事項： RNAiの効果は，RT-PCR法による遺伝子発現量の変化や表現型を確認することで評価できる．

表6-10 ソーキング法反応液

500 mM オクトパミン	5 µℓ
5 × M9緩衝液	10 µℓ
線虫懸濁液	10 µℓ
2本鎖RNA（4〜10 µg/µℓ）	25 µℓ
計	50 µℓ

参考文献

Fire, A., Xu, S., Montgomery, M.K., Kostas, S.A., Driver, S.E. and Mello, C.C. (1998) Potent and specific genetic interference by double-stranded RNA in *Caenorhabditis elegans*. Nature, 391: 806-811.

長谷川浩一・三輪錠司（2004） エレガンス実験事始．『線虫学実験法』（日本線虫学会編）pp.195-214 日本線虫学会

Lilley, C.J., Davies, L.J. and Urwin, P.E. (2012) RNA interference in plant parasitic nematodes: a summary of the current status. Parasitology, 139: 630-640.

Urwin, P.E., Lilley, C.J. and Atkinson, H.J. (2002) Ingestion of double-stranded RNA by preparasitic juvenile cyst nematodes leads to RNA interference. Molecular Plant-Microbe Interactions, 15: 747-752.

（新屋良治）

コラム：線虫のゲノム研究

はじめに

動物初のゲノムとしてC.エレガンス（*Caenorhabditis elegans*）のゲノムが解読されたのが1998年のことである．当時のシークエンシングは高コストで，ゲノム解読はモデル生物に限定されたものであったが，その後の「次世代型シークエンサー」の登場により，シークエンスコストは劇的に低下し，モデル生物以外の生物のゲノム解読が現実的なものになった．ここでは，線虫類におけるゲノム解析の現状と展望について，その実験法を交えながら紹介する．

線虫のゲノムサイズは数十〜数百Mb程度である．バクテリア（数Mb）と比較するとかなり大きいが，ヒトやマウス（数Gb）と比較するとMetazoa（後生動物）としてはコンパクトなゲノムである．線虫，特に寄生性線虫にとって，ゲノム解読は特別な意義がある．寄生性線虫は培養できないものが多く，モデル生物で一般的に使用されている実験法が適用できないことが多いため，これまで線虫研究者はその研究法に苦労してきた．ゲノム研究は，その不利な点を克服できる新しい線虫研究法として多くの可能性を秘めている．

実験法

ゲノムを解読するには，ゲノム DNA を準備する必要がある．簡単なことのように聞こえるが，実はこのステップがゲノム解読には極めて重要である．できる限り均一なゲノム DNA を用いることで，後の解析のステップが容易になることが多い．したがって，多くのゲノムプロジェクトでは，他生物由来の DNA の混入を避け，可能な場合は Inbred line（近交系）を作製するなどして，極力均一なゲノム DNA を準備しゲノム解読に供している．

ゲノム配列の取得には，DNA シークエンサーを用いる．近年はいわゆる次世代型シークエンサーが第一の選択肢となることが多いが，一言で次世代型シークエンサーといってもいくつかの種類（Illumina，454，PacBio，IonProton 等）があり，それぞれ出力データ（リード長，解析精度等）に特徴があるため，それらをよく把握し，目的に合ったシークエンサーを使用する必要がある．また，複数のシークエンサーを用いることで，ゲノム解読の品質が高くなることもある．

DNA シークエンサーから得られるリード長は基本的に短いので，それらをつなぎ合わせて長いゲノム配列を再構築（アセンブル）する．アセンブルを目的としたソフトウェアとして多くのものが開発されており，たいていのものは無料で使用できる．代表的なものは，ショートリード（100 b 程度のリード長）用のアセンブラ Velvet，SGA，ロングリード（〜10 kb）にも対応した Newbler，ALLPATHS-LG などである．アセンブラはそれぞれ異なるアルゴリズムで動いており，得手不得手があるので，複数のアセンブラを試す，あるいは組み合わせることが推奨される．最終的には，アセンブルの総断片数をハプロタイプの染色体数と同じ数まで減らすことが理想であり，より大局的な構造をとらえやすい解析法（BAC や Fosmid，Optical Mapping など）を使用して断片数の削減（断片長の増大）が図られる．しかし，現実には完全ゲノムの構築には多額の費用がかかるため，ある程度の品質で「リファレンスゲノム」とすることが多い．リファレンスゲノムが完成したら，次はゲノム上にどのような遺伝子やモチーフが存在しているかを調べていく．タンパク質コード遺伝子の予測は，遺伝子予測ソフトを使用して行う．各生物種でゲノム上の遺伝子存在パターンは異なるので，生物種に適したパラメーターで遺伝子予測を行う必要がある．

発現 RNA を次世代型シークエンサーで大量に獲得したものを RNA-Seq と呼ぶ．RNA-Seq はゲノム上の発現領域（遺伝子部位）の同定や発育ステージ，あるいは器官での発現比較に有用であることから，多くのゲノムプロジェクトで利用されている．

以上のような解析を行う際には，大きなコンピュータリソースが要求される．シークエンサーから出力される1回のデータ量は数 Gbytes から数百 Gbytes になり，それに見合ったストレージ容量が必要である．また，上述したシークエンス解析用ソフトは大量のラム（RAM：即時呼び出し記憶装置）サイズを要求するものが多く，比較的高い計算能力を備えたコンピュータが必要である．また，多くのソフトウェアは Linux 上で動くように設計されており，コマンドラインでの操作が要求される．近年は Galaxy（Goecks et al. 2010）に代表されるユーザーフレンドリーなインタフェイスを持った解析システム開発も進んできており，サーバーにログインするだけで，さほど抵抗なく入門できる環境が整いつつある．

おわりに

本コラム執筆の時点で公開された線虫ゲノムは 10 種程度であるが（表 6-11），ゲノムプロジェクトはあらゆるところで進行中であり，近いうちに 100 種に達すると予想される．これまでの解読種はネコブセンチュウ（Opperman et al. 2008; Abad et al. 2008），マツノザイセンチュウ（Kikuchi et al. 2011），回虫，マレー糸状虫のように，経済的・医学的重要性から選ばれてきたが，今後は，系統や生物学的特徴に基づいた解読も行われるようになると思われる．また，本分野の近年の技術革

表 6-11　発表された線虫ゲノム（2012 年 12 月現在）

種	クレード	アセンブルゲノムサイズ（b）	予測遺伝子数	ライフスタイル
Caenorhabditis elegans	9	100 M	ca. 20,000	細菌食
Caenorhabditis briggsae	9	105 M	19,507	細菌食
Pristionchus pacificus	9	173 M	21,416	雑食
Meloidogyne incognita	12	86 M	19,212	植物寄生
Meloidogyne hapla	12	53 M	14,420	植物寄生
Bursaphelenchus xylophilus	10	75 M	18,074	植物寄生/菌食
Brugia malayi	8	96 M	11,434	動物寄生
Dirofilaria immitis	8	84 M	11,375	動物寄生
Ascaris suum	8	273 M	18,542	動物寄生
Trichinella seiralis	2	64 M	15,808	動物寄生

新はまさに日進月歩である．DNA シークエンサーに関しては現在までに第 2 世代，第 3 世代と呼ばれるシークエンサーが発売されているが，さらに進んだ第 4 世代が登場するのもそう遠くない未来であると思われる．ゲノムアセンブリ，アノテーションに使用する解析ソフトも日々新しいものが開発されており，より高精度な解析が行えるようになってきている．現在のゲノム研究は，常に最新の動向に目を光らせ，最善の選択ができるように知識を蓄えておく必要があるようだ．解読されたゲノム情報は WormBase や NCBI などの公共データベースなどから容易に入手可能である．ゲノム情報は，分子生物学研究のみならず，ポピュレーション解析などの生態研究にもきわめて有用であることから，今後はゲノムが線虫研究の一般的なツールのひとつになっていくだろう．

参考文献

Abad. P., Gouzy, J., Aury, J-M., Castagnone-Sereno, P., Danchin, E.G.J. et al. (2008) Genome sequence of the metazoan plant-parasitic nematode *Meloidogyne incognita*. Nature Biotechnology, 26(8): 909-915.

Goecks, J., Nekrutenko, A., Taylor, J. and The Galaxy Team (2010) Galaxy: a comprehensive approach for supporting accessible, reproducible, and transparent computational research in the life sciences. Genome Biology, 11: R86 (http://genomebiology.com/2010/11/8/R86)

Kikuchi, T., Cotton, J.A., Dalzell, J.J., Hasegawa, K., Kanzaki, N., et al. (2011) Genomic Insights into the Origin of Parasitism in the Emerging Plant Pathogen *Bursaphelenchus xylophilus*. PLoS Pathogens, 7(9): e1002219.

Opperman, C.H., Bird, D.M., Williamson, V.M., Rokhsar, D.S., et al. (2008) Sequence and genetic map of *Meloidogyne hapla*: A compact nematode genome for plant parasitism. Proceeding of the National Academy of Sciences of the United States of America, 105(39): 14802-14807.

（菊地泰生）

第7章　線虫の環境耐性研究法

1. 乾燥耐性実験法

　他の生物と同様に，乾燥に伴う脱水は線虫にとって死に直結するストレスである．多くの線虫は乾燥に対する耐性は低いが，一部には乾眠（anhydrobiosis）とよばれる，体のほとんどの水を失っても生存できる状態になるものもある．乾眠状態になる線虫は，誘導型脱水戦略者（external dehydration strategist）と生得的脱水戦略者（innate dehydration strategist）に分けられる（Perry and Moens 2011）．前者は，脱水を調節する能力が低く，緩やかな脱水によって乾燥耐性を獲得するタイプで，ニセネグサレセンチュウ（*Aphelenchus avenae*）などが挙げられる．一方，後者は脱水の割合を制御する能力を生得的にもつタイプで，急激な乾燥でも生存できるナミクキセンチュウ（*Ditylenchus dipsaci*）やイネシンガレセンチュウ（*Aphelenchoides besseyi*）などが挙げられる．また，上記の線虫のような乾眠状態とまではいかなくとも，緩やかな脱水処理をすることで，ある程度の乾燥耐性を得ることができる線虫も多い．

　本項では，誘導型脱水戦略者のニセネグサレセンチュウに対して，塩類飽和水溶液を用いた乾燥処理法を紹介する．また，他の線虫の乾燥耐性を比較するための方法にも触れる．

1.1　ニセネグサレセンチュウを用いた乾燥耐性実験法

　a）準備器材：　線虫濃縮システム（図7-1），フィルター（ニトロセルロースフィルターなど．孔径3μm程度．孔径が小さいと夾雑物で詰まりやすくなる場合がある），ペトリ皿（直径6cm），デシケーター，調湿器（容量が1ℓ以上の密封度の高いデシケーターなどの容器），塩類飽和溶液（表7-1），湿度計，シリカゲル，生理食塩水．

　b）操作手順：　《調湿》① 調湿のための塩類飽和水溶液（表7-1）は，十分な量の試薬を加熱して溶かし，加熱状態で飽和していることを確認する．② 密封容器（調湿器）に水溶液を移し，実験温度になって数日から1週間程度おいて飽和状態を確実なものにする．あらかじめ湿度計を入れておき，内部の湿度が目的の湿度に達している事を確認する．温度によって湿度も変化するので，実験を行う温度から使用する溶液を選ぶ．緩やかな脱水を行うための前処理には，25℃で相対湿度97％となる硫酸カリウム飽和液が利用される場合が多い．《前処理》③ 線虫懸濁液を線虫濃縮

表7-1　調湿に利用される塩類飽和溶液などとそれによって得られる相対湿度

物質	温度（℃）	相対湿度（％）
乾燥シリカゲル	-	20＞
NaOH	15～25	7
NaCl	20～25	75
KCl	20～30	85
BaCl$_2$	20～25	90
KNO$_3$	20～30	93
K$_2$SO$_4$	20～30	97
純水	-	100

図7-1 線虫濃縮システムと乾燥前処理の様子

A：アスピレーターにつないだ線虫濃縮システム．フィルターを上下のホルダーで挟み込んでいる．乾燥前（B）と乾燥後（C）のフィルター上の線虫．乾燥後は，矢印のように小塊がよく見られる．D：湿度97%に調湿した密封容器．密封性を高めるため，擦り合わせ部にはワセリンを塗っておく．

システムに入れ，フィルター上に線虫を集める（図7-1）．④線虫の乗ったフィルターをペトリ皿に移し，それを湿度97%の調湿器内に入れる（図7-1）．⑤25℃で24～72時間静置する．24時間後には脱水によって線虫の動きは完全に止まるが，供試線虫数が多い場合には，72時間程度静置しないと脱水が不十分なことがある．ここで述べた前処理による緩やかな乾燥は，急激な乾燥に耐性がない線虫にとっては乾燥に対応する生理状態の変化に必要な処理である．線虫の種類や量によって，前処理の時間を設定することで，乾燥耐性を比較できる．《乾燥処理》⑥前処理で脱水した線虫の入ったペトリ皿をシリカゲルの入ったデシケーターに移し，一定期間さらに乾燥させる．《生死判定》⑦乾燥処理後の生存率をみるためには，水和する必要がある．乾燥処理した線虫をフィルターごと生理食塩水に入れる．急激な水和が生存率に影響する場合もあるので，その場合には，湿度97%条件下に24時間置き，その後，生理食塩水中に移す．⑧12時間後または24時間後に，生存個体と死亡個体の割合から，線虫の生存率を調べる．ニセネグサレセンチュウの場合，生存個体は継続的な運動がみられるが，静止している個体も生存している場合があるので，静止個体は虫ピンなどの先で体の先端部を触り，反応の有無から生死を判断する．ニセネグサレセンチュウの場合，この方法で3日間乾燥処理を行ってもほとんどの個体が生存する．

　c）留意事項： 1) 実験に用いる線虫は，培地から集めたばかりの線虫を用いる．2) 線虫によっては体表面に付着した微生物が線虫の生存に影響を及ぼすことがあるので，線虫は培地などから回収後，滅菌蒸留水でよく洗浄し，微生物の付着をできるだけ減らしておく．3) 少量の線虫懸濁液を直接ペトリ皿などに置き，調湿器内で水分を蒸発させる方法もあるが，線虫体表面の水分が蒸発しにくい．また，懸濁液の余分な水分をろ紙などにしみ込ませて取り除く方法などもあるが，処理区ごとに同じように水分を取り除くことは難しく，前処理の時間が一定しにくい．

1.2 他の線虫の乾燥耐性評価法

ニセネグサレセンチュウを対照として乾燥耐性を比較することにより，他の線虫の乾燥耐性を評価することができる．多くの線虫は乾燥耐性が低いため，ニセネグサレセンチュウで用いる前処理条件下では死亡する個体も多く，前処理を生き残ってもそのあとの乾燥処理後の生存率は非常に低い場合が多い．そのため，乾燥耐性が低いと思われる線虫を用いる場合は，湿度97％条件下で，処理時間と生存率の変化を先ず調べるのがよい．また，湿度97％での前処理後，シリカゲルを用いた乾燥処理の代わりに湿度85％などのより緩やかな乾燥条件におき，その後に水和して生死判定をすることで，より詳細な乾燥耐性を比較することが可能である．

一方，イネシンガレセンチュウのような生得的脱水戦略者の場合は，前処理の際に，より低湿度条件下に置き，その後，シリカゲルを用いた乾燥処理することで乾燥耐性を比較できる．

参考文献

Perry, R.N. and Moens, M. (2011) Survival of parasitic nematodes outside the host. pp.1-27. In Perry, R.N. and Wharton, D.A. (eds.), Molecular and Physiological Basis of Nematode Survival. CABI, Cambridge, USA.

矢野 泰 (1968) B1章調湿法.『材料と水分ハンドブック―吸湿・防湿・調湿・乾燥―』(高分子学会 高分子と吸湿委員会編) pp.239-264 共立出版株式会社，東京.

(吉賀豊司)

コラム：C.ジャポニカの乾燥耐性研究

C.ジャポニカ（*Caenorhabditis japonica*）はベニツチカメムシ（*Parastrachia japonensis*, 図7-2）に特異的に便乗する線虫である（第5章のコラム「C.ジャポニカの宿主探索行動解析」も参照）．便乗時のC.ジャポニカはベニツチカメムシの胸部体節に数十頭が集合・静止した状態で存在している（図7-3）．このC.ジャポニカの塊に水を加えるとそれぞれの個体が徐々に塊から離れ，動き出す．ベニツチカメムシは樹上で長期間休眠するが，C.ジャポニカはその間，乾燥に耐えなければならない．線虫にとって乾燥は，生存に関わる重大な危険の1つである．線虫の体表はクチクラで覆われているものの，多くの線虫種は乾燥に弱く，相対湿度99％以下で運動性を失い，死亡する．しかし，一部の線虫種は乾燥に対して耐性を持ち，乾燥下で長期間生存できる状態（乾眠，anhydrobiosis）になることが知られている（Burnell and Tunnacliffe 2010）．C.ジャポニカもベニツチカメムシ上では乾眠状態となり，高い乾燥耐性を示すと予想される．ここでは，C.ジャポニカの乾燥耐性について，これまでに行った研究を紹介する．

湿度の調整

飽和塩類溶液を用い，相対湿度85および97％の条件を作出し，その条件下でC.ジャポニカが生存できるかを調査した．相対湿度85％は，ベニツチカメムシが生息している山地の晴天時の一般的な値である．各相対湿度条件は，ガラスデシケーター（中板付，240mm）内部に飽和塩類溶液を300 mLずつ入れることによって作出した飽和塩類溶液の種類によって，異なる相対湿度を調整することができ（Winston and Bates 1960），相対

図7-2 ベニツチカメムシ

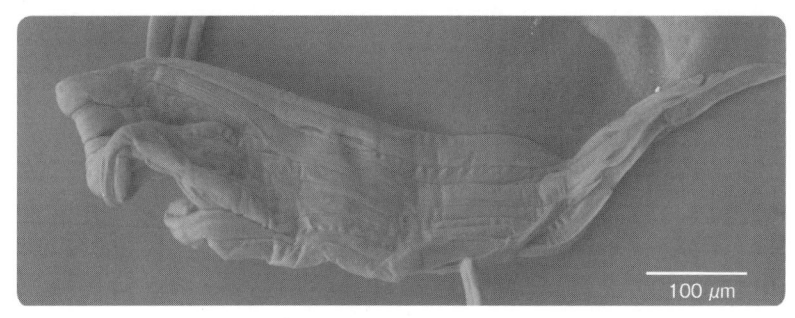

図7-3 ベニツチカメムシから分離した直後のC. ジャポニカ（Tanaka et al. 2010 より改写）

湿度85%は塩化カリウム飽和溶液，相対湿度97%は硫酸カリウム飽和溶液によって作出した．飽和溶液を入れたデシケーターは実験開始前に最低3日間静置し，デシケーター全体の湿度を安定させておくことが重要である．また，蓋にはワセリンを塗り，開け閉めは最小限にとどめ，中の湿度が変化しないように留意した．また，乾燥耐性に対する微生物の影響を極力排除するため，デシケーター等はあらかじめオートクレーブ滅菌し，接種等の操作も無菌的に行うことが重要である．

C. ジャポニカの乾燥曝露

乾燥に曝すC. ジャポニカの数はベニツチカメムシ1頭から検出される数と同程度の200頭とした．使用した発育ステージはベニツチカメムシに便乗しているステージと同じ耐久型幼虫である．耐久型幼虫の回収は，線虫の体表面に影響を与えないと考えられたドッグフード-イエローチップ法（後述）を用いた．耐久型幼虫を得る他の方法として，ラウリル硫酸ナトリウム等の界面活性剤を用いて耐久型幼虫以外を溶かし，耐久型幼虫のみを回収する方法もあるが，界面活性剤により耐久型幼虫の体表もわずかに溶かされ，乾燥下での生存に影響することが懸念されるため，この方法は使用しなかった．C. ジャポニカは滅菌水で3回洗浄後，ピペットを用いて線虫固定皿に入れ，ろ紙で表面の水をできるだけ取り除き，固定皿ごとデシケーターに入れた．C. ジャポニカは24時間後に動いていないことを確認し，動いていた場合は，ろ紙でもう一度，水を十分に取り除いた．特に，相対湿度97%といった弱い乾燥状態では，線虫の周りの水分は蒸発しにくく，しっかりと水分を除くことが重要である．

乾燥処理後のC. ジャポニカの生死

C. ジャポニカは乾燥処理1週間後にデシケーターから出し，M9緩衝液（第4章5節5.2.2）を加え，その3時間後に針で刺激することにより生死を確認した．その結果，相対湿度97%では高い生存率を示したが，85%ではC. ジャポニカの生存はみられなかった．これらのC. ジャポニカの体表面をクライオ電子顕微鏡で観察したところ，相対湿度85%に置いたC. ジャポニカの体表面上には多くのひび割れが見られた．一方，相対湿度97%に置いたC. ジャポニカの体表面にはひび割れは観察されなかった．このことからC. ジャポニカは相対湿度85%では乾燥により死亡した可能性が高いと考えられた．また，一部の線虫種は相対湿度97%程度の弱い乾燥にしばらく曝すことにより乾燥耐性が誘導され，強い乾燥下でも生存できるようになることが知られていることから，相対湿度97%に3日入れた後，相対湿度85%に入れた場合の生存を調査したところ，いずれも生存できなかった．このことからC. ジャポニカは，一部の線虫で見られるような，弱い乾燥に曝すことにより強い乾燥耐性が誘導される機構を持たないと考えられる．一方，C. ジャポニカをベニツチカメムシに便乗させた状態で，相対湿度85%および97%に入れたところ，両湿度条件ともC. ジャポニカの生存率は

高く，体表面のひび割れも確認されなかった．

　以上のことから，C. ジャポニカ自体の乾燥耐性はそれほど高くないことが明らかになった．しかし，C. ジャポニカはベニツチカメムシ便乗時は乾燥に耐えることから，C. ジャポニカの耐乾燥生存にはベニツチカメムシからの何らかの作用が関与し，それが不可欠であると考えられる．

ドッグフード - イエローチップ法（図7-4）

　C. ジャポニカの耐久型幼虫が宿主のベニツチカメムシを探索するために上に登る習性を利用し，耐久型幼虫のみを回収する方法である（Tanaka et al. 2010b）．50 mℓ ガラス瓶にミキサーで粉砕したドックフード（ビタワン，日本ペットフード社）2gと1% 寒天水5 mℓ を入れる．そのガラス瓶を湿度を高く保つために蒸留水10 mℓ を入れた100 mℓ ガラス瓶の中に入れ，蓋を締めてオートクレーブする．温度が下がった後，C. ジャポニカの餌となる大腸菌をドッグフード上に撒き，37℃で一晩培養し，イエローチップを立て，C. ジャポニカを接種する．C. ジャポニカがドッグフード上で増殖し耐久型幼虫が発生すると，耐久型幼虫のみがイエローチップの先端に登るので，それを柄付き針等で回収する．

図7-4　ドッグフード - イエローチップ培地 Tanaka et al. 2010b より改写

参考文献

Winston, P.W. and Bates, D.H. (1960) Saturated solution for the control of humidity in biological research. Ecology, 41: 232-237.

Burnell, A.M. and Tunnacliffe A. (2010). Gene induction and desiccation stress in nematodes. pp.126-156. In Perry, R.N and Wharton, D. (eds.), Molecular and Physiological Basis of Nematode Survival, CABI Publishing, Wallingford, UK.

Tanaka, R., Okumura, E. and Yoshiga, T. (2010a) Survivorship of *Caenorhabditis japonica* dauer larvae naturally associated with the shield bug, *Parastrachia japonensis*. Nematological Research, 40: 47-52.

Tanaka, R., Okumura, E. and Yoshiga, T. (2010b) A simple method to collect phoretically active dauer larvae of *Caenorhabditis japonica*. Nematological Research, 40: 7-12.

（田中龍聖）

2. 無酸素条件・有機酸の影響評価法

　土壌還元消毒による線虫防除（第9章2節「土壌還元消毒法」を参照）では，無酸素環境や還元化によって生ずる有機酸などが，線虫の密度低下を引き起こす要因の一つと考えられている．ここでは無酸素環境と有機酸が線虫の生存に及ぼす影響を調査する手法について解説する．

2.1　無酸素環境影響評価法

　a）準備器材：　酸素吸収剤（アネロパック・キープ），パウチ袋，密閉クリップ（いずれも三菱ガス化学(株)製），ベールマン分離器具．

b）操作手順： ①ベールマン法に用いる網皿に和紙等のフィルターを敷いて線虫汚染土壌 20 g を置き，これと酸素吸収剤をパウチ袋に入れて密閉し（図 7-5），一定温度で保温する（土壌還元消毒を想定する場合は一般的に 30℃）．処理時間を 12, 24, 48 時間など複数に設定した処理区を設け，線虫が死滅する時間を調査する．対照には，酸素吸収剤を入れずに同様の処理を行う区を用意する．②最初の 1 時間は，時々，網皿を軽く振動させて土壌と周囲とのガス交換を促進する．パウチ袋内は数時間で無酸素状態になる．③一定時間後にパウチ袋から網皿を取り出し，そのままベールマン法に供して，生存している線虫を分離・計数する．この手法でネコブセンチュウ（*Meloidogyne* sp.）第 2 期幼虫を 20℃で 72 時間，無酸素環境に置いた場合，影響は認められなかったが，30℃で 72 時間置いた場合は幼虫が分離されなくなった．

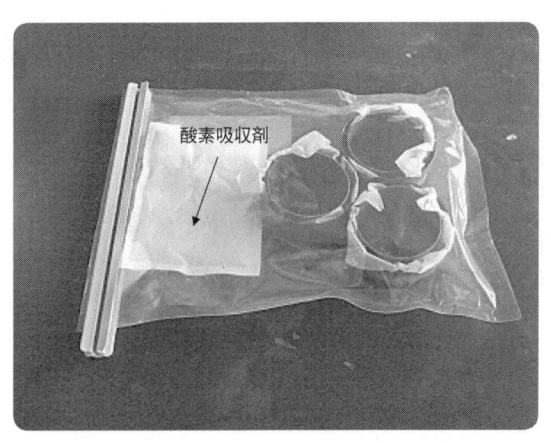

図 7-5 パウチ袋（218 × 308 mm）と酸素吸収剤による無酸素環境の作出

c）留意事項： 1 処理 3 反復で行う場合は，各反復は異なるパウチ袋にセットする．

2.2 有機酸の殺線虫活性調査法

酢酸，n-酪酸などの有機酸による消毒効果は古くから知られている．有機酸は pH に応じてイオンに解離するので，解離状態と非解離状態が共存する．細菌の場合，非解離の有機酸が細胞内に侵入し，pH を下げて致死させると考えられているが，線虫に対する作用機構は不明である．この有機酸の殺線虫活性を評価する一手法として，佐野・後藤（1972）を応用した手法を紹介する．

酢酸の場合は 10 mM 程度で殺線虫効果が認められるため，線虫の生存に影響する有機酸の濃度を調査するには，10 mM を基準に広範囲の濃度段階を設定して影響が認められる濃度を大まかに調査した後，その濃度付近をより細かく区分して調査する．また，pH は，解離状態と非解離状態の割合が 1:1 になる pH（＝解離定数）を考慮して，段階的に設定する．

a）準備器材： 試験管，脱脂綿，恒温器，pH 計，ピペット，水酸化ナトリウム，塩酸など．

b）操作手順： ①調査対象の有機酸を複数の濃度段階に調整し，0.1, 1, 10 mM の水酸化ナトリウム水溶液および塩酸溶液で pH を調整する．②その有機酸水溶液 30 mℓ を試験管（直径 25 mm，長さ 115 mm）に入れ，そこへ約 100 頭の線虫を加える．対照として，蒸留水 30 mℓ に線虫を加える処理区を設ける．③この試験管を一定温度で一定時間保温する（土壌還元消毒の要因解明では 30℃で 24 時間保温に設定）．④その後，試験管底部に沈んでいる線虫を駒込ピペットで取り出し，30 mℓ の蒸留水を入れた別の試験管に移し，室温で 4 時間静置する．この操作を 2 回繰り返して線虫を洗浄する．⑤線虫の生死の反応を安定させるために，蒸留水に入れたまま 25℃で 16 時間保温する．⑥その後，脱脂綿フィルターを使って生きた線虫を分離して計数する（分離方法の詳細については第 8 章 1.1「薬液浸漬法」の操作手順⑤を参照）．

c）留意事項： 1）ネコブセンチュウ第 2 期幼虫に対する非解離状態の酢酸の LC_{50} は 5.6 mM と推定されている（Katase et al. 2009）． 2）有機酸水溶液へ線虫を入れる際に線虫懸濁液を用いる場合は，有機酸の濃度や pH が変化しないように高密度の線虫懸濁液をごく少量添加する． 3）ある pH に

おける有機酸の非解離状態の濃度は，下記の Henderson-Hasselbalch の式により近似できる．

$$a = \frac{A}{\left(1 + \frac{10^{(-pKa)}}{10^{(-pH)}}\right)}$$

a：非解離状態の有機酸濃度（mM）
A：解離および非解離状態の有機酸の合計濃度（mM）
pKa：有機酸の解離定数，酢酸の場合は 30℃で 4.7．

参考文献

Katase, M., Kubo, C., Ushio, S., Ootsuka, E., Takeuchi, T. and Mizukubo, T. (2009) Nematicidal activity of volatile fatty acids generated from wheat bran in reductive soil disinfestation. Nematological Research, 39: 53-62.
佐野善一・後藤 昭（1972） 線虫の薬剤感受性実験法としての薬液浸漬法の検討．九州病害虫研究会報，18：1-6．

（片瀬雅彦）

3. 線虫を用いた環境毒性学実験法

C. エレガンス（*Caenorhabditis elegans*）を物質の毒性や安全性テストに用いるメリットは，何と言っても，エレガンスがヒトと同じ真正後生動物であることと，他の動物より結果が"速く""安く""正確に"手に入ることが挙げられる．エレガンスを使った毒性試験法は 1979 年に開発され（三輪・古沢 1982），これによって，放射線を含む様々な物質の動物に及ぼす影響（急性毒性，催奇性，神経毒性など）を短時間で測定することが可能となった．また，それまでは細菌でしか迅速な判定ができなかった物質の変異原性が動物でも判るようになる（三輪ら 1983）とともに，細菌では判定できなかった発癌（がん）促進物質の検出も可能になった（三輪ら 1980）．本節では，寿命と生殖能力という生物の最重要特性を指標とし，物質の毒性を評価する方法を紹介する．

3.1 寿命測定による毒性の評価法

物質には生物にとって良いもの（栄養素や薬など有益なもの）や悪いもの（毒など有害なもの）がある．これら物質の生物への影響は，寿命を測定することで調べることができる．実験の大体の流れをつかむには，G.M. ソリスと M. ペトラシェックが発表した動画（http://www.jove.com/video/2496/measuring-caenorhabditis-elegans-life-span-96-well-microtiter）を参考にするとよい（Solis and Petrascheck 2011）．また，本項に紹介する方法は，エレガンスの野生株 N2 をモデルとして記述してある．変異株や他の線虫を使うときは，多少の条件検討が必要である．エレガンスの培養・保存は，第 4 章 6 節を参照のこと．

a）準備器材，試薬類： 滅菌済みキャップ付きサンプルチューブ（容量 10～15 mℓ）およびピペット（パスツールピペット含む），卓上遠心機，実体顕微鏡，アルコールランプ（容量 70 mℓ ほどのもの）．必要な試薬・培地類とその調整・作製方法は以下の通りである．

S-Basal（以下，SB）緩衝液（pH6.0, 1 ℓ）：KH_2PO_4（無水）6 g, K_2HPO_4（無水）1 g, NaCl 5.85 g を蒸留水 1 ℓに溶解し，100 mℓ メジューム瓶に 50～100 mℓを分注した後，オートクレーブする．70℃ほどになったら，分注液 100 mℓにつきコレステロール溶液（95% エタノール 1 mℓに対しコレステロール 5 mg の割合で調製）100 μℓを加える．

線虫溶解液（Nematode Lysis 液〔以下, NL 液〕10 mℓ）：次亜塩素酸ナトリウム液（あるいは Clorox

やハイターなど市販の漂白剤）1 ml と 10 N NaOH 200 μl を SB あるいは M9 緩衝液（第 4 章 6.1 を参照）9 ml に加える．保管はできないので使用毎に調製する．

スポットプレートおよび検体添加スポットプレート：NGM（Nematode Growth Medium：第 4 章 6.1 を参照）を入れた径 3.5 cm または 6 cm プレートの中心に，LB（あるいは NGM）液体培地で培養した大腸菌をピペットで一滴（直径 5 mm 程度）垂らし，室温で一晩おく．これをスポットプレートとよぶ．検体（生体への影響を調べる物質）添加スポットプレートは，溶解させる検体の特性に応じて以下から適する方法により作製する．水溶性の検体はそのまま加えるが，水に不溶性・難溶性の検体はエタノールや DMSO（ジメチルスルホキシド：dimethyl sulfoxide）に溶解した後に加える．エタノールや DMSO は終濃度 1 % 以下にし，念のためエタノールや DMSO のみ添加した対照実験も同時に行う．

・熱の影響を受けにくい検体の場合：NGM 作製の際に検体を加えておき，オートクレーブする．
・熱の影響を受けやすい検体で，高濃度で水や溶媒に溶ける場合：NGM をオートクレーブ後，約 50 〜 60℃のウォーターバスに浸けて寒天が固化しない程度に冷ましておく．高濃度の検体を含んだ少量の溶液（事前にろ過滅菌しておく）を NGM に加えて攪拌する．十分に攪拌するために，NGM のオートクレーブ時にマグネチックスターラーの回転子を入れておくとよい．
・熱の影響を受けやすい検体で，高濃度では水に溶けない場合：寒天，ペプトン，NaCl を通常の 4 倍濃度にした NGM（寒天は 6 %［60 g/l］以下）を作製し，オートクレーブ後，約 50 〜 60℃のウォーターバスに浸けて寒天が固化しない程度に冷ましておく．作製した NGM の 3 倍量の蒸留水に検体を溶かし，ろ過滅菌後同じウォーターバスで約 50 〜 60℃に加温して NGM と混合する．

いずれも固化後，プレートの中心に大腸菌液を垂らし，同様に培養しておく．1 検体 1 濃度あたり 10 枚ほど作製しておく．なお，検体濃度が複数にわたるときは，あらかじめペトリ皿に所定の濃度に調整した検体量を入れた後，一定量の寒天培地を注いで作製してもよい．この際，分注器を用いると便利である．また，検体の影響で大腸菌が増殖しない場合の対処については，次項「産仔数による毒性の評価法」も参照するとよい．

線虫ピッカー（釣り具）：直径 0.3 mm の白金線を 3 〜 4 cm の長さに切断する．切断は，鋭利な刃物（カミソリかカッター）で鋭角にする（切口は楕円となる）．切口を少し内側に丸め，先を切り詰めたパスツールピペットの先に挿しこみ，アルコールランプやバーナーなどで熱して溶着する．

b）操作手順

《同調培養》寿命を有効に測定するためには，線虫を同齢にする必要がある．培養温度が 20℃のとき，約 5 日間隔で径 9 cm の NGM プレートを使って継代培養していけば，いつでも受精卵を抱えたエレガンス（以下，抱卵線虫）が得られる．抱卵線虫がたくさんいるプレートに 5 〜 10 ml の SB 緩衝液または M9 緩衝液（以下，緩衝液）をピペットで注ぎ込み，線虫を浮かせたあと吸い取り，サンプルチューブに移す．5 〜 10 分後（長すぎると窒息死する），線虫が底に沈むのを見計らって，ピペットで上ずみを捨てる．5 〜 10 ml の NL 液を加え，室温（24℃以下に設定）で 3 〜 5 分間かなり強く転倒混和し，実体顕微鏡でほとんどの線虫が溶解していることが確認できるまで反応させる（反応させすぎると卵まで死んでしまうので，要注意！）．溶解していることが確認できたら，約 1,000 × g で数十秒〜 1 分遠心し，沈殿している卵を集める．緩衝液 10 〜 15 ml を加え，再度遠心して洗浄する．これを 3 回以上繰り返す．上ずみを捨て，集めた卵の量に従って 1 〜数 ml の緩衝液を加え，室温あるいは 20℃で一晩保温する．第 1 期幼虫（以下，L1 幼虫）がふ化してくるが，これらのふ化幼虫が窒息しないようにサンプルチューブは横にして保温する．ふ化した幼虫は餌のない状態では成長が停止するので，ステージを L1 で揃えることができる．（応用：同調した L1 幼虫は無菌状態であるので，餌を無菌培養系の培地（合成培地や鶏卵培地）に変えたり，OP50 以外の細菌に変えたりすることが

できる．）

《寿命実験》これまで物質が寿命に与える影響を調べる方法が数多く報告されているが，ここでは代表的な3方法を紹介する．培養温度は実験の目的に合わせる．

3.1.1 ふ化から死亡までの寿命を測定する方法

同調培養したL1幼虫5～10頭を対照群スポットプレートおよび検体添加スポットプレートに接種する（この日を第1日目とする）．統計的有効性を評価するためには1検体1濃度あたり40～100頭接種を心がける．（接種のコツ：検体無添加スポットプレートを1週間以上室温などに置くと，大腸菌に粘着性が出てくる．ピッカーにこの大腸菌をつけて，線虫を拾うとよい．慣れてくると，1回の操作で10頭以上のL1を移すこと（この間10秒以内）ができるようになる（ただし，欲張りすぎると，先にピッカーで拾った線虫が弱ってしまうので要注意）．

エレガンスは雌雄同体なので，成虫になると自家受精で産卵を始める．測定対象は最初の接種個体（親世代個体，以下，親）だけであるため，親と次世代を区別する必要がある．そこで，定期的に親を新しいプレート（対照群あるいは検体添加スポットプレート）に移す必要が生じる．親と次世代の区別がはっきりしているうちに新しいプレートに移すことが重要である．移す間隔は飼育温度や検体にもよるが，親の産卵期中は20℃で2～3日に1回程度，25℃なら2日に1回程度である．産卵期終了後は1週に1回ほどでよい．

実験中，毎日同じ時間帯に親の生死を確認する．最初にプレートの端をタップしながら動きを観察する．動きがない線虫は，まず咽頭の動き（pumping）を，つぎに頭部や尾部をピッカーでそっと触ったときの動きを観察し，動きのないときは死亡と記録し，すぐにプレートから除去する．実験途中の明白な事故死（プレートの端で干乾びる，体が破裂するなど）は記録に残すものの統計からは除去する．実験者は死亡判定となる大事なポイントと手順を細かく決めておく"マニュアル化"が必要である．途中で実験者が交代するのも禁物である．

図7-6は，本方法で得られる結果の模式図であり，線虫の寿命に悪影響がある物質の場合は，検体B（△）のようなグラフが得られる．

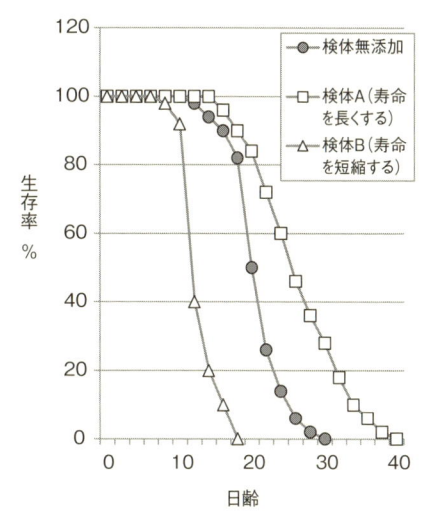

図7-6 寿命曲線（模式図）

3.1.2 化学物質によって次世代形成を抑制し，寿命を測定する方法

実験対象の線虫が産卵をしなければ，親と次世代を区別するための線虫の移動をする必要がなく寿命実験は相当楽になる．そこで，DNA合成を阻害するフルオロデオキシウリジン（FUdR）を使用する方法が開発された．これは，FUdRを若い成虫に摂取させ生殖細胞の形成を阻害し，万が一にも受精卵からふ化に至った次世代幼虫の成長を阻害するアイデアである．FUdRは細胞分裂を阻害して成長を抑制するので，体細胞分裂が続いているL1などの幼虫期からは使用できないが，生殖細胞分裂はあるが体細胞分裂のない成虫（正確にはL4後期）となってからの寿命を測定するには差し支えないとされている．このため，本法では「成虫になった時点から死亡までの寿命」が調査対象となる*．

*しかし，個々の線虫が成虫になった時点で各々を別々に移動する手間を惜しまず，後述する"ハイスループットスクリーニング"

をする必要のないときは，L1からの寿命測定も可能である．この場合，L1から成虫まで培養するプレートには検体のみが含まれ，FUdRは含まれない．なお幼虫の成長や運動能などに対する検体の影響も，他の2方法による寿命測定，或いは次項「産仔数による毒性の評価法」を実行する際に，評価対象として取り込むことが可能である．

本方法では，上記同調培養したL1幼虫を6～9 cm NGMプレートに移し培養を始める．幼虫が最後の脱皮（L4から成虫への脱皮で，20°Cならふ化後3～4日目）をするときを見計らって，16～80 μMのFUdRだけを含む対照群プレートおよび検体も添加したスポットプレートに接種する（この日を第1日目とする）．次世代が生まれてこないので，通常は親線虫を新しいプレートに移す必要はない．しかし，培養途中で餌（大腸菌など）が不足してくる可能性が増大するので，不足しないようにLB培地などで別途培養した大腸菌を遠心分離で濃縮しておき，餌の量を見計らって実験途中に加える．生死の確認は3.1.1と同様にする．本方法を活用し，自動化や並列化などによって多くの検体を効率的に測定できる，いわゆる"ハイスループットスクリーニング"法がいくつも開発されている（例，Lionaki and Tavernarakis 2013）．

3.1.3 温度感受性変異体を使用して次世代形成を抑制し，寿命を測定する方法

フルオロデオキシウリジン（FUdR）を用いる方法では，L1からの寿命が測定困難であるという欠点がある．この欠点を克服するために，飼育温度によっては子孫を残せない変異体を利用する方法が考案されている．実験材料には，受精不能，生殖器官未発達などの変異体が使われる．このような変異体として，*fer-1*(*hc1*)，*fer-15* (*hc15*)，*fer-15*(*b26*) や *emb-5*(*hc61*) がある．これらの変異体は非許容温度の25°Cでは子孫を残さないので，基本的にはFUdRを用いた場合と同様，プレートからプレートに移す必要がなく，ハイスループットスクリーニング法に繋がりやすい．生死の確認は3.1.1と同様に行い，不足する餌についても3.1.2と同様に注意を心がける．言うまでもないが，温度感受性変異を使うときは，変異体の非許容温度を実験温度として設定する必要がある．

現在行われている主な寿命測定法を3種類紹介した．3.1.1は最も単純で，しかもふ化幼虫期から死亡までの寿命を測定することができる．細胞分裂阻害剤などによる副作用を心配しなくてよい．反面，数日に一回は親線虫を新しいスポットプレートに移動させる必要があり，相当な熟練が必要になる．3.1.2と3.1.3は，別のスポットプレートへの移動をほとんど不要にした方法であり，ハイスループットスクリーニングへの途も拓かれた．しかし，3.1.2はふ化幼虫期から死亡までの寿命は測定することはできない上，FUdRによる副作用も心配されている．3.1.3はFUdRによる副作用もなく，ふ化幼虫期から死亡までの寿命を測定できる．実験温度が変異体の非許容温度に限定される難点はあるが，メリットが多く，今後が期待できる方法である．

参考文献

三輪錠司・古沢 満（1982）線虫を用いる化学物質の毒性試験法．日本国特許庁，特許公報，昭57-029155号．
三輪錠司・湯川 宏・田伏 洋（1983）線虫を用いた毒性試験法．トキシコロジーフォーラム，6：659-670．
三輪錠司・田伏 洋・西脇清二・古沢 満・山崎 洋（1980）線虫（*Caenorhabditis elegans*）を用いた発癌promoterのscreeningの試み．医学のあゆみ，114: 910-912．
Solis, G.M. and Petrascheck, M. (2011) Measuring *Caenorhabditis elegans* life span in 96 well microtiter plates. Journal of Visualized Experiments, 49: e2496, doi:10.3791/2496.
Lionaki, E. and Tavernarakis, N. (2013) High-throughput and longitudinal analysis of aging and senescent decline in *Caenorhabditis elegans*. pp.485-500. In Galluzzi, L., Vitale, I., Kepp, O. and Kroemer, G. (eds.), Cell Senescence: Methods and Protocols, Methods in Molecular Biology, vol. 965, Humana Press, New York.

（三輪錠司）

3. 線虫を用いた環境毒性学実験法

3.2 産仔数測定による毒性の評価法

　本項では，C. エレガンス（以下，エレガンス）の産仔数を指標とした毒性の検出法について紹介する．一般に毒性は，マウスやモルモット等の個体では半数致死投与量 LD_{50}，微生物や培養細胞では半数致死濃度 LC_{50} で表現される．統計的に有意な値を求めるには多くの個体を用いて分析すべきであるので，マウスなどの高等動物を用いて分析することは手間・費用・時間の観点，また動物福祉の観点からも好ましくない．一方，微生物や培養細胞のみの分析でヒトなどの高度な組織動物で生じる毒性を推定することには相当無理がある．他方，エレガンスはヒトと同じ真正後生動物でありながら，(1) 世代時間が短い，(2) 雌雄同体で確実に有性生殖する，(3) 産仔数が多い，(4) 約 1 mm 以下と小さい，(5) 扱う際に危険性がない，など実験動物として種々の長所を有しているので，次世代への薬品，化学物質，放射線などの供試検体（以下，検体）の影響を観察するのに極めて有利である．ここで紹介する方法によれば，生殖系への影響が顕著に表れる産仔数だけでなく，成長阻害，催奇性，行動異常などの影響も同時に検出可能である．

　a）準備器材：　必要な設備・機器・材料は，第 4 章の 6.1「C. エレガンスの培養法」および前項の「寿命測定による毒性の評価法」を参照のこと．なお，それらに加えてウォーターバスが必要である．

　b）操作手順：　① スポットプレートを作製する．前項「寿命測定による毒性の評価法」に記載の方法で直径 3.5 cm または 6 cm のペトリ皿に検体添加スポットプレートおよび対照スポットプレートを作製する．統計的有意値を得るために最低 10 頭のエレガンスを供試する必要があるので，各検体濃度につき 40 枚以上のスポットプレートを用意する．もしも検体の影響で大腸菌が増殖しない場合は，大腸菌を LB 液体培地などで増殖させた後，遠心分離で集めて濃縮した大腸菌液を作っておき，検体添加 NGM プレート上の中心に，1〜2 滴垂らして餌とする．② 同調培養した L1 幼虫あるいは混合集団中の L1 幼虫を，ピッカーを用いて 1 頭ずつ対照群スポットプレート，および検体添加スポットプレートに移す（1 頭/1 プレート）．これを各検体濃度につき，10 枚以上つくる．③ エレガンスは雌雄同体なので，成虫になると産卵し始める．親と子の世代を区別し，なおかつ 1 枚のスポットプレート中の産仔数が多すぎて計数困難になることを避けるため，親を新しいプレートに移す必要が生じる．産仔数は子が次世代を産み始める前に計測を済ませておく．以下に 20℃ で飼育した場合の典型的なスケジュールを示す．

1）金曜日 10 時（0 時間）L1 幼虫をスポットプレート（Ⅰ）へ移す．
2）日曜日 7 時（45 時間）成虫になって産卵し始める．
3）月曜日 10 時（72 時間）成虫をスポットプレート（Ⅱ）へ移す．この際，成虫の奇形の有無を観察しておく．
4）月曜日 17 時（79 時間）成虫をスポットプレート（Ⅲ）へ移す．
5）火曜日 10 時（96 時間）成虫をスポットプレート（Ⅳ）へ移す．
6）火曜日 11 時（97 時間）スポットプレート（Ⅰ）を観察・計数する（正常な平均産仔数は約 100 頭）．月曜日 10 時に親を移す直前に産み出された卵は，正常な発生ではこの時間までにふ化する．この時点でふ化していない卵は，未受精卵か死卵であるのでカウントしない．
7）火曜日 16 時（102 時間）スポットプレート（Ⅱ）を観察・計数する（正常な平均産仔数は約 60 頭）．
8）火曜日 23 時（109 時間）産卵が終了する．
9）水曜日 10 時（120 時間）スポットプレート（Ⅲ）を観察・計数する（正常な平均産仔数は約 100 頭）．スポットプレート（Ⅰ）中の成長阻害や奇形を観察・計数する．

10) 木曜日 10 時（144 時間）スポットプレート（Ⅳ）を観察・計数する（正常な平均産仔数は約 20 頭）．スポットプレート（Ⅱ）中の成長阻害や奇形を観察・計数する．
11) 目的によっては，スポットプレート（Ⅲ）（Ⅳ）についても成長阻害や奇形を観察・計数する．

　c）留意事項：　1）対照群の正常な合計産仔数は 20℃で 280 頭程度である（研究室により ± 10% くらいの違いがある）．対照群の合計産仔数がコンスタントに 280 頭程度であるように，成虫を移動させる手技をあらかじめ練習しておく必要がある．合計産仔数が 200 頭以下の場合は，成虫をスポットプレート間で移動させる際の不手際によって強いダメージを与えた可能性があるので，測定データとして採用しない方がよい．なお，25℃での産仔数は 190 頭程度である．2）エレガンスの雌雄同体では，卵子は十分に作られるが精子は一定数（280 個程度）しか作られないので，産卵終了直前には精子が不足して少数（20 個程度）の未受精卵が産卵される．未受精卵は，卵の中が透明であるので受精卵と容易に区別できる．対照群に比べて未受精卵が有意に多い場合は，精子形成や受精の過程に異常が生じたことが示唆される．一方，産卵から 20℃で 12 時間以上経過してもふ化しない受精卵は，胚発生が停止した死卵であり，この増加も毒性の指標となる．これらの他にも，検体の毒性はどのような異常として現れてくるかわからないので，予断を持たずに観察して異常を検出することが大切である．3）スポットプレート中で多数の幼虫が運動していると，計数しにくい場合がある．スポットプレートの底面に赤の細字マーカーペンで適切な格子を描いておくと計数しやすくなる．ただし，実体顕微鏡の光学系によっては，格子を描くとかえって見にくくなる場合もあるので，事前に確認しておくこと．スポットプレートを氷冷したり，急冷スプレーを吹きかけたりして幼虫の運動を止めると計数自体は容易になるが，死亡した個体や行動異常の個体を見逃すことがあるので，毒性の検出という目的からは推奨しない．

（山口泰典）

[第8章　線虫の化学的防除試験法]

　殺線虫剤による線虫防除は，適用できる線虫や作物の種類が多く，処理期間も他の方法に比べて短いなどの利点があり，最も広く普及している防除法である．芽や茎葉などの地上部に寄生する線虫に対しては，一部の殺虫剤が使用され，散布法も一般害虫と基本的な違いはない．これに対して土壌中に生息し，根部に寄生するいわゆる土壌線虫の防除は容易でない．薬剤は，土壌中では吸着・分解などの作用を受けて効力が低下する．複雑な構造をした土壌の団粒内部や，数十センチメートル以上の下層にまで広く分布する線虫すべてに，薬剤を到達させることは至難の業である．

　国内で現在使用されている殺線虫剤には，土壌中に潅注または混和した薬剤がガス態となって孔隙中を拡散し，線虫に作用するくん蒸型と，薬剤を土壌と混和することによって線虫と直接接触させ効果を発揮させる非くん蒸型がある．これらのうち立毛処理(田畑で生育中の農作物を対象にした処理)が認められている登録薬剤は極僅かで，他はいずれも植え付け前または植え付け時処理という制約がある．しかも，これらの防除効果はほとんどの場合当該作に限られ，栽培後期には線虫密度が上昇する．殺線虫剤はもともと種類が少ないが，殺線虫剤の有効利用を図るためには，新しい有効薬剤の開発が重要であり，併せて既存薬剤のより効果的な利用法，適用作物の検討などが不可欠である．

　以下では，薬剤感受性検定や殺線虫効力検定のための室内試験法と，効果的な使用方法の開発や使用条件解析のための圃場試験法について解説する．

1. 室内試験法

　この項では薬剤の殺線虫効力の検定法と線虫の薬剤感受性や抵抗性発達などの解析に用いる検定法を解説する．室内試験では，この他に剤形による殺線虫効力の違いや，温度，水分など環境要因の影響も検討される．

1.1　薬液浸漬法

　薬剤の水溶液または乳化液に線虫を浸漬し，基礎的な殺線虫効力を検定する方法で，殺線虫剤の一次スクリーニングや薬剤抵抗性の発達，種や発育ステージ間の薬剤感受性の差異などを解析するために用いる．供試線虫は種の明確な線虫を用いる．薬剤の効力検定では，室内培養が容易な自活性線虫を供試することもできるが，ネコブセンチュウ (*Meloidogyne* spp.) やネグサレセンチュウ (*Pratylenchus* spp.) などの重要有害線虫を対象とすると，より直接的な情報を得ることができる．これらの線虫は比較的容易に増殖させることができる (第4章3節「植物寄生性線虫の培養法」を参照)．いずれも老化の進んでいない，生理的活性の高い線虫を用いる．薬剤感受性の検定では，目的に応じた適切な方法で増殖または採集した線虫(種・レース・発育ステージ)を供試する．

　以下では，佐野・後藤 (1972) の方法を紹介する．

図8-1 薬剤浸漬法の手順

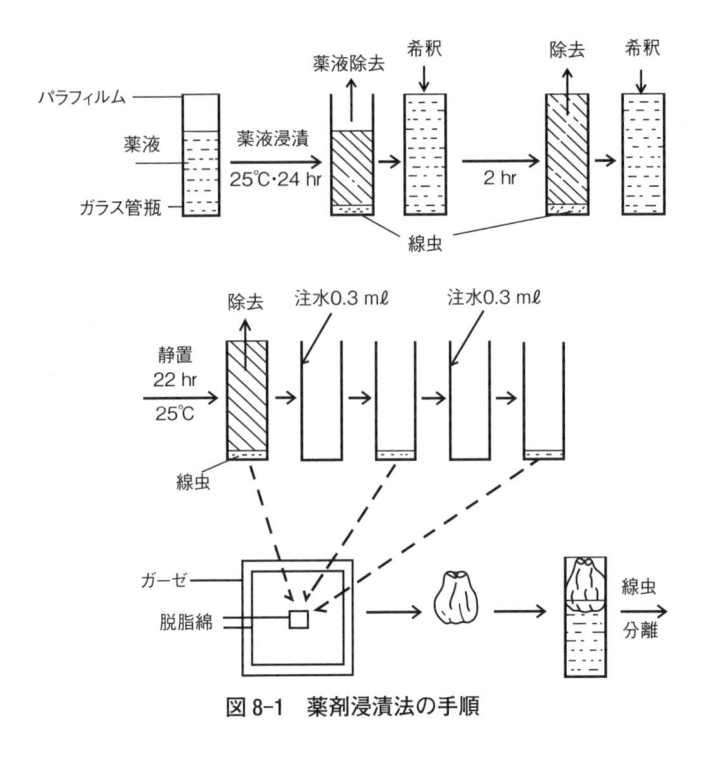

　a）準備器材：　ガラス管瓶（内径12 mm×高さ60 mm，容量6.5 mℓ）または類似サイズの容器，マイクロピペット，メスフラスコ，恒温器，パラフィルム，脱脂綿，駒込ピペット，ビーカー，顕微鏡，薬剤（目的に応じて原体または製剤を用意）．

　b）操作手順（図8-1）：　①供試薬剤は100 ppm, 500 ppm, 2,000 ppmなど，3段階の希釈液を作製しておく．希釈液はメスフラスコを用いて正確に濃度を調整する．水溶性が低い薬剤は，適当な乳化剤を用いて乳化させるが，その場合は乳化剤の殺線虫力を検定し，それを差し引いて結果を考察しなければならない．②供試線虫を約200頭/0.5 mℓの密度に調整した線虫懸濁液を準備する．③0.5 mℓの線虫懸濁液と薬液，脱イオン水を総量5 mℓで所定濃度となるように管瓶に注入する．対照区として脱イオン水，乳化剤だけの処理区を設ける．細いガラス棒でかき混ぜた後，ガラス管瓶をパラフィルムで封じ，25℃条件で24時間処理する．④処理後パラフィルムを除去し，管瓶底に約0.3 mℓの線虫懸濁液および薬液を残して，上部の薬液を駒込ピペット（先端内径約1 mm）で静かに吸引除去する．薬液を希釈するために管瓶に脱イオン水を満たす．線虫を沈殿させるために2時間静置した後，線虫を含む希釈液約0.3 mℓを残して，再度上部の液を吸引除去する．管瓶に脱イオン水を満たし，25℃で22時間静置して線虫の反応を安定させる．⑤線虫の生死は脱脂綿フィルター通過率によって判定する．脱脂綿フィルターは，一辺5 cmのガーゼ上に4 cm角の脱脂綿薄層（約0.2 g）を重ね，その中央に同じ脱脂綿薄層の1 cm角の小片を置いて作製する．22時間静置したガラス管瓶から約0.3 mℓの線虫液を残して上部の液を吸引除去する．底部の線虫を駒込ピペットで吸い出し，フィルター中央の小片に滴下する．管瓶に約0.3 mℓの水をピペットで入れ，底部に残る線虫を脱脂綿小片上に洗い移す．この過程を再度繰り返し，線虫の残留を防ぐ．脱脂綿小片が底部に来るようにフィルターの4隅を合わせ，あらかじめ約5 mℓの水を入れた同じサイズの管瓶に，フィルター底部が水に浸るように入れる．上部をパラフィルムで封じ25℃で24時間経過後にフィルターを除去する．⑥フィルターを通過した線虫は，⑤と同じ要領で管瓶からスライドグラスまたはシラキュース時計皿に移し，顕微鏡により計数する．⑦（1－処理区の線虫数/無処理区の線虫数）×100により殺線虫率を求め，プロ

ビット法によって50％致死濃度や95％致死濃度を算出する．この数値を用い，薬剤の殺線虫力や線虫の薬剤感受性を評価する．

　c）留意事項：　1）殺線虫剤の一次スクリーニングでは，効率を第一として3反復，3濃度段階で試験を行い，大まかな100％致死濃度を推定する．2）線虫の感受性検定が目的で，プロビット法によって半数致死濃度を求める場合は，死亡率50％を中心に6段階以上の薬液濃度を設け，反復も5回以上とする．3）薬剤の制線虫作用を併せて検定する場合は，手順の⑥で計数後に線虫を適当な指標植物に接種し，寄生率を調査する．なお，浸透移行性の検定は，別途適切な方法で行う（佐野1995参照）．4）アフェレンコイデス（*Aphelenchoides*）属などの活動性の高い線虫は，浸漬処理した線虫の動不動を顕微鏡で観察することによって，比較的容易に生死を判定することができる．活動性の低いネコブセンチュウなどでは観察に時間が掛かるので，フィルター通過率による判定が効率的である．5）くん蒸剤を対象とした感受性検定では，密閉容器内綿球くん蒸法（近岡1966, 1983）やミネラルオイルに混入した薬剤による密閉ガラス容器内くん蒸法（McKenry and Thomason 1974）も利用できる．6）薬剤は毒性に十分注意して取り扱い，必要に応じてドラフト室などを使用する．

参考文献

佐野善一（1995）ホスチアゼートの感染後のサツマイモネコブセンチュウに対する産卵抑制効果および土壌幼虫防除効果．九州病害虫研究会報，41：88-92.
佐野善一（2004）第12章　殺線虫剤試験法．『線虫学実験法』（日本線虫学会編）pp.215-219 日本線虫学会，つくば．
佐野善一・後藤　昭（1972）線虫の薬剤感受性実験法としての薬液浸漬法の検討．九州病害虫研究会報，18：1-6.

（佐野善一）

1.2　密閉容器内土壌くん蒸法

　本法は，一次スクリーニングによって殺線虫効力が認められた薬剤の，土壌を介した有効性（くん蒸効果）の検定や，薬剤間の殺線虫効力の比較に利用される．また，圃場試験のための施用薬量の予備的な推定にも用いられる．以下では，後藤・佐野（1971）の方法を紹介する．

　a）準備器材：　235 mℓ腰高ペトリ皿，マイクロピペット，5 mm目篩，脱脂綿，恒温器，ベールマン式線虫分離装置，バット，ピンセット．

　b）操作手順：　①供試土壌を準備する．土壌は所定の線虫をあらかじめ増殖するか，または線虫が発生している圃場から採取する．孔径5 mm程度の篩を通して礫や太根を除去し，十分混合して均一化する．土壌水分はpF2程度が好適である．この土壌を腰高ペトリ皿に，ペトリ皿の底を机上に打ち付けながら密に詰め，縁からあふれている部分は定規などで水平にそぎ落とす．ガラス棒で，ペトリ皿中央にペトリ皿に入れた土壌の深さ1/2までの穴をあける．②供試薬剤の製剤または原体を適当な溶剤に溶解し，所定量を径5 mmほどに丸めた脱脂綿小球にしみ込ませ，ピンセットで直ちに上記の穴に埋め込む．薬剤を溶化剤に溶解させた場合は，溶化剤だけを同様に処理した対照区を設ける．③土壌表面をならしたあとペトリ皿上部を2重のポリフィルムで封じ，さらに上蓋をかぶせる．25℃恒温器内で48時間くん蒸する．④くん蒸後，土壌を20 cm×25 cmのバットに広げ，2時間ガス抜きを行う．⑤生存線虫をベールマン法（土壌20 g供試，ペトリ皿当たり2反復，3昼夜分離）により分離する．分離された線虫は，本章1.1「薬液浸漬法」のb）手順⑤と同じ要領で管瓶からスライドグラスまたはシラキュース時計皿に移し，対象線虫を顕微鏡で計数する．ネコブセンチュウが検定対象の場合は，分離した残りの土壌を小型のポリポットに入れ，指標植物としてホウセンカを5粒/ポット播種，または本葉2, 3枚の線虫感受性トマトを移植し，25℃前後で栽培する．30～35日間栽培後

に根を洗って根こぶ指数を，根こぶ形成程度甚：4，多：3，中：2，少：1，無：0の5段階法で調査し，算出する（根こぶ指数算出方法の詳細は第12章「線虫による植物被害評価法」を参照）．⑥（1－処理区の線虫数／対照区の線虫数）×100，または（1－処理区根こぶ指数／対照区根こぶ指数）×100により防除率を求め，プロビット法によって50％防除薬量や95％防除薬量を算出する．この数値を用いて，薬剤の殺線虫力や線虫の薬剤感受性を比較する．

　c）留意事項：　1）供試土壌中の線虫の種類と線虫密度をあらかじめ調査する．明瞭な結果を得るためには，線虫密度は土壌20gあたり50頭以上（ベールマン法）とする．ただし，根こぶ指数による検定を併せて行う場合は，高密度では指標植物が枯死することがあり，あるいは根こぶ形成程度がすべて「甚」となって量的な評価ができなくなるという問題があるため，100頭／土壌20g以下とする．複数種の線虫が混生している場合は，土壌の影響を無視できるため種間の感受性の差を直接比較することが可能である．2）プロビット法によって50％防除薬量を求める場合は，死亡率50％を中心に6段階以上の薬量を設け，反復も5回以上とする．3）圃場の施用薬量を推定するためには，作土層の深さを20cmとして，腰高ペトリ皿の容量235mℓをもとに10a当たりに換算する．4）薬剤は毒性に十分注意して取り扱い，必要に応じてドラフト室などを使用する．

参考文献

近岡一郎（1966）　ネグサレセンチュウの殺線虫剤感受性．Ⅰ．キタネグサレセンチュウとクルミネグサレセンチュウのD-D感受性．日本応用動物昆虫学会誌，10：163-164．

近岡一郎（1983）　キタネグサレセンチュウによる作物被害と防除に関する研究．神奈川県農業総合研究所研究報告，125：1-72．

後藤　昭・佐野善一（1971）　殺線虫剤の室内検定法としての密閉容器内土壌くん蒸法の検討．九州病害虫研究会報，17：81-84．

McKenry, M.V. and Thomason, I.J. (1974) 1,3-dichloropropene and 1,2-dibromoethane compounds: Movement and fate as affected by various conditions in several soils. Ⅱ. Organism-dosage-response studies in the laboratory with several nematode species. Hilgardia, 42: 393-438.

佐野善一（2004）　殺虫剤試験法．『線虫学実験法』（日本線虫学会編）pp.215-221 日本線虫学会，つくば．

（佐野善一）

2. 圃場試験法

　薬剤の実用性の判定，効果的施用法の開発などを目的に，圃場条件下で薬剤を施用し，線虫密度の推移や作物の被害などを調査する．土性，腐植含量，地温，水分などの土壌条件が防除効果に与える影響や薬害の有無は，重要な検討項目である．ここでは土壌線虫を対象とした薬剤の圃場試験法，効果判定法等を解説する．なお，ここに記載した圃場試験の手順や調査・解析手法は，防除法に関する圃場試験の基本形であり，殺線虫剤に限らず物理的防除や耕種的防除の試験にも応用可能である．

2.1　土壌くん蒸剤

　土壌くん蒸剤は薬剤によって液剤や粉粒剤，錠剤などの剤形の違いはあるが，いずれも土壌中でガス化した成分が拡散して線虫を死滅させる．このため，ガス化した成分が地表から失われないよう鎮圧や被覆が必要である．また，作物に対する薬害もあるので，作付けまでに十分なガス抜きをしてお

2. 圃場試験法

くことが重要となる．

 a）準備器材： 手動注入器，灯油，散粒機，管理機（小型耕耘機），防毒マスク，手袋など．
 b）手順等： ①試験圃場の選定・準備：試験圃場の選定にあたって，圃場の線虫密度と種類を事前調査しておくことが望ましい．事前調査は，広さ10a程度の圃場であれば，10区画に区分し，各区画から任意に5点程度土壌を採取してまとめ，ベールマン法等により区画ごとの線虫密度を調査する．線虫密度が低密度では薬剤の効果を評価しにくいので土壌20gあたり数十頭以上が望ましい．しかし，ネコブセンチュウの場合は，線虫密度が高すぎると無処理区の作物が枯死するなど被害が激しく発生し，定量的な解析が困難となるため，土壌20gあたりおおむね100頭以下が適切である．また，なるべく線虫が均一に分布している圃場を選ぶ．これまでに異なる処理の試験などを行って線虫密度が不均一となっている圃場では，試験前に少なくとも2作は寄主作物を栽培し，分布の均等化を図る．線虫を新たに接種した場合も，線虫を定着させるために，2作は均一栽培を行う必要がある．線虫増殖に適した作物を表8-1に示す．ネコブセンチュウやネグサレセンチュウなど，複数種が同時に発生している圃場での試験は，被害解析が難しくなるので避けた方がよい．継続して使用している線虫汚染圃場では，他種の混発を防ぐため，定期的に目的外の線虫に対する抑制作物を作付けするとよい．

表8-1 各種試験圃場の管理に適した作物

線虫	好適作物	抑制作物
サツマイモネコブセンチュウ	ソバ，インゲンマメ	クロタラリア
ミナミネグサレセンチュウ	ダイズ，陸稲	
キタネグサレセンチュウ	インゲンマメ，ダイズ	エンバク野生種
ダイズシストセンチュウ	ダイズ，アズキ	
ジャガイモシストセンチュウ	ジャガイモ	

注）線虫増殖のためには誤って線虫抵抗性品種を使わないように注意する．

②試験区の設置：統計的な解析を行うために，3反復以上の試験とする．試験区は，線虫密度の事前調査結果を踏まえて乱塊法で配置する．また，対照区として薬剤を処理しない無処理区を設ける．また，可能であれば効果が明らかとなっている既知の薬剤（あるいは濃度・施用法等）を処理した対照薬剤区も設ける．1区の面積は，外側の1畝および端の数株ずつを除いて10株以上，ニンジンなど株間の狭い作物は20株以上の調査株数を確保できる広さとする．試験区の間には1m以上の間隔を取り，処理相互の影響を排除する．薬剤施用前に圃場を丁寧に耕耘し，整地する．

③薬剤施用法：薬剤は，剤形や作用様式を考慮し，目的に応じて適切な方法で処理する．くん蒸剤は一般的に薬害が強いので，播種や植え付け10～20日前に処理し，所定の処理期間後に十分にガス抜きを行う．剤形が液状のくん蒸剤は手動注入器を用いて，全面処理の場合は，通常30cm間隔の千鳥状に一点ずつ深さ15cmに所定量を注入する．作条処理の場合は，予定された畝の中央に沿って30cm間隔で所定量を注入していく．粉粒剤は，所定量を手撒きまたは散粒機により均一に散布し，管理機で2回耕耘して，深さ20cmをめどに土壌とむらなく混和する．くん蒸型の薬剤は剤形に関わらず，処理後直ちにポリフィルムによる被覆を行う．被覆しない場合は全面を足で踏むかまたはローラーを掛けるなどして十分に鎮圧する．高温時や乾燥している場合は，被覆前に散水するか，鎮圧後に散水して水封を行うとよい．通常7～10日間のくん蒸後に被覆を除去して耕耘し，3～10日間ガス抜きしてから施肥，播種・植え付けを行う．

④目的の作物を慣行法に準じて栽培する．

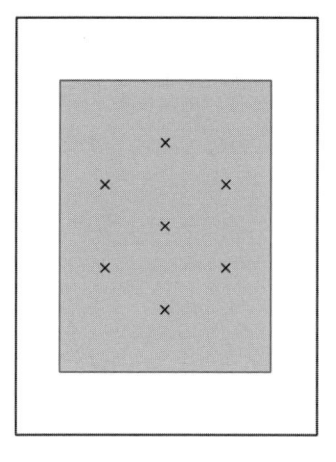

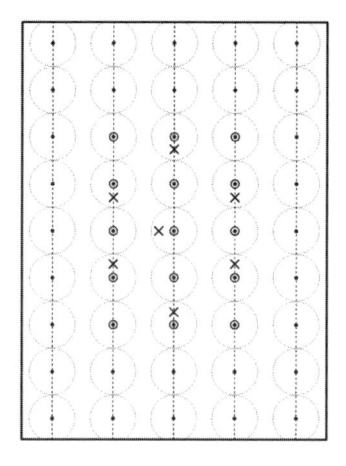

A. 作付け前の採土位置　　B. 作付け後の採土位置

図 8-2　試験区の土壌採取位置と調査株の配置例

A. ×は土壌採取位置（7ヶ所），B. 点線の円は作物，⊙は調査株（15株）．土壌や調査株はAの外周部（番外）を除いた灰色部分から規則的なパターンで採取する．

⑤調査法：土壌中の線虫密度および作物への線虫寄生状況，作物の被害程度等を以下のように調査する．

土壌線虫密度：土壌中の線虫密度は，基本的には処理前，処理後（ガス抜き後）および収穫時に調査するが，防除効果の持続性やリサージェンス（誘導多発生）を調査したい場合などは，目的に応じて適切な時期に調査を行う．サトイモやサツマイモなど栽培期間の長い作物では，処理間の差異が顕著に現れる2～3箇月後にも調査を行った方がよい．薬剤処理前とガス抜き後（作付け前）の調査では，各区の外周部を除いた内側から5～10箇所を規則的に選び，深さ15 cm付近の土壌を移植ごてなどで採取する（図8-2）．栽培中と収穫後の調査では，一般に線虫密度が高い株周辺の5～10箇所から深さ15 cm付近の土壌を採取するが，必要に応じて畝と畝間別，深さ別など適切な方法で採取する．採取土壌から，調査対象の線虫種に応じて適切な方法で線虫を分離する（第2章の「土壌からの線虫分離法」を参照）．なお，二層遠心浮遊法などの物理的な方法では死亡した線虫も分離されるため，薬剤処理直後は薬剤処理区と無処理区とで分離線虫数に差がみられない場合があるので，注意する必要がある．

寄生状況の調査（第3部第12章1節「線虫による植物被害評価法」を参照）：収穫時に根系を掘り上げて土を落とし，肉眼観察によって線虫の寄生程度を調査する．ネコブセンチュウでは根こぶ形成程度を甚・多・中・少・無の5段階法で調査し，それぞれの段階を4・3・2・1・0の数値に置き換えて根こぶ指数を計算する．ネグサレセンチュウでは根系を洗って病斑形成程度を調査し，これからネグサレ病斑指数を計算する．シストセンチュウもネコブセンチュウ同様にシスト寄生程度を調査してシスト寄生指数を求めるが，作物の収穫時にはシストが成熟しすぎて根から脱落したり，土壌との区別が困難になるため，成熟前の白～黄色のシストが見られる観察適期に調査を行うようにする．また，ネグサレセンチュウでは，土壌線虫密度よりも根に寄生している線虫数を調べた方が薬剤の処理効果を明瞭に評価できる場合が多い．根内寄生数は，根系を洗って重量を量ったあと長さ1 cmほどに細断し，ベールマン法を準用して数グラムの根から線虫を分離することにより調査できる．

被害調査（第3部第12章1節「線虫による植物被害評価法」も参照）：草丈や葉数，果実・子実収

量などを適宜調査する．いも類や根菜類では，収量の他，こぶ，裂開，くびれ，岐根，寸詰まり，病斑など，線虫が引き起こす特有の症状を調査する．これらも寄生状況と同様に，甚・多・中・少・無など発生程度別に調査し，指数化すると解析しやすい．また，販売できる生産物を対象として，可販率・可販収量も調査しておく．

その他：薬害の有無を把握するために，発芽障害や初期生育の遅延，枯死，葉色の変化，枯れ込みなどの発生を調査する．

⑥ 結果の解析：薬剤試験では，薬剤の効果を「防除価」で表すことが多い．次式で求められる防除価は，無処理区の被害指数を 100 としたときの薬剤処理区の被害指数の大きさから評価した防除効果の程度で，防除効果が高いほど 100 に近づく．

$$防除価 = 100 - \frac{薬剤区の被害指数}{無処理区の被害指数} \times 100$$

防除価の計算に必要な被害指数には，根こぶ指数やネグサレセンチュウの病斑指数など，線虫の寄生程度や被害症状を指数化したものが利用できる．薬剤処理区の方が大きな値になる可販収量などは適用できない．

さらに，線虫密度を指数化した「密度指数」や「補正密度指数」を計算すると防除効果が分かりやすい．密度指数は無処理区の密度を 100 とした場合の薬剤区の線虫密度，すなわち「対無処理比」であり，各調査時点ごとに以下の式で計算する．

$$密度指数 = \frac{薬剤区の線虫密度}{無処理区の線虫密度} \times 100$$

対無処理比は線虫密度に限らず，被害指数や可販収量などでも計算できる．一方，補正密度指数は処理後（または栽培後，処理○日後など）の密度指数を処理前の密度比で補正したものであり，

$$補正密度指数 = \frac{薬剤区の処理後密度}{薬剤区の処理前密度} \times \frac{無処理区の処理前密度}{無処理区の処理後密度} \times 100$$

で計算される．密度指数や補正密度指数は，防除効果が高いほど 0 に近づく．

なお，ここで紹介した防除価や指数はデータを要約して結果を見やすくするためのものであり，統計的な検定では観察データをそのまま利用する．

c）留意事項： 1）薬剤処理時の土壌水分は，土壌を手で軽く握って崩れない程度の状態がもっともよい． 2）手動注入器は，所定量が正確に注入できるように灯油を用いてあらかじめ調整する．くん蒸機を使用する場合は，処理後の薬剤の減少量により区当たりの処理量を算出する．また，金属を腐食させるくん蒸剤もあるので，使用した注入器等はただちに灯油で洗浄しておく． 3）薬剤の拡散や混和に影響し，防除効果を左右する地温や土壌水分，土性などの処理条件を記録しておく． 4）低温，過湿または乾燥条件下では，薬害が発生する場合があるので注意する． 5）処理区間の相互汚染を防ぐために，処理ごとに器具を洗って作業を行う．また，管理作業や土壌採取の順番に留意すること（薬剤処理時は薬剤が無処理区に移動しないよう，無処理区→薬剤区；ガス抜き以降は無処理区に残った高密度の線虫が薬剤区に移動しないよう，薬剤区→無処理区）． 6）供試薬剤に添付された注意事項に従って作業すること．

（佐野善一）

2.2 粒剤・液剤

一般的な粒剤・液剤タイプの殺線虫剤は，くん蒸剤と違い，処理後の被覆やガス抜きが不要である．このため，薬剤処理と作物の播種・植え付けが連続して行われる．また，ガス化して土壌中に拡散するくん蒸剤と異なり，粒剤や液剤は土壌と混和された範囲以上に拡散することはない．このため，薬剤が混和された範囲外（約20 cmより深い層）の線虫には効果を示さず，線虫密度や根系の被害程度が土壌の浅い部分と深い部分とでまったく異なる結果になりやすい点に注意が必要となる．以下，土壌くん蒸剤の試験と異なる部分を中心に説明する．

　a）準備器材：　散粒機，ジョウロ，管理機（小型耕耘機），マスク，手袋など．

　b）手順等：　①土壌くん蒸剤の試験と同様に，線虫汚染圃場と試験区を準備する．②粒剤は散粒機や手撒きで，液剤はジョウロなどを使って，処理区全体に均一に散布する．薬剤処理後に管理機で2回耕耘して，深さ20 cmをめどに土壌とむらなく混和する．土壌混和後の被覆やガス抜きは不要なので，薬剤処理に引き続いて播種・植え付けを行う．③土壌中の線虫密度や寄生状況の調査法は，基本的にくん蒸剤と同じだが，以下の点に注意する．

　線虫密度調査：粒剤や液剤では，薬剤の分布が土壌と混和された深さ約20 cmまでの層に限定されるので，栽培後の密度は深さによって大きく異なる．一般には，薬剤が混和された作土層の密度を調査すればよいが，浸透移行性による効果も評価したい場合など，試験目的に応じて20 cm以上の深層についても土壌採取を行う．また，ガス抜きのような処理を行わないので，特に粒剤では殺線虫成分の効果が一定期間土壌中に残留する．このため，くん蒸剤と異なり，処理直後の密度調査は行わない．また，薬剤の残効期間の把握などを目的に作物栽培中の密度推移を調査する場合は，薬剤が混和された層を対象に定期的に密度調査や根への線虫寄生状況調査を行う．

　寄生状況の調査：くん蒸剤に比べて薬剤が到達する深さが浅いので，根を掘り上げる深さによって寄生程度の判定結果が変わる可能性がある．殺線虫効果を評価する場合は薬剤が混和された範囲の根に限定して寄生程度を判定すれば十分だが，浸透移行等も含めた全体の線虫抑制効果を評価するには，深い部分の根における寄生程度も合わせて判定しておくとよい．液剤を作物生育中に処理した場合は，薬剤処理前に寄生された症状も含めて，掘り上げ時点での寄生程度を判定する．根内寄生線虫数の調査法は，基本的に土壌くん蒸剤と同じだが，浅い部分の根と深い部分の根では侵入線虫数が大きく異なるので，分離に供する根の採取部位に注意する．

　被害調査および薬害調査：土壌くん蒸剤の試験と同様に調査・判定する．

　c）留意事項：　1）播種・植え付けの際，足や器具に付着した薬剤で無処理区を汚染しないように注意する．薬剤処理から播種・植え付けに移行する際には，靴と器具を特に丁寧に洗い，播種作業は無処理区から始めて薬剤区を最後に行うようにする．栽培期間中の土壌採取など，以降の作業は，薬剤区→無処理区の順番がよい．2）トマトなど栽培期間が長い作物では特に，薬剤処理区でも収穫時には寄生程度が高くなる場合がある．寄生程度だけでなく，作物収量や処理後の線虫密度などのデータを総合的に勘案して効果を判定することが重要である．

参考文献

佐野善一（2004）殺虫剤試験法.『線虫学実験法』（日本線虫学会編）pp.215-221 日本線虫学会，つくば．

（伊藤賢治）

第9章　線虫の物理的防除試験法

1. 熱を利用した防除試験法

　植物寄生性線虫は熱に弱く，70℃以上の熱水であれば数秒，40〜50℃の温水でも数分〜数時間浸漬していると死滅する．これを応用して，種苗や土壌を熱処理することにより中に潜む線虫を防除することができる．ここでは，種苗に対して行う温湯浸漬や，土壌に対して行う熱水，太陽熱などによる線虫の防除試験法について解説する．

1.1　温湯浸漬

　線虫が寄生した種子・種いもなどを55℃前後の温湯に一定時間浸漬し，中に寄生している線虫を殺す方法である．線虫を対象としては，種もみ，種いも，球根，苗木の芽で温湯浸漬の実用例がある．種苗の発芽を阻害せずに線虫を死滅させる温度と処理時間は，対象となる線虫や作物，種苗の形態により異なるので，それぞれの組合せにおいて最適な処理条件を見つけることが試験の主要な目的となる．

　a）準備器材：　線虫汚染種苗，温度記録計，恒温槽，網袋または網かご，滅菌土，ポットなど．

　b）手順等：　①線虫汚染種苗を準備する．線虫汚染圃場などで栽培して得られた種苗から，確実に線虫が寄生している種苗を選別しておく．外観から寄生状況が分からない場合は，供試種苗を多めに準備する．供試種苗を冷蔵保管していた場合は，浸漬処理前に常温に戻しておく．

　②供試種苗を網袋または網かごなどに入れて，一定の温度に保った恒温槽に浸漬する．種苗を浸漬すると一時的に水温が下がるので，温度記録計で温度変化を記録しておく．水温や浸漬時間は，種苗の線虫侵入部位において対象線虫が死滅する温度と時間が保持されるのを目安に，それぞれ数段階設定して実施する．温湯浸漬が終わった種苗は必要に応じて流水での冷却・乾燥などを行う．

　③第3部第10章5節「植物体内の線虫密度推定法」に基づいて，種子または種苗から生きた線虫が分離されるか調査する．また，発芽率を調査する．

　④浸漬条件を変えて②〜③を繰り返し，種苗の発芽を阻害せずに線虫を死滅させる条件を解明する．効果が期待できる条件が見つかったら，その条件で温湯処理した種苗を実際に殺菌土壌で栽培し，作物の生育・収量に悪影響がないかを調査するとともに，線虫が増殖・検出されないことを確認する．具体的には，浸漬処理した種苗と浸漬処理しない対照種苗（線虫汚染および線虫非汚染）を滅菌土を詰めたポット，あるいは線虫非汚染圃場で栽培する（ただし，線虫汚染の対照種苗はポット試験限りとした方がよい）．作物の発芽障害とその後の生育ならびに収量への影響を調査する．また，作物の線虫被害の有無や種子・種球などへの線虫侵入の有無などを調査する．

　c）留意事項：　1）供試する汚染種苗の数は，統計検定に備えて，各浸漬条件について10個体以上を3反復処理できる数量を用意する．外観から寄生状況が分からない場合も，各反復に汚染種苗が10個体以上含まれるようにするのが望ましい．なお，浸漬条件の絞り込みなど，予備試験の段階では

この限りではない．2）種苗を温水に浸漬するときに，線虫の周りに空気が存在していると効果が得られない場合があるので注意する．空気を含む材料を供試する場合は，内部まで温水が行き渡るように注意する．また，浸漬するときは確実に種苗全体を水没させる．3）供試種苗に土壌が付着していると土壌そのものと土壌に含まれる空気によって種苗の温度上昇が鈍化する．土壌が付着した種苗と付着していない種苗の両方を供試し，実用場面を想定して，より安全な浸漬温度と時間を決定する．4）いも類（塊茎，塊根）では線虫侵入部位は表層近くに限られるため，いもの中心まで熱をかける必要はない．5）種苗の耐熱性については，線虫の防除試験とは別に，できるだけ多くの品種やロットの種苗を浸漬処理して，発芽やその後の生育に障害が出ないことを確認する．

1.2　熱水・蒸気・太陽熱による土壌消毒試験

　土壌を熱消毒する方法には大きく分けて，熱水や蒸気など高温の熱媒体を直接土壌に施用して短期間で消毒する方法と，太陽熱で地温を40℃以上に上昇させ，その状態を数週間持続して消毒する方法の2つがある．どちらの方法も熱が伝わる土壌深度には限界があるため，試験に際しては，土壌中の温度分布と目標温度の継続時間を記録して消毒可能深度を明らかにすることが重要である．

　皆川ら（2004）によると，ポリ袋に密閉した土壌を恒温槽で加温した場合，土壌中のネコブセンチュウとネグサレセンチュウは50℃では1時間，45℃では4時間，40℃では72時間で死滅する．これらの温度と時間が所定の土壌深度まで達成できるかどうかが防除成功の目安となる．

　a）準備器材：　線虫汚染圃場，線虫汚染土壌，布袋，温度記録計，透明マルチフィルム，水源，移動式ボイラーなど．

　b）手順等：　①試験圃場と試験区を準備する（第8章2節「圃場試験法」を参照）．試験区の面積は，熱処理区の地温が処理区外の低い地温の影響を受けないよう十分な広さを確保する．②試験区中央付近について，土壌を深度別に採取して線虫密度を調査するとともに，温度センサーを深度別に数か所設置しておく．調査する深度は，防除の目標とする深度を中心にその上下について，3段階程度を設定しておく．③試験する消毒法に応じて熱処理を行う．熱水，蒸気消毒では，透明フィルムで被覆してから熱媒体を注入する．可能であれば地中の温度をモニターし，所定の深度において目標の地温が達成したのを確認しておく．熱媒体注入後は被覆を1日以上そのままにしておき，余熱を保持しておく．太陽熱消毒は高温で日射量が大きい夏季に行う．圃場に100 ℓ/m^2 以上かん水してから透明フィルムで被覆する．温室などの場合は温室を密閉する．この状態を温室であれば2週間以上，露地であれば3週間以上維持する．可能であれば地中の温度をモニターし，所定の深度において目標の温度が目標の期間持続したことを確認しておく．④熱処理後，土壌を深度別に採取して線虫密度を調査する．また，温度記録計を回収し，熱処理の状況を確認する．⑤対象線虫の感受性作物を栽培する．⑥作物栽培後は，第8章2節「圃場試験法」に準じて作物の被害状況や収量を調査する．また，線虫の寄生状況と線虫密度を深度別に調査し，熱処理時の温度推移と防除効果について検証する．

　c）留意事項：　1）深層の線虫密度が少ない場合は，あらかじめ線虫密度が分かっている汚染土をナイロンメッシュやガーゼなどで作製した布袋に詰めて，試験区中央付近の所定の深度に埋め込んでおき，熱処理終了後に回収して線虫密度の変化を調査する．ただし，太陽熱消毒などの長期間必要な処理では，熱がかかる前に線虫が脱出することも考えられるので，埋め込みが有効なのは短時間で終了する熱処理に限られる．2）熱水消毒を行う場合は，熱水が偏り無く圃場に注入されるよう，地表の均平に特に気を付けること．3）隔離床などで蒸気消毒を行う場合は，床土全体が目標温度・時間になるように処理時間を決める．4）可能であれば周縁部を含む，中央以外の数か所についても線

虫密度，土壌温度，作物被害等を調べることが望ましい．

参考文献

皆川　望・相場　聡・片山勝之・三浦憲蔵（2004）夏季マルチ処理による露地太陽熱処理の線虫密度低減効果．中央農業総合研究センター研究報告, 4: 25-34.

（伊藤賢治）

2. 土壌還元消毒法

　土壌還元消毒法は，土壌を還元状態にすることによって消毒する手法であり，大まかな原理は以下のように考えられている．土壌に易分解性有機物を混和し，灌水，加温すると土壌微生物が急激に増殖し，その呼吸によって土壌中の分子状酸素が速やかに消失する．その後，有機物，硝酸イオン，四価マンガンイオン，三価鉄イオンなどが，土壌微生物の呼吸における電子受容体となり，土壌は急速に還元化され，これに伴って酢酸，酪酸などの有機酸，二価鉄イオン，二価マンガンイオンなどが生成する．これらの複合的な影響により，植物寄生性線虫および病原性微生物が死滅する（Katase et al. 2009；Momma et al. 2013）．

　本消毒法は，主に施設内で利用されているが，露地での応用例もある．易分解性有機物として小麦フスマまたは米ヌカがよく用いられる．これを10a当たり1〜2t撒き，ロータリーで十分に混和した後，農業用フィルムで地表面を被覆し，一時的に圃場容水量になるまで灌水チューブで灌水する．その後，数週間，施設を閉鎖して温度を保つ．易分解性有機物の混和と灌水を兼ねて，約1％のエタノールまたは約0.6％の糖蜜水溶液を灌水する方法もある．エタノールを用いる場合は，畦が残っている圃場では耕耘するが，平らであれば耕耘せずに灌水できる．いずれの有機物でも地温は30℃，灌水量は150〜200 ℓ/m^2，処理期間は2〜3週間が目安である．フスマまたは米ヌカの場合は，通常のロータリーで深さ20cm（1t/10a混和），深耕ロータリーで深さ40cm（2t/10a混和），エタノールまたは糖蜜の場合は深さ50cmより下層まで有機物が到達することから，地温30℃が確保できれば有機物が到達した深さまで消毒効果が期待できる（水久保ら2005; 小原2013）．

　防除試験では，本消毒法の原理と易分解性有機物の特徴を十分理解したうえで，上記の作業手順に準じて実施する．

2.1　土壌還元消毒の圃場試験

　土壌還元消毒法と太陽熱土壌消毒法は類似している．太陽熱土壌消毒法は，基本的に土壌を45℃以上に高めることにより，消毒効果を得る手法である．土壌還元消毒法の目標温度は30℃であるが，土壌表面近くの温度はこれよりも高くなり，太陽熱土壌消毒の効果が得られる．そのため，土壌還元消毒の効果を評価する場合は，太陽熱土壌消毒の効果と区別しなくてはならない．例えば，夏季の高温時に試験を実施する場合，太陽熱土壌消毒の効果が及ばない圃場の深い部分に注目して消毒効果を評価する．あるいは，太陽熱土壌消毒の効果が不十分な夏季前後の時期に実施して，消毒効果を評価する．いずれの場合も，地温の経時測定が必須であるため，地表面をフィルム被覆する前に温度センサーを深さ別に埋設しておく．土壌の深さ別に，地温や有機物の有無，水分条件などと関連させて消毒効

果を評価することが重要である．

　a）準備器材：　易分解性有機物，灌水チューブ，被覆用ポリフィルム，センサー付き温度記録計，ジピルジル試薬（α,α'-ジピリジル1gを10%酢酸500 mℓに溶解したもの）など．

　b）試験手順：　作業手順は上記に準ずる．ここでは圃場試験の実施や防除効果の評価にあたって特に留意すべき点などを中心に解説する．

《対照区の設定》① 対照区として，易分解性有機物を混和せず，他の手順は土壌還元消毒と同様に実施する区を設ける（＝太陽熱土壌消毒区）．また，完全無処理区として，有機物の混和および灌水をせずに，地表面を反射フィルムで被覆して地温の上昇を抑える区を設ける．この2試験区と比較して土壌還元消毒の効果を評価する．② 土壌の採取：処理終了時，施設を開放して農業用フィルムを取り除いても，土壌は硬く締まり還元状態が持続していることが多い．このため，速やかに土壌を採取する．深さ別に土壌を採取するときは，土壌サンプラー（オーガー）を利用するか，土壌断面を作製して採取する．処理開始から経時的に土壌を採取する場合は，次のように調査土壌を不織布の袋に入れ，埋設しておくことにより採取が容易になる．③ フスマまたは米ヌカを圃場に混和した後，この混和した定量の土壌を不織布の袋に入れ，深さ別に埋設してから灌水する（図9-1）．この場合，混和した深さまでの土壌は均一であると見なす．エタノールまたは糖蜜を用いる場合は，あらかじめ採取した定量の線虫汚染土壌を不織布の袋に入れて，深さ別に埋設してからエタノール等を灌水する．不織布の袋にはヒモを固く結び付けておき，その端を地上部に出して必要事項を記載したプラスチックプレートを付ける．採取するときは，プラスチックプレートを引いて袋を取り出す．④ 還元状態の現場での確認：土壌還元消毒の終了時，還元状態が得られた範囲（深さ，中央部，周縁部等）を実施現場で簡易に確認することができる．ジピリジル試薬を，スプレー瓶に入れて試験実施場所に携帯する．採取した土壌あるいは土壌断面に本試薬を吹き付けると，土壌が還元状態の場合は，生成した二価鉄イオンと反応して赤く着色する．土壌にキムワイプを密着させてスプレーすると着色を確認しやすい（図9-2）．なお，本試薬には酢酸が含まれているため，土壌還元消毒の生成物として有機酸を分析する場合は，本試薬の影響がないように注意する．

《線虫の分離・計数》⑤ 採取した土壌は土壌還元消毒の効果が持続している可能性があるため，採取後，速やかに土壌から線虫を分離する．生存している線虫をベールマン法で分離する場合，通常のベールマン法に則って土壌を水に浸漬し，保温すると，土壌は土壌還元消毒の好適条件に置かれるため，漏斗上で土壌還元消毒の効果が持続する可能性がある．これを回避するために，通常，土壌20 g

図9-1　不織布の袋を使った埋設試験　　図9-2　ジピリジル試薬による還元状態の確認（巻頭カラー口絵参照）

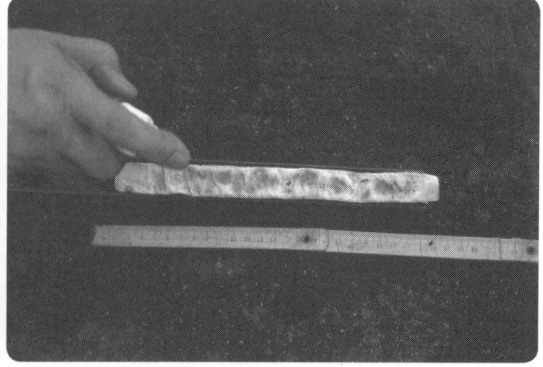

2. 土壌還元消毒法

を供試している場合，4g程度に分割し，それぞれ別の漏斗に設置して土壌を水に分散させて線虫を分離する．また，ふるい分けベールマン法も適用できる．

　c）留意事項：　土壌還元消毒を行った処理周縁部では，水分および地温が周辺に拡散して土壌還元消毒の効果が低くなる傾向がある．このため，小さな枠圃場等で試験を行う場合は，処理周縁部を避けて中央部を調査対象とする．また，作物を栽培して消毒効果を評価する場合は，処理周縁部で生き残った線虫の影響により，消毒効果が低く評価されることがあるので注意する．

2.2　土壌還元消毒に関する室内試験

　消毒効果に及ぼす易分解性有機物の種類や量，酸化還元電位，溶存酸素濃度，温度などの影響や，消毒効果が有効な線虫の種類などは，室内で土壌還元消毒の再現試験を行うことにより調査できる．以下に，小麦フスマを用いた場合の再現試験の実施方法を解説する．

　a）準備器材：　線虫汚染土壌，易分解性有機物（小麦フスマ），ナイロンメッシュ（目開き50 μm），試験管（直径25 mm），酸化還元電位計，ポリ袋（ポリエチレン製袋），遠心分離器，シリンジ，メンブランフィルター（孔径0.2 μm）．

　b）操作手順等：　①線虫汚染土壌2.0 gにフスマ0.02 gを混和して極少量の蒸留水を加え，ナイロンメッシュに包んで試料とする．供試土壌量が少ないので，高密度の線虫汚染土壌を用いる．この土壌とフスマの混合割合は，1tのフスマを面積10 a，深さ20 cmの土壌に混和する量に相当する．②これを直径25 mmの試験管の中に入れ，ナイロンメッシュの上部に達するまで蒸留水を加える．③蒸留水中に酸化還元電位計の電極を設置し，試験管をポリ袋で覆って一定温度で保温する．土壌還元消毒に適した条件の場合，数時間後に酸化還元電位は−200 mV程度まで低下する．④処理終了後，試験管内の水を直ちに50 mℓ遠沈管に移し，軽く遠心して上ずみをシリンジで採取し，メンブランフィルターでろ過して，生成した有機酸などの分析試料にする．⑤メッシュ内の土壌からは，圃場試験で述べた方法に準じて，生存している線虫を分離・計数する．

　c）留意事項・応用等：　1）線虫汚染土壌をビーカーに詰め，湛水状態にして同様の再現試験を行うこともできる．2）試験管またはビーカーをポリ袋で覆う際，気密性を高くする必要はない．圃場試験で土壌表面を農業用フィルムで被覆する効果は，酸素の遮断というよりも土壌水分の蒸発防止の役割が大きいと考えられる．3）酸化還元電位計は一般に塩化銀電極などを基準電極，白金電極を測定電極としているので，標準水素電極を基準電極とする標準酸化還元電位に測定値を変換する．変換方法は測定器の取扱説明書に準じる．変換には温度の数値が必要である．また，電極内部の塩化カリウム（KCl）液の温度が，測定する水温と同じになる

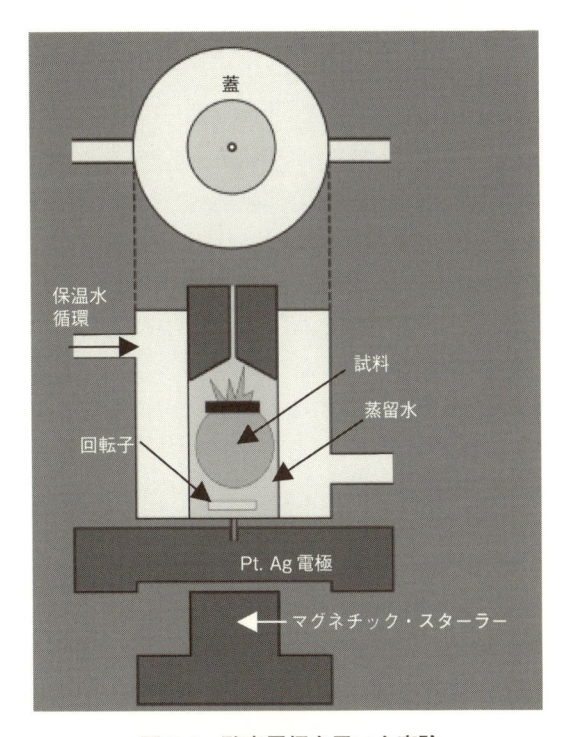

図9-3　酸素電極を用いた実験

まで待って値を読みとるなど，酸化還元電位の測定は難しいため，土壌学の専門家などの助言を受ける．4）有機酸等の生成物の分析方法や試料の採取方法，保存方法については化学分析の専門家の助言を受ける．5）クラーク型酸素電極（Rank Brothers Ltd., Cambridge）を用いても，以下のように土壌還元消毒の再現試験が行える（図9-3）．ナイロンメッシュに包んだ試料を，蒸留水が入った酸素電極のチャンバーに入れて蓋をする．一定温度の水を循環させながら，マグネチックスターラーで攪拌してチャンバー内の溶存酸素濃度を連続的に測定する．一定時間後に試料を取り出し，圃場試験で述べた方法に準じて，生存している線虫を分離・計数する．この手法で溶存酸素濃度を測定すると，フスマを混合した場合は開始3時間で，フスマを混合しない場合は開始5時間でほぼ無酸素状態になることが確認された（Katase et al. 2009）．6）土壌還元消毒法による殺線虫効果の発現には，無酸素環境や還元化で生成する有機酸などが影響していると推察される．これらの諸要因が線虫の生存に及ぼす影響を調査したい場合は，第7章の「無酸素条件・有機酸の影響評価法」を参照されたい．

参考文献

Katase M., Kubo, C., Ushio, S., Ootsuka, E., Takeuchi, T. and Mizukubo, T. (2009) Nematicidal activity of volatile fatty acids generated from wheat bran in reductive soil disinfestation. Nematological Research, 39: 53-62.

小原裕三（2013）　低濃度エタノールを利用した土壌還元作用による土壌消毒技術実施マニュアルの紹介．植物防疫, 67: 1-6.

水久保隆之・本田要八郎・竹原利明・河合　章・矢野栄二・片瀬雅彦・崎山　一・杉山恵太郎・杉本　毅（2005）　施設トマトのIPMマニュアル．『IPMマニュアル』（梅川　学・宮井俊一・矢野栄二・高橋賢司編）pp.3-28（独）農研機構中央農業総合研究センター，つくば．

Monma, N., Kobara, Y., Uematsu, S., Kita, N. and Shinmura, A. (2013) Development of biological soil disnifestations in Japan. Applied Microbiology and Biotechnology, 97: 3801-3809.

（片瀬雅彦）

第3部
生態学的研究法

[第10章　線虫の個体群生態学的研究法]

1. 土壌試料の採集から試料の定量・分離まで

　土壌に棲息する線虫の採集は土壌を採集すること（採土）から始まる．分類や系統解析を目的とした線虫種の探索では，適量の土を採るだけでよいが，土壌線虫の生態学研究，作物を加害する線虫の検疫，発生診断，防除プログラムの策定，作物収穫損失の予測，線虫抵抗性作物の育種や線虫剤の効果判定の目的では，土を採るパターンや量が土壌中の線虫個体群の定量（＝密度推定）に直接影響するため，特別な注意が必要である．

1.1　土壌採取器具

　採土の器具には，シャベル，移植ごて，土壌検土器（＝オーガー，検土杖，採土管），様々なタイプのチューブなどがある．日本では移植ごてを使うことが多いが，米国では筒状の採土管またはこれを改良した円錐形の管を用い，ヨーロッパでは半チューブ状のこて（図10-1）が使われる．後者は土壌に垂直に差し込み，回転させたとき，深さ20 cmまでの採土ができる．栽培中に何度も線虫の個体数密度を調べる場合は，根の外傷を最小限に抑えるため，管状の採土こてや検土器で採土するとよいが，細過ぎる検土器は用いない方がよい．土壌に大きな圧力が加わると線虫が機械的な損傷を受け，分離に供したとき線虫検出率が低下するからである．この圧力は検土器の径が細くなるほど増大する．例えば径10 mmの細い検土器で採土した単位土壌当たりの線虫密度は，径50〜100 mmの広い採土管で採土した場合の80%程度となり，さらに耕盤層の硬い土では50%以下になる（Seinhorst 1988）．

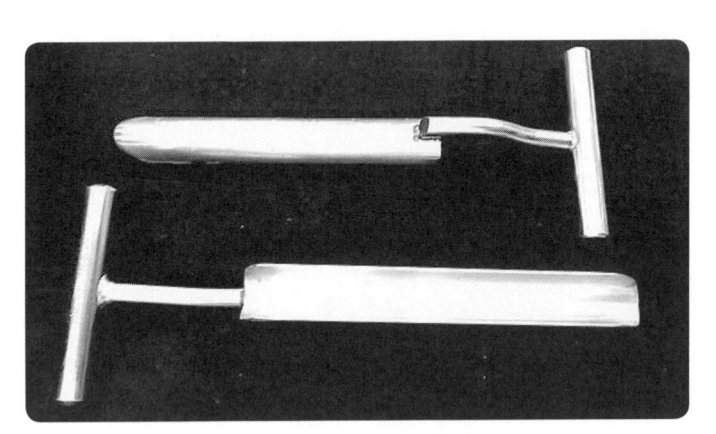

図10-1　半チューブ状の採土こて

1.2　採土するパターン

　平均個体数密度などの母集団の統計量を推定するための「標本抽出」のことをサンプリング（sampling）という．個体数密度推定のサンプル（＝標本）とは個体数データのことである．線虫密度の推定標本（サンプル）は，複数のコアを集めたものである．標本が含むコアの数が標本の大きさ（sample size）である．この場合，「コア」とは採土器を差し込んで採った1箇所の土壌試料のことで，サンプル・ユニットと呼ぶ場合もある．土壌線虫のサンプリングでは，採土法と採集した土壌コアの

取り扱いがサンプル（標本）の質（分離数）に大きく影響する．普通は調査対象区域（圃場，小区画）から1標本だけを抽出すればよいが，特別な場合には複数の標本を採る．このときの標本も複数のコアを集めたものである．線虫は集中分布しているため，ランダムな採土パターンより組織的な採土パターンを使った方が，高密度域と低密度域からコアが集められる可能性が高まり，採土の信頼性が高まる．例示する組織的な採集パターン（図10-2）では，コア採集位置が植物根圏の範囲内をジグザグの規則で移動している．なお，サンプリングのパターンは自由に設定してよい．パターンや進行方向が変わっても，試料精度はほとんど影響を受けない．

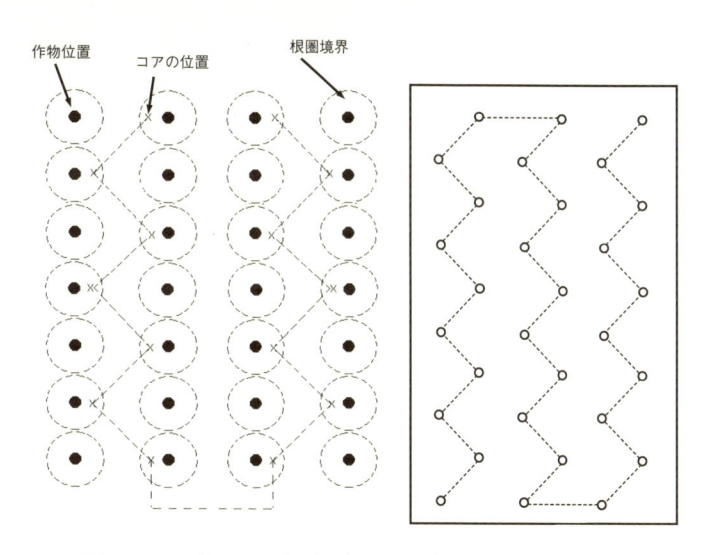

図10-2 土壌コアの採集パターン（組織的な採土の例）

1.3 採土する深さ

一年生作物の圃場では，大部分の線虫がおおむね土壌の上層30 cm（とくに上の15〜20 cm）に集中するため，通常は表層から20 cmまでの深さの土壌を採土すればよい．一方，浅根や深根作物では，線虫の局所的分布はおおむね寄主の根系の分布に従うため，根の分布を考慮して採土深度を調整する．木本性作物や深根性多年生植物では，非常に深い層（0.5〜1.0 m以上）の採土が必要である．また，線虫の垂直分布には地温，乾燥，土壌構造（温度，湿度，深さで異なる），根系のパターンの季節的な変化も影響する．低温，高温，乾燥時には通常より深い層から採土するよう配慮する．ナガハリセンチュウ（*Longidorus* spp.）やオオハリセンチュウ（*Xiphinema* spp.）は浅い層より作土の深い層（30 cm）に多い．風乾した土壌表面にも密度はごく低いが線虫が存在するから，厳密な密度推定では表層も含め20 cm位までの全土壌層から採土する．この目的にはヨーロッパ式の採土ごてが適している．一方，移植ごてを用いるときは，表層5 cmを外して深さ5 cmより深い土壌を採土することがむしろ合理的である．移植ごては基部が広く先端が細い形状のため，表層土が深い層の土壌より多く採集され，サンプルが浅層土壌に偏るし，すくい上げる採土法であるため事実上5〜15 cm層しか採土できないからである．

1.4 土壌の状態

一般に耕起前と耕起後の線虫分離数は異なるから，試験前線虫密度（初期密度）は耕起整地後に調査する．ロータリー耕起後は線虫密度の垂直分布がならされているし，耕起後の膨軟な土壌では細い採土器が土壌に加える圧力が小さく，線虫密度への影響が少ないからである．なお，土壌の湿度は一般にティレンクス目（Tylenchida）の分離数に影響しないが，雨天に採土した土壌からの分離数が著しく低下する線虫もいる（例えば，ネグサレセンチュウ，*Pratylenchus* spp.）．

1.5 採土後の運搬と保存

　採土した土壌はビニール袋でなく，12号規格程度のポリエチレンの袋に入れる（第2章1.1）．乾燥や土壌から発生する二酸化炭素その他の揮発性物質は線虫の活性に影響するため，土壌の輸送・保存にもポリエチレンの袋が適している．土壌試料を車輌で運ぶ場合は，日射を避けて有蓋の箱やクーラーボックスに詰める．遠方に輸送する場合は，通気確保のため段ボール箱で梱包する．長期の輸送期間はポリエチレン袋に詰めた条件では，ティレンクス目の線虫分離数にほとんど影響しないが，ユミハリセンチュウ（*Trichodorus* spp.）は振動の影響で不活性化する個体が多く，分離数が大きく低下する．室内の長期保存についてもポリエチレン袋の利用が有効であると言われている．ティレンクス目の分離数は，ポリエチレン袋に収納し室温においた場合，数箇月間保存しても大きくは低下しない．

1.6 コアの撹拌の影響

　土壌試料は採土直後に分離操作に供試することが望ましい．通常は採土した複数のコア（土壌試料）を混ぜた大量の土壌を1標本（サンプル）とし，そこからサブサンプルをとって線虫を分離する．コアを混ぜるとき，激しい振動や土壌を押しつけて擦るような動作は避け，土をすくい落として穏やかに混ぜる．採土時に複数のコア試料を1枚のポリエチレン袋に入れた場合は，袋に空気を入れて風船状とし，土を回転させながらゆっくり混ぜるとよい．土壌の混和作業は線虫の活性に影響し，4分間の混和時間は線虫の生存率を約半分に低下させるが，1分以内なら分離数の減少は少ない（但し，ユミハリセンチュウは1分間混和でも分離数低下が著しい）．

1.7 分離段階の土壌定量基準

　生物の存在量は棲息する空間当たりの個体数で表現される．これが生息密度で，土壌線虫の空間は土壌の体積だから，線虫の生息密度は土壌の体積を基準に定量するべきだと考えることは自然である．だが，実際には土壌の体積でなくむしろ土壌の重量を基準とすることが普通である．その理由は，採土や土壌試料の調整によって本来の土壌構造が壊れてしまうことにある．採集器具が検土杖，チューブ，採土管である場合，土壌試料は土が圧迫されて緻密になっているから，体積が過小に評価される．すくい取り採土法やサブサンプルを採る前にコアを混ぜるときにも，土壌構造（土壌粒子の自然な配置や空隙）が壊れてしまう．そのため，試料土壌の体積を量っても自然な空間は再現されず，体積を基準にしたサブサンプルの線虫密度の誤差は，重量を基準にしたものの誤差よりもむしろ大きくなる．含水率（重量%）は圃場容水量の砂土で12%，重粘土では30%のため，乾燥と過湿の条件下で同重量の土壌の線虫数は砂土で1〜1.14，重粘土では1〜1.25の範囲で変動するだけである（Seinhorst 1988）から，土壌の重量を基準にして差し支えない．異なった時期に同じ場所の線虫密度を調査するときは，少量の土を熱して水分を蒸発させた重さを量り，土壌水分量による土壌重量を補正すると線虫密度が補正される．

1.8 サブサンプルの反復

　サブサンプルの土壌から線虫を分離する際には分離誤差が生じるから，どのような分離法を用いる場合も最低3つの反復をとる．これらの反復のデータは機械的に平均すべきではない．2つの反復の値に対し，1つの反復の値が極端に少ない（例えば0）場合は，分離操作のエラーが疑われる（例えば，ベールマン法における網皿下，漏斗脚壁の気泡などによる回収線虫数の極端な減少）．したがって，極端に低い値が見られた時には，それを除外して平均値を算出し，標本値とする．

参考文献

Seinhorst, J.W. (1988) The estimation of densities of nematode populations in soil and plants. Vaxtskyddsrapp. Jordbruk (Uppsala, Sweden), No. 51: 1-107.

（水久保隆之）

コラム：ジャガイモシストセンチュウのカップ検診法

　シストセンチュウの分離法については本章で紹介されているが，ジャガイモシストセンチュウ（PCN）のみを正確に土壌から検出し定量するためには，ある程度の熟練と専用設備を要する．そこで，透明カップ内でPCNを培養し，観察しやすい黄色雌成虫を出現させることで，簡便にPCNの有無が検出でき，発生密度も推定可能な土壌検診法を紹介する．本方法は，処理期間約8週間を要するものの，実作業時間は1点5〜10分程度であり，従来法より大幅に時間と労力が短縮され，初心者にも正確なPCN検出ができる．準備するものは，市販の小型透明蓋付きプラスチックカップ（100〜250 ml），検診用土壌，種いも（線虫汚染のない圃場で収穫したもの，品種は抵抗性でない「男爵薯」「メークイン」など），分注器またはピペットである．

方法概要（図10-3）

　①プラスチックカップの蓋に給水用の空気穴（径3mm程度）を開ける．②カップに，カップ容量の1/2量のサンプル土壌と十分に芽出し処理を行った小粒ジャガイモを入れる（図10-3）．1検体3反復以上が望ましい．③灌水して蓋をする．植付時土壌の湿り気が十分あれば灌水は不要．培養2，5週間後に土壌が乾いていれば，空気穴から2〜10 ml給水する．2週間発根がなければいもを交換し培養を再開する．④室温（最適は18℃，平均14〜22℃であれば可）で，根だけを伸ばすため，光をあてずに8週間培養する．最適温より低温/高温の場合は培養期間を1週間程度長く/短くする．⑤透明カップの側面および底面越しに（根を掘り出さず），根に寄生する雌成虫を肉眼で確認し，ルーペまたは実体顕微鏡で計数する．側面は分割してデジタルカメラのマクロモードで，底面はフラットベッドスキャナを用いて撮影し（解像度は600 dpi以上），記録画像を用いて計数すると便利．⑥熱処理（オートクレーブまたは70℃ 1時間以上の乾熱）で確実に死滅させてから廃棄する．

　種いもは100 mlカップでは15 g前後，250 mlカップでは20〜25 g程度のいもが適する．一般にジャガイモは3箇月程度の休眠を経てから発芽するため，芽出しが確認されたいもを数日間光に当て種いもとして利用する．培養温度が20℃を越えると雌は小型になり短期間で褐色シストになるため，観察しにくくなる．

試験結果

　接種試験による検出精度：カップ内の検診土壌中にPCNの活性シストが1個以上あれば，カップ越しに見える根に雌成虫の寄生が100％確認できた．

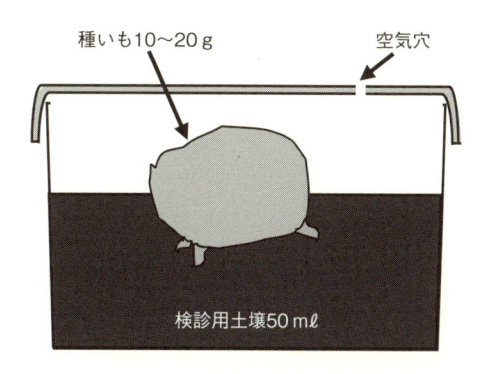

図10-3　プラスチックカップを用いた土壌検診法の設置方法

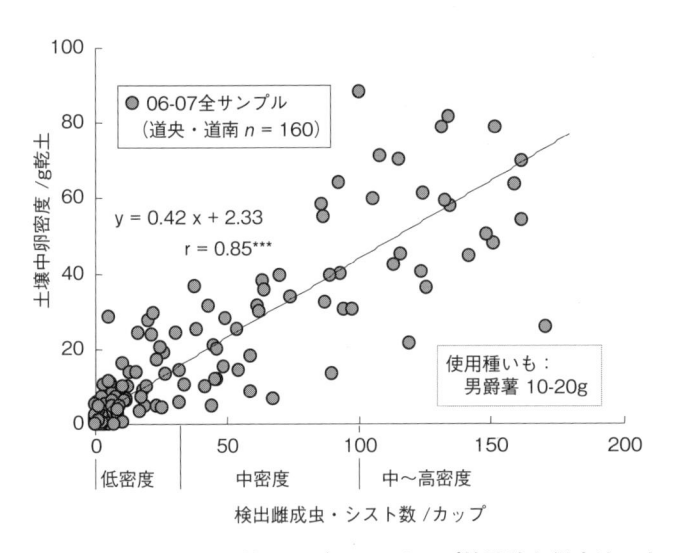

図10-4　現地の同一土壌サンプルでのカップ検診法と従来法の密度指標値の関係（奈良部 2007）

野外圃場の土壌サンプルを用いた検出精度：カップ検診法（乾土33 gの3反復）および従来法（フェンウィック法，乾土100 g）によって同一土壌を用いた比較試験の結果，PCNが存在するサンプルではどちらの手法を用いても検出精度はほぼ同等であった．なお，従来法は古い卵の生死判断が難しい場合があるが，カップ検診法は活性個体のみが検出されるため，実用上の検出精度に優れている．

PCN密度推定：カップ検診法の検出線虫数（カップの側面と底面から見た雌成虫数，3反復平均値）と従来法の線虫密度（卵数）は，約80卵/g乾土までは正の直線関係が認められた（図10-4）．カップ検診法から，減収被害のほとんど無い低密度（検出される雌成虫数20個以下）および減収被害の回避策が必要な中高密度（同100個以上）が推定できた．

（奈良部　孝）

2. 線虫の分布と密度推定法

　圃場の線虫個体数を全数調査することは不可能であり，必然的に標本調査を行って圃場の個体数（密度）を推定することになる．ここでは，実際の圃場または小区画において，線虫密度を一定の精度で推定するために必要な標本数の決定法について解説する．主にネコブセンチュウを対象とした圃場からの標本抽出を想定しているが，他の種や非耕地の線虫の場合も同様と考えてよい．

2.1　線虫の水平分布

　線虫が圃場一面に等しく分布していることはまれであり，線虫が多い地点と少ない地点が入り組んでいる．作条のある作物だけでなく牧草のように明瞭な作条が無い作物でも不規則な密度分布があることから，線虫密度は寄主要因以外の広範囲な他の生物学的要因や土壌特性に相関している可能性が示唆される．この線虫密度の不均一な分布は，圃場の面積が大きくなるほど顕著になり，正確な線虫密度の推定を困難にする．

　水平分布に集塊がある状態を集中分布と呼ぶ．このとき線虫が多い地点とほとんどいない地点が存在し，地点間の線虫密度に大きなばらつきが生じる．ばらつきは標準偏差（s）と平均値（m）の比である変動係数（CV）で表される．

2. 線虫の分布と密度推定法

$$CV = \frac{s}{m} \times 100 \ (\%) \tag{式 10-1}$$

　線虫密度の変動係数（CV）は大面積では100%より大きいことが多く，10 m^{2}以下の狭い面積では概して100%より小さい．線虫の水平分布の集中度は，面積，線虫種，土壌条件，栽培履歴などにより様々である．

　生物の集中分布は負の二項分布に適合することが多く，線虫についても同様である（Ferris 1984; Southwood and Henderson 2000）．負の二項分布は平均値（m）とkの2つのパラメータで決まる．パラメータkは分布の集中度を示し，kが小さいほど分布の集中程度が高く，大きい場合はランダム分布に近づく．なお，負の二項分布では分散（s^2）と平均値，パラメータkとの間に以下の関係が成り立つ．

$$s^2 = m + \frac{m^2}{k} \tag{式 10-2}$$

　この関係から，観察データの平均値と分散の値を式10-2に代入してkについて解けば，パラメータkが推定可能である．ただし，kの推定精度は条件によって変わるので，$k<1$の場合や平均値が大きい場合は嶋田ら（2005）やSouthwood and Henderson（2000）などに掲載されている他の推定法で計算した方がよい．

　一方，集中度が低く，線虫がランダムに分布している場合にはポアソン分布が適用できる．ポアソン分布では分散と平均値は等しくなる（$s^2 = m$）．

2.2　圃場における標本抽出

　圃場に生息する線虫の全個体数を計数するのは不可能であるから，調査対象圃場から複数の地点を選び，それぞれの地点における線虫密度を調べて圃場全体の線虫密度を推定する．このような標本調査による推定値には必然的に誤差が含まれ，その大きさは抽出する標本（調査地点）の数や配置に左右される．標本数を多くすれば推定誤差は小さくなるが，調査にかかる時間や費用が増大して調査自体が困難になる．現実には，要求される推定誤差と調査労力のバランスから標本抽出の方針を決定していく．

　土壌線虫調査では圃場から採取された土壌を標本として扱うが，この「標本」が1地点から採取された1つのコア（採土缶などで採取した一定量の土壌）を指す場合と，圃場全体または特定の区画の複数の地点から集められた複数のコアをまとめたものを指す場合がある．この節では，前者である1コア=1標本の場合について解説し，複数のコアで構成される1圃場=1標本の場合に発生する問題ついては次節の2.3で考えることにする．

2.2.1　標本抽出精度

　ここでは，標本調査における推定値（標本平均）の誤差を標本抽出精度とよぶことにする．圃場の線虫個体群を扱う研究では，①密度推定値の望ましい精度を満たす標本数（コア数）を求めること，あるいは②既出の推定値の精度を標本データから把握すること，が主要な関心事である．

　標本抽出精度には平均値に対する標準誤差の比（E），および平均値に対する信頼区間の幅の半分（信頼区間の上限と平均値との差）の比（D）を基準にした2種類がある．これらは，平均値をm，標準偏差をs，コア数をnとすると，それぞれ

$$E = \frac{s}{m\sqrt{n}} \quad , \quad D = \frac{ts}{m\sqrt{n}} \qquad (式10\text{-}3)$$

となる．ここで，t は自由度 $n-1$ における t 分布の両側確率 $a\%$ 点であり，$n \geq 10$ であれば 95% 信頼区間（$a = 5\%$）に対応する t は 2 で近似できる．式 10-3 を n について解くと式 E, D それぞれの基準における必要コア数が以下のように計算される．

$$n = \left(\frac{s}{Em}\right)^2 \quad , \quad n = \left(\frac{ts}{Dm}\right)^2 \qquad (式10\text{-}4)$$

精度の尺度として E か D を使用する実際的な意味は McSorley（1998）や Southwood and Henderson（2000）で議論されており，目的に応じてふさわしい尺度を選択すれば良い．本稿ではこれ以降 D を使って説明を進めることとする（E を尺度とする場合は，D を尺度とした数式の t を 1 に置き換えればよい）．

標本調査による誤差の許容範囲は調査の目的によって異なる．実用面から，一般検診や防除試験では 25% 程度の精度が推奨されているが，生態学の研究では 10% の精度が要求される（Southwood and Henderson 2000）．さらに，検疫の場合は，1 個体（低密度）の検出が目的であるから，25% 程度の低い精度でも多数のコア採取が必要である（図 10-5）．コア数と精度の関係は線虫種，圃場面積，作物，土壌の種類などの多くの因子に影響されるので，標本抽出計画はそれぞれの現場で策定しなければならない．

線虫の分布様式と標本抽出精度の関係についても簡単に触れておく．線虫が圃場で集中分布しているとき，負の二項分布の分散と平均値の関係（式 10-2）から式 10-3 と式 10-4 を以下の様に変形することができる．

$$D = t\sqrt{\frac{\frac{1}{m} + \frac{1}{k}}{n}} \quad , \quad n = t^2 \frac{\frac{1}{m} + \frac{1}{k}}{D^2} \qquad (式10\text{-}5)$$

この式から標本抽出精度と平均値 m およびパラメータ k との関係を読み取ることができ，一定精度を維持するのに必要なコア数は線虫密度が低いほど増加し，集中分布の程度が高い（k が小さい）ほどさらに多くのコアが必要になることが分かる（図 10-5）．分布様式がランダム分布の場合は，ポアソン分布の分散と平均値の関係（$s^2 = m$）から式 10-3 と式 10-4 は以下の様になる（$k = \infty$ の場合の式 10-5 と一致する）．

$$D = \frac{t}{\sqrt{mn}} \quad , \quad n = \frac{t^2}{D^2 m} \qquad (式10\text{-}6)$$

2.2.2 予備調査にもとづくコア数の決定方法

調査に必要なコア数は，精度の基準と平均値，分散で構成される（式 10-4）．圃場の線虫分布（平均密度，集中分布の程度）に関する情報がまったくない場合，予備調査を行って平均値と分散を推定し，その推定値にもとづいてコア数を決定することになる．

ここでは標本抽出精度の計算例を，2003 年に水久保氏により実測されたサツマイモネコブセンチュウのデータを用いて説明する（図 10-6，表 10-1）．なお，以下の調査手順は水久保氏の調査を再現し

2. 線虫の分布と密度推定法

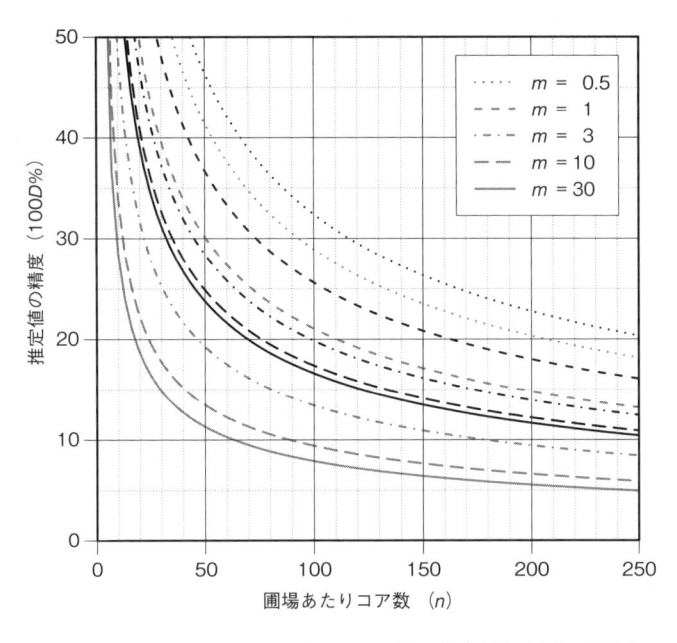

図10-5 圃場あたり必要採取コア数と推定値の精度の関係

m はコア当たり平均線虫密度，D は95%信頼区間の平均密度に対する比．負の二項分布のパラメータは黒色の曲線では $k = 1.5$，灰色の曲線では $k = 8$ を仮定．

60	38	26
44	35	48
12	42	32
25	57	54
27	20	40
16	26	32
51	34	17
70	43	27
34	41	27
27	50	39
23	47	52
39	60	28

2001年4月

31	23	32
72	54	81
31	44	44
45	18	30
55	40	38
65	47	98
18	40	8
78	38	68
80	55	140

2003年4月

ほ場A：サツマイモネコブセンチュウ

0	1	0	15	1	6
0	0	0	47	0	12
0	0	0	7	0	5
0	0	0	191	1	0
0	16	1	6	0	0
1	37	1	18	0	1
14	115	8	38	18	5

2003年4月

ほ場B：キタネグサレセンチュウ

図10-6 中央農業総合研究センター線虫増殖圃場における線虫分布

各数値はベールマン法 20 g，72 h，3反復による分離線虫数の平均値．圃場A：250 m^2，各区画の標本は5コアで構成．圃場B：500 m^2，各区画の標本は4コアで構成．

たものではなく，図10-6の圃場Aにおける2003年の分布を真の線虫分布とする圃場（以下，模擬圃場と表記）があったときに，その圃場からの標本抽出をシミュレーションしたものである．

① 予備調査：調査対象圃場内の数箇所から1コアずつ採土し，1コア = 1標本として線虫分離・計

表 10-1　小規模圃場におけるネコブセンチュウとネグサレセンチュウの個体数密度推定値の精度算出例

	サツマイモネコブセンチュウ		キタネグサレセンチュウ
	圃場A：2001年4月	2003年4月	圃場B：2003年4月
標本数（n）	36	27	42
平均値（m）	37	51	13
標準偏差（s）	14	28	35
分散（s^2）	191	797	1,191
変動係数（CV）	37%	55%	257%
負の二項分布の k	9.07	3.47	0.15
現在の精度（$100D$）	13%	22%	80%
精度25%に必要な標本数	11	22	407

図10-6の実測データから算出．

数を行う．模擬圃場の10地点から10標本（$n=10$）採取したところ，個体数はコア当たり31，65，78，23，18，47，38，32，30，98頭であった．コアごとの線虫数から圃場の線虫数を推定すると，平均値 $m=46$，標準偏差 $s=26$ であった．なお，予備調査における変動係数は式10-1より $CV=26/46\times100=57\%$，負の二項分布のパラメータは式10-2を解いて $k=3.32$ であった．

② 標本数の決定：模擬圃場において精度25%で平均個体数を得るために必要な標本数（コア数）は，予備調査で得られた m と s および $t=2$, $D=0.25$ を式10-4に代入して，$n=[(2\times26)/(0.25\times46)]^2≒21$ となる．なお，予備調査における平均値の精度は，式10-3から $D=(2\times26)/(46\times\sqrt{10})=0.36$，すなわち36%であった．

③ 標本調査：本番の調査では②で決まった標本数の地点から1コアずつ採土する．模擬圃場から採取した21コアの個体数はそれぞれ31，45，55，65，18，80，23，54，44，18，47，40，38，55，32，81，30，38，98，8，68頭であった．標本（コア）ごとの線虫数から圃場の線虫数を推定すると，平均値 $m=46$，標準偏差 $s=23$ であった．また，変動係数は $CV=23/46\times100=50\%$ となり，負の二項分布のパラメータは $k=4.40$ となった．

④ 標本抽出精度の検証：本調査で得られた平均値の精度は，式10-3から $D=(2\times23)/(46\times\sqrt{21})=0.22$，すなわち22%となり，事前に設定した精度を満たす平均値を得ることができた．また，真の分布にもとづく平均値（表10-1）も22%の精度の範囲に含まれていた．

留意事項：　1）一般的な密度調査であれば③で採取した21コアを1袋にまとめて1圃場=1標本とすればよい．理想的な線虫分離・計数が行われたとすれば，この標本からはコア体積当たり46頭の線虫が分離されるはずである（その精度は25%であることが期待されるが，計算はできない）．2）予備調査では採取コア数が少ないため，圃場内の線虫分布や密度を正しく推定できない（推定精度がとても悪い）．この精度の悪い平均値・分散を使って計算したコア数も正確ではないので，本調査では予備調査で決定したコア数より多めの数の標本を採取した方がよい．

2.2.3　補足 — 圃場規模に応じたコア数の決定方法

以上の方法は最も基本的で汎用的な方法であるが，予備調査と本調査を続けて行うのは労力が大きく，できれば簡略化したい．以下，圃場の面積や線虫の分布様式に応じて利用可能な標本抽出精度の計算方法と留意点について述べる．

1）非常に小さい区画：皆川（1992）によれば，10 cm四方の土壌（深さ5 cm）におけるネコブセ

2. 線虫の分布と密度推定法

ンチュウの分布は，コアの体積を 10 cm³ 以上とした場合にランダム分布となる．この場合の精度と必要なコア数は式 10-6 から求めることができる．

ところで，小さな区画の調査で知りたいのは，線虫密度の絶対的な値ではなく，実験処理によって生じる区画間の相対的な差である場合が多い．0.25 m² の区画内のネコブセンチュウ個体数のばらつきは区画間のばらつきより小さいため（皆川 1992），調査目的によってはこの面積内のコア数は1つで十分であり，調査する区画数（処理の反復）を多くした方がよい．

2）10 m² 以内の小区画：普通，10 m² 以内の小区画における線虫密度の変動係数（CV）は 50～100% の範囲にある．式 10-3 と式 10-4 の s/m を $CV/100$ に置き換えると，平均密度に依存しない精度とコア数の推定式が得られる．

$$D = \frac{tCV}{100\sqrt{n}} , \quad n = \left[\frac{tCV}{100D}\right]^2 \tag{式10-7}$$

表 10-2 に CV が 50%，75% および 100% である場合の所与のコア数に対する，2 種類の精度の推定値を示した．

表 10-2 変動係数（CV）が 50%，75% または 100% の場合のコア数と精度の関係

コア数 (n)	平均値に対する標準誤差の比 ($E^\dagger$)			平均値に対する 95% 信頼区間の比 ($D^\dagger$)		
	CV=50%	CV=75%	CV=100%	CV=50%	CV=75%	CV=100%
2	0.35	0.53	0.71	4.49	6.74	8.98
3	0.29	0.43	0.58	1.24	1.86	2.48
4	0.25	0.38	0.50	0.80	1.19	1.59
5	0.22	0.34	0.45	0.62	0.93	1.24
9	0.17	0.25	0.33	0.38	0.58	0.77
16	0.12	0.19	0.25	0.27	0.40	0.53
25	0.10	0.15	0.20	0.21	0.31	0.41
100	0.05	0.08	0.10	0.10	0.15	0.20

McSorley (1998) を改変．

† $E = \dfrac{CV}{100\sqrt{n}}$, $D = \dfrac{tCV}{100\sqrt{n}}$

3）小, 中規模圃場（おおむね 1 ha 未満）：テイラーのべき乗法則（Taylor's Power Law：Taylor 1961）のパラメータを利用した計算方法を紹介する．この法則では分散（s^2）と平均値（m）の間に以下の関係が成り立つ．

$$s^2 = am^b \tag{式10-8}$$

この関係を式 10-4 に代入すると，パラメータ a と b から精度とコア数を推定する式が得られる．

$$D = t\sqrt{\frac{am^{b-2}}{n}} , \quad n = \left[\frac{t}{D}\right]^2 am^{b-2} \tag{式10-9}$$

ここで，パラメータ b は経験的に種に固有な値になることが知られており，線虫においても安定した値をとる（Ferris 1984; McSorley et al. 1985）．しかし，もう一方のパラメータ a はコア数，圃場面積，作物などに影響されて普遍性がない．このため，既知の a, b を利用できるのは，それらが算出さ

れたときと同じ条件で調査を行う場合に限られる．土性や気候が共通する地域において，土壌採取や線虫分離の手法を統一して調査を行う場合であれば，式 10-9 が利用できるであろう．

なお，予備調査などのデータからべき乗法則のパラメータ a と b の値を計算する場合は，式 10-8 を対数変換すると直線回帰式 $\log s^2 = \log a + b \log m$ となるので，表計算・統計ソフトウェアで $\log m$ と $\log s^2$ の回帰式を求めればよい．

4）数ヘクタールの大規模圃場：調査対象圃場の面積が大きくなるほど分布の集中度が高くなり，標本調査の精度は低下する．大面積の圃場を調査する場合は，2 ha 以下の区画に分割し，ランダムに選んだ区画ごとに標本調査を行う方がよい．

極端な集中分布の場合は，小面積であっても大規模圃場と同様の対応が必要である．図 10-6 のキタネグサレセンチュウの例は，パラメータ k が 0.15 と極めて小さく，25％ の精度で密度を推定するために 400 以上のコア数（標本数）が必要であった（表 10-1）．このような場合，圃場全体の平均密度を求める実用的な意味はなく，さらに細かく分割し，区画ごとに密度推定を行うのが普通である．

また，あらかじめ栽培歴や土壌タイプが異質であることが分かっているときも，面積にかかわらず，より小規模で均一な区画に分割し，区画ごとに標本調査を実施する．

2.3　標本土壌から線虫を分離するためのサブサンプルの抽出

ここまでは 1 コア = 1 標本という条件を仮定していたが，それに加えて，採取したコアの全量を線虫分離に供して線虫個体数を計数するというのが理想的な標本調査の手順である．しかし，現実の線虫の密度調査では，圃場の各地点で採取された複数のコアが一袋にまとめられ，1 圃場 = 1 標本として線虫分離・計数が行われることが多い．また，標本に含まれるコアの数に関わらず，1 標本として集められる土壌は線虫分離に要する量より多いのが普通である．このように理想的な標本調査の条件が満たされない場合は，推定値に新たな誤差が加わることになる．

2.3.1　サブサンプル抽出精度

線虫調査で最も一般的な，複数のコアがまとめられた標本土壌の一部を分離土壌（サブサンプル）として取り出して線虫分離・計数を行う場合を考える．この場合，圃場からの標本抽出と各標本からのサブサンプル抽出という，2 回の標本調査が行われている．つまり，得られたデータには前節 2.2 で説明した誤差に加え標本からのサブサンプル抽出による誤差も含まれることになる．

分離用サブサンプル抽出の際は標本土壌が十分に混和されているはずであり，線虫の分布はランダムであると考えられる．ランダム分布している場合の標本抽出精度は式 10-6 であるから，サブサンプル抽出精度（D'）と精度を維持するために必要なサブサンプル数（n'）は，

$$D' = \frac{t}{\sqrt{m'n'}} \quad , \quad n' = \frac{t^2}{D'^2 m'} \qquad \text{(式 10-10)}$$

となる．ここで，m' はサブサンプルから推定される標本土壌の線虫密度である．精度が必要な調査では式 10-10 で計算した反復数の分離用サブサンプルを取り出せばよいが，実際の線虫分離は一律 3 反復で行われることが多い．このとき，$n' = 3$，$t = 4.3$ であるから，サブサンプリングで得られる個体数の精度は

$$D' = \frac{2.5}{\sqrt{m'}} \qquad \text{(式 10-11)}$$

2. 線虫の分布と密度推定法

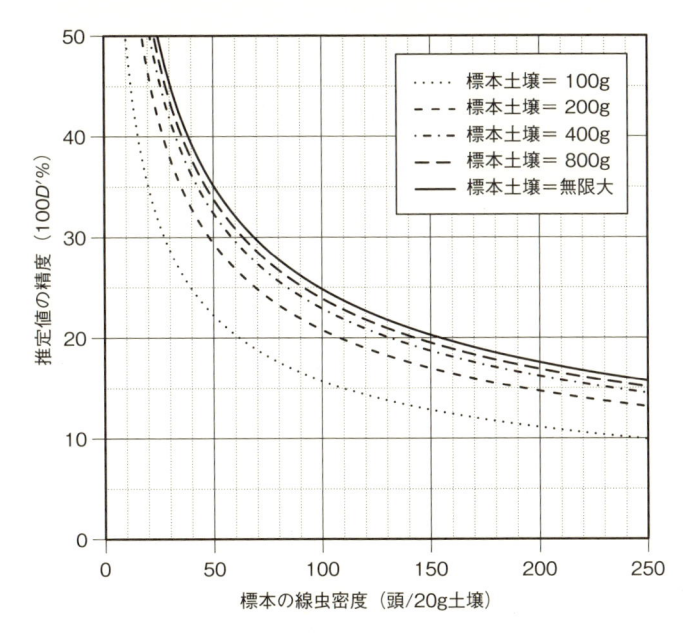

図 10-7　標本土壌から分離土壌を再抽出する場合の線虫密度と精度の関係

大きさの異なる標本土壌から 20 g の分離土壌を 3 反復抽出する場合で，標本土壌内は十分混和されて線虫がランダム分布していると仮定．D' は 95% 信頼区間の平均密度に対する比である．

になる．つまり，$m' \geqq 100$ であればサブサンプリングの精度は 25% 以下に保たれるが，$m' < 25$ のときは 50% より悪いことが予想される（図 10-7：標本土壌の容積が無限大の場合）．

なお，実際のサブサンプル抽出では母集団（＝標本土壌）が有限であることから，精度の計算には標本土壌に対する分離土壌の容積比（p）も考慮した方が良いであろう．図 10-7 に，二項分布を適用して近似的に導いた精度 $D' = 4.3\sqrt{(1-3p)/(3m')}$ と，分離土壌の容積比および線虫密度との関係を示した．

2.3.2　サブサンプル抽出精度と圃場における標本抽出精度

1 圃場＝1 標本で標本土壌から分離土壌を再抽出する場合，計数したサブサンプルの平均値（m'）は精度 D' で標本土壌の真の平均値（m）を推定しているが，この m は精度 D で圃場の真の平均値（μ）を推定している．実際の線虫調査で問題となるのは，m' がどの程度の精度で μ を推定しているかである．しかし，サブサンプリングの精度についての議論はほとんどされておらず，2 つの精度を統合するための定法はないようである．全体の標本抽出精度（m' の μ に対する精度）が D と D' の 2 つで構成されていることに注意して，それぞれの精度が小さくなるように標本抽出と調査法の計画を立てることが重要である．

　c）留意事項：　1）複数のコアをまとめて 1 標本とした場合でも，標本土壌全量から線虫を分離すれば，標本の総個体数が誤差なく計数される（$D' = 0$）．ただし，分布の集中度を推定したり標本抽出精度を検証することはできない．2）標本土壌が線虫分離に要する量より多い場合でも，1 コア＝1 標本であれば，分離に供した土壌を圃場から採取したコア（標本）そのものとみなして $D' = 0$ と考えることが可能であろう．3）標本土壌の混和が不十分な場合，負の二項分布を適用すると $D' = 2.5\sqrt{1/m' + 1/k}$ となる．混和が不十分なほど k が小さくなり，精度がより悪くなることが予想される．

参考文献

Ferris, H. (1984) Probability range in damage predictions as related to sampling decisions. Journal of Nematology, 16: 246-251.

McSorley, R. (1998) Population dynamics. pp.109-133, In Baker, K.R. et al. (eds.), Plant Nematode Interactions. Agronomy No.36, ASA, CSSA and SSSA, Madison, Wisconsin.

McSorley, R., Dankers, W.H., Parrado, J.L. and Reynolds, J.S. (1985) Spatial distribution of the nematode community on Perrine marl soils. Nematropica 15: 77-91.

皆川 望（1992）ネコブセンチュウの個体群動態と密度推定法．『線虫研究の歩み』（中園和年編）pp.87-92 日本線虫研究会，つくば．

嶋田正和・山村則男・粕谷英一・伊藤嘉昭（2005）『動物生態学 新版』海游社，東京．

Southwood, T.R.E. and Henderson, P.A. (2000) Ecological methods, third edition. Blackwell Science, Oxford.

Taylor, L.R. (1961) Aggregation, variance and the mean. Nature, 189: 732-735.

（伊藤賢治）

3. 土壌からの線虫分離法

　土壌中の線虫は，原理的には線虫自身の活動性を利用するか，物理的に線虫を土壌粒子と分けるか，どちらかの方法で分離される．我が国でもっとも広く用いられているベールマン法は前者に属し，ふるい分け法，洗い分け法，遠心分離法などは後者に属す方法である．これらの方法には多くの変法があり，またそれぞれの長所を生かして組み合わせて使うことも少なくない．ここでは，分離率，簡便さ，利用頻度などを考慮して，ベールマン法，ふるい分け法，二層遠心浮遊法などを取り上げる．実際の線虫分離に当たっては目的に応じて適切な方法を選択し，また組み合わせるなどの工夫が必要である．なお，各分離法の線虫分離率は，方法間で差異があり，また，同じ方法でも線虫の種類や土壌条件などによって分離率が変化する．したがって，こうした分離法の特徴に留意して分離虫数の検討を行う必要がある．

3.1　ベールマン法

　ベールマン法は簡便であることからもっとも広く利用されている分離法である．しかし，遠心分離法と比べると分離率が低く，分離虫数の振れもやや大きい．線虫の活動に関係する線虫の生理状態や土壌条件によって分離率が変化しやすいことにも注意する必要がある．

　a）準備器材：　ベールマン式線虫分離装置，はかり，フィルター用和紙など，ガラス管瓶（内径10 mm 高さ 60 mm）．

　b）操作手順（図10-8）：　①網皿に和紙フィルターを1枚敷く．②ガラス漏斗（径9 cm）に長さ約50 mmのゴムチューブ（外径11 mm，内径8 mm）を取り付ける．③ラベルしたガラス管瓶（内径10 mm）をゴムチューブが内側に入るようにはめ，水道水を満たす．④十分混合したサンプル土壌を20 gずつ網皿に入れ，底を机上に軽く打ちつけて土壌を均等に広げる．⑤網皿を漏斗にセットし，網皿の下部が浸るように水を補給し，空気が網皿下面に残っていないことを確認する．⑥上側をポリフィルムで覆い，3日間分離を継続する．その間不足した水は適宜漏斗に補給する．温度は線虫が活動しやすい25℃前後とする．⑦3日後にガラスチューブをはずして管瓶立てに立て，観察に備える．

　c）留意事項：　1）手順①のフィルターはモスリン布，ティッシュペーパーなどでもよいが，薄

く丈夫で，規格の揃ったものがよい．フィルターの目が大き過ぎると土壌粒子が漏れて線虫が観察しにくく，逆に小さ過ぎると分離効率が低下する．網皿は，手製の場合は底面積を規格品に合わせる．2）手順③で，漏斗に水を入れた後軽くチューブを抑え，気泡を除去する．ピンチコックでゴムチューブを留めることもできるが，ガラス管瓶による方法がその後の扱いが簡便で，効率的である．3）手順④で土壌に礫や根片が多く混入しているときは，あらかじめ5mmの篩を通して除去する．なお，網皿に載せる土壌量が多くなると分離率が低下する．規格品のベールマン式線虫分離装置*では20gが適当である．4）漏斗にセット後は⑤の網皿はなるべく動かさない．土壌を動かすとフィルターが目詰まりを起こし分離率が低下する．5）手順⑥，⑦関連で，2日目以降に分離される線虫は少ないが，3日間分離とした方が分離率は安定する．分離温度が20℃以下になると，とくに暖地系の線虫は運動力が低下し，分離率が低下するので注意する．低温期のサツマイモネコブセンチュウは，分離前に土壌を25℃で3～5日間保温すると活動力が回復し，分離効率が高まる（佐野1982）．土壌が低温，乾燥，酸素不足状態であった場合も，線虫の活動力が低下していることがある．水分の影響を解析するために土壌水分を測定しておく．6）分離後10日前後で線虫を計数する場合は，10～12℃で保存する．長期間保存する場合は，各ガラス管瓶に5%ホルマリン液やTAFを数滴加え，パラフィルムで封をする．7）分離された線虫を観察する際には，駒込ピペット（先端内径1mm）を用いて，ガラス管瓶の底に約0.3mℓ，線虫を含む水を残して上部を静かに吸引除去する．底部の線虫を駒込ピペットで吸い出し，顕微鏡のステージにセットした計数用スライドグラスに移す．管瓶にピペットで約0.3mℓの水を入れ，底部に残る線虫を同じスライドグラスに洗い移す．この過程を再度繰り返し，線虫の残留を防ぐ．

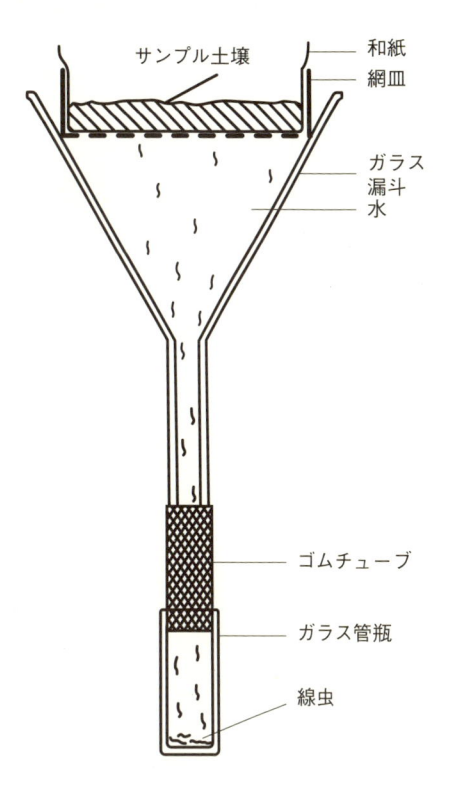

図10-8 ベルマン法の手順

＊アクリル製のベールマン漏斗台（線虫分離装置〔ベールマン式〕）が，藤原製作所から販売されている．

参考文献

佐野善一（1982）低温期土壌の加温保存が3分離法の線虫分離虫数に及ぼす影響．日本線虫研究会誌，11: 33-37.

（佐野善一）

3.2 二層遠心浮遊法

従来から海外で検討されてきた遠心分離法は，水による1回目の遠心処理で軽い有機物などを除去し，比重液を用いた2回目の遠心処理で線虫を分離する方法である（Jenkins 1964）．これに対して二層遠心浮遊法は，以下に説明するように1回の遠心処理によって線虫が分離できるため，きわめて効率的である（高木1970）．分離率はネコブセンチュウ第2幼虫では60%程度であり，分離虫数の振れもCVで10%程度と比較的小さい．活動性のない線虫や発育ステージの分離に利用できることもこの方法の利点である（Minagawa 1979; 佐野1975）．しかし，この方法では死亡虫も同時に分離される

ことに注意する必要がある．線虫の卵や卵のうも，土壌粒子の付着によって沈殿しやすいために，活動態の線虫と同じように分離できるわけではない．供試できる土壌量が相対的に少ない，有機物や粘土分の多い土壌では分離率が低下しやすい，大型の線虫の分離率が低い，砂質土壌では土壌の攪拌過程で線虫がすりつぶされ，分離率が低下する傾向があるなどの問題点もある．

a）準備器材： 遠心機，はかり，50 mℓ 遠心管，遠心管比重計，径100 mm の分析篩（100 メッシュ〔目開き150 μm〕）および 500 メッシュ〔目開き 25 μm〕），ガラス管瓶（内径 28 mm，高さ 70 mm および内径 10 mm 高さ 60 mm），遠心管および管瓶立て，比重1.2のショ糖液．

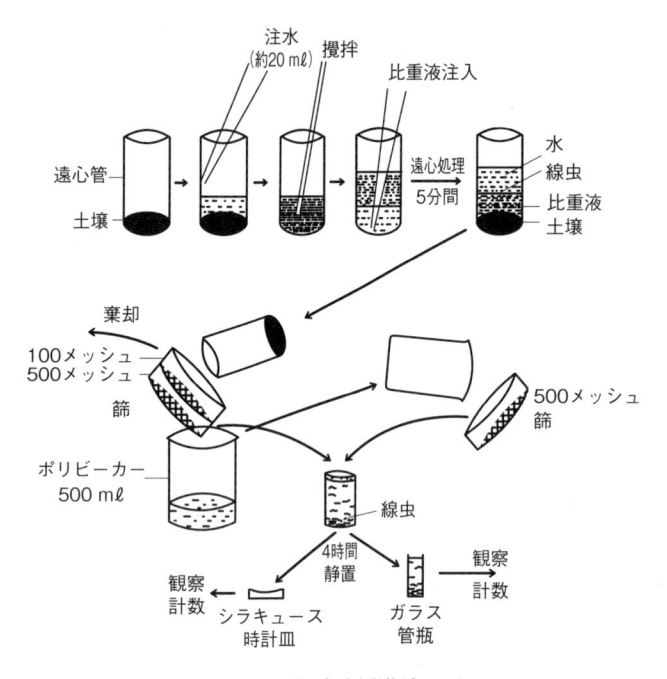

図10-9 二層遠沈浮遊法の手順

b）操作手順（図10-9）： ①十分混合したサンプル土壌から10 g を計量し，50 mℓ 遠心管に入れる．②水約20 mℓ を加え，ガラス棒で強く混ぜて土塊や団粒をくずす．③ガラス棒でよくかき混ぜて土壌を懸濁させ，直後に比重1.2のショ糖液（水：ショ糖＝100：80）約15 mℓ を 20 mℓ のピペットで遠心管の底に静かに入れる．④ガラス棒とピペット表面に付着した土壌粒子などは洗浄瓶で遠心管に洗い落とす．⑤遠心管のバランスをとってから，左右対称に遠心機に掛け，2,500 rpm で5分間遠心する．⑥500 メッシュ（目開き25 μm）の上に100 メッシュ（目開き150 μm）を重ね，篩面を45度前後に傾斜させておき，この上に遠心終了後，沈殿だけ残して上ずみ液すべてを通す．通過液は500 mℓ ポリビーカーで受ける．⑦両篩はそのままの状態で，100 メッシュ篩を上からホースの水で洗い，この篩は取り外す．⑧同じ500 mℓ ポリビーカーの上で500 メッシュ篩に掛かった線虫を，篩の裏側から洗浄瓶で水を注いで下方に集め，内径2.8 cm，高さ7 cm の管瓶に洗い移す．⑨500 mℓ ポリビーカーにたまった分離液は再度500 メッシュ篩を通し，線虫を手順⑧と同じ要領で同じ管瓶に集める．⑩約4時間静置して線虫を沈殿させてから，アスピレーターで管瓶底に約2 mℓ を残して上部液を吸引除去する．⑪洗浄瓶でシラキュース時計皿に洗い移し，実体顕微鏡で観察する．⑫光学顕微鏡を使用する場合には，手順⑩で残した線虫懸濁液を駒込ピペット（先端開口径1 mm）で吸い出し，内径10 mm, 高さ60 mm の管瓶に移す．さらに，同じ駒込ピペットで手順⑩の管瓶に約1 mℓ の水を入れ，手順⑫の管瓶に洗い移す操作を3回繰り返す．⑬4時間以上静置してからベールマン法の場合と同じ要領で観察する．

c）留意事項： 1）粘土質の土壌では手順②でとくに十分土粒を分散させる．2）手順③で硫酸マグネシウムや硫酸アンモニウムなどの比重液も利用できるが，線虫が障害を受ける可能性があり，分離された線虫を実験に供試する場合はショ糖液を用いる．3）手順⑥の100 メッシュ（目開き150 μm）篩はゴミを除去するためである．4）手順⑦では625 メッシュ（目開き20 μm）の篩を用いると小型の線虫を効率的に回収することができる．管瓶は，類似サイズの適当な容器を用いることができる．5）線虫の変質やカビの発生を防ぐため，手順⑩と⑬では管瓶を10℃に置くのが望ましい．

線虫は4時間静置すればほぼ完全に沈殿する．数日以上線虫を保存する場合はホルマリンを加えた方がよい．

参考文献

高木一夫（1970）二層遠心浮遊法による土壌線虫の分離．日本応用動物昆虫学会誌，14: 108-110.

(佐野善一)

3.3　ふるい分け法と二層遠心浮遊法またはベールマン法との組み合わせ法

　ふるい分け法は，多量の水の中で土壌を攪拌懸濁させ，短時間の静置により比重の大きい土壌粒子などを沈殿させて，浮遊している線虫を小口径の篩で集めるという極めて単純な方法である（Cobb 1918）．それ故，土壌の懸濁に用いる容器や篩などの用具や分離操作技術に個人差が生じる傾向があり，線虫の定量的な分離というよりは発生している線虫の種類を大まかに把握するために用いられることが多い．しかし，操作に注意を払えば定量的な分離も可能であり（佐野 1975），500g程度の土壌から比較的多量の線虫を短時間に活動性や生死にかかわらず分離することができるため，土壌中に存在する線虫の生死，生理的活力，微視的な生存場所などを解析するための線虫採集法としても利用できる．また，この方法は線虫とともに分離される土壌粒子などの夾雑物を除くために，遠心分離法やベールマン法と組み合わせて用いられることが多い．以下に，多量の線虫採集を目的として500gの

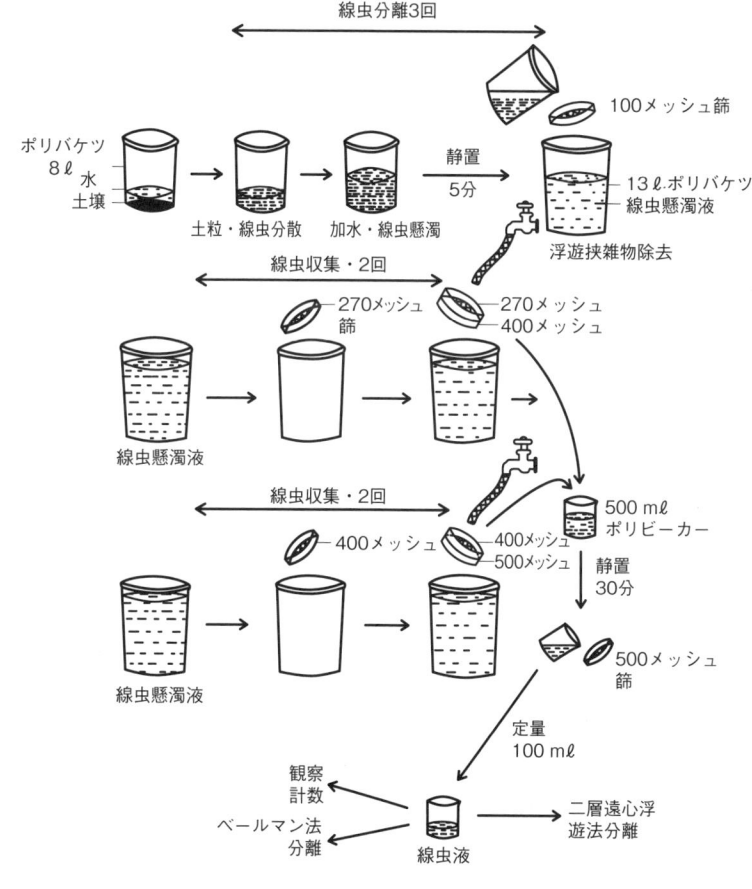

図10-10　ふるい分け法の手順

黒ボク土壌から線虫を分離する方法を示した.

　a）準備器材：　はかり，径 200 mm の分析篩（メッシュ 100〔目開き 150 μm〕, 270〔目開き 55 μm〕, 400〔目開き 30 μm〕および 500〔目開き 25 μm〕），および径 100 mm の分析篩（メッシュ 500〔目開き 25 μm〕），容量 13 ℓ および 8 ℓ ポリバケツ，500 mℓ ポリビーカー，100 mℓ メスシリンダー，ベールマン式線虫分離装置，フィルター用和紙および脱脂綿，ガラス管瓶（内径 28 mm, 高さ 70 mm および内径 12 mm, 高さ 60 mm），遠心機，50 mℓ 遠心管，遠心管比重計，遠心管および管瓶立て，比重 1.2 のショ糖液.

　b）操作手順：
《ふるい分け法》：① 十分混合したサンプル土壌から 500 g を計量し，8 ℓ ポリバケツに入れる. ② 少量の水を加えて手で土粒をよくほぐす. ③ かき混ぜながら約 4 ℓ になるまで水を加えたあと 5 分間静置する. ④ バケツの底に少量の水と土壌を残して，上部の懸濁液を 100 メッシュの篩を通しながら静かに 13 ℓ ポリバケツに移す. ②～④ をさらに 2 回繰り返す. ⑤ 100 メッシュの篩に付着する線虫を 13 ℓ ポリバケツに洗い落とす. ⑥ 13 ℓ ポリバケツの懸濁液を，同じ大きさのバケツ上で 270 メッシュの篩を 2 回通す. 270 メッシュ篩の線虫は，ふるう度に 500 mℓ ビーカーに集める. 集める際には，270 メッシュの下に 400 メッシュ篩を重ね 13 ℓ ポリバケツの上で斜めに保ちながら，ゴムホースを用いてゆるい水道水で篩面の下端へ線虫を集め，両方の篩の線虫を 500 mℓ ビーカーに洗い移す. ⑦ 270 メッシュの篩を通過した懸濁液は，400 メッシュの篩に 2 回通して線虫を集める. 400 メッシュ篩の線虫は手順⑥ に準じて同じビーカーに洗い移す. 400 メッシュ篩の下に 500 メッシュの篩を置く. ⑧ 約 30 分静置後, 500 メッシュの篩を通しながら手順⑥ のビーカーの上層の水を捨てる. ⑨ 手順⑧ の篩（500 メッシュ）の線虫を ⑥ のビーカーに洗い戻して，全体を 100 mℓ（メスシリンダーで計量）とする. ⑩ 0.5 mℓ または 1.0 mℓ をとり，線虫を観察・計数する（4～5 反復）.

《ふるい分け＋ベールマン法》：⑪ 和紙 1 枚と脱脂綿薄層 1 枚を重ねたフィルターを敷いた網皿を水で満たしたベールマン漏斗にセットし，手順⑨ の液をよく懸濁して一定量（5～10 mℓ）を網皿に注ぎ，ベールマン法（4～5 反復）の手順③ 以下に準じて分離する.

《ふるい分け＋二層遠心浮遊法》：⑫ 手順⑨ を全量約 80 mℓ とし，50 mℓ 遠心管 2 本に移す. ⑬ ガラス棒でよくかき混ぜ，沈殿を懸濁させたのちに，比重 1.2 のショ糖液約 15 mℓ をピペットで遠心管の底に静かに加え，2,500 rpm で 2.5 分間遠心処理する. ⑭ 約 30 mℓ 残すように遠心管の上層液をアスピレーターで吸引除去する. ⑮ 遠心管上部内壁に付着したゴミをティッシュペーパーで拭き取る. ⑯ その後の手順は二層遠心浮遊法の手順⑥ 以下に準ずる.

　c）留意事項：　1）土壌量は少ない方が処理しやすい. 目的に応じて変えることができる（少量の場合は佐野（1975）参照）. 線虫密度にもよるが, 容易に 10,000 頭程度のネコブセンチュウを採集することができる. 2）粘土質の土壌では手順② でとくに土壌をよくほぐす. 3）手順③ の静置時間は砂質土壌では 2～3 分でもよいが，粘土や腐植の多い土壌では 5 分程度静置しないと手順⑥～⑦ の過程で篩が目詰まりを起こす. 4）手順④ で, 定量的な分離が目的でない場合は浮遊ふるい分けを 1 回行う. 5）ラセンセンチュウ（*Helicotylenchus* spp.）は 100 メッシュ（目開き 150 μm）篩をほとんど通過するが，オオハリセンチュウなどの大型の線虫を分離する際は，手順⑤ で 60 メッシュ（目開き 250 μm）篩などを用いる. 6）密度の高い土壌では手順⑨ の液量を 200～300 mℓ とする. 7）手順⑨ でも線虫の観察は可能であるが，二層遠心浮遊法で処理すると夾雑物をほとんど除去することができる. この処理での線虫の損失は無視できる. 8）手順⑪ で全量をフィルターに移すこともできるが，土壌粒子によってフィルターが目詰まりを起こし，分離率が低下することがある. 9）ふるい分け法とふるい分けベールマン法の分離虫数を比較することにより, 生存虫率を解析することができる.

参考文献

Cobb, N.A. (1918) Estimating the nema population of soil. U.S. Department of Agriculture, Bureau of Plant Industry, Agricultural Technology Circulation, 1: 1-49.

Jenkins, W.R. (1964) A rapid centrifugal flotation technique for extracting nematodes from soil. Plant Disease Reporter, 48: 372-381.

Minagawa, N. (1979) Efficiencies of two methods for extracting nematodes from soil. Applied Entomology and Zoology, 14: 469-477.

佐野善一（1975） 土壌中の線虫分離法としてのふるい分けベールマン法の一変法．日本線虫研究会誌，5: 41-47.

佐野善一（1982） 低温期土壌の加温保存が3分離法の線虫分離虫数に及ぼす影響．日本線虫研究会誌，11: 33-37.

（佐野善一）

3.4 チューブ法

　チューブ法は倒立フラスコ法（第1部第2章1.3）と同じ原理で，重い土壌粒子を先に沈殿させ，上ずみ液中の線虫を回収する．チューブ法の方が土壌粒子の沈殿する距離が長く，線虫の分離効率が上がる．さらに，ショ糖液層の上に水の層を重層する二層法を取り入れる工夫により，分離効率の向上が図られている．

　a）準備器材：　ポリエチレン製チューブ〔ポリチューブ〕（長さ1,000 mm，直径30 mm），チューブ立てパイプ*（塩化ビニール管〔長さ1,100 mm，外径38 mm，内径30 mm〕を両端35 mmを残し半円状にえぐったもの），チューブにはめる漏斗，25 wt％ショ糖液200 mℓ，漏斗にはめる排液キャップ（密栓の上部に排液用の細いチューブを通したもの），ピンチコック，容量500 mℓのポリエチレン製ビーカー，スティープラー，洗浄瓶，100 mℓ三角フラスコ，受け皿（容量1ℓのボール），目開き100 μm～20 μmのナイロンメッシュ篩（ふるい）**．

　　＊加工したチューブ立てパイプ他のチューブ法器材一式は（有）ネマテンケンから購入できる．
　　＊＊ナイロンメッシュ篩は一枚または数枚を重ねて受け皿に敷き，水を入れた100 mℓ三角フラスコをその上に載せておく．ネコブセンチュウやネグサレセンチュウを回収するためには目開き20 μmメッシュが必須．

　b）操作手順：　①ポリチューブの下端を結束してふさぐ．チューブ立てパイプ上端に内側からポリチューブ開口部を差し込んで引き上げ，そこに漏斗の脚を差し込む．パイプに戻し，ポリチューブをパイプにしっかり固定する．チューブ立てパイプを縦に置く．②まず，25％ショ糖液200 mℓを漏斗口からチューブ内に流し込み，空気が入らないよう注意して液面の真上をピンチコックでふさぐ．③次に200 mℓの水をチューブに注ぎ入れ，液面を②と同様にピンチコックで閉じる．④200 mℓの土壌懸濁液（500 mℓビーカーに土壌10 g～50 g〔任意設定〕と水を加えてスティープラーで攪拌）をポリチューブに注入する．ビーカーの壁面に残った泥も洗浄瓶の流水で洗い落として注入し，水を加えてポリチューブの最上端（漏斗の脚部上端）まで水位を上げる*．⑤2つのピンチコックを外す．⑥水と泥水の界面の辺りを左手の指でつまみ，そこでチューブを少し持ち上げておく．チューブを右指で揉みながら泥水の土塊を砕き，左指の締め付けを緩めて土壌粒子を沈殿させる．⑦漏斗に排液キャップをはめ，排液チューブをピンチコックで閉じる．⑧ポリチューブをチューブ立てパイプ本体と一緒に水平に寝せ，1～5分間（設定任意）静置して土壌粒子を沈殿させる．排液チューブの端は水を満たした三角フラスコに入れる．⑨＆⑩排液チューブのピンチコックを外し，ローラーでチューブを巻き取りながら上ずみ液を三角フラスコに排出する．ナイロンメッシュ篩を排液から取り出す．⑪チューブ内に沈殿せずに残った土壌粒子を三角フラスコ内に受け，再度沈殿させる．フラスコ内の上ずみ液をナイロンメッシュ篩に注ぐ．⑫洗浄瓶の流水でナイロンメッシュ篩を洗い，線虫を回収す

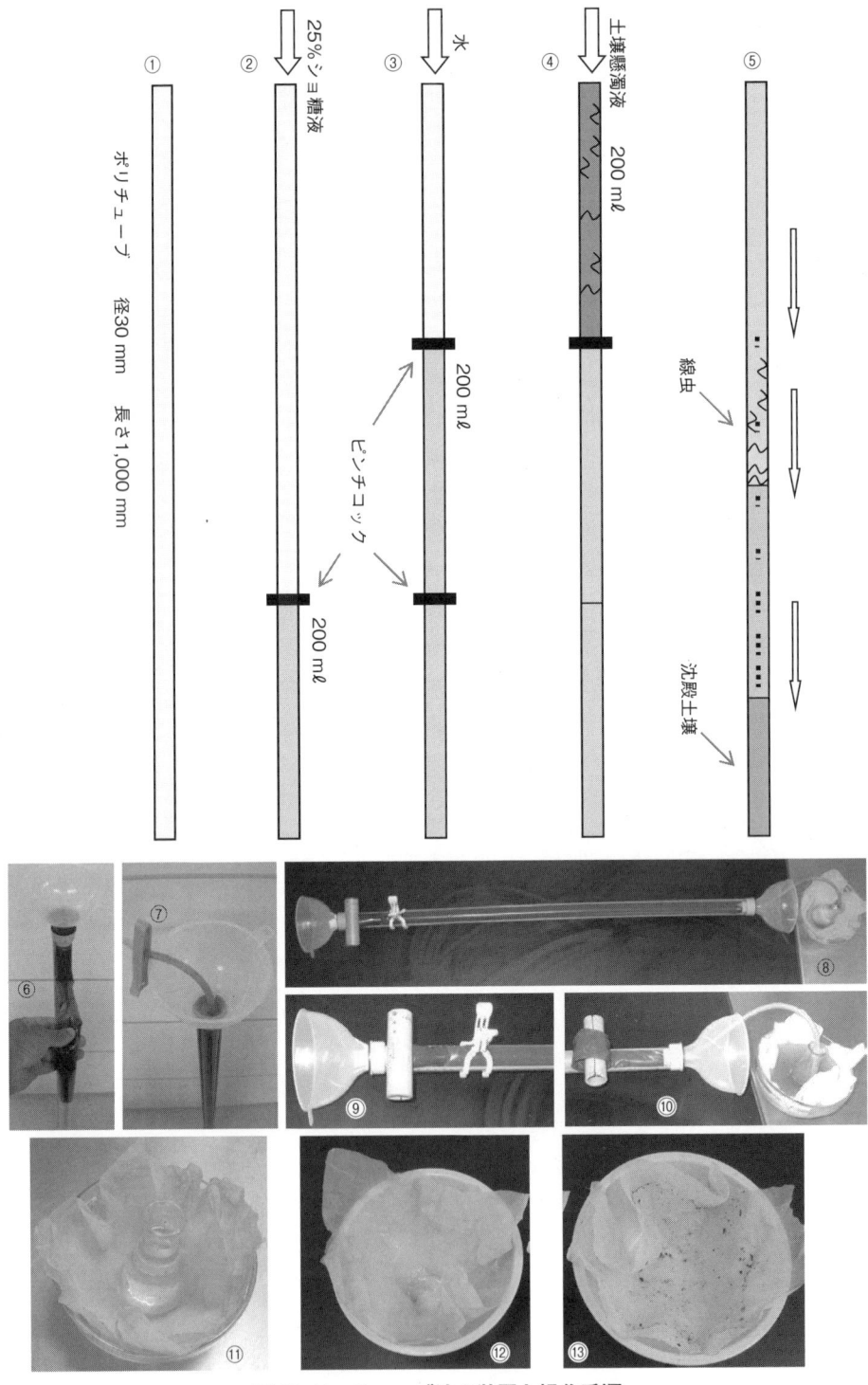

第10章　線虫の個体群生態学的研究法

① ポリチューブ　径30 mm　長さ1,000 mm
② 25％ショ糖液
③ 水
④ 土壌懸濁液　200 mℓ
⑤ 線虫／沈殿土壌
200 mℓ
200 mℓ
ピンチコック

図10-11　チューブ法の装置と操作手順

る．⑬ 各篩上の線虫も洗浄瓶の流水で洗い落として回収する．

＊この時水面に根などの植物残さが浮かんでいるので，スプーンですくい取り捨てる．

(J.T. ガスパード)

198

3. 土壌からの線虫分離法

3.5 シストセンチュウの分離法

　シストセンチュウは土壌中ではシストと呼ばれる卵塊の形態で生存しているため，密度の測定には土壌からシストを分離して計数するのが一般的である．シスト分離法としてこれまでいくつかの方法が提唱されているが，ここでは最も普及している「フェンウィック法」と「ふるい分けシスト流し法」について述べる．

3.5.1 フェンウィック法

　フェンウィック法（Fenwick 1940）はシストセンチュウの分離法として広く普及しており，比較的高い検出率が得られる方法であるが，分離専用器具のフェンウィック缶が必要となる．

　a）準備器材：　フェンウィック缶（図10-12），第1篩 No.24（目開き 710 μm），第2篩 No.80（目開き 177 μm）．

　b）操作手順：　① 第1篩に風乾した土壌を入れ，上部より毎分 10 ℓ 程度の水流を数分間噴射する．② 浮遊環の上部から溢れ出て溢流環を伝って流れ落ちた浮遊物を第2篩で受ける．③ 篩からろ紙や計数皿に移し，含まれるシストの数を実体顕微鏡などを用いて数える．

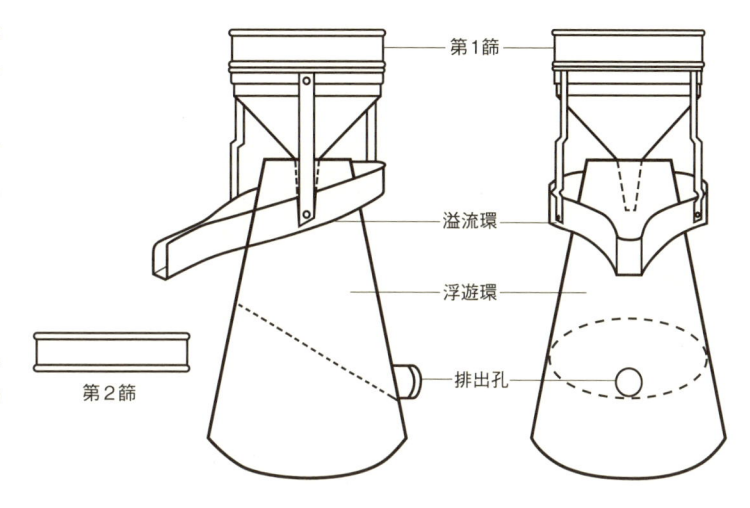

図 10-12　フェンウィック缶の構造

3.5.2 ふるい分けシスト流し法

　フェンウィック法と同じ原理に基づくが，専用の器具を必要とせず，簡便に行える利点がある．

　a）準備器材：　第1篩 No.24（目開き 710 μm），第2篩 No.80（目開き 177 μm），容量 2～3 ℓ の容器．

　b）操作手順：　① 風乾させた土壌 50～100 g を容器に入れて水を注いで攪拌する．② 第2篩の上に第1篩を重ね，上部から浮遊物を上ずみごと注ぐ．③ この過程を 3, 4 回繰り返した後，第2篩上の残さ（残さ：主に植物性の未分解有機物）からなる夾雑物をろ紙などに取り，その中からシストを判別して計数する．

　c）シスト分離・計数時の留意事項：　1）接種目的などで充実したシストのみを集めたい場合は，第2篩に No.65（目開き 210 μm）などの目の大きな篩を用いる．2）シスト内の卵数はシスト間で差が大きいため，土壌中の線虫密度はシストから取り出した卵数によって示す必要がある．シストを潰した後に超音波ホモジナイザーで数秒間処理すると，卵がシスト殻や糸状菌などから剝離し，計数しやすくなる．3）大量の遊離した卵や幼虫が必要な場合は，ろ紙に取らず篩から直接ビーカーなどに残さをあけ，そのままホモジナイザーで摩砕して卵や幼虫の水懸濁液を作ってもよい．

参考文献

Fenwick, D.W. (1940) Methods for the recovery and counting of cyst of *Heterodera schachtii* from soil. Journal of Helminthology, 18: 155-172.

(相場 聡)

4. 線虫感染組織切片の作製法

　根内の線虫を生きたまま連続観察する方法は，根内における線虫の生態や，線虫と植物細胞との相互関係を明らかにするための有力な手段となる．Wyss et al. (1992) はサツマイモネコブセンチュウの第2期幼虫がシロイヌナズナの根内に侵入した後，巨大細胞を誘導し始めるまでの線虫の行動を連続的に観察し，植物細胞の変化についても詳細に明らかにしている．この方法では，細く透明性の高い根を寄主として線虫を感染させるため，根に特別な処理を行わず光学顕微鏡で観察することができる．しかし，根こぶの発達により植物組織の厚さが増すと，光学顕微鏡による観察は困難となる．

　そこで，マイクロスライサーを用いて根こぶの生組織切片を作製することにより，組織内の線虫を生きたまま光学顕微鏡観察する方法を考案した．なお，この方法では光学顕微鏡にビデオレコーダーを取り付け，動画を記録し，それを編集，解析することができる．生きた試料を光顕観察した後に固定を行い，電子顕微鏡で観察することも可能である．マイクロスライサーによる薄切であらかじめ線虫の寄生部位を露出させているため，植物組織と線虫の相互作用部位を直接観察できるという利点がある．以下に切片作製法と観察法を述べる．

　a）準備器材： マイクロスライサー，カミソリ，瞬間接着剤，蒸留水，ピンセット，スライドグラス，カバーグラス，光学顕微鏡，デジタルカメラ，ビデオレコーダー，映像編集ソフト．

　b）操作手順： ①線虫の感染した根を水洗し，土壌粒子などを取り除く．②感染部位を切り出す．その大きさは，スライドグラスに収まる範囲とする．後で電子顕微鏡用の試料とする場合は，適宜余分な植物組織を切除する．③マイクロスライサーにカミソリを取り付ける．④瞬間接着剤を用いて，試料をマイクロスライサーの受け皿に貼付する．接着剤の量が少ないと切片を切り出す最中に試

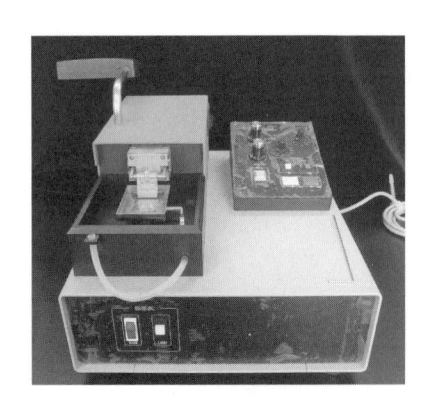

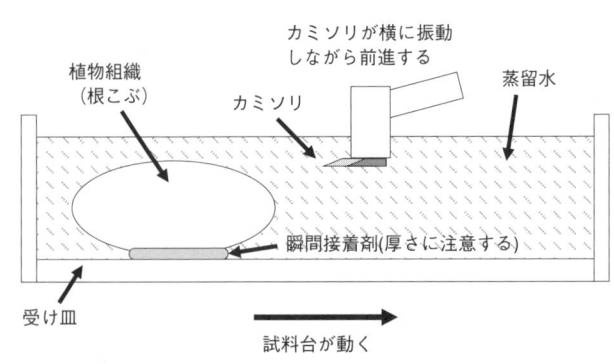

図10-13　マイクロスライサーによる根こぶ切片の作製
　　　左　マイクロスライサー　　　右　試料台にセットした時の模式図

5. 植物体内の線虫密度推定法

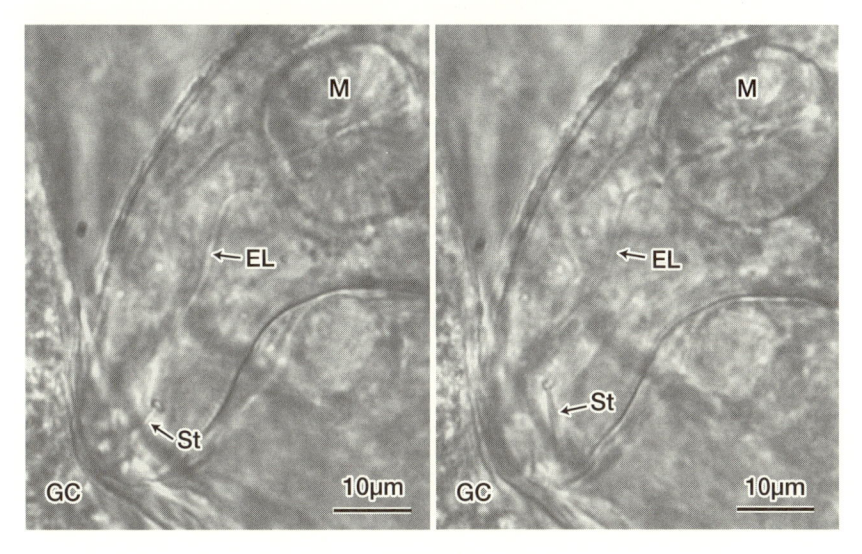

図10-14　トマト根こぶのマイクロスライサー切片内におけるサツマイモネコブセンチュウ雌成虫
食道球（M），食道管腔（EL）の動きに連動して，口針（St）の位置を変えている様子が観察できる．GCは巨大細胞．

料が受け皿からはずれることがある．多すぎると切り出す妨げになるので注意する．⑤試料が受け皿に接着されたのを確認し，マイクロスライサーの試料台にセットする．その後，試料が完全に浸かるまで受け皿に蒸留水を注ぐ．⑥想定される線虫の大きさに応じて100〜200 μmの厚さで薄切する．⑦切片をピンセットで回収し，スライドグラスにのせる．⑧光顕で試料を観察し，線虫が入っているものを選ぶ．線虫の虫体が切断されておらず，正常に動いているか確認する．生存状態でも静止している場合があるため，時間をおいてから再度確認するとよい．⑨ビデオレコーダーで記録し，映像編集ソフトを用いて編集する．

参考文献

Wyss, U., Grundler, F.M.W. and Munch, A. (1992) The parasitic behaviour of second-stage juveniles of *Meloidogyne incognita* in roots of *Arabidopsis thaliana*. Nematologica, 38: 98-111.

（宮下奈緒）

5. 植物体内の線虫密度推定法

5.1　植物組織内線虫の染め分け法

　染め分けの狙いは植物組織内の線虫の観察にあるが，植物組織をできるだけ脱色し透明にすることと植物組織試料が容易に潰れるように軟化させることがポイントである．

5.1.1　ラクトフェノール法

　a）準備器材：　酸性フクシン（またはコットンブルー），石炭酸（＝フェノール），乳酸，グリセリン，500 mℓ 着色瓶，染色瓶，500 mℓ ビーカー，径90 mm ペトリ皿，ピンセット，ホットプレート，

ゴム手袋，ドラフト室がある実験室．

b）操作手順：　①ラクトフェノール溶液の調合：フェノール，乳酸，グリセリン，水を20％，20％，40％，20％の比率になるよう混合し，着色瓶に保存する．500 mℓ 程度は作った方がよい．②酸性フクシン（またはコットンブルー）・ラクトフェノール0.1％溶液の調合：水100 mℓ に酸性フクシン（またはコットンブルー）を0.1 g溶かし，染色瓶などに保存する．染料の水溶液とラクトフェノール溶液を1対19の割合で調合する．着色瓶に入れ，ラベルを付けて保存する．③根などの植物試料を水洗し，土壌粒子や植物残さを除く．④500 mℓ ビーカーに約150 mℓ の染料入りラクトフェノール溶液（以下これを染色液と呼ぶ）を入れる．排気ドラフト内に設置したホットプレートに染色液を入れたビーカーを乗せ，沸騰直前まで加熱する．⑤ホットプレートの温度を調節し，染色液を高温に保つ．⑥ピンセットを用いて，染色液に十分に浸る分量の植物組織試料を入れ，約1分間浸漬する．⑦ピンセットで染色された試料を取り出し，別のビーカーに移す．⑧ビーカーに冷水を入れ，洗浄する．⑨ピンセットを用いて試料をペトリ皿かシラキュース時計皿に移す．根の上から根が浸る程度の透明なラクトフェノールを注いで脱色する．脱色が不完全な場合は，再度水洗を行う．脱色が済めば，植物組織の中の鮮やかに染色された線虫が顕微鏡で観察できる．線虫は酸性フクシンでは赤く染まり，コットンブルーでは青く染まる．

c）留意事項：　1）フェノールは人体に有害で，皮膚から吸収されやすいため，操作中はゴム手袋を着用する（手順①〜⑧）．2）手順の④では大量のフェノール蒸気が発生するので，決して沸騰させない．3）手順⑨の根の脱色には数日かかり，脱色に要する時間は根の状態（硬軟，太細）で異なる．実体顕微鏡で根を検鏡して脱色の進行をチェックする．

5.1.2　冷染色法

a）準備器材：　コットンブルー，石炭酸（＝フェノール），乳酸，グリセリン，500 mℓ 着色瓶，染色瓶，ろ紙，500 mℓ ビーカー，90 mm ペトリ皿，ピンセット．

b）操作手順：　①0.001％コットンブルー・ラクトフェノール溶液を調合する．②試料を洗浄し，ろ紙の上で乾燥させる．③加熱した無色のラクトフェノールに2分間浸漬する．④ピンセットで試料を取り出しペトリ皿に入れて空冷する．⑤0.001％コットンブルー・ラクトフェノール溶液に浸漬する．⑥ネコブセンチュウは10日以内，ラセンセンチュウは2日以内に染色される．

c）留意事項：　この方法は，染色に時間を要するが，根の洗浄を必要としない．

5.1.3　乳酸法（酸性グリセリン法（Byrd et al. 1983）の変法）

人体毒性のため，ラクトフェノールの使用は忌避される傾向にある．植物組織を軟化・透明化する作用は，飽水クロラール，水酸化カリウム（KOH），過酸化水素（H_2O_2），次亜塩素酸ナトリウム（NaOCl）にも認められる．下記に紹介する染色法は，植物組織の軟化・脱色に強力なアルカリの次亜塩素酸ナトリウムを用いている点がポイントである．酸性フクシンはアルカリでは発色しないから，組織の封入に乳酸を使う．

a）準備器材：　酸性フクシン，氷酢酸，蒸留水，5.25％次亜塩素酸ナトリウム溶液（アンチホルミン：NaOCl），グリセリン，乳酸，500 mℓ 着色瓶2本，2 mℓ 駒込ピペット，50 mℓ メスシリンダー，ホットプレートまたは電子レンジ，100 mℓ ビーカー，150または200 mℓ ビーカー．

b）操作手順：　①染料の調合：3.5 g酸性フクシン，250 mℓ 酢酸，750 mℓ 蒸留水を混和し，0.35％の酸性フクシン酢酸水溶液1 ℓ を調合する．着色瓶に入れて保存する．②植物根を洗浄し，10〜20 mm に切断する．③切断した根を50 mℓ の水を入れた150 mℓ のビーカーに入れ，次いで20 mℓ のア

ンチホルミンを加える（1.5％溶液になる）．ときどき攪拌しながら4分間おく．④根を流水で30～40秒間洗い，15分間水に浸漬したまま放置する（次亜塩素酸ナトリウムを完全に取り除く操作）．⑤根の水を切り，150 mℓ のビーカーに移す．次いで30 mℓ の水道水を加え，さらに1 mℓ の酸性フクシンを加える．30秒間煮る．⑥室温で放冷後，ビーカーの染色液を捨て，水を加えて洗浄し，余分な染料を取り除く．⑦水を切って，20～30 mℓ の乳酸が入った100 mℓ ビーカーに根を浸漬し，沸騰するまで加熱する．⑧室温で放冷する．

　　c）留意事項：　手順⑦で Byrd et al.（1983）は，塩酸を滴下した酸性グリセリンを用いている．酸性グリセリンの調合は，100 mℓ ビーカーに採ったグリセリン30 mℓ に数滴の5 N 塩酸を加え，攪拌して行う．

5.1.4　管瓶を用いた少量根の染色法

　管瓶を用いた染色法は毛状根や切除根を用いた線虫のイン・ビトロ培養試験で，少量かつ多数のサンプルを同時に処理する目的で酸性グリセリン法を改変した方法である（Mizukubo 1997 に略記）

　　a）準備器材：　ベールマン用の管瓶（高さ10 mm，容量3～5 mℓ），管瓶立て，50 mℓ ビーカー，スライドグラス，カバーグラス，ピンセット，振とう機，家庭用電子レンジ，1 mℓ マイクロピペット（ピペットマンなど），1 mℓ マイクロピペット用チップ，次亜塩素酸ナトリウム溶液（アンチホルミン），酸性フクシン，氷酢酸，塩酸，グリセリン．

　　b）操作手順：　①ピンセットを用いて根を管瓶の底に入れ，ピペットで水1 mℓ を入れる．さらに0.4 mℓ の次亜塩素酸ナトリウム（NaOCl）5％液を加える．根は浮かばないように底に押しつけておく．②管瓶を振とう機にセットし，ゆっくり5分間攪拌する．③管瓶にピペットで酢酸溶液を入れて吸い出す操作を数回行い，この廃液をビーカーに溜める．廃液に酸性フクシンを滴下し，橙色が脱色されなくなったら酢酸溶液の入れ替えを中止する（この時根試料のアンチホルミンのアルカリは中和されている）．④管瓶の酢酸を水1 mℓ と入れ替え，次いで酸性フクシン35 μℓ を加えた後，ビーカー内に並べて立てる．⑤管瓶を入れたビーカーを電子レンジに入れて加熱する．この時沸騰させないように注意する．沸騰しない加熱時間は 500 W 出力の家庭用機種に管瓶8本を入れた場合，17秒程度である．⑥電子レンジから管瓶を取り出し1時間放冷する．⑦ピペットを用いて水を入れ替え，根を洗浄する．⑧プレパラートに酸性グリセリン（乳酸でも良い）を数滴取り，その上に染色された根試料を置いてカバーグラスをかける．⑨電子レンジで15秒間加熱する．⑩カバーグラスをピンセットで押して試料根を潰すと，光学顕微鏡で検鏡・観察できる状態になる（図10-15）．

　　c）留意事項：　手順⑤の加熱のとき沸騰すると根が飛び出す．適当な加熱時間は電子レンジの出力と処理する管瓶の本数で異なるから，あらかじめ水をいれた処理予定本数の管瓶を加熱し，沸騰までの時間を調べておくとよい．

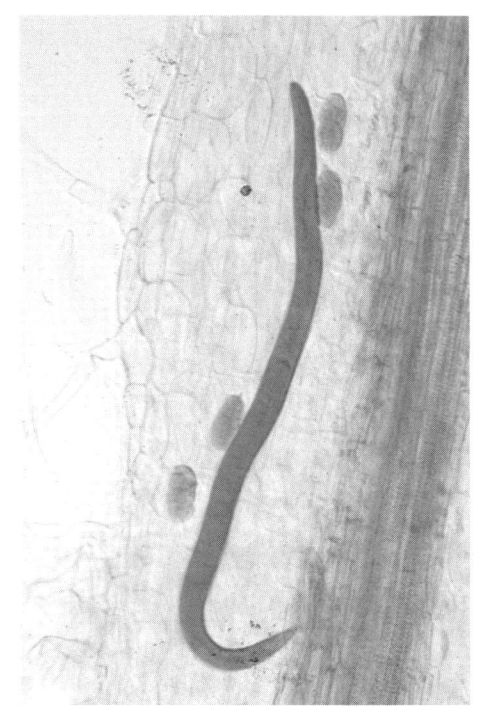

図10-15　染め分けたネグサレセンチュウ
（巻頭カラー口絵参照）

参考文献

Byrd, D.W., Kirkpatrick, T. and Baker, K.R. (1983) An improved technique for cleaning and staining plant tissues for detection of nematodes. Journal of Nematology, 15: 142-143.

Hooper, D.J. (1986) Preservating and staining nematodes in plant tisues. pp.81-85, In Southey, J.F. (ed.), Laboratory Methods for Work with Plant and Soil Nematodes. Her Majesty's Stationery Office, London.

Mizukubo, T. (1997) Effect of temperature on *Pratylenchus penetrans* development. Journal of Nematology, 29: 306-314.

（水久保隆之）

5.2 根・植物体からの線虫分離法

ここでは，摩砕－ろ過法と摩砕－ふるい分け法について紹介する．摩砕法はミキサーにより根の組織を摩砕して内部の線虫を分離する方法であり，次に示すインキュベーション法より短時間に効率よく線虫を分離できる利点がある．本法はそれ自身で完結した分離法ではなく，ろ過法，二層遠心浮遊法，ふるい分け法，あるいは染め分け法と組み合わせて用いられる．

5.2.1 摩砕－ろ過法

摩砕－ろ過法はミキサーによる摩砕後に線虫の運動性を利用してフィルターを通過させる分離法である．ろ過にはベールマン装置を利用することもできるため，比較的簡便に行うことができる．

a) 準備機材： ハサミ，ブレンダー（家庭用のミキサー），実験用ティッシュペーパー（キムワイプなど），篩2個（目開き1〜2 mm・径200 mm，目開き25 μm・径100 mm）および径250 mmボール（篩とボールはベールマン装置で代用してもよい），ビーカー，洗浄瓶．

b) 操作手順： ①根をよく水洗する．土壌粒子や有機物残さが多く残っていると，下記手順④のろ過作業時にフィルターが目づまりを起こし，十分なろ過ができない．②洗浄した根を約1 cmに切断し，ブレンダーに入れる．1反復あたりの供試根量はろ過に用いる篩の大きさによる．径200 mmの大型篩を用いる場合は5 g程度まで，径65 mmのベールマン網皿を用いる場合は2 g程度までを目安とする．③ブレンダーに根が浸る程度水を入れ（根5 gの場合約100 mℓ），10秒間回転させる．回転時間はブレンダー，根，線虫の種により異なるが，線虫の運動性に影響を与えないよう長時間の摩砕は避ける．④径200 mmの篩，または，ベールマン網皿にティッシュペーパーを2重にして敷き，ブレンダーの摩砕物をこしとる．ろ液は捨てる．ブレンダー内に残さが残らないよう洗浄瓶で全て洗い出す．⑤ボールに水をはり，径200 mmの篩をセットする．ベールマン網皿を用いた場合は水をはったベールマン漏斗にセットする．いずれの場合も摩砕物が浸る高さに水位を調整する．水に過酸化水素水（30％）を10 mℓ/1ℓを加えて酸素を供給し，分離効率を高める方法もある．⑥水の蒸発を防ぐために篩をビニールシートで覆い，24〜48時間放置する．根は腐敗しやすいため，長期間の分離は避ける．分離中に腐敗の兆候が見られたら，分離を終了するか，摩砕物の入った篩を別のボール，または，ベールマン漏斗に移す．⑦分離が終了したらボールの水を25 μm目の篩に注ぐ．篩上に線虫が回収されるので，洗浄瓶でビーカーに洗い落とす．ベールマン装置を用いた場合はガラス管瓶から線虫を回収する．

（上杉謙太）

5.2.2 摩砕－ふるい分け法

以下に示す摩砕－ふるい分け法は，植物組織を軟化したのち線虫を染色，植物体を摩砕し，取り出された線虫を計数するための手法である．

a）準備機材： 抱水クロラール，目開き 300 μm・径 100 mm の篩，目開き 25 μm・径 100 mm の篩，ブレンダー．抱水クロラールの代わりに EDTA と水酸化ナトリウムを用いてもよい．
　b）操作手順： ①良く洗浄した植物組織を1% 抱水クロラールに1晩浸漬して軟化する．または，水酸化ナトリウム pH 10.5 に調整した 0.07 M の EDTA に浸漬し，65℃で 24 時間加熱する．②根を目の粗い篩に入れ，流水で洗浄する．③酸性フクシン法による染色を行う（本章 5.1.1 参照）．④染色した植物組織をブレンダーで摩砕する．⑤摩砕物を篩でこしとる．

（上杉謙太）

5.2.3　インキュベーション法

　インキュベーション法は高湿度を保った容器内に植物体を静置し，遊出してきた線虫を水で洗い出して回収する方法である．本法は特別な器材を必要とせず，作業時間も少なくて済むのが利点である．また，サトイモ塊茎などの大型の植物体をそのまま分離に供試することもできる．内部寄生性のネグサレセンチュウ，ネモグリセンチュウの分離に適するほか，ネコブセンチュウ幼虫の抽出もできる．一方，運動性の無い定着性線虫の雌は分離できず，シストセンチュウは根を洗浄している間に流出する．分離された線虫の活性が低い場合がある．

　a）準備機材： ポリエチレン袋（9～15 号程度）または広口瓶などのガラス容器，篩 2 個（目開き 300 μm・径 100 mm，目開き 25 μm・径 100 mm），ビーカー，洗浄瓶．
　b）操作手順： ①根をポリエチレン袋またはガラス容器に入る分量だけ取り出し，よく洗う．太い根は本法による分離に適さない．根に土壌や有機物残さが多く残ると，下記手順④で線虫を回収した際に篩が目詰まりを起こす．また，残さが多いとサンプルを直接検鏡することが困難となる．②根の水を軽くきり，袋または瓶に入れる．根を詰め込みすぎないようにする．ポリエチレン袋は酸素を透過させるため，ガラス瓶にくらべて分離数が増える．1～3% の過酸化水素水で根を濡らして酸素を供給し，分離数を高める方法もある．③袋の口を縛り，20～25℃程度の暗所に放置する．ガラス瓶を用いる場合は線虫の遊出に必要な酸素（通気）と高湿度を維持できるよう，蓋の開けすぎ，閉めすぎに注意する．④3～4 日間後，袋またはガラス瓶に適量の水（約 50 mℓ）を入れ，遊出してきた線虫を洗い出すよう軽く振とうして，300 μm 目開きを上，25 μm 目開きを下に重ねた篩に注ぐ．この作業を 3 回行う．⑤25 μm 目の篩上に線虫が回収されるので，洗浄瓶でビーカーに洗い落す．
　c）留意事項： 分離日数は対象の線虫で異なり，例えばイチゴのネグサレセンチュウでは 12 日程度を要するとされる．根は数日で腐敗を起こして線虫の活動性が低下するので，④，⑤の回収作業を 2～3 日ごとに行い，分離数の推移を確認する．

（上杉謙太）

5.2.4　酵素処理法

　線虫を染色した後に酵素により根の組織を消化して線虫を分離する方法は，分離効率が他の手法に比べ抜群に良い．例えば，ジャワネコブセンチュウ（*Meloidogyne javanica*）の各発育ステージの分離効率は，染色した根をガラス板に広げて調べた計数値に対し，卵で 526%，第 2 期幼虫で 272%，第 3 期幼虫で 783%，第 4 期幼虫で 549%，雌成虫で 285% と報告されている（Araya and Caswell-Chen 1993）．根の中の線虫個体数がステージ別に把握できれば，一般的な線虫の個体群動態や生命表の解明だけでなく，ステージに特有の寄主−寄生者関係の評価，作物の線虫抵抗性機作の詳細な研究などが可能になる．植物組織を分解する酵素液には様々な処方があるが，ここではセルラーゼとペクチナーゼを用いた方法を解説する．

a）準備器材： 《器材》：ピンセット，解剖鋏（ばさみ），小型恒温回転振とう機，20 mℓ 遠沈管，目開き 250 μm および 20 μm の篩．《試薬・酵素》：セルラーゼ［規格不問］，ペクチナーゼ溶液（*Aspergillus niger*）Sigma Aldrich［P0690］，ペニシリン‐ストレプトマイシン粉末（Penicillin-Streptomycin）Sigma Aldrich［P4458P3539］，アムホテリシン B（amphotericin B）粉末 Sigma Aldrich［A2411］．

b）操作手順： ①セルラーゼストック溶液の処方：純水にセルラーゼ 83 単位，ペニシリン‐ストレプトマイシン溶液 1 mℓ，アムホテリシン B 2.5 mg を加え蒸留水で 100 mℓ に調製する．②あらかじめ染色処理（例えば本章 5 節）をした根から 0.25 g を取り分け，10 mm の長さに裁断する．③根を 20 mℓ の遠沈管に入れ，セルラーゼストック溶液（①）3 mℓ を加える．④ 1 N の水酸化ナトリウムで pH 5 に調整する．⑤遠心管を恒温低速回転振とう機にセットし，37℃，回転数 5 rpm で 36 時間回転振とうする．⑥ 1 mℓ のペクチナーゼ溶液を加え，振とうする．⑦ 1 N の塩酸で pH 4 に調整し，さらに 28℃，5 rpm で 36 時間回転振とうする．⑧直ぐに検鏡しない場合は，消化された試料を 5℃に保存する．⑨線虫を計数する直前に，遠心管を 15 秒間フルスピードで振とうする．⑩遠心管の中身（線虫）を，目開き 250 μm を上に目開き 20 μm を下に重ねた篩でこし取り，それぞれのろ過物を計数皿に移す．

c）留意事項： 1）手順③の後，ポンプで真空に引くと酵素のしみ込みがよい．2）上記ではセルラーゼとペクチナーゼの 2 段階消化を行ったが，1 段階（同時）消化も可能で，その場合のストック溶液の処方箋には以下がある（いずれも重量％）：(1) マセロチーム R-10（0.5％）＋セルラーゼ・オノズカ R-10（2％），(2) ペクトリアーゼ Y-23（0.2％）＋セルラーゼ・オノズカ RS（0.5％），(3) マセロチーム R-10（0.2％）＋セルラーゼ・オノズカ R-10（2.0％）＋ドリセルラーゼ（2.0％）．いずれの処方でも 10 mM の塩化カルシウムを加え，pH は 1 N 水酸化ナトリウムで 5.6 に調整する．必要に応じて，抗生物質（上記）を加える．10,000 G で 10 分間遠心し，上ずみをストック溶液とする．(2) の消化力が最も強力である．植物組織 1 g に対する酵素液は 10 mℓ が適当である．

参考文献

Araya, M. and Caswell-Chen, E.P. (1993) Enzymatic digestion of roots for recovery of root-knot nematode developemental stages. Journal of Nematology, 25: 590-594.

（水久保隆之）

5.3 イネシンガレセンチュウ調査法
5.3.1 調査用サンプル採集法

イネシンガレセンチュウは穂，株，水田の 3 つのスケールにおいて種子間で集中分布を示す．このため，ほたるいもち（第 12 章 1.5.1）多発水田のイネシンガレセンチュウ密度を推定するためには，3 段抽出法を用いてサンプリングを行う．まず，水田を 6 分割し，分割したそれぞれ 1 区画の中央から 1 株，計 6 株を採集する．採集した 6 株のそれぞれ 1 株から 3 穂を抽出し，3 穂からそれぞれ 20 粒の種子を採集する（Togashi and Hoshino 2010）．ただし，ほたるいもち少発生水田の場合，より多くのサンプルを調査する必要がある．

5.3.2 イネシンガレセンチュウの分離法

イネシンガレセンチュウはイネ籾の内・外穎の内側で胚の近くに乾燥状態で休眠している（乾眠：第 7 章 1 節）．休眠状態から線虫を覚醒させるためには，2 時間以上水に浸漬しなければならない．また，線虫の遊出のためには内穎と外穎を取り除くか，あるいは内穎と外穎を切断する必要がある．こ

5. 植物体内の線虫密度推定法

こでは，籾内のイネシンガレセンチュウ密度を明らかにするための分離方法を記す．

1）直接分離法

特別な器具・装置は不要であるが，労力と時間を要する．

　a）準備器材：　ペトリ皿あるいはシラキュース時計皿，ピンセット，実体顕微鏡．

　b）操作手順：　①ペトリ皿やシラキュース時計皿に水を入れて籾を24時間浸漬する．②内頴と外頴をピンセットで取り除いて水に遊出した線虫を計数する．

2）ベールマン法

特別な技術や熟練を要しないが，1粒ごとの線虫分離には適していない．

　a）準備器材：　ベールマン漏斗，ベールマン枠，和紙，シラキュース時計皿，実体顕微鏡．

　b）操作手順：　①小型の籾すり器を用いて内頴と外頴をはずして，ベールマン漏斗の中に玄米，内・外頴を入れる．②24～48時間後に漏斗脚部から線虫をシラキュース時計皿に取り出して計数する．

3）星野・富樫法（Hoshino and Togashi 1999；図10-16）

この方法では，1粒内の線虫を短時間で分離でき，生存虫の分離効率は100％である．

　a）準備器材：　剪定鋏，1 mℓピペットチップ（Quality Scientific Plastics Petaluma社），6.5 mℓ管瓶，シラキュース時計皿，実体顕微鏡．

　b）操作手順：　①剪定鋏でイネ籾を縦に2分割し，1 mℓのピペットチップに1籾分ずつ入れる（図10-16）．②6 mℓの水を入れた管瓶にチップを挿入して，籾を浸漬する．③全暗黒条件下で水温を25℃に保つ．④4時間後，管瓶の水をシラキュース時計皿に移し，籾から遊出した線虫を計数する．管瓶からシラキュース時計皿に水を移す前に，チップ上部より息を吹き込み，チップ内に存在する線虫を管瓶内に排出する．

　c）留意事項：　内頴と外頴の内側および玄米を観察すると，若干数の死亡個体が見つかることもあるが，分離効率は死亡虫を含めても約75％と極めて高い．

4）大量分離法

大量の籾を同時に調査するために，ベールマン法や千代西尾らの方法（千代西尾・中沢1988）がある．これらの方法では分離に24時間以上を要する．また，千代西尾らの方法は大きな装置を組み立てる必要がある．本種は籾単位で集中分布を示すので，圃場の線虫密度が低い場合，多くの種子には線虫が存在しない．このため，低密度時の密度推定に星野・富樫法を使うと時間がかかる．ここでは分

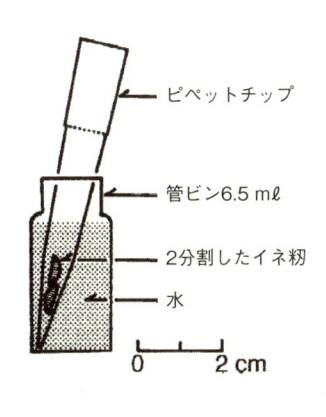

図10-16　星野・富樫法

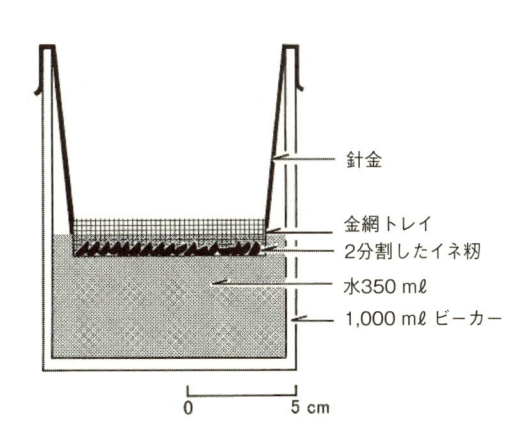

図10-17　大量分離法

離時間が短く,分離効率が高い大量分離法(Hoshino and Togashi 2002)を紹介する.
　a)準備器材: ステンレス製金網(目開き 1.5 mm),ビーカー 1,000 mℓ,針金,剪定ばさみ.
　b)操作手順: ①20〜150粒の籾を一粒ずつ縦に2分割し,籾が重ならないようにステンレス製金網トレイの上に置く.②この金網トレイを 350 mℓ の水が入ったビーカー(1,000 mℓ)の中程に針金を用いて,図10-17のようにつり下げて浸漬する.③全暗黒条件下で水温を 25℃に保つ.④4時間後に,20 μm の篩を用いてビーカー内の水をろ過し,線虫を分離する.ビーカー内を3回洗浄し,線虫が残らないようにする.⑤洗浄瓶で篩上の線虫をシラキュース時計皿に洗い落として計数する.
　c)留意事項: 以上の操作により,ほとんどの線虫が分離されるが,念のために金網上の種子を取り出し,残存する線虫を計数しておく.水の代わりに,強酸性電解水(次亜塩素酸水)を利用すると,イネシンガレセンチュウの検出数が多くなる(西本・上田 2008).この場合,金属の腐食を避けるため,ステンレス網ではなく,ポリエステル布を用いる必要がある.

参考文献

千代西尾伊彦・中沢　肇(1988)種子消毒によるイネシンガレセンチュウの防除技術に関する基礎研究.第1報線虫の検出技術と種子消毒剤の簡易検定法について.鳥取県農業試験場報告,24: 1-37.
Hoshino, S. and Togashi, K. (1999) A simple method for determining *Aphelenchoides besseyi* infestation level of *Oryza sativa* seeds. Supplement to the Journal of Nematology, 31: 641-643.
Hoshino, S. and Togashi, K. (2002) Mass extraction method for determining *Aphelenchoides besseyi* density in *Oryza sativa* seeds. Japanese Journal of Nematology, 32: 25-29.
西本浩之・上田晃久(2008)強酸性電解水を利用したイネシンガレセンチュウの検出法.愛知県農業総合試験場研究報告,40: 77-82.
Togashi, K. and Hoshino, S. (2010) Assessment of a three-stage sampling strategy to investigate the spatial distribution and population density of *Aphelenchoides besseyi* among *Oryza sativa* seeds. Nematology, 12: 373-380.

(星野　滋)

コラム:イネとイネシンガレセンチュウの相互関係について

　イネシンガレセンチュウ(以下「シンガレ」)はイネの外部寄生者である.シンガレは頴花に入り,25℃では約10日間という短い世代期間で増殖する.種子内では頴の下に成虫か第4期幼虫が無水状態で入っている.シンガレは水浸漬した種子から遊出し,他の苗に侵入を始める.育苗期には葉鞘の間,出穂期までの間は,成長点の上にある空洞でシンガレは見つかる(後藤・深津1952).葉は濃緑色となり,葉長は比較的短くなる.葉の頂点はねじれて枯れる.この症状を「ほたるいもち」と呼んでいる.穂の長さが抑制され,生産される籾数も少なくなるため,シンガレのイネへの感染は収量を減少させる.また,黒点米を引き起こすことにより米の品質を低下させる.
　イネとシンガレとの相互関係を明らかにし,効率的な防除法につながる成果を挙げたいと考えて,実験を行ってきた.イネとシンガレとの関係を明らかにするためには,個体群生態学的なアプローチが必要である.そのために,種子1粒ずつのシンガレ個体数を調べる必要があると考えた.そこで,種子当たりのシンガレの生存個体数や死亡個体数を調査する方法として,上述した星野・富樫法(Hoshino and Togashi 1999)を開発した.この方法により,シンガレが種子間で集中分布することを明らかにした.また,種子あたりのシンガレ個体数が少ない場合,多くの種子からシンガレを分離し,計数する必要があるため,大量分離法を開発した.
　効果的な防除方法を開発するために,私達はこれらの方法を使って,イネとシンガレとの関係を明らかにしてきた.まず,イネ種子におけるシンガレの分布パターンと死亡率との関係について検

5. 植物体内の線虫密度推定法

討した.「ほたるいもち」の発生程度が水田で高くなると，イネ種子の平均充実度は低下した．私達は「ほたるいもち」の圃場での発生程度が増加すると，種子当たりのシンガレの平均個体数が増加すること，全圃場での種子の平均充実度と種子当たりの平均シンガレ個体数の間に有意な負の相関が示されることも明らかにした．また，種子内のシンガレ個体数が増加すると，死亡率が低下する（密度逆依存的死亡がある）ことを認めた（Togashi and Hoshino 2001）．

シンガレがイネに寄生すると種子の比重が軽くなる．ワグネルポットでイネを栽培し，シンガレを接種することで，無接種ポットのイネから収穫した種子より，水に浮く種子の数が約20％増加した．軽い種子と中間の種子の線虫数は重い種子よりも線虫数が多くなった（表10-3）．水に浮く種子のうち数個は平均6.8日で水に沈み，そして発芽した．そのような軽い種子は発芽が抑制されているが，種子が浮くことによって，シンガレの長距離分散が可能になると考えられた．しかし，水に浮く軽い種子は胚乳量が少なく，発芽が遅れ，生育も遅くなるため，土壌からの栄養や日光の獲得の点で，比重の重い種子に比べ劣位の競争者となる．これらのことから，シンガレが寄生した種子は，比重の違いを通して分散と競争との間に，トレードオフを含んでいると考えられる（Togashi and Hoshino 2003）．

「ほたるいもち」激発水田と無発生水田から採集した種子を比較した場合も，シンガレ接種試験と同様の結果が得られた（Hoshino and Togashi 2009）．また，シンガレの感染が，水田での穂当たりの平均種子数や水田における種子当たりの胚乳の平均サイズを抑制することによって，イネ収量は減少する．しかし，シンガレ感染イネ由来の軽い種子は，シンガレ無感染イネ由来の軽い種子よりも平均的に胚乳量は多く，軽い種子に限定してみると，平均種子充実度は種子内のシンガレ個体数の増加とともに増加することが明らかとなった．十分に発達した胚乳のある軽い種子は，シンガレの長距離分散のための優れた乗り物であり，そのような種子の生産はシンガレによる寄主操作と考えられる．

シンガレの防除は主に種子消毒により行われている．しかし，種子への薬剤浸漬の過程を詳細に検討した知見は少ないため，その過程でのシンガレの死亡の理由（原因）は知られていない．水浸漬や薬液浸漬の間にシンガレは乾眠状態から覚醒するが，種子消毒の行程では，薬液浸漬後に風乾される．その風乾による急激な乾燥により死亡率が高まることが明らかとなった．これは，シンガレが乾燥条件下で生存するための生理的な準備が間に合わなかったためと考えられた（Hoshino and Togashi 2000）．

イネとシンガレとの相互関係については明らかになっていないことがたくさんある．将来，植物の抵抗性機構と線虫との関係を明らかにすれば，新しい防除方法が生まれる可能性があると考えている．

表10-3 シンガレを接種したイネから採集した種子の比重別の種子当たり線虫数

種子グループ	軽い種子 比重1.00未満	中間の種子 比重1.00〜1.13	重い種子 比重1.13以上	P
調査種子数	100	100	100	
シンガレのいる種子の割合[1]	0.73a	0.86a	0.32b	< 0.001
種子当たり生存線虫数[2]	3.79 ± 4.93a	5.52 ± 6.24a	1.73 ± 4.19b	< 0.001
種子当たり死亡線虫数[2]	1.60 ± 2.50a	1.72 ± 2.28a	0.31 ± 0.73b	< 0.001
種子当たり全線虫数[2]	5.39 ± 5.88a	7.24 ± 7.26a	2.04 ± 4.47b	< 0.001

[1] 同一英小文字は2×3直交表検定で有意差なし．有意水準はボンフェローニ補正を行った．
[2] 平均±SD．同一英小文字はクラスカル・ワリス検定で有意差なし．

参考文献

後藤和夫・深津量榮（1952）稲線蟲心枯病に關する研究．第2報 稲體上の線蟲數と分布．日本植物病理學會報，16(2): 57-60.

Hoshino, S. and Togashi, K. (2000) Effect of water-soaking and air-drying on survival of *Aphelenchoides besseyi* in *Oryza sativa* Seeds. Journal of Nematology, 32: 303-308.

Hoshino, S. and Togashi, K. (2009) Trade-off between dispersal and reproduction in *Aphelenchoides besseyi* (Nematoda: Aphelenchoididae) harbored in *Oryza sativa* seeds in paddy field. Journal of Nematology, 32: 303-308.

Togashi, K. and Hoshino, S. (2001) Distribution pattern and mortality of the white tip nematode, *Aphelenchoides besseyi* (Nematoda: Aphelenchoididae), among rice seeds. Nematology, 3: 17-24.

Togashi, K. and Hoshino, S. (2003) Trade-off between dispersal and reproduction of a seed-borne nematode, *Aphelenchoides besseyi*, parasitic on rice plants. Nematology, 5: 821-829.

（星野　滋）

6. 検疫を目的とした圃場サンプリング

　ジャガイモシストセンチュウ（*Globodera rostochiensis*, Potato Cyst Nematode, 以下PCN）は，馬鈴しょ生産に重要な影響を及ぼす有害生物のひとつである．そのため，各国でPCNは検疫対象となっており，種馬鈴しょはPCNの発生がない圃場でのみ生産が許される．日本では，植物防疫法を根本とする法体系のもと，種馬鈴しょ生産圃場においてはPCNが未発生であることを確認するよう定められている．さらに，2000年代になり，発生地が増加していることもあり，北海道では一般馬鈴しょ圃場を対象とした農協などによる自主検診も広く行われている．ここでは，作付け予定圃場を対象とした土壌検診のためのサンプリング法について解説する．なお，これらの検診で発生が認められると，その圃場のある"字（あざ）"が発生地域として指定され，その後の検診でPCNが認められなくても，その指定が取り除かれることはない．

　「8歩幅法」による採土が標準的な土壌検診法である（図10-18，表10-4）．この方法では，採土は1 haを単位とし，8歩幅（約6 m）の格子型に行う．線虫密度は深さ10〜15 cm層で高いので（稲垣1974），表土を5 cm程取り除いた下から，1点約10 g（スプーン1杯分）採土する．1 haからは約278点で採土する．一般馬鈴しょ圃場でも原則8歩幅法で行うが，16歩幅あるいはそれ以上の歩幅として，間隔を大きくすることも行われる．1 ha未満の圃場または点数を減らした場合は，1点あたりの採土量を増やし，調整後合計2 kg以上となるようにする．なお，採土はこのように行うが，検疫の対象は圃場のため，圃場全体の土壌を全て集約して検査することも多い．

　採土には移植ごてなどが用いられるが，採取量を一定にすることが難しいという難点がある．大規模圃場では労力が大きいため，数名で分担することが多い．8歩幅法により1 haを4人で分担，移植ごてで採土した場合，平均では763 g/人と適正なものの，最小の人では315 g，最大の人では1365 gと大きな違いが見られる事例もあった（古川未発表）．PCNの圃場内分布は一様ではないため（Haydock and Perry 1998），分布が大きく異なる圃場内の土壌サンプルを混和した場合，その圃場内での発生状況を適切に把握できないことも生じうる．可能であれば，採土量を一定にしてサンプルごとに分析することが重要である．

　フェンウィック法（第10章3.5参照）などでシストを分離することにより検診するため，他の線虫の場合とは異なり，土壌サンプルはよく乾燥させる．乾燥に先立って，夾雑物を取り除き土塊をでき

6. 検疫を目的とした圃場サンプリング

表 10-4　種馬鈴しょ栽培予定圃場検疫のためのサンプリング法概要

国	採取方法	採土パターン	点/ha	採取量/点	採取量/ha
オランダ	乗用採取機	格子	180	3～4 mℓ	600 mℓ
	または人力	(点/5 m × 11 m)	(60 × 3)	9 mℓ	1,500 mℓ
スコットランド	人力	W型	100	4 mℓ	400 mℓ
		(点/20 m × 5 m)	150	10 mℓ	1,500 mℓ
日本	人力	格子（8歩幅法）	278	約 10 g	約 3 kg
		(点/6 m × 6 m)			

注：オランダとスコットランドの採取量，上段は軽減量，下段は標準量

出典は本文および図とも，オランダのファンデハール氏（H.van de Haar）およびリュメス氏（J. Luimes）（オランダ農産物種子及び種馬鈴しょ検査協会：Nederlandse Algemene Keuringsdienst）とスコットランドのピックアップ博士（Dr. J. Pickup）（スコットランド農業科学研究所：Science and Advice for Scottish Agriculture）からの 2012 年の聞き取りに基づく．

るだけ細かく砕き混和する．汚染拡大防止のための殺卵を兼ね，金属製バットなどに広げる．乾燥にあたっては，飛散を防止するため送風はせずに 70～80℃の乾燥器で 2 日間処理する．乾燥後はビニール袋などに入れ，さらによく混和する．その後，直ちに調査を行うことが望ましいが，そうでない場合，湿気のない冷暗所に保管する．シストの調査は，調整した土壌サンプルから，100 g × 2 反復について行われることが一般的で，残りは検出時の再検査に備え保管しておく．

　検疫結果によっては生産者に重大な影響を与えるので，全ての作業で，土壌サンプルの取り違え，別圃場の土の混入が無いように細心の注意が必要である．採土の際には，汚染防止のため器具の洗浄・交換などを行うことが重要である．

EU での検査体制：古くから PCN が発生し，ジャガイモシロシストセンチュウ（*Globodera pallida*）も分布し，2 種が検疫対象となっている EU では，これらに汚染されていない圃場で生産された種馬鈴しょのみ流通が許可される．そのため，少なくとも 100 点/ha（長さ 20 m × 幅 5 m の面積ごとに 1 点），標準量 1,500 mℓ/ha，過去 2 回以上の標準量による検査で検出が無い圃場では，軽減量 400 mℓ/ha を採土し検査することが規定されている．また，具体的なサンプリング法や圃場の定義などは各国

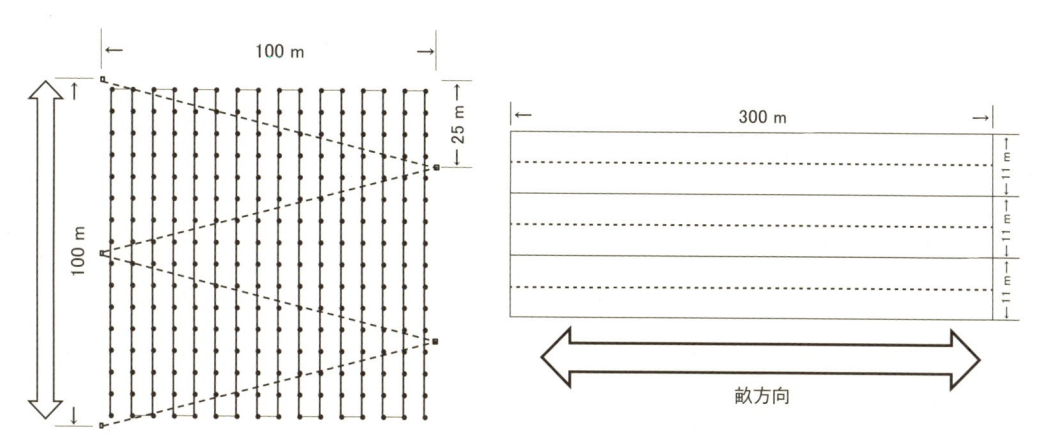

図 10-18　1 ha 圃場における採土パターン

左図の実線：8 歩幅法，実線上の黒点の（6 m おき）で採土，計算上 278 点/ha，歩行距離約 1.6 km．左図の破線：W 型法（スコットランド），一対角線で 25 点（軽減量）または約 40 点（標準量）を畦を横切る方向に採土，歩行距離約 415 m．右図の点線：オランダでの採土法，11 m 幅の区画を 5 m 毎に採土，歩行距離約 1 km．

に任せられている．比較のためにオランダ，スコットランドおよび日本でのサンプリング法の概要を図 10-18 および表 10-4 に示した．

　検疫目的での検出精度は高い方が望ましいであろう．日本の方法の検出精度は明らかではないが，スコットランドでの標準量での検診は，シスト 380 万個/ha という密度を 90% 検出できる精度とのことである．

参考文献

Haydock, P.P.J. and Perry, J.N. (1998) The principles and practice of sampling for the detection of potato cyst nematodes. pp.61-74. In Marks, R.J. and Brodie, B.B. (eds.), Potato Cyst Nematodes Biology, Distribution and Control. CAB International, Wallingford, UK.

稲垣春郎（1974）圃場におけるジャガイモシストセンチュウ蔵卵シストの土壌中垂直分布．日本線虫研究会誌，4: 57-58.

（古川勝弘）

コラム：輸入植物検疫におけるサンプリング

　植物検疫とは，植物の移動に伴い植物の病害虫が，未発生の国・地域に侵入・まん延しないようにするためにとられる行政行為である．農林水産省植物防疫所では，こうした業務を行うため全国の海空港に植物防疫官を配置し，輸入植物の検査を行って，植物寄生性線虫などの病害虫が海外から侵入することを防いでいる（輸入植物検疫，図 10-19）．また，輸出相手国の検疫要求に応えるための輸出植物検疫や，国内で発生した重要病害虫のまん延を防ぐための国内植物検疫などを行っている．

輸入植物検疫における検査抽出量

　日本に輸入された植物の検疫において植物防疫官が検査する数量は，輸入植物検疫規程（農林水産省告示）によって定められている．具体的な検査抽出数量が同規程の別表第一に掲げられているが，ここでは植物寄生性線虫が発見される可能性の高い種苗類の箇所についてその一部を表 10-5 に

図 10-19　輸入植物検疫の検査風景
左：海港での種苗類の検査．右：空港での旅客携行品の輸入検査．
（植物防疫所 HP より：http://www.maff.go.jp/pps/）

表10-5　輸入植物検疫において検査すべき数量（輸入植物検疫規程別表第一，抜粋）

植物の種類		検査荷口の大きさ		検査する数量
一　果樹類の植物及びさし木，ほ木，だい木，その他根，茎，葉等の植物の部分であって栽培の用に供するもの	1　くるみ，なし，ぶどう，もも，りんご，かんきつ類等	—		全量
	2　アボカド，キウイフルーツ，パイナップル，フェイジョア，マンゴウ等		920本未満	50%以上
		920本以上	1,841本未満	460本以上
		1,841本以上	4,601本未満	570本以上
		4,601本以上	9,201本未満	750本以上
		9,201本以上		920本以上
三　前各項に掲げる植物以外の樹木類及びその部分であって栽培の用に供するもの	1　いちょう，すぎ，そてつ，つばき，まつ，やし類等		1,000本未満	30%以上
		1,000本以上	1,841本未満	300本以上
		1,841本以上	4,601本未満	400本以上
		4,601本以上	9,201本未満	500本以上
		9,201本以上	24,001本未満	600本以上
		24,001本以上		800本以上
	2　ドラセナ，めやし，ユッカ等		1,000本未満	30%以上
		1,000本以上	6,001本未満	300本以上
		6,001本以上	9,201本未満	350本以上
		9,201本以上		400本以上

示す．この規程では，植物寄生性線虫のような病害虫が寄生・付着した植物体を「不良植物」とし，この不良植物が荷口に混入している個数の割合を不良植物率 p として，植物の種類と荷口の大きさによって分けられたランクごとに許容できない限界値としての p の値を設定している．ここで，消費者危険率 β において不良植物率が p 以上の荷口を検出するために必要な検査抽出量 s は，ポアソン分布近似に基づく次式により求められている（Yamamura and Sugimoto 1995; 山村 2011）．

$$s = -\ln(\beta)/p \qquad (式10\text{-}12)$$

消費者危険率 β は，不良植物率が p の荷口から抽出した検査サンプルの中に不良植物が1つも入らない場合の確率，すなわち不良植物を抽出し損ねてしまう確率を表している．同規程においては，β は基本的に0.05に設定されているが，表10-5における「一　果樹類の植物……」の「2」など経済的にとくに重要な一部の種苗類では0.01に，最も重要で全量検査が行われる種苗類については0に設定されている．例えば，ユッカの苗木が1万本輸入された場合，別表第一の「三　前各項に掲げる植物以外の樹木類……」の「2」に該当するので，少なくとも400本を抽出検査することとなる．この区分では実際のところ，$\beta = 0.05$，$p = 0.0075$ に設定されている．言い換えれば，1万本のユッカ苗木の中に75本以上の不良植物が存在していれば，抽出した400本の中に少なくとも1本の不良植物が95%以上の確率で存在することとなる．一方，5%以下の確率で不良植物が存在しない400本を抽出してしまうということも意味している．では，ここで実際に β が0.05以下であることを別の方法で確かめてみることとする．不良植物率がある値をとる場合に，抽出サンプルの中に不良植物が何個入っているかは，超幾何分布という確率分布に従っている．ここでは，表計算ソフト Excel® 2010で超幾何分布の確率を返す HYPGEOM.DIST 関数を用いて求めてみる．この関数は次のような引数をとる．

HYPGEOM.DIST（標本の成功数，標本数，母集団の成功数，母集団の大きさ，関数形式）

「標本の成功数」は抽出サンプル中の不良植物の個数に相当し，ここでは「1つも抽出されない場合」の確率が知りたいため0（本）とする．「標本数」は検査抽出量に相当するため400（本）とする．「母集団の成功数」は荷口全体の中の不良植物の個数に相当するため，$p = 0.0075$ の場合の75（本）とする．「母集団の大きさ」は荷口の大きさに相当するため10,000（本）とする．「関数形式」は理論値を入れて関数の種類を指定するもので，ここではFALSEとして確率密度関数を指定しておく（TRUEの場合は累積分布関数となるが，標本の成功数 = 0 の場合にはどちらでも値は変わらない）．これに従い入力すると，次のように計算される．

HYPGEOM.DIST（0，400，75，10000，FALSE）= 0.046269557

したがって，1万本のユッカ苗木の中に75本の不良植物が存在している場合，すなわち $p = 0.0075$ の場合，検査抽出量400本中に不良植物が1つも入らない確率 = β は約4.6%であり，p の値がこれよりも大きい場合にこの確率はさらに下回る（なぜなら，不良植物の混入数が増えることでそれを抽出する確率が上がるからである）．このことから，消費者危険率 β が5%を下回っていることがわかる．このようにして輸入検疫の検査抽出量は定められているのである．

参考文献

Yamamura, K. and Sugimoto, T. (1995) Estimation of the pest prevention ability of the import plant quarantine in Japan. Biometrics, 51: 482-490.

山村光司（2011）農学と統計学．計量生物学，32: S19-S34.

（酒井啓充）

コラム：線虫の外来種

　生物多様性保全を考える上で外来生物は最も重要な問題のひとつである．日本でも外来線虫問題はこれまでに起きており，古くは飼料用のクズ麦に感染して侵入したコムギツブセンチュウ，アメリカからの侵入種であり，最大の森林病害であるマツノザイセンチュウ，また，肥料に混入して南米から侵入したと考えられるジャガイモシストセンチュウなどが有名なところである．これら外来病原体は病害を引き起こすため，その侵入，拡大がわかりやすく，また，明確な防除対象となる．しかし，多くの外来種は，侵入しても目に見える活動をすることなく，生態的影響もよくわからない．このため，いわゆる「潜在的リスク」として，その影響評価が棚上げにされることも多い．線虫などはその存在自体が認識されにくいこともあり，外来種全般に関しての情報はもとより，在来種に関しての情報も不足している．

　筆者らは，これまで昆虫嗜好性線虫を対象に分類，多様性に関する研究を行い，その過程で，外来昆虫に随伴して侵入する線虫，たとえば，南アジア原産のヤシオオオサゾウムシ便乗線虫 テラトラブディティス・シンパピラータ（*Teratorhabditis synpapillata*），東南アジアからの侵入種，フェモラータオオモモブトハムシに便乗するアクロスティクス属（*Acrostichus* sp.）など，外来種と考えられる線虫をいくつか確認している．しかし，実際に日本に持ち込まれる昆虫としては，目立つ外来害虫よりも，ペット用や飼料用として輸入される昆虫が圧倒的に多い．中でも，ペット用として持

6. 検疫を目的とした圃場サンプリング

ち込まれるクワガタムシ，カブトムシ類は，最終的な消費者が，外来種に関しての専門的知識を持たない子供や，愛好家が多くなるため，随伴線虫の分散，定着，拡大リスクは大きいと考えられる．そこで，外来種対策の第一歩として，国内在来クワガタムシ類の保持線虫相調査を行った．

　この調査では，日本国内の複数箇所から合計8種，100頭程度のクワガタムシを採集し，線虫の検出を行った．採集したクワガタムシは，2％寒天培地上で解剖し，絶対寄生性線虫の有無を確認した後，そのまま培地を封じて，定期的に観察するという方法で線虫分離を行った．この方法を用いることにより，クワガタの死体から発生したバクテリアや糸状菌類を食餌源として，バクテリア食性線虫，糸状菌食性線虫の両方が分離できる．NGM（バクテリア用）やPDA（糸状菌用）のような栄養豊富な培地を用いると，一部の菌類やバクテリアが増殖しすぎて，線虫の増殖ができなくなることが多く，貧栄養培地を用いる必要があった．次に，寒天上で増殖した線虫を顕微鏡で観察し，その食性に応じた培地に移す．ここでも，野外からの試料であるため，線虫の増殖には適していないバクテリア，糸状菌の混入が激しいため，やや栄養を押さえた培地を用いる．糸状菌食性線虫では，栄養価の高いPDAではなく，低濃度の麦芽エキス寒天培地を，バクテリア食性線虫では，全面に栄養分が多いNGMではなく，寒天培地上に5mm角程度のNGM培地の小片を10個程度置いたものが効率的に線虫を増殖させることができた．なお，寄生性線虫は確認できなかった．

　このようにして分離株を確立した線虫について，顕微鏡観察，分子同定を行った結果，合計8種の便乗線虫が確認できた．これらのうち，糸状菌食性のブルサフェレンクス・タダミエンシス（*Bursaphelenchus tadamiensis*）を除く7種はすべてバクテリア食性線虫であり，クワガタムシの生息環境は糸状菌食性線虫より，バクテリア食性線虫が優先するような環境であると考えられた．これらの種を細かく見ていくと，いくつかのものは，海外でクワガタムシ類からの検出報告があるもの，もしくはその非常に近縁なものであり，世界的に同じようなグループの線虫がクワガタムシ類を利用しているということが明らかになった．また，線虫の種特異性は低く，同じ線虫種が複数の

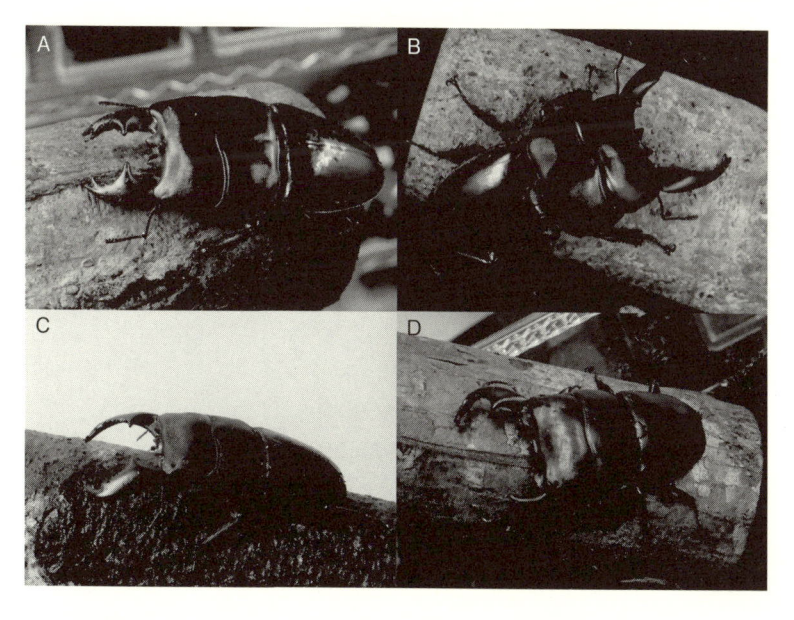

図10-20　ペットショップで市販されている外国産クワガタムシ
A：アルキデスオオヒラタ短顎型，B：アルキデスオオヒラタ長顎型
C：スマトラオオヒラタ，D：ダイオウヒラタ

異なるクワガタムシ種から分離された．これは，外来線虫種が侵入した場合，国内種にとって，直接的に競合者となり得ること，すなわち，外来種の遺伝的，生態的リスク評価の必要性を示している．

次に，国外で採集された試料や，実際に日本に輸入されているクワガタムシ類からの線虫検出を行った．この研究は現在も継続中であり，最終的な結果は得られていないが，輸入昆虫にも同様に線虫が便乗していること，また，これらの線虫はクワガタムシの飼育用器内に広がっていることが明らかになった．さらに，いくつかの種類は国内産の種の近縁種，もしくは同種の別個体群であるということも明らかになった．これらのことから，外来昆虫が野外に放たれ，定着するということは，それらの随伴線虫も同時に定着し，国内種との競合が起きる可能性を示している．今後，これら外来，在来線虫種に関して詳しい系統解析と，種，個体群の位置づけを行っていくこと，生態的，遺伝的な環境リスク評価を行っていくことが必要である．

参考文献

Kanzaki, N., Abe, F., Giblin-Davis, R.M., Kiontke, K., Fitch, D.H.A., Hata, K. and Sone, K. (2008). *Teratorhabditis synpapillata* (Sudhaus, 1985) (Rhabditida: Rhabditidae) is an associate of the red palm weevil, *Rhynchophorus ferrugineus* (Coleoptera: Curculionidae). Nematology, 10: 207-218.

Kanzaki, N., Taki, H., Masuya, H. and Okabe, K. (2012). *Bursaphelenchus tadamiensis* n. sp. (Nematoda: Aphelenchoididae), isolated from a stag beetle, *Dorcus striatipennis* (Coleoptera: Lucanidae), from Japan. Nematology, 14: 223-233.

Kanzaki, N., Taki, H., Masuya, H., Okabe, K., Tanaka, R. and Abe, F. (2011). Diversity of stag beetle-associated nematodes in Japan. Environmental Entomology, 40: 281-288.

Kanzaki, N., Ragsdale, E.J., Susoy, V. and Sommer, R.J. (2014) *Leptojacobus dorci* n. gen., n. sp. (Nematoda: Diplogastridae), an associate of *Dorcus* stag beetles (Coleoptera: Lucanidae). Journal of Nematology, 46: 50-59.

（神崎菜摘）

第11章　線虫の群集生態学研究法

1. 線虫群集構造の指数化

　線虫の食性を，頭部の口腔の形態により図11-1のように，主に5つに分ける（線虫の口腔の形態については第1部第2章3節「線虫のボデイプラン」も参照）．属ごとの食性がYeates et al. (1993) にまとめられている．次いで「cp値」で区別する．つまり，colonizer-persister（r-K戦略と似た概念だが，persisterの方が攪乱への耐性が小さい）の系列での位置により，線虫の各科（family）を$cp1$（最も増殖が速い，攪乱地に最初に侵入する）から$cp5$（最も増殖が遅く，安定した環境を好む）までのいずれかグループに割り振る（表11-1）．これはBongers (1990) の提案によるもので，主に

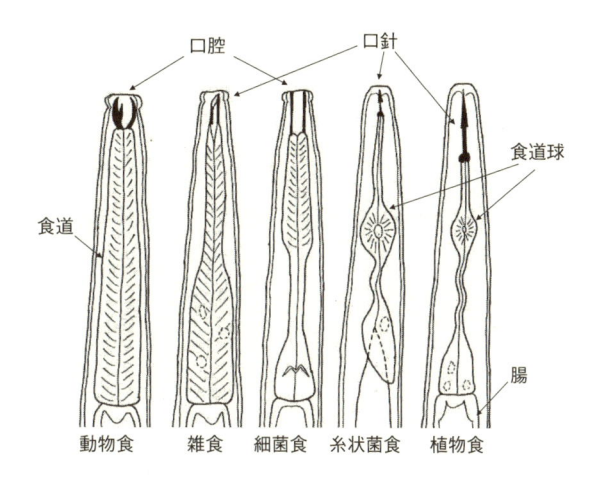

図11-1　線虫頭部の形態と食性

経験的なものである．これらに基づき，次のような指数が提案されている．なお，筆者は通常第1部第1章1.7の方法に従って群集分析用スライドをサンプルごとに作製し，ノマルスキー微分干渉装置を備えた生物顕微鏡を用いて，ランダムに選んだ100個体を総合倍率400倍程度で同定し，その結果に基づいて以下の群集指数を算出している．

1.1　細菌食と糸状菌食との比（Nematode Channel Ratio, NCR）

　土壌有機物分解の主役が糸状菌なのか細菌なのかの分析は，物質循環を考える上での基礎情報となる．頻繁に耕起される畑土壌では細菌が，森林土壌のように安定した環境では糸状菌が一般に分解者の主役であるといわれる．糸状菌食性線虫と細菌食性線虫の比率がそれを反映するであろうとの仮定で細菌食と糸状菌食との比が提案され，cp値によらず，サンプル中の糸状菌食性線虫の個体数（Fu）と細菌食性線虫の個体数（Ba）により下記のように算出する．

$$NCR = Ba / (Ba + Fu) \qquad (式11\text{-}1)$$

論文により式の分子にBaでなくFuが使われていることもある．

1.2　成熟度指数（Maturity Index, MI）

　重金属や残留農薬などによる土壌汚染の生物影響を評価するため，線虫分類群間の生理生態学的性質の違いを利用した成熟度指数（以下MI）が提案された（Bongers 1990）．cp値を重み付けとして与

えて次の計算を行う．

$$MI = \Sigma f(i)\, v(i) \qquad (式11\text{-}2)$$

ここで線虫は科ごとに分類され，$f(i)$ は科 i の出現頻度（0 ～ 1 の範囲），$v(i)$ は科 i の cp 値である．

MI は 1 から 5 までの値をとり，一般に物理的化学的攪乱の少ない環境で大きくなる．ただし，土着の線虫相の影響も受けるので，調査地点での値を評価するには，その近辺で攪乱を受けていないと考えられる地点（reference site）での値との比較が必要である．MI の計算では自由生活性線虫のみの情報を用い，植物寄生性線虫は除外する．後者の密度は餌植物に大きく影響され，土壌の環境要因を直接反映しないと考えられるためである．ただし，植物寄生性も入れるべきとの主張もある（入れた場合は ΣMI と呼ばれる）．また，自由生活性線虫のみを用いるが，より長期的な攪乱の影響を評価するために，$cp1$ 群を除いて計算する $MI2\text{-}5$ も提案されている．

MI や $MI2\text{-}5$ などは，農耕地での各種農薬や肥料の使用，耕起，作物種の転換なども反映するため，当初目的にしていた化学物質汚染の影響のみならず，土壌生物相や生態系への栽培管理の影響の評価などに広く利用されている．

1.3　農業生産管理や土壌生態学研究での使用を目指したその他の指数

MI を発展させる形で，土壌有機物の分解様式や食物網の発達程度など，農業生産管理や土壌生態学研究での使用を目指した指数が提案された．cp 値と食性群とを組合せて機能群を定義し（表 11-1），その出現頻度から土壌生態系の様子をより具体的に推定するものである（Ferris et al. 2001）．その前提には，土壌環境は肥沃化および生態系の発達の程度の 2 次元で表現でき（岡田 2007），養分が乏しく物理的攪乱が激しい砂漠のような土壌では機能群 $Ba2$ や $Fu2$ の線虫しか生存できないが，養分が増えると機能群 $Ba1$ が増加し，攪乱が減少するとどの食性群でも $cp3, 4, 5$ のグループが増加するといった考えがある．各機能群の重み付け値は，その機能群に所属する線虫の平均バイオマスなどに基づき，MI の場合より客観的なものが提案され，0.8 ～ 5.0 などの値をとる．実際の計算に当たってはまず，土壌環境の基盤状態，肥沃化程度，生態系の構造化（複雑化）程度を評価する basal（b），enrichment（e），structure（s）の 3 つのコンポーネントを次のように算出する．

$$b = (Ba2 + Fu2) \times 0.8 \qquad (式11\text{-}3)$$

$$e = (Ba1 \times 3.2) + (Fu2 \times 0.8) \qquad (式11\text{-}4)$$

$$s = (Ca2 \times 0.8) + (cp3 \times 1.8) + (cp4 \times 3.2) + (cp5 \times 5) \qquad (式11\text{-}5)$$

ただし，これらの式では，$Ba1$，$Fu2$ などは各機能群の，$cp3\text{-}5$ は cp 値で分けた各グループ（植物寄生性を除く）の個体数を示す．以上の結果に基づき，肥沃度指数（EI）および構造化指数（SI）を次式で計算する．

$$EI = e / (e + b) \times 100 \qquad (式11\text{-}6)$$

$$SI = s / (s + b) \times 100 \qquad (式11\text{-}7)$$

また，$Ba1$ と $Fu2$ の出現頻度に基づいて分解経路指数（CI）という指数を計算する．

$$CI = (Fu2 \times 0.8) / \{(Ba1 \times 3.2) + (Fu2 \times 0.8)\} \times 100 \qquad (式11\text{-}8)$$

さらに，

$$BI = b / (s + e + b) \times 100 \qquad (式11\text{-}9)$$

として計算する基盤指数（BI）を，$Ba2$ や $Fu2$ など過酷な環境にも生息できる線虫の優占度合いを示す指標として使うこともある．

EI について考案者は，養分投入というより，既存の土壌有機物の分解が速まり土壌養分が増加した

1. 線虫群集構造の指数化

表 11-1　線虫群集分析のための科ごとの特性の概要

目	亜目	科	食性群	cp値	機能群	起源
Tylenchida	Tylenchina	Tylenchidae	植物食	2	*He2**	陸域
		Dolichodoridae	植物食	3	*He3*	陸域
		Hoplolaimidae	植物食	3	*He3*	陸域
		Pratylenchidae	植物食	3	*He3*	陸域
		Heteroderidae	植物食	3	*He3*	陸域
		Meloidogynidae	植物食	3	*He3*	陸域
	Criconematina	Criconematidae	植物食	3	*He3*	陸域
		Hemicycliophoridae	植物食	3	*He3*	陸域
		Paratylenchidae	植物食	2	*He2*	陸域
	Hexatylina	Neotylenchidae	糸状菌食, 動物寄生(便乗)性	2	*Fu2*	陸域
		Anguinidae	糸状菌食, 動物寄生(便乗)性	2	*Fu2*	陸域
		Iotonchiidae	糸状菌食, 動物寄生(便乗)性	2	*Fu2*	陸域
Aphelenchida		Aphelenchidae	糸状菌食	2	*Fu2*	陸域
		Aphelenchoididae	糸状菌食	2	*Fu2*	陸域
Rhabditida	Rhabditina	Rhabditidae	細菌食	1	*Ba1*	陸域
		Bunonematidae	細菌食	1	*Ba1*	陸域
	Cephalobina	Cephalobidae	細菌食	2	*Ba2*	陸域
		Panagrolaimidae	細菌食	1	*Ba1*	陸域
	Diplogasterina	Diplogasteridae	細菌食	1	*Ba1*	陸域
		Tylopharyngidae	細菌食	1	*Ba1*	陸域
	Teratocephalina	Teratocephalidae	細菌食	3	*Ba3*	陸域
Monhysterida	Monhysterina	Monhysteridae	細菌, 藻類, 有機物質食	2	*Ba2**	海洋
		Xyalidae	細菌, 藻類, 有機物質食	2	*Ba2**	海洋
Desmoscolecida	Desmoscolecina	Desmoscolecidae	細菌食	3	*Ba3*	海洋
Araeolaimida	Araeolaimina	Plectidae	細菌食	2	*Ba2*	陸域または海洋
		Leptolaimidae	細菌食	2	*Ba2*	海洋
		Halaphanolaimidae	細菌食	3	*Ba3*	海洋
Chromadorida	Chromadorina	Chromadoridae	細菌, 藻類食	3	*Om3**	海洋
		Choanolaimidae	動物食	4	*Ca4*	海洋
	Cyatholaimina	Achromadoridae	細菌, 藻類食	3	*Om3**	海洋
		Ethmolaimidae	細菌食	3	*Ba3*	海洋
	Desmodorina	Desmodoridae	細菌, 藻類食	3	*Om3**	海洋
		Microlaimidae	細菌食	2	*Ba2*	海洋
Enoplida	Tripylina	Odontolaimidae	細菌食	3	*Ba3*	陸域
		Bastianiidae	細菌食	3	*Ba3*	陸域
		Prismatolaimidae	細菌食	3	*Ba3*	陸域
		Ironidae	動物食	4	*Ca4*	陸域
		Tobrilidae	動物食, 藻類食	3	*Ca3**	淡水
		Tripylidae	動物食	3	*Ca3*	陸域
		Alaimidae	細菌食	4	*Ba4*	陸域
Dorylaimida	Mononchina	Mononchidae	動物食	4	*Ca4*	陸域
		Anatonchidae	動物食	4	*Ca4*	陸域
	Dorylaimina	Nygolaimidae	動物食	5	*Ca5*	陸域
		Dorylaimidae	雑食	4	*Om4*	陸域
		Chrysonematidae	雑食	5	*Om5*	陸域
		Thornenematidae	雑食	5	*Om5*	陸域
		Nordiidae	植物食, 雑食	4	*He4**	陸域
		Qudsianematidae	雑食	4	*Om4*	陸域
		Aporcelaimidae	動物食, 雑食	5	*Om5*	陸域
		Longidoridae	植物食	5	*He5*	陸域
		Belondiridae	植物食, 雑食	5	*Om5**	陸域
		Actinolaimidae	動物食	5	*Ca5*	陸域
		Discolaimidae	動物食	5	*Ca5*	陸域
		Leptonchidae	糸状菌食	4	*Fu4*	陸域
	Diphtherophorina	Diphterophoridae	糸状菌食	4	*Fu3*	陸域
		Trichodoridae	植物食	4	*He4*	陸域

Bongers (1999), Yeates et al. (1993) などを基に作成. 目及び亜目は1999年当時のもの. 食性群のうち「雑食」は，生きた動植物組織を摂食する場合. 機能群への分類は筆者が実施したが，研究者により食性への見解が異なるなどの理由で分類を定めにくい場合には * をつけた. 例えば，植物食性のティレンクス科には，糸状菌菌糸も摂食するフィレンクス属（*Filenchus*）が含まれる. 機能群 *He*, *Fu*, *Ba*, *Om*, *Ca* は各々植物食，糸状菌食，細菌食，雑食，動物食を表す.

状態で値が大きくなることを想定していた．CIは有機物の分解が細菌よりも糸状菌によって行われている場合に値が大きくなるように考案された．SIは環境が安定し生態系構造が複雑になる場合に値が大きくなるように設計されている．$cp4$や5のグループには肉食性の大型線虫が多く含まれ，その多少を反映するSIの値は植物寄生性線虫の密度と負の相関を持ち，植物寄生性線虫の抑制ポテンシャルの評価に利用できるとする報告もある．

参考文献

Bongers, T. (1990) The maturity index: an ecological measure of environmental disturbance based on nematode species composition. Oecologia, 83: 14-19.

Bongers, T. (1999) The Maturity Index, the evolution of nematode life history traits, adaptive radiation and cp-scaling. Plant and Soil, 212: 13-22.

Ferris, H., Bongers, T. and de Goede, R.G.M. (2001) A framework for soil food web diagnostics: extension of the nematode faunal analysis concept. Applied Soil Ecology, 18: 13-29.

岡田浩明（2007） 線虫群集を利用して土壌の健康度を評価する．化学と生物，45，43-50.

Yeates, G., Bongers, T., de Goede, R.G.M., Freckman, D.W. and Georieva, S.S. (1993) Feeding habits in nematode families and genera-an outline for soil ecologists. Journal of Nematology, 25: 315-331.

（岡田浩明）

コラム：線虫群集指数を環境指標に用いた研究例

　前述した線虫群集の指数化手法の使用例を示す．線虫群集指数を環境指標に用いる研究では本来，指標と，それで評価しようとする環境要因を同時に測定すべきである．農地での研究の場合，土壌の理化学性や作物の成分などと線虫群集指数との相関を調べた報告が多い．例えば，米国のトマト畑の土壌中の無機態窒素量と肥沃度指数（EI）とは正の相関が，同じく分解経路指数（CI）とは負の相関が認められた（Ferris et al. 2003）．CIが負の相関を持った（糸状菌食性線虫が多いと窒素量が少ない）原因は，細菌食性線虫に比べ糸状菌食性線虫の方が本来窒素無機化への貢献度が小さいためと考えられる（岡田 2002）．また，カナダのリンゴ園でコンポストや干し草などの有機物マルチが，土壌中の養分動態や食物網構造，および植物による養分吸収におよぼす影響を調べた研究では，EIが大きいほどリンゴ葉中のリン濃度が高くなる関係が認められた（Forge et al. 2003）．ここで紹介する筆者の事例では，残念ながら環境要因（この例では土壌中の養分量，微生物量など）について十分測定できなかった．そこで，各栽培管理の下で一般に知られる土壌の理化学性及び生物性の特徴を，線虫群集指数が反映しているかどうかについて検討する．

　米国やブラジルなどでは，土壌浸食を防ぐために不耕起栽培が行われている．この場合の土壌生態系は一般に耕起栽培のそれに比べ，(1) 有機物の分解が遅い，(2) 分解者として細菌よりも糸状菌が主になる，(3) 生態系の構造が発達し，食物網が複雑化することが知られている．これによれば，EIの値のみ不耕起＜耕起となり，CI，細菌食と糸状菌食との比（NCR），構造化指数（SI），成熟度指数（MI）などの値は逆に不耕起＞耕起となると予想される．また，稲藁堆肥などの有機物を畑に入れると，それを分解する微生物および微生物を摂食して速やかに増殖する線虫（本章1節のBa1やFu2）が増えるため，堆肥を畑に投入した区（堆肥区）では，化学肥料を投入した区（化肥区）や肥料無しの区（無肥区）に比べ，EIの値が大きく，逆にMIの値は小さくなると予想される．筆者は東北農業研究センター（福島市）に設置された大豆の試験圃場で線虫群集を2年間調べた（Okada and Harada 2007）．ここでは不耕起及び耕起栽培に堆肥区，化肥区，無肥区を組合せた6種

1. 線虫群集構造の指数化

類の試験区を設定した．不耕起の試験区では調査当時すでに耕うんを停止して6年が経過していた．また，ここの試験区ではティレンクス科（Tylenchidae）のフィレンクス（*Filenchus*）属線虫が比較的高密度で検出されたが，本章第1節で解説したとおり，ここでは糸状菌食性線虫として指数の計算に含めた．

調査の結果，季節変動はあるが，不耕起栽培と耕起栽培の違いについては，*EI*, *CI*, *SI*, *MI* では予想通りだったが，*NCR* では違いが不明瞭であった（図11-2）．一方，肥料の違いについてはグラフからはわかりにくいが，不耕起区と耕起区各々の中で比べると，*EI* については，不耕起区では予想通り堆肥区＞化肥区，無肥区であった．しかし，耕起区では肥料間で明瞭な違いがなかった．その原因は，耕起処理ですでに有機物分解が進み，*EI* が施肥処理によらず高いレベルにあったからであろう．また，*MI* は予想に反し，不耕起区では化肥区＜堆肥区＜無肥区，耕起区ではむしろ堆肥区で最も値が高くなる傾向があった．これは，堆肥の投入により，微生物食性線虫とともにそれを餌とする捕食性線虫も増えたためと考えられた．なお，多様度指数（種数 *S*）についても調べたが，こ

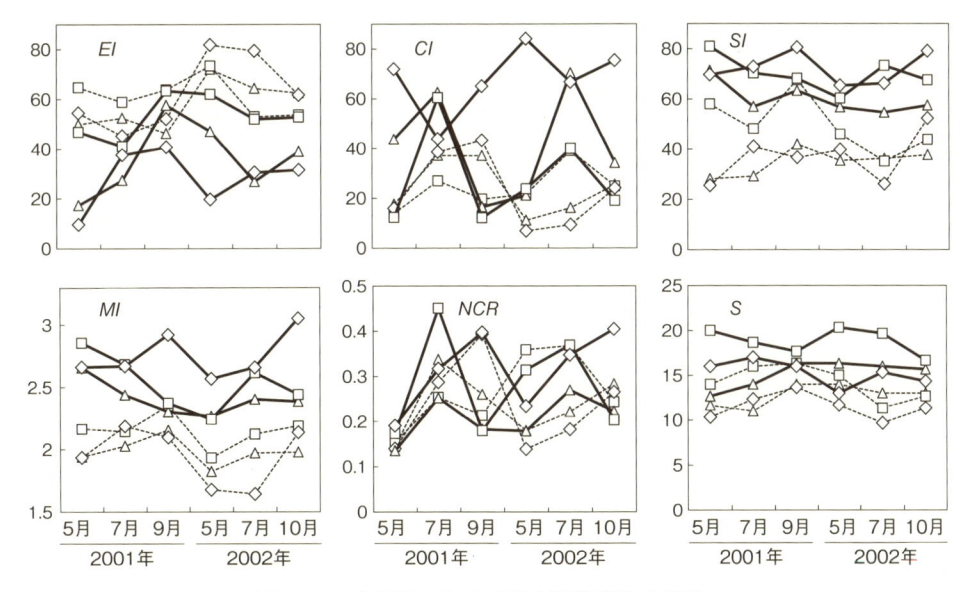

図11-2 大豆畑における線虫群集指数の変動．
肥沃度指数（*EI*），分解経路指数（*CI*），構造化指数（*SI*），成熟度指数（*MI*），糸状菌食性線虫と細菌食性線虫の比（*NCR*），多様度（種数, *S*）．実線は不耕起，点線は耕起栽培，□，△，◇は各々堆肥区，化肥区，無肥区を示す．Okada and Harada（2007）より改変．

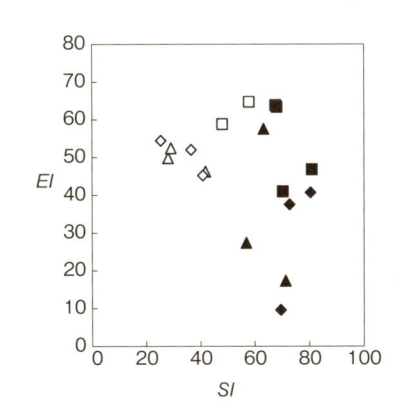

図11-3 肥沃度指数（*EI*）と構造化指数（*SI*）による座標付け．
2001年の3回の調査（5, 7, 9月）の値を表示．■，▲，◆，□，△，◇はこの順に不耕起−堆肥区，不耕起−化肥区，不耕起−無肥区，耕起−堆肥区，耕起−化肥区，耕起−無肥区を示す．不耕起区では *SI* の，耕起区では *EI* の値が大きいことがわかる．なお，■と□が一部重なる．Okada and Harada（2007）より作成．

ちらの方は不耕起区，耕起区いずれでも堆肥区＞化肥区，無肥区の傾向があった．このように，不耕起区と耕起区との違いを *EI*, *CI*, *SI*, *MI* はよく反映していたが，肥料の違いについて *EI* と *MI* がよく反映しているとは言えなかった．肥料の影響を評価する場合は多様度指数なども併用すべきであろう．なお，*EI* と *SI* の値に基づき各試験区を座標付けし，土壌の養分状態と食物網の発達程度を「見える化」することも，線虫の土壌生態学関連の論文ではよく行われている（図11-3）．

参考文献

Ferris, H. and Manute, M.M. (2003) Structural and functional succession in the nematode fauna of a soil food web. Applied Soil Ecology, 23: 93-110.

Forge, T.A., Hogue, E., Neilsen, G. and Neilsen, D. (2003) Effects of organic mulches on soil microfauna in the root zone of apple: implications for nutrient fluxes and functional diversity of the soil food web. Applied Soil Ecology, 22: 39-54.

岡田浩明（2002）土壌生態系における線虫の働き―特に無機態窒素の動態への関わり―. 根の研究, 11: 3-6.

Okada, H. and Harada, H. (2007) Effects of tillage and fertilizer on nematode communities in a Japanese soybean field. Applied Soil Ecology, 35: 582-598.

（岡田浩明）

2. DNAベースの群集分析法

　前節解説のとおり，線虫群集解析は土壌環境評価に有効である．しかし，形態分類に基づく分析は熟達した専門家以外には難しく，労力も大きい．そこで，分子生物学的手法の導入が望まれ，DGGE（変成剤濃度勾配ゲル電気泳動法，Okada and Oba 2008），T-RFLP（末端制限酵素断片長多型法，Donn et al. 2008），メタゲノム（Porazinska et al. 2010）などの手法が細菌や糸状菌と同様に検討されてきた．本節では，ベールマン法などによって得られた線虫群集試料からのDNA抽出法とDGGE解析法を紹介する．DGGEは，塩基配列の違いによる2本鎖DNAの結合強度の差を利用した方法で，配列中の1塩基の違いも検出可能な鋭敏な解析法である．なお，本法の操作で使用する試薬はすべて，基本的に特級以上の純度の高いものを用いる．

2.1　線虫群集からのDNA抽出

　a）準備器材：　破砕チューブ（スクリューキャップ付き2 mℓ マイクロチューブに以下のビーズを入れる：径0.1 mm ガラスビーズ0.1 g，径1.2 mm ジルコニアシリカビーズ4個．全て滅菌して用いる），1.5 mℓ マイクロチューブ, 20%（w/v）スキムミルク（蒸留水に溶解後，オートクレーブで105℃ 5分間処理をする．1回の使用分を小分けにしておき，冷凍保存），DNA精製キット（ここではWizard® SV Genomic DNA Purification System・Promega社製を使用した方法を述べる），細胞破砕装置（FastPrep 100A・BIO 101社製など），遠心分離機．

　b）操作手順：　①線虫が樹脂素材に吸着するため，終濃度で0.05%程度の界面活性剤（ツイーン20〔Tween20〕など）を線虫群集試料（線虫の懸濁液）に加える．②よく攪拌し，300頭相当の試料を1.5 mℓ マイクロチューブに移す．③8,000×gで1分間遠心したのち，上ずみを取り除き約40 μℓまで濃縮する．④核溶解溶液（Nuclei Lysis Solution：キット添付）200 μℓ を加え，破砕チューブに移す．同じ操作を1回繰り返し，破砕チューブに線虫を完全に移す．⑤20% スキムミルク50 μℓ, 0.5 M

2. DNA ベースの群集分析法

EDTA（pH8.0）50 µℓ を加える．攪拌後，−80℃で 15 分以上冷凍する．⑥ 破砕装置にチューブをセットし，6.5 m/seq で 155 秒間振とうする[1]．⑦ 消泡のため，13,000×g で 1 分間遠心する．⑧ Wizard SV Lysis Buffer（溶解緩衝液：キット添付）500 µℓ を加え，攪拌する．⑨ 13,000×g で 1 分間遠心する．⑩ 2 mℓ チューブに SV メンブレンカラムをセットし，カラムに ⑨ の上ずみ 800 µℓ を移し，13,000×g で 3 分間遠心する．⑪ チューブの液を捨て，カラムに Wash solution（洗浄液：キット添付）650 µℓ を加え，13,000×g で 1 分間遠心する．⑫ ⑪ の工程を 4 回行い，最後に 13,000×g で 3 分間遠心する．⑬ 新しい 1.5 mℓ マイクロチューブにカラムを移す．⑭ Nuclease-Free Water（核酸分解酵素非含有水：キット添付）250 µℓ を加え，1 分間置き，13,000×g で 1 分間遠心する．同じ操作をさらに 1 回繰り返す．⑮ 溶出液を鋳型 DNA とする．使用時まで −20℃ 以下で冷凍保存する．

 c）留意事項： 1）FastPrep100A での条件．他の機種で行う場合は，振動強度や時間を調整する必要がある．予備試験を行い，破砕後の溶液を顕微鏡で観察し完全な形の線虫が認められないことや PCR での増幅効率を確認し，最適な条件を決定する．

2.2 PCR による標的遺伝子の増幅

 18S rRNA 遺伝子の前半部を標的配列として増幅するとともに，DGGE に必須な GC クランプ* の付与を行う．ここで用いるプライマーセットは，線虫全般に対応するが，糸状菌や原生動物，環形動物の一部も増幅対象になる．しかし，一般的にベールマン法で得られた試料は線虫が優占するので，DGGE でも線虫以外のバンドはマイナーなものとして現れ，かつその位置もほとんどが線虫と異なり，容易に識別可能である．PCR の基本的なことは，第 3 章の 2 節，3 節，4 節などを参照する．

 a）準備器材： ① プライマー：SSU18A（5′-aaa gat taa gcc atg cat g-3′, Blaxter et al. 1998），SSU9R/GC（5′-cgc ccg ccg cgc ccc gcg ccc ggc ccg ccg ccc ccg ccc gag ctg gaa tta ccg cgg ctg-3′, Okada and Oba 2008）．ポリメラーゼ（Prime Star HS・タカラバイオ社製など），サーマルサイクラー，電気泳動槽．

 ＊CG クランプ：変性剤に対する DGGE に用いる DNA 断片の安定性を高め，完全に 1 本鎖に解離することを防ぐため，安定性が高い（解離しにくい）GC 塩基含量に富んだ DNA（GC クランプ）を付加する．

 b）操作手順： ① 反応液は，終濃度 1×PCR 緩衝液，0.2 mM dNTPs（Deoxy riboNucreotide Triphosphates），1.5 mM MgCl$_2$，0.5 µM 各プライマー，2.5 U/100 µℓ 酵素に調整し，25 µℓ の反応系に対し鋳型 DNA 10 µℓ を用いる．② 反応は 98℃ 3 分，(98℃ 10 秒→54℃ 15 秒→72℃ 40 秒)×27 サイクル，72℃ 10 分で行う．③ 反応終了後，一部を用いてアガロース電気泳動を行いサイズ（約 590 bp）の確認を行う．④ 残りの産物はエタノール沈殿ないし PCR 産物精製キット（QIAquick PCR purification kit, QIAGEN 社製など）で精製したのち，吸光光度計などを用いて DNA 濃度を測定しておく．⑤ すぐに DGGE を行わない場合，精製産物は −20℃ 以下に保存する．

2.3 DGGE による標的遺伝子の分離

 変成剤濃度勾配ゲルを作製し，電気泳動を行う．細かな操作法については「PCR-DGGE による土壌細菌・糸状菌相解析法」（農業環境技術研究所 2010）が参考になる．

 a）準備器材： 変成ゲルストック溶液（表 11-2 の割合で混合，超純水で 100 mℓ に定溶する．孔

表 11-2 変性ゲルストック溶液の組成

変成剤濃度	脱イオンホルムアミド	尿素	40% アクリルアミド / ビス 37.5：1	50 × TAE
20%	8.0 mℓ	8.2 g	15.0 mℓ	2.0 mℓ
50%	20.0 mℓ	21.0 g		

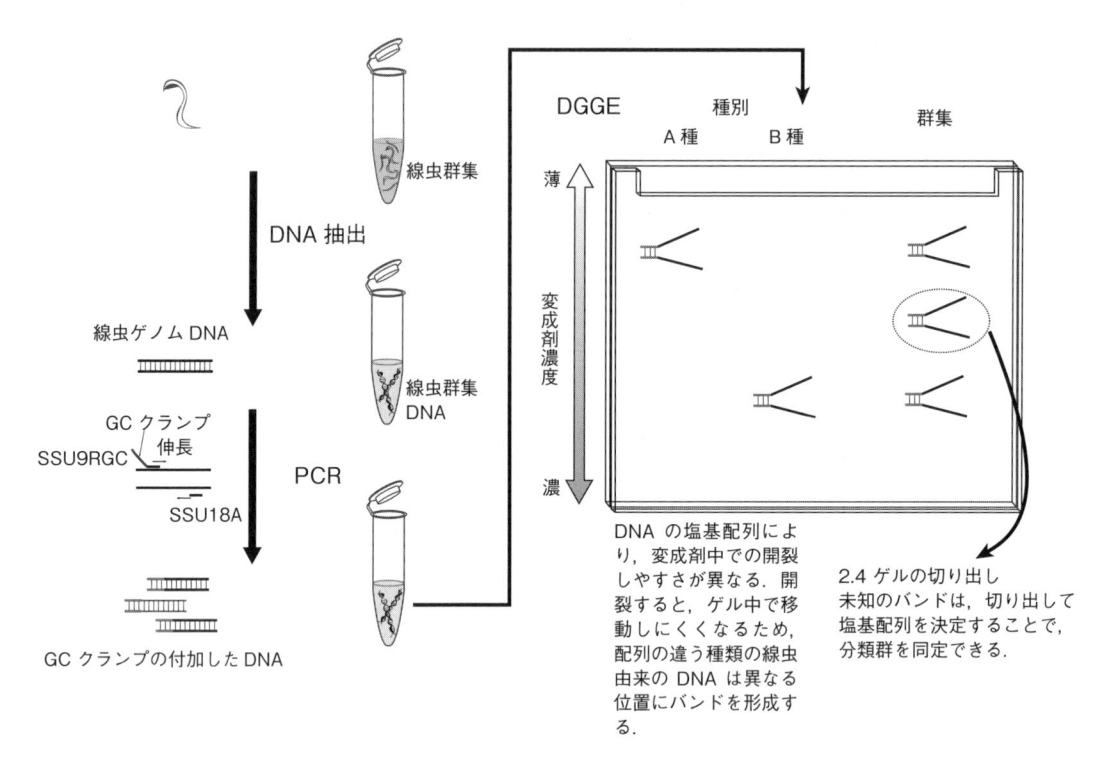

図 11-4 変性剤濃度勾配ゲル電気泳動法（DGGE）の作業概念図

径 22 μm のメンブレンフィルターでろ過後，遮光瓶に入れ，冷蔵保存する．1 箇月程度保存可能．），10%（w/v）過硫酸アンモニウム水溶液（過硫酸アンモニウムを超純水で溶解．500 μℓ ずつ小分けにし，冷凍保存．1 箇月間保存可能．），TEMED（Tetra Methyl Ethylene Diamine），1×TAE（Tris Acetate EDTA）緩衝液，染色液（ブロモフェノール・ブルーとキシレンシアノール終濃度各 0.05%（w/v）となるよう，1×TAE で溶解．室温で保存．），2×Loading Dye（装填染液：終濃度でグリセリン 70%（v/v），ブロモフェノール・ブルーとキシレンシアノール各 0.05%（w/v）となるよう，滅菌超純水で溶解．室温で保存．），DGGE 解析用 DNA マーカー（DGGE Marker V，ニッポン・ジーン社製），DNA 染色試薬（GelGreen™，SYBR® Green など感度の高いもの），DGGE 装置（DCode™ 微生物群集解析システム・Bio-Rad 社製），ゲル撮影装置・UV イルミネーター．

b）操作手順

《変成剤濃度勾配ゲルの作製》：①DCode 添付のマニュアルに従い，プレート（16 cm，スペーサー 1 mm 厚）を組み立てる．キャスティングスタンドに組み立てたプレートを固定し，プレートの中央部にゲル注入用のチューブをセットする．②ビーカーなどに 20%，50% 変性ゲルストック溶液を 16 mℓ ずつ取り分け，しばらく室温におく（（c）の 2）参照）．③50% ゲル溶液に 100 μℓ の染色液を加える．④ゲル溶液に 10% 過硫酸アンモニウム水溶液 144 μℓ を加えて軽く振り混ぜる．⑤TEMED 14.4 μℓ を加えて軽く振り混ぜ，チューブを装着したシリンジに各溶液を吸い取る．シリンジおよびチューブ内の空気を抜いたのち，シリンジをグラジェントフォーマーにセットし，各チューブの端を注入用チューブと Y-フィッティングで繋げる．⑥グラジェントフォーマーのホイールをゆっくり一定の速度で手前に回し，ゲル溶液をゲル板の上部まで注入する．⑦チューブを外し，気泡が入らないようにコームを慎重に挿し込む．⑧室温で 3 時間以上静置し，ゲルを重合させる．

《電気泳動》：　①1×TAE を泳動槽に注ぐ．上部ユニットを装着し，ヒータースイッチを ON にして設定温度を 65℃に合わせる．②プレートをスタンドから外し，水平に置く．コームに洗瓶で少量の蒸溜水をかけ，プレートから静かに抜き取る．ゲル板表面に残った余分なゲルは拭き取り，シリンジなどを使用して水流でウェル内に残ったゲル片などを除去する．③プレートをコアに取り付け，泳動槽にセットする．④温度を泳動時の温度よりやや高め（62℃程度）に設定し，温度が安定するまで待つ．この時 1×TAE が泳動層の上限線まで達していなければ，注ぎ足す．⑤120 ng 相当（c）留意事項の 3）参照）の PCR 産物を等容量の 2×装填染液（Loading Dye）とよく混合する．⑥上部ユニットを取り外して⑤とマーカーをウェルに静かに注ぐ．⑦上部ユニットを装着し，設定温度を 60℃に合わせる．75 V で 16 時間泳動する．⑧プレートからゲルを外し，1×TAE で希釈した DNA 染色試薬で 30 分間染色する．⑨ゲル撮影装置でゲルの画像を取得する．

　c）留意事項：　1）変成ゲルストック溶液の調合では，毒性のある試薬の使用や器具が高温になるため，基本的にゴム手袋を装着して操作を行う．2）ゲル板，ゲル溶液の間に温度差があるとゲル中の変成剤濃度勾配が歪むことがある．冷暖房を使用する季節は，室温が安定してから行う．3）16 ウェルコームを使用した場合．検出器の感度により増減する必要がある．また，濃度が薄くウェル容量を超える場合は，エタノール沈殿などで濃縮してから用いる．

2.4　バンドの切り出しによる分類群の推定

　分離されたバンドと線虫種との対応関係を推定するためには，ゲルからバンドを切り出し，塩基配列を決定（第 3 章 7 節「DNA シークエンシングによる同定法」を参照）する．ここで紹介する手順は，切り出す位置の精度は若干落ちるが，UV ランプ下での作業が不要で，DNA の損傷を最小限に抑えられる．

　a）準備器材：　ラップフィルム，広口チップ（先端を 2～3 mm 切った 200 μl チップないしセルセイバーチップ），PCR チューブ，滅菌超純水（S.W.）．

　b）操作手順：　①撮影後，ゲルをラップフィルムの上に移し，乾燥防止のため上面もラップフィルムで覆う．②ゲルの画像を等倍で印刷し，切り出すバンドを決めて印をつける．③ライトボックス上にゲル画像を敷き，上からラップフィルムごとゲルを重ねる．④上面のラップフィルムを除き，マイクロピペッターに広口チップを装着し，下に敷いたゲル画像を目安に目的のバンドを数回突く．⑤PCR チューブに S.W. 約 100 μl を入れる．S.W. にチップの先端を浸し，吸入と排出を数回行い，ゲル片をチューブ内に移す．⑥チューブ内の S.W. を除去し，再度 S.W. 100 μl を加える．数回繰り返しゲルを洗浄する．最後に S.W. 20 μl を加える．⑦作業終了後に，ゲルを UV イルミネーター下で観察し，切り出した部位が目的のバンドと一致していることを確認する．⑧−80℃で 10 分以上冷凍し，95℃で 10 分間処理する．よく攪拌し，溶液を鋳型 DNA として PCR に使用する．

　c）留意事項：　長時間放置するとバンドが拡散するため，3 時間をめどに操作を終わらせる．

2.5　サンプル間比較のためのデータ解析

　得られた DGGE 画像の解析は，画像解析ソフト（Quantity One・Bio-Rad 社製，GelComparII・Applied Maths 社製，ImageJ・NIH など）で行う．バンドを種と置き換えれば，多様度指数や類似度の解析を行える．

参考文献

Donn, S., Griffiths, B.S., Neilson, R. and Daniell, T.J. (2008) DNA extraction from soil nematodes for multi-sample community studies. Applied Soil Ecology, 38: 20-26.

農業環境技術研究所（2010） PCR-DGGE による土壌細菌・糸状菌相解析法 ver.3.3.
http://www.niaes.affrc.go.jp/project/edna/edna_jp/manual_bacterium.pdf

Okada, H. and Oba, H. (2008) Comparison of nematode community similarities assessed by polymerase chain reaction-denaturing gradient gel electrophoresis (DGGE) and by morphological identification. Nematology, 10: 689-700.

Porazinska, D.L., Giblin-Davis, R.M., Esquivel, A., Powers, T.O., Sung, W. and Thomas, K. (2010) Ecometagenetics confirms high tropical rainforest nematode diversity. Molecular Ecology, 19: 5521-5530.

Waite, I., O'donnell, A., Harrison, A., Davis, J., Colvan, S., Ekschmitt, K., Dogan, H., Wolters, V., Bonger, T., Bongers, M., Bakinyi, G., Nagy, P., Papatheodorou, M., Stamou, G. and Bostrom, S. (2003) Design and evaluation on nematode 18S rDNA primers for PCR and denaturing gradient gel electrophoresis (DGGE) of soil community DNA. Soil Biology and Biochemistory, 35: 1165-1173.

（大場広輔）

第 12 章　植物と線虫の相互関係研究法 II

1. 線虫による植物被害評価法

1.1　ネコブセンチュウ被害評価法

　ネコブセンチュウは植物の地下部位に寄生・加害し被害を発生させるが，作物の種類，品種によって，また作物収穫部位（果菜，葉菜，根菜，イモ類，主穀作物，果樹類など）や，生育ステージ，あるいは栽培様式（直播・定植，露地・施設，栽培期間，季節など）などによって被害発生の様相は多様である．この多様な被害を評価する場合に，経済的損害，植物が被るダメージ，加害線虫の成育・増殖の程度など評価視点によって自ずと評価基準は異なり，またかならずしも規準相互の関連も一定でない．ここでは，農業生産上の経済的被害評価を中心に説明する．

　農作物のネコブセンチュウ被害は，寄生・加害によって引き起こされる生育不良や減収および品質低下などであるが，これらは根こぶの量・大きさなどと関連がある．このため，根こぶの形成量・程度を数量評価するために，各種作物ごとに根こぶ形成程度別基準（根こぶ指数）が設定され利用されている．一方，経済的損失やネコブセンチュウの増殖率は，植物・作物の種類や環境条件などの栽培条件によって大きく異なり，調査時や状況を異にする評価比較には注意を要する．

1.1.1　根こぶ形成の評価－程度別根こぶ基準

　ネコブセンチュウの被害を評価する指標として，一般に根のこぶの数量と大きさとを基にして 5 段階や 11 段階の根こぶ形成程度別基準が利用されており，5 段階根こぶ基準は簡便であることから，殺線虫剤などの防除効果判定をはじめ広く利用されている．一方，より細かく被害を解析する目的で 11 段階基準も海外などで使用されているが，細かく数多くの区分を設けることによって，調査が煩雑になって仕分けし難くなる．

　定型的な根こぶ形成程度別基準では，ネコブセンチュウの多様な被害様相を正確に評価・数値化することが難しい場合もあるので，一般的な作物ではトマトなどの根こぶ形成程度別基準を基本として，個々の作物の被害状況に適応するよう基準を改変して使用することが必要である．また，ネコブセンチュウが寄生・加害することによって，根の伸張や発根が抑制されて株全体の根量が健全株と比較して減少する．そこで，被害株の根量と根こぶ数量・程度も併せて考慮して被害評価を行う．

　各農産物産地などで使用されている出荷基準は，品質と価格を基に段階的に区分されており，とくに根菜類やイモ類では線虫被害を対象として，またはそれを考慮して設定されている基準もあるので，この出荷基準を経済的被害評価に利用できる．

　なお，根こぶ調査用植物サンプルを採取する場合には，同一圃場や処理区内であっても株ごとに被害程度が異なることが多いので，圃場全体からランダムに多くのサンプルを調査する必要がある．表土付近は地温や乾湿の影響によって，線虫の活動が抑制され被害が少ない傾向にあり，また，薬剤や

温熱処理などによって土壌消毒を行った場合には，消毒効果があった土中範囲内では根こぶの形成は少ないものの，消毒が不十分な土壌の深い部分などでは根こぶの着生が多いことが見られる．このため，根こぶ調査用サンプルの根は，深い部分までていねいに掘り取り調査を行う．一方，栽培前および栽培後に土壌中のネコブセンチュウ密度をベールマン法などの定法により調査することは，被害を評価するうえで参考となる．

1.1.2 根こぶが肥大する作物（ナス科やウリ科など）の5段階法および11段階法

全根量に対する根こぶ形成量との関係で作物に対する被害の多少が決まる．このため，根量が少ない作物生育初期では，わずかなネコブセンチュウの寄生・加害であっても重大な生育抑制や大きな減収ともなる．根こぶの調査は，栽培1箇月以上を経過した後に根をていねいに掘り取り，水洗い後に肉眼観察によって株ごとに根こぶの形成程度を段階別に分けて調べ，根こぶ指数を算出する．栽培初期などで根量が少ない場合には，根こぶの大小に拘わらず根こぶ形成数や卵のう数を直接計数する．

1) 一般野菜類の5段階根こぶ形成程度別基準

根こぶ形成程度別基準が0：根系全体に根こぶを全く認めない．1：根こぶをわずかに認める．2：根こぶの形成が中程度．3：根こぶの数が多い．4：根こぶがとくに多く，かつ大きい．

$$\text{根こぶ指数} = (4A + 3B + 2C + D)/4N \times 100 \quad \text{（式 12-1）}$$

[A：4の株数，B：3の株数，C：2の株数，D：1の株数．N：調査株数]

（日本植物防疫協会：野菜等殺虫剤圃場試験法，2004）

2) トマトの5段階根こぶ形成程度別基準

根こぶ形成程度別基準が0：根こぶ無し．1：根こぶがわずかに認められるが，被害は目立たない．2：一見して根こぶが認められる．大きな根こぶやつながった根こぶは少ない．3：大小の根こぶが多数認められる．根こぶに覆われて太くなった根も見られるが，根域全体の50％以下．4：多くの根が根こぶだらけで太くなっている．根こぶ指数の算出法については式12-1による（日本線虫学会編；線虫学実験法，2004）（図12-1）．

図12-1 トマトの5段階根こぶ形成程度別基準

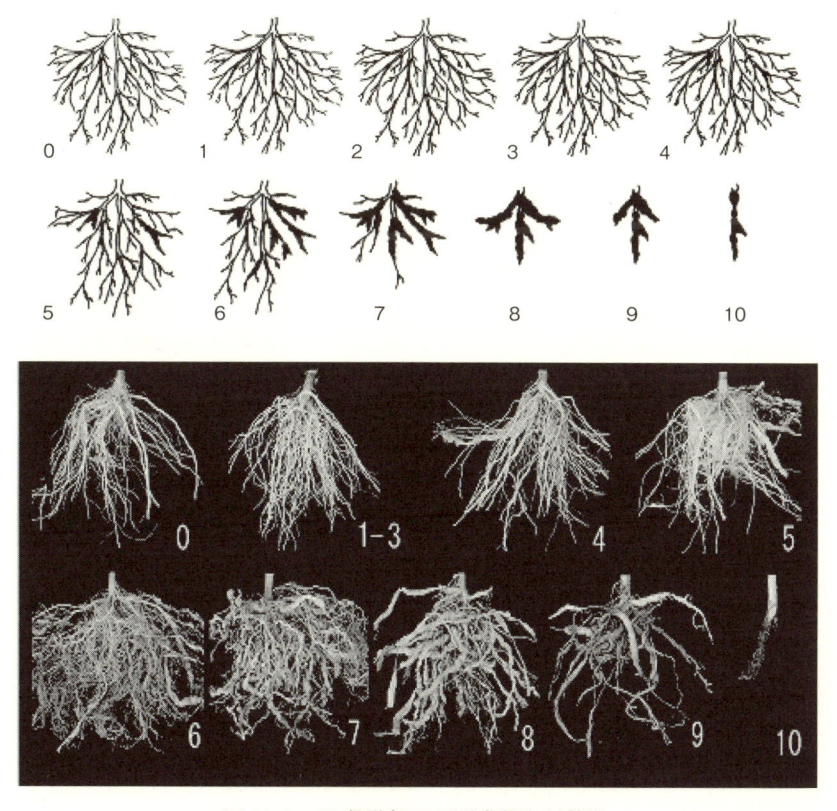

3）一般植物の 11 段階根こぶ形成程度別基準

根こぶ形成程度別基準が 0：根系全体に根こぶは皆無．1：注視によって小さな根こぶが見つかる．2：小さな根こぶが容易に見つかる．3：多数の小さな根こぶがあり，つながった根こぶもある．4：多数の小さな根こぶといくつかの大きな根こぶがある．5：25％の根系に根こぶがある．6：50％の根系に根こぶがある．7：75％の根系に根こぶがある．8：100％の根系に根こぶがあるが，植物は生きている．9：根系が腐り始めている．10：枯死状態．

根こぶ指数 = $(10A + 9B + 8C + 7D + 6E + 5F + 4G + 3H + 2I + J) / 10N \times 100$ …… 式 12-2
[A：10 の株数，B：9 の株数，C：8 の株数，D：7 の株数，E：6 の株数，F：5 の株数，G：4 の株数，H：3 の株数，I：2 の株数，J：1 の株数．N：調査株数]（Zeck 1971）（図 12-2）

1.1.3　根こぶが大きく肥大しない作物（イネ科，ピーマン，ラッカセイなど）の 5 段階法

ピーマン，ラッカセイ，イネ科作物などは，根こぶが大きく肥大せず，根に小さな根こぶが連続して形成され，多数の根こぶが形成されることによって作物の生育が抑制される．多数の根こぶが形成された根は，健全な株よりも土壌が付着しやすく根こぶを見逃しやすい．とくに，ラッカセイではマメ科特有の根粒菌のこぶが形成されるうえ，キタネコブセンチュウの被害では，根こぶから放射状に伸張した多くの根が錯綜するので，掘り取った時に根系全体に多くの土壌が付着し根こぶが目につきにくい（図 12-3）．大きな根こぶが形成されない作物や栽培 1 箇月程度の作物は，採取した根をていねいに水洗いし土壌を落として観察を行う．また，フロキシン B（15 mg/ℓ）水溶液で卵のうを赤色に

図 12-2　11 段階根こぶ形成程度別基準

図 12-3 ラッカセイの根こぶ 　　図 12-4 フロキシン B で染色したピーマン根に形成された卵のう

染色することによって，卵のうを見やすくすることができる（図 12-4）．
　これらの根こぶが大きくならない作物や根こぶが大きくなる作物でも，栽培から 1〜2 箇月以内の根こぶ肥大が小さい状態の作物では，根こぶの数やフロキシン B で染色した卵のう数などを直接計数した数量を基に 5 段階区分し調査を行う．
　根こぶ形成程度別基準が 0：根こぶの形成はない．1：わずかに根こぶが認められる．2：根系全体に根こぶの形成が見られるが，数珠状に連続することは無い．3：部分的に数珠状に連続した根こぶ形成がある．4：根系全体で数珠状に連続して多数の根こぶがある．根こぶ指数の算出法については式 12-1 による．

1.1.4　根菜類とイモ類の 5 段階法

　ネコブセンチュウの寄生や増殖の好適度合いと被害量との関係は，作物よって大きく異なる．ゴボウやニンジンなどの根菜類では，根こぶ数はさほどではないものの，生産物である根にネコブセンチュウが直接寄生することによって岐根や奇形を生じ，商品としての経済的価値が大きく損なわれる（図 12-5，12-6）．サツマイモ，ジャガイモ，ヤマイモなどのイモ類も，同様に土壌中のイモへの直接的な寄生・加害によってイモの正常な肥大が損なわれ，イモの形状などの外観品質が大きく損なわれる

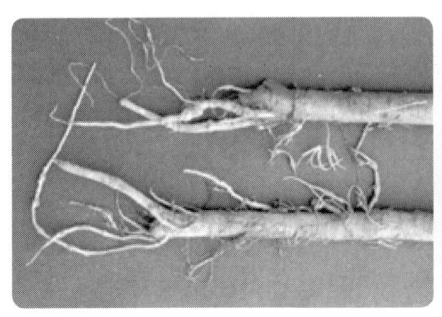

図 12-5　ゴボウの根こぶと岐根 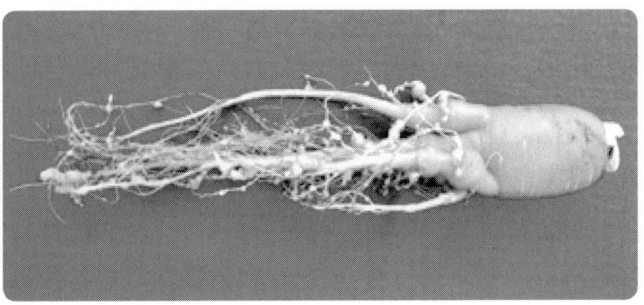　　図 12-6　ニンジンの根こぶと岐根

1. 線虫による植物被害評価法

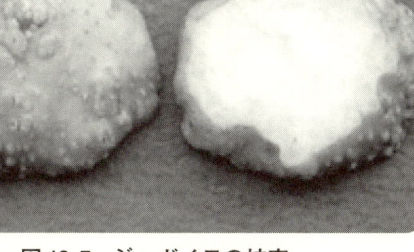

図 12-7　ジャガイモの被害

図 12-8　ヤマノイモの被害

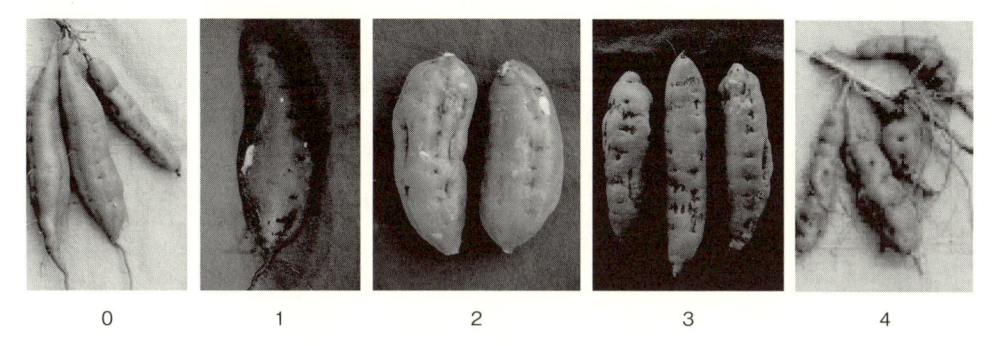

図 12-9　根菜類・イモ類の5段階根こぶ基準（サツマイモの例）

（図 12-7, 12-8, 12-9）．これらの形状や品質の損失を経済的に評価するためには，各作物や産地別に作成されている出荷規格基準を基にし，1：A品として出荷できる程度の僅かな被害，2：A品として出荷できないがB品として出荷は可能な被害，3：被害大きく一般出荷はできないが，加工用途には出荷できる程度の被害，4：出荷に供することが不可能な激しい被害，などの被害評価基準を設ける．併せて収量を調査することによって経済的被害を評価することができる．

イモ類の5段階根こぶ基準は次のように決定する．イモのネコブセンチュウ被害程度別基準が0：被害を認めない．1：わずかな被害を認める．2：小さな被害が多い．3：小さな被害が多く大きな被害も見られ，イモの形状がやや乱れる．4：被害箇所が大きく且つ多く，形状の乱れが著しい（図 12-9）．根こぶ指数の算出法については式 12-1 による．

1.1.5　生育収量および土壌病害調査

植物はネコブセンチュウの寄生・加害を受けると，根の水分・養分吸収機能が阻害されて生育や収量・品質が低下する．このため，ネコブセンチュウの被害評価では，根こぶ調査と併せて草丈・分枝数などの生育量や葉色，収量・品質の調査を行う．さらに，ネコブセンチュウの寄生を受けると被害根から土壌病害に感染しやすくなり，発病によって作物の生育不良や枯死にもつながる二次的な被害発生を助長することがあるので，土壌病害の発生状況も併せて調査を行う．

参考文献

伊藤賢治（2004）　被害査定法：ネコブセンチュウの寄生度．『線虫学実験法』（日本線虫学会編）pp.103-105 日本線虫学会，つくば．

日本植物防疫協会（2004）野菜等殺虫剤圃場試験法．http://www.jppn.ne.jp/jpp/data/yasaim1.pdf

Zeck, W.M. (1971) A rating scheme for field evaluation of root-knot nematode infestation. Pflanzenschutz-Achrichten Bayer, 24: 141-144.

（上田康郎）

1.2　シストセンチュウ被害評価法

　シストセンチュウは根に寄生しシストを形成するため，ネコブセンチュウやネグサレセンチュウのように可食部が直接被害を受けることはない．したがって，シストセンチュウの被害は減収として表れ，栽培後の作物の収量を比較するのが被害評価法として最もふさわしい．また，収穫前にシストセンチュウの被害を評価する方法として，根に寄生するシストの総数，あるいはそれを簡略化した「シスト指数」がわが国ではよく用いられている．さらに，線虫加害が著しい場合，地上部の症状からも被害程度が類推できる．なお，シストセンチュウは種ごとに寄主作物が限られるうえ，栽培条件も大きく異ならない（規模の大きな露地栽培であることが多い）ため，被害量（減収割合）は栽培前の線虫密度にほぼ依存する．このため，栽培前（および栽培後）の線虫密度調査が被害査定に重要である．

1.2.1　シスト指数による評価

　根の表面に露出した雌成虫は始め白色であるが，時間を経るにしたがってシスト化が進み，徐々に褐変していく．褐色のシストは速やかに根から脱落するから，肉眼によるシスト寄生程度の調査は，雌成虫が根の表面に現れてから褐変するまでの1～2週間のうちに行う必要がある．この点は，栽培後期ほど被害の観察が容易になるネグサレセンチュウ，ネコブセンチュウと異なり，作物の収穫期はシストセンチュウの調査適期ではないので，注意が必要である．

　北日本のダイズシストセンチュウ（*Heterodera glycines*）と北海道のジャガイモシストセンチュウ（*Globodera rostochiensis*）では，7月上中旬あたりが観察適期となる．関東以南のダイズシストセンチュウは1作で3回（ないし4回）の世代経過が認められることから，1世代に必要な有効積算温度と発育零点（313.4日度・10℃）などを参考に，好適な時期を選んで調査を実施する．なお，観察適期には，ダイズシストセンチュウは白色から淡褐色，ジャガイモシストセンチュウは白色から濃黄色を呈している．

　調査する株の根を圃場より掘り出し，根に付着している土壌を慎重に払い落とす．圃場全体を調査する場合，調査株数は1 ha あたり50株以上が望ましいが，薬剤試験など小面積の場合は20株前後を調査する．

1.2.2　寄生度の判定

　肉眼で寄生が確認できるすべての虫体を数えて判定するのが最も正確だが，労力軽減のため，我が国では，根の表面に寄生しているシストを肉眼で調べ，寄生程度を0から4までの5段階に階級付けし，それに当てはめて判定した結果を指数換算して表示するのが一般的である．以下にその方法を記し，図12-10に寄生度の判定の目安を略図で示す．

　シスト寄生度：0　肉眼ではシストが全く発見できない．1：すべての土を払い落としてようやく，数個のシストが認められる．2：シストが散見され，肉眼ではっきりと確認できる．3：シストが多数観察できる．4：シストが根全体にわたって極めて多数認められ，密集している．

　寄生度を判定後，それぞれの寄生度の株数を数え，そのデータを

　　シスト指数 = （Σ（寄生度×当該株数））/（調査株数×4）× 100

の数式に当てはめて計算をしてシスト指数を求める．調査したすべての株の被害度が0の場合はシ

1. 線虫による植物被害評価法

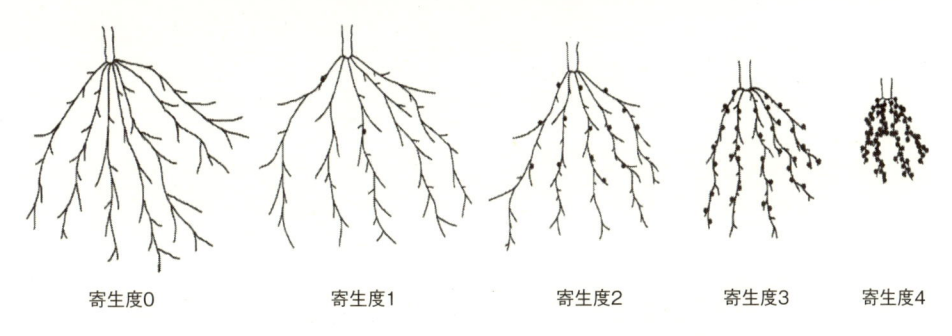

寄生度0　　寄生度1　　寄生度2　　寄生度3　　寄生度4

図 12-10　シストセンチュウの寄生度の目安（相場 2004）

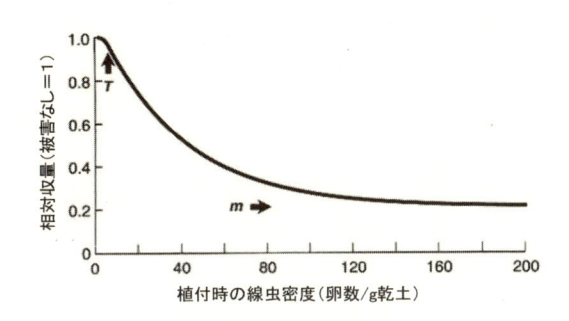

図 12-11　植付時の PCN 密度と相対収量の関係（Seinhorst and den Ouden 1971）

スト指数は 0，すべての被害度が 4 の場合はシスト指数は 100 となる．

寄生度の判定はあくまでも観察者の主観による目安である．観察者によって判定に差異が生じる可能性があり，対照区との比較データは同一観察者が取るなどの必要がある．

1.2.3　地上部症状からの評価

ダイズシストセンチュウでは第一世代のシストが形成される頃（北海道では 7 月中旬以降）に，線虫加害が著しい場合，生育が抑制され草丈が低く茎葉が黄化する症状が現れる．圃場の一部が坪状に黄化するため，「月夜病」とも呼ばれる．黄化した葉は早期に落ち，莢は結莢しないものが多く，結実も劣る．

ジャガイモシストセンチュウでは，同じ頃，下葉の黄化と萎凋の症状が現れ，株の生育はきわめて不良になる．さらに症状が進むと，株の黄化と下葉から中葉の枯死脱落が進み，上方の葉を残して下方の葉はすべて枯死脱落する「毛ばたき症状」と呼ばれる状態になる．

以上は，高密度圃場に感受性品種を栽培した場合の典型的な症状であり，中程度の密度だと地上部に症状が出ないまま，被害に気付かずに数十パーセントの減収となることもある．

1.2.4　収量と線虫密度の関係

ジャガイモシストセンチュウの栽培前密度と収量の関係の一例を図 12-11 に示す．高密度と低密度の両端を除けば，ほぼ直線関係で表すことができる．第 10 章 3.5「シストセンチュウの分離法」を用いて栽培前密度を明らかにすれば，事前に減収程度が予測でき，防除対策の策定に利用できる．

参考文献

相場 聡（2004）被害査定法：シストセンチュウの寄生度．『線虫学実験法』（日本線虫学会編）pp.105-106 日本線虫学会，つくば．

Seinhorst, J.W. and den Ouden, H. (1971) The relation between density of *Heterodera rostochiensis* and growth and yield of two potato varieties. Nematologica, 17: 347-369.

（奈良部 孝）

1.3 ネグサレセンチュウ被害評価法

ネグサレセンチュウ（*Pratylenchus* spp.）による被害は，根部では直接的な加害による褐変・腐敗・脱落などであり，地上部では根部の機能低下による作物の生育抑制・減収・衰弱や枯死である．被害の程度は作物によって異なり，直接的な加害による根部の症状でも，明瞭な場合もあれば，目立った症状が認められない場合もある．これらは，いずれの症状もネグサレセンチュウ特有のものとは言い難く，外観症状のみによる作物の被害程度の正確な評価は難しい．また多くの場合，線虫が侵入した根の部位から，病原菌が感染して線虫複合病を引き起こしたり，腐生菌が侵入して被害を助長させたりするため，ネグサレセンチュウ自体による被害評価はさらに困難となる．しかし，これら複合的な被害も，きっかけはネグサレセンチュウによる加害であると捉えれば，区別せずに評価しても支障はないと考えられる．ただし，可能な限り正確な被害評価を行うためには，外観による調査に加え，根部でのネグサレセンチュウの寄生密度，土壌中の生息密度を含めて，総合的に評価することが不可欠である．

1.3.1 地上部の症状

草本性の作物は，根部が著しく加害されると，生育抑制によるすくみ症状（植物体が全体に小さい状態）や退緑（クロロシス〔chlorosis〕：緑色が失われる症状）を示す．すくみ症状は生育が進むにつれ顕著となり，葉はしおれて黄褐色になる．クルミネグサレセンチュウ（*P. vulnus*）によるイチゴの被害（図12-12）は，春以降の気温上昇に伴い線虫密度が高まるため，この時期以降に発現する場合が多い．また，圃場の耕耘作業の影響から，畝方向に沿って被害が連続する特徴がある．

木本性作物の症状は，樹勢の低下および減収として現れる．葉が小さくなるとともに黄化し，枝先の葉の早期落葉が見られるようになる．ただし，草本性作物に比べて被害発現は遅く，被害程度も顕著ではない．

地上部の被害評価では，以下のような一般的な生育量を評価する基準を用いる．通常，生育が進むに従って被害は顕著になるが，線虫密度が高い場合には生育初期にも被害が現れる．しかし，地上部の症状はネグサレセンチュウによる直接的な被害ではないため，補完的な評価として扱う．

草本性作物：草丈，生育重，葉数，茎径，収量など

木本性作物：新梢生長量，樹冠容積，収量など

図12-12 クルミネグサレセンチュウによるイチゴ地上部の被害
手前から2畝目の生育が抑制され，株が萎縮している（すくみ症状）．

1.3.2 根の症状

ネグサレセンチュウによる典型的な病徴は，ネクローシス（necrosis：壊死）である．壊死部の病斑色は，はじめ白色（水泡）または鈍い黄色を呈し，その後褐色，黒色へと変化する．病斑は根の軸に沿って縦に進展し，隣接した病斑と合体しながら横にも拡大し，最終的には根全体にネクローシスが形成される．壊死が進行した部位には腐生性の菌類や細菌が増殖して組織が崩壊することでくびれが生じ，そこから根が脱落する．病斑は根系の随所に現れるが，とくに若い吸収根の根毛のある部位に密に発症する傾向がある．被害が進行すると，根系全体が褐変して根量が乏しくなったり（図12-13），黒変して短く刈り込まれたような外観になったりする．

図12-13 クルミネグサレセンチュウによるイチゴ根部の被害
右側2株：被害根．褐変して根量が乏しい．左側2株：健全根．

ネクローシスは寄主植物の線虫に対する防御反応（過敏感反応）であり，植物の反応の強さによって病斑の色，数，形状や大きさが左右される．近岡（1983）は，キタネグサレセンチュウ（*P. penetrans*）の寄生による根の病斑型を，寄主植物の分類群（科）に応じて以下の3タイプに区別している．

A 病斑が認められない：ユリ科（ネギ，タマネギ）
B 健全部との境界が不鮮明な病斑：アブラナ科（ダイコン，キャベツ），セリ科（ニンジン），イネ科（オオムギなど）
C 病斑部と健全部との境界が鮮明：ナス科（トマトなど），マメ科（インゲンマメなど），キク科（ゴボウなど）

タイプCのように鮮明な病斑が形成され，それが作物の生育阻害や線虫密度と相関していることが明らかな組み合わせ（キタネグサレセンチュウのキク科作物，ミナミネグサレセンチュウ（*P. coffeae*）のサトイモ，クルミネグサレセンチュウのイチゴ）では，病斑程度を直接被害評価に反映させることが可能である．図12-14に示したように，根の病斑程度を階級値0～4の5段階で評価し，根こぶ指数と同様に指数化して比較することができる．ただし，栽培期間が長いイチゴなどでは，線虫複合病や腐生菌による被害助長，植物の生理的要因などにより，栽培終期には根の褐変・腐敗が進んでいる場合があり，必ずしも線虫密度との相関が高くないこともある．後述する根部や土壌中の線虫密度調査を併せて実施し，より正確な被害評価を行うことを推奨する．

タイプAやタイプBの多くの作物では，根部外観による被害評価は困難である．また，タイプCであっても，明瞭な病斑があるのに寄生数は少ない場合（アズキ：キタネグサレセンチュウ），病斑程度と寄生密度とは相関するが，高い線虫密度でもあまり減収しない場合（インゲンマメ：キタネグサレセンチュウ）などは，被害評価が難しい．

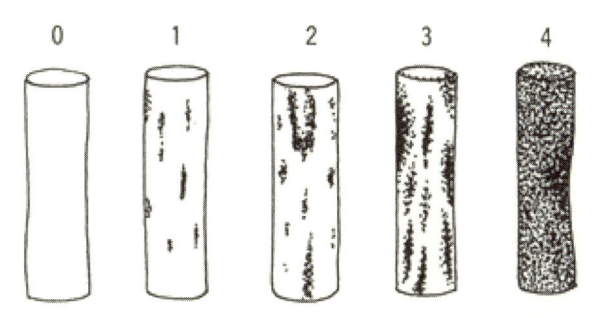

図12-14 ネグサレセンチュウによる根の被害程度
水久保（2004）より転載（高木・近藤（1960）より改写）

1.3.3 主根，塊根，塊茎の被害度

　地下部を収穫する作物では，収穫部表面の病斑が直接市場価値に影響する．すなわち，ネグサレセンチュウの加害による作物の生育・収量への影響が小さいか，あるいは無い場合でも，収穫物の商品価値や商品化率が低下することで被害が大きくなる．このため，収穫部位の外観被害の階級値に基づく判定は，経済的な被害評価として重要である．

　ダイコンの肥大根では，キタネグサレセンチュウの加害によって白斑，褐色の小斑点，それが裂開した黒変が生じる．ゴボウの主根では，従来はしみ状の褐点，表皮の褐変～黒変，変色部の亀裂やくびれなどの「黒褐色斑」が主たる症状であったが，近年は深層まで耕耘するトレンチャー栽培の主要産地での普及に伴い，褐色小斑点が根表面に分散する「ごま症」と呼ばれる症状に変わった．ダイコン肥大根とゴボウ主根の被害程度は，山田（1996）および山田・河合（2008）によって5段階に階級付けられている（図12-15，12-16）．ニンジンの短根性品種では，表皮に微小な縦の裂開やそれが腐

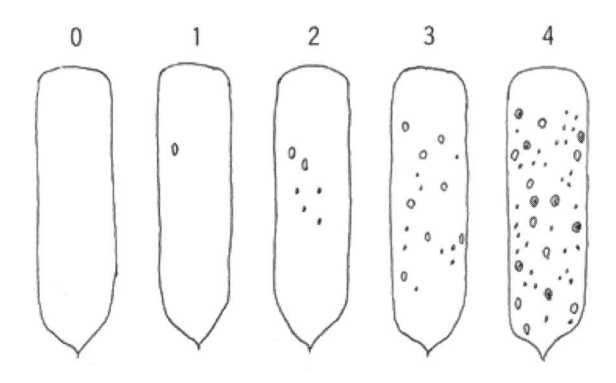

図12-15　ネグサレセンチュウによるダイコン主根の被害程度

山田（1996）より改変．0：健全．1：一見健全だが，よく見ると少数の白斑や褐点がみられる．2：白斑または褐点がわずかにみられる．3：白斑または褐点が全体に散見される．4：白斑や褐点が全体に多数みられ，白斑の中心が黒変するものが多く，あばた状．

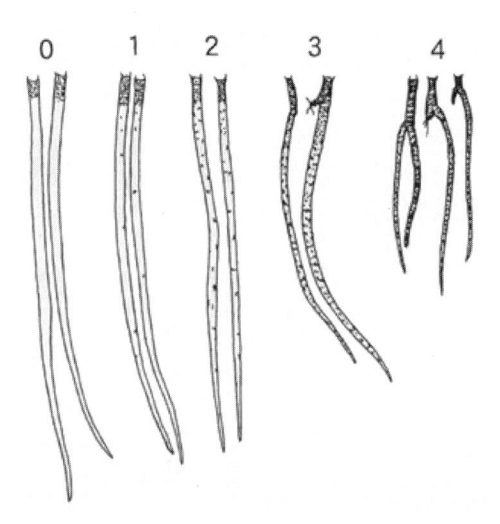

図12-16　ネグサレセンチュウによるゴボウ主根の被害程度

山田・河合（2008）を改変．0：褐色小斑点はない．1：わずかに褐色小斑点が認められる．2：褐色小斑点が散見される．3：褐色小斑点が多い．4：褐色小斑点が全体に密集する．

1. 線虫による植物被害評価法

表12-1 ネグサレセンチュウによる主根部の奇形被害程度調査基準（山田1989を修正・改変）

被害程度	階級値	奇形の状況
無	0	正常（奇形は見られない）．
少	1	ひげ根がわずかに分岐するが，主根は正常．
中	2	小根を分岐するが，主根はほぼ正常．
多	3	大きな分岐根や短い主根など，奇形が目立つ．
甚	4	著しい股割れや短根など，奇形が甚だしい．

敗した黒変斑を生じる．一方，長根性品種では，根の先端が切れたような寸詰まり奇形や，根の先端に細根の叢生を生じる奇形が現れる．ニンジンの被害程度を図示したものはないが，短根性品種ではダイコンやゴボウの評価基準を流用することが可能と考えられる．ニンジンの長根性品種で見られるような奇形は，ダイコンやゴボウでも線虫密度が高い場合などに発生する．このような寸詰まりや分岐根などの奇形による被害程度も，表12-1に示したように5段階に分け，指数化して評価できる．

サツマイモ塊根は，ミナミネグサレセンチュウに加害されると表面に褐色〜黒褐色のやや突出した微小斑点を生じる．これらは被害の進行とともに拡大，融合して不規則な大型病斑となる．被害が著しい場合は，塊根表面がガサガサとなり，奇形になる．この病斑形成程度を図12-17に示したように5段階に分け，指数化して評価する．

ジャガイモ塊茎の場合は，表面にやや陥没した褐色〜灰褐色の病斑を生じ，拡大すると表皮にしわや裂開ができる．この被害程度も5段階に階級付けされている（図12-18）．

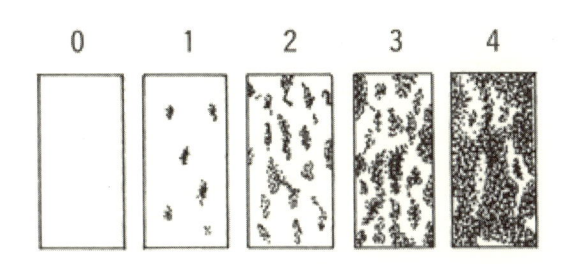

図12-17 ミナミネグサレセンチュウによるサツマイモ塊根の被害程度
水久保（2004）より転載（後藤（1964）より改写）

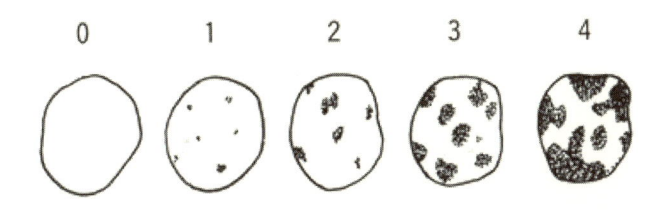

図12-18 ネグサレセンチュウによるジャガイモ塊茎の被害程度
水久保（2004）より転載（高木・近藤（1960）より改写）

1.3.4 線虫密度の調査

　一般に，ネグサレセンチュウの根内寄生密度や根圏土壌での生息密度が高いほど，作物根部や地上部における被害程度は高くなる．しかし，根部の外観被害はネグサレセンチュウによるものかどうか，紛らわしいケースが多い．このため，線虫密度はネグサレセンチュウによる被害査定において，重要な指標となる．ただし，ユリ科作物のようなネグサレセンチュウに対する免疫性作物（線虫は増殖するが，作物自体は生育阻害や質的な被害を受けないもの）の場合は，線虫密度と被害との間に明確な関係がない．

　根内の線虫密度は，摩砕－ふるい分け法（第10章5.2.2）などで調査する．できるだけ根を切断しないように掘り採り，一部を抽出調査する．腐敗が進んだ根では，ネグサレセンチュウがすでに離脱していたり，忌避行動を示したりするため，かえって寄生密度が低い場合がある．

　土壌中の線虫密度は，ベールマン法などで調査する．ネグサレセンチュウは完全な内部寄生性ではなく，根の外から根毛を摂食する外部寄生性の生活様式も併せ持っている．作物の生育ステージや根の腐敗の進行程度によって異なるが，根圏の個体群の20～50％は根外に遊離，すなわち土壌中に生息している．概して，根の腐敗が進むに伴い，土壌中の線虫密度は高くなる．

　線虫密度をネグサレセンチュウによる被害査定に利用する場合は，根内寄生密度と土壌中の生息密度の両方を調査し，根圏における生息個体数の状況を正確に把握する必要がある．

参考文献

近岡一郎（1983）キタネグサレセンチュウによる作物被害と防除に関する研究，特に対抗植物の利用について．神奈川県農業総合研究所研究報告，125: 1-72.
後藤重喜（1964）甘藷根ぐされ線虫病の防除に関する調査研究．宮崎県農業試験場研究報告，5: 1-121.
高木信一・近藤鶴彦（1960）線虫の生態調査法．『線虫研究指針』pp.73-88 農林省振興局研究部，東京．
山田英一（1989）北海道の線虫問題と防除対策：根菜類の線虫について『平成元年度野菜病害虫防除研究会シンポジウム講演要旨：土壌線虫を巡る諸問題』pp.15-29 農林水産省野菜・茶業試験場，三重・（社）日本植物防疫協会，東京．
山田英一（1996）作物を加害するセンチュウ類と薬剤によらない防除法，Ⅱセンチュウ対抗植物の効果と利用法．牧草と園芸，44(7): 17-25.
山田英一・河合　勝（2008）北海道におけるゴボウのキタネグサレセンチュウによる被害と耕起法の関係について．日本線虫学会誌，38(1): 19-33.

（北上　達）

1.4　ハガレセンチュウの被害評価法

1.4.1　被害の特徴

　ハガレセンチュウ（*Aphelenchoides ritzemabosi* (Schwartz) Steiner et Buhrer）は，キク，ヒャクニチソウ，シャクヤク，ユリ，タバコ，ヤブガラシなどに寄生し，それらの葉肉内，芽，生長点，葉の表面などの地上部に生息する．キクでは当初，葉に黄緑色の斑点を生じ，次第に広がって葉脈に仕切られた帯紫褐色から褐色の三角形の病斑を作る．ヒャクニチソウの葉の初期症状は褐色の斑点である．広がると葉脈に仕切られた多角形の明瞭な黒褐色病斑となる．シャクヤクでは開葉期頃から葉先が紫紅色になり，主脈と支脈に仕切られた病斑が暗紫色になる．ヤブガラシにも葉脈に仕切られた暗紫色の明瞭な病斑が形成される．ユリでは平行脈に仕切られた黄褐色の病斑ができる．タバコの苗の場合は，下葉に不整形の病斑ができ，被害は心葉部に及ぶことがある（河村1960）．

　ハガレセンチュウのキクにおける寄生様式は，内部寄生と外部寄生の2つから成り立つ．葉枯れはこのハガレセンチュウによる代表的な症状であり，ハガレセンチュウが葉の組織内部に侵入したとき

に見られる．また，このハガレセンチュウは葉の奇形にも関与する．この奇形はハガレセンチュウが外部寄生的に成長点を加害し，組織形成の初期段階に異常を起すために生じる．葉の奇形には軽微なもの（葉身のしわ）から重度のもの（縮葉）まで様々な段階があるが，共通する特徴は葉身上にできるケロイド状の黄緑色隆起である．外部寄生の結果，花柄部湾曲・がくの奇形・花弁や総苞の短縮などの花の奇形，茎の伸長阻害，ブラインド（花芽の発育が止まってしまう障害）が起こる．頂芽が加害されるため，側芽が伸長する．

1.4.2 寄生の診断

葉内に内部寄生しているハガレセンチュウの場合は，被害葉を裁断して水に浸漬し，遊出するハガレセンチュウを計数する．成長点に外部寄生しているハガレセンチュウを検鏡する場合は，茎の先端約 30 mm を切り取り，分解して水に浸漬してハガレセンチュウを遊出させて計数するか，または，分解して水浸漬したものをベールマン法（24 時間室温）で分離して計数する．

（星野　滋）

1.5　イネシンガレセンチュウ

イネシンガレセンチュウ（*Aphelenchoides besseyi* Christie）は，水稲，陸稲，粟，キビ，ヒエ，ノビエ，エノコログサ，メヒシバ，カヤツリグサなどの雑草（Ou 1985）及びイチゴ（小林 1976）などに寄生する．イネシンガレセンチュウは水稲の外部寄生者である．イネシンガレセンチュウは穂に入り，25℃約 10 日間の短い期間で増殖し，籾内に無水乾燥状態で成虫か第 4 期幼虫で存在している．日本では，イネは秋に収穫され，籾は低温で貯蔵される．その間，イネシンガレセンチュウは籾の中で越冬することになる．播種前の浸種（発芽促進のため種を水に浸すこと）により，乾燥状態のイネシンガレセンチュウは覚醒し，籾から遊出し，他の籾に分散する．育苗期には葉鞘の間隙で，そして出穂期までは成長点付近の空洞で生存する．

1.5.1 被害の特徴

イネシンガレセンチュウに侵されたイネは，枯死することなく，生育する．しかし，第 3 葉期から止葉が抽出するころにかけて，葉先が白変し，展開後は葉先が細く縮れて枯れ，豚の尾のようになる「ほたるいもち」症状を呈するようになる（図 12-19）．ほたるいもちが激発したイネの葉は細く，葉色が濃くなる．穂は長さが抑制され，籾数も少なくなる．「ほたるいもち」が激発した圃場では減収率が 10 ～ 30％と推定されている（田村・氣賀沢 1959）．ほたるいもち多発圃場では無発生圃場と比較して，粒径の小さな籾の割合が増加する．また，水に浮く比重の軽い籾の割合が高くなる．

イネシンガレセンチュウが籾に寄生すると，玄米が黒点米となり，米の品質を低下させる．イネシンガレセンチュウは開花期に天頂部の穴から籾内に侵入する．開花後 10 日を過ぎると，果皮に微細なひび割れが現れはじめ，13 から 16 日後頃には，子実粒の全面に果皮の微細な裂開が発生する．この時期までの被害の多少が，この後の被害子実粒の被害程度に関係する．開花 20 日後になると，典型的なくさび型の変色部（図 12-20）が認められるようになる（川村 2007）．

1.5.2 寄生の診断

縦に 2 分割した籾および玄米を水に浸漬することで，イネシンガレセンチュウが覚醒して遊出する．調査および分離法については，第 10 章 5.3 を参照されたい．

図12-19 ほたるいもち症状を呈したイネ
（巻頭カラー口絵参照）

図12-20 イネシンガレセンチュウ黒点米

参考文献

河村貞之助（1960） 線虫寄生植物の被害徴候．『線虫研究指針』pp.73-88 農林省振興局研究部，東京．

川村　満（2007）『黒点米と斑点米―イネシンガレセンチュウ・アザミウマ類・カメムシ類―』．全国農村教育協会，東京．

小林義明（1976） イチゴにおけるイネシンガレセンチュウの発生について．関西病虫害研究会報，18: 105-106.

Ou, S.H. (1985) Rice Diseases, 2nd edn. Commonwealth Mycological Institute, Kew, UK.

田村市太郎・気賀沢和男（1959） スイトウセンチュウの生態に関する研究 第5報 罹害イネの生育並びに収量解析試験．日本生態学会誌，9(3): 120-124.

（星野　滋）

1.6　マツノザイセンチュウ被害評価法

　マツ材線虫病の被害が発生するのは，ここまで見てきたような一般の耕作地ではなく，民家や寺社仏閣の庭園，海岸林，山林など多岐にわたる．これらの環境では地形や植生が複雑であるため，被害の解析は一般の農作物の場合より困難をともなう．しかし，病気の広がりを評価し，流行の行方を推定し，防除計画を策定するためには被害の解析がきわめて重要である．ここでは，まず個体レベルでの本病診断法を紹介したのちに，対象とする地域の広さ別に被害解析法を示す．

　日本には様々な種のマツ属樹が自生しており，古来より白砂青松の景観を形作ってきた．広く分布している2葉のクロマツ（*Pinus thunbergii*）およびアカマツ（*P. densiflora*），5葉のヒメコマツ（*P. parviflora*）およびチョウセンゴヨウ（*P. koraiensis*）は，いずれもマツ材線虫病感受性である．本病は北海道を除く日本全国で被害が報告されているが（2014年現在），枯死木が発生した際には，本病罹病木であるかどうかをまず診断する必要がある．

　マツ材線虫病は，伝播者マツノマダラカミキリ（*Monochamus alternatus*）により運ばれたマツノザイセンチュウ（*Bursaphelenchus xylophilus*）がマツ樹体に侵入することで感染が成立する．罹病木は針葉の萎凋，変色などの病徴を呈して枯死へといたる．枯死時期は8月以降，10，11月にかけてであるが，東北地方や高海抜山地などの寒冷な地では枯死症状が年を越して翌春になって現れてくる，いわゆる年越し枯れ木の比率が高くなる．マツ材線虫病の診断は，このような罹病・枯死木の材組織中におけるマツノザイセンチュウの生息を確認することで行う．

　本病によって枯死した樹木内には広くマツノザイセンチュウが分布していて，樹体のどの部分についても診断に供することができる．ただし，時間の経過とともに枯死木樹体内の線虫個体数は大きく

変動するため，試料の採取時期および採取部位に留意する必要がある．

　樹体内のマツノザイセンチュウは，枯死直後に個体数変動におけるピークを示し，その後は漸減していく．枯死翌年，例えば 6 月以降ともなると，マツ材線虫病による枯死木であっても，その材片からマツノザイセンチュウが検出されないこともある．また，分布部位はマツノマダラカミキリとの関係において変化する．枯死後翌年の 2 月頃から，マツノザイセンチュウはマツノマダラカミキリ蛹室周辺へと集中し，やがて羽化・脱出するマツノマダラカミキリ成虫に乗り移る．したがってこの時期には，蛹室周辺からの材片採取が効率的といえる．年越し枯れ木については，多くの場合，枯死直後であっても線虫がほとんど検出されないため，樹体からの材片採取はできるだけ多くの箇所で行う．材片採取にあたっては，マツノマダラカミキリ成虫の樹体での食害（後食痕）と幼虫生息の有無も観察し，記録しておく．

　枯死木の感染診断に加えて，林分内に生息するマツノマダラカミキリによって生じる線虫伝播の実態を把握することも疫学的観点から重要である．マツノザイセンチュウは羽化したマツノマダラカミキリ成虫に便乗して新たな生息場所への移動を果たしているため，羽化・脱出したばかりのマツノマダラカミキリ新成虫における線虫保持数を調査すれば，その林分における潜在的な発病リスクを評価できる．

1.6.1　罹病・枯死木単位でのマツ材線虫病診断法

1）マツ材試料の採取

　a）準備器材：　木工用ハンドドリル（使用する刃は径 12 〜 18 mm），剪定鋏，サンプル保存用袋（この用途にはファスナー付のポリエチレン製袋が適当である．例えば，市販品としてはユニパック F4（生産日本社・170 mm × 120 mm）など．），画鋲（袋固定用）．

　b）操作手順：　① 木工用ハンドドリルにより樹幹を穿孔して得られる材片を採取する（図 12-21）．樹皮に生息する自活性線虫の混入を避けるため，樹皮は穿孔部位からあらかじめ取り除いておく．また，心材部と比べマツノザイセンチュウがより多く生息している辺材部の組織を採取するとよい．径 18 mm の刃で深さ 5 〜 8 cm 程度の穿孔を行うと，10 g 前後の辺材組織が採取できる．ドリルがない場合は，現場に即してナタなどの刃物を用いて樹幹の材片を切り取って試料とする．② 採取した材片は直ちにポリエチレン製の袋に収めて封をする．採取試料については，採取月日，場所，被害状況などの必要事項を記録しておく．

　c）留意事項：　DNA ベースで線虫を検出するための試料を採取する場合は，使用する器具を滅菌しておく必要がある．ドリルの刃はオートクレーブ滅菌しておくか，70% エタノールを持参して現場で火炎滅菌してもよい．また，試料間のクロスコンタミネーションを避けるために，対象木ごとにドリルの刃を取り換える．

2）材片からの線虫分離

　a）準備器材：　ベールマン式線虫分離装置一式（第 10 章 3.1 参照），シラキュース時計皿，200 mℓ 容ビーカー，試験用篩（500 番）．

　b）操作手順：　① ベールマン漏斗に水を張

図 12-21　マツ枯死木からの材片採取
樹皮を取り除いた後，ポリエチレン製の袋を画鋲で樹幹部に固定して穿孔する．

図12-22 ベールマン漏斗によるマツ材片からの線虫分離

漏斗あたり材組織を7.5～10g程度供する．

り，ティッシュペーパーあるいは木綿布（ブロード）などを用いた篩を水に浸して置く．供試材片はこの篩の上にのせて，ベールマン漏斗の水に浸した状態にする（図12-22）．ベールマン漏斗は，直径10～12cmのガラス製あるいはポリエチレン製漏斗の先端部にゴム製チューブかビニールチューブをつけたものである．②チューブをピンチコックで閉めて漏斗に水道水を入れる．材片をのせる篩は，ポリカップの底をぬいたもの2個にティッシュペーパーをはさむようにして用意する．ベールマン漏斗，専用の網つき金属製篩およびアクリル製漏斗台は，藤原製作所製の既製品もある．篩に使うティッシュペーパーは，JKワイパー（150－S，クレシア社），キムワイプ（ワイパーS－200，クレシア社），和文タイプ用紙（コクヨ・タイ-19）などが適当である．③一昼夜から48時間おいて抽出を行うと，線虫は漏斗先端部とチューブ内に沈降する．ピンチコックを開けて漏斗下部の抽出液（25～30mℓ程度）を直接シラキュース時計皿に回収するか，やや多めにビーカーにとって500番の試験用篩（篩目開き25μm）で線虫を洗ってからシラキュース時計皿に移す．④分離に供したベールマン漏斗内篩上の材片は，ティッシュペーパーごと乾燥させる．室内に放置して自然乾燥させるか，乾燥器を使う（60℃以上）．乾燥中の材片をある時間かけて（例えば1昼夜）二度重さをはかり，結果が一定なら乾燥終了とする．乾燥した材片の重さを測り，材片中の線虫数を材乾重1gあたりで示す．

　c）留意事項：　採取した材片は，できるだけ早いうちに線虫分離に供する．もし，採取直後の線虫分離が不可能な場合は，材片試料は冷蔵庫に保管する．材片からの線虫分離はベールマン法によって行う．マツノザイセンチュウのマツ材片からの分離効率を調べた結果から，10℃以上の温度条件下では分離効率に差がなく，また期待される分離線虫数の70～80%が2日以内に材片から遊出することが示されている（真宮1975）．

　3）マツノマダラカミキリからの線虫分離
　a）準備器材：　電動ミキサー，解剖鋏，乳鉢・乳棒，ベールマン式線虫分離装置一式（第10章3.1参照），シラキュース時計皿．
　b）操作手順：　①林分内で捕獲したマツノマダラカミキリ成虫，もしくは伐倒処理した枯死木丸太を網室内で保管しておき，そこから羽化・脱出したマツノマダラカミキリ成虫を捕獲してベールマン法に供する．②成虫は（1）鋏で切り刻む，あるいは（2）あらかじめ虫体が浸る程度の水を加えて電動ミキサーにかける，（3）乳棒と乳鉢ですりつぶすなどして1頭ずつ処理しておく．大きさの目安は，虫体が寸断され，内部器官も露出してばらばらになる程度とする．③（2），（3）の場合，虫体の砕片は液体ごとベールマン漏斗の篩上に移し，また器具をすすいだ水も同じベールマン漏斗にあけるようにする．

　4）分離線虫の同定
　a）準備器材：　シラキュース時計皿，実体顕微鏡，光学顕微鏡，微針，スライドグラス，カバーグラス．
　b）操作手順：　①シラキュース時計皿に移した線虫懸濁液を実体顕微鏡で観察して分離線虫の同

定を行う．②形態的特徴を見分けるためにより高い倍率での顕微鏡観察を行う際は，シラキュース時計皿の水中から同定すべき線虫個体を微針で釣り上げ，スライドグラス上の水滴に移した後，水滴を軽く火にあぶって線虫を熱殺する（生きたままだと，線虫の動きが観察を妨げる）．③熱殺した線虫は，別に用意したスライドグラス上（ホールスライドの利用が好都合である）の水滴あるいは固定液に移し，カバーグラスをかけて検鏡する．検鏡にいたるまでの具体的な操作は，第1部第2章に詳述されているのでそれを参照する．④マツノザイセンチュウを同定するための形態的特徴（図12-23）は以下の通り．(1) 雄成虫の交接刺（錨型の特徴的な形態をしている），(2) 雌成虫の陰門（長いフラップに覆われている），(3) 成虫と各ステージ幼虫の尾端形状（丸みを帯びている．材から抽出されるものには，個体によって短い突起をもつものもある（ニセマツノザイセンチュウは雌成虫，幼虫のすべての個体が明らかな尾端突起を有することで区別可能である．），(4) 分散型第3期幼虫（枯死後の時間経過とともに，とくに感染シーズン直前における前年度枯死木内で，マツノザイセンチュウ個体群における分散型第3期幼虫の比率が高くなる．幼虫の中では，どのステージと比べても体が大きく長い．腸内に貯蔵物質が充満しているため，全体として体色が濃く見える）．

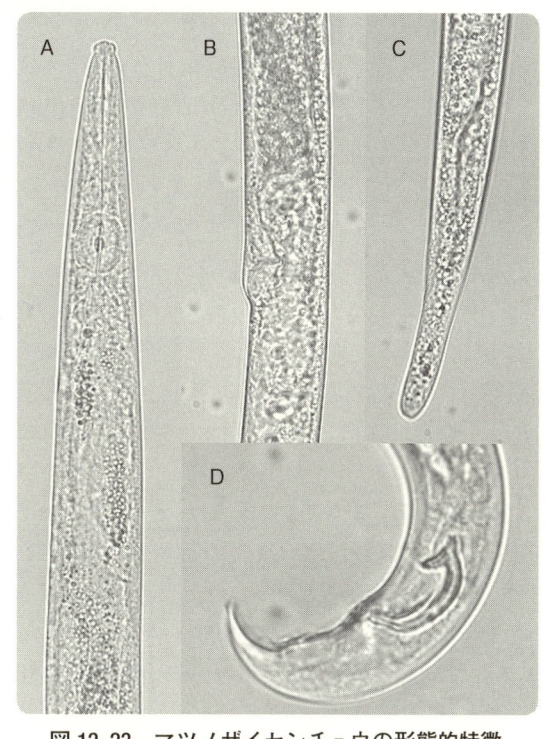

図12-23 マツノザイセンチュウの形態的特徴
A 雌成虫の頭部．B 雌成虫の陰門部（長いフラップがある）．C 雌成虫の尾端（丸く突起がない）．D 雄成虫の尾部（特徴的な交接刺があり，小さな尾翼（ブルサ）がある．

c）留意事項： マツ材線虫病による枯死木の場合，常にマツノザイセンチュウが分離線虫のなかでの優占種であり，他の線虫は少ないのが普通である．マツ材線虫病の診断に当たっては，分離線虫がマツノザイセンチュウであるかどうかの同定こそが肝要であり，他の線虫の同定は二次的な問題といえる．枯死後の時間経過にともなって枯死木の変質劣化が進むにつれ，マツノザイセンチュウの個体数は減少し，相対的に他の線虫の存在が目立つようになる．目的に応じて，これらマツノザイセンチュウ以外の線虫についても同定して，検出記録を残すことは，マツ枯死木材中に生息する線虫（多くは昆虫嗜好性線虫）の種類とそれらの生態を明らかにしていく上で有効である．

5）材片からの分離線虫の計数〜感染診断

a）準備器材： シラキュース時計皿，実体顕微鏡，カウンター，必要に応じて希釈用器具（メスシリンダー，駒込ピペット，線虫計数盤など）．

b）操作手順： マツ材片から分離してシラキュース時計皿に移した線虫は，その数に応じて，直接にあるいは希釈法によって計数を行う．マツ枯死木材中に生息・分布するマツノザイセンチュウの個体数は，これまでに得られた数多くの調査実例から，材乾重1g当たり数十頭から数千頭の範囲にわたることが知られる．①線虫数が少ない場合：実体顕微鏡下で直接シラキュース時計皿内の線虫個体数を数える．シラキュース時計皿底面において，目盛り線で区切られたそれぞれの枠内の線虫数を

順次数えていく．この方法での計数は 100 頭ぐらいの線虫が限界で，それ以上になると希釈法での計数がより能率的である．② 線虫数が多い場合：線虫の数に応じて希釈倍率を選ぶ．マツ材片から分離される線虫に対しては，希釈倍率は普通 10 〜 1,000 倍の範囲で対応できる．シラキューズ時計皿の線虫懸濁液に水を加えるなどしてメスシリンダーで 10 mℓ に調整し，その懸濁液を駒込ピペットでピーターの 1 mℓ 計数盤（藤原製作所製・線虫計数盤）に移す．実体顕微鏡下で計数盤の目盛り内の線虫を数え，それを 10 倍して原液中の線虫数を求める．同様にして最初に調整する線虫懸濁液の液量を変えて倍率を設定する．100 倍以上にする場合は，例えば線虫懸濁液を 10 mℓ に調整したのち，これからピペットで 1 mℓ をとり 10 mℓ の水で希釈して，上と同様な操作で計数すれば原液を 100 倍に希釈したことになる．調整する水の量を変えることで適切な希釈倍率を設定することができる．なお，計数に当たってはマツノザイセンチュウと他の線虫を区別しながら数えて記録する．③ 線虫分離後，供試した材片は乾燥重量を測定し，計数した線虫数を材乾重 1 g 当たりに換算して記録する．

　c）留意事項：　調査目的によっては，線虫検出の有無，あるいは検出線虫の多少を知るだけでよい場合もある．このような場合は，とくに線虫の計数は必要でない．そこで具体的な数字の代わりに，シラキューズ時計皿内の線虫を全体として観察した結果から，その多い，少ないを記号で示す（例えば＋＋＋，＋＋，＋，0 といった記号で記録する）．この場合，あらかじめそれぞれの記号に対応するおおよその線虫数を把握しておくとよい．

6）マツノマダラカミキリからの分離線虫の計数〜リスク評価

　マツノマダラカミキリ虫体から分離されるのは，ほぼ 100% がマツノザイセンチュウの分散型第 4 期幼虫（耐久型）である．分散型第 4 期幼虫は口針が見えない，頭部がドーム状である，尾端がとがるなどの特徴がある．マツノザイセンチュウが分布せず，マツ材線虫病も未発生の地で捕獲したマツノマダラカミキリはマツノザイセンチュウを保持していない．分離したマツノザイセンチュウ分散型第 4 期幼虫を計数してマツノマダラカミキリ成虫 1 頭当たりの保持数を記録する．

7）DNA ベースの感染診断

　マツ材試料から抽出した DNA，あるいは分離した線虫試料から抽出した DNA を鋳型に，マツノザイセンチュウ特異的な DNA 配列を指標として感染の有無を診断することも可能である．とくに樹体内のマツノザイセンチュウ数が少ない場合に有効で，市販のキット（ニッポン・ジーン製，マツ材線虫病診断キット）も利用できる．ただし，高感度ゆえ偽陽性が出る可能性があり，上述の通り試料採取には細心の注意が求められる．詳細は第 1 部第 3 章 4 節「PCR-RFLP 法（及び種特異的プライマー）による同定法」を参照されたい．

1.6.2　林分単位での被害解析法

　被害が特定の林分でどのように分布し，また年度間でどのように推移するかを明らかにすることができれば，林分としてのマツ材線虫病に対する抵抗性や，被害進展におよぼす要因についての詳しい解析をすることができる．理想的には被害が始まる前に調査林分を設定しておき，被害発生とともに，個体単位で被害推移を継続調査することが望ましい．

　調査手順：① その林分の毎木調査を行い，マツ類については調査林分の全ての個体に対する標識を行う．経年的な調査では，年度ごとに発生する被害木の位置を記録する．② 得られた資料に基づき，毎年の被害分布の様式や年度間での被害木の重なりの度合いなどを吟味する．

　この解析のためには，巖が提唱した平均込み合い度に基づく m^*-m 法がよく使われる（Iwao (1972) を参照）．各個体の状態としては，(1) 樹脂分泌（外部病徴の発現に先立って樹脂分泌が停止する），(2) 針葉の退色・褐変などの外部病徴，(3) マツノマダラカミキリの後食痕，(4) マツノマダラカミキ

リの生息（産卵痕やフラス排出が指標となる），(5) マツノザイセンチュウの生息などを調査・記録する．具体的な事例としては，定期的に全木を対象にした樹脂分泌試験を実施して枯死木の発生過程と比較することで，それぞれの年度の被害発生と前年度の枯死木，衰弱木の関係をより詳細に解析した報告や，林分内の全個体について DNA ベースで線虫感染の有無を判定し，潜在感染木（無病徴感染木）の分布を調べた調査例などがある（Futai and Takeuchi 2008）．

1.6.3 都道府県単位の被害解析法

都道府県の中でのマツ材線虫病被害については，都道府県内の各行政区分ごとに正確なデータが利用できれば，ある程度の解析が可能になる．つまり，それぞれの行政区分毎の被害発生初期年度やその後の被害推移を図化できれば，被害拡大の様式や方向，速度などが明らかにできる．もう一つの方法は，被害量（程度）を林分毎に階級分けし，目視によりそれぞれの林分の被害度を決定してゆくというものである．茨城県ではこの方法により，被害分布の評価を行っている（岸 1980）．しかし，本法では目視による被害程度の階級分けを客観化しなければ，複数の調査者の間でのデータの比較が難しくなる．

1.6.4 都道府県以上のスケールでの被害解析法

都道府県単位で被害の広がりを解析する場合，行政で公表されているデータに基づくのがほとんど唯一の手段となる．誰でも参照できる文献としては，林野庁が毎年出版している林業統計要覧が便利で，前年度のマツ材線虫病による被害量が都道府県単位で一覧されている（インターネット上でも閲覧可能．2013 年版は http://www.rinya.maff.go.jp/j/kikaku/toukei/youran_mokuzi.html）．ただ，ここで公表されているデータはあくまで，その年被害にあって枯死したマツのうち，駆除処理の対象になったものの量であり，被害実数すべてをカバーしていないケースも含まれる．しかし，各都道府県における被害推移の動向を把握するには十分に役に立つ．参考のためにこの資料によって求めた京都府の被害推移を図 12-24 に示す．

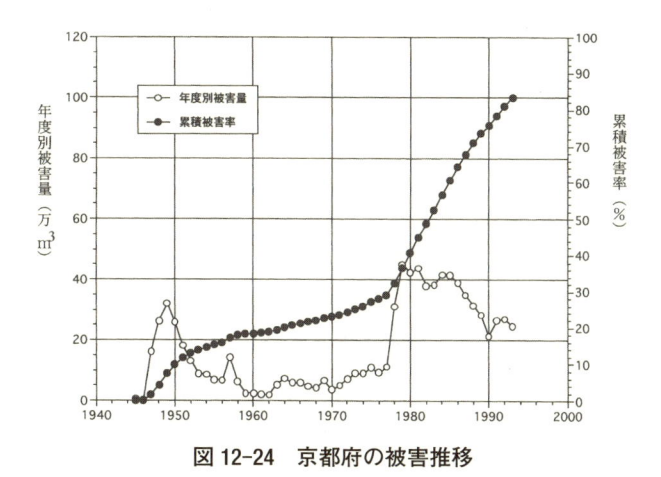

図 12-24　京都府の被害推移

被害が 1947 年頃から始まり，1978 年から激害化したことが明らかである．気象データとの突き合わせで，被害拡大の要因などの解析が可能である．

行政区分によらない，もしくは都道府県単位以上のスケールでの被害解析法として，航空写真（空中写真）を用いた解析がある．これは，飛行機やヘリコプターなどから撮影された赤外カラーのオルソ写真（中心投影の写真を正射投影に変換した画像）を用いて被害木を検出するもので，(1) 被害発生先端地，または被害発生が抑制された広い林分，(2) 道路が整備されていない平坦地，丘陵地の林分，(3) 年越し枯れの発生しやすい寒冷地，などにおいてとくに有効である．解析機器やコストの問題から誰もが利用できる方法とはいえないが，広範囲を一定精度で解析でき，位置情報も得られる点でメリットは多い．森林総合研究所（2009）に具体例とともに詳説されているので参考にされたい．

参考文献

Futai, K., Takeuchi, Y. (2008) Field diagnosis of the asymptomatic carrier of pinewood nematode. pp.279-289. In Vieira, P.R., Mota, M.M. (eds.), Pine Wilt Disease: A Worldwide Threat to Forest Ecosystems. Springer, The Netherlands.

Iwao, S. (1972) Application of the m^*-m method to the analysis of spatial patterns by changing quadrat size. Researches on Population Ecology, 14: 97-128.

岸　洋一（1980）　茨城県におけるマツノザイセンチュウによるマツ枯損と防除に関する研究．茨城県林業試験場研究報告，11: 1-83.

真宮靖治（1975）　マツノザイセンチュウのベルマン法による抽出効率．森林防疫，24: 115-119.

森林総合研究所（2009）「最新の航空写真技術を活かした松くい虫被害ピンポイント防除マニュアル：高精度な被害木発見から完全駆除まで」
http://www.ffpri.affrc.go.jp/research/project/matsukuimushi.html

（竹内祐子）

2. 対抗植物スクリーニング法

対抗植物（antagonistic plants または enemy plants）は，狭義には殺線虫性の物質を含み，または分泌し，これを栽培または鋤き込むことによって有害線虫を積極的に減少させる植物とされる．しかし，線虫密度抑制効果には殺線虫性物質に限らず多くのメカニズムが関与していると考えられるため，ここでは線虫密度抑制作用を持つ植物一般を対抗植物としてとらえ，その試験法について紹介する．対抗植物による防除効果は植物の種・品種と，線虫の種・レースの組み合わせにより異なるため，試験に際しては植物，線虫ともにきちんと同定された材料を用いることが重要である．

対抗植物は基本的に線虫の増殖を許さない線虫抵抗性の植物である．そのため，ネコブセンチュウ対抗植物やネグサレセンチュウ対抗植物の初期スクリーニングにおいては，線虫抵抗性室内検定の手法（第12章3.1参照）を用いてもよい．以下に示す方法は，特定の植物における線虫増殖性だけでなく，線虫密度低減効果の解析も念頭に置いたより規模の大きい試験である．なお，対抗植物にはくん蒸作物のような植物体の鋤き込みにより殺線虫物質が放出されて効果を発揮する作物も含まれるが，これらのスクリーニング法はここでは触れない．

2.1　室内試験法

2.1.1　ネコブセンチュウ・ネグサレセンチュウの対抗植物スクリーニング法

a）準備器材：　1/5,000a ワグネルポットあるいは径 15 cm 程度のプラスチックポット，ベールマン装置．

b）操作手順：　① 育成容器（ポットなど）に滅菌土を充填して感受性植物を栽培し，線虫を接種

2. 対抗植物スクリーニング法

して増殖させ，線虫汚染土を準備する．材料線虫は種やレースが同定済みの単卵のう系統・単雌系統を用いることが望ましい．大量の土壌を準備するには汚染圃場の土壌を用いた方が簡便であるが，2種以上の線虫が混発している可能性があるため，事前に十分な確認が必要である．いずれの場合も供試前に土壌を攪拌し，ベールマン法で線虫密度を調査しておく．線虫密度はベールマン法分離で20 g土壌あたり50頭以上であると明確な判定を下しやすい．② 試験用の育成容器（1/5,000 a ワグネルポットあるいは径15 cm程度のプラスチックポット）に検定植物を播種または移植し，線虫が2世代経過する期間を目途として2箇月半以上栽培する．ポットあたりの株数は植物により1株から数株とする．対照として感受性品種および無寄主休閑のポットを設ける．また，対象とする線虫の防除に実績のある対抗植物も対照として含めるとよい．③ 栽培期間終了後，根を掘り上げて水洗する．ネコブセンチュウが対象の場合は，フロキシンBで染色し卵のう数を調査する（第12章3.2参照）．ネグサレセンチュウの場合は，ランダムに根の一部を採取し，線虫を分離または染色して調査する（第10章5.2参照）．いずれも土壌はよく攪拌したのち，ベールマン法により線虫分離を行う．④ ベールマン法分離により，栽培区線虫数/休閑区線虫数が1以下となる植物では線虫密度低減効果が期待できる．

c）留意事項： ポット条件の休閑区は過灌水などにより密度が大きく減少しやすいため，初期密度に対する栽培後の減少率を勘案したり，対照の対抗植物と比較したりすることも必要である．ネコブセンチュウの場合，根系の卵のう数が10個以上となる植物，ネグサレセンチュウの場合，分離数が100頭/根5 g以上となる植物では，十分な効果が得られない可能性が高い．

参考文献

佐野善一（2004） 対抗植物のスクリーニング法．『線虫学実験法』（日本線虫学会編）pp.226-227 日本線虫学会，つくば．

2.1.2 シストセンチュウの捕獲植物スクリーニング法

シストセンチュウに対しては，根からシストセンチュウ卵のふ化を促す物質を分泌する非寄主植物または高度抵抗性植物が捕獲作物（trap crop）として利用される．これらの植物では，土壌中のシスト内に含まれる卵のふ化が誘発され，幼虫は根内へ侵入するが，寄主植物ではないために成虫へ発育できずに死滅し，密度が減少する．

a）準備器材： 1/5,000 a ワグネルポットあるいは径15 cm程度のプラスチックポット，シスト分離に必要な器材（第10章3.5参照）．

b）操作手順： ① 育成容器（1/5,000 a ワグネルポットあるいは径15 cm程度のプラスチックポット）に滅菌土を充塡して感受性植物を栽培し，線虫を接種して増殖させ，線虫汚染土を準備する．汚染圃場の土壌を直接用いてもよい．いずれの場合も材料線虫の寄生性（レース）を事前に確認しておく．供試土壌は試験前によく攪拌し，シスト密度およびシスト内卵数を調査する．供試土壌の線虫密度は/乾土100 gあたり50〜100卵が適当である．② 検定植物を播種または移植し，2箇月以上栽培する．ポットあたりの植物数は大きさによって1株から数株とする．対照として感受性および抵抗性品種，ふ化促進効果の無い植物を供試する．③ 栽培後給水を止めて土壌を乾燥させ，シスト数およびシスト内卵数を調査する（第10章3.5参照）．シスト数が栽培前より多くなっていれば，寄主植物であると判断される．対照のふ化促進効果のない植物に比べてシスト数に差が無く，シスト内卵数が少なくなっていれば，捕獲植物の可能性がある．④ 候補植物についてはふ化促進効果の有無について確認を行う．

2.2 圃場試験法

対抗植物の防除効果には，栽培時期や栽培期間，栽植密度などの栽培条件，環境条件など多くの要因が影響する．以下には対抗植物の効果を解析するための基本的な栽培試験法を解説する．対抗植物栽培前後の線虫密度だけでなく，後作に感受性作物を栽培して被害抑制効果を確認することも重要である．

a）準備器材： 土壌採取用器材（第10章1.1参照），ベールマン装置またはシスト分離に必要な器材（第10章3.5参照）．

b）操作手順： ①試験圃場は事前に好適寄主の均一栽培を行い，線虫密度がなるべく均一になるようにしておく．②試験区は統計的な解析を行えるよう3反復以上を設け，事前の線虫密度調査結果を踏まえ原則乱塊法で配置する．1区面積は区間と番外に十分な広さを取る．③栽培前に各区の複数点より土壌を採取して混和し，線虫密度（Pi）を調査する（第10章2節参照）．ネコブセンチュウとネグサレセンチュウの分離にはベールマン法が一般的に用いられる．シストセンチュウの場合はシスト数とシスト内卵数を調査する．④対抗植物の栽培を行う．試験の目的に応じて栽培時期，期間，栽植密度などの栽培条件を決定する．⑤栽培終了後に栽培前と同様に線虫密度を調査し，栽培前後の密度比（Pf/Pi）を算出する．必要に応じて栽培期間中の土壌採取や，株元からの距離別土壌採集などを行って防除効果の解析を行う．

c）留意事項： 1）2種以上のネコブセンチュウ，ネグサレセンチュウが発生する圃場では効果の解析が困難となる．このような圃場では，リアルタイムPCRによる密度推定を行ったり，分子生物学的な種同定で混発比を推定したりする必要がある（第3章参照）．つる割れ病や青枯病など，線虫と複合的に加害し，個別に防除することが難しい土壌病害が発生する圃場も試験には適さない．2）基幹作物と対抗植物を組み合わせた体系試験では，想定される農機作業等を考慮して試験区の設計を行うなど試験区間のコンタミ*を防ぐ配慮が必要である．処理区には線虫密度低減効果の対照として裸地休閑区を設ける．シストセンチュウの場合は裸地休閑の代わりに，ふ化促進効果がない植物を栽培しても良い．可能であれば，対象線虫に有効なことが判明している対抗植物や高度抵抗性品種も対照に加える．3）寄主範囲の広いネコブセンチュウ，ネグサレセンチュウは雑草類で増殖するため，雑草管理のしやすい条播にするなどの雑草対策が必要である．4）対抗植物では30 cm以下の土壌にも防除効果が得られる可能性があるため，深部土壌の調査も行うと良い．また，対抗植物による他の線虫・病害虫の発生助長や，後作基幹作物の生育への影響にも注意を払う必要がある．

*コンタミネーション〔contamination〕」の略称で，異物混入のこと．この場合は，異種（系統）の線虫の混入を指す．

参考文献

佐野善一（2004） 対抗植物圃場試験法．『線虫学実験法』（日本線虫学会編）pp.227-228 日本線虫学会，つくば．

（上杉謙太）

3. 抵抗性評価法

3.1 室内検定法

温室や実験室内で行われる検定は，圃場と異なり線虫や環境といった試験条件を厳密に制御できる利点がある．一方，精密な検定法では接種源の準備が必要になったり，調査に時間がかかったりする

3. 抵抗性評価法

などの難点もある．そのため，検定に求められる抵抗性評価の精度や重要度に応じて，試験法や供試個体数などを選択する必要がある．

3.1.1 ダイズのダイズシストセンチュウ抵抗性室内検定法

1）汚染土検定

a）準備器材： 育成容器（プラスチックポットなど）．

b）操作手順： ① 育成容器（プラスチックポットなど）に滅菌土を充填して感受性品種を栽培し，卵またはシストを接種して線虫を増殖させ，線虫汚染土を準備する．汚染圃場の土壌を直接用いる方法もある．いずれの場合も材料線虫の寄生性（レース）を事前に十分に確認しておく．線虫汚染土は感受性品種で雌寄生指数3以上を示すものが望ましい．② 検定用の育成容器に線虫汚染土をよく攪拌してから充填し，供試品種を播種または移植する．この際，異なる抵抗性程度を持つ品種（例えば抵抗性品種の下田不知系品種やレース検定用抵抗性品種）も供試することが重要である．③ 25℃では播種後約6週で雌寄生指数（第12章1.2参照）を調査する．調査品種の抵抗性は対照抵抗性品種との比較により相対的に判定を行う．

c）留意事項： 線虫分離のための器材が不要で簡便であるが，株当りの線虫接種頭数のばらつきが大きくなる可能性がある．

2）卵接種検定

a）準備器材： 径9.0 cm程度のポット，滅菌土，シストセンチュウ卵の回収に必要な器材（第10章3.5）．

b）操作手順： ① 滅菌土を充填した径9.0 cm程度のポットに供試品種を播種または移植する．この際，異なる抵抗性程度を持つ品種（例えば下田不知系品種やレース検定用抵抗性品種）も供試することが重要である．② 300卵/ml以上の卵懸濁液10 mlを株周辺に接種する（卵の回収法は第10章3.5参照）．材料線虫の寄生性（レース）は事前に十分に確認しておく．③ 25℃では接種後約6週で雌寄生指数（第12章1.2参照）を調査する．調査品種の抵抗性は対照抵抗性品種との比較により相対的に判定を行う．

c）留意事項：精度の高い検定法であるが，接種に用いる卵を準備する器材・手間が必要である．

参考文献

百田洋二（2004） ダイズのダイズシストセンチュウ抵抗性検定．『線虫学実験法』（日本線虫学会編）pp.230-231 日本線虫学会，つくば．

3.1.2 ジャガイモのジャガイモシストセンチュウ抵抗性室内検定法

1）卵接種検定

a）準備器材： 径9.0 cm程度のプラスチックポット，滅菌土，シストセンチュウ卵の回収に必要な器材（第10章3.5参照）．

b）操作手順： ① 径9.0 cm程度のプラスチックポットに滅菌土を充填し，検定イモを植え付ける．検定には同一系統のイモが2個以上あるものを供試し，1個を冷蔵保存しておく（ペア塊茎法）．これは，検定によって抵抗性の判定が得られた場合，保存してあった塊茎を用いてその後の育種を効率的に進めるためである．② 出芽後，株周りに500卵/ml以上（できれば1,000卵/ml以上）の卵懸濁液を10 ml接種する（卵の回収法は第10章3.5参照）．③ 室温を20℃前後に管理し，接種後2箇月程度で調査する．調査時期は感受性品種（「男爵薯」など）に雌成虫の寄生が確認された時期とす

る．根に雌成虫が1頭も認められなかったものを抵抗性とみなし，1頭でも認められたものは感受性とみなす．塊茎やストロンに雌成虫が認められた系統は再検定するのが理想的であるが，時間的余裕が無い場合は感受性とみなす．

　c）留意事項：　精度の高い検定法であるが，接種に用いる卵を準備する器材・手間が必要である．

2）カップ検定

　a）準備器材：　容量85 mℓ程度の蓋つき透明スチロールカップカップ

　b）操作手順：　①容量85 mℓ程度の蓋つき透明スチロールカップカップに少量の滅菌土と育芽済みの検定イモを入れる．②線虫汚染土を接種し，蓋をして約20℃で暗黒に保つ．接種密度はカップあたり充実シスト5個以上とし，カップ内の土壌の総量を30 mℓ程度とする．カップ土壌が乾燥していると根量が十分であっても感染が起こらないので，蓋に2, 3 mmの穴をあけておき，適宜水を補給して土壌水分を保つ．③カップを外から観察し，雌成虫の有無を調査する．試験開始直後に発根すれば30日後には雌成虫が認められる．カップ外から肉眼で雌成虫の体色の変化まで観察できるため，感受性品種で雌成虫を観察・判定しやすい時期から調査を開始するのが効率的である．検定は2箇月以内に完了する．なお，第10章のコラム「ジャガイモシストセンチュウのカップ検診法」も参照のこと．

　c）留意事項：　線虫汚染土を利用し，カップ外から肉眼でシストを観察できる簡便な手法である．

参考文献

百田洋二（2004）　ジャガイモのジャガイモシストセンチュウ抵抗性検定．『線虫学実験法』（日本線虫学会編）p.231 日本線虫学会，つくば．

3.1.3　ネコブセンチュウ抵抗性室内検定法

ネコブセンチュウの抵抗性検定では線虫汚染土，第2期幼虫，卵が接種源として利用できるが，ここでは汚染土と第2期幼虫を用いた手法を紹介する．参考文献として「ピーマンの線虫接種検定法マニュアル（九州沖縄農業研究センター，2013）」がWeb上で利用できる．

1）汚染土検定

　a）準備器材：　育成容器（プラスチックポットなど），フロキシンB（卵のう調査を行う場合）．

　b）操作手順：　①育成容器（プラスチックポットなど）に滅菌土を充填してトマトなどの感受性植物を栽培し，線虫を接種して増殖させ，線虫汚染土を準備する．材料線虫は種・レースが同定済みの単卵のう系統を用いることが望ましい．圃場から汚染土を採取することもできるが，複数種・レースが混発している可能性があるため，事前に十分な確認が必要である．汚染土は感受性品種の根こぶ指数が2以上，できれば3以上を示す土壌を用いる．②汚染土をよく攪拌して検定用の容器に充填し，供試植物を播種または移植する．試験温度が高温になりすぎないよう温度管理を行う．トマトの場合，28℃を超えるような高温条件では標準の抵抗性品種にも根こぶや卵のうが形成される．③接種6週後（25℃の場合），以下のいずれかの項目を調査する．根こぶ調査の方が簡便であるが，卵のうの方がより直接的な線虫増殖の指標となる．

・根こぶ調査：根こぶ程度（第12章1.1参照）を調査する．トマトでは早ければ2～3週間で根こぶによる判定が可能であるが，卵のうが形成される5～6週後に判定すればより確実である．

・卵のう調査：卵のうによる判定を行う場合は，根を水洗してフロキシンBによる染色を行う（第12章3.2.3参照）．卵のうが少ない場合は直接計数することも可能だが，多い場合は根こぶ程度に準じて卵のう程度として判定することもできる．

　c）留意事項：　簡便な手法であるが，株当りの線虫接種頭数のばらつきが大きくなる可能性があ

る．

2）第2期幼虫接種検定

a）準備器材： 径9 cm 程度のプラスチックポット，滅菌土，ガラスピペット．

b）操作手順：

《第2期幼虫懸濁液の準備》：① ネコブセンチュウを培養し（第4章3.1参照），トマト根上に形成されたネコブセンチュウの卵のうをピンセットで10 cm 角の脱脂綿上に回収する．卵のう1個から回収できる幼虫数は少なめに125〜250頭と見込んでおく．② 水を張った100 mℓ ビーカーの開口部に卵のうを回収した脱脂綿を展帳し，中央部が水に浸るよう凹ませる．25℃程度で5日間静置すると，ビーカー底部にふ化した第2期幼虫が回収できる．懸濁液は速やかに使用することが望ましいが，保存する場合は10〜12℃で保存する．接種前に線虫が不活化していないかを確認する．必要卵のう数が多くピンセットでの回収に時間がかかる場合は，ブラシ等で卵のうをそぎ落してからアスピレーターで回収するか，卵のうが付着した根ごと幼虫ふ化に供試する．この場合は，回収物または根をガーゼに包んで水をはった大型の容器に浸し，エアレーションを行いながらふ化させる．これらのふ化法では植物残さが多く腐敗しやすいため，線虫の活性に注意が必要である．線虫を回収する際は冷暗所で半日以上静置して第2期幼虫を沈降させるか，目開き25 μmの篩でこしとる．

《接種および調査》：① 径9 cm 程度のプラスチックポットに滅菌土を充填し，供試植物を播種または移植する．② ポットあたり500頭のネコブセンチュウ懸濁液を株元に接種する．懸濁液を扱う際はガラスピペットを用いる．プラスチック製のピペットチップは素材により幼虫が付着してしまうので注意する．接種後は新聞紙などで遮光を行い，乾燥を防ぐ．また，線虫の流出を防止するため，灌水はポット底から水が抜けない程度に制限する．このような管理は接種後3〜5日間継続する．③ 接種6週後（25℃の場合）に上記「汚染土検定」と同様に調査を行う．第2期幼虫接種検定では株当りの線虫接種頭数が比較的少ないため，根こぶ程度は感受性品種でも小さくなる．精密なデータを得るには卵のう数を調査する方がよい．

c）留意事項： 精度の高い検定法であるが，接種幼虫の準備に手間がかかる．

参考文献

九州沖縄農業研究センター（2013） 線虫抵抗性ピーマン台木品種育成素材選抜のための接種検定手法マニュアル
　http://www.naro.affrc.go.jp/publicity_report/publication/files/7b8942178acbed345b2a7822e67dbc3c_1.pdf

百田洋二（2004） トマトのサツマイモネコブセンチュウ抵抗性検定．『線虫学実験法』（日本線虫学会編）p.230 日本線虫学会，つくば．

3.1.4 ネグサレセンチュウの抵抗性室内検定法

1）汚染土検定

a）準備器材： 育成容器（プラスチックポットなど），植物根内ネグサレセンチュウの染色または分離に必要な器材（第10章5.1参照）．

b）操作手順： ① 育成容器（プラスチックポットなど）に滅菌土を充填して感受性植物を栽培し，線虫を接種して増殖させ，線虫汚染土を準備する．供試線虫は種が同定済みの単雌系統*を用いることが望ましい．圃場の土壌を直接用いることもできるが，複数種が混発している可能性があるため，事前に十分な確認が必要である．土壌線虫密度は20 gあたり50頭程度（ベールマン法）を目安とする．② 線虫汚染土を攪拌して育成容器に充填して供試植物を播種または移植し，2箇月程度栽培する．③ 根を水洗し，根内の線虫・卵を染色・調査する（第10章5.1参照）．抵抗性の植物では線虫の侵入

が認められても卵はほとんど認められない．染色法は手間がかかるため，根からベールマン法や摩砕－ろ過法など（第10章3節と5節を参照）で線虫を分離する簡易法もある．ネグサレセンチュウは根内外に線虫が移動するため，ベールマン法により土壌中の線虫数調査を行えばより精度が高い．

＊1頭の雌に由来する子孫群

　c）留意事項： 簡便な手法であるが，株当りの線虫接種頭数のばらつきが大きくなる可能性がある．

2）接種検定
　a）準備器材： 径9 cm程度のプラスチックポット，滅菌土，植物根内ネグサレセンチュウの染色または分離に必要な器材（第10章5節参照）．
　b）操作手順： ①径9 cm程度のプラスチックポットに滅菌土を充填し，供試植物を播種または移植する．②カルスなどで培養したネグサレセンチュウ500頭（幼虫・成虫混合）を接種する（線虫の培養法は第4章3.3参照）．③2箇月程度栽培したのち，汚染土検定に準じて根の線虫調査を行う．なお，接種検定では接種地点付近に線虫が集中して寄生することが多いため，根の一部をサンプリングして調査する際は注意する．土壌からもベールマン法で線虫を分離し，ポットあたりの線虫数を推定すると精度が高くなる．ポットあたりの線虫数を推定する簡易法として，全根を細断後に回収した土壌と混和して根・土壌混合物とし，ポリエチレン袋内で5日間程度静置してからベールマン法で線虫を分離する方法もある．
　c）留意事項： 精度の高い検定法であるが，接種線虫の準備に手間がかかる．

（上杉謙太）

3.2　線虫抵抗性圃場試験法

植物寄生性線虫対策として最も有効なものは抵抗性品種の利用である．そのため，線虫害を受けやすい作物において新たな品種を育成する場合，主な植物寄生性線虫に対する抵抗性を持たせることは重要である．とくにサツマイモ，ジャガイモ，ダイズなどでは特性検定として品種登録に当たって線虫抵抗性の有無もしくは抵抗性程度が必ず調査され，記載されている．

これらの抵抗性を検定するには，圃場より正確な結果が期待できる施設内での接種試験を実施することが望ましいが，圃場試験は少ない労力で一度に多くのサンプルを検定できるというメリットがある．また根菜類やつる性植物などのように植物体が大きくなる作物では屋内試験のみで検定を行うことは困難な場合が多く，主に屋外の圃場試験によって検定が行われている．

3.2.1　ジャガイモのジャガイモシストセンチュウ抵抗性圃場検定

　a）準備器材： 《試験圃場》：ジャガイモシストセンチュウは，植物防疫法の観点から線虫検定圃場を試験研究機関内に造成することは認められないため，圃場検定は線虫が発生している農家圃場において実施する必要がある．ただし，一般農家ではジャガイモを連作することは少なく，通常は3～4年の輪作を行っているため，それらの圃場では線虫密度が低下している可能性がある．そのような低密度の圃場では試験結果の誤差によって反復間で結果が振れる可能性があるため，事前に卵密度を調査し，乾土1 gあたり50卵程度の中密度以上であることを確認した圃場を用いることが望ましい．
　b）操作手順： ①試験に供試する品種は慣行に従って植え付けて栽培を行い，同時に対照となる感受性品種および複数の抵抗性品種も適宜配置しておく．その後，根の表面に白色ないし黄色の雌成虫が多数観察できる時期に寄生調査を行う．この時期は北海道の場合，植え付け後70～80日程度の7月中下旬くらいである．②掘り上げた根から土を丁寧に払い落とし，根の表面に着生した雌成虫を

肉眼で観察し，シスト指数を求めて判別する．③さらに収穫時に土壌中の卵密度を調査し，初期密度との比較によって増殖率を求め，シスト指数と合わせて総合的に抵抗性を判断する．

　c）留意事項：　我が国で確認されているジャガイモシストセンチュウの個体群は抵抗性品種への寄生性を持たないため，用いたジャガイモ品種が感受性品種と既知の抵抗性品種との中間的な値を示す可能性はない．もしも供試した品種がそのような値を示した場合は感受性と判断するか，再検定を行う必要がある．

3.2.2　ダイズのダイズシストセンチュウ抵抗性圃場検定

　a）準備器材：　《試験圃場》：ダイズシストセンチュウはジャガイモシストセンチュウと異なり，試験研究機関に線虫検定圃場を造成することが可能である．そのため，その地域の主要なレースを増殖した圃場を用意し，そこで検定を行う．また，可能であれば我が国の主要な抵抗性品種である「下田不知(げでんしらず)」系抵抗性品種に寄生できる系統と寄生できない系統の2レースを増殖した圃場をそれぞれ用意し，供試ダイズ品種への雌成虫（シスト）着生程度の違いを確認することが望ましい．

　b）操作手順：　①供試品種は慣行に従って播種・栽培し，播種後70日程度もしくは7月下旬に根を掘り上げ，ていねいに土を払い落としてから根に着生した雌成虫を肉眼で確認する（図12-25）．②一般に抵抗性品種ではシストの形成が遅れるため，第1回調査の10日後に再調査を行って着生程度を確認する．③各線虫系統の供試ダイズ品種へのシスト着生程度を調べ，抵抗性程度が既知の品種へのシスト着生程度と比較して，極強から弱までの評価を行い，抵抗性を判別する．ダイズシストセンチュウはジャガイモシストセンチュウと異なり，圃場に発生している線虫の系統によっては抵抗性品種に対しても若干のシストの着生が見られるため，シスト着生数による絶対的評価ではなく，同時に栽培した他の抵抗性品種に対する着生程度との比較による相対評価によって抵抗性を判断する必要がある．

図12-25　視認によるダイズシストセンチュウ着生程度の確認（巻頭カラー口絵参照）

　c）留意事項：　ダイズシストセンチュウの場合，過度の連作は天敵微生物の発生などの要因によって線虫密度の衰退減少を引き起こす可能性があるため，線虫密度を維持するためには検定圃場においても適度な輪作を行う方がよく，最低でも3年に1度程度の使用に止めるべきである．

3.2.3　サツマイモのサツマイモネコブセンチュウ抵抗性圃場検定

　a）準備器材：　《検定圃場》：連年同じ圃場を使わず，線虫密度を安定させるために前年に感受性植物を栽培して予め線虫を増殖したうえで使用する．

　b）操作手順：　①供試品種はやや早めの5月中下旬頃に植え付けを行う．その際に一定の間隔で強，中，弱と抵抗性程度の明らかな品種を配置しておく．その後は慣例に従って栽培し，60～70日

後に根を掘り取る．②掘り取った根は細根を切らないように水洗し，フロキシンB液（0.15 g/水1ℓ）に30分程度浸漬して卵のうを染色する．③染色した卵のうを肉眼で観察し，対照となる品種と比較して5段階程度の卵のう着生指数で抵抗性を判定する．④卵のうを染色せずに，肉眼で根に着生した根こぶを確認して指数を求めて判定する場合はさらに9月中旬程度まで栽培を継続してから根を掘り上げ，ていねいに土を払い落として根に形成された根こぶを肉眼で観察し，対照品種と比較した5段階程度の根こぶ指数によって判定を行う．なお，第12章1.1も参照のこと．

3.2.4　サツマイモのミナミネグサレセンチュウ抵抗性圃場検定

a）準備器材：《試験圃場》：ネコブセンチュウと同様に線虫密度を安定させるために同じ圃場での連年試験は避けて2年もしくは3年に1度の試験とし，それ以外の年は感受性品種を栽培して線虫の増殖に努めるのがよい．

b）操作手順：①検定圃場に供試系統を植え付け，慣行に従って栽培した後に塊根を掘り上げる．ネグサレセンチュウの被害はネコブセンチュウのものより明確ではない場合があるため，栽培期間はネコブセンチュウの検定よりも1箇月程度長くして5箇月程度行うと比較的被害を判別しやすくなる．②掘り上げた塊根は表面をよく洗い，被害程度を肉眼で確認して対照の品種と比較する．判定は「強」から「弱」の五段階程度で判断するのが一般的である．

（相場　聡）

コラム：植物の線虫抵抗性遺伝子と抵抗性メカニズム

　線虫に対する抵抗性品種とは，その植物種が通常は線虫の寄主であり，線虫が増殖するのに対して，その植物種の特定の品種においては線虫がほとんど増殖しないか，増殖が著しく劣る場合に，その品種を抵抗性であると呼ぶ．つまり線虫を接種して判定することが基本中の基本である．そして，トマトのサツマイモネコブセンチュウ等の抵抗性，ダイズのダイズシストセンチュウ抵抗性，ジャガイモのジャガイモシストセンチュウ抵抗性など，交配により線虫抵抗性遺伝子の導入が盛んに行われ，多くの線虫抵抗性品種が育成されている．これら育成された品種の抵抗性は1つないし数個の線虫抵抗性遺伝子で決定されている場合が多い．

　最近では，この抵抗性を判定するのに線虫を接種せず，植物のDNAから分子生物学的手法により直接抵抗性を判定する方法も盛んに研究されている．分子生物学的検定法では，通常，植物のゲノム上の抵抗性遺伝子近傍にDNAマーカーを作製して，幼苗から植物のゲノムDNAを抽出しPCR等で判定する．分子生物学的検定法は，線虫を接種して判定する生物検定と比較して，線虫の取り扱いが不要であり，植物を栽培する期間も短期間で済むなど利点が多い．しかし，育種現場での交配組み合わせにより，分子生物学的検定法と生物検定の結果に差が出ることもあり，両方の検定結果を比較しながら，確実なDNAマーカーを作製して検証してから使用する必要がある．すなわち，抵抗性遺伝子のDNAマーカー作製や，さらには抵抗性メカニズムを研究していくための重要な実験法は，線虫接種による抵抗性検定法である．

　植物の線虫抵抗性遺伝子で，一番盛んに研究されている遺伝子はトマトの*Mi*遺伝子であり，誘導される反応は，過敏感反応を誘導するような共通の分子機構が関わっていると考えられているが，その全体像は，多くの研究が行われているわりには明らかにされていない（Williamson and Kumar 2006）．それは，*Mi*遺伝子を持つネコブセンチュウ抵抗性トマトにネコブセンチュウを接種して遺伝子発現を解析した結果，サリチル酸，ジャスモン酸，エチレンで誘導されるような様々な関連遺

伝子が誘導されて，はっきりした特徴がないこと，サリチル酸を分解するような遺伝子 *NahG* を抵抗性品種に導入しても，抵抗性にはほとんど関係しないことなど，明確な特徴がつかめていないからである．線虫の寄生には様々な植物ホルモンが関わり，線虫寄生に対する植物の特異的反応を覆い隠してしまうような状態になっているのかもしれない．

図 12-26　感受性品種（左）と抵抗性品種（右）でのシストセンチュウの増殖の比較（乾燥土壌 50g 当たりのシスト）

我々は，トマトのジャガイモシストセンチュウ抵抗性品種を発見したことから（植原ら 2008），トマトとジャガイモシストセンチュウの系を用いて線虫感染の分子機構の解析を行った（Uehara et al 2010）．まず，抵抗性品種と感受性品種では明らかに増殖シスト数に差が確認できる（図 12-26）．その分離試験では抵抗性と感受性の個体がおよそ 3：1 に分かれることから，優性の単一遺伝子により支配されている抵抗性である．この抵抗性遺伝子は塩基配列の比較から既にクローニングされている *Hero* A 遺伝子であった．そこで，*Hero* A 遺伝子を持つ抵抗性品種とそれを持たない感受性品種にジャガイモシストセンチュウを接種して，接種 3 日後と 7 日後の反応をマイクロアレイで解析することにした．根に接種して 3 日後は，多核体細胞の誘導時期であり，7 日後は，抵抗性品種において誘導された多核体細胞が崩壊する時期である．マイクロアレイの結果は，線虫接種 3 日後でとくに植物の抵抗性反応が強く起こっており，様々な PR タンパク質（pathogenesis-related proteins）遺伝子の発現とフェニルアラニンアンモニアリアーゼや *Myb* 遺伝子の誘導が確認された．感受性品種では逆に線虫接種により，それらの遺伝子は抑制されているような結果を得た．線虫が植物の抵抗性反応を弱めているかのようである．

次に様々な PR タンパク質遺伝子の発現をリアルタイム PCR により調査することにした．トマトは植物ホルモンや病害虫に対する反応が盛んに解析されており，サリチル酸で *PR1a*，*PR1b*，*PR7* が，ジャスモン酸で *PR6*，*TPI1* が誘導されることが知られている．解析結果から線虫接種により *PR1a* が抵抗性品種で顕著に誘導されることが明らかになった（図 12-27）．植物の防御反応におけ

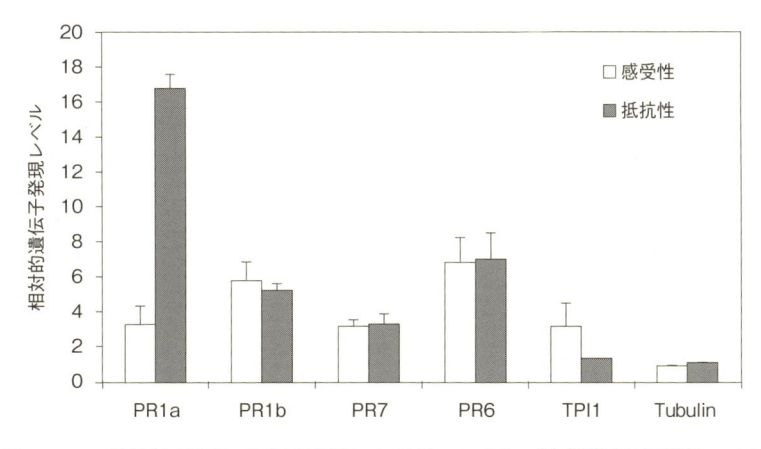

図 12-27　抵抗性品種と感受性品種における PR タンパク質遺伝子発現レベル

る*PR1a*の役割は説明できないが，*PR1a*の誘導が抵抗性品種の特徴であった．そこで，根の中のサリチル酸量を計測すると，感受性品種でも抵抗性品種でも健全根に比較して線虫接種により多量のサリチル酸が誘導されていることが分かった．抵抗性でも感受性でも同じようにサリチル酸が誘導されるのに，抵抗性品種のみ*PR1a*が発現していることから，感受性品種では線虫の寄生が*PR1a*の発現を妨げていると考えられた．すなわち，線虫の寄生が，植物の抵抗性反応を抑制しているのではないかと思われた．そこで，植物体内にサリチル酸を蓄積しない*NahG*植物を用いて，*Hero* Aにより誘導される*PR1a*とサリチル酸の関係を直接証明することにした．その結果，抵抗性品種で*NahG*（サリチル酸を分解する酵素の遺伝子）を発現させると，シストセンチュウ感染後の*PR1a*の誘導が妨げられる．さらに，抵抗性品種の中で*NahG*を発現させると，線虫が増殖できることも明らかにした．少なくともサリチル酸が*Hero* A抵抗性トマトの中でなにがしかの役割を担っているという結論に達した．

　以上の研究では，*Hero* A遺伝子を持つトマトが抵抗性を発揮するにはサリチル酸を必要としていることが明らかになっただけであり，線虫抵抗性のメカニズムを，ほんの1面だけから見ているに過ぎないと感じている．線虫抵抗性のメカニズムは，植物の防御反応，線虫の寄生反応，線虫による植物の防御反応の抑制など，多くの遺伝子，二次代謝産物，植物ホルモン，線虫側の因子も絡み合っていて，非常に全体像が掴みづらい．今後その解明に向けて世界中の研究者の努力が注がれるであろう興味深いテーマでもある．

　最後に，最新の分子生物学的手法を駆使して線虫抵抗性遺伝子や抵抗性メカニズムの解析を進めて行くためには，線虫の接種や線虫の増殖の判定，被害評価など，基本的な植物と線虫の相互作用の研究法が改めて重要であると感じている．

参考文献

植原健人・伊藤賢治・奈良部孝（2008）　トマト品種および近縁野生種におけるジャガイモシストセンチュウ
　　Globodera rostochiensis（Woll）寄生程度の差異．日本応用動物昆虫学会誌，52: 146-148.

Uehara, T., Sugiyama, S., Matsuura, H., Arie, T. and Masuta, C. (2010) Resistant and susceptible responses in tomato to cyst nematode are differentially regulated by salicylic acid. Plant and Cell Physiology, 51: 1524-1536.

Willianson, V.M. and Kumar, A. (2006) Nematode resistance in plants: the battle underground. Trends Genetics, 22: 396-403.

〈植原健人〉

[第13章　昆虫と線虫の相互関係研究法]

1. 昆虫寄生性線虫の生態関係研究法

　ここでは昆虫の体腔や組織に寄生する内部寄生性線虫のうち，比較的検出例の多いティレンクス目 (Tylenchida) の昆虫寄生性線虫を取り上げる．これら以外の昆虫寄生性線虫を扱う時は Poinar (1975) が参考になる．

1.1　同定

　昆虫を解剖して寄生性線虫が得られたら大まかな同定をする．産卵している 1 cm ほどの雌成虫（寄生態雌成虫）と卵や幼虫が確認された場合，ティレンクス目の昆虫寄生性線虫（図 13-1）である可能性が高い．ティレンクス目の昆虫寄生性線虫は，昆虫を解剖する以外にも，宿主から脱出した線虫や宿主に感染する発育段階の線虫（感染態雌成虫）が宿主周辺の基質から得られる．ティレンクス目の昆虫寄生性線虫であれば Ramillet and Laumond (1991) や Siddiqi (2000) を参考に属への同定を試みる．研究者により属や科の定義が異なる場合があることを考慮しておくと同定時に混乱しない．属の同定には成虫や幼虫など複数の発育段階についての情報が必要な場合が多いが，形態や宿主から大まかにでも属が予想できれば，後述の生活史の解明に役に立つ．逆に生活史の解明で全ての発育段階が得られれば属への同定が容易になる．既知種であれば形態と宿主の情報から種の同定も可能である．未記載種の同定は過去の記載論文やモノグラフと照らし合わせて行うが，種の検索表が整理されていない場合が多く，時間と労力をつぎ込む覚悟が必要である．

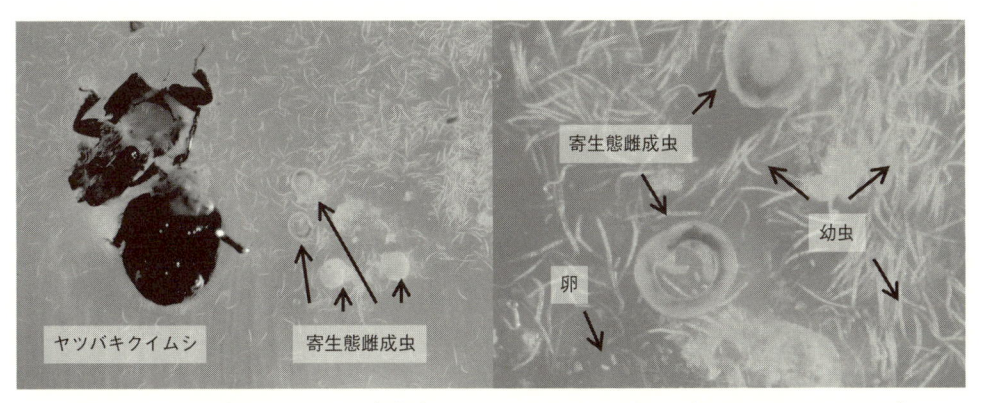

図 13-1　ヤツバキクイムシに寄生するコントロティレンクス（*Contortylenchus* sp.）
左：解剖時の概観．大型の寄生態雌成虫とそれに由来する幼虫（背景の細かい糸状のもの）が多数見える．右：左の拡大図．寄生態雌成虫や幼虫のほか，卵も確認できる．

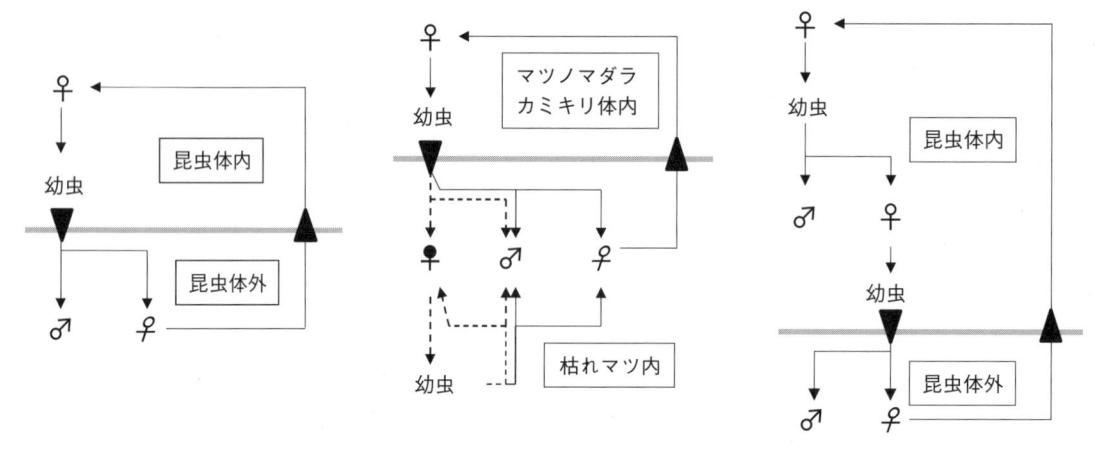

図 13-2　ティレンクス目の昆虫寄生線虫の生活史模式図

左：昆虫体内で1回繁殖し，自由生活期を持たないマルハナバチタマセンチュウ（*Sphaerularia bombi*）の生活史．中：マツノマダラカミキリに寄生して繁殖し，自由生活世代も有するコントロティレンクス・ゲニタリコラ（*Contortylenchus genitalicola*）の生活史．右：宿主体内で2回繁殖し，自由生活世代を持たない線虫の生活史．ティレンクス目の昆虫寄生性線虫の生活史には，この図に示した以外にも様々な生活史のパターンが報告されている．矢印は線虫の発育過程を表す．実線矢印は昆虫寄生期を，破線矢印は自由生活期を示す．♀：寄生態雌成虫，♀：自由生活雌成虫，♀：感染態雌成虫，♂：雄成虫．太い実線は昆虫体内と体外の境界を表し，▲は線虫の宿主への感染を，▼は宿主からの脱出を示している．小坂・津田（2004）を改変．

1.2　生活史の解明

　一般に寄生性線虫の生活史は宿主の生活史と密接に関係している．そのためティレンクス目の昆虫寄生性線虫の生活史を解明するためには，室内や野外網室などで宿主昆虫を飼育したり野外から採集する方法を確立したりして宿主昆虫を定期的に採集できるようにしておく必要がある．また，菌類を摂食して繁殖する世代（自由生活世代）を持つ線虫の場合には，昆虫や，その基質から菌を分離して，自由生活世代の宿主（餌）となる菌も確保しておく必要がある．

　ティレンクス目の昆虫寄生性線虫の生活史は，感染態雌成虫が宿主昆虫に侵入してその子孫の幼虫が昆虫体外へ脱出し，感染態雌成虫に発育して再び宿主昆虫に寄生する．ただし，昆虫体内での世代数（1回繁殖か2回繁殖）や生殖様式の違い（単為生殖か雌雄が交尾する生殖か）や昆虫から脱出した後の生活環の違い（直接感染態雌成虫に発育するのか，自由生活世代を経るのかなど）や生殖様式の違いなど，その生活史は多様である（図 13-2）．ティレンクス目の昆虫寄生性線虫にはこれまでに報告されていない生活史も存在している可能性がある．

1.3　宿主への影響

　ティレンクス目の昆虫寄生性線虫は寄生により宿主を直接殺すことは少ない．しかし，その宿主への影響は宿主を不妊にするものから宿主にほとんど影響を与えないものまで多様である．線虫の寄生頭数により宿主への影響が異なる場合もある．まずは宿主昆虫を解剖し，線虫の寄生により卵巣が退化していたり脂肪体が極端に少なくなっていたりしていないかを観察する．マルハナバチタマセンチュウ（*Sphaerularia bombi*）のように寄生態雌成虫が1頭でも寄生すれば宿主雌成虫が不妊になる場合もある．キバチのように成虫が羽化する時に潜在的な産卵数が決まっているのであれば，脱出直後の成虫を解剖して線虫寄生の有無と潜在的な産卵数の関係を明らかにしてその影響を調べることもで

きる．一方，カミキリムシのように後食して生きている限り次々と産卵する場合は，宿主昆虫を飼育して線虫の寄生と宿主の寿命や産卵数との関係を調べることになる．キクイムシの場合，産卵数を直接調べることが困難でも，線虫の寄生の有無とキクイムシの孔道の長さや産卵室の数を明らかにすることで，その影響を調べることができる．宿主昆虫を生かしながら線虫寄生の影響を明らかにする場合，宿主の死後に解剖しても寄生頭数など線虫寄生の詳細が分からない場合もある．その時は一定の飼育期間の後に宿主を解剖するなど，個々の状況に合わせて調査を工夫する必要がある．

1.4 宿主行動の操作

スズメバチタマセンチュウ（*Sphaerularia vespae*）はスズメバチの女王にだけ寄生する．女王と次世代の女王（新女王）に世代の重なりはない．新女王が生産される巣が感染場所であるならば，働き蜂や雄成虫にも寄生が見られるはずである．スズメバチは新女王だけが越冬し，働きバチと雄成虫は越冬することなく死亡する．そこで，女王の活動期間中に新女王の潜在的な越冬場所である朽木の前で飛来するスズメバチを調べたところ，線虫に寄生されたスズメバチが飛来して将来感染態になる線虫の幼虫を放出していることを確認した．このことからスズメバチタマセンチュウは感染効率を高めるため宿主を感染場所である朽木に誘導していると考えた（Sayama et al. 2013）．ティレンクス目の昆虫寄生性線虫における宿主行動の操作に関する研究は少ないが，線虫と宿主の生活史を詳細に検討すればこの興味深い現象の解明が可能である．

参考文献

小坂　肇・津田　格（2004）昆虫寄生性線虫の生活史．概要と用語説明．『線虫学実験法』（日本線虫学会編）pp.154-155 日本線虫学会，つくば．
Poinar, G.O.Jr. (1975) Entomogenous Nematodes. A Manual and Host List of Insect-Nematode Associations. B.J. Brill, Leiden.
Remillet, M. and Laumond, C. (1991) Sphaerularioid nematodes of importance in agriculture. pp.967-1024. In Nickle, W.R. (ed.), Manual of Agricultural Nematology, Marcel Dekker Inc., New York, Basel and Hong Kong.
Sayama, K., Kosaka, H. and Makino, S. (2013) Release of juvenile nematodes at hibernation sites by overwintered queens of the hornet *Vespa simillima*. Insectes Sociaux, 60: 383-388.
Siddiqi, M.R. (2000) Tylenchida: Parasites of Plants and Insects, 2nd Edition. CABI Publishing, Oxon, UK.

（小坂　肇）

2. 昆虫便乗線虫の生態関係研究法

近年，いくつかの昆虫便乗線虫種で研究が進み，生物学的に多くの有用な知見が得られている．また，昆虫便乗線虫には，未記載種も多く，これらの中には興味深い生態や生理現象を持つ種も存在し，これらを研究することで新たな知見が得られる可能性は高い．そこで，本節では，昆虫便乗線虫を理解する上で重要で基本的な生態研究法について解説する．

2.1 研究材料の選択

昆虫便乗線虫は種数も多く，生活史も多様であるため，材料の選択はとくに重要である．この材料選択の基準を以下に簡単に示す．
分子生物学的手法を用いやすい昆虫便乗線虫：これまでよく研究されている昆虫便乗線虫として，

C. ジャポニカ（*C. japonica*）やプリスティオンクス・パシフィクス（*Pristionchus pacificus*），マツノザイセンチュウなどがあげられる．これらの種は，ゲノム情報が利用できる数少ない昆虫便乗線虫である．また，これらの種は生活史が明らかであるので，生態研究における応用的なテーマ，たとえば環境応答における遺伝子発現の研究などに用いることができる．さらに，別の昆虫便乗線虫を研究対象とする実験の比較対象に用いることができる．なお，これらの種の株は，研究機関の譲渡による入手が可能である．

既知の昆虫便乗線虫：既知の昆虫便乗線虫種を使用する場合，当然のことながら，これまでの生態研究結果を加味し，自身の研究対象種を決める．既知の昆虫便乗線虫種の一部は，株を保有している研究機関があるが，株が存在しない場合，宿主昆虫を採集し，解剖して線虫株を作出しなければならない．野外の昆虫から得られた線虫を使用する場合は，線虫の同定が必要となる．著者らは，簡易同定のために，リボソーム RNA 遺伝子の一部，SSU（small subunit），LSU（larage subunit）領域の塩基配列を用いている．

新規の昆虫便乗線虫探索：新規の昆虫便乗線虫を見つけるには，宿主の選択が重要である．昆虫便乗線虫は餌から餌への移動手段として昆虫を利用することから，線虫が増殖する場所（バクテリアや糸状菌が多く発生する場所）と関係を持つ昆虫に便乗しやすい．具体的には，腐朽した木材中で生育する甲虫類や動物の糞に集まる糞虫類などである．さらにこれらの昆虫のうち，その生活史の中に昆虫便乗線虫が昆虫の親から子へ乗り移るのに都合のよいタイミング（子育てなど）を持つ種であれば特異的な線虫が便乗している可能性が高い．一方，線虫が増殖しない生きた植物を餌とするバッタや蝶からは，便乗線虫はほとんど見つからない．また捕食性の昆虫のカマキリなどからも便乗線虫がほとんど見つからない．

扱いやすい材料：宿主昆虫は，その生態が明らかとなっており，採集しやすいものが好ましい．室内で線虫の生態を研究する場合は，宿主昆虫を飼育できるかどうかや，線虫の培養が容易であるかどうかも考慮すべき重要な点である．

2.2 生態研究（野外）

野外での昆虫便乗線虫の生態は，宿主昆虫の生態を踏まえて調べることが基本となる．昆虫便乗線虫の生活史は，昆虫に便乗している時と昆虫からおりて増殖している時に分けられる．

昆虫便乗時：宿主上の便乗線虫数の経時的変化，宿主の特異性，宿主のどの部位に便乗しているか，などを調べる．目的に応じて，宿主，および宿主周辺に生息する昆虫類を解剖し，目的の線虫が便乗しているか，宿主のどの部位から検出されるか等を確認する．この際，宿主内部に便乗している線虫は，昆虫を解剖した後，ベールマン法を用いて線虫を分離すると，観察しやすい．解剖時に検出される線虫は，顕微鏡下で大まかに種を判別した後，判別できなかったものについては，バーコード領域の塩基配列（第 3 章 1.2 参照）を決定して種の同定を行う．

線虫増殖時：昆虫便乗線虫の増殖場所は，宿主昆虫の生活史と密接に関係する，細菌や糸状菌が増殖しやすい基質である．また多くの昆虫便乗線虫は宿主昆虫が死亡した場合，宿主昆虫死体で増殖した細菌や糸状菌を食べて増殖することが知られている．これらの基質を採種し，実験室で水を加え，遊出した線虫の遺伝子をシークエンスするなどして種の確認をする．

2.3 生態研究（室内）

室内では，昆虫から分離した線虫の培養，人為的環境下での昆虫への便乗および昆虫からの離脱，線虫が昆虫から受ける影響の確認，などが基本的な実験項目である．

2. 昆虫便乗線虫の生態関係研究法

線虫の培養：昆虫を解剖し得られた線虫の培養には，細菌食性線虫の場合，NGMプレート，糸状菌食性の場合，麦芽エキス培地を用いる．大半の線虫種は柔らかい培地（寒天濃度1〜1.5％）を用いると長持ちするが，柔らかい培地は線虫が培地中に潜りやすいため観察には不向きである．昆虫便乗線虫の一部には培養が困難な種も存在する．培養が困難な場合，微生物の増殖抑制や適切な培養温度を検討する．細菌食性線虫であれば1/2 NGMプレートや，ペプトンを加えずに作製したNGMプレートを用いて培養する．糸状菌食性線虫であれば低濃度（0.5〜1.0％）麦芽エキス培地や素寒天培地に培養した菌や植物カルスを用いて培養する．培養温度は，低め（18〜20℃程度）で行うと，時間はかかるものの培養可能となることが多い．

人為的環境下での昆虫への便乗：人為的便乗実験は，培養して得られた便乗ステージの線虫1,000頭程度を300 μℓの水に懸濁し，ろ紙を敷いた直径4 cmのプラスチックペトリ皿に入れる．昆虫サイズが大きい場合は，ペトリ皿のサイズを変える．昆虫をペトリ皿に入れ，ビニールテープでペトリ皿の蓋が外れないようにし，ペトリ皿を乾燥防止のためにタッパーに入れ，12時間置く．ビニールテープは昆虫の窒息防止のため，ペトリ皿の隙間を完全には塞がないようにする（図13-3）．こののち，相対湿度97％程度の状態に3日置き，解剖して便乗した線虫を確認する．また，宿主に与える影響を調べる場合は，ろ紙に接種する線虫数を変え，宿主の状態や生存を確認する．

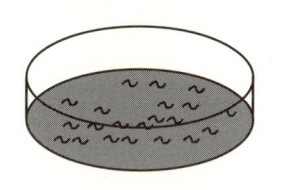

シャーレにろ紙を敷き、線虫懸濁液を添加

昆虫をシャーレに入れる

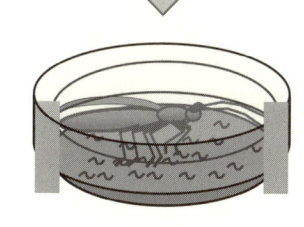

昆虫が逃げないようにテープでフタを固定し、タッパーに入れ、12時間置く

シャーレから取り出した昆虫を相対湿度97％で3日置いた後、解剖などに用いる

図13-3　人為的な環境下での昆虫への便乗法

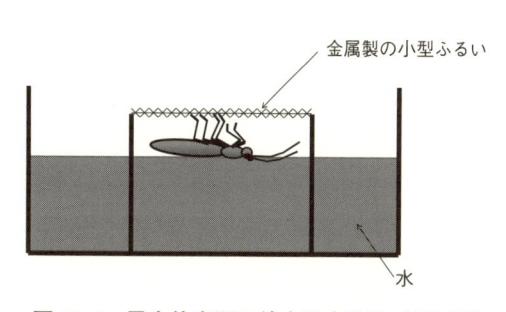

図13-4　昆虫体表面の線虫除去装置（側面図）

人為的に昆虫に線虫を便乗させる場合，宿主昆虫を線虫フリーにする必要がある．C. ジャポニカなど，宿主の翅の下などに付着する線虫のみが便乗している場合は，宿主昆虫を3日程度相対湿度100％に入れたのち，窒息を起こさないように，翅部のみが水に接触した状態で3時間程度置き，便乗していた線虫を洗い出す（図13-4）．しかし，一部の便乗線虫種は体表に粘着性の物質を生成し昆虫に付着しているので，宿主から分離することは困難である．また，気管や腸など内部に便乗する線虫も完全に取り除くことは難しい．そこで，そのような線虫が便乗している場合は，昆虫を飼育し，卵や幼虫を得て洗浄し，線虫フリーの環境で育てて好適な宿主昆虫を得る．

宿主昆虫のどの発育段階で線虫が便乗するかを調べるには，野外から採集した宿主をそのまま飼育し，得られた宿主の卵，幼虫，蛹，新成虫を解剖して線虫の有無を確認する．この際，飼育環境に他種の線虫が混入しないよう，あらかじめ滅菌した資材を利用するなどの工夫が必要である．

　人為的環境下での昆虫からの離脱：昆虫からの線虫の離脱要因を調べるには，線虫が離脱する要因になると予想される基質と宿主昆虫を共に容器に入れ，一定時間ごとに基質から線虫を回収する．容器は相対湿度を100％に保ち線虫が移動できるようにする．線虫が離脱する要因となるものの大半は，野外で線虫が増殖する基質である．

　昆虫が線虫に与える影響：一部の線虫では宿主の体表成分が存在する場合のみ便乗ステージが現れるものがある．通常の培養で線虫の便乗ステージが出現しない場合は，宿主昆虫と線虫を共培養し，便乗ステージの有無を確認する．

　宿主昆虫の体表成分が便乗線虫を特異的に誘引する場合がある．これを確認するために，宿主体表のヘキサン抽出液に対する線虫の誘引を調べる．この方法に関しては，Appendix の 1「C. ジャポニカの生態学的研究」の記事を参考にされたい．

　一部の便乗線虫では，便乗時に，宿主昆虫により外界のストレス（乾燥など）が緩和されたり，線虫自身が生理的変化を起こしたりする．これらは線虫の生存期間や耐性を調べることによって明らかとなる．宿主昆虫上の線虫の生存期間を調べるには，線虫が便乗している昆虫を一定期間飼育後解剖し，線虫の有無を確認する．この際，相対湿度は100％にならないようにし，飼育容器に線虫が増殖するようなものを置かないようにする．宿主昆虫の餌として線虫が増殖するような基質を使用しなければならない場合は，3日に一度基質を取り替える．非便乗時の線虫の寿命を調べる場合は，直径9 cm のプラスチックペトリ皿に M9 緩衝液を 10 mℓ 入れたもので線虫の便乗ステージを維持し，経時的に生存を確認する．宿主昆虫による線虫のストレス緩和を調べるには，宿主昆虫ごと環境ストレスを与える区と線虫単独でストレスを与える区を設定し線虫の生存を比較する．

（田中龍聖）

コラム：人工蛹室を用いた線虫便乗実験法

　本13章では，昆虫便乗線虫全般について解説するとともに，特にC. ジャポニカをはじめとする細菌食性線虫について述べた．ここでは，昆虫便乗線虫のうち，菌食性線虫であるマツノザイセンチュウ及びその近縁種群を例に挙げて，これら線虫とその媒介昆虫との相互関係研究法を紹介する．

マツノザイセンチュウ近縁種群と媒介昆虫の関係

　マツノザイセンチュウ（*Bursaphelenchus xylophilus*）はマツノマダラカミキリ（*Monochamus alternatus*）を媒介昆虫としているが，その他のマツノザイセンチュウ近縁種群もカミキリムシを媒介昆虫としているものが多い．例えば，クワノザイセンチュウ（*B. conicaudatus*）はキボシカミキリ（*Psacothea hilaris*）に，またタラノザイセンチュウ（*B. luxuriosae*）はセンノカミキリ（*Acalolepta luxuriosa*）に媒介される．これらの線虫は，材内で菌類を摂食して増殖したのち，蛹室（カミキリムシの幼虫が蛹を経て成虫になるために材内に作る小部屋：図13-5）でカミキリムシ成虫に乗り移り，媒介される．その乗り移りの仕組み（菌類と線虫とカミキリムシの関係）を調べるために，また，実験材料として線虫を保持したカミキリムシ成虫を得るために，人工的にマツノザイセンチュウ近縁種群をカミキリムシに乗り移らせる（便乗させる）方法，すなわち人工蛹室が考案されている．

2. 昆虫便乗線虫の生態関係研究法

寒天培地を用いた人工蛹室

簡便な人工蛹室として，寒天培地を用いることができる．
'①滅菌プラスチックペトリ皿（深型，直径 9 cm）内の麦芽エキス寒天培地（寒天濃度を 5% に上げたもの）に線虫の増殖に好適な菌（筆者はネクトリア・ビリデスセンス〔*Nectria viridescens* *〕を用いている）を繁殖させる（Maehara et al. 2013）．平底角型培養瓶，酵母抽出液を添加したポテトデキストロース寒天（PDA）培地，及びコントロティレンクス・ゲニタリコラ（第 13 章 1.1 参照）関連の未同定菌を用いる方法もある（Ogura and Nakashima 2002）．②体表面を殺菌し，一定数に調整したマツノザイセンチュウ近縁種群を菌叢に接種する．③線虫が増殖したところで，別に飼育しておいたカミキリムシ蛹（蛹化直後のもの）を菌叢上に置く（図 13-6A）．④カミキリムシの羽化後 8 日目に，カミキリムシ成虫をペトリ皿から取り出す（図 13-6B）．この時点で，成虫は線虫を保持している．

この人工蛹室を用いると線虫を確実に保持したカミキリムシ成虫を作ることができるので，カミキリムシから寄主樹木への線虫の離脱を調べる実験などに使うことができる．また，人工蛹室を用いて，クワノザイセンチュウの便乗ステージ（分散型第 4 期幼虫）とタラノザイセンチュウの便乗ステージ（寄生型成虫）は，それぞれキボシカミキリとセンノカミキリの存在下で出現することが明らかにされている（Maehara et al. 2013）．さらに研究を進めて，便乗ステージ出現に関わる物質を特定する際にも，寒天培地を用いた人工蛹室

図 13-5 マツノマダラカミキリの蛹室

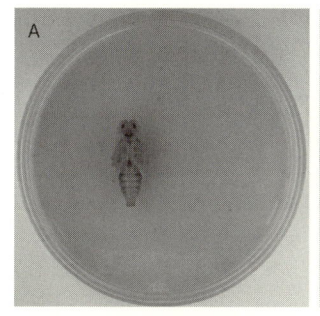

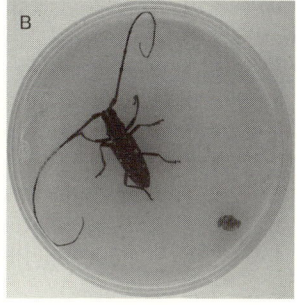

図 13-6 寒天培地を用いた人工蛹室内のマツノマダラカミキリ蛹（A）とキボシカミキリ成虫（B）

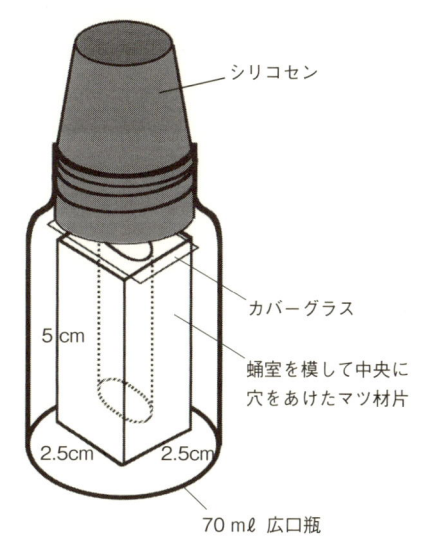

図 13-7 マツの材を用いたマツノマダラカミキリの人工蛹室

は有効だろう．

＊直径約 0.3 mm の色鮮やかな子嚢殻（子実体）を形成する微小菌類の 1 つ．子嚢菌門，ボタンタケ目に所属する．

材を用いた人工蛹室

寒天培地を用いた人工蛹室は，媒介昆虫の寄主樹木にかかわらず適用可能であるため，例えば針葉樹を寄主樹木とするマツノマダラカミキリと広葉樹を寄主樹木とするキボシカミキリ及びセンノカミキリを同時に用いて線虫との親和性を比較する実験などで有効である．一方，野外の状況をできるだけ忠実に再現するには，カミキリムシの寄主樹木の材を用いる方法がある．ここでは，マツノザイセンチュウとマツノマダラカミキリを例に取る．

①マツの材を小さなブロック（縦，横が 2.5 cm，高さが 5 cm）にして，そこに蛹室に相当する穴をあけ，広口瓶に入れてオートクレーブで滅菌する（121℃，30 分間）（図 13-7，Maehara and Futai 1996）．材のブロックの代わりに，小丸太を用いることもできる（Aikawa et al. 1997）．

②線虫の増殖に好適な菌（筆者はオフィオストマ・ミヌス〔*Ophiostoma minus*〕を用いている）をブロックの穴の中に接種し，繁殖させる．③体表面を殺菌し，一定数に調整したマツノザイセンチュウを穴の中に接種する．④線虫が増殖したところで，別に飼育しておいたマツノマダラカミキリ蛹（蛹化直後のもの）を穴の中に入れる．⑤カミキリムシの羽化後 8 日目に，カミキリムシ成虫を穴から取り出す．この時点で，成虫は線虫を保持している．

この人工蛹室を用いることで，例えば菌類とマツノザイセンチュウの関係がマツノマダラカミキリ成虫の保持する線虫数に影響すること，及びマツノザイセンチュウの便乗ステージ（分散型第 4 期幼虫）はマツノマダラカミキリの存在下で出現することが明らかにされている（Maehara and Futai 1996）．

なお，寒天培地と材の中間的な方法として，マツのチップと大麦を混合した培地を用いる方法もある（Togashi 2004）．

参考文献

Aikawa, T., Maehara, N., Futai, K. and Togashi, K. (1997) A simple method for loading adult *Monochamus alternatus* (Coleoptera: Cerambycidae) with *Bursaphelenchus xylophilus* (Nematoda: Aphelenchoididae). Applied Entomology and Zoology, 32: 341-346.

Maehara, N. and Futai, K. (1996) Factors affecting both the numbers of pinewood nematode, *Bursaphelenchus xylophilus* (Nematoda: Aphelenchoididae), carried by the Japanese pine sawyer, *Monochamus alternatus* (Coleoptera: Cerambycidae), and the nematode's life history. Applied Entomology and Zoology, 31: 443-452.

Maehara, N., Kanzaki, N., Aikawa, T. and Nakamura, K. (2013) Effects of two species of cerambycid beetles, tribe Lamiini (Coleoptera: Cerambycidae), on the phoretic stage formation of two species of nematodes, genus *Bursaphelenchus* (Nematoda: Aphelenchoididae). Nematological Research, 43: 9-13.

Ogura, N. and Nakashima, T. (2002) *In vitro* occurrence of dispersal fourth stage juveniles in *Bursaphelenchus xylophilus* co-incubated with *Monochamus alternatus*. Japanese Journal of Nematology, 32: 53-59.

Togashi, K. (2004) A new method for loading *Bursaphelenchus xylophilus* (Nematoda: Aphelenchoididae) on adult *Monochamus alternatus* (Coleoptera: Cerambycidae). Journal of Economic Entomology, 97: 941-945.

（前原紀敏）

3. 昆虫病原性線虫の生態関係研究法

3.1 昆虫病原性線虫の室内殺虫試験法

　便乗や寄生など，昆虫と何らかの関係を構築している線虫は多い．しかし，線虫の便乗や寄生が宿主昆虫に与える影響や宿主昆虫から線虫へ及ぼす影響などの線虫と昆虫の間の相互作用についての生理・生化学的研究は少ない．特に昆虫寄生性線虫の場合，線虫およびその宿主昆虫の条件をそろえて感染実験を行うのが難しい場合が多く，相互作用についての研究は進んでいない．

　昆虫寄生性線虫の中でも生活史が短く，実験室内での培養や感染が容易なスタイナーネマ属およびヘテロラブディティス属の昆虫病原性線虫は，線虫と昆虫との相互作用を解析する上で重要なモデルとなる．また，昆虫病原性線虫は，ある特殊な腸内細菌を腸内に保持し，線虫が昆虫に侵入した際にその共生細菌を昆虫体内に放出して昆虫を殺すため，線虫と昆虫だけでなく，線虫−昆虫−細菌の3者間の相互作用を研究することとなる．ここでは，まず，昆虫病原性線虫の感染実験法として一般的に用いられるろ紙法ならびに昆虫病原性線虫の共生細菌を用いた殺虫試験方法を紹介する．

3.1.1 昆虫病原性線虫の殺虫活性試験法 ─ ろ紙法

　a）準備器材：　径6 cmペトリ皿，ろ紙，ハチノスツヅリガ（*Galleria mellonella* L.）幼虫，タッパー．

　b）操作手順：　①感染態幼虫懸濁液（10，50，100頭／0.4 mℓ）を6 cmペトリ皿に加え，線虫をろ紙上で分散させるために30分間静置する．対照区には，線虫懸濁液を含まない水をペトリ皿に0.4 mℓ加える．②ペトリ皿にハチノスツヅリガ終齢幼虫を入れる（図13-8）．昆虫が逃げないように，テープなどで蓋をとめる．③ペトリ皿を蓋つきタッパーに入れ，25℃で静置し，数時間〜24時間ごとに昆虫の生存を調査する．④侵入率を調査する場合は，線虫接種後の一定時間ごと（6時間，12時間，24時間など）に供試昆虫を取り出し，昆虫体表面を水道水でよくすすぎ，昆虫体表面に付着している線虫を取り除いたのち，昆虫の背部または腹部を切開し，切開面を下にして生理食塩水に浮かべ，昆虫体内からの線虫の遊出を12時間〜24時間待つ．遊出した線虫を計数するとともに，昆虫組織を解体しながら，脂肪体などに付着している線虫を探す．

　c）留意事項：

・再現性のある感染実験や殺虫実験を行うには，実験に使用する線虫の状態が非常に重要である．感染実験には，唯一の感染ステージである感染態幼虫のみを用いる．ホワイトトラップ（第2部第4章4.2「昆虫病原線虫の培養法と保存法」を参照）で集めた線虫のほとんどは，感染態幼虫であるが，感染態以外の幼虫も混じることがある．このような場合，感染態幼虫だけを得るために線虫を1％SDS溶液中で15分〜30分処理し（線虫の種類によっては短時間でも死亡することがあるので，影響のない時間をあらかじめ確認しておく），感染態幼虫以外を殺す必要がある．また，線虫と昆虫とのより厳密な

図13-8　ハチノスツヅリガ幼虫を用いた感染実験の様子

相互作用を調べる際には，0.1％メルチオレートなどを用いて線虫の表面殺菌をする必要があるが，この場合，SDS処理すると線虫体表面に付着する雑菌を取り除きやすくなる．

・感染態幼虫として昆虫体内から遊出したばかりの感染態幼虫は，感染性が低くなる場合があるので注意する．感染態幼虫になって時間の経過した線虫は，体内に貯蔵しているエネルギー源である脂質が減少し，組織の色が薄くなる．また，ヘテロラブディティス属の感染態幼虫は，保存していると3箇月くらいから腸内に保持する共生細菌の数が減少し，見た目には大きな違いはないが，急激に殺虫能力が低下する．スタイナーネマ属線虫でも感染態となって半年くらいから殺虫力が低下していくので注意する．厳密な実験では，感染態幼虫になって2～3週間経過したものなど，保存期間や条件をそろえたものを使う．

・線虫感染以外の原因によっても昆虫は死亡することがあるが，線虫感染によって死亡した昆虫は，共生細菌の代謝物の影響で独特の色を呈するため，体色の確認によって死亡した個体の線虫感染を判断できる．

・線虫と供試昆虫とを1対1で接触させるワン・オン・ワン法については田辺ら（2004）を参照のこと．

・本法は，昆虫病原性線虫だけでなく，他の昆虫寄生性や便乗性線虫を宿主へ感染または便乗させる際にも参考になる方法である．

3.1.2　共生細菌の殺虫試験法

昆虫病原性線虫の殺虫力は，共生関係にある細菌に大きく依存する．ここでは，共生細菌の殺虫試験について記す．

　a）準備器材：　LB液体培地，トーマ氏血球計数盤，ハチノスツヅリガ幼虫などの昆虫，微量注射器．

　b）操作手順：　① I型のコロニー*（図13-9）を5 mℓのLB液体培地（細菌用富栄養培地）に入れ，20～25℃程度で振とう培養する（2～3日間）．②細菌培養液を遠心して（10,000 rpm, 5分）上ずみを捨て，滅菌生理食塩水で3回洗浄する．③一部を取り出し，生理食塩水で適宜希釈し，トーマ氏血球計数盤を用いて細菌を計数する．希釈割合から，細菌密度を推定する．④任意の細菌数になるよう調整する．⑤冷蔵，水中への浸漬，炭酸ガス麻酔などによって動きを止めた供試昆虫の体表面を70％エタノールで消毒し，10 μℓ微量注射器を用いて腹脚から血体腔内へ細菌懸濁液を注入する．その際，注射針を腸へ刺さないように注意する．⑥径6 cmペトリ皿に供試昆虫を1頭ずつ入れ，25℃，暗条件下で静置する．⑦数時間～24時間ごとに，昆虫の死亡を調査する．

*共生細菌には相変異型が知られており，I型と II型に大別される．昆虫病原性線虫体内から分離される細菌は通常 I型で，II型は線虫を培養している人工培地や線虫が感染した昆虫体内からよく分離される．両者の区別は MacConkey 培地上で培養した場合，I型コロニーはニュートラルレッドを吸着し赤色のコロニーになるのに対し，II型コロニーは灰白色コロニーとなる（吉賀 2003）．

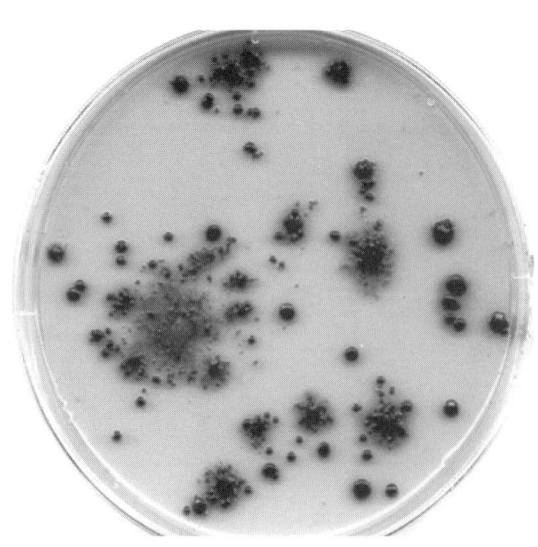

図13-9　NBT培地上のゼノラブダス属 I 型細菌の青緑色のコロニー（巻頭カラー口絵参照）

c）留意事項： 1）ハチノスツヅリガ幼虫は扱いやすい昆虫であるが，感受性が高すぎて殺虫活性を比較しにくいことがある．その場合は，比較的感受性の低いカブラヤガ幼虫などを用いる．また，ミールワームなど，熱帯魚などの餌として入手しやすいものも利用できる．2）トランスポゾンを利用してGFP遺伝子**を組み込んだ共生細菌を作出すると，蛍光顕微鏡下や共焦点レーザー顕微鏡下で蛍光を発する細菌を観察できる．そのような細菌を二者培養によって線虫に取り込ませることで，感染後の細菌の昆虫体内での局在を可視化することができる．また透明な線虫では，生きたままの線虫体内での共生細菌の局在を知ることができる．

＊＊緑色蛍光タンパク質の遺伝子．レポーター遺伝子として使用される．

参考文献

田辺博司・小倉信夫・山中 聡（2004） 各種昆虫病原性線虫に関する実験手法．『線虫学実験法』（日本線虫学会編） pp.172-185 日本線虫学会，つくば．

吉賀豊司（2003） 昆虫病原性線虫と共生細菌．『線虫の生物学』（石橋信義編）pp.197-209 東京大学出版会，東京．

（吉賀豊司）

3.2 昆虫病原性線虫の野外土壌からの収集法

昆虫病原性線虫の探索・収集法として，最も広く利用されている方法が，野外から採取した土壌サンプルにハチノスツヅリガの幼虫を埋め込み，死亡したハチノスツヅリガ幼虫から昆虫病原性線虫を分離するベイトトラップ法（Bedding and Akhurst 1975）である．線虫種によってはハチノスツヅリガには感染しにくいこともあり，この場合は他の昆虫を使う．また，実際に防除対象となる昆虫をベイトとして利用し，その昆虫に特異的に感染する線虫種を狙って，トラップ法を行うこともある．わが国ではクシダネマ（*Steinernema kushidai* Mamiya）が，コガネムシ幼虫をベイトとして分離されたことは有名である．欧米では，実際に防除対象とする昆虫の死体を野外から集めてきて，その死体から検出された線虫種が研究された例もある．ここでは，ハチノスツヅリガ幼虫を利用するトラップ法について解説する．

3.2.1 線虫分離のための土壌サンプルの採取

a）準備器材： 移植ごて・根掘り等土壌採取用具，プラスチックバック（10号から12号が適当）．

b）操作手順： ①表層部の枯葉等をよけて，移植ごてで掘れる範囲－地表下20cm程度の深さまで，600〜1,000mℓ程度，1箇所から掘り取って，プラスチックバックに入れる．②①で採取した土壌を1サンプルとして，1サンプリング地点からのサンプル数は調査地内（例えば，1つの山，海岸線など）で，5から10サンプル程度で適宜調整する．

c）留意事項： サンプル採取地のデータとして，緯度・経度，標高，植生，地勢等を記録しておく．

3.2.2 土壌からの昆虫病原性線虫分離法

1）ベイトトラップ法：アイスクリームカップ法（図13-10）

a）準備器材： プラスチックカップ（200mℓから500mℓ程度），ハチノスツヅリガ老齢幼虫．

b）操作手順： ①プラスチックカップにハチノスツヅリガの老齢幼虫を3〜5頭と採取土壌を入れ，室温（20〜25℃）でインキュベートする．②トラップ設置の4〜5日後にカップ内のハチノスツヅリガの生死をチェックし，死亡個体を取り出し，線虫分離用の容器に移す．③生存個体はカップ

図 13-10　アイスクリームカップ法

図 13-11　網かご法の器具

図 13-12　網カゴを埋めた様子

図 13-13　アイスクリームカップの蓋に合う金網ざる

内に戻し，1〜2日ごとに，7日から10日間程度生死をチェックする．

c）留意事項：　以下の事項は次のベイトトラップ法：網かご法にも共通である．1）昆虫病原性線虫の殺虫活性は温度条件に大きく依存するので，実際に利用したい温度環境がある場合は，その温度条件でインキュベートしてみるとよい．2）ベイトとしてハチノスツヅリガ老齢幼虫を使った場合，4〜5日を過ぎると繭を作ることが多く，蛹化後の感染死亡も起こるので，繭から幼虫，前蛹または蛹を取り出す時，潰さないように注意する．

2）ベイトトラップ法：網かご法（図 13-11）

a）準備器材：　金網で作った小型の封筒状やかご状の入れ物，茶こしボール，金網ざると上部外径に合うプラスチックカップ蓋（落とし蓋型），ハチノスツヅリガ老齢幼虫．

b）操作手順：　① 金網で作った小型の封筒状やかご状の入れ物に，ベイトにする昆虫を拘束し，土壌サンプルが入ったプラスチックバックや大型のタッパーウェアなどに埋め込む．

c）留意事項：　1）網かごとしては，市販の茶こしボールや蓋のできる金網ざるが使いやすい．2）ハチノスツヅリガ幼虫は狭い所に潜り込む習性があるため，金網等で拘束器具を作製する時は，幼虫が逃げ出す隙間がないように作製する．3）金網ざるを使う場合，上記のアイスクリームカップの蓋のサイズに合うものが百円均一ショップやホームセンターで市販されているので，茶こしボールより安価に大量に利用できる．例えば，上部130 mm径の金網ざるに外径130 mmのアイスクリームカップ（本体容量 430 mℓ）の蓋（落とし蓋型）が適合する．茶こしボールや金網ざるは比較的頑丈なので，野外に埋設して昆虫病原性線虫の検出に使うことができる．線虫施用を行った圃場において，定期的にヨトウ類幼虫などを埋め込み，施用線虫の効果の持続性の評価に応用できる．

3）土壌からの直接分離

土壌サンプルから昆虫病原性線虫を直接分離する方法として，ベールマン法や二層遠心浮遊

法により土壌から分離した線虫をろ紙に接種した後，そこにハチノスツヅリガ幼虫を放飼し，線虫を分離する方法もある．とくにハチノスツヅリガ幼虫には感染しにくく，代替トラップ昆虫が準備できない場合は，土壌から直接分離した感染態幼虫を表面殺菌後，ハチノスツヅリガ幼虫の血体腔に注入するインジェクション法や，ハチノスツヅリガ幼虫の体液に直接分離した線虫を入れるハンギングドロップ法が有効である．しかし，様々な線虫種の耐久態幼虫も分離されるため，目的種の単一種個体群を得るためには分離した線虫の中から耐久態のみを集め，形態的特徴によって目的種の感染態幼虫をより分けて使用することを推奨する（吉田 2003；Spiridonov and Moens 1999；長谷川・三輪 2004 を参照のこと）．インジェクション法やハンギングドロップ法は，どちらも昆虫病原性線虫の交配実験（Kaya and Stock 1997）に使われる方法であるが，プレパラート標本作製や DNA 抽出のために成虫を得るためにも使うことができる．さらに，低温保存で保存個体数が激減した場合や，増殖能力が低下した場合，ろ紙法と比較して確実に増殖させることができる．

4）インジェクション法
　a）準備器材：　10 μl マイクロシリンジ，殺菌剤（Kaya and Stock 1997），ハチノスツヅリガ幼虫．
　b）操作手順：　①ベールマン法や二層遠心浮遊法により土壌から感染態幼虫を分離．②分離した感染態幼虫を殺菌剤で表面殺菌する（Kaya and Stock 1997）．③表面殺菌した感染態幼虫を滅菌蒸留水・滅菌リンガー（$NaCl_2$：6.75 g；KCl：0.09 g；$CaCl_2 2H_2O$：0.115 g；$NaHCO_3$：0.215 g；蒸留水：1 l）でそれぞれ数回洗浄する．④滅菌リンガーとともに 10 μl マイクロシリンジで，20〜30 頭程度神経系を傷つけないように腹部皮下に注入する．
　c）留意事項：　1）皮下注射する時，気泡を注入しないように注意する．2）ハチノスツヅリガ幼虫の体表を，軽く消毒用アルコールで拭いておく．

5）ハンギングドロップ法
　a）準備器材：　解剖バサミ，シラキュース時計皿，殺菌剤，柄付針．
　b）操作手順：　①ベールマン法や二層遠心浮遊法により土壌から感染態幼虫を分離．②ハチノスツヅリガ幼虫の胸脚を切断し，体液を滅菌した時計皿等にとる．③インジェクション法と同様に表面殺菌し，滅菌蒸留水等で洗浄した感染態幼虫を柄付針で 10〜20 頭，体液中に移す．④密閉できる容器に湿らせたキムタオルなどを敷き，そこに時計皿を置き，室温などでインキュベートする．⑤時計皿内の線虫が感染態幼虫に変性後，線虫を時計皿から洗い出す．

3.2.3 感染死亡したハチミツガ幼虫からの昆虫病原性線虫の分離

　1つの土壌サンプルに複数種の昆虫病原性線虫が入っていることもあるので，ベイトトラップ法から得られた死亡個体 1 個体から遊出してきた感染態幼虫群を 1 アイソレートとして扱う（Yoshida et al. 1998）．
　a）準備器材：　12 穴ウェルプレート，密閉容器（タッパーウェアなど），ポリウレタンフォーム．
　b）操作手順：　①トラップから得られた死亡個体やインジェクションした死亡個体は 1 個体ずつ 12 穴ウェルプレートに入れ，ウェルプレートは密閉できるタッパーウェアなどに入れ，トラップ設

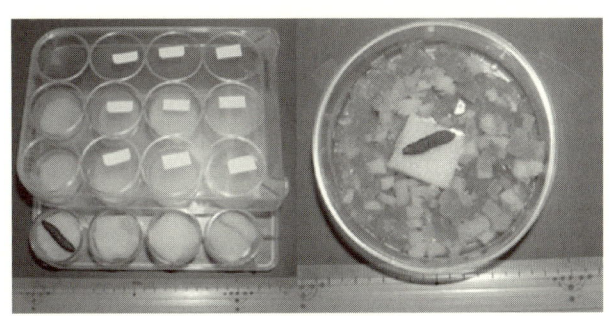

図13-14　12穴ウェルプレート密閉容器と細かく破砕したポリウレタンフォーム

置時の温度でインキュベートする．②12穴のウェルプレートにはあらかじめ約20×15×5〜10mm程度に切ったポリウレタンフォームを各ウェルに入れておく．③実体顕微鏡で死亡個体を随時観察し，線虫が体内に確認された個体や線虫の遊出が見られ始めた個体1個体ずつを，ポリウレタンフォームと一緒に，径60mm程度の密閉できるプラスチックカップに移す（図13-14）．④線虫の遊出が終わると，ハチノスツヅリガ幼虫の死体を除去し，感染態幼虫を吸い出さないように上ずみだけを除去する洗浄を数回繰り返した後，容器の底の部分を覆う程度蒸留水を残し，インキュベーターなどで保存する．

c）留意事項： 1）ウェル間にある空隙に蒸留水を入れておくと，死体の乾燥を防ぐことができる．2）ハチノスツヅリガ幼虫は感染しても体表から体内の線虫の有無を確認しにくいが，増殖が進むと線虫が透明な脚や触角に入ってくるので，実体顕微鏡で死体内の線虫が確認できる．3）分離された線虫がヘテロラブディティス属の場合，容器に細かく破砕したポリウレタンフォームを敷いて水を入れると保存性が向上する（図13-14）．4）スタイナーネマ属線虫が感染した場合，表皮が破裂して増殖期の線虫が出てくることもあるので，注意を要する．成虫や感染態へ変性前の幼虫は水の中に入ると，破裂して死亡することが多いので，プラスチックカップ内にはポリウレタンフォームに滲み込ませる程度の少量の水を入れておく．また，死亡個体が多いと保存性が低下するので，死亡個体を除去する必要がある．昆虫病原性線虫の中には，水中で個体が重なりあうと酸素欠乏等のため死亡する種も多いので，生存個体の分離には皿式ベールマン法を使う方がよい．上述の径130mm金網ざると430mℓアイスクリームカップ本体を組み合わせると，簡単な線虫分離器具として使える．5）ベイトに使用したハチノスツヅリガ幼虫等の死亡個体からは，プリスティオンクス（*Pristionchus*）属，ラブディティス属など昆虫に日和見感染を起こす任意寄生性線虫が分離されることもある．昆虫死亡個体上でニクテイションしている耐久態幼虫を柄付針で釣り上げて，乾燥酵母培地（乾燥酵母：0.5g，寒天粉末：0.15g，サラダ油：05mℓ，蒸留水：10mℓを攪拌，オートクレーブ滅菌後50mℓ滅菌済みプラスチックチューブに分注し斜面培地とする）に移すと培養できることもある．

参考文献

Bedding, R.A. and Akhurst, R.J. (1975) A simple technique for the detection of insect parasitic rhabditid nematodes in the soil. Nematologica, 21: 109-110.

長谷川浩一・三輪錠司（2004）　第11章エレガンス実験事始.『線虫学実験法』（日本線虫学会編）pp.195-214 日本線虫学会，つくば．

Kaya, H.K. and Stock, S.P. (1997) Techniques in insect nematology. pp.281-324. In Lacey, L.A. (ed.), Manual of Techniques in Insect Pathology. Academic Press, London.

Spiridonov, S.E. and Moens, M. (1999) Two previously unreported species of steinernematids from woodland in Belgium. Russian Journal of Nematology, 7: 39-42.

吉田睦浩（2003）　植物防疫基礎講座：線虫の見分け方（8）昆虫病原性線虫．植物防疫，37(5): 37-42，口絵．

Yoshida, M., Reid, A.P., Briscoe, B.R. and Hominick, W.M. (1998) Survey of entomopathogenic nematodes (Rhabditida: Steinernematidae and Heterorhabditidae) in Japan. Fundamental and Applied Nematology, 21: 185-198.

（吉田睦浩）

3.3　昆虫病原性線虫を用いた害虫防除試験

　昆虫病原性線虫は，評価対象昆虫に対して，直接接種をすれば，高い殺虫活性を確認できる場合も多い．しかしながら，生物的防除を目的とした有効な活性があるかどうかを判断するためには，ターゲットとする昆虫の生息環境を十分に理解した上でその評価を行う必要がある．すなわち，実際の野外環境では，気温，地温，風雨による水分環境（乾燥），紫外線など，様々な環境条件（非生物的要

3. 昆虫病原性線虫の生態関係研究法

因）とともに，土壌中であれば，ダニ，クマムシなどの捕食性土壌動物によって，有意に線虫密度が減少する場合がある．さらに，防除対象昆虫の発生密度，生育ステージ（生活環），生息部位などの生物的要因によっても線虫の感染効率は大きく影響を受けることになる．野外での効果程度を判断するためには，これらの生物的／非生物的要因を精査するとともに，実験室レベルでの基礎活性から類推し，線虫の接種量，接種方法をいくつか設定した上で，試験を設計する必要がある．また，得られた結果から，効果発現に関与している要因を解析するために，温度，湿度，降水量ならびに可能であれば，線虫の生存に影響を及ぼす可能性がある標的外生物（細菌，糸状菌，捕食性生物等）の存否についても調査しておくことが望ましい．

以下に野外試験実施の一般的な流れを記述する．

3.3.1 対象害虫の生息密度の予備調査

土壌害虫を対象とする場合，試験区を設置するエリアから，一定体積（30×30×30 cm 程度が基準）の土壌を複数箇所掘り取り，処理前の生息密度を調査しておく．あるいは，ホールカッターなどの面積と深さを調整できる掘削器を用いることによって得られるコアーサンプルでもよい．カミキリムシ類幼虫，ヒメボクトウ，コスカシバなどの枝幹害虫の場合，あるいは，生息部位が局所的である場合は，試験区も含め，典型的な加害部位を複数選定しておき，3箇所程度を事前調査として解体，計数調査しておく．あるいは，虫糞，木屑（フラス）の排出部位を一旦ブラシなどで除去し，数日後，新鮮な虫糞等の排出が見られた箇所を加害部位として計数し，マチ針などでマーキングして，処理前加害孔数として記録しておく．

図13-15 土壌中から検出されたコガネムシ幼虫（巻頭カラー口絵参照）

3.3.2 試験区の設計，自動気象計等の設置

対象害虫の生息密度によるが，試験区内に平均的に対象害虫が検出される規模を予備調査結果より設定する．土壌害虫の場合，調査面積から最低3〜5頭が検出されることが望ましい．その上で1区10平米以上，3反復以上の試験区を設定する．枝幹害虫の場合，虫糞などの排出孔数は必ずしも枝幹内の生息個体数とは相関しないので，可能な限り広範なエリアを試験区として設定し，その中である程度の規模の一枝，または一樹を試験区として設定する．気象，地温（または枝幹の温度）などは可能な限り，試験実施場所のデータをとるのが望ましく，小型のデータロガータイプの記録計を設置することが望ましい．

3.3.3 線虫密度，散布液の調整，対照薬剤等の選定

懸濁液の単位容量あたりの線虫密度を予め希釈計数，調整しておく（1,000 頭/ml など）．その濃度を目安として，試験対象場面の処理線虫密度を設定し，希釈．調整して散布液量等を決定する．土壌表面へ散布する場合，12.5万〜25万頭/m^2/0.5〜2.0 ℓ 程度（農薬登録がある昆虫病原性線虫製剤の

図 13-16 掘り取り調査の一例
（ブルーベリー圃場）

図 13-17 昆虫病原性線虫（スタイナーネマ・カーポカプサエ）処理により，加害孔から虫体を露出させた状態で感染死亡したヒメボクトウ幼虫（原図：山形県伊藤慎一氏）

標準的な施用量）を大まかな基準として，上下濃度を設定する．枝幹害虫など，樹幹への散布，注入処理をする場合は，1,000〜10,000頭/mℓの懸濁液を加害部位が十分に濡れる量を想定して散布水量を決定する．評価対象となる害虫に対する有効性を判断するためには，農薬登録がある薬剤を対照薬剤として設定することが望ましい．

3.3.4 散布器具の選定〜処理

主要な昆虫病原性線虫であれば，一般的な散布器（園芸用霧吹き，蓄圧式散布器，動力噴霧器等，実用的に農薬散布に用いられる器具）が使用できる．ただし，予め試験的に散布し，単位容量あたりの密度が想定どおり排出されているかどうかを確認しておく．試験区へ散布処理する場合，乾燥している場合は，予め散水し，処理した線虫がダメージを受けない環境を設定しておく．また，散布処理当日に大量の降雨が予測される場合は処理日の変更を検討する．散布処理後，可能であれば，処理土壌等を採集し，ベールマン法等により，処理した線虫が想定した密度処理できているかどうかを確認しておく．

3.3.5 調査方法

事前調査の方法に順じ，設定した各試験区よりサンプリングし対象害虫の生死数を計数調査する．また，調査時の線虫密度も調査し，初期値に対し，どの程度減衰したかを確認しておく．

3.3.6 結果の解析

得られた調査結果は，処理前と調査時の比較，対照薬剤または無処理区との比較によって効果の有無を判断する．処理前密度に対する補正密度指数などから防除価を算出し，効果の有無，程度を判断する．

補正密度指数 ＝ {（処理区散布後虫数／処理区散布前虫数）×（無処理区散布前虫数／無処理区散布後虫数）} × 100 ……………………（式 13-1）

防除価 ＝ 100 － 補正密度指数 ………………………………………………（式 13-2）

（田辺博司）

第14章　微生物と線虫の相互関係研究法

1. 天敵微生物分離のための土壌分画法

　微生物の生息環境の一つである土壌は，鉱物（砂，シルトおよび粘土）と有機物から成るが，微生物のほとんどは有機物の画分に存在しているため，鉱物を有機物から取り除けば，その後の微生物の検出・培養の操作が効率的に行える．鉱物と有機物は比重と大きさの違いに基づき分離できる．本節では，土壌中の天敵微生物を効率的に調査または分離するための粗分画法を紹介する．この目的には逆流法（改良倒立フラスコ法）及び二層遠心浮遊法，ふるい分け法を利用する．

1.1　ステップ1〈粘土および20 μm以下の微生物の分画〉

　逆流法（改良倒立フラスコ法）を用い，水中での沈降速度の違いによって砂やシルトを除去し，粘土および20 μm以下の微生物の画分を得る．

　a）準備器材：　ピンセット，100 mlの三角フラスコ2個，長さ30 cmのゴムホース（100 ml三角フラスコの口にジョイントできる太さのもの），ピンチコック，ビーカー，目開き20 μmのナイロンプランクトンメッシュ，50 ml遠心管，目開き50〜100 μm（150〜300メッシュ）の篩．

　b）操作手順：

ステップ1-1 − 粗大有機物の収集

①ピンセットを用いて根と粗大有機物を摘出する．②土壌サンプルを土壌が指に付着しない程度に風乾させる．③乾燥した土壌サンプル（20〜50 g）と50 mlの水を100 mlの三角フラスコに入れ，1分間攪拌する．④その三角フラスコの口にゴムホースをつなぎ，洗浄瓶を用いてホースの3分の2程度まで水をゆっくり注入する．⑤三角フラスコを軽く叩き，有機物を水面に浮揚させる（図14-1）．⑥ホース内の水面に浮揚する有機物より下の位置でピンチコックを留める．⑦浮揚する有機物を50〜100 μmの篩に回収する．回収した有機物は，①と併せ，粗大有機物画分とする．

ステップ1-2 − 砂の除去

⑧三角フラスコを再度1分間攪拌し，ホースに水を満たす．⑨別の100 ml三角フラスコに水を満たし，上記のホースのもう一端につなぐ．泥水のフラスコを下に，新たにつないだフラスコを上に配置する．⑩フラスコの上下配置を入れ替える（図14-1）．⑪ピンチコックを外して，90〜120秒間砂を沈殿させる．⑫ホースの下端近くをピンチコックで閉める．⑬砂が沈殿した下のフラスコをホースから取り外し，上ずみを別の100 ml三角フラスコに移す．ここで砂が除去された．

ステップ1-3 − シルトの除去

⑭新しい100 ml三角フラスコに移した上ずみに水を補充し，再度上記のホースにつなぐ（泥水のフラスコを下に，砂上ずみのものを上に配置する）．⑮フラスコの上下を入れ替える．⑯ピンチコックを外し，8〜9分間シルトを沈殿させる．⑰ホースの下端付近をピンチコックで閉め，下のフラスコをホースから外す．⑱両方のフラスコの上ずみをビーカーに移す．ここで粒子の粗いシルトが除去

された．

ステップ 1-4 − 20 μm 以上の線虫および微生物の収集

⑲ 上ずみを 20 μm のナイロンプランクトンメッシュでろ過し，ナイロンメッシュ上に残された微生物と線虫を収集する．⑳ ろ液と ⑱ のフラスコのシルト沈殿物を遠心管に移して 2,500 rpm（1,200 × g）で 5 分間遠心する．遠心処理後の上ずみは捨てる．

c）留意事項： 1）有機物，特に植物由来の有機物は乾燥すると水に浮ぶ．2）土壌小動物，糸状菌類の有無はルーペや顕微鏡を用いて直接観察できる．

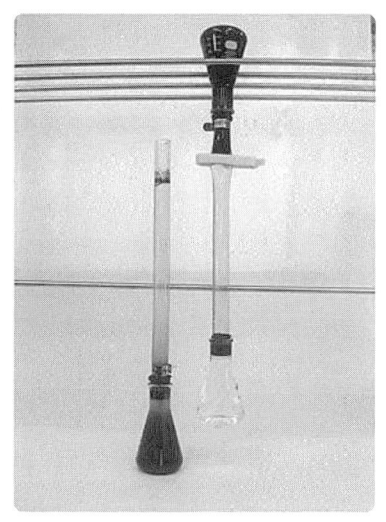

図 14-1　逆流法（改良倒立フラスコ法）
左：有機物が水面に浮揚した状態；
右：倒立後泥水が上に，淡水が下になった状態．

図 14-2　仕切り網の構造
二層遠心においてサンプル液をショ糖液に重層する際に界面の乱れを予防するために用いる．

1.2　ステップ2〈10 μm 以下の微生物の回収〉

二層遠心浮遊法を用い，比重によって粘土を除去し 10 μm 以下の微生物を回収する．

a）準備器材：　分散液（calgon：5% ヘキサメタリン酸ナトリウム，0.75% 炭酸ナトリウム），5% 硫酸マグネシウム水溶液，250 mℓ 遠心管，10 μm ナイロンプランクトンメッシュ，仕切り網（図 14-2），超音波洗浄機．

b）操作手順：

ステップ 2-1 − シルトの除去および 10 μm 以上，20 μm 以下の線虫・微生物の分離

① シルトと粘土の沈殿物（ステップ 1-⑳）を 50 mℓ 分散液に溶かし，1 分間攪拌する．② 攪拌した液を超音波（出力 200 W）で 5 分間処理する．③ 250 mℓ 遠心管に 80 mℓ の 50% ショ糖液（重量 %）を入れ，仕切り網を挿入して網が液面に浮くように設置する（図 14-3A）．④ 仕切り網の上に ② で超音波処理した分散液を静かに注ぎ入れる（図 14-3B）．仕切り網を用いるとショ糖液と土壌懸濁液が混濁せずにきれいな界面が保てる．⑤ 仕切り

図 14-3　二層遠心浮遊法
A：50% ショ糖液と仕切り網を入れた遠心管；B：50% ショ糖液にサンプル液を重層した遠心管；C：左側のビーカーは凝集剤を施した上ずみ．

網を取り出し，1,500 rpm（400 × g）で90秒間遠心する．⑥ 上ずみを10 μmのナイロンメッシュでろ過し，メッシュ上に残された微生物や線虫を回収する．遠心管に残された沈殿物は主にシルトである．

ステップ2-2－粘土と微生物の分離

⑦ ろ液は新しい遠心管に移し，再度2,500 rpm（1,200 × g）で10分間遠心し，上ずみを捨てる．沈殿物は粘土と10 μm以下の微生物である．⑧ 沈殿物に100 mlの水を加え，1分間攪拌した後，5分間超音波処理する．⑨ 5%硫酸マグネシウム水溶液0.25 mlを懸濁液に加え，1分間攪拌する．凝集が起きない場合は，繰り返し0.25 mlの硫酸マグネシウム水溶液を添加する．砂質土壌では0.25 ml以上，粘土質土壌では2.0 ml以上の凝集剤が必要である．⑩ 50%ショ糖液70 mlと仕切り網を入れた遠心管に凝集反応を起こした懸濁液をゆっくり注ぎいれる．⑪ 仕切り網を取り出し，2,500 rpm（1,200 × g）で2.5分間遠心する．沈殿物は凝集した微生物の画分である．⑫ 上ずみは別の遠心管に移して攪拌し，2,500 rpm（1,200 × g）で10分間遠心する．沈殿物は凝集しなかった微生物と粘土である．

　c）留意事項： 1）仕切り網は遠心管の内径と同サイズの高圧ポリエチレン製発泡ネット（目開き約1 mm）の円盤を2個のゴムリングで挟んで棒に取り付けたものである．販売されていないが簡単に自作できる．2）分離後，残留ショ糖液の影響で微生物が増殖するため，分離直後に観察する．

参考文献

ガスパード，J.T.（2004） 線虫関連微生物実験法．『線虫学実験法』（日本線虫学会編）pp.121-133 日本線虫学会，つくば．

（竹本周平）

2. 線虫天敵微生物の分離・同定・継代法

2.1　寄生菌類検出用線虫の培養，卵寄生菌の分離

　線虫を栄養源として利用する微生物には線虫を殺し，破壊した線虫の組織から栄養素を吸収するものが多い．これらは厳密には寄生菌ではないが，通常の定義で内部寄生菌および捕捉性菌に分類されている．これらの菌は直接分離法と間接分離法で検出できる．前節（第1節1.1）では土壌分画法を説明した．これは，菌の直接分離法の準備段階に相当する操作である．直接分離法は微生物を自然に近い状態で検出でき，さらに，微生物が寄生した生物や死体も検出できる利点がある．一方，間接分離法は生物的な特性を活かして微生物を検出する方法で，生物学的検定法とも呼ばれ，選択的条件（栄養や環境）を満たす微生物が検出できる．線虫寄生菌は線虫存在下で確認できるので，下記に説明する線虫の卵寄生菌，捕捉性菌，内部寄生菌の分離・検出過程では培養した線虫による間接分離の手続きも組み込まれている．まず，寄生菌類の検出用線虫の培養法を解説し，次にグループ別に分離法を解説する．

2.1.1　寄生菌類検出用線虫の培養

　オートミールで土壌中の細菌食性線虫を大量培養する．培養した線虫を寄生菌の餌として投入することにより，寄生菌密度が増え，検出しやすくなると期待できる．ネコブセンチュウ第2期幼虫などを餌としても良いが，細菌食性線虫を用いた方が効率がよい．

　a）準備器材：　オートミール，径90 mmペトリ皿，目開き10 μmの篩，洗浄瓶．

b）操作手順： ①オートミールを滅菌し，径90 mmペトリ皿に均一に撒く．②ベールマン法で土壌から分離した線虫の懸濁液を10 µmの篩でろ過し，滅菌水の洗浄瓶を用いて滅菌水に洗い落とす．③線虫懸濁液を篩の操作によって1～2 mlに濃縮する．④線虫懸濁液をオートミールペトリ皿に撒く．⑤7～14日間室温で維持する．糸状菌が繁殖したペトリ皿は廃棄する．⑥動く線虫がオートミール表面とペトリ皿の壁面に見えはじめたらベールマン法で回収できる．回収は毎日行う．⑦回収した線虫懸濁液は10 µmの篩でろ過し，洗浄瓶を用いて滅菌水に洗い落とす．残った線虫は新しいオートミールペトリ皿で継代培養する．

2.1.2 卵寄生菌

卵寄生菌の代表はパエシロミセス（*Paecilomyces* sp.）とポコニア（*Pochonia* sp.〔バーディシリウム *Verticillium* sp.〕）である（図14-4）．この糸状菌の菌糸は卵に接触して卵殻を貫く．分生子の大きさは数マイクロメートルである．ポコニア属は固有の厚膜胞子を産生する．顕微鏡で直接観察するには100～200倍の倍率が必要である．分生子柄と厚膜胞子が卵，卵のうまたはシストに存在するとき，観察や同定ができる．ここでは，根や有機物（第1節1.1 ステップ1-1），20 µm（第1節1.1 ステップ1-4）と10 µm（第1節1.2 ステップ2-1）の篩の回収液から卵，卵のうまたはシストが検出されない場合について述べる．

a）準備器材： 90 mmペトリ皿，ポテトデキストロース寒天培地，コーンミール寒天培地，針．

b）操作手順： ①-1 根や有機物を，0.8％ゲランガム培地を分注した90 mmペトリ皿に散布し，7日間放置する．放置する間に卵寄生菌が胞子を形成することがある．①-2 または，10 µmの篩の回収液と2,500 rpmで10分間遠心した沈殿物（第1節1.2 ステップ2-2）から，選択培地を用いた希釈平板法により寄生菌を検出することもできる．選択培地の一例を以下に示す．パエシロミセス用選択培地は1.7％寒天，0.2％コロイドキチン，100 ppmクロラムフェニコール，50 ppmイプロジオン，25 ppmローズベンガルおよび2 ppm 2,6-ジクロロ-4-ニトロアニリンで構成され，ポコニア用選択培地は50 ppmイプロジオンの代わりに50 ppmベノミルで構成される．②線虫の卵を準備する．自活性線虫を培養したオートミールペトリ皿中に5 ml程度の滅菌水を加えてマイクロピペットで吸い上げ，目開き10 µmの篩でろ過する．ろ液はビーカーなどに集める（線虫は篩上に残り，卵はろ液中に分画される）．ろ液を50 ml遠心管に移し2,500 rpmで10分間遠心する．上ずみを捨てて卵の懸濁液を得る．③0.8％ゲランガム培地を分注した90 mmペトリ皿に分離した菌を培養し，そこへ線虫卵を接種して寄生能力を確認する．④寄生菌であることが確認された場合は，微針を用いて分生子や厚膜胞子を単胞子分離し，1/4濃度のコーンミール寒天培地に移す．⑤純粋培養になるまで繰り返し移植する．純粋培養できた菌類はコーンミール寒天培地やポテトデキストロース寒天

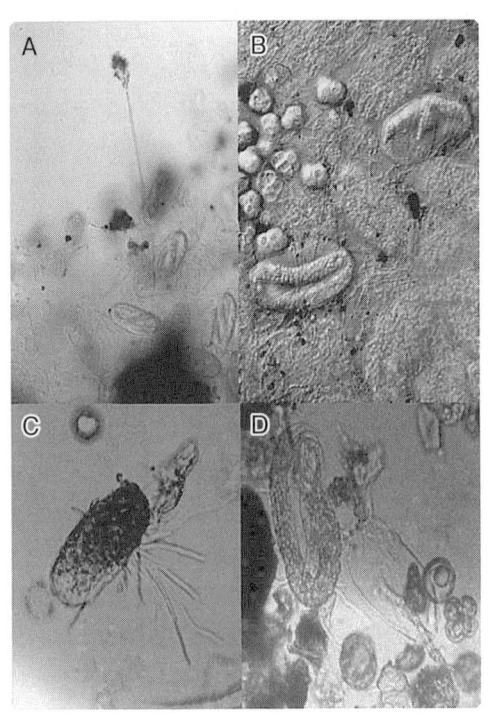

図14-4 卵寄生菌
A：*Paecilomyces* sp.；B：*Pochonia chlamydosporia*；C，D：寄生された線虫卵．

培地で培養する．保存培養にはネジ蓋付き培養管を使い，0～5℃で保存する．菌は分生子や厚膜胞子，分生子柄の形から同定する（Barron and Onions 1966）．

参考文献

Barron, G.L. and Onions, A.H.S. (1966) *Verticillium chlamydosporium* and its relationships to *Diheterospora*, *Stemphyliopsis* and *Paecilomyces*. Canadian Journal of Botany, 44: 861-869.

（J.T. ガスパード）

2.2 内部寄生菌

2.2.1 遊走子形成の内部寄生菌類の分離・継代法

代表的遊走子形成菌類はカテナリア（*Catenaria* sp.），ミゾクティウム（*Myzoctium* sp.）とハルプトグロッサ（*Haptoglossa* sp.）である*．水を泳いで線虫の表面に直接付着する様式と，遊走子が被囊した後で線虫の表面に付着する様式の2通りの感染様式がある．これらの菌類はベールマン法によって検出できる（Bailey and Grey 1989）．遊走子の直径は数ミクロンである．この直接観察は，線虫懸濁液をプランクトン用計数スライドに入れ，顕微鏡で行う．遊走子が線虫体内や外皮に存在する場合に同定が可能である．従来のベールマン法や20 μm（第1節1.1 ステップ1-4）と10 μm（第1節1.2 ステップ2-1）の篩の収集液から検出できない場合は，下記のように操作する．

<small>*新しい分類体系では，これら3つの遊走子形成生物のうち*Catenaria*はコウマク菌門の菌類だが，他の2属はストラメノパイルの中の卵菌門の生物である．</small>

a）準備器材： プランクトン用計数スライド，目開き10 μmの篩と20 μmの篩，50 mℓ遠心管，径90 mmペトリ皿，駒込ピペット，ゲランガム，培養した線虫（第2節2.1），コーンミール寒天培地，ポテトデキストロース寒天培地，金属かガラス製の針．

b）操作手順： ①第1節1.1 ステップ2-2における2,500 rpm10分間遠心の沈殿物に線虫懸濁液（第2節2.1.1 手順⑦）を加えて攪拌する．②沈殿物と線虫の懸濁液を3～7日間放置する．③懸濁液を10 μmの篩でろ過し，篩に残された線虫を回収し，観察する．最初に検出できなかった遊走子形成菌類は，3～7日間に検出可能な密度に増殖する．④寄生菌が線虫の内外に存在する場合は，線虫懸濁液を10 μm篩でろ過し，洗浄瓶で滅菌水に洗い落とす．⑤線虫の滅菌水懸濁液を0.5～1.0 mℓに濃縮する．0.8％ゲランガム培地（固化に陽イオンが必要であるため，水道水に溶かす）を分注した径90 mmペトリ皿にピペットで散布する．ゲランガムは栄養素を欠くため，線虫寄生菌以外の微生物の成長は制限される．⑥数日後に，金属かガラス製の針を用いて菌に感染した線虫を1/4濃度のコーンミール寒天培地に1頭ずつ移す．⑦線虫から発生する胞子や菌糸を無菌状態で新しい培地に移す．⑧菌が純粋な培養系になるまで菌の移植を繰り返す．⑨純粋培養のため，菌類はコーンミール寒天（以下，CMA）培地あるいはポテトデキストロース寒天（以下，PDA）培地で培養する．⑩保存培養はネジ蓋付き培養管で行い，

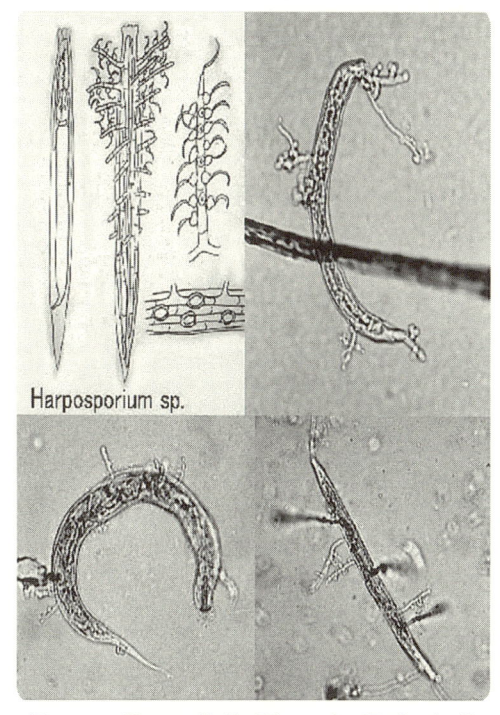

図14-5 経口感染型の内部寄生菌 *Harposporium* sp.

0～5℃で保存する．

　c）留意事項：　1）遊走子形成内部寄生菌類は，種によっては培養が困難である．培地で胞子や菌糸が成長すれば，純粋培養は可能であり，カテナリア属菌（*Catenaria* sp.）は純粋培養ができる．2）菌類の同定は倍率200～400倍で，それらの感染様式と形態から行う（Cooke and Godfrey 1964）．

2.2.2　経口感染型内部寄生菌の分離・継代法

　この菌類は，分生子が摂食されることにより，線虫体内で感染が起きるため，開いた口腔を持つ線虫にしか寄生しない．代表的な寄生菌種は子のう菌のハルプトスポリウム（*Harposporium* sp.）である（図14-5）．分生子の大きさは数～数十マイクロメートルである．この菌類はベールマン法，希釈平板法および遠心法で検出できる（Barron 1969; Bailey and Grey 1989）．目開き 20 μm（第1節1.2ステップ1-4）と 10 μm（第1節1.2ステップ2-1）の篩の回収液から寄生された線虫等が検出されない場合は，検出限界以下の寄生率であるので，次のように増殖を図ってから分離する．

　a）準備器材：　2.2.1「遊走子形成の内部寄生菌類の分離・継代法」に既出．

　b）操作手順：　①本菌の分生子は，凝集しなかった微生物と粘土の10分間沈殿物（第1節1.2ステップ2-2）中に分画されるので，この沈殿物を 10 μm と 20 μm の篩の回収液（ステップ1-4，ステップ2-1）と一緒に攪拌する．②2,500 rpm で5分間遠心する．③上ずみを捨て，沈殿物に線虫懸濁液（第2節2.1.1手順⑦）を加えて3～7日間放置する．④その後懸濁液を 10 μm の篩でろ過し，篩に残された線虫を回収し，再度観察する．⑤菌に寄生された線虫が確認できたら，その線虫懸濁液を 10 μm の篩でろ過し，洗浄瓶（滅菌水入り）を用いて滅菌水に洗い落とす．⑥滅菌水の線虫懸濁液を 0.5～1.0 mℓ に濃縮し，0.8%ゲランガム培地を固めた径 90 mm ペトリ皿に線虫を散布する．⑦数日後，針を用いて感染した線虫に生じた菌の分生子を採取し，1/4濃度の CMA 培地に移す．⑧菌が純粋培養になるまで移植を続ける．⑨純粋培養菌類は CMA 培地または PDA 培地で培養する．⑩保存培養にはネジ蓋付き培養試験管を使い，0～5℃で保存する．

　c）留意事項：　1）200～400倍の倍率で観察する．2）分生子と分生子柄の形から同定するため，菌の同定は線虫からこれらが生えているときに限られる（Cooke and Godfrey, 1964）．

2.2.3　粘着性分生子を形成する内部寄生菌の分離・継代法

　このタイプの代表的内部寄生菌は子のう菌のヒルステラ（*Hirsutella* sp.），不完全菌のメリア（*Meria* sp.）および担子菌のネマトクトヌス（*Nematoctonus* sp.）である（図14-6）．粘着性分生子は線虫の外皮に付着し，線虫体内に貫入する．分生子の大きさは数～数十マイクロメートルである．この菌類はベールマン法，希釈平板法および遠心法によって検出できる(Barron 1969; Bailey and Grey 1989)．

　a）準備器材：　2.2.1「遊走子形成の内部寄生菌類の分離・継代法」に既出．

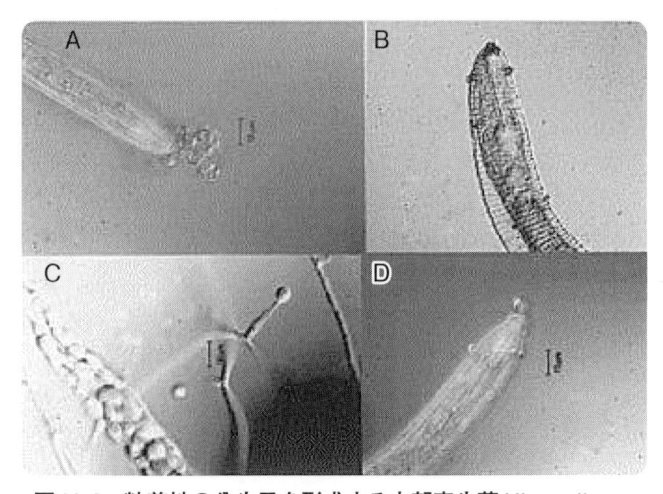

図14-6　粘着性の分生子を形成する内部寄生菌 *Hirsutella* sp.
AとD：シストセンチュウ；B：ワセンチュウ；C：ネコブセンチュウ．

b）操作手順： 20 µm（第1節1.1ステップ1-4）と10 µm（第1節1.2ステップ2-1）の篩の回収液から検出されない場合－①2,500 rpmで10分間遠心した沈殿物（第1節1.2ステップ2-2）に線虫懸濁液を加えて攪拌する．②懸濁液と沈殿物を2,500 rpmで5分間遠心する．③遠心処理後，再度液を攪拌し，遠心して沈殿させる．④懸濁液を10 µmの篩でろ過し，篩に残った線虫を回収して再度観察する．

寄生菌が線虫体表に認められる場合－①線虫懸濁液を10 µmの篩でろ過し，洗浄瓶を用いて滅菌水に洗い落とす．②線虫の滅菌水懸濁液を0.5～1.0 mℓに濃縮し，0.8%ゲランガム培地を分注した径90 mmペトリ皿に線虫を散布する．③数日後，菌に感染した線虫の分生子柄から針を用いて分生子を採取し，1/4濃度のCMA培地に移す．④純粋培養になるまで移植を繰り返す．⑤純粋培養菌類はCMA培地またはPDA培地で培養する．⑥保存培養にはネジ蓋付き培養管を使い，0～5℃で保存する．

c）留意事項： 顕微鏡で直接観察するには200～400倍の倍率が必要である．菌は分生子と分生子柄の形から同定する（Cooke and Godfrey 1964）．

参考文献

Bailey, F. and Gray, N.F. (1989) The comparison of isolation techniques for nematophagous fungi from soil. Annals of Applied Biology, 114: 125-132.

Barron, G.L. (1969) Isolation and maintenance of endoparasitic nematophagous Hyphomycetes. Canadian Journal of Botany, 47: 1899-1902.

Cooke, R.C. and Godfrey, B.E.S. (1964) A key to the nematode-destroying fungi. Transactions of the British Mycological Society, 47: 61-74.

(J.T. ガスパード)

2.3 捕捉性菌

代表的な捕捉性菌は子のう菌のアルスロボトリス（*Arthrobotrys* sp.）やモナクロスポリウム（*Monacrosporium* sp.）および担子菌のネマトクトヌス（*Nematoctonus* sp.）である（図14-7）．これらの糸状菌は特有の菌糸を持ち，罠をかけるように線虫を捕獲する．内部寄生菌は，それらが寄生する線虫より生体量が少なく，それらの遊走子，分生子および胞子の大きさはほとんど数ミクロン程度である．また，内部寄生菌は1頭の線虫でも繁殖できる．一方，線虫捕捉菌類は土壌糸状菌類としては大型である．分生子の全長は20～50 µm，分生子柄長は75～500 µmもある．捕捉された線虫に比べて捕捉性菌類の生体量は多い．捕捉された1頭の線虫の栄養は新しい捕捉菌糸の形成には足りるが，ほとんどの場合分生子柄の形成には足りない．その上，線虫がいない環境では捕捉菌糸が形成されない場合が多い．土壌線虫が供給できる栄養素量と捕捉性菌類の生体量の比較およびこの菌類の任意な捕捉菌

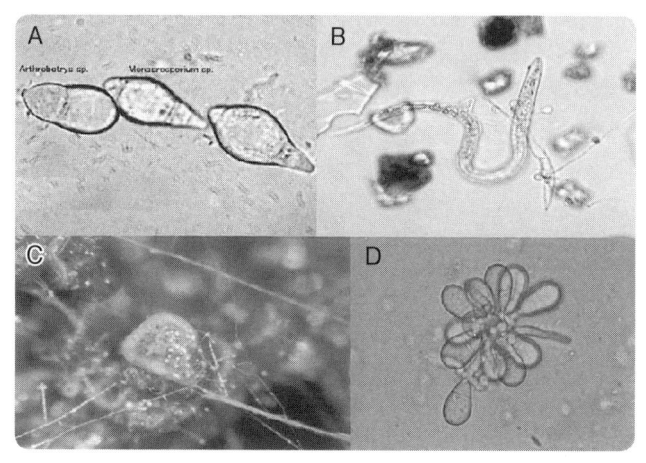

図14-7 捕捉性菌

A：*Arthrobotrys* sp. および *Monacrosporium* sp. の胞子．B：捕捉されたネコブセンチュウ．C：土壌表面で捕捉された線虫．D：*Arthrobotrys* sp. の胞子．

糸形成から考えると，この菌類に対して線虫の存在は絶対条件ではないことが明白である．ほとんどの捕捉性菌類は腐敗中の植物および有機物から最初に分離されている．生物農薬の一種モナクロスポリウム・フィマトパガム（*M. phymatopagum*〔*Dactylella phymatopaga* Dreschler〕）も，新種として記載された時は腐敗中の植物から分離された．日本で知られる捕捉性菌類も根から分離されている（小林・三井 1975; 三井ら 1976）．

　a）準備器材： 寒天，ゲランガム，コーンミール寒天培地，径 90 mm ペトリ皿，針，培養した線虫（第 2 節 2.1）．

　b）操作手順： ①根や有機物（第 1 節 1.1 ステップ 1-1), 20 μm（同ステップ 1-4）と 10 μm（1.2 ステップ 2-1）の篩の回収液を混合し，1～2 週間培養する．②実体顕微鏡（100～200 倍）で観察し，捕捉性菌の発生を調査する．③捕捉性菌が検出されない場合は，これらを 0.8％ゲランガム培地に撒き，7 日間培養する．この間に捕捉菌類が発生することがある．④7 日後までに捕捉性菌類が観察できない場合は 14 日後まで観察する．⑤捕捉菌が確認できた場合は，針を用いて分生子柄から分生子を採り，1/4 濃度のコーンミール寒天培地に移植する．⑥純粋培養になるまで菌の移植を繰り返す．

　c）留意事項： 1) 根，有機物（第 1 節 1.1 ステップ 1-1）に線虫（第 2 節 2.1 手順⑦）を加え，1～2 週間培養後に発生した捕捉性菌類を分離してもよい．2) 捕捉菌糸，分生子と分生子柄の形から種名の同定ができる（Cooke and Dickinson 1965；Cooke and Godfrey 1964；三井 1983）．

参考文献

Cooke, R.C. and Dickinson, C.H. (1965) Nematode-trapping species of *Dactylella* and *Monacrosporium*. Transactions of the British Mycological Society, 48: 621-629.

Cooke, R.C. and Godfrey, B.E.S. (1964) A key to the nematode-destroying fungi. Transactions of the British Mycological Society, 47: 61-74.

小林義明・三井　康（1975）　施設栽培における線虫捕食菌の分布と線虫密度．静岡県農業試験場研究報告, 20: 41-47.

三井　康・吉田　猛・岡本好一・石井良助（1976）　落花生連作圃場における線虫捕捉菌とキタネコブセンチュウとの関係．日本線虫研究会誌, 6: 47-55.

三井　康（1983）　わが国における線虫捕食菌の種類と分布及び生理・生態に関する研究．農業技術研究所報告 C（病理昆虫）, 37: 137-211.

（J.T. ガスパード）

2.4　パスツーリア

　パスツーリア（*Pasteuria* spp.）はファーミキューテス門の絶対寄生細菌で，主に土壌中で線虫に感染する．パスツーリアの胞子（以下胞子と呼ぶ）は寄主線虫種の外皮に選択的に付着し，付着後に発芽して線虫体内に侵入し，体内で増殖した細胞が新しい胞子を形成する．胞子は線虫の死体から土壌中に分散し，同じ種の線虫に感染する．パスツーリア・ペネトランス（*P. penetrans*）はネコブセンチュウの寄生菌である．この菌が感染した幼虫は雌成虫まで成長できるものの産卵せず，代わりに雌成虫体内に数百万個の胞子が形成される．胞子は植物の生育期間中には雌成虫とともに雌成虫の周りの根こぶの中に閉じ込められ，根こぶの組織と雌成虫が分解するまで土壌に分散しないため，胞子の存在量の大部分は土壌中ではなく，根に集中している．線虫の体内や体表の胞子は，目開き 20 μm（第 1 節 1.1 ステップ 1-4）と 10 μm（第 1 節 1.2 ステップ 2-1）の篩で回収した線虫で直接観察できる（図 14-8）．線虫外皮の胞子の有無は生物顕微鏡（200～400 倍）で確認する．このとき，胞子を選択的に染める染色液（Bird 1988）が利用できるが，染色しなくても胞子の識別はできる．

2.4.1 パスツーリアの分離法

a）準備器材： ピンセット，血球計算盤またはバクテリア計算盤，分散液（calgon：5％ヘキサメタリン酸ナトリウム，0.75％炭酸ナトリウム），0.5～1 mℓ用グラスホモジナイザー．

b）操作手順： 根内線虫のパスツーリア感染の確認－①土壌サンプルから採集した根こぶもしくは倒立フラスコ法で回収した根を集める．②ピンセットを用いて，根内の雌成虫，幼虫，雄成虫を取り出す．③胞子の有無を生物顕微鏡の200～400倍で確認する．体内のパスツーリアの発芽と胞子形成の観察は位相差顕微鏡を用い，400倍以上の倍率で行う（図14-8）．透明で卵巣と卵が見える健全な雌成虫と異なり，感染した雌成虫は白い不透明体である．一方，幼虫と雄成虫の体内のパスツーリア胞子は目立たず，胞子形成数は雌成虫より少ない．④1頭の線虫の胞子密度を計算するときは，0.5～1 mℓ用ガラスホモジナイザーを用いて線虫を破砕し，胞子を水に分散させる．⑤血球計算盤またはバクテリア計算盤を用いて，胞子を計数する．

根からのパスツーリア胞子分離法－パスツーリアの増殖を図ったトマト根等から胞子を大量に分離する目的等に用いる．①根と5倍量の分散液をホモジナイザーまたはミキサーに入れ，細かく砕く（1～5分間）．②50％ショ糖液70 mℓと仕切り網を入れた遠心管に摩砕物の液をゆっくり注ぎ込む．③仕切り網を取り出し，2,500 rpm（1,200 × g）で2.5分間遠心する．④上ずみは別の遠心管に注ぎ移し，上ずみを攪拌して2,500 rpm（1,200 × g）で10分間遠心する．⑤上ずみを捨て，沈殿物を水に懸濁し，再度2,500 rpm（1,200 × g）で10分間遠心する．⑥沈殿した胞子を水に懸濁し，血球計算盤かバクテリア計算盤で胞子密度を計数する．

土壌中からの胞子の分離法－①胞子が沈殿している粘土画分（第1節1.2ステップ2-2）を10～30 mℓの水に懸濁する．②懸濁液の粘土分が多い場合，5％硫酸マグネシウム水溶液0.1 mℓを30 mℓの懸濁液に入れて1分間攪拌する凝集剤処理を実施する．なおも凝集しない場合は，0.1 mℓの凝集剤の添加を繰り返す．③50％ショ糖液15 mℓと仕切り網が入った50 mℓ遠心管に凝集反応が起きた懸濁液をゆっくり注ぎ入れる．④仕切り網を取り出し，2,500 rpm（1,200 × g）で2.5分間遠心する．⑤

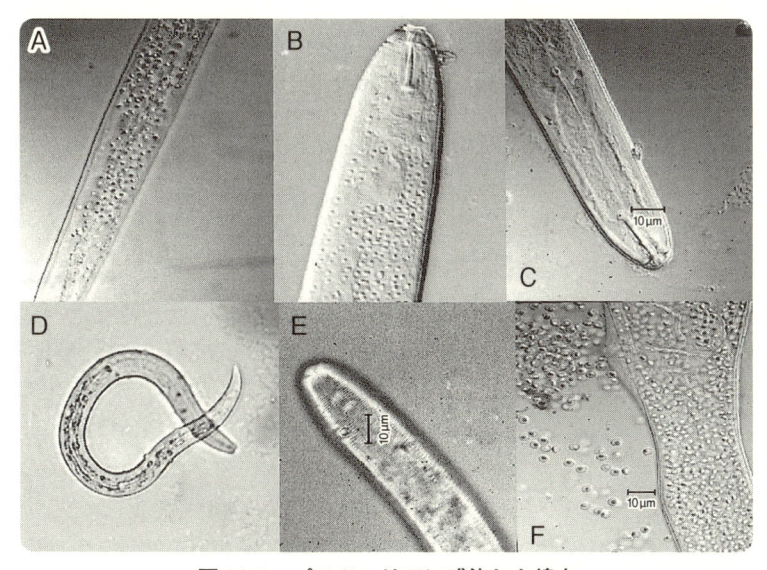

図14-8 パスツーリアに感染した線虫

A：自活性線虫体内のパスツーリア胞子．B：ネコブセンチュウの雄体内のパスツーリア胞子；C：シストセンチュウ体表のパスツーリア胞子．D：自活性線虫体表のパスツーリア胞子；E：ネグサレセンチュウ体内のパスツーリア胞子；F：ラセンセンチュウ体内から噴出したパスツーリアの胞子．

上ずみは別の遠心管に注ぎ移し，その上ずみを攪拌した後，2,500 rpm（1,200 × g）で10分間遠心する．⑥沈殿物を10〜30 mℓの水に懸濁する．⑦血球計算盤またはバクテリア計算盤を用いて，パスツーリアの密度を計数する．

　c）留意事項：　1）胞子は電荷を持ち，静電気のある表面や電荷のある粒子に付着する性質がある．分散剤は電荷の影響を中和し，胞子の凝集と荷電した物質への付着を抑える．2）パスツーリア懸濁液には純水を用いる．3）胞子は1%次亜塩素酸ナトリウム溶液で分解する．これを20％含む家庭用塩素系漂白剤でパスツーリアに汚染された器具類が消毒できる．

2.4.2　パスツーリアの増殖法

　パスツーリア・ペネトランスを題材に解説する．パスツーリア・ペネトランスもその寄主のネコブセンチュウも絶対寄生者であるため，ネコブセンチュウ第2期幼虫にパスツーリアを感染させ，そのネコブセンチュウを植物の苗に寄生・成育させることにより，パスツーリアの増殖・継代を図る．

　a）準備器材：　0.1%アクチナーゼE（科研製薬），振とう機，ポット，トマト，滅菌土壌，乳鉢など．

　b）操作手順：　①卵のうからふ化遊出48時間以内で，活動性が高いネコブセンチュウ第2期幼虫の懸濁液を準備する．②パスツーリアの胞子懸濁液を，0.1%アクチナーゼEで37℃，2時間処理する（奈良部・安達1993）．③50 mℓの線虫・胞子混合懸濁液（第2期幼虫200頭/mℓ，1×10^4胞子/mℓ）を調製する．④200 mℓ容の三角フラスコ中で懸濁液を振とうする．すべての第2期幼虫に約10個の胞子が付着するように振とう条件を調整する．往復式の振とう機では，120 rpm，30〜90分間処理が目安となる．⑤トマト（線虫感受性）の6週間苗を2.5 kgの滅菌土壌を充塡したポットに定植する．⑥定植4日後のポットに，手順④の第2期幼虫10,000頭を接種する．接種前に懸濁液を十分に攪拌して，第2期幼虫が集塊にならないように注意する（線虫に付着したパスツーリア同士が付着し，線虫が集塊になりやすい）．⑦温室で8〜12週間栽培する．⑧トマトの根を水洗して土壌をよく落とした後に風乾し，乳鉢等で摩砕する．ポット当たり約7 gの摩砕根が得られる．この状態で長期保存が可能である．また，防除試験（第4節4.2）にはこの摩砕根の状態で供試する．⑨一定量の摩砕根を蒸留水に懸濁させ，血球計算盤で計数して，胞子密度を測定しておく．一般にポット当たり1×10^9〜10^{10}個の胞子が得られる．

　c）留意事項：　第2期幼虫への胞子付着程度が不十分だと，トマトが早期に枯死して増殖に失敗する場合がある．

参考文献

Bird, A.F. (1988) A technique for staining the endospores of *Pasteuria penetrans*. Revue de Nématologie, 11: 364-365.
奈良部孝・安達　宏（1993）　天敵出芽細菌を利用したネコブセンチュウの同定．植物防疫，47: 419-422.

（J.T. ガスパード）

3. 線虫天敵微生物の大量培養法

　線虫天敵微生物は，植物寄生性線虫に対する防除を目的として古くから研究されており，その研究の中で様々な手法の大量培養がおこなわれている．線虫捕捉性菌（図14-9）は，条件的寄生菌である

3. 線虫天敵微生物の大量培養法

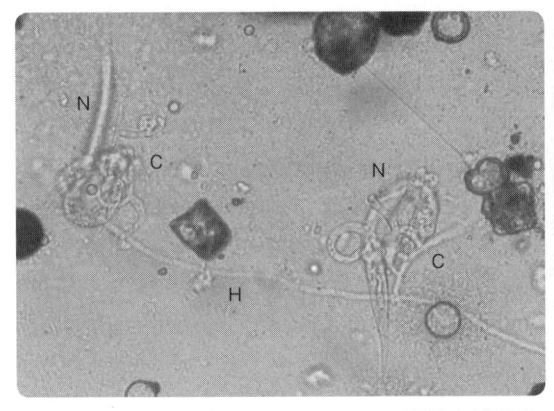

図 14-9　線虫を捕捉した *Arthrobotrys* 属線虫捕捉菌
H：菌糸，C：線虫捕捉器官，N：線虫
線虫捕捉器官の形態は，3 次元の網状である．捕捉された線虫体内には菌糸が蔓延している．

図 14-10　オートクレーバブルバッグを用いた天敵微生物の培養
袋のため菌塊をほぐしやすい．

ので，線虫以外の有機物を用いて培養できる．一方，線虫寄生菌は条件的寄生菌と絶対寄生菌に大別され，条件的寄生菌については培地を用いた大量培養が可能である．大量培養には，目的とする線虫天敵微生物が旺盛に繁殖する培養基材を選定することが重要である．ここでは線虫天敵微生物の資材化を目的とした大量培養の方法を解説する．

　大量培養は，「二段階培養法」が一般的である．第一段階では液体培地を用いて培養し，短菌糸，分芽胞子，厚膜胞子などが浮遊した接種菌液を作製する．第二段階では接種菌液を固体培地に接種し，培養する．両段階とも用いる培地は，目的とする線虫天敵微生物の生菌数，分生子数もしくは厚膜胞子数が多くなるものを選択する．ただし，線虫天敵微生物によっては大量培養を液体培養のみで行う場合もある．

　a）準備器材：　ペトリ皿，オートクレーバブルバッグ，各種培地，三角フラスコ（250 mℓ），ピペット，振とう培養器など．

　b）操作手順：　① 寒天培地で線虫天敵微生物を培養する．増殖に最適な寒天培地が不明なときは，コーンミール寒天（CMA）培地など基本的な寒天培地を用いる．② 線虫天敵微生物を培養した寒天培地上に滅菌水を注ぎ，白金耳などで菌叢面をこすり，分生子，厚膜胞子もしくは菌糸片を含む菌懸濁液を得る．③ 250 mℓ 容の三角フラスコに入れた液体培地 100 mℓ に，菌懸濁液 10 mℓ を接種し，1 週間振とう培養する．往復振とう機を使用する場合，振とうは一般に 1 分間に約 100 往復の速度でよい．培養適温をあらかじめ調査しておき，培養適温で培養することが望ましい．また，培養に用いる液体培地についても最適な液体培地を調査しておく．最適な液体培地が不明なときは，ポテトデキストロース（PD）培地（ジャガイモ 200 g，グルコース 20 g，蒸留水 1,000 mℓ）など基本的な液体培地を用いる．④ 容量 10 ℓ 程度の滅菌袋（オートクレーバブルバック）に固体培地 1 kg を入れ，蒸気滅菌し，手順 ③ において培養した菌液を重量比 1 〜 10 % で接種して培養する．用いる固体培地についても最適なものを調査しておく．最適な固体培地が不明なときは，コムギふすま培地（コムギふすま 1,000 g，蒸留水 800 mℓ）など基本的な固体培地を用いる．培養条件は，一般に 25 ℃ で行う．また，培養期間は目的とする形態が菌糸体，分生子もしくは厚膜胞子によって変わるが，おおむね 2 〜 4 週間で十分である．ただし，接種から 3 日後あたりから菌糸が固体培地全体に広がり，固体培地が固くなることがあるので，適宜，固体培地をほぐす必要がある．⑤ 大量培養した固体培地は，冷暗所で保存する．

植物油を添加することで保存性がよくなることがあるので，固体培地において培養した線虫天敵微生物の安定性が悪い場合，固体培地に植物油を添加することも考える．植物油の最適な添加量は保管試験を実施して調査しておく．

　c）留意事項・応用：　1）固体培地に接種する接種菌液が大量に必要な場合，ジャー・ファーメンターなどを用いる．ジャー培養の場合，微生物の増殖速度や形態がフラスコ培養と異なる場合があるので，注意する．攪拌速度は一般に1分間に約50回転でよい．また，ジャー培養では，フラスコ培養などで種菌培養を行い，ジャーの液体培地に所定量（容量比5％以上）植菌するので，液体培養の操作が2回必要になる．2）固体培地での培養に用いるオートクレーバブルバックは，ミリシールなどを用いて通気性を確保する（図14-10）．また，通気性があるフィルターが付属した滅菌袋等も市販されているので，それを利用してもよい．3）培養後は，固体培地の水分含量が高い場合，生菌数が低くなることがあるので，必要に応じて培養後の固体培地を薄く広げて風乾する．

（渡辺貴由）

4. 天敵微生物による線虫防除試験法

　1960年代にJ. J. エリス（Ellis, J.J.）らにより線虫寄生菌が温室の土壌から発見されて以降，パエシロミセス（*Paecilomyces*），プルプレオキリウム（*Purpureocillium*），ポコニア（*Pochonia*），ヒルステラ（*Hirsutella*）およびトリコデルマ（*Trichoderma*）など様々な線虫寄生菌が見出され，線虫防除への応用が試みられてきた．プルプレオキリウム・リラキナム（*Purpureocillium lilacinum*），ポコニア・クラミドスポリア（*Pochonia chlamydosporia*）およびパスツーリア・ペネトランス（*Pasteuria penetrans*）は，生物防除資材として商品化された．線虫抑制効果を高めるためにオイルケーキ，葉や種の残さなどの有機物との併用試験や，他の微生物資材や太陽熱処理との併用試験も行われている．

　天敵微生物による線虫防除には，環境負荷が少ない，残留薬剤による収穫物の汚染がない，永年性作物や立毛中の防除が可能，などの利点がある．防除試験において重要なことは，供試する天敵微生物の性質，特に線虫に対する寄生特性を解析し，これを踏まえて適切な処理および調査を行い，防除効果を評価することである．本節では，卵寄生菌およびパスツーリア属線虫寄生性細菌を取り上げ，線虫防除試験法を解説する．

4.1　卵寄生菌

　ここでは，卵寄生菌の線虫防除能力の評価法やポットおよび圃場を用いた防除試験法について解説する．

4.1.1　線虫卵のふ化阻害効果の評価法

　土壌中においてネコブセンチュウのふ化への阻害の程度を調査することにより，単離菌株の力価を評価し，資材化可能な有望株を選抜する．卵寄生菌の圃場での力価を推定するためには，滅菌していない土壌を用いることが望ましいが，条件によっては乾熱滅菌した滅菌土壌でもよい．

　a）準備器材：　容量約100 mlのプラスチック容器，ミキサー，篩（目開き25 μmおよび100 μm），1%次亜塩素酸ナトリウム溶液，ベールマン分離器具など．

　b）試験手順：　①プラスチックポットなどの容器に土壌30 gを充填し，卵寄生菌を大量培養した

固体培地あるいは液体培地(以下,培地と記す.)を施用し,よく混和する（図14-11）. 固体培地の施用量は，固体培地中の卵寄生菌の生菌数もしくは分生子数などにもよるが，100 mg～1 g/100 g土壌が現実的な処理量である. 対照として培地を施用しない区（以下,「無処理区」と呼ぶ.）を設ける. ②次に，線虫卵を準備する. 1～2 cmに切断したネコブセンチュウ感染根を1％次亜塩素酸ナトリウム溶液に入れ，ミキサーで破砕する. 10分後に40倍量の滅菌水を加え，卵懸濁液を篩（目開き100 μmおよび25 μm）に通し，線虫卵を集める. 滅菌水で定容したのち，光学顕微鏡で線虫卵を計数する. ③手順②で調整した線虫卵を接種し，よく混和する. ④土壌の水分含量を最大容水量の50～60％に調整する. 過度の水分蒸発を抑制するため，ラップフィルムなどで蓋をし，針で数箇所の穴を空け，27℃で保温する. ⑤保温期間中，土壌表面から蒸発した水分を補充するため，減量した重量分の蒸留水をスプレーなどで表面に散布する. ⑥線虫卵を接種した2, 6, 10および18日後に土壌を採取し，ベールマン法を用いて土壌20 gからネコブセンチュウ第2期幼虫を分離し，計数する. このとき，2日ごとに漏斗もしくはトレイ内の水を交換し，ネコブセンチュウ第2期幼虫が分離されなくなるまで繰り返す. ⑦天敵微生物接種区および無処理区のネコブセンチュウ第2期幼虫数を接種卵数で除し，「生存虫率」を算出し，アボット（Abbot）の補正式［累積補正死虫率（％）＝（（無処理区の生存虫率－処理区の生存虫率）／無処理区の生存虫率）×100］を用いて補正する.

　c）留意事項： ①3連で調査する場合，1調査日に3ポットずつ使用するので，1菌種または無処理について3（ポット）×4（調査時期）＝12ポットを準備する.

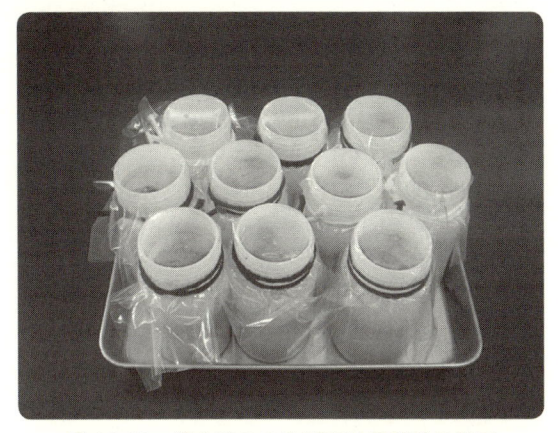

図14-11　線虫卵のふ化阻害効果試験の様子

4.1.2　ポットを用いた防除効果試験法

　ポットにおいてネコブセンチュウやシストセンチュウへの寄生程度を評価する. 卵寄生菌の防除効果を高めるには，卵寄生菌と線虫卵の接触時間をなるべく長くすることが重要であるので，卵寄生菌を大量培養した培地を施用した直後に感受性作物を定植するよりも，施用後，日数をおいて，感受性作物を定植することが望ましい. 卵寄生菌の圃場での力価を推定するためには，滅菌していない土壌を用いることが望ましいが，条件によっては乾熱滅菌した滅菌土壌でもよい. また，冬季にガラス温室内でポット試験をするときは線虫害が発生しにくくなるので，ポットの下に電熱マットを敷いて加温したり，汲み置きの水を灌水するなどの工夫をする.

　a）準備器材： プラスチックポット（直径

図14-12　ポットを用いた防除効果試験の様子
供試作物は，ホウセンカである. 直射日光や土壌の温度上昇を防止するため，ホワイトポットに入れた.

11.5 cm), 感受性作物の種苗, 温室など.

b) 試験手順: ①土壌 500 g に卵寄生菌を大量培養した培地を施用し, よく混和した後, 直径 11.5 cm のプラスチックポットに充填する. 反復は, 3 連以上とする. 培地の施用量は, 培地中の卵寄生菌の生菌数もしくは分生子数などにもよるが, 100 mg～1 g/100 g 土壌が現実的な処理量である. 対照として卵寄生菌を接種しないポットも準備する. ②土壌表面に鉛筆大の穴を開け, 線虫卵懸濁液を 1 ポットあたり約 3,000 卵接種する (ネコブセンチュウ卵の調整法は「ふ化阻害効果の評価法」手順②を, シストセンチュウ卵の調整方法は第 10 章 3.5「シストセンチュウの分離法」を参照のこと). また, 1% 次亜塩素酸ナトリウム溶液で表面殺菌したネコブセンチュウ卵塊を 7 卵塊もしくはシストセンチュウのシストを 7 個接種してもよい. ③線虫卵接種の 2, 6, 10 および 18 日後に感受性作物の種や苗を播種または定植する (図 14-12). ネコブセンチュウの場合は, トマト (感受性品種) やホウセンカがよい. シストセンチュウの場合は, それぞれに適した寄主作物 (ダイズもしくはジャガイモ) を栽培する. ④ネコブセンチュウの場合は, 定植 28 日後と 40 日後にネコブ程度および卵のう数を調査する (調査方法の詳細は第 12 章 1.1「ネコブセンチュウ被害評価法」を参照). また, ベールマン法により土壌 20 g から線虫を分離して計数する. ⑤シストセンチュウについては, 作物栽培後に土壌を風乾し, 「ふるい分けシスト流し法」により乾土 100 g からシストを分離し, シスト数およびシスト内卵数を調査する (調査方法の詳細は, 第 10 章 3.5「シストセンチュウの分離法」を参照).

c) 留意事項・応用: 1) 防除効果が低かった場合は, 播種・定植時にも播種穴等に卵寄生菌を追加接種することで防除効果を高められる場合がある. ただし, その場合は追加接種単独の効果も調査しておく必要がある. 2) ジャガイモシストセンチュウを対象とした場合, プラスチックカップを用いた検定 (第 10 章のコラム「ジャガイモシストセンチュウのカップ検診法」を参照) を応用できる. 3) 選択培地やリアルタイム PCR などにより, 菌密度評価法が確立されている卵寄生菌については, 実験終了時の土壌中の菌密度も評価しておくことが望ましい.

4.1.3 圃場を用いた防除効果試験法

ポット試験と同様, 卵寄生菌の防除効果を高めるには, 卵寄生菌と線虫卵の接触時間をなるべく長くすることが重要であるので, 卵寄生菌を大量培養した培地を施用した直後に感受性作物を定植するよりも, 施用後日数をおいて, 定植することが望ましい.

a) 準備器材: スコップ, ベールマン分離装置.

b) 試験手順: ①圃場を区画に分け, 区画ごとに土壌をサンプリングし, 植物寄生性線虫密度を調査する. 試験区は, 1 処理 3 連以上とし, 基本的に乱塊法に基づいて配置する. 圃場の選定および試験区の設置については, 第 12 章 2.2「圃場試験法」も参考にする. ②卵寄生菌を大量培養した培地を施用し, スコップなどでよく混和する. 培地の施用量は, 培地中の卵寄生菌の生菌数もしくは分生子数などにもよるが, 100 g～1 kg/m^2 が現実的な処理量である. また, 感受性作物を栽培する予定の箇所, 植穴近辺のみに卵寄生菌を大量培養した固体培地を施用してもよい. ③土壌くん蒸剤との併用効果を評価する場合は, ガス抜き後に培地を施用する. また, 粒剤や液剤型の殺線虫剤との併用効果を評価する場合は, 各薬剤の処理方法や注意事項に従って処理する. ④菌を接種した約 2 週間後に寄主作物を播種または定植する. ⑤栽培期間のおおむね中間時点で土壌をサンプリングし, ベールマン法で第 2 期幼虫を分離して計数する. また, 卵寄生菌密度を調査する. ⑥ネコブセンチュウについては定植 45 日後と 90 日後に, シストセンチュウについては播種後約 60 日後に 10 株を抜き取り, 根こぶ指数やシスト着生指数を調査する. また, 適宜作物の草丈, 草勢, 葉色などの生育調査を行う. 可能ならば, 作物の収量についても調査する. ⑦栽培終了時には, ネコブセンチュウについては 10 ～

20株を抜き取り，根こぶ指数を調査する．また，土壌採集を行い，ベールマン法で第2期幼虫を分離して計数する．シストセンチュウについては，土壌を採集し，乾土100gからシストを分離し，シスト数およびシスト内卵数を調査する．また，可能であれば10株について収量を調査する．

　c）留意事項：　密度調査法が確立している寄生菌については，中間調査時および収穫時に密度を調査しておくことが望ましい．

参考文献

Ellis J. J. and Hesseltine C.W. (1962) *Rhopalomyces* and *Spinellus* in pure culture and the parasitism of *Rhopalomyces* on nematode eggs. Nature, 193: 699-700.

（渡邊貴由）

4.2　パスツーリア

　サツマイモネコブセンチュウを対象としたポットによる防除効果試験法を解説する．

　a）準備器材：　ポット，トマト，ピペット，パスツーリアを含むおよび含まないトマト摩砕根，ネコブセンチュウ増殖土壌，温室，顕微鏡など．

　b）操作手順：　①サツマイモネコブセンチュウ増殖土壌を調製する．第2期幼虫数が土壌20gあたり20頭程度（ベールマン法分離）になるように，滅菌土壌で希釈する．②パスツーリアを含むトマト摩砕根（第14章2.4を参照）を水に懸濁する．③2.5 kgの線虫増殖土壌に，摩砕根懸濁液を加えて十分に混和する．ポット試験では，土壌1g当たり1×10^5個程度の胞子施用量が目安となる．対照には，線虫増殖土壌および殺菌土壌にパスツーリアを含まないトマト摩砕根懸濁液を調製して加えたもの用意する．④土壌をポットに充填し，十分に灌水する．その後，すぐに寄主作物を栽培せず，第2期幼虫体表への胞子付着を図るため，ポットは日陰で1週間程度静置する．⑤播種6週間後のトマト苗を定植する．⑥温室で8～12週間栽培する．平均地温25℃で10週間栽培した場合，パスツーリアは1世代，線虫は2世代を経過する．⑦栽培終了時に以下の各項目を調査・比較し，防除効果を評価する．

・トマト生育量（茎葉，根の重量），果実収量

・根の根こぶ指数，卵のう数（調査方法は第12章「線虫による植物被害評価法」を参照）

・感染雌成虫率：パスツーリアの寄生により，サツマイモネコブセンチュウ雌成虫の産卵は抑制されるので，産卵の有無を調査することで，感染した雌の割合を調査することができる．根を実体顕微鏡で観察し，根こぶ内の雌成虫を正常雌（多数の卵を抱えた卵のうを産生）と感染雌（無卵または少数の卵を抱えた卵のうを産生しているか，卵のうを産生していない）に分けて計数し，算出する．

　c）留意事項：　1）乾燥状態から復元直後の胞子は，第2期幼虫に付着しにくいので，パスツーリア胞子懸濁液は土壌に混和する24～48時間前に調製する．2）継代培養に伴い，継代に用いている線虫個体群に対するパスツーリアの寄生能が変化する場合があるため，防除効果試験に供試する線虫個体群は，パスツーリア継代に用いている線虫個体群と異なる個体群を用いる．3）圃場試験を行うには，多量の接種源を要するが，市販のパスツーリア製剤（パストリア水和剤，*Pasteuria penetrans*剤）が利用できる．4）パスツーリアは，効果が現れるまでに数作を要する場合が多い．そのため，圃場等において長期にわたってパスツーリアの動態を調査する必要もある．パスツーリア動態調査では，上記の調査項目に加えて第2期幼虫体表における胞子付着程度，土壌中の胞子密度なども定期的に調査することが重要であり，それぞれ以下のように行う．

・第2期幼虫体表における胞子付着程度の調査法（Bird 1988）：①土壌から第2期幼虫を分離し，

スライドグラス上のブリリアント・ブルー G（Brilliant Blue G）水溶液（1 mg/mℓ）に移し，カバーグラスをかけてマニキュアで封じる．②2〜3時間後に光学顕微鏡（×400）で観察し，第2期幼虫体表に付着した胞子（青く染色される）数を，第2期幼虫の個体ごとに計数する．付着程度は土壌から線虫を分離する方法により変化するので，注意する．一般に，二層遠心浮遊法で分離した第2期幼虫は，ベールマン法で分離した第2期幼虫より胞子の付着程度が高い．

・土壌中の胞子密度調査：第2期幼虫に付着可能な胞子の量を，調査土壌間で比較する．①調査する土壌は，孔径1 mm の篩を通して粒径を揃える．有機物には胞子が付着していることが多いので，除去せずに細かく砕いて土壌に戻す．②土壌を風乾して土壌中の第2期幼虫を死滅させる．パスツーリアは生残する．③卵のうからふ化遊出48時間以内で，パスツーリアが混入していない第2期幼虫懸濁液を準備する．④手順②の土壌に手順③の懸濁液を加えて，PF2，第2期幼虫200頭/20 g の土壌に調製する．⑤25℃の湿潤状態で72時間培養する．⑥ベールマン法により土壌から第2期幼虫を再分離する．⑦第2期幼虫体表における胞子付着程度を調査する．この方法では線虫を新しく接種するので，線虫密度や線虫の活性を一定にして供試土壌の胞子密度を比較できる．一般に作付けを重ねるに伴い，胞子付着程度の増大が認められる．また，土壌中から胞子を直接抽出して密度把握する方法（第14章2.4「パスツーリア」参照）も利用できる．

参考文献

Bird, A.F. (1988) A technique for staining the endospores of *Pasteuria penetrans*. Revue de Nématologie, 11: 364-365.

（立石　靖）

5. 菌食性線虫による植物病原糸状菌防除試験法

　土壌中には数多くの線虫種が生息し，その食性は様々である．この中で，糸状菌を摂食する線虫類（菌食性線虫）を利用して植物病原糸状菌による土壌病害を防除しようとする研究が行われている．本節では，農耕地に普遍的に生息し，乾燥耐性が高い菌食性線虫アフェレンクス・アヴェネ（*Aphelenchus avenae*：和名ニセネグサレセンチュウ）を取り上げ，それによる土壌病害防除試験法を紹介する．あわせて本線虫の採集，大量培養，保存法についても解説する．

5.1 アフェレンクス・アヴェネの採集・培養法

　a）準備器材：　ベールマン分離装置，微針，線虫固定皿，遠心機，ガラス遠心管，ストレプトマイシン溶液（1,000 ppm），ペトリ皿．

　b）手順等：　①本線虫は農耕地から普遍的に採集できる．中部食道球は円形で大きく，比較的頭部近くに位置し，口針は細く節球はない．尾部は丸みを帯びて動きは比較的緩やかである．これだけでは本線虫と断定できないが，まず候補者として採集する．歯科医が使う神経抜きのデンタルファイルなどの微針ですくい上げ，滅菌水を入れた固定皿等に集める．②同様な線虫をできるだけ集めたら，ガラス遠心管に移し，滅菌水を加えて洗浄する．遠心して上ずみを取り除いた後，再び滅菌水を加えて再度洗浄する．③次にストレプトマイシン1,000 ppm に30分間浸漬し，再び滅菌水で洗う．④餌糸状菌として径6 cm 程度のペトリ皿に培養した灰色かび病菌（*Botrytis cinerea*）またはリゾクトニア・ソラニ菌（*Rhizoctonia solani*：イネの紋枯病菌）を用意する．⑤餌糸状菌の菌叢上に滅菌した線虫を

1頭接種する（灰色かび病菌へは菌接種の3，4日後に，リゾクトニア・ソラニ菌へは菌と同時に接種）．⑥本線虫は雌成虫の単為生殖で繁殖し，雄成虫は30℃以上で出現する．

　c）留意事項：　1）餌糸状菌はフザリウム属菌（*Fusarium*），ピシウム属菌（*Pythium*），フィトフトラ属菌（*Phytophthora*）などでもよい．2）線虫は単一糸状菌で継代培養していると次第に繁殖力が低下するので，できるだけ多種の糸状菌を準備しておき，種線虫（後述）とするものは培養する糸状菌種を毎回変えたほうがよい．大量生産にはリゾクトニア・ソラニ菌が適する（本菌種が線虫を最も良好に増やす）．

5.2　アフェレンクス・アヴェネの大量生産

　a）準備器材：　培養基質，培養容器，リゾクトニア・ソラニ菌．

　b）手順等：　①まず，餌糸状菌を大量培養する．培養基質としては産業廃棄物や副産物であるビートパルプ，ビール粕，屑ジャガイモ，サトウキビの搾りかす（バガス），製茶屑，小麦ふすま，果汁搾りかすなどのほか，昆虫飼育に使うパルプフロックでもよく，これらを用いれば安価に培養できる．これらは単体でなく2,3材料の等分混合培地がよい．このとき茶（ウーロン茶も可）は培地中に発生するアンモニアを消化し，培地のpH上昇を抑制するので，製茶屑または使用済みの乾燥茶殻は必須である．動物の糞などはアミン類が生じるので培養基質には適さない．培地の水分は60％とする．パルプフロックは培地に適度な空隙が生まれるので，線虫の繁殖に良好である．培養容器には梅酒瓶（5ℓ）などを応用してもよい．培養基質を例えば，バガス，パルプフロック，製茶屑を等量ずつ混合して300ｇ（60％水分）とし，瓶に詰めてオートクレーブ滅菌する．そこへ寒天培地で生育させたリゾクトニア・ソラニ菌を10円硬貨1個分接種し，同時に種線虫を加える．②糸状菌の繁殖は極めて急速であり，糸状菌が全面に繁殖したのちに線虫が繁殖して，容器のガラス面に網目状に集合するのが見られるようになる．③25℃で培養した場合，接種後30〜40日にガラス面を洗い流して線虫を回収する．線虫は梅酒瓶1個から約5,000万頭回収できる．リゾクトニア菌はほとんど摂食されているが，培地内にはまだ線虫も残っているので，別の容器に培地を集めておくと壁面に線虫が再び現れ，それを集めて使用することもできる．

5.3　線虫の保存法

　アフェレンクス・アヴェネは継代中に寄生能が変化する可能性があるので，最も繁殖力が旺盛な時に種線虫として保存しておくことが重要である．この線虫は高い乾燥耐性を持ち，乾燥下で長期間生存できる無水生存（anhydrobiosis，乾眠とも呼ぶ）状態となることが知られている．種線虫は，無水生存状態にして保存する．

　a）準備器材：　0.01％ホルマリン液，ミリポアフィルター，吸引ろ過器，飽和K_2SO_4溶液，デシケーター，シリカゲル．

　b）手順等：　①線虫約1万頭を0.01％ホルマリン液中に入れ，ミリポアフィルターを敷いたセパレート式吸引ろ過器にかけ，フィルター上に集める．②このフィルターを飽和K_2SO_4溶液で相対湿度97％に調整したデシケーター内に入れ，25℃で1昼夜置く．③その後，相対湿度を20％以下に調整したシリカゲルデシケーターに24時間いれる．このままでも保存できるが，多数のフィルターを扱うので，デシケーターから取り出し，5℃程度の冷蔵庫にいれるのがよい．この状態で10年以上保存できる．

　c）留意事項：　1）無水生存状態の線虫は，水に戻しても直ぐには動かないが，1晩おくと活発に動いている．2）種の同定は必ず行う．

5.4 防除試験法

　防除試験は，病原糸状菌を接種または増殖させた土壌に本線虫を様々な密度になるように接種し，そこで被害作物を栽培し，線虫を接種しない対照区での被害程度に対する防除価を評価することによって行う．リゾクトニア・ソラニ菌などによる苗立ち枯れ病の場合は，出芽率（苗立ち率）を調査し，防除価を算出する．以下にリゾクトニア・ソラニ菌を対象とした場合の，カップを用いた小規模試験の概要を中心に紹介する．

　　a）準備器材：　PDB液体培地，ポリスチロールカップ，ピペット，パラフィルム，恒温器，キュウリ種子．

　　b）手順等：　①リゾクトニア・ソラニ菌をポテトデキストロースブロス（PDB）で培養し，その菌糸0.375, 0.75, 1.5, 3.0 gを水1ℓに懸濁して滅菌土壌15ℓと混和する．これらは土壌100 mℓに20, 50, 100, 200 mgの菌糸量に相当する．通常この病原糸状菌が蔓延した農地は土壌100 mℓに菌糸約25 mgが存在する．病原糸状菌の密度は不明でも，植物に十分な被害を与える量でよければ，小麦ふすま培地で培養したものを用いてもよい．その場合，滅菌土壌200 mℓに小麦ふすま培養菌体を0.5 gまたは1 g混和する．②混和した土壌を200～300 mℓのポリスチロールカップに入れる．③線虫を接種する．線虫の施用量は土壌100 mℓあたり最少100頭とし，その倍数を5段階ぐらいに設ける（施用方法は後述）．④対照として病原糸状菌だけおよび線虫だけを接種する区，線虫も糸状菌も接種しない試験区を設ける．ただし，線虫だけを接種する区は接種頭数が最も多いものだけでよい．⑤カップをパラフィルムで覆って25～30℃に1週間おき，その後，キュウリの種子を10粒/カップ播種する．⑥キュウリの出芽率（苗立ち率）を調査し，防除価（第8章2.1参照）を算出する．

　　c）留意事項：　1）土壌水分は圃場容水量の60%程度がよい．2）滅菌土壌では線虫が多いと却って発芽不良となる．非滅菌土壌では発芽不良が起きないことから，このような場合は，アフェレンクス・アヴェネ生息数が少ない土壌を滅菌せずに供試する．3）病原糸状菌にピシウム属菌を用いた場合は20～25℃におく．糸状菌の生育適温に合わせればよいが，25℃が最も間違いが少ない．4）土壌への線虫の施用は，土壌と混和する，ポットの中央の深さ2 cmほどに注入する，乾燥した種線虫フィルターをポットの中央に埋設する方法などがあるが，それぞれで効果が異なってくるので注意する．線虫の量が1,000頭以上の場合は土壌と混和するほうが，植物の発芽に影響がない．もっとも，非滅菌土壌の場合は植物に対して有害な影響は全くない．圃場で2×3 m程度の枠試験をするときはホウレンソウなどの播種溝にそって接種すればよい．昆虫病原性線虫やパスツーリアと混合施用も可能である．

　以下にポリスチロールカップによる試験を2例示す．
　実験1：滅菌土壌を用いたカップ試験（佐賀大学）
　滅菌土壌300 mℓに小麦ふすまで培養した病原糸状菌を1 g混和し，所定のアフェレンクス・アヴェネを散布したのち，混和してカップに入れる．カップをパラフィルムで覆い，土壌水分は約40%として25℃に1週間置いたのち，キュウリ10粒を播種し，10日後の発芽率を調査した．
　病原菌非接種の試験結果から，本試験での接種頭数は過剰と推察される．しかし，各病原菌とも線虫を接種すると発芽率が大幅に改善し，防除効果が認められた（表14-1）．
　実験2：非滅菌土壌を用いたカップ試験（SDSバイオテック社）
　この実験ではリゾクトニア・ソラニ菌とピシウム属菌の一種（*Pythium* sp.）が混在する圃場の土壌を使用した．ポテトデキストロースブロスで培養したリゾクトニア・ソラニ菌AG-4の菌糸0.357, 0.75, 1.5, 3.0 gを水1ℓに懸濁して土壌15ℓと混和した．対照としてリゾクトニア・ソラニ菌による苗立

5. 菌食性線虫による植物病原糸状菌防除試験法

表14-1 数種病原性糸状菌に対するアフェレンクス・アヴェネの施用効果

病原菌の種類	キュウリ発芽率			
	アフェレンクス・アヴェネ接種数 / 土壌300 mℓ			
	0	10,000	50,000	100,000
非接種	100.0 a	79.3 b	67.5 be	43.2 c
Rhizoctonia solani AG-4	0 d	82.5 b	84.1 b	51.0 f
Fusarium oxysporum f.sp. *lagenariae*	0 d	72.2 be	77.6 bg	52.4 f
Pythium sp.	0 d	76.7 bg	80.0 b	49.0 f
Phytophtora nicotiana var. *parasitica*	0 d	76.5 bg	81.2 b	54.7 f

同一文字の数字は5%レベル（*t*検定）で有意差はない．

ち枯れ病防除薬剤であるフルトラニール（Flutolanil）を土壌1ℓに25 mg施用した．アフェレンクス・アヴェネは土壌1ℓに500,000, 250,000, 125,000, 12,000, 1,250頭となるように混和し，25℃に2日おいたのち，それぞれ100 mℓをポリスチローカップに分配した．1カップに催芽キュウリ種子10粒を播種してパラフィルムで覆い，反復5としてポットの底面から給水・栽培し，10日後に立ち枯れ苗数を調査した．線虫無接種区では，リゾクトニア・ソラニ菌糸 20 mg/土壌1ℓでも100%発病し，発芽率は0%であった．

表14-2 アフェレンクス・アヴェネによるキュウリ苗立ち枯れ病防除価*（%）

処理	線虫数と薬量 / 土壌1ℓ	リゾクトニア・ソラニ菌糸量 mg/土壌1ℓ			
		200	100	50	20
アフェレンクス・アヴェネ	500,000	64.0 c	93.6 b	—	—
	250,000	46.0 d	87.2 c	—	—
	125,000	60.0 c	42.6 d	97.6 b	100.0 a
	12,500	—	—	95.8 b	100.0 a
	1,250	—	—	95.8 b	87.0 c
フルトラニール（mg）	25	96.0 b	97.7 b	60.4 c	76.1 c

同一文字の数字は5%レベル（*t*検定）で有意差ない．
＊防除価 = 100 −（処理区の被害/無処理区の被害）× 100

本実験結果から，土壌1ℓに線虫1,250頭でも効果を期待できると考えられる（表14-2）．リゾクトニア・ソラニ菌糸接種量の少ない区でフルトラニールの防除価が低下したが，これは本薬剤が効かないピシウム属菌のリサージェンス**（resurgence：誘導多発生）による影響が推察される．一方，アフェレンクス・アヴェネを接種した場合はフルトラニール処理区よりも良好な防除価が得られたことから，線虫がピシウム属菌も摂食・防除したと考えられる．また，これらの調査結果から，アフェレンクス・アヴェネの適切な施用量は土壌1ℓに1万頭程度と推察される．

＊＊様々な農薬が病害虫防除に使われるが，散布開始後初期のみ効果がみられ，後に病害虫密度がむしろ増大する場合がある．病害虫防除の目的と矛盾するこのような現象はリサージェンス（誘導多発生）と呼ばれる．

参考文献

Ishibashi, N. (2005) Potential of fungal-feeding nematodes for the control of soil-borne plant pathogens. pp.467-475. In Grewal, P.S., Ehlers, R.U. and Shapiro-Ilan, D.I. (eds.), Nematodes as Biocontrol Agents. CABI Publishing, Oxfordshire, UK.

Ishibashi, N., Ali, M.D. and Saramoto, M. (2000) Mass-production of fungivous nematode, *Aphelenchus avenae* Bastian 1865, on industrial vegetable/animal wastes. Japanese Journal of Nematology, 30: 8-17.

Otsubo, R., Yoshiga, T., Kondo, E. and Ishibashi, N. (2006) Coiling is not essential to anhydrobiosis by *Aphelenchus avenae* on agar amended with sucrose. Journal of Nematology, 38: 41-45.

（石橋信義）

6. 菌類子実体（きのこ）と線虫の生態関係調査法

　菌食性の線虫にとって，「きのこ」と呼ばれる菌類の大型子実体は，まばらに存在する菌糸よりも効率よく摂食できる魅力的な食餌源である．しかしながら，きのこの多くはその発生場所が局在し発生期間も短いため，移動分散能力に乏しい線虫にとっては利用しにくい資源でもある．きのこ利用線虫に関する研究は多くはないが，イオトンキウム（*Iotonchium*）属線虫などいくつかの種でその生活史が明らかになりつつある．本節ではそれらのきのこ利用線虫群の生態調査法について述べる．

6.1　代表的なきのこ利用線虫

　菌類の子実体（きのこ）を利用する線虫には菌食性線虫，細菌食性線虫，昆虫寄生性線虫など多様なものが存在する．イオトンキウム属線虫はその生活史に昆虫寄生世代と菌食世代の両方が存在している（図 14-13）（津田 2012a；津田 2012b）．菌食世代は自由生活態であり，担子菌類の子実体組織内に生息する．ただし，本属線虫の一種ヒラタケヒダコブセンチュウ（*I. ungulatum*）の菌食世代はヒラタケ属菌の子実体のひだにこぶ状の線虫えいを形成し（図 14-14），その内部に生息している（Aihara 2001；Tsuda et al. 1996）．本属線虫の菌食世代は雌のみであり，子実体組織内，あるいはえい内部で

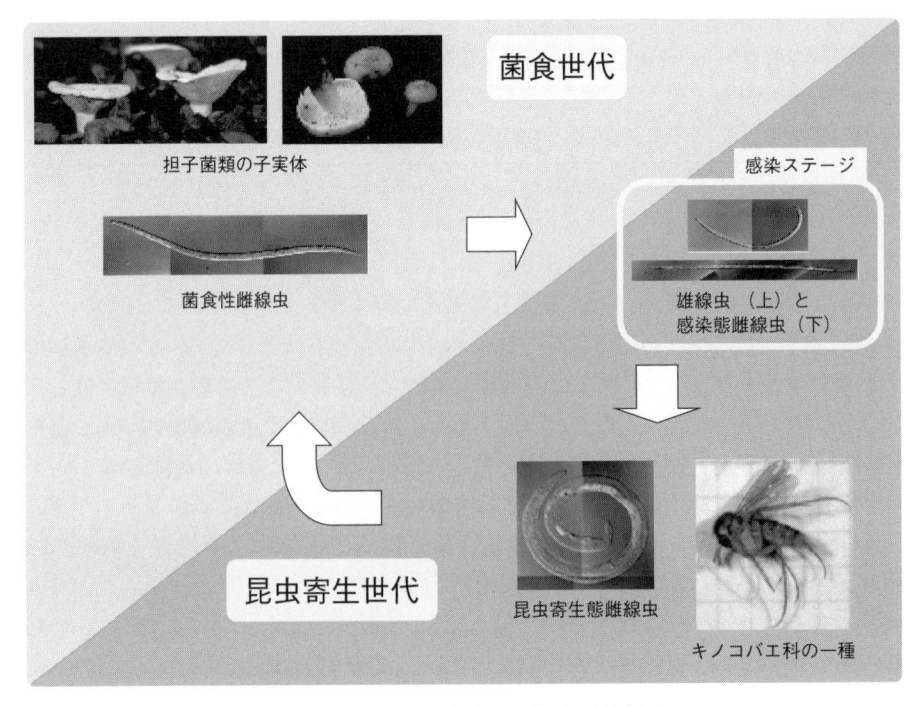

図 14-13　イオトンキウム属線虫の生活史

産卵し，ふ化した幼虫は昆虫寄生世代のプレステージである感染態雌線虫と雄線虫へと発育する．子実体が崩壊する頃になると交尾を終えた感染態雌線虫は同じ子実体に食入していた宿主昆虫の体内に侵入する．これまでのところ，イオトンキウム属線虫の宿主はキノコバエ科昆虫に限定されている（表14-3）．またヒラタケヒダコブセンチュウの場合では，宿主キノコバエの蛹化前後に侵入することが判明している．その後，宿主キノコバエの発育とともにその血体腔内で昆虫寄生態へと成熟し，血体腔内部で次世代を産出する．次世代幼虫は宿主キノコバエ成虫の産卵時に子実体へと移り，菌食世代となる．

図14-14 ヒラタケヒダコブセンチュウにより，ひだ上にこぶ（線虫えい）が生じたウスヒラタケ子実体

昆虫寄生性線虫であるハワードゥラ（*Howardula*）属の一種もきのこから検出されている（津田 2012b）．ハワードゥラ属線虫は絶対寄生性であるが，宿主昆虫が子実体を利用する期間に感染ステージの幼虫が同様に子実体に生息しているものと考えられる．

また，細菌食性線虫もきのこから検出されている．セノラブディティス・アウリキュラリエ（*Caenorhabditis auriculariae*）はアラゲキクラゲ子実体に生息しており，子実体組織内で増殖する細菌をはじめとする微生物を摂食しているものと考えられる（Tsuda and Futai 1999；津田 2012b）．それ以外にも多くの細菌食性線虫が検出されているが，生活史の詳細はわかっていないものがほとんどである．

表14-3　イオトンキウム属線虫が関係するきのこと昆虫

線虫種	利用しているきのこ	宿主昆虫（伝播者）
イオトンキウム・カリフォルニクム *I. californicum*	フミヅキタケ （オキナタケ科）	イグチナミキノコバエ （キノコバエ科）
ヒラタケヒダコブセンチュウ *I. ungulatum*	ヒラタケ属 （ヒラタケ科）	ナミトモナガキノコバエ （キノコバエ科）
イオトンキウム・カテニフォルメ *I. cateniforme*	フウセンタケ属 （フウセンタケ科）	*Exechia dorsalis* （キノコバエ科）
イオトンキウム・ラカリエ *I. laccariae*	キツネタケ属 （キシメジ科）	*Allodia laccariae* （キノコバエ科）
イオトンキウム・ルスレ *I. russulae*	ベニタケ属，チチタケ属 （ベニタケ科）	*Allodia bipexa* （キノコバエ科）

6.2　野外採取子実体からの線虫の分離法

a）準備器材：　ベールマン分離装置，目の粗い紙（ガーゼ），実体顕微鏡，きのこ採取袋（紙袋がよい）．

b）操作手順：　①野外において発生している子実体を採取する．その際，できるだけ様々な成長段階の子実体を複数採取する．②採取した子実体は種類別に採取袋に入れ，採取場所，採取日，採取者等の情報を袋に記入する．採取袋は内部で蒸れるのを避けるため紙袋を用いる．持ち帰りの際は子

実体が潰れたり蒸れたりしないように，かごや大きめの手提げ紙袋に入れるのがよい．③ 採取してきた子実体は種を同定した後，子実体ごとに砕き，ベールマン漏斗に設置する（図14-15）．軟質のきのこの場合，手で簡単に砕いたり裂いたりできるので，断片の大きさを統一する必要がなければメス等は必要ない．また必要に応じて，傘と柄を分ける．子実体ごとに漏斗を分けるかどうかは目的次第だが，発育段階の異なるものは混ぜない方がよい．また，イオトンキウム属の菌食性雌線虫のように体サイズが大きい線虫種の場合，目の細かい紙を用いると分離し難いため，必要に応じてガーゼのような目の粗い素材を用いる．④ 数時間から一晩設置した後，分離されてきた線虫を検鏡する．⑤ イオトンキウム属線虫では子実体からは自由生活態の菌食性雌線虫と感染態雌線虫および雄線虫が検出される．それらが同一種かどうかを確認するには，子実体内における菌食性雌線虫の産卵から，ふ化した幼虫の感染態までの成長を経時的に調べるとよい．

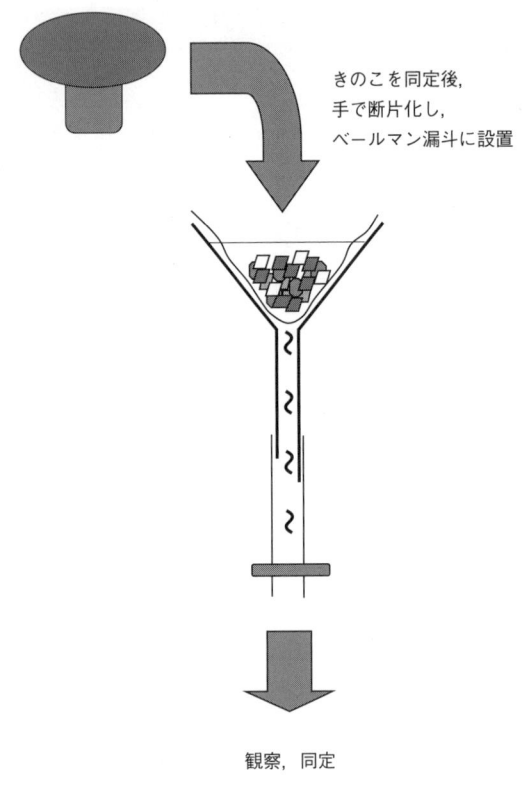

図14-15 子実体からの線虫分離

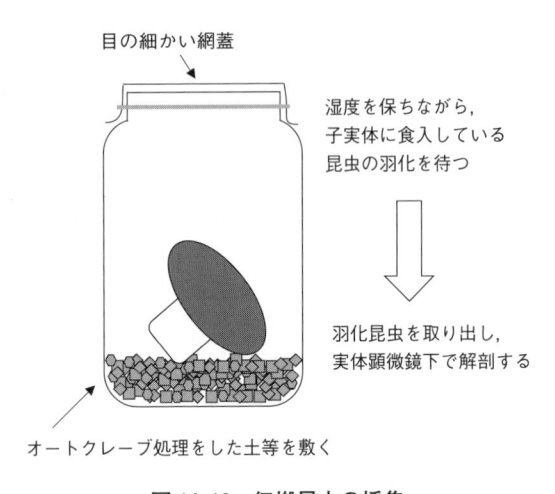

図14-16 伝搬昆虫の採集

c）留意事項： 1）子実体の同定については，多くの種を網羅したきのこ図鑑（山と渓谷社『日本のきのこ』や保育社『原色日本新菌類図鑑Ⅰ・Ⅱ』など）を用いてある程度までは同定できるが，困難であれば専門機関，あるいは専門家に同定を依頼するとよい．単にきのこ利用線虫を探索することを重視するのであれば，まずは線虫分離を優先してもいいだろう．ただしその場合でも，できれば子実体について属レベルまでの同定はしておくことが望ましい．また，同定用の子実体の保存，標本作製，あるいは再採取が必要である．いずれにしても線虫の生活史を解明するためには，複数回にわたる同種菌の子実体の再採取が必要となる．2）野外から採取してきた子実体は，気温や子実体の状態によっては急速に腐敗する．できればその日のうちにベールマン漏斗に設置する方がよいが，短期間であれば冷蔵庫で保管することも可能である．また，気温の高い時期にはベールマン漏斗に設置した子実体や食入していた昆虫等の死体が腐敗しやすいため，室温を下げる，処理時間を短くするなどの工夫が必要である．3）前述したヒラタケヒダコブセンチュウのように，子実体に線虫えいを形成して生活しているものについては，とくにベールマン漏斗を用いる必要はなく，線虫えいを子実体から切り離し，実体顕微鏡で検鏡しながらピンセットなど

を用いて水中で切開し，線虫を取り出すこともできる．4）線虫の生活史を調査する場合は，子実体の発育段階も重要である．軟質きのこの多くは，発生してから短期間（多くは数日から1，2週間程度）で生長し，その後腐敗する．そしてそれらを利用する線虫はその過程に同調した生活史を送っている．生活史を解明するのであれば，発育段階の異なる子実体を区分して線虫分離する．同じ発育段階のものしか採取できない場合でも，次の「伝播昆虫の解明」で述べる方法において，容器内で子実体が腐敗に至る過程で経時的に線虫を分離すればよい．

6.3 伝播昆虫の解明

出現時期が限られ，またその期間も短い菌類の子実体という資源を利用する線虫は昆虫と何らかの関係を持ち，それらによって伝播されているものが多いと考えられる．ここではきのこ利用線虫の伝播者の解明について述べる．

きのこ利用線虫が昆虫類により伝播されているとすれば，それは同じ菌類の子実体を利用する昆虫である可能性が高い．きのこ利用昆虫にも偶発的利用者ときのこ専食者が存在するが，前者により伝播される場合は線虫も偶発的利用者とみなされる．ここではそのような偶発的利用者は無視し，線虫，伝播昆虫ともにきのこ専食者である場合について述べるものとする．

a）準備器材： 広口瓶などの容器，容器の底に敷く土壌またはバーミキュライトなど，網蓋（羽化昆虫の体サイズよりも網目の細かいもの），ピンセットなどの解剖用具，生理食塩水（0.6～0.9％）または水，実体顕微鏡，氷．

b）操作手順： ①子実体組織に食入している昆虫の羽化個体を得るため，底に土やバーミキュライトを数センチ敷いた広口瓶などの容器に，線虫が分離された子実体と同時に採取した同種の子実体を入れる（図14-16）．底に敷く資材は，目的外昆虫の混入を避けるため，あらかじめオートクレーブ処理をしておく．②細かい網目の蓋をし，霧吹きなどで適当な湿度を保ちながら羽化を待つ．室温でもかまわないが，必要に応じて一定の温度条件下におく．③成虫が羽化してきたら容器から取り出し，動かないように麻酔する．酢酸エチルなどの化学薬品を麻酔に用いることも可能だが，氷等により低温状態において動きを止める方がよい．④実体顕微鏡下で解剖する．解剖は昆虫の血体腔内に寄生する昆虫寄生性線虫の場合，生理食塩水中で行う．気管内や体表面に線虫（耐久型幼虫など）が存在する場合は水でかまわない．小型の昆虫の場合，砥石等を用いて先端を尖らせたピンセットを2本用いて切開する．大型の昆虫や堅い表皮を持つ昆虫の場合は柄付き針，解剖鋏，メスなども使用する．切開前に翅肢を取り外し，内部器官を傷つけないように表皮を切り裂く．ある程度切開できれば，内部器官を壊さないように注意しながら線虫の所在を確認する．⑤羽化昆虫から線虫が確認されれば，子実体から得られた線虫と同種であるか否かの判断をする．昆虫から得られた線虫は子実体に見られる自由生活態の線虫とは形態的に大きく異なっていることもある．分子生物学的分析の設備が整っていれば，DNA解析により種の同一性を確認する．そういった設備がない場合は経時的に線虫分離を行い，発育や世代の移行を確認して判断する．イオトンキウム属線虫のように昆虫体内から昆虫寄生世代の線虫が得られた場合，子実体から得られた感染態雌線虫と昆虫から得られた昆虫寄生態雌線虫を比較する．その体長や体形は大きく異なる場合が多いが，口針や体内に保持している精子の形状は一致する場合が多い．また，宿主昆虫を発育段階別に解剖し，体内での線虫の成長過程を追うことも有効である．さらに，実験的に感染態雌線虫と線虫が侵入すると考えられる成長段階の宿主昆虫を同在させたのち，宿主の成虫を解剖して寄生態雌線虫の確認を行うと，線虫種の同一性が確実になる．⑥さらに，昆虫体から子実体への線虫の乗り移りについて調べる．昆虫体内から昆虫寄生世代の線虫が得られた場合，その次世代線虫の出現を確認する．イオトンキウム属線虫では，昆虫の卵巣内に多くの次

世代線虫が侵入しているのが見られる．寄主きのこの菌糸の培養，あるいは子実体の発生操作が可能であれば，培養菌糸や培養した子実体に昆虫体から取り出した次世代線虫を接種し，菌食世代の出現を確認する．昆虫便乗性線虫の耐久型幼虫などが昆虫体から得られた場合は，それらを同様に菌糸や子実体に接種し，増殖型が出現するかどうかを確認する．

c）留意事項： 上記の手順により，ある昆虫から線虫が得られ，子実体から得られた線虫と同一種であることが判明したとしても，同様の操作を複数回にわたって繰り返し行う方がよい．複数種の昆虫を伝播者として利用している，あるいは本来の伝播者とは異なる昆虫種に迷入している可能性も否定できないからである．野外の昆虫個体群から同種線虫を検出する試みも併せて行うといいだろう．

6.4 生活史の解明

きのこ利用線虫の発育，伝播昆虫との関係については，前項までの手順でほぼ捉えることができる．ここでは，線虫が餌としているきのこの種類（食性範囲）や年間を通した生活史の解明について述べる．線虫の食性範囲はその生活史と大きく関係している．

a）操作手順： ①伝播昆虫の食性範囲（どのきのこを利用しているか）が既にわかっている場合，その昆虫の食性範囲を基準に線虫の探索を行う．②伝播昆虫の食性範囲が不詳の場合，それらの昆虫や線虫が得られたものと近縁の菌類子実体，あるいは周辺に存在する同様の基質を調査する．③子実体の発生期間は種によっては極めて短く，線虫が伝播昆虫を介して複数種の子実体を乗り換えながら利用している可能性もある．そのため長期にわたる継続的な調査が必要となることも念頭に入れておく．④きのこ類の発生が少ないオフシーズンに線虫が伝播昆虫の体内で過ごしている可能性もある．伝播昆虫の生活史に関する知見を参考にして，野外において伝播昆虫を捕獲し，線虫の存在を確かめることも重要である．

参考文献

Aihara, T. (2001) *Iotonchium ungulatum* n. sp. (Nematoda: Iotonchiidae) from the oyster mushroom in Japan. Japanese Journal of Nematology, 31: 1-11.

津田　格（2012a）　きのことキノコバエと線虫の三者関係．日本森林学会誌，94: 307-315.

津田　格（2012b）　キノコと昆虫を利用する線虫たち．『微生物生態学への招待』（二井一禎・竹内祐子・山崎理正編）pp.127-145 京都大学学術出版会，京都．

Tsuda, K and Futai, K (1999) Description of *Caenorhabditis auriculariae* n. sp. (Nematoda: Rhabditida) from fruiting bodies of *Auricularia polytricha*. Japanese Journal of Nematology, 29: 18-23.

Tsuda, K, Kosaka, H. and Futai, K. (1996) The tripartite relationship in gill-knot disease of the oyster mushroom, *Pleurotus ostreatus* (Jacq.: Fr.) Kummer. Canadian Journal of Zoology, 74: 1402-140.

（津田　格）

コラム：オオハリセンチュウ個体群のウイルス媒介能評価

オオハリセンチュウはジフィネマ（*Xiphinema*）属に分類される大型（2 mm を超える種も多い）の植物寄生性線虫で，世界から約 200 種が知られている．植物の根に外部から寄生するが，線虫自身の吸汁による重大な被害はほとんど知られていない．しかしながら，中には重要な植物ウイルスを媒介する種が知られており，植物防疫上重視されている．オオハリセンチュウによって媒介されるウイルスには，ネポウイルス属に属するブドウファンリーフウイルス（GFLV）やタバコ輪点ウイルス（TRSV）などがある．GFLV はブドウオオハリセンチュウ（*Xiphinema index*，日本未発生）と

6. 菌類子実体（きのこ）と線虫の生態関係調査法

いう種によって媒介されることが知られているが，どのウイルスを媒介することができるかといったウイルス媒介能について明らかとなっている線虫種は少ない．このため，オオハリセンチュウの個別の種について潜在的なウイルス媒介能を評価することが可能となれば，どの種がより重要であるかを判断することができる．現在，日本国内において植物寄生性線虫の潜在的ウイルス媒介能の評価試験系は確立されていない．ここでは，筆者が試行したウイルス媒介能評価試験を紹介し，今後の進展につなげたい．

1）ふるい分け・ベールマン法によるオオハリセンチュウの分離

オオハリセンチュウは大型であるため，線虫分離法として常用されるベールマン法による土壌からの分離効率はそれほど高くなく，成虫の場合にはそれが顕著である．一方，大型であるがゆえに物理的衝撃などに弱く，遠心分離法による分離では虫体へのダメージが大きい．このため，ふるい分け法（第10章3.3参照）による分離が一般的である．ただし，サンプルを直接メッシュ上に注ぐと虫体がダメージを受けるため，水をためたバット内に篩を置き，メッシュ上まで張った水面上にサンプルを注ぐ方法をとる（ウエット・シービング法：第2章1.2）．また，ベールマン法などを組み合わせて清澄な分離線虫サンプルを得ることも多い．

2）供試ウイルスの選定

日本において発生報告のあるネポウイルス属の中から，供試ウイルスとしてTRSVを選定した．選定理由としては，1）オオハリセンチュウにより媒介されるという過去の研究報告があること（ただし，ウイルス媒介試験は簡易的なもので，線虫種の同定もそれほど精密ではない），2）ウイルス株が利用できること（農業生物資源ジーンバンク），3）市販のエライザ検定*用抗体があること（日本植物防疫協会）が挙げられる．利用できるTRSVウイルス株を用いて検定植物ベンサミアナタバコ（*Nicotiana benthamiana*）への接種とウイルスの検出を常法に従い行ったところ，検定植物において明瞭な病斑を生じた（図14-17）．感染葉からは，市販の抗体を用いたエライザ検定によりウイルスが検出され，RT-PCR（逆転写ポリメラーゼ連鎖反応）法**によるウイルス核酸の検出が確認できた．また，感染植物体の根からもエライザ検定によりウイルスが検出されることを確認した．

*酵素結合免疫吸着検定法，固相酵素免疫検定法とも呼ばれる抗原抗体反応を利用した測定法．
** RNAを鋳型に逆転写酵素による転写（逆転写という）を行って相補的DNA（cDNA）を生成させ，その相補的DNAに対してPCRを行う方法．これにより，一本鎖RNAを遺伝子とするレトロウイルスの検出が可能になる．

図14-17　TRSVに感染した検定植物ベンサミアナタバコ葉にリング状の明瞭な病斑が確認できる

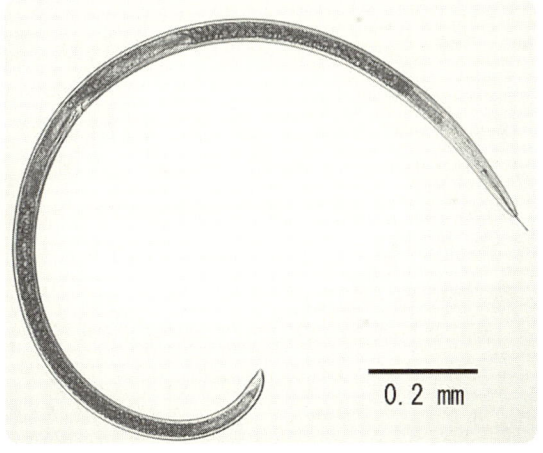

図14-18　コーヒーオオハリセンチュウ（雌成虫）

3）ウイルス媒介試験

イヌツゲ根辺土壌から分離したコーヒーオオハリセンチュウ（*Xiphinema brevicolle*，図14-18）を用いて，以下のとおりウイルス媒介試験を行った．本線虫はウイルス媒介をすることが疑われている種である．①TRSV感染植物の地下部にセンチュウ懸濁液を接種する．この際，ガラス製ピペットを用いてなるべく根を傷付けないように根回りに注ぎ込む．②3日後，接種株の根辺土壌からふるい分け法により線虫を回収し，①と同様に健全植物に接種する．③10日後，②と同様に線虫を回収する．④上記③に供した植物体からエライザ検定およびRT-PCRによりTRSVの検出を試みる．

4）線虫虫体からのウイルス検出

上記ウイルス媒介試験③において回収したオオハリセンチュウ個体を対象に，以下に従いTRSVの検出を試みた．①核酸抽出液を以下のとおり作製する．組成：TE（pH8.0），0.004% SDS，プロティネースK（500 µg/mℓ）．②オオハリセンチュウの個体ごとに，スライドグラス上に滴下したDEPC処理水中に移し入れる．③虫体周囲の水分が蒸発した時点で，体前部を滅菌ろ紙片で上から押しつぶし，①で作製した核酸抽出液5 µℓを分注したプラスチックチューブ内にそのろ紙片を入れる．この際，ろ紙片が液に浸っていることを確認しておく．④③のチューブを60℃10分間，95℃10分間の熱処理にかける．⑤抽出液全量を供試して1ステップRT-PCRによるTRSV塩基配列の増幅を試みる．

筆者による試行では，線虫虫体からのウイルス検出において標的サイズの薄いバンドが検出されたことから，供試したコーヒーオオハリセンチュウはTRSV感染ベンサミアナタバコの根に口針を刺してウイルスを虫体内に保持し，10日間は虫体内に保持し続けたことが示唆された．一方，ウイルス媒介試験の結果，植物体からはウイルスを検出できなかった．この原因として，1）線虫接種から回収までの期間が短すぎること，2）供試線虫頭数が少なすぎることなどが考えられる．線虫によるウイルス媒介が行われたとしても，その効率が低い可能性も考えられる．このため，本試験系を改善するためには，1）供試線虫頭数の確保，2）線虫接種後の植物体観察期間の長期化，3）反復数の増大などが必要であろう．

（酒井啓充）

コラム：トランスポゾンを用いた昆虫病原性線虫の共生細菌の研究法

線虫と密接な関係をもつ微生物は自然界に数多く存在するが，中でも昆虫病原性線虫の共生細菌は，常に線虫の生活史に同調してさまざまな役割を果たす，とりわけ"息の合った"共生パートナーである．ここでは，共生細菌が昆虫病原性線虫の生活環に同調し共生関係を成立させるしくみに関する研究について，その方法論に着目して紹介したい．

昆虫病原性線虫では母体内幼虫発育（endotokia matricida）により，親の卵巣内で卵をふ化させて，親の体腔内で幼虫に共生細菌を獲得させるという現象がみられる．この共生細菌の伝播機構については，ヘテロラブディティス・バクテリオフォラ（*Heterorhabditis bacteriophora*）とその共生細菌フォトラブダス・ルミネッセンス（*Photorhabdus luminescens*，以下フォトラブダス）をもちいた研究が進められている．親線虫に摂食されたフォトラブダスの菌体のごく一部は，まず腸の後端に位置する腸細胞INT9LおよびINT9Rに付着する．フォトラブダスはバイオフィルムを形成してINT9L/INT9Rに定着後，親線虫の直腸腺へと侵入，線虫の細胞内に液胞を形成し，その中で分裂・

増殖していく．その後の直腸腺の溶解により，親線虫の体腔にフォトラブダスが放出され，母体内幼虫発育で育った次世代がこれを摂食することで共生細菌が獲得される．Somvanshi et al. (2010, 2012) はフォトラブダスのINT9L/INT9Rへの定着というステップに共生関係を成立させるカギとなる遺伝子が働いていると考え，フォトラブダスが定着に必要とする遺伝子を探索した．その手法を以下に紹介する．

まず，線虫体内での共生細菌の動きを可視化するために，GFPで蛍光標識した共生細菌の組換え株を作出する．そして，このGFP標識株に突然変異処理を施し，

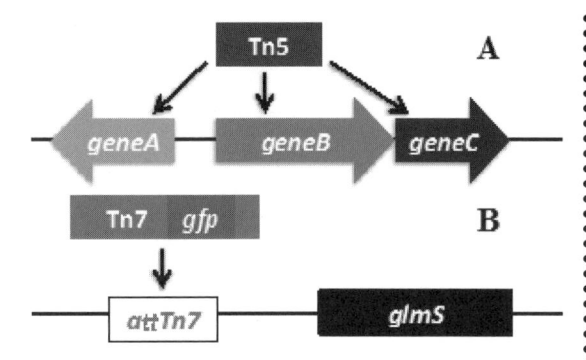

図14-19 トランスポゾンの挿入イメージ

A：Tn5はゲノム上にランダムに挿入され，機能遺伝子の欠失による突然変異株を作出できる．B：Tn7はゲノム上の決まった位置に挿入されるため，本来の形質に影響を与えることなくgfpや耐性遺伝子の導入による組換え体を作出できる．

これらの変異株からINT9L/INT9Rに定着する能力を失った変異株を蛍光顕微鏡観察によって選出し，原因遺伝子を特定するというものである．この組換え株と突然変異株はトランスポゾンを用いて作出された．トランスポゾンは生物のゲノム上を動く遺伝子であり，さまざまな生物への遺伝子導入や突然変異体の作出に用いられている．共生細菌であるフォトラブダス属およびゼノラブダス (*Xenorhabdus*) 属はいずれもグラム陰性菌であるためTn5やTn7といったトランスポゾンの挿入が可能である．Tn5はゲノム上にランダムに挿入されるため突然変異株の作出に適しており，Tn7はゲノム上の特定の位置に1コピーのみ挿入されるため*gfp*などの遺伝子導入に適している（図14-19）．トランスポゾンはプラスミドの形で接合伝達 (conjugation) やエレクトロポレーションで共生細菌に導入すればよい．組換え株や変異株の作出は細菌学の分野では普通に行われる手法であり，このように線虫との相互作用を遺伝子レベルで解析することで，新規の発見が期待できる．

こうして腸細胞への定着に必要な線毛遺伝子と，この線毛遺伝子を制御するプロモーターの存在が明らかになった．また，このプロモーターが線毛の形成と定着といった「M型 (Mutualistic variant, M form)」と殺虫毒素の生産といった「病原型 (Pathogenic variant, P form)」という2つの性質を，環境条件によって制御していることもわかった．すなわち，フォトラブダスはヘテロラブディティスの腸細胞に定着する際にはM型に，昆虫を殺す際には病原型に性質をスイッチし，宿主に応じて遺伝子発現をコントロールしていたのである．

参考文献

Somvanshi, V.S., Kaufmann-Daszczuk, B., Kim, K.S., Mallon, S., Ciche, T.A. (2010) *Photorhabdus* phase variants express a novel fimbrial locus, *mad*, essential for symbiosis. Molecular Microbiology, 77: 1021-1038.

Somvanshi, V.S., Sloup, R.E., Crawford, J.M., Martin, A.R., Heidt, A.J., Kim, K.S., Clardy, Jon., Ciche, T.A. (2012) A single promoter inversion switches *Photorhabdus* between pathogenic and mutualistic states. Science, 337: 88-93.

（佐藤一輝）

APPENDIX

線虫を材料にした，「新しくて面白い」研究例

1. セノラブディティス・ジャポニカの生態学的研究

　第2部5章のコラムでも紹介したように，セノラブディティス・ジャポニカ（*Caenorhabditis japonica*：以下 C. ジャポニカ）は，ベニツチカメムシ（*Parastrachia japonensis*）に特異的に随伴した生活史をもつ．C. ジャポニカの宿主探索ステージである耐久型幼虫は，ニクテイションという宿主探索行動を見せる．筆者は，これまでニクテイション行動を示す線虫を用いて宿主であるベニツチカメムシへの誘引実験や走地性実験などを行ってきた．ここでは先に紹介した二つの実験方法の結果を含め全体像をご紹介する（図15-1）．

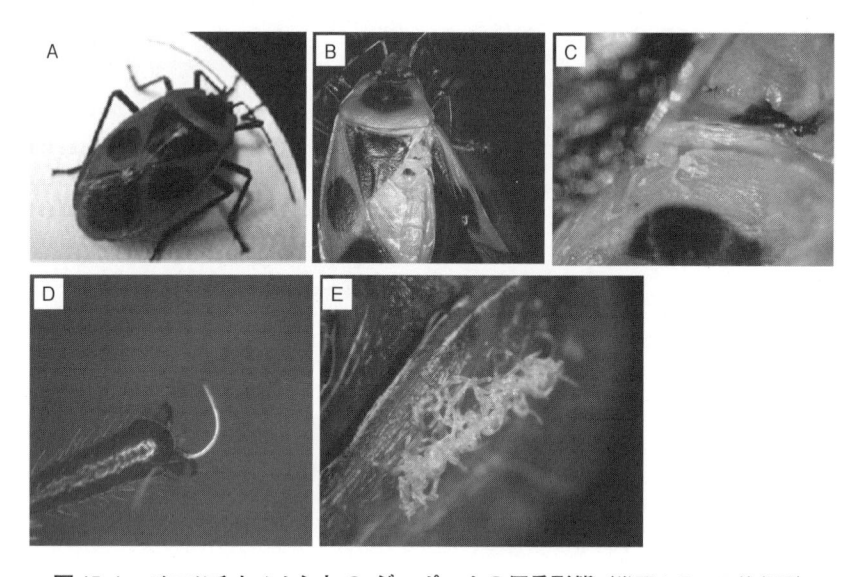

図 15-1　ベニツチカメムシと C. ジャポニカの便乗形態（巻頭カラー口絵参照）
A　ベニツチカメムシ（*Parastrachia japonensis*）雌成虫
B　A の翅を持ち上げたときの胸部・腹部
C　B の胸部の溝で休止状態の *C. japonica* 耐久型幼虫（野外個体）
D　ベニツチカメムシの脚部でニクテイションを行う *C. japonica* 耐久型幼虫
E　*C. japonica* 耐久型幼虫がベニツチカメムシ胸部付近に集まって間もない頃の線虫塊

オルファクトメーターによる誘引実験

　揮発性成分を含むにおい成分に対する C. ジャポニカの誘引行動を調べたこの実験では，ベニツチカメムシを用いた場合，他のカメムシやバッタなどを用いた場合より約2～3倍の線虫が誘引される結果となった．これはベニツチカメムシが近くにいる場合，C. ジャポニカは好んでその方向へ移動することを示唆している．

1. セノラブディティス・ジャポニカの生態学的研究

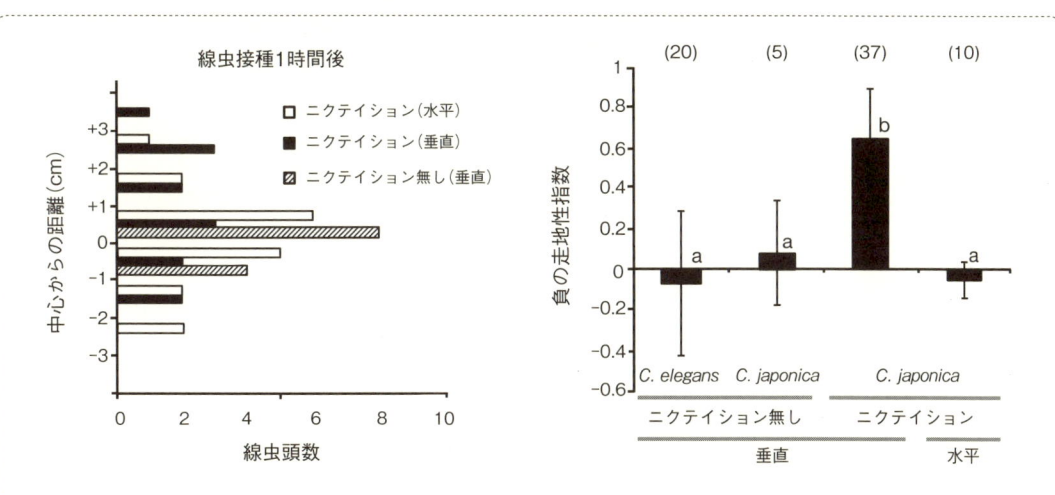

図 15-2　負の走地性の結果（Okumura et al. 2013a）
左は線虫1頭当たりの分布，右は複数個体での負の走地性指数

走地性実験

　ニクテイションを行うC.ジャポニカ耐久型幼虫と，行わない耐久型幼虫，さらに，C.ジャポニカの近縁種であるモデル生物C.エレガンスの耐久型幼虫を比べると，ニクテイションを行うC.ジャポニカ耐久型幼虫でのみ負の走地性が見られた（図15-2）（Okumura et al. 2013a）．全てが耐久型幼虫であっても，さらには同じニクテイションを行うC.ジャポニカ耐久型幼虫であっても，積極的に上へ移動することに違いが現れたのは，ニクテイションを行える条件下で重力に対する感受性が高まっていることが考えられる．C.ジャポニカは限られた時期にベニツチカメムシの幼虫に便乗しなければならず，できる限り土壌や植物片のような基質をよじ登って接触機会を高める必要があるからだと考えられる．

ベニツチカメムシ体表面抽出物に対する誘引実験

　耐久型幼虫が直接ベニツチカメムシに接触したときの誘引反応に関わる物質を培地上で検証した．ヘキサンでベニツチカメムシの体表を洗い出し，得られた抽出物を6 cm NGM培地の端に滴下し，コントロールとなるもの（ヘキサンのみや他のカメムシ体表抽出物）を培地の反対側に滴下する．その中央に線虫約20～30頭を接種し，10分毎に誘引された線虫を計数した

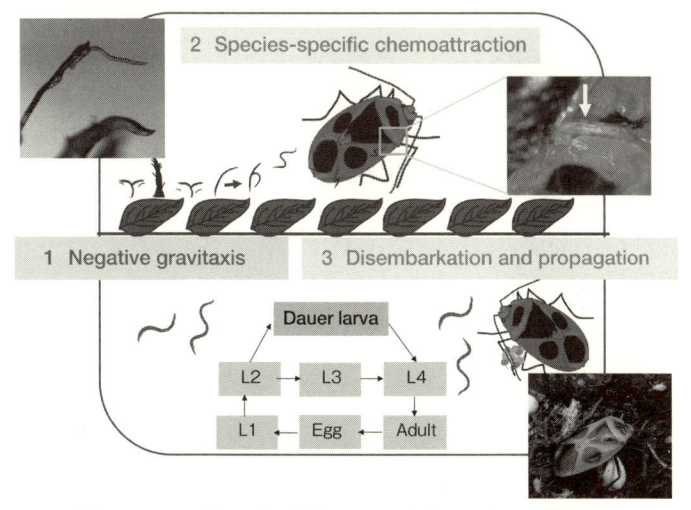

図 15-3　C.ジャポニカとベニツチカメムシの便乗関係

ところ，C. ジャポニカ耐久型幼虫はベニツチカメムシ体表抽出物に種特異的に誘引された．

以上のことから，宿主との接触機会を高める負の走地性を利用し，周辺のにおいを嗅ぎながら，通りがかったベニツチカメムシ幼虫に接触すると，体表面物質で宿主であると認識し，定位することで便乗を成功させていると考えることができる（図15-3）．

参考文献

Okumura, E., Tanaka, R. and Yoshiga, T. (2013a) Negative gravitactic behavior of *Caenorhabditis japonica* dauer larvae. The Journal of Experimental Biology, 246: 1470-1474.

Okumura, E., Tanaka, R. and Yoshiga, T. (2013b) Species-specific recognition of insect by dauer larvae of the nematode *Caenorhabditis japonica*. The Journal of Experimental Biology, 216: 568-572.

（奥村悦子）

2. 線虫タンパク質と寄生性の関係

●寄生性線虫の分泌タンパク質

寄生性線虫は様々な種類のタンパク質を体外に分泌していることが知られている．これらの分泌タンパク質は宿主への感染において重要なため，古くから寄生性線虫分泌タンパク質を理解しようとする試みが行われてきた．しかし，最近までタンパク質種を同定することやその性質を決定することは根気がいる地道な仕事であった．それぞれの線虫が分泌するタンパク質は通常数百から数千種類存在するので，これらの地道な手法だけではなかなか線虫分泌タンパク質の全体像が見えてこなかった．このような問題を一挙に解決してしまったのが，近年登場したプロテオーム解析技術である．プロテオーム（Proteome）とは，「タンパク質」という意味のProteinと「全体」という意味の-omeが組みあわされた言葉である．つまり，プロテオーム解析とはタンパク質の大規模解析のことである．ここでは，このプロテオーム解析を利用してマツノザイセンチュウの分泌タンパク質を一斉に同定することを試みた研究について紹介する．

●マツノザイセンチュウ分泌タンパク質

マツ枯れの病原体として悪名高いマツノザイセンチュウについても，分泌タンパク質の研究は古くから行われており，私たちがプロテオーム解析を始めた当時，細胞壁分解酵素など数種類の分泌タンパク質がすでに同定されていた．しかし，私たちが目指したのは可能な限り多くの分泌タンパク質を同定し，全体を俯瞰することでマツノザイセンチュウの寄生性を特徴付けることだった．プロテオーム解析を行うにあたって，まず重要なことは質の良いサンプルを大量に集めることである．線虫の培養法やタンパク質の回収法を少しずつ変えながら，そのつど電気泳動法や質量分析計を用いてタンパク質の量や質を何度も確認した．一旦サンプル調整方法が固まると，次は解析条件の検討である．これらの条件が固まってしまえば，本番の解析自体は実にスムーズに行える．実際，解析の準備に数箇月かかったが，本番の測定自体はたった数日で終了した．質量分析計による測定が終了すると，今度はデータベースを利用してタンパク質を同定する．このデータベースには通常EST配列（発現遺伝子配列断片）かゲノム配列情報が使用される．EST配

2. 線虫タンパク質と寄生性の関係

列というのは，いわば不完全な遺伝子情報であるので，可能ならばプロテオーム解析にはゲノム配列情報を利用したほうがよい．マツノザイセンチュウ分泌タンパク質解析が行われていた当時，ゲノム情報はまだ整備されておらず，2007年に公開されたEST配列情報しか利用できない状態だった．しかしながら，同時期にマツノザイセンチュウゲノムシークエンス解析が進行しており，このドラフトゲノム情報を利用させてもらうことができた．最終的には1,515種のマツノザイセンチュウ分泌タンパク質を同定することができた（Shinya et al. 2013）．

●大量の情報から意味ある情報を取得するために

ゲノム解析やプロテオーム解析など，いわゆるオミクス解析とよばれる大規模データを扱う研究では，データ取得後に意味ある重要なデータを掘り出す作業（データマイニング）が必要で，この過程も大変面倒であるが，非常に重要である．私たちはまず，同定された大量のタンパク質を予測される機能に基づいて大雑把に分類した．その後，各分類群の割合を他種線虫のデータと比較した．これによって，どのような機能を有するタンパク質がマツノザイセンチュウに特異的に多いのかということが浮き彫りになってくる．この解析によって，マツノザイセンチュウは他の寄生線虫種と比較して，顕著に多種類のタンパク質分解酵素を分泌していることが明らかになった．次に調べたのは，水平伝播によって獲得された遺伝子が，実際にどれだけ分泌タンパク質中に含まれるかということであった．マツノザイセンチュウゲノム中には，遺伝子水平伝播（HGT）によって他種生物から獲得されたと推測される遺伝子が数多く存在する．菊地ら（2011）の報告によると，マツノザイセンチュウゲノム中には，少なくとも24種の水平伝播獲得遺伝子が存在するということであった（Kikuchi et al. 2011）．そして，プロテオーム解析によってマツノザイセンチュウの分泌タンパク質を調べた結果，24種中16種のタンパク質が実際にタンパク質として発現していることが明らかになった．さらに驚いたのは，これらほとんどのタンパク質が線虫体内には微量もしくは全く存在していなかったことである．つまり，マツノザイセンチュウが遺伝子水平伝播によって獲得した分子は，ほとんど分泌タンパク質として利用されていたのである．この結果は遺伝子水平伝播獲得分子がマツノザイセンチュウの生存に極めて重要な分子であ

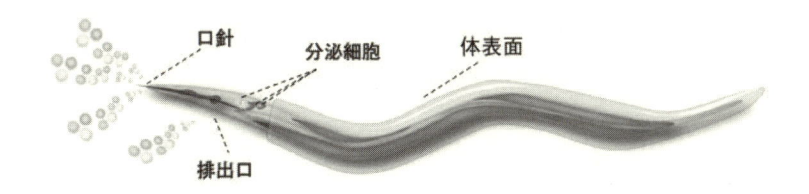

図 15-4　マツノザイセンチュウ分泌タンパク質

マツノザイセンチュウの分泌タンパク質は口針，双器（amphid），排出口および表皮などの自然開口部から分泌されていると考えられる．Shinya et al.（Journal of Bioscience and Bioengineering 2013）より改変．

り，進化の過程でポジティブな選択を受けてきたことを示唆している．また，プロテオーム解析は，この他にも驚くべき発見をもたらした．それはマツノザイセンチュウが，寄主であるマツのタンパク質にそっくりなタンパク質を複数分泌していたという事実の発見である．しかも，それらはソーマチン様タンパク質やプロテアーゼインヒビターなど，植物の防御応答関連分子であったのだから驚きである．マツノザイセンチュウが，宿主のタンパク質にそっくりな分子を宿主内で分泌することで，宿主の防御反応を攪乱している可能性がある．今後，より詳細な研究の中で，マツノザイセンチュウが分泌するマツ（および植物）類似タンパク質の正体や機能が次第に明らかになってくると思われる．寄生線虫病研究において，このプロテオーム解析技術の利用はまだ始まったばかりである．様々な線虫種において網羅的なタンパク質情報が揃うことによって，各々の線虫のユニークな寄生性とその進化過程がより一層明確になると期待できる．

参考文献

Shinya, R., Morisaka, H., Kikuchi, T., Takeuchi, Y., Ueda, M. and Futai, K. (2013) Secretome analysisof the pine wood nematode *Bursaphelenchus xylophilus* reveals the tangled roots of parasitism and its potential for molecular mimicry. PLoS ONE 8(6): e67377.

Shinya, R., Morisaka, H., Takeuchi, Y., Futai, K. and Ueda, M. (2013) Making headway in understanding pine wilt disease: What do we perceive in the postgenomic era? Journal of Bioscience and Bioengineering, 116(1): 1-8.

Kikuchi, T., Cotton, JA., Dalzell, JJ., Hasegawa, K., Kanzaki, N., et al. (2011) Genomic insights into the origin of parasitism in the emerging plant pathogen *Bursaphelenchus xylophilus*. PLoS Phathogens, 7(9): e1002219.

（新屋良治）

3. 線虫寄生に対する寄主遺伝子の応答解析

　線虫の液体培養システム法（第4章3.1.3参照）や滅菌操作（第4章2.2）の確立により，寒天培地上で線虫の行動を観察することが可能となった．我々はモデル植物であるシロイヌナズナを用いて，線虫感染における分子機構の解明を目指している．シロイヌナズナは全ゲノム配列が解読されており，データベースや，様々な遺伝子に関する研究も進んでいる．そのため，突然変異

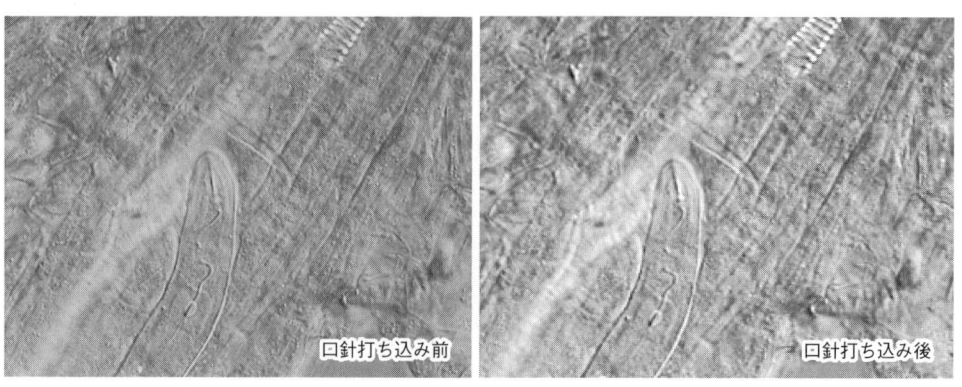

図15-5　シロイヌナズナの根の前形成層細胞への線虫のポンピングの様子

3. 線虫寄生に対する寄主遺伝子の応答解析

体やマーカーラインが手に入りやすい環境にあり，シロイヌナズナは植物の分子機構を探るにあたり，有用なツールとなっている（TAIR：http://www.arabidopsis.org/）．

線虫はプレート上でも植物の根に侵入することができ，その感染過程を容易に観察することができる．また，シロイヌナズナの根は半透明であるため，線虫が植物に侵入する様子も顕微鏡下で観察することができる（図15-5）．

線虫はカスパリー線を通過できないので，根の細いシロイヌナズナの場合，根の分裂組織と伸長領域の間からのみ侵入できる．侵入後，線虫はシロイヌナズナの根に根こぶを作る．根こぶ内には多核の巨大細胞が観察できる（図15-6 A）．約4週間後には，卵塊を形成し（図15-6 B），通常の感染過程を完遂することができる．

様々なメリットのある実験植物であるシロイヌナズナを用いて，我々は，線虫の感染効率の検定を行っている．遺伝子a突然変異体では野生型に比べ，感染率が落ちることから，遺伝子Aは線虫の植物への感染に関わる遺伝子であることがわかった（図15-7）．

また，シロイヌナズナのマーカーラインへの感染実験から，線虫感染過程における遺伝子の発

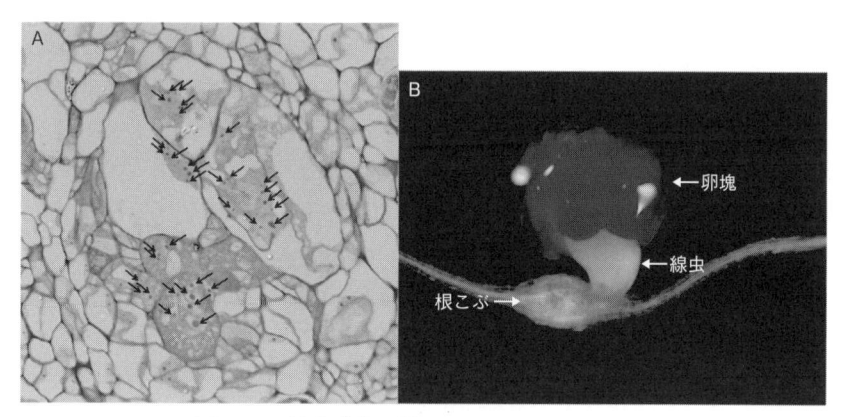

図15-6　線虫感染の様子（巻頭カラー口絵参照）
A：根こぶ内にできた多核（矢印）の巨大細胞，B：根こぶの外部に見える抱卵した雌線虫

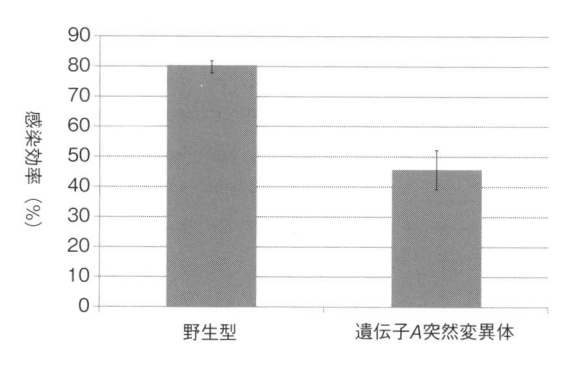

図15-7　感染効率検定

遺伝子BGUSマーカーライン

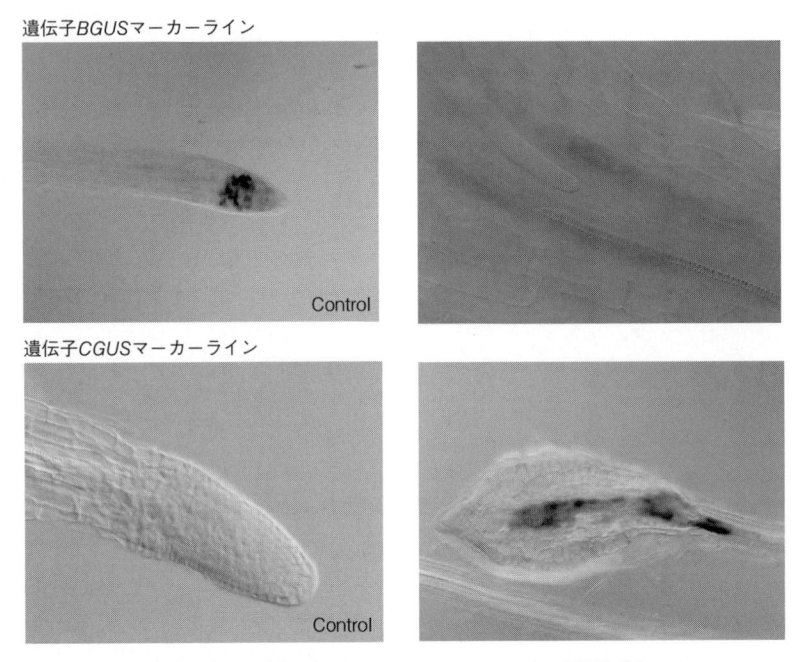

遺伝子CGUSマーカーライン

図 15-8　遺伝子マーカーラインにおける発現パターン

現変化を容易に追跡することができる．遺伝子Bでは線虫感染時に維管束周辺の細胞で発現することが確認でき，遺伝子Cでは根こぶの中央で広く発現誘導されていることが観察できた（図15-8）．

　実際に，シストセンチュウが植物の形態形成に関わるCLE遺伝子を持っていることがわかっており，その受容体となるCLV1, CLV2, RPK2のシロイヌナズナ突然変異体では，線虫感染に対して抵抗性を示すことが報告されている（Replogle et al. 2010, 2012）．また各遺伝子のマーカーラインへの感染実験から，シンシチウムでの発現も確認されている．

　このように，シロイヌナズナを用いた手法により，植物への線虫感染過程に関わる，より詳細な分子機構が解明できるようになるものと考えられる．

参考文献

Replogle, A., Wang, J., Bleckmann, A., Hussey, R.S., Baum, T.J., Sawa, S., Davis, E.L., Wang, X., Simon, R. and Mitchum, M.G. (2010) Nematode CLE signaling in *Arabidopsis* requires CLAVATA2 and CORYNE. Plant Journal, 65: 430-440.

Replogle, A., Wang, J., Paolillo, V., Smeda, J., Kinoshita, A., Durbak, A., Tax, F., Wang, X., Sawa, S. and Mitchum, M.G. (2012) Synergistic Interaction of CLAVATA1, CLAVATA2, and RECEPTOR1, LIKEPROTEIN2, and receptor-like protein KINASE 2 in cyst nematode parasitism of *Arabidopsis*. Molecular Plant-Microbe Interactions, 26: 87-96.

〔江島千佳〕

4. マツノザイセンチュウの感染に対する寄主マツ遺伝子の応答

はじめに

　マツノザイセンチュウによるマツ枯れは，今なお国内最大の森林病害である．明治38年に長崎県で初めてマツ枯れが確認され，以降被害は北上し，平成21年にはついに北海道を除く46都府県で被害が確認された．国内に自生するクロマツ，アカマツのほとんどがマツノザイセンチュウに対し感受性を示し，非常に枯れやすい特徴をもつ．一方で，クロマツ，アカマツには抵抗性個体が存在し，抵抗性育種によって選抜された抵抗性個体は，一般のマツに比べて枯れにくい形質をもつ．なぜ一般のマツは枯れやすく，抵抗性マツは枯れにくいのだろうか．その違いを明らかにするために，著者はマツノザイセンチュウに対する感受性クロマツと抵抗性クロマツの生体防御反応の違いを遺伝子レベルで明らかにしてきた．ここでは植物と線虫の相互作用という観点から，寄主クロマツで得た知見について紹介したい．

cDNAサブトラクション法を使ったクロマツの遺伝子発現解析

　まず，感受性クロマツと抵抗性クロマツ（以下，「感受性」と「抵抗性」とする）の間で，マツノザイセンチュウ（以下，「線虫」とする）感染後に発現しているクロマツ遺伝子の特異性や発現量の違いを検出するため，cDNAサブトラクション法による解析を行った．この方法は，2つのクロマツサンプル間で発現している遺伝子を差分化（引き算）することで，どちらか一方に特異的に発現している遺伝子や発現量に差がある遺伝子を特定することができる．そこで，抵抗性と感受性の2年生接ぎ木苗に線虫（アイソレイト：Ka-4）1万頭を接種し，接種1日，3日，7日，14日後の時系列サンプルからRNAを抽出した．さらに，そのRNAをもとに，抵抗性クロマツで発現している遺伝子から感受性クロマツで発現している遺伝子を差分化した4つのフォワードライブラリーと，感受性クロマツで発現している遺伝子から抵抗性クロマツで発現している遺伝子を差分化した3つのリバースライブラリーを作成した（図15-9）．なお，感受性の14日

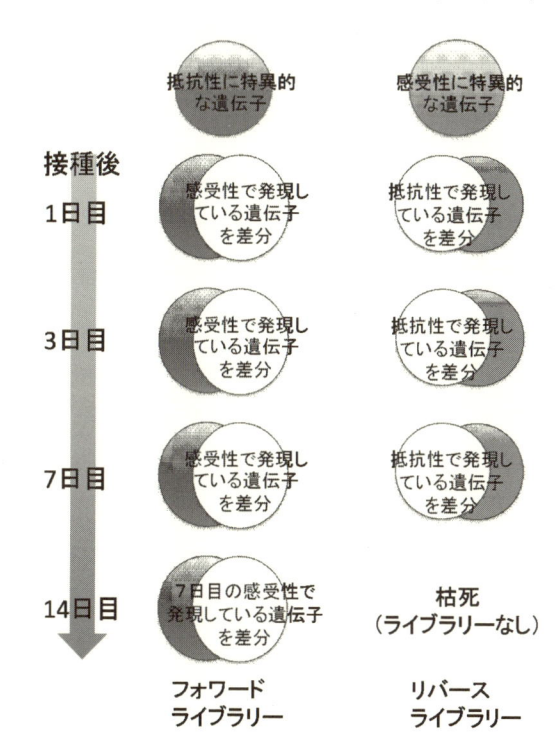

図15-9　本研究で作成したサブトラクションライブラリーの概要

抵抗性で発現している遺伝子から感受性で発現している遺伝子を差分したものがフォワードライブラリー，感受性で発現している遺伝子から抵抗性で発現している遺伝子を差分したものがリバースライブラリー．

後は RNA が抽出できないほど枯損していたため，14 日後のリバースライブラリーは作成できなかった．作成した 7 つのライブラリーから各 500 クローンを任意にピックアップし，シークエンス解析から感受性および抵抗性クロマツで特異的に発現している遺伝子群を特定した．

マツノザイセンチュウに対するクロマツの防御反応

感受性で発現している遺伝子の特徴として，接種 1 日後には感染特異的タンパク質（Pathogenesis related protein：PR タンパク質）や抗微生物ペプチド（Antimicrobial peptide：AMP）と呼ばれる生体防御関連遺伝子が多く発現し，接種後 3 日，7 日と時間が経過するごとにそれら遺伝子の発現量が増加した（図 15-10 上）．PR タンパク質や AMP は，植物が病原体の感染に対して自身を守るために生産する生化学的な産物であり，感受性は，それらのタンパク質やペプチドを生産して，線虫に対する防御反応を起こしていることが推測できた．一方，抵抗性では，感受性と同様に PR タンパク質や AMP が発現するが，その発現量は感受性と比較すると低く（図 15-10 上），接種 7 日後には活性酸素によって誘導されるペルオキシダーゼ（PR-9）の発現が増加し，14 日後には細胞壁を強化するタンパク質（Extensin や HRGPs：hydroxyprotine rich glycoprotein）の遺伝子が感受性に比べて格段に発現していることが分かった（図 15-10 下）．

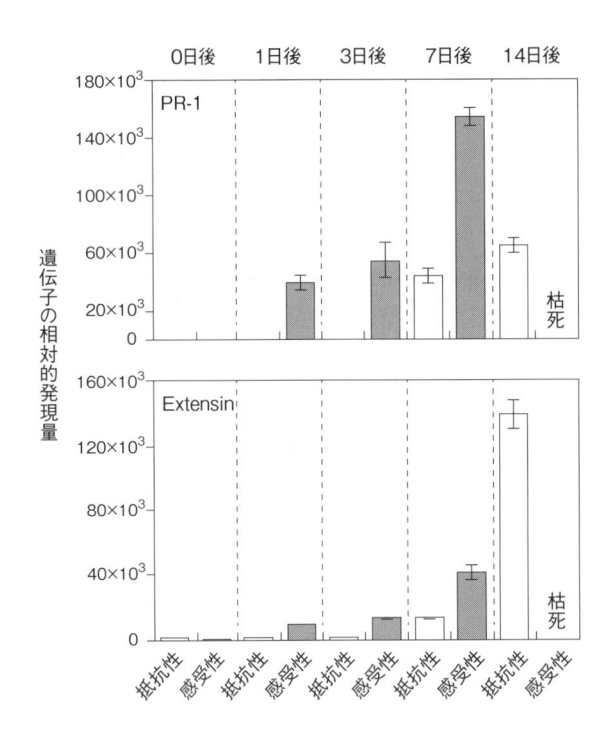

図 15-10 感受性クロマツおよび抵抗性クロマツにおける PR-1 の遺伝子発現（上）と Extensin の遺伝子発現（下）

線虫を接種していない時の発現量を 1 とした場合の遺伝子の相対的な発現量を示す．黒塗りバーは感受性の発現量を示し，白抜きバーは抵抗性の発現量を示す．

なぜ感受性では線虫に対して防御反応を行っているにもかかわらず，結果的に枯れてしまうのか？その解釈として，二井一禎博士（京都大学名誉教授）は著書の中で「マツ枯れによる枯損は，寄主マツが非親和性の異物として線虫を認識し，抵抗性反応を発揮して線虫の活動を抑制しようとするがうまくいかず，その抵抗性反応の結果として自ら枯死してしまう現象」と述べている．植物は菌類や細菌のような病原体から身を守るため，急激な生理的・形態的・生化学的変化や細胞死を起こし，感染の拡大を防ぐ．これを過敏感反応（hypersensitive reaction：HR）と言い，我々が感受性で明らかにした防御反応は，まさに二井博士が説明する過敏感反応であると考えている．逆に，抵抗性はなぜ枯れにくいのか？明確な答えは未だ出ていないが，抵抗性では，過敏感反応を抑えつつ，線虫を異物として認識する際に発生する活性酸素により誘導され

4. マツノザイセンチュウの感染に対する寄主マツ遺伝子の応答

る細胞壁の強化を中心とした防御反応によって，線虫の移動や増殖を抑制でき，その結果として枯れにくくなっていると考えている．細胞壁関連の遺伝子発現を伴う防御反応は，タバコ，ダイズ，トマトのネコブセンチュウやシストセンチュウ抵抗性個体においても報告されており，種を超えて線虫の感染に有効な抵抗性反応なのかもしれない．

おわりに

2007年，マツノザイセンチュウに対するクロマツの生体防御反応の解明に向けて，当時森林総合研究所林木育種センターの渡辺敦史博士（現九州大学准教授）と共に研究をスタートした．サブトラクションという手法自体は難しいものではなかったが，どのような差分化を行うと，より効率的に特徴的な遺伝子が単離できるのか，何度も検討を重ねた．また，得られた結果の解釈については，当初，抵抗性や感受性マツという名前のイメージが先行してしまい，モデル植物などで明らかにされている防御遺伝子がより強く発現しているものが抵抗性マツで，逆にその発現が弱いものが感受性マツという固定概念が結果の解釈を鈍らせた．実際には，上述のように抵抗性マツよりも感受性マツで防御遺伝子が強く発現しており，二井博士の報告に結びつく結果であった．この苦戦の成果は，2012年，ようやく論文として発表することができた．ここでは簡単に概要を紹介したが，興味を持たれた方はHirao et al. (2012) をご参照頂きたい．

参考文献

二井一禎（2003）『マツ枯れは森の感染症－森林微生物相互関係論ノート』pp.143 文一総合出版，東京．

Hirao, T., Fukatsu, E. and Watanabe, A. (2012) Characterization of resistance to pinewood nematode infection in *Pinus thunbergii* using suppression subtractive hybridization. BMC Plant Biology, 12:13.

（平尾知士）

あとがき

　本書の旧版に当たる『線虫学実験法』が日本線虫学会から上梓されたのは，将に10年前の2004年であった．線虫学用語集の改訂が課題になっていた1999年当時，線虫学に関する「実験法」の書籍作りの重要性が当時の線虫学会会長により強く主張され，用語集に代わってこの「実験法」の刊行が決まった．編集体制が固まり作業が始まったのは2001年前後と記憶する．真宮靖治編集委員長の下に編集委員会が組織され，書籍の構成や執筆陣の決定，原稿の取りまとめにあたった．執筆陣には線虫学会員の精鋭27名が参加した．こうして起草から5年を要して完成した線虫学実験法は，時代の要請によく応えたのか，初版を完売し，2007年に第2刷，2011年に誤植等を訂正した第3刷を刊行したが，これも2014年1月に売り切れ，遂に絶版となった．

　分子生物学会の寵児，C.エレガンス関係を例外として，研究室の数や，研究者数の少なさを見れば明らかなように，現在日本における線虫学は疑いなくマイナーな学問領域である．それにもかかわらず，潜在する研究需要の大きさをこの「実験法」は改めて関係者に気づかせてくれた．さらに，この「実験法」を絶賛する声も多数寄せられ，この書籍によって線虫学会創立の目的である線虫学の普及が達せられたことは関係者にとって大きな喜びであった．

　このように輝かしい実績を残した『線虫学実験法』であったが，特に分子生物学を中心に新知見を加え内容の刷新を図るべきだとの意見があり，増刷でなく内容を改訂して，旧版が果たした使命を新たな書籍に引き継ぐことになった．2012年8月以降編集の具体化，作業スケジュールの立案，編集組織の構成などが決められ，二井・水久保の共同編集責任体制の下，分野責任編集者の選定（11月），目次案作成と執筆者選定（2013年1月），目次案確定（4月）と作業を進め，京都大学学術出版会からの出版が決定した（5月）．本書は当初最小限の改訂を期したが，執筆陣は50名に上り，最新の研究例紹介コラムも含め，300ページを大きく超える大分の実験指南書となった．もはや旧版改訂とはいえず，新しい実験書に生まれ変わったといえよう．本書がこれから線虫学に親しむ人々の指南書として，新たな使命を果たしてくれることを望んでやまない．

　末筆ながら，分野責任者として執筆項目の構成，執筆者選定と依頼，中間原稿のとりまとめに当たられた岩堀英晶氏，植原健人氏，岡田浩明氏，神崎菜摘氏，串田篤彦氏，吉賀豊司氏（50音順）の6名の方々を心より労いたい．また，京都大学学術出版会の高垣重和さんには，本書の編集の実務で終始大変お世話になりました．ここに記して感謝申し上げます．

2014年6月　日本線虫学会会長　水久保隆之

索　引

生物名索引

[あ行]

アカマツ（*Pinus densiflora*）　240
アクロスティクス属（*Acrostichus* spp.）　214
アクロベレス属（*Acroberes* spp.）　33, 38
アクロベロイデス・ナヌス（*Acreberoides nanus*）　37
アデノフォレア（Adenophorea）　30 → 尾腺綱
アフェレンクス・アヴェネ（*Aphelenchus avenae*）　288, 291 → ニセネグサレセンチュウ
アフェレンクス亜目　36, 39
アフェレンクス属（*Aphelenchus* spp.）　113
アフェレンクス目（Aphelenchida）　30-31, 130
アフェレンコイデス属（*Aphelenchoides* spp.）　5, 36, 40, 167
アフリカシロナヨトウ　120
アライムス属（*Alaimus*）　35-36
アラエオライムス目（Araeolaimida）　35-36, 41
アルスロボトリス（*Arthrobotrys* spp.）　279
アルファルファ　89-90
アレナリアネコブセンチュウ（*Meloidogyne arenaria*）　64, 74, 134
イオトンキウム属（*Iotonchium* spp.）　292-294
イソライムス目（Isolaimida）　35
イチゴセンチュウ（*Aphelenchoides fragariae*）　37, 95-96
イネシンガレセンチュウ（*Aphelenchoides besseyi*）　95-96, 153, 206-209, 239
イモグサレセンチュウ（*Ditylenchus destructor*）　90, 95, 114
イロヌス属（*Ironus* spp.）　35-36
ウイルソネマ属（*Wilsonema* spp.）　38
ウィルソネマ・オトフォルム（*Wilsonema othophorum*）　37
ウンカシヘンチュウ（*Agamermis unka*）　98, 120-121
エノプルス目（Enoplida）　35-37, 39-40
エノプレア（Enoplea）　30
オオハリセンチュウ属（*Xiphinema* spp.）　24, 181, 196, 296-297
オカボシストセンチュウ（*Heterodera elachista*）　19
オキナワエンシス（*Bursaphelenchus okinawaensis*）　53
オフィオストマ・ミヌス（*Ophiostoma minus*）　264

[か行]

カイコ　122
カイチュウ目（Ascaridida）　35, 37
カタツムリ　105-107
カテナリア属（*Catenaria* spp.）　277
カブトムシ　215
カブラヤガ　267
カミキリムシ（Cerambycidae）　271
キクイムシ（Scolytidae）　259
キタネグサレセンチュウ（*Pratylenchus penetrans*）　64, 70-71, 93, 188, 190, 235-236
キタネコブセンチュウ（*Meloidogyne hapla*）　64, 72, 74, 134, 229
キノコバエ科昆虫（Mycetophilidae）　293
キバチ科（Siricidae）　258
キボシカミキリ（*Psacothea hilaris*）　262-264
クーマンサス属（*Coomansus* spp.）　36
クシダネマ（*Steinernema kushidai*）　267
クリコネマ科（Criconematidea）　37
クリコネマ属（*Criconema* spp.）　37
クリコネメラ属（*Criconemella* spp.）　37
クルミネグサレセンチュウ（*Pratylenchus vulnus*）　64, 93, 234-235
グロボデラ属（*Globodera* spp.）　141
クロマツ（*Pinus thunbergii*）　128, 240, 309-311
クロマドリア目（Chromadorida）　35
クロマドレア（Chromadorea）　30
クロマドレア綱　31
クワガタムシ（Lucanidae）　215-216
クワノザイセンチュウ（*Bursaphelenchus conicaudatus*）　262-263
クワノメイガ　120, 122
ゲオモンヒステラ属（*Geomonhystera*）　36
ケタマカビ属（*Chaetomium* spp.）　113
ケファロブス科　43
ケファロブス属（*Cephalobus*）　40
ケルビデルス属（*Cervidellus*）　43
幻器綱（Secernentia）　30-31, 34, 39, 41 → セセルネンティア
コーヒーオオハリセンチュウ（*Xiphinema brevicolle*）　298
コスカシバ（*Synanthedon hector*）　271
コムギツセンチュウ（*Anguina tritici*）　214
コントロティレンクス（*Contortylenchus* sp.）　257
コントロティレンクス・ゲニタリコラ（*Contortylenchus genitalicola*）　258
根粒菌　229

[さ行]

サツマイモネコブセンチュウ（*Meloidogyne incognita*）　64, 70-72, 74, 114, 119, 134-135, 137-138, 186, 188, 193, 200, 253-254, 287
シストセンチュウ（*Heterodera* spp., *Globodera* spp.）　2, 18, 33, 42, 54, 61, 65, 73, 78, 87, 137, 170, 183, 199, 232, 249, 256, 278, 286-287, 308, 311
子のう菌（Ascomycota）　113, 278-279
シバネコブセンチュウ（*Meloidogyne marylandi*）　82

索　引

ジフィネマ属（*Xiphinema* spp.）　3, 36-37, 296
シヘンチュウ（mermithid）　97-98, 120-122
ジャガイモシストセンチュウ（*Globodera rostochiensis*）　71, 87-89, 140-141, 183, 210-211, 214, 232-233, 249, 252-255
ジャガイモシロシストセンチュウ（*Globodera pallida*）　141, 211
ジャワネコブセンチュウ（*Meloidogyne javanica*）　64, 74, 119, 134, 205
シュードモナス・エロデア（*Pseudomonas elodea*）　90
シリンドロライムス属（*Cylindrolaimus* spp.）　36
シロイヌナズナ（*Arabidopsis thaliana*）　200, 306
ズイムシシヘンチュウ（*Amphimermis zuimushi*）　98
スキムシノシヘンチュウ（*Hexamermis microamphidis*）　99, 120
スズメバチ（スズメバチ亜科：Vespinae）　121, 259
スズメバチタマセンチュウ（*Sphaerularia vespae*）　259
スセンチュウ　114
スタイナーネマ属（*Steinernema*）　61, 99, 114-115, 123, 265-266, 270
スタイナーネマ・カルポカプサエ（*Steinernema carpocapsae*）　125, 272
スタイナーネマ・クシダイ（*Steinernema kushidai*）　100
スティコソマ目（Stichosomida）　35
ストロンギルス目（Strongylida）　35
スピルラ目（Spirurida）　35
セセルネンティア（Secernentea）　30-31 → 幻器綱
節足動物　97, 104-107
ゼノラブダス属（*Xenorhabdus* spp.）　99, 101, 299
ゼノラブダス・イシバシイ（*Xenorhabdus ishibashii*）　101
セノラブディティス属（*Caenorhabditis* spp.）　115
セノラブディティス・アウリキュラリエ（*Caenorhabditis auriculariae*）　293
セノラブディティス・エレガンス（C. エレガンス：*Caenorhabditis elegans*）　53, 72, 104, 108-112, 130, 133, 145, 147, 150, 159, 163-164
セノラブディティス・ジャポニカ（C. ジャポニカ：*Caenorhabditis japonica*）　132-133, 155-157, 260-262, 302-304
セノラブディティス・ブリッグサエ（C. ブリッグサエ：*Caenorhabditis briggsae*）　104
セノラブディティス・レマネイ（C. レマネイ；*Caenorhabditis remanei*）　104
線形動物門（Nematoda）　30
センノカミキリ（*Acalolepta luxuriosa*）　262-264
ソーンネグサレセンチュウ　70

[た行]

ダイズシストセンチュウ（*Heterodera glycines*）　70-71, 87-89, 139, 232-233, 249, 253-254
大腸菌（*Escherichia coli*）　73, 105-112, 147, 157, 160-163
タバコ輪点ウイルス（TRSV）　296
タラノザイセンチュウ（*Bursaphelenchus luxuriosae*）　262-263

担子菌（Basidiomycota）　113, 278-279, 292
チャネグサレセンチュウ　64
チョウセンゴヨウ（*Pinus koraiensis*）　240
ディプロガスター亜綱　31
ディプロガスター目　31, 36-37
ディプロガストロモルファ（Diplogasteromorpha）下目　31, 33
ディプロスカプター属（*Diploscapter*）　33, 38
ティレンクス亜目　31, 36
ティレンクス科（Tylenchidae）　221
ティレンクス目（Tylenchida）　21, 34, 36-41, 43, 130, 182, 257-258
ティレンコモルファ下目（Tylenchomorpha）　31, 33
ティレンコライムス属（*Tylencholaimus* spp.）　113
テーダマツ（*Pinus taeda*）　128
テラストマータ科（Thelastomatidae）　3
テラトラブディティス・シンパピラータ（*Teratorhabditis synpapillata*）　214
テンサイシストセンチュウ　70
トリコデルマ属（*Trichoderma* spp.）　284
ドリライムス目（Dorylaimida）　3, 12, 21, 34-35, 37-41

[な行]

ナガハリセンチュウ属（*Longidorus* spp.）　181
ナミクキセンチュウ（*Ditylenchus dipsaci*）　153
ナンヨウネコブセンチュウ　64, 74
ニセネグサレセンチュウ（*Aphelenchus avenae*）　90, 113, 153-155 → アフェレンクス・アヴェネ
ニセマツノザイセンチュウ　243
ネグサレセンチュウ属（*Pratylenchus* spp.）　12, 24, 54, 60-61, 64, 73, 93, 137, 165, 169-171, 174, 181, 188, 232, 234-238, 247-248, 251-252, 254
ネクトリア・ビリデスセンス（*Nectria viridescens*）　263
ネコブセンチュウ属（*Meloidogyne* spp.）　2-3, 17, 22, 24, 33, 38, 40, 42, 54-55, 60, 62, 64, 73, 82-83, 117, 134, 137-138, 151, 158, 165, 169-170, 174, 188-189, 193, 196, 228, 231-232, 247-248, 250-251, 254, 275, 278-280, 282, 284-286, 311
ネポウイルス　296-297
ネマトクトヌス属（*Nematoctonus* spp.）　279
ネモグリセンチュウ属（*Radopholus* spp.）　93

[は行]

バーディシリウム → ポコニア属
灰色かび病菌（*Botrytis cinerea*）　102, 128, 288
パイナップルネグサレセンチュウ（*Pratylenchus brachyurus*）　93
パエシロミセス属（*Paecilomyces* spp.）　276, 284
ハガレセンチュウ（*Aphelenchoides ritzemabosi*）　238
バスチアニア・グラシリス（*Bastiania gracilis*）　37
パスツーリア属（*Pasteuria* spp.）　280-282, 287-288
パスツーリア・ペネトランス（*Pasteuria penetrans*）　280, 282, 284
ハチノスツヅリガ（*Galleria mellonella*）　100-101, 124,

265-270
バナナネモグリセンチュウ 116
ハルプトグロッサ属（Haptoglossa spp.） 277
ハルプトスポリウム（Harposporium sp.） 278
ハワードゥラ属（Howardula spp.） 293
ピシウム属菌（Pythium spp.） 289-290
尾腺綱（Adenophorea） 30, 39, 41 → アデノフォレア
ヒトヨタケ属菌（Coprinus spp.） 113
ヒメコマツ（Pinus parviflora） 240
ヒメボクトウ 271-272
ヒラタケ属菌（Pleurotus spp.） 113
ヒラタケヒダコブセンチュウ（Iotonchium. ungulatum） 292-294
ヒルシュマニエラ属（Hirschmanniella spp.） 43
ヒルステラ属（Hirsutella spp.） 284
ファーミキューテス門 280
フィトフトラ属菌（Phytophthora spp.） 289
フィレンクス属（Filenchus spp.） 113, 221
フェモラータオオモモブトハムシ 214
フェロメルミス属（Phelomermis spp.） 121
フォーマ属菌（Phoma spp.） 113
フォトラブダス属（Photorhabdus spp.） 99, 101, 299
フォトラブダス・ルミネッセンス（Photorhabdus luminescens） 298-299
フザリウム属菌（Fusarium spp.） 289
フザリウム・オキシスポルム（Fusarium oxysporum） 113
フザリウム・ソラニ（Fusarium solani） 93
ブドウオオハリセンチュウ（Xiphinema index） 296
ブドウファンリーフウイルス（GFLV） 296
ブノネマ属（Bunonema spp.） 28
ブノネマ科（Bunonematidae） 33
プラティレンクス科（Pratylenchidae） 43
プラティレンクス属（Pratylenchus spp.） 43
プリスティオンクス属（Pristionchus spp.） 3, 5, 270
プリスティオンクス・パシフィクス（Pristionchus pacificus） 53, 260
ブルサフェレンクス属（Bursaphelenchus spp.） 102
ブルサフェレンクス・タダミエンシス（Bursaphelenchus tadamiensis） 215
ブルシラ属（Bursilla spp.） 37
プルプレオキリウム・リラキナム（Purpureocillium lilacinum） 284
プレオキリウム属（Purpureocillium spp.） 284
プレクタス属（Plectus spp.） 36-37
ヘテロラブディティス属（Heterorhabditis spp.） 99, 115, 123, 265-266, 270
ヘテロラブディティス・バクテリオフォラ（Heterorhabditis bacteriophora） 298
ベニツチカメムシ（Parastrachia japonensis） 132-133, 155-157, 302-304
ヘリコティレンクス属（Helicotylenchus spp.） 36
ベンサミアナタバコ（Nicotiana benthamiana） 297
ポコニア属（Pochonia spp.〔バーディシリウム Verticillium sp.〕） 276, 284

ポコニア・クラミドスポリア（Pochonia chlamydosporia） 284
ボトリチス属（Botrytis spp.） 113

[ま行]

マッシュルーム（Agaricus bisporus） 113
マツノザイセンチュウ（Bursaphelenchus xylophilus） 10, 61, 65-68, 72-73, 95-96, 102-104, 114-116, 126-128, 142, 151, 214, 240-241, 243-245, 260, 262, 264, 304-305, 309-311
マツノマダラカミキリ（Monochamus alternatus） 102, 126-127, 240-242, 244, 258, 262, 264
マルハナバチタマセンチュウ（Sphaerularia bombi） 258
ミゾクティウム属（Myzoctium spp.） 277
ミナミネグサレセンチュウ（Pratylenchus coffeae） 64, 235, 237, 254
ムギネグサレセンチュウ（Pratylenchus neglectus） 64
メリア（Meria sp.） 278
メロイドギネ・エンテロロビニ（Meloidogyne enterolobii） 74
モナクロスポリウム属（Monacrosporium spp.） 279
モナクロスポリウム・フィマトパガム（Monacrosporium phymatopagum） 280
モノンクス目（Mononchida） 21, 35-37, 40
モンヒステラ目（Monhysterida） 35-36

[や行]

ヤシオオオサゾウムシ（Rhynchophours ferrugineus） 214
ヤツバキクイムシ（Ips typographus） 257
ユミハリセンチュウ属（Trichodorus spp.） 182

[ら行]

ラセンセンチュウ属（Helicotylenchus spp.） 12, 36, 196
ラブディティス亜綱 31
ラブディティス亜目 31
ラブディティス属（Rhabditis spp.） 270
ラブディティス目（Rhabditida） 31, 36-37, 39, 41, 43, 99
ラブディトモルファ下目 33
リゴネマータ科（Rhigonematidae） 3
リゾクトニア属菌（Rhizoctonia spp.） 113
リゾクトニア・ソラニ（Rhizoctonia solani） 288-291
リゾビウム・リゾゲネス（Rhizobium rhizogenes：以前の学名は Agrobacterium rhizogenes） 93
リンゴネコブセンチュウ（Meloidogyne mali） 82
レンコンネモグリセンチュウ 70
ロマノメルミス クリキウォラクス（Romanomermis culicivorax） 99

[わ行]

ワセンチュウ科（Criconematidae） 278

事項索引

[1-, A-Z]

2本鎖RNA（dsRNA） 147-150
2本鎖RNA作製法 148
2本鎖RNA送達法 147
5段階根こぶ形成程度別基準 228
8歩幅法 210-211
11段階根こぶ形成程度別基準 229

18SリボゾームRNA（18S rRNA） 53, 223 → 小サブユニット（18S）
BLAST 48-49, 75-76
Bx検査液 67
Bx抽出液 67-68
cDNAサブトラクション 309
Clustal 46-47, 75
Clustal W 47, 75
Clustal X 47
COI領域 53
cp値 217-218
Ct値（Threshold Cycle） 72
D2/D3領域 53, 73
DESS保存液 5
DGGE 54, 222-225
DMSO（dimethyl sulfoxide） 160
DNAシークエンシング法 50
DNA抽出法 50, 56
DNAシークエンサー 48, 73, 75
DNAバーコード 48
DNAバーコードプライマー 48
EST配列 304-305
F1世代 129-130
GCクランプ 223-224
GenBank 46, 48, 76
HPLC-SDSポリアクリルアミドゲル電気泳動法 144
H-Sスライド 2
ITS-RFLP 48
ITS領域 48, 53, 60-61, 69, 73
LAMP法 65-66, 68
LB液体培地（lysogeny broth） 109-110, 163, 266
M9緩衝液 27, 106-107, 111-112, 146, 150, 156, 160, 262
M型 101, 299
NBT培地 101, 266
NGM（nematode growth medium） 28, 107, 109-110, 160, 215, 303
NGMプレート 105-109, 111-112, 123, 129, 133, 160, 162-163, 261
NL液 111, 159-160
OUT 46, 48
PCR-RFLP（restriction fragment length polymorphism） 48, 50, 60-61, 64-65, 73

PCR法（Polymerase Chain Reaction） 50, 150
PDA培地 96, 131, 278-279
P型 101
Riプラスミド 93-94
RM 94-95
RNA-Seq 151
RNA干渉法（RNAi） 146-147
RNA抽出 146
RT-PCR 150, 297-298
S-Basal 159
SB緩衝液 160
SH培地 90-91
SPレース 135 → サツマイモレース
TAF（固定液） 4, 15-16, 193
UPGMA法 46
WP培地 94-95
Zoo logical Record 43

[あ行]

アーウィンのループ 2-3
アイソイル（ISOIL） 53-54
アイソヘアー（ISOHAIR） 53
亜中乳頭（submedian papilla） 41
網皿 26, 92-93, 158, 182, 192-193, 196
アムホテリシンB（amphotericin B） 206
アライメント 47
アルファルファカルス 89, 96
胃（ventriculus） 40
I型 101, 266
一次スクリーニング 165, 167
遺伝子水平伝播 305
遺伝子ノックアウト 146
遺伝子ノックダウン 146
遺伝子発現 138, 147, 150, 254-255, 260, 299, 309-311
遺伝子予測 151
インキュベーション法 204-205
インターカレーター法（intercalator method） 69-70, 72
陰門（vulva） 2, 17-20, 33, 42-45, 130, 243
ウエービング（waving） 123
植え付け時処理 165
植え付け前処理 165
ウェットシービング法 24
ウラシル要求株（uracil auxotroph） 109
永久標本 2, 5, 12-15
永久プレパラート標本 2, 4, 6, 9-10, 13-15
会陰紋 2, 17-18
液剤 168, 172, 286
エライザ検定 297-298
エレクトロポレーション 299
塩基置換モデル 47
塩基配列情報の登録 49
遠心管比重計 194, 196
円筒型 35
オーガー 176, 180 → 土壌検土器

事項索引

大麦培地　96, 103-104
温湯浸漬　5, 173
温度感受性変異体　109, 162

[か行]

外周唇乳頭（outercirclet labial papilla）　38
外来種　214-216
解離定数　158-159
改良倒立フラスコ法　273-274
火炎滅菌　3, 54, 90, 92-93, 241
角皮（cuticle）　3-5, 17-18, 21, 33-34, 37-38, 40
カップ検診法　88, 183-184, 250, 286
カップ検定　250
カバーグラス　2, 11-13, 17-18, 20, 117, 131, 200, 203, 242-243, 263, 288
過敏感反応（hypersensitive reaction）　235, 254, 310
体表面タンパク質　142
カルス　80, 90-94, 252, 261
感覚毛　33
感覚子（sensillum）　38-39
還元状態　175-176
感染態雌成虫　257-258
感染態幼虫　100-101, 114-115, 123, 125, 265-266, 269-270
感染雌成虫率　287
乾燥耐性　114, 153-157, 288-289
寒天アリーナ　128-129
管瓶ベールマン　92-93
緩慢法（slow method）　6
乾眠（anhydrobiosis）　153, 155, 209, 289 → 無水生存
木屑　271
寄生型成虫　263
寄生態雌成虫　257-258
寄生程度　170-172, 232, 285
偽体腔動物　33
機能的雌　108
基盤指数（Basal Index, BI）　218
逆流法　273-274
キャロットディスク法　93
吸汁（ingestion）　130, 296
共生細菌　99-101, 265-267, 298-299
巨大細胞　93, 200-201, 307
菌食性線虫　107-108, 113-115, 129-130, 160, 215, 217, 220-221, 275, 288, 292-293
近隣結合法　46
唇（lip）　38-39, 43
グラスウール　2, 11-12
グラム陰性細菌　99, 299
黒ボク土壌　58, 196
群集指数（Community Index）　217, 220-221
くん蒸　167, 169, 246
くん蒸型　165, 169
蛍光発色液　67
経済的被害評価　227

形質転換植物　93
茎針　2-3
継代　78, 82-83, 94, 96, 100, 110, 114, 160, 275-278, 282, 287, 289
系統関係推定　46-47
系統樹　46-49, 75-76
血液反応板　51-52
血体腔　27, 121, 266, 269, 293, 295
ゲノム解読　150-151
ゲノムサイズ　150
ゲノム配列情報　141, 304-305
ゲノム配列を再構築　151
毛ばたき症状　233
ケファロブス型の口腔　34
ケラチン　53
ゲランガム　90-92, 95-96, 276-280
原栄養株　109
検疫　89, 180, 186, 210-212, 214
幻器（phasmids）　41
研究証拠標本　6, 14
検索表　16, 43, 257
減収　184, 227-228, 232-235, 239
検定植物　134, 247, 297
検土杖　180, 182
コア　180-182, 185-186, 189-191, 225
高系14号　136
口腔（mouth cavity, stoma）　32-36, 43, 217, 278
口腔開口部（oral aperture）　21, 34-35
後口腔（metastoma）　34
後食痕　126-127, 241, 244
口針（stylet）　39
口針孔（stylet aperture）　39
口針軸（stylet shaft）　34-35, 39
口針節球（stylet knob）　34-35, 39-40, 45
口針導管（guiding tube）　35
交接刺（spicules）　43
交接刺幹（shaft）　42-43
交接刺柄（maunubrium）　42-43
交接側導片（lateral guiding piece）　41
交接嚢（bursa）　41
交接嚢腺（rays）　41
交接帆（velum）　42-43
構造化指数（Structure Index, SI）　218, 220-221
酵素液　54, 67, 205-206
酵素処理法　205
後庭（bestibule extension）　39
後部子宮枝（posterior uterine branch）　42
後部食道球（basal bulb, terminal esophageal bulb）　31, 36
後部食道腺葉（glandular esopageal basal lobe）　39
厚膜胞子　276-277, 283
剛毛（seta）　37-39
肛門（anus）　17-20, 33, 40-41, 44-45
後卵巣型（opisthodelphic）　42
コーンミール寒天（CMA）培地　283

索　引

黒点米（black blots on husked rice）　208, 239-240
個体数密度　180, 188
固定　2, 4, 10, 15, 20-21, 200
駒込ピペット　4-6, 13, 51-52, 158, 166, 193-194, 202, 243-244, 277
ごま症　236
コムギふすま培地　283
コロニー　92, 101, 109, 111, 266
コンタミネーション（コンタミ, contamination）　57-58, 74, 109, 143, 241, 248
昆虫嗜好性線虫　27-28, 99, 214, 243
昆虫病原性線虫　79, 99-102, 114-115, 123-125, 265-272, 290, 298
昆虫便乗(性)線虫　102, 126, 259-262, 296

［さ行］

細菌食性線虫　28, 108, 115, 217, 220-221, 261-262, 275, 292-293
細菌食と糸状菌食との比（Nematode Channel Ratio, NCR）　217, 220
採集パターン　181
採集法　24, 27, 121, 182, 195, 206
採土管　180, 182
採土器　181
採土こて　180
サイバーグリーン（SYBER Green）　69, 71
細胞培養プレート　9
細胞分裂阻害剤　162
最尤法　46-47
殺線虫効力　165, 167
殺線虫剤　165, 167-168, 172, 227, 286
殺線虫率　166
サツマイモレース　135 → SP レース
砂土　57-59, 182
サブサンプリング　190-191
サブサンプル　182, 190-191
サリチル酸　254-256
酸化還元電位（redox potential, oxidation-reduction potential）　177
産仔数　160, 162-164
酸性フクシン染色法　138
酸素吸収剤（oxygen absorber）　157-158
酸素電極（oxygen electrode）　178
サンプリング　66, 105, 120, 180-181, 206, 210-212, 252, 267, 272, 286
サンプル（標本）　14, 16, 46, 54, 67, 71, 144-145, 147, 180-182, 205-206, 210, 213-214, 217, 225, 228, 241, 252, 297, 304, 309
サンプル・ユニット　180
産卵痕　245
次亜塩素酸ナトリウム（sodium hypochlorite）　20-21, 89-90, 108, 111, 159, 202-203, 282, 284-286
自家受精　108, 161
自活性線虫　79, 98, 109, 117, 165, 241, 276, 281

歯科用クレンザー　2-3
枝幹害虫　271-272
子宮（uterus）　42
シグナル伝達経路　137-138
四軸柱（quadricolumella）　42
子実体　264, 292-296
糸状菌食性線虫　28, 215, 217, 220, 261
歯針（odontostyle. onchiostyle）　35, 130
歯針担（odontophore, stylet extension）　35
シスト指数　232, 253
次世代型シークエンサー　72, 145-146, 150-151
実体顕微鏡　2, 11, 16-17, 19-20, 27, 51-52, 54, 79-80, 82, 88, 92, 98, 108-109, 117-118, 121-122, 128-129, 132, 159-160, 164, 183, 194, 199, 202, 207, 242-244, 270, 280, 287, 293-295
質量分析計　143, 304
指標植物　167-168
ジピリジル試薬　176
糸片虫型の食道　35
締固め　56-57
ジャスモン酸　137-138, 254-255
ジャンピング（jumping）　123, 125
終口腔（telostoma）　34
雌雄前核融合　129
集中分布　181, 184-186, 190, 206-208
雌雄同体（hermaphrodite）　78, 108, 110, 129-130, 161, 163-164
周封　11-13, 18, 20, 93, 96
宿主探索行動　123, 132, 155, 302
樹脂分泌　244-245
受精嚢（spermatheca）　42
出荷基準　227
寿命　111-112, 159-162, 259, 262
蒸気消毒　174
小サブユニット（18S）　48 → 18S リボゾーム RNA
初期密度　140-141, 181, 247, 253
食道（(o)esophagus）　30-36, 39-40, 43, 217
食道管腔（lumen of esophagus）　201
食道狭（isthmus）　36
食道腺（esophageal gland）　40, 44
食道腸間弁（esophageal-intestinal vavle, cardia）　32, 40, 43-44
植物寄生性線虫　21, 34, 43, 56, 73, 78-79, 82, 113-115, 117, 130, 137, 146-149, 173, 175, 212-213, 218, 220, 252, 282, 286, 296-297
植物病原糸状菌　288
植物ホルモン　137, 255-256
助条（rays）　41
ショットガン法　145
シラキュース時計皿　10-11, 17, 26, 79-80, 82, 88, 166-167, 194, 202, 207-208, 241-244, 269
試料精度　181
神経環（nerve ring）　33, 39-40
神経系　33, 269

唇口腔（cheilostoma）34
人工培地　100, 266
人工蛹室　262-264
迅速法（rapid method）6-7
浸透移行性　167, 172
唇部（lip region）32, 37-39
唇部体環（lip annule）39
水耕栽培システム　83-86
垂直分布　181, 212
スキムミルク　56, 58-59, 222
すくみ症状　234
ストレプトマイシン　81, 103, 110-111, 206, 288
スポットプレート　111, 129-130, 160-164
スライド標本　15
生活環　97, 99, 258, 271, 298
性決定様式　129
性行動　128
精子（sperma）42, 108, 129-130, 164, 295
成熟度指数（Maturity Index, *MI*）217, 220-221
生殖口　33
生殖行動解析法　129
生殖細胞形成　108
生殖細胞分裂　161
制線虫作用　167
生存虫率　196, 285
精度　181, 185-190
生得的脱水戦略者　153, 155
性比　99, 129-130
セインホーストⅠ液　5, 7
セインホーストⅡ液　7
セインホーストの対フラスコ法　26 → 倒立フラスコ法
セインホースト法　15-16
赤黄色土　58
接合伝達　299
摂食基質　93
絶対寄生性　98, 215, 293
切断法　51-52
セルラーゼ　205-206
穿孔　66, 130, 241
前口腔（prostoma）34
選好行動　128
前口動物　33
前肛門補助突起（adanal supplement）41
潜在感染木　245
潜在的リスク　214
線虫寄生菌　275, 277, 283-284
線虫検出率　180
線虫懸濁液　10, 15, 20, 51-52, 80, 82, 96, 100-101, 103, 112, 114-115, 123-126, 133, 136, 153-154, 158, 166, 194-195, 242, 244, 261, 265, 276-279
線虫固定皿　6-8, 51, 156, 288
線虫抵抗性作物　180
線虫ピッカー　111, 160
線虫複合病　234-235

線虫分離率　192
線虫防除試験法　284
線虫捕捉性菌　282
線虫溶解液（nematode lysis (NL) solution）54, 111, 159
前直腸（prerectum）40
前庭（vestibule）39
全能性　93-94
前部食道（procorpus）36
前卵巣型（prodelphic）42
走化性（化学走性）117, 123
双器（amphid）33, 36, 38, 305
双器口（amphid aperture）21, 39
走査型電子顕微鏡　2, 20
増殖法　282
相同性検索　49
総排出口（cloaca）33, 36, 40-41
ソーンのセメント　2, 11-13, 18, 20
側線（lateral lines）20, 37-38
側帯（lateral field）37-38, 41
側帯横条溝（aerolation）38
側尾腺孔　41
側翼（lateral wings）38
組織切片　200

[た行]

耐久型幼虫　110, 112, 115, 129, 132-133, 156-157, 295-296, 302-304
体細胞分裂　161
大サブユニット（28S）48
太陽熱消毒　174
太陽熱土壌消毒　175-176
大量培養　83, 93, 99, 103, 275, 282-286, 288-289
大量分離法　207-208
脱脂綿フィルター　158, 166
脱皮動物　33
種馬鈴しょ生産　210
多様度指数（Diversity Index）221-222, 225
単為生殖　78, 99, 129, 258, 289
単一卵のう増殖系統　82
タンパク質の抽出　142
単卵巣型（monodelphic）42
致死濃度　167
膣（vagina）42
中口腔（mesostoma）34
中心弁（central valve apparatus）39
中部食道球（median esophageal bulb, metacorpus, median bulb）5, 31, 36, 39, 130, 288
チューブ法　197-198
腸（intestine）33, 39-40, 243, 266, 298
直接分離法（direct extraction method）207, 275
直腸（rectum）32-33, 40, 43
直腸腺（rectal glands）40, 298
月夜病　233
釣り上げ法　2, 80

釣り具　11-12, 17, 50-52, 54, 80-81, 96, 129, 160
抵抗性　78, 83, 87, 135, 139-140, 169, 183, 205, 209, 244, 246-247, 249-256, 308-311
抵抗性遺伝子　254-256
ディプロガスター型の口腔　34
ディプロガスター型の食道　35-36
テイラーのべき乗法則　189
ティレンクス型の孤高　34
データベース　46, 49-50, 75-76, 143, 152, 304, 306
電気泳動　48, 60, 62-63, 73, 144-145, 149, 223, 225, 304
天敵微生物　87
伝播者　127, 240, 295-296
導環（guiding tube）　34
凍結乾燥　21
凍結保存　78, 83, 90, 94, 100-101, 108, 111-112, 114-116
導帯（gubernaculum）　41-43
同調培養　111, 160-163
頭部（head）　18, 31, 38, 43, 107, 161, 217, 243-244, 288
頭部骨格（cephalic framework）　39
倒立フラスコ法　25-27, 197, 281　→ セインホーストの対フラスコ法
年越し枯れ　240-241, 246
土壌DNA　54-55
土壌還元消毒　157-158, 175-178
土壌くん蒸剤　168, 172, 286
土壌検診　183, 210
土壌検土器　180　→ オーガー
土壌構造　181-182
土壌採取器具　180
土壌締固め機　57
土壌病害　231, 248, 288
土壌病害防除試験法　288
土壌分画法　273, 275
土壌保存　83, 97-98, 121
ドッグフード－イエローチップ法　156-157
ドッグフード斜面培地　101
ド・マンの式　44
トランスポゾン　267, 298-299
ドリセルラーゼ　206
ドリライムス型　35

［な行］

ナースセル　93
内周唇乳頭（innercirclet labial papilla）　38
内部寄生菌　275, 277-279
匂い物質　127
II型　101, 266
ニクテイション（nictation）　123, 125-126, 132-133, 302-303
二次元ゲル電気泳動法　143-144
二層遠心浮遊法　170, 192-193, 195-196, 204, 269, 273-274, 288
乳化剤　166
妊性　129-130

ネクローシス　235
根こぶ　27, 82, 134, 168, 170-171, 200-201, 227-231, 235, 250-251, 254, 280-281, 287, 307-308
根こぶ形成程度別基準　227-230
根こぶ指数　168, 170-171, 227-231, 235, 250, 254, 286-287
根こぶ程度　82, 250-251
熱殺　2, 4-5, 10-11, 15-17, 36, 243
熱殺・固定　5-6, 11, 32, 36
熱水（土壌）消毒　174
農林1号　136-137
農林2号　136
ノースカロライナ法（North Carolina differential host test）　134
ノマルスキー微分干渉装置（Nomarski differential interference unit）　217

［は行］

バイアル傾斜保持器　9
バイアルホルダー　112
灰色低地土　58
バイオフィルム　298
媒介昆虫　27, 126, 262, 264
媒介者　127
排泄管（excretory duct）　39
排泄口（excretory pore）　39-40, 44
背部食道腺（dorsal grand）　36, 45, 130
背部食道腺口（dorsal esophageal gland orifice, dorsal gland orifice）　39, 130
背部食道腺口の位置　40
培養法　82, 87, 89, 93, 98-102, 105, 108-109, 113, 122, 275, 288, 304
麦芽エキス寒天培地　28, 215, 263
バクテリア食性線虫　215
パストリア水和剤　287
発育零点　82
白金線ピッカー　129
発現遺伝子配列断片　304
パラフィンリング法　11-13
パルプフロック　289
半月体（hemizonid）　39-40
半数致死投与量（LD_{50}（median lethal dose））　163
半数致死濃度（LC_{50}（median lethal concentration））　163, 167
判別寄主　134-135, 140
ビーズビーター　54, 56
ビードビーディング　58-59
被害評価法　102, 168, 170, 227, 232, 234, 238, 240, 286-287
非寄生性線虫　78, 108, 113, 129
非許容温度　162
非くん蒸型　165
ビシ（byssi, byssusの複数形）　121
微視的な生存場所　195

事項索引

微小感覚器（sensillum）　38
尾腺（caudal gland）　41
尾腺孔（spinneret）　41
尾端（tail terminus）　17, 20, 32, 40-41, 43-44, 97, 243-244
尾端透明部長（hyaline tail length）　40
尾端突起（mucro(n)）　40, 243
尾乳頭（caudal papillae）　41-43
尾部（tail）　32, 37, 40-41, 43-44, 107, 130, 161, 243, 288
微分干渉顕微鏡　108-109
標本抽出　180, 184-188, 190-191
標本調査　184-186, 190
標本の大きさ（sample size）　180
尾翼（caudal alae, bursa）　41-43, 130, 243
肥沃度指数（Enrichment Index, EI）　218, 220-221
便乗（性）線虫　27, 102, 106-107, 214-215, 259-262, 266
フィルターメンブレンシステム　81, 87
封入法　11-12
フェンウィック法　184, 199, 210
ふ化液　88-89
ふ化率　88-89, 130
副刺（gubernaculum）　43
不耕起　220-222
負の二項分布　185-188, 191
ブフナー漏斗　83-85
プライマー　48, 55, 60-65, 69-75, 148-149, 223
フラス　245, 271
プラスミド　73, 94, 148-149, 299
フラップ　243
ブリッツ MR　82-83, 135
ブリリアント・ブルー G（Brilliant Blue G）　288
ふるい分けシスト流し法　199, 286
ふるい分け＋二層遠心浮遊法　196
ふるい分けベールマン法　177, 196, 297
ふるい分け法　24-25, 192, 195-196, 204, 238, 273, 297-298
フルオロデオキシウリジン　161
フルトラニール　291
プレクタス型　35
プローブ（probe）　69
プローブ法　69-71
フロキシン B（phloxine B）　82, 134-135, 137-138, 230, 247, 250, 254
プロテオーム解析　142-144, 304-306
プロビット法　166-168
プロモーター　148-149, 299
分解経路指数（Channel Index, CI）　218, 220-221
分芽胞子　283
分散型第 3 期幼虫　243
分散型第 4 期幼虫　244, 263-264
分子系統解析　30, 33
分子系統樹　46
分生子　276-280, 283, 285-286
分析篩　194, 196
分泌液注入　130

分泌タンパク質　142-143, 304-305
分類体系　30-31, 33, 277
分類・同定　5, 14, 32-33, 38-44
ベイズ法　46-47
ベールマン網皿　92-93, 204
ベールマン法　6, 20, 25, 28, 56, 80, 89, 96, 102, 104, 124, 142, 158, 167-170, 176, 182, 187, 192, 194-196, 207, 222-223, 228, 238-239, 242, 247-248, 251-252, 260, 268-270, 272, 276-278, 285-288, 297
ペクチナーゼ　205-206
ペニシリン‐ストレプトマイシン粉末　206
ペプチドマスフィンガープリンティング法（PMF 法）　143
変成剤濃度勾配ゲル電気泳動法　222
変動係数　184-185, 188-189
ポアソン分布　185-186, 213
防御反応　137, 235, 255-256, 306, 309-311
胞子付着程度　282, 287-288
防除価　171, 272, 290-291
防除率　168
抱卵線虫　111, 160
ホールスライドグラス　11, 18-19, 51-52
ボールマッペ　14
ボールミル　56-57
星野・富樫法　207-208
母集団　180, 191, 214
母集団の統計量　180
補助突起（supplements）　41
補正密度指数　171, 272
捕捉性菌　275, 279-280
母体内幼虫発育（endotokia matricida）　298
ほたるいもち　206, 208-209, 239-240
ホットプレート　2, 12-13, 16, 19-20, 201-202
ボディプラン　32-33
ポテトデキストロース（PD）培地　283
ポテトデキストロース寒天（PDA）培地　96, 103, 113, 263
ホルムアルデヒド　4-6, 10, 21
ホワイトトラップ　100, 265

［ま行］

マイクロスライサー　200-201
摩砕‐ろ過法　93
マセロチーム R-10　206
マツ枯れ　102, 127, 142, 304, 309-310
マッコンキー培地　101
マツ材線虫病　65, 102, 240-241, 243-245
マツ材線虫病診断キット　65-66, 244
末端細胞（terminal cell）　42
マツノザイセンチュウ近縁種群　48, 262-263
マッペ　2, 14-16
密度逆依存的死亡　209
密度指数　171
密度推定　180-181, 184, 190, 207, 248

密閉ガラス容器内くん蒸法　167
密閉容器内土壌くん蒸法　167
密閉容器内綿球くん蒸法　167
ミトコンドリア DNA　48, 61
無菌的線虫分離　92
無菌培養　160
無酸素条件（状態，環境）　157-158, 178
無水生存（anhydrobiosis）　289 → 乾眠
メタゲノム　54, 222
芽出し　89-91, 183
免疫性作物　238
毛状根　93-95, 203
毛髪針　2-3, 6-7, 9, 12, 17-18
モノグラフ　43, 257
モノテルペン類　127

［や行］

薬液浸漬法　158, 165, 167
薬剤感受性検定　165
誘引・忌避物質　117-119
有機酸　157-159, 175-178
有効積算温度　232
遊走子形成菌類　277
誘導型脱水戦略者　153
輸精管（vas deference）　40
ユニバーサルプライマー　48
輸入昆虫　216
輸入植物検疫　212-213
輸卵管（oviduct）　17, 42
蛹室　241, 262-264
溶存酸素　177-178

［ら行］

落射蛍光装置　109

ラクトフェノール　2, 10-11, 17-18, 20, 201-202
ラクトフェノール置換法　10
ラブディティス型の口腔　34
ラブディティス型の食道　35-36
ラベル　9, 12, 14, 192, 202
卵寄生菌　87, 275-276, 284-286
卵巣反転部（ovary recurved）　42
卵のう　82-83, 134-138, 194, 229-230, 250-251, 254, 276, 282, 287-288
卵のう保存　83
ランプレート法　111
卵母細胞（oocytes）　42, 129
リアルタイム PCR（real-time PCR）　56, 69, 72
リーピング（leaping）　123
リーフディスク　94
リサージェンス　170, 291
立毛処理　165
リファレンスゲノム　151
粒剤　168-169, 172, 286
硫酸アンモニウム　194, 224
硫酸マグネシウム　94, 194, 274-275, 281
両卵巣型（amphidelphic, didelphic）　42
臨界点乾燥　21-22
レース　134-137, 139-141, 165, 246-247, 249-250, 253
レジャーナイフ　24
ろ紙押しつぶし法　52-53

［わ行］

和紙フィルター　192
ワックススタンプ　15
ワックスリング　15-16
ワンダーブレンダー　56, 58

編者略歴

水久保 隆之（みずくぼ たかゆき）
農業・食品産業技術総合研究機構 中央農業総合研究センター 病害虫研究領域 上席研究員，九州大学農学博士．
九州大学大学院農学研究科修士課程修了．
主著
線虫の生物学（東京大学出版会，2003年，分担執筆），植物病理学（文永堂出版，2010年，分担執筆），ほか．

二井 一禎（ふたい かずよし）
京都大学 名誉教授，京都大学農学博士．
京都大学大学院農学研究科博士課程修了．
主著
森林微生物生態学（朝倉書店，2000年，共編・著），Pine Wilt Disease（Springer社，2008年，共編・著），ほか．

線虫学実験

2014年10月1日　初版第一刷発行

編　者　水久保　隆之
　　　　二　井　一　禎
発行者　檜　山　爲次郎
発行所　京都大学学術出版会
　　　　606-8315 京都市左京区吉田近衛町69
　　　　　　　　京都大学吉田南構内
　　　　電話 075(761)6182　FAX 075(761)6190
　　　　URL　http://www.kyoto-up.or.jp/
印刷所　亜細亜印刷　株式会社

©Takayuki Mizukubo and Kazuyoshi Futai, 2014　Printed in Japan
定価はカバーに表示してあります
ISBN978-4-87698-538-8　C3045

本書のコピー，スキャン，デジタル化等の無断複製は著作権法上での例外を除き禁じられています．本書を代行業者等の第三者に依頼してスキャンやデジタル化することは，たとえ個人や家庭内での利用でも著作権法違反です．